# 차량공학개론 및 정비

전환영 편저

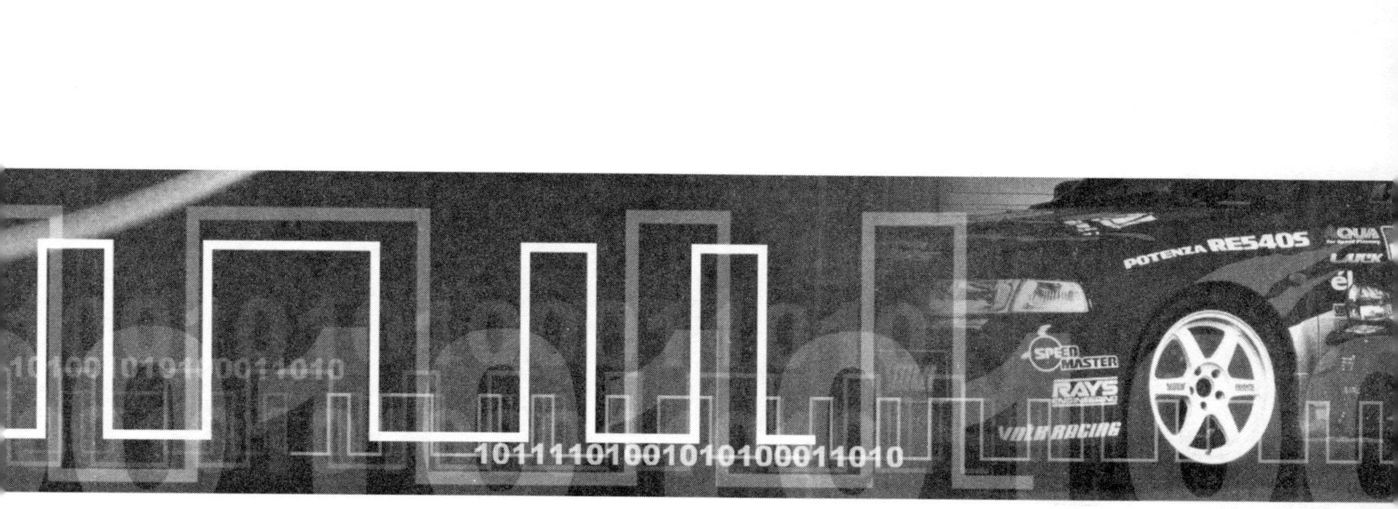


AUTOTECH
오토테크

# 머 리 말

자동차의 수요가 급증가함에 따라 자동차 정비 및 검사에 대한 기술인력 수급이 절실히 요청되고 있다. 따라서 자동차의 관리유지 및 소비자의 만족도를 충족시켜 줄 수 있는 자동차 정비 및 검사 자격증 소지자가 필요한 실정이다.

이에 따라 본서는 대학에서 강의한 경험을 토대로 자동차 정비 및 검사 산업기사/기사 자격시험에서 수검자들이 자동차 이론 및 구조에 대한 개념을 정리 할 수 있도록 본 책을 집필하였다.

이 책의 특징은 다음과 같다.

1. 자동차의 이론 · 구조 · 정비를 집대성한 책이다.
2. 출제된 문제를 기초로 하여 완벽한 분석 후 유형을 파악하여 개념을 정리 하였다.

이 책자를 집필하는데 도움을 주신 오토테크 사장님을 비롯한 편집부 관계자 여러분께 깊이 감사드린다.

2009년 2월

저자 씀

# 차 례

## 제 1 편 기관

### 제 1 장 자동차 일반



### 제 2 장 기관의 주요부

## 제 3 장 윤활장치



## 제 4 장 냉각장치



## 제 5 장 가솔린 연료장치



## 제 6 장 LPG 연료장치



## 제 7 장 디젤 연료장치

## 제 8 장 로터리 엔진



## 제 9 장 연료와 연소



## 제 10 장 정속주행 장치



## 제 11 장 흡기 및 배기장치



## 제 12 장 배출가스 제어 장치



## 제 13 장 단위와 계산식

# 제 2 편 전기

## 제 1 장 기초 전기, 전자



## 제 2 장 축전지



## 제 3 장 시동장치



## 제 4 장 충전장치



## 제 5 장 점화장치



## 제 6 장 조명장치 및 계기장치

## 제 7 장 기타장치



# 제 3 편 섀시

## 제 1 장 개요



## 제 2 장 클러치



## 제 3 장 변속기



## 제 4 장 드라이브 라인



## 제 5 장 뒤차축 어셈블리

## 제 6 장 현가장치



## 제 7 장 조향장치



## 제 8 장 제동장치

## 제 9 장 프레임 및 휠, 타이어



# 제 4 편 고장진단 및 대책

## 제 1 장 기관



## 제 2 장 전기

### 제 3 장 섀시



# 제 5 편 과년도 기출문제

## 제 1 장 자동차 정비 과년도 기출문제



## 제 2 장 자동차 공학 과년도 기출문제

# 1편 기관

# 제1장 자동차 일반

## 1-1. 자동차의 정의

자동차란 차체에 설치한 기관의 동력을 이용하여 레일에 의하지 않고 도로상을 자유롭게 주행할 수 있는 운반구를 말한다.
자동차고도의 기동성과 조정성 및 안전성·보안성 등을 갖추어야 한다.

## 1-2. 자동차의 분류

자동차는 원동기나 구조 및 용도 등에 따라서 대체로 다음과 같이 나눈다.

(1) 원동기에 의한 분류
가솔린 자동차, 디젤 자동차, 가스 터빈 자동차, 전기 자동차 등이 있으며 사용되는 연료는 가솔린, 액화석유가스(LPG), 경유 등이 쓰인다.

(2) 엔진의 설치 위치와 구동방식에 의한 분류

① 앞엔진 뒤구동 방식 (FR방식 : Front engine Rear drive)
● 동력 전달 순서
기관→클러치→변속기→드라이브 라인→종감속기어→차동기어→액슬축→바퀴
※ FR방식에서는 변속기만 따로 구성되어 있으며 이것을 "트랜스미션" 이라한다.
※ 조종장치와 구동장치가 분리되어 구조상 유리하다.

② 앞엔진 앞구동 방식(FF방식: Frontengine Frontdrive)
● 동력 전달 순서
기관→클러치→변속기→종감속기어→차동기어→액슬축→바퀴
※ FF방식에서는 변속기+종감속기어+차동기어가 일체로 구성되어 있으며 이것을 "트랜스액슬" 이라한다.
※ 실내공간이 넓어지고 무게가 가벼워 경제성과 4바퀴 현가장치로 험로에서 조종성능이 좋으나 조종장치와 구동장치가 한 곳에 있어 구조적으로 복잡하다.

③ 뒤엔진 뒤구동 방식 (RR방식 : Rear engine Rear drive)
● 동력전달순서
기 관→클러 치→변속기→종감속기어→차동기어→액슬축→바퀴
※ 실내공간을 합리적으로 이용할 수 있고 구동력을 최대한으로 이용할 수 있는 지점은 있으나 크기가 작아지는 결점이 있다.

④ 전륜 구동차(all wheel-drive car) 앞엔진 전륜구동식으로 앞뒤의 모든 바퀴를 구동하도

록 된 것이며 미끄러운 노면이나 모래길 등을 주행할 때에 모든 바퀴를 구동하게 되면 앞뒤 어느 바퀴에나 구동력이 유효하게 작용하게 된다.

## 1-3. 자동차의 구성

자동차는 복잡한 구조로 되어 있지만 크게 나누면 새시(chassis)와 차체(bobs)로 구성되어 있다.

(1) 섀시 (chassis)
새시는 자동차에서 차체를 떼어낸 나머지 부분의 총칭이며 대개 다음의 부품과 장치로 되어 있다.

① 프레임(frame) : 자동차의 뼈대가 되는 부분이며 여기에 기관 동력전달장치 등의 새시부품과 차체가 설치된다.

② 엔진(engine) : 자동차를 구동시키기 위한 동력을 발생시키는 장치이다.
실린더 블록 등 기관 주요부를 비롯하여 밸브장치, 윤활장치, 냉각장치, 연료장치, 점화장치등의 여러 장치로 구성되어 있다.

③ 동력전달장치 (power transmission system or power train) : 엔진의 동력 (출력 )을 구동바퀴에까지 전달하는 여러 구성부품의 총칭이며, 클러치, 변속기, 드라이브라인, 종감속기어,차동기어장치, 구동차축 및 구동바퀴 등으로 되어 있다.

④ 현가장치(suspension system) : 차축을 현가스프링으로 연결하는 장치이며 노면에서의 충격을 완충하여 차체나 기관에 직접 전달되는 것을 방지한다.
현가장치는 현가스프링, 쇽업소버(shock absorber) 등의 주요 부품으로 구성되어 있으며 차축 형식에 따라 일체 현가식(solid suspension or conventional system)과 독립현가식(independent suspension) 등이 있다.

⑤ 조향장치(steering system) : 자동차의 주행방향을 바꾸기 위한 장치이며 조향 휠, 조향기어상자,피트먼 암, 드래그링크, 타이로드, 조향 너클 등으로 되어 있다.
조향장치에는 수동식 (manual steering system)과 동력식 (power steering system)이 있으며 선회반경이 되도록 작고 고속주행에서 차량의 선회가 안정하게 되어야 하며 또한 조향조작이 가볍게 되고 자유로워야 한다.

⑥ 브레이크 장치(brake system) : 주행중인 자동차의 속도를 낮추고 정차시키거나 정차중인 차량의 자유이동을 방지하는 장치이다. 풋 브레이크(foot brake)와 핸드 브레이크가 있으며 풋 브레이크는 마스터 실린더, 휠 실린더, 브레이크 드럼(또는 디스크) 브레이크 슈, 브레이크 파이프 등으로 되어 있다.

(2) 차체 (body)
차체는 새시의 프레임 위에 설치되거나 현가장치에 직접 연결되어 사람이나 화물을 적재 수용하는 부분이며 프레임과 별도로 된 것과 프레임과 차체가 일체로 된 것이 있다.

## 1-4. 내연 기관

연료의 연소(기타 열원)에 의해 발생한 열에너지를 일에너지로로 바꾸는 기계를 열 기관(heat engine)이라 한다. 열 기관에는 기관의 외부에다 발생한 열에너지를 사용하는 외연기관(증기기관)과 기관의내부에서 발생한 열에너지를 기계에너지로 변환하는 내연 기관이 있으며 자동차에 사용하는 가솔린기관이나 디젤 기관은 모두 내연 기관이다.
내연 기관의 출력은 열에너지의 발생 방법이나 열에너지를 기계 에너지로 변환하는 방법에 따라서 크게 달라진다. 즉, 동작 유체를 팽창시켜 그의 압력에 의하여 동력을 얻는 체적형과 가스가 가지는 속도를 이용하여 동력을 얻는 속도형이 있으며, 또 피스톤이 움직이는 방법에 따라서 왕복형과 로터형이 있다.

[보충정리 : 열에너지와 기계 에너지]
가솔린 기관의 경우는 기관의 내부에서 혼합기의 연소로 열에너지가 발생되고 이 열에너지에 의한 작동유체의 팽창으로 피스톤을 움직여서 이것이 기계에너지로 바꾸어지며 이때의 피스톤 운동은 커넥팅 로드를 거쳐서 크랭크축의 회전 운동으로 된다. 이와 같이하여 실린더 내에서 에너지 변환이 이루어지나, 이때 발생된 모든 에너지가 기계에너지로 변환되는 것은 아니며 또 변환된 기계에너지의 전부가 유효한 일로 바꾸어지지는 않는다. 에너지의 일부는 실린더나 피스톤에 전달되고 배기와 함께 외부에 방출된다. 그러므로 기계에너지로 바꾸어지는 것은 전체의 30~40% 정도뿐이다.

## 1-5. 사이클에 의한 분류

가솔린 엔진은 가솔린을 연소시켜 열에너지를 얻는다.

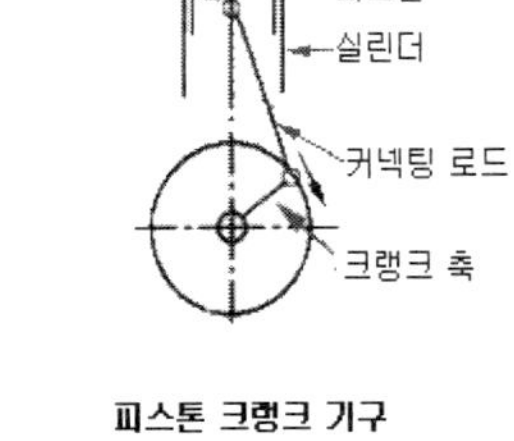

피스톤 크랭크 기구

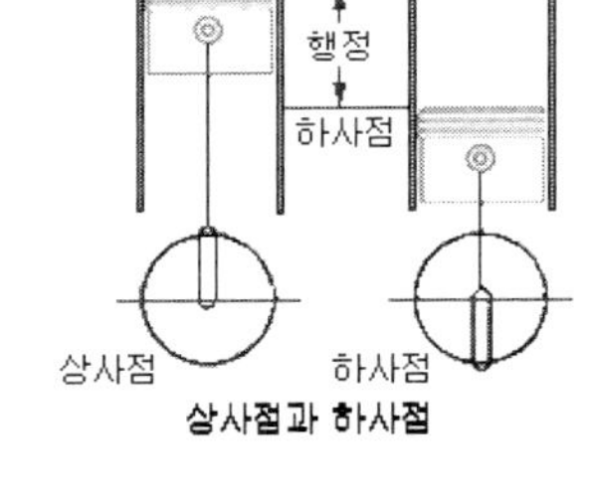

상사점과 하사점

[ 피스톤 크랭크 기구 및 상사점, 하사점 ]

(1) 원리

실린더 내에 공기와 가솔린의 혼합기를 흡입하고 피스톤으로 압축한 다음 점화하여 연소시키면 고온 고압의 가스가 발생되어 실린더 속에 있는 피스톤의 상하 왕복운동이 커넥팅 로드 및 크랭크축에 의하여 회전운동으로 바뀐다. 실린더와 실린더 헤드는 연소가스로 가열되므로 그 주위에 물 통로를 만들어 냉각수를 순환시키고 혼합기를 흡입하며 배기가스를 배출시키기 위하여 밸브가 열리고 닫힌다.

크랭크축의 회전은 타이밍 기어를 거쳐 체인이나 벨트로 캠축에 전달되고 캠의 회전 운동은 로커암을 거쳐 밸브의 개폐 작용을 시키며 연료 펌프를 구동하게 되고 배전기는 크랭크축에 의해 구동된다.

실린더 아래쪽은 크랭크실로 되어 있고 그 밑은 윤활유가 고여 있다.

이밖에 연료를 안개모양으로 기화 또는 분사하여 흡입공기와 혼합시키는 기화기 및 연료분사장치(fuel inject system)가 흡기 다기관 중간에 있고 또 혼합기에 점화하기 위한 점화장치 등이 달려 있다.

(2) 4행정 사이클 엔진의 작동

4행정 사이클 기관은 4개의 행정(흡입, 압축, 동력, 배기) 즉 크랭크축이 2회전(캠축1회전)하여 1사이클(cycle)을 완성한다. 행정은 피스톤이 상사점(top dead center, TDC) 위치에서 하사점(bottom dead center, BDC)까지 움직인 거리를 뜻한다.

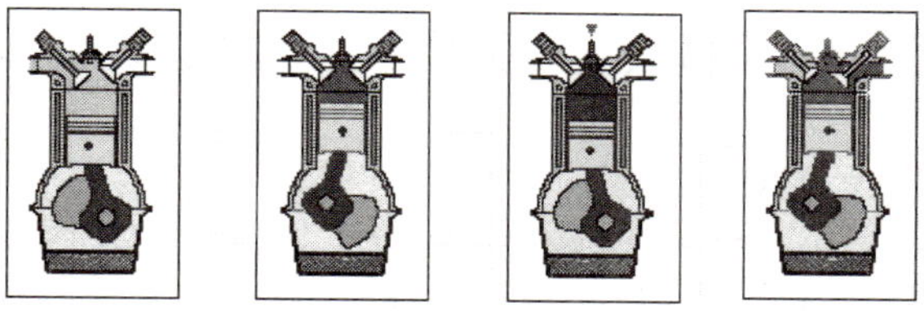

흡입행정 압축행정 동력행정 배기행정

[ 4행정 사이클 엔진의 작동 ]

1) 흡입과정(행정)[Intake stroke]

흡입밸브는 열리고 배기 밸브는 닫혀 있으며 피스톤은 상사점에서 하사점으로 내려가므로 실린더 내의 부압에 의해서 혼합기를 실린더에 흡입한다. 흡입 밸브는 상사점 전 약 10° 정도에서 열려 하사점 후 45° 정도에서 닫힌다. 피스톤은 1행정을 완료하며, 크랭크축은 180° 회전을 한다.

① 피스톤 하강 : 흡기밸브 열림, 배기밸브 닫힘.

② 가솔린 : 혼합기 (공기+연료)가 실린더 내에 들어온다. 디젤엔진은 공기만 흡입.

③ 크랭크축 1/2 (180° ) 회전

④ 흡입 행정시 흡기밸브 열리는 각도

* 흡입밸브 열림 각도 = 상사점전 + 180° + 하사점후

* 흡입행정 기간 = BTDC + 180° + ATDC

2) 압축행정(Compression Stroke)

압축행정은 흡/배기 밸브는 모두 닫혀 있고, 피스톤이 하사점에서 상사점으로 올라가는 행정으로 혼합기를 연소실에 압축한다. 피스톤은 2행정을 완료하며, 크랭크축은 360° 회전을 하여 1회전하게 된다.

① 피스톤 상승 : 흡/배기밸브 닫힘

② 실린더 내의 혼합가스(가솔린 기관) 또는 공기(디젤기관)를 압축.

③ 크랭크축 1(360° )회전

④ 압축비

㉠ 가솔린기관 = 10 ~ 12 : 1

㉡ 디젤기관 = 15 ~ 22 : 1

⑤ 압축압력

㉠ 가솔린기관 = 8 ~ 12kg/㎠

㉡ 디젤기관 = 30 ~ 35kg/㎠

⑥ 압축온도

㉠ 가솔린 기관 = 120 ~ 150℃

㉡ 디젤기관 = 500 ~ 600℃

| [보충정리]<br>⋆ 디젤기관의 압축압력이 큰 이유는 디젤기관의 점화방식이 압축착화 방식 이므로<br>⋆ 혼합기를 압축하는 이유는 혼합가스의 온도를 높여 연소를 쉽게 하고, 연소가스의 압력을 증대하기 위해서 이다. |
|---|

3) 폭발(동력)행정(Power Stroke , Expansion Stroke)

폭발행정은 흡/배기가 모두 닫혀 잇고 혼합기에 점화, 연소되면서 실린더 내의 압력이 상승한다. 이때의 압력으로 피스톤은 상사점에서 하사점으로 내려가며, 피스톤 헤드에 가해진 힘은 커넥팅 로드를 통하여 크랭크축에 전달되어 회전한다. 그리고 피스톤은 3행정을 완료하며 크랭크축은 540° 회전을 한다.

① 피스톤 하강행정 : 흡/배기밸브 닫힘

② 크랭크축에 회전력발생

③ 크랭크축이 1½ (540° ) 회전

④ 폭발압력 : 최대폭발 압력은 상사점(TDC)후 10 ~ 15° 지점에서 발생

㉠ 가솔린기관 = 35 ~ 45kg/㎠

㉡ 디젤기관 = 55 ~ 65kg/㎠

⑤ 폭발온도 = 1.500 ~ 2,000℃

| [보충정리]<br>⋆ 폭발과정은 4개의 과정(행정) 중에서 동력을 발생하는 유일한 과정이고 다른 나머지 과정은 폭발과정 때 플라이휠에 저장된 관성(慣性)으로 움직인다. |
|---|

4) 배기행정(Exhaust Stroke)

배기행정은 흡입 밸브는 닫혀있고 배기 밸브는 열린다. 피스톤은 하사점에서 상사점으로 올라가면서 연소 가스를 배출한다. 피스톤은 4행정을 완료하며, 크랭크축은 720° 회전한다. 배기가스의 온도는 600~800℃이며 배기가스의 압력은 3 ~ 4kg/㎠이다.

① 피스톤 상승 : 배기 밸브 열림, 흡기 밸브 닫힘.
② 연소 가스를 실린더 밖으로 배출
③ 크랭크축이 2(720° )회전
④ 배기가스 온도= 600 ~ 800℃
⑤ 배기가스 압력 = 3 ~ 4kg/㎠
⑥ 유해성 가스는 가솔린 엔진이 많고 디젤엔진이 적다.
⑦ 배기 행정시 배기밸브 열림 각도

* 배기밸브 열림 각도 = 하사점전 + 180° + 상사점후
* 배기행정 기간 = BBDC + 180° + ATDC

[보충정리]
* 밸브 오브랩 : 흡입 및 배기 효율을 높이기 위해 흡/배기 밸브가 동시에 열리는 기간
* 밸브 오브랩 = 상사점전(BTDC) + 상사점후(ATDC)

5) 특징

① 각 행정의 구분이 확실
② 흡입효율이 좋다
③ 연료 소비율이 적다.
④ 회전속도의 범위가 넓다 (저속에서 고속까지 속도의 범위가 넓다)
⑤ 밸브기구가 복잡하다.
⑥ 기계적 소음이 크다.
⑦ 맥동이 크다.
⑧ 마력당 중량이 크다.
⑨ 최대 압력 발생 시기 : 폭발(동력)행정이 TDC 후 10 ~ 15도에서

(3) 밸브 개패 시기 (Valve timing)

밸브는 행정 중 정확히 상사점이나 하사점에서 개폐하지 않고 상사점의 전후 또는 하사점의 전후에서 개폐한다. 이것은 공기나 혼합기가 관성을 가지고 있으므로(무게가 있으므로) 가스 흐름의 관성을 유효하게 이용하기 위해서이다.

밸브 개폐시기를 표시하는 그림을 밸브 개폐 시기 선도(valve timing diagram)라 한다. 그림에서 흡기밸브는 상사점전 18° 에서 별리고 하사점후 50° 에서 닫히며 배기밸브는 하사점전 48° 에서 열리고 상사점후 20° 에서 닫히게 되어 있다.

① 흡기밸브= 18° + 180° + 50° = 248°
② 배기밸브= 48° + 180° + 20° = 248°
③ 폭발행정 = 180° - 48° = 132°
④ 압축행정 = 180° - 50° = 130°

⑤ 밸브 오브랩 (Valve Overlap) = 18° + 20° = 38°

[보충정리]
밸브 오브랩 (Valve Overlap) : 상사점 부근에서 흡/배기 밸브가 동시에 열려있는 상태.

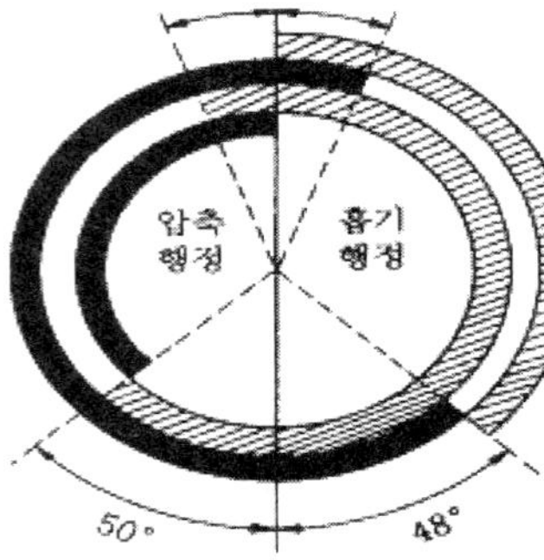


[ 밸브 개폐 시기 선도 (가솔린 엔진) ]

(4) 2행정 사이클 엔진의 작동

2행정 사이클 엔진은 흡입, 압축, 동력 , 배기 행정이 각각 결합되어 피스톤의 2행정(크랭크축 1회전 = 캠축의 회전속도와 크랭크축의 회전속도가 같다)으로 1사이클을 완성한다. 즉, 엔진에서 피스톤의 상승 행정은 언제나 혼합기를 압축하는 행정이며 하강 행정은 언제나 유효한 일을 하는 동력 행정으로 4행정 기관과 같다 그러나 흡기와 배기를 위한 독립된 피스톤 행정은 없다.

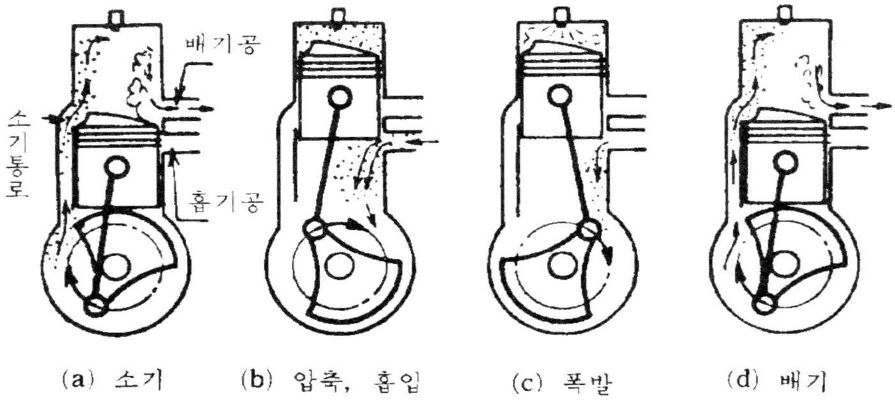


[ 2행정 사이클 엔진의 작동 ]

1) 상승행정

① 피스톤상승행정 : 주행정-압축행정, 부행정-흡입행정

② 크랭크축이 1/2(180。 )회전

③ 일부 소기행정

2) 하강행정

① 피스톤하강행정 : 주행정-폭발행정, 부행정-배기행정

② 크랭크축이 1(360。)회전

③ 소기 행정 포함

3) 특징

① 출력이 4사이클 기관에 비해 1.6 ~ 1.7배 크다.

② 맥동이 적어 실린더 수가 적어도 된다.

③ 밸브장치가 간단하다.

④ 마력당 중량이 작다.

⑤ 흡입 효율, 배기 효율이 나쁘다.

⑥ 저속 회전이 어렵고 역화가 일어난다.

⑦ 피스톤과 링의 소손이 빠르며 푸시로드가 없다.

[보충정리]

1.소기행정 (작용)이란 - 배기 행정시 흡입 공기에 의해 배기가스가 밖으로 밀려나가는 현상을 말하며 2행정 기관은 소기 작용시 실린더 내에 흡입되는 가스가 배기가스를 따라 배출되어 연료소비율이 커지며, 구조상 배기효율이 낮기 때문에 피스톤 헤드에 디플렉터를 두어 소기 가스에 와류를 형성시키고, 배기 효율을 증진 시키도록 하고 있다.

2. 소기방법의 종류

① 횡단 소기식 : 소기공과 배기공이 마주보고 설치된 것

② 루프 소기식 : 소기공과 배기공이 같은 방향에 설치된 것

③ 단류 소기식 : 소기공은 실린더 벽면에 설치되고, 실린더 헤드에 배기밸브를 둔 것

3. 블로다운(blow down) : 배기행정 초기에 배기 밸브가 열려서 배기가스 자체의 압력차에 의해 밖으로 자연히 배출되어 실린더 내의 압력이 저하되는 현상.

4. 디플렉터(deflector) : 2사이클 기관의 피스톤 헤드부에 설치한 돌추부을 말하며 연료손실 감소 및 연소 가스 배출을 쉽게 하고 미연소가스의 와류를 일으킨다.

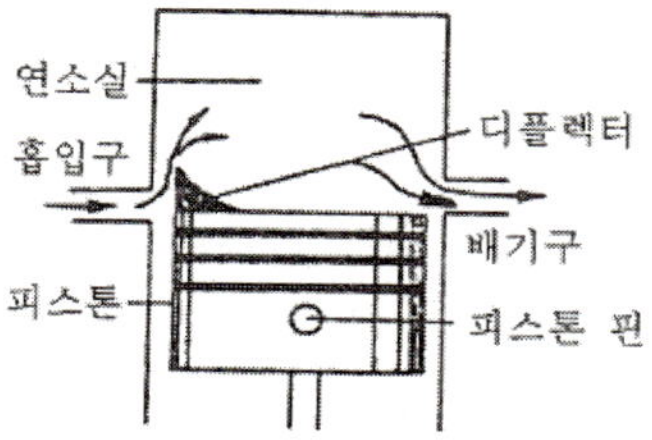


[ 디플렉터 ]

(5) 가솔린 기관과 디젤기관의 비교

1) 가솔린 기관
① 연소방법 : 전기점화
② 부수장치 : 점화장치
③ 열효율 : 25 ~ 32%
④ 연료소비율 : 230 ~ 300g/ps -h
⑤ 연료중요성분 : 옥탄가
⑥ 이론사이클 : 오토사이클

2) 디젤기관
① 연소방법 : 압축착화
② 부수장치 : 연료분사장치
③ 열효율 32 ~ 38%
④ 연료소비율 : 150 ~ 240g/ps - h
⑤ 연료중요성분 : 세탄가
⑥ 이론사이클 : 사바데사이클
⑦ 압축비 : 15 ~ 21 : 1

[보충정리]
㈜ 디젤 기관은 저속 회전에서도 회전력의 발생이 가능하다 그 이유는 흡기를 교축하지 않고 연료 분사량을 제어하기 때문이다.

㈜ 디젤기관은 가솔린 기관에 비해 열효율이 높고 연료 소비량이 적다.

㈜ 열효율(thermal efficiency) :연소실에 공급된 연료에서 발생한 열량이 기계적인 일로 변화시킬 수 있는 열의 백분율을 말한다. 즉 기관에 공급된 연료의 총 열량과 일로 변환한 열량과의 비를 열효율이라 한다.

㈜ 사이클(cycle) :동작유체가 어느 상태로부터 변화하기 시작하여 여러 가지 상태 변화를 연속적으로 거친 다음 처음의 상태로 되돌아 갈 때 이와 같이 되풀이되는 상태 변화의 과정을 사이클이라 한다.

㈜ 연료 소비율
(a) (g/ps/h) : 1시간 1마력당의 연료소비량을 (g)으로 표시한 것
(b) (ℓ/㎞) : 1(㎞) 주행에 몇(ℓ)의 연료를 소비하였는가?
(c) (㎞/ℓ) : 1(ℓ)의 연료로 몇 ㎞를 주행하였는가?
(d) (M, P, G): mile per gallon : 1갤런으로 몇 마일을 주행하는가? 주로 승용차에 쓰여지는 단위.

# 1-6. 가솔린 엔진의 분류

(1) 실린더 배열에 의한 분류

① 직렬형 기관

② V형 기관

③ 수평 대향형 기관

(2) 밸브 설치 위치에 의한 분류

1) L 헤드 엔진 (L-head engine)

흡 / 배기 밸브가 실린더 블록에 나란히 설치되어 있으며 하나의 캠축으로 모든 밸브의 개폐를 할 수 있다.

I헤드 엔진에 비해 열효율이 낮기 때문에 오늘날에는 거의 사용되지 않게 되었다.

예) 2행정 엔진, 1/4T 짚차.

2) I 헤드 엔진 (I-head engine)

오버헤드 밸브 엔진(over head valve engine)이라고도 하며 흡/배기 밸브가 실린더 헤드에 설치되어있다.

밸브 배열은 직렬형 엔진에서는 일렬로 되어 있고 V-8형인 경우에는 각 뱅크마다 1열로 되어있는 경우와 2열로 되어 있는 경우가 있자.

다른 형식에 비하여 밸브 기구가 복잡하고 헤드의 냉각을 여유있게 하여야 하는 단점은 있으나 다른 형식에 비하여 고압축비로 하여 열효율을 증대시킬 수 있어 최근 거의 이 형식만 사용되고 있다. 예) 4행정 엔진

일반적으로 디젤 기관에 사용되는 오버헤드의 구성품은 캠축, 밸브 리프터, 푸시로드 및 로커암에 의해 구동되나 가솔린 엔진의 경우는 오버헤드 캠축을 사용하며 오버헤드 캠축 구성부품은 로커암과 밸브(또는 밸브 리프터)로 구성되며, 여기에는 1개의 캠축을 사용하는 싱글 오버헤드캠축 형식(SOHC)과 2개의 캠축을 사용하는 더블 오버헤드 캠축 형식(DOHC)이 있다. 오버헤드 밸브 엔진에서 비교적 고압축비로 할 수 있는 것은 연소실 체적을 비교적 작게 할 수 있기 때문이다.

3) F 헤드 엔진 (F-head engine)

흡입밸브는 I헤드 기관과 같이 실린더 헤드에 설치되어 있고 배기밸브는 L헤드 기관과 같이 실린더 블록에 설치되어 있다.

4) T 헤드 엔진 (F-head engine)

흡입밸브와 배기밸브로 분리하여 실린더 블록 양쪽에 설치되어 있다.

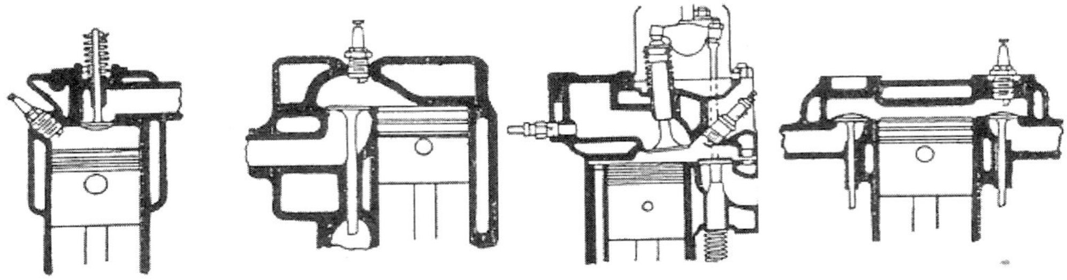

(a) I헤드 기관 (b) L헤드 기관 (c) F헤드 기관 (d) T헤드 기관

[ 밸브 설치 위치에 따른 분류 ]

## 1-7. 열역학적 사이클에 의한 분류

내연 기관의 경우는 기관 내부에서의 상태변화가 복잡하고 모든 변화가 비가역적이어서 실제 사이클로 취급하기는 어렵다. 그러므로 다음과 같은 가정 하에서 하나의 이상 사이클(ideal cycle)로 생각한다.

이상 사이클은 실린더 내에서의 동작 유체가 일정량의 완전 가스로 볼 수 있는 공기이고 정적, 정압, 단열 등의 가역변화를 하며 수열과 방열은 각기 다른 일원에 의하여 이루어지는 것으로 생각된다.

(1) 정적 사이클(Constant Volume Cycle) 또는 오토사이를(Otto Cycle) : 가솔린 엔진, LPG 엔진

㉠ 혼합기의 연소가 일정 체적 하에서 발생 - 2개의 정적 변화와 2개의 단열 변화로 사이클이 구성되어 있다.

그림에서와 같이 ①-⑦로 단열 압축된 공기가 ⑨-③에서 정적 하에 열량Q1,을 공급받고 온도와 압력이 상승된다.

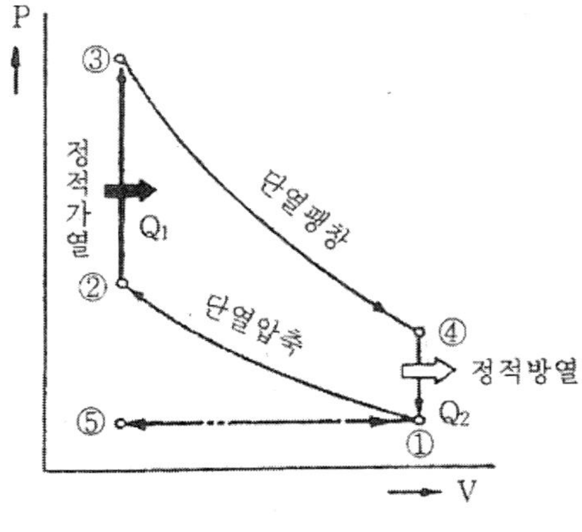


[ 오토 사이클의 지압선도 ]

① - ② 단열압축 PV
② - ③ 폭발(일정한 체적 밑에 열량 Q 1 을 공급)
③ - ④ 팽창행정 (단열 팽창)
④ - ① 배기시작(열량 Q 2를 방출)
① - ⑤ 배기행정
⑤ - ① 흡입행정

다음 ③-④에 따라 단열 팽창으로 외부에 대하여 일을 하고 ④-①인 정적 하에 Q2를 방출한다. 동작 유체인 공기가 ①에서 ④까지 순환하는 사이에 Q 1 - Q 2인 열량이 일로 변화되었으므로 이 사이클의 이론 열효율(theoretical thermal efficiency) 이 라고 하면

$$\eta_{th} = Q_1 - \frac{Q_2}{Q_1} = 1 - \frac{Q_2}{Q_1}$$

네 점에서의 온도를 각각 $T_1, T_2, T_3, T_4$ 라 하고 압축비를 ε 이라고 하면

$$\eta_{th} = 1 - \frac{T_4 - T_1}{\epsilon^{k-1}}(T_4 - T_1) = 1 - \left(\frac{1}{\epsilon}\right)^{k-1}$$

k : 비열비 = 1.4

(2) 정압 사이클(constant pressure cycle)
① 정압 사이클은 디젤 사이클이라고도 하며 저속 디젤기관의 기본 사이클이다.
② 연소가 일정한 압력 하에서 일어나는 것이며 공기 분사식 디젤기관(유기 분사식 : 공기의 영향을 받음) 이 이 사이클을 기준으로 하여 작동된다.

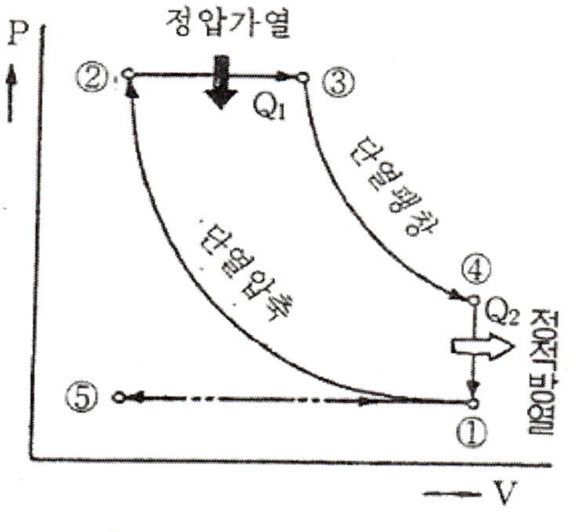


[ 정압 사이클 지압선도 ]

① - ② 압축 행정 (단열압축)
② - ③ 연료 분사 (정압가열)
③ - ④ 팽창 행정 (단열팽창)
④ - ① 배기 시작 (정적방열)
① - ⑤ 배기 행정
⑤ - ① 흡기 행정

그림에서 나타낸 바와 같이 가열이 ② - ③ 사이의 정압 하에서 그리고 방열은 ④ - ①인 정적 하에서 이루어진다.
이 사이클의 이론 열효율은 다음과 같이 구한다.

$$\eta_{th} = 1 - \left(\frac{1}{\epsilon}\right)^{k-1} \frac{\sigma^k - 1}{k(\sigma - 1)}$$

여기서, σ는 실제 사이클에서의 연료의 분사가 계속되는 기간의 길고 짧음에 대한 비율을 나타내며, 단절비 (cut off ratio) 또는 팽창비라고 한다.
위 식으로부터 정압 사이클의 이론 열효율은 ε 과 k만이 아니고 σ에 따라서도 달라지며 σ의 값이 커질수록 열효율이 저하된다.

(3) 정적 정압 사이클 또는 사바데 사이클
정적 및 정압 사이클(혼합 사이클)을 조합한 사이클이며 또는 사바데 사이클(constant volume and pressure cycle or sabathe cycle)이라 한다. 고속 디젤기관(무기 분사식 : 공기의 영향을 받지 않음)은 이 사이클을 기준으로 작동하는 기관이다.
① 연소가 일정 체적 하에서 일어난 후 다시 일정 압력 하에서 발생.
② 복합 사이클은 m이 1에 가까워지면 정압 사이클에, 그리고 σ가 1에 가까워지면 정적 사이클에 가까워진다.

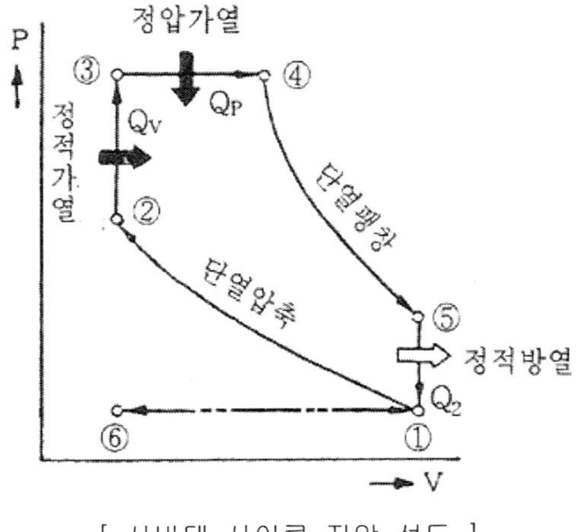

[ 사바데 사이클 지압 선도 ]

① - ② 압축 행정 (단열압축)
② - ③ 연료 분사 (정적가열)
③ - ④ 연료 분사 (정압가열)
④ - ⑤ 팽창 행정 (단열팽창)
⑥ - ① 배기 시작 (정적방열)
① - ⑤ 배기 행정
⑤ - ① 흡입 행정

$$\eta_{th} = 1 - \left(\frac{1}{\epsilon}\right)^{k-1} \frac{m\sigma^k - 1}{(m-1) + km(\sigma - 1)}$$

K : 비열비 (K = 1.4)
m : 압력 상승비 = 폭발비
σ : 차단비

## 1-8. 자동차용 원동기의 요구조건

① 출력 : 경량이고 소형일 것, 즉 단위 체적이나 단위중량마다 출력이 클 것.
② 운전성 : 요구되는 출력이나 회전속도의 변화가 크므로 이에 대한 추종성0 좋을 것, 즉 운전자의 생각대로 운전 상태가 쉽게 바꾸어질 수 있을 것.
③ 경제성 : 운전경비 즉 연료나 윤활유 및 기관의 정비·보수에 대한 비용이 적게 들고 기관 자체의 가격이 저렴할 것.
④ 내구성 :수명이 길고 정비하기가 용이할 것
⑤ 소음. 진동 : 운전 중 소음이나 진동이 적을 것.
⑥ 대기오염 : 유해한 가스 등을 배출하지 않을 것.

## 1-9. 기관의 제원과 성능

(1) 피스톤의 배기량(Piston Displacement)
피스톤이 실린더 내의 하사점(BDC)에서 상사점 (TOC)으로 행정을 할 때 배출되는 가스의 체적으로 각 실린더의 배기량과 전체 실린더의 총배기량으로 나타내며 총배기량은 엔진의 성능을 표시할 때 이용된다.

* 실린더 배기량(행정체적)= $V = \frac{\pi}{4} \times D^2 \times L$[㎤]

* 총 배기량= $V = \frac{\pi}{4} \times D^2 \times L \times N$[㎤]

* 분 당 배기량= $V = \frac{\pi}{4} \times D^2 \times L \times N \times R$ [㎤]

D : 내경[cm], L : 행정[cm], N : 실린더 수, R : 기관 회전수 ,
2사이클 : R (크랭크축 1회전에 1사이클 완성 )
4사이클 : R/2 (크랭크축 2회전에 1사이클 완성 )

[예제] 실린더의 직경 × 행정이 70mm × 90mm인 장행정 6기통 기관의 총 배기량은 얼마인가? (단, 4 사이클 기관이다. π = 3.14)

* 실린더 배기량= $V = \frac{\pi}{4} \times D^2 \times L = \frac{3.14}{4} \times 7^2 \times 9 \times 6 = 2077$cc

* 대우 라노스가 1500cc라는 것은 실린더 총배기량을 의미한다.

| [보충정리]<br>배기량 단위는 cc , ㎤ , ℓ 로 표시<br>1ℓ = 1000㎤ ( cc ) |
|---|

(2) 피스톤의 평균속도
크랭크축의 회전에 따라 피스톤은 상하 왕복운동을 하게 된다. 이때 상사점과 하사점에서는 정점(속도가 0)이 생기게 되고 그 평균속도는 다음과 같다.

$$\frac{2 \times L \times N}{60} = \frac{L \times N}{30} [m/s]$$

$L$: 피스톤 행정 $[m]$, $N$: 기관의 회전수$[rpm]$

* 기관의 회전수는 1분간의 회전수(rpm)이고 피스톤 평균속도는 초속(m/sec)이므로 60으로 나누며, 크랭크축 1회전(1 rpm)에 피스톤은 2회의 왕복운동을 한다.

[예제] 행정이 100mm, 엔진의 회전수 1500rpm인 4싸이클 기관의 피스톤의 평균속도는 ?

풀이) 5[m/s]

(3) 압축비 (Compression Ratio)

피스톤이 하사점 (B.D.C)에 있을 때, 윗부분의 실린더 체적과 상사점(T.D.C)에 있을 때 윗부분 연소실 체적의 비 즉 , 연소실 체적과 실린더 체적의 비를 말한다.

일반적으로 내연기관에서의 기관 열효율은 압축비를 상승시킬수록 향상되나 여기에는 이상연소 및 비정상 운전의 문제가 따르게 되어 어떤 한계성을 가진다.

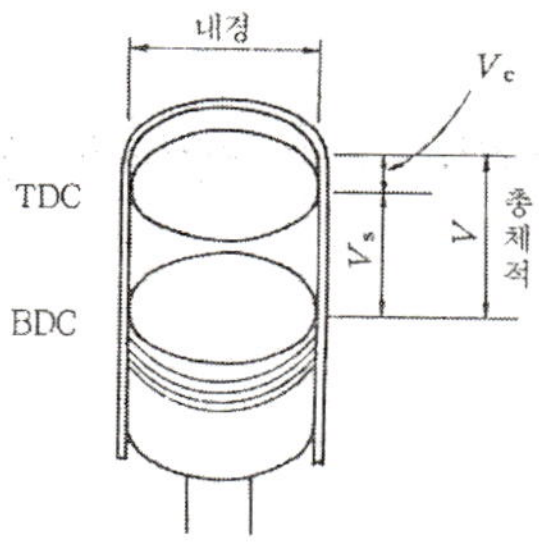


[행정과 내경]

$$\epsilon = \frac{V}{V_C} = \frac{V_S + V_C}{V_C} = 1 + \frac{V_S}{V_C}$$

$$V_S = V_C(\epsilon - 1)$$

$$V_C = \frac{V_S}{\epsilon - 1}$$

ε : 압축비 , V : 실린더 총체적 ,

Vs [stroke volume] : 배기량 = 행정체적 ,

Vc [[Clearance volume] : 연소실 체적

[보충정리]

① 행정 체적(stroke volume) : 피스톤의 단면적(A)과 행정과의 곱으로 표시되며 배기량이라고도 한다.

② 연소실 체적(clearance volume, Vc) : 피스톤이 상사점에 있을 때의 체적으로 간극용적 또는 극간 체적이라고도 한다.

③ 용적효율 : 흡입 행정시 실린더에 들어간 공기의 양과 대기압 상온에서 실린더 용적에 해당하는 공기량과의 중량비를 말하며 이 값은 엔진의 흡입 배출 능력을 나타낸다.

㉠ TDC (Top Dead Center) : 상사점

㉡ BDC (Bottom Dead Center) : 하사점

㉢ BTDC (Before Top Dead Center) : 상사점 전

㉣ ATDC (After Top Dead Center) : 상사점 후

[예제] 연소실 체적 40cc, 행정 칠적이 250cc인 기관이 있다. 압축비는 얼마인가 ?

* 정답 : 7.25

(4) 마력 (Horse power)
① 기관의 힘을 나타내는 단위
② 단위 시간에 하는 일의 양을 말한다.
③ 말 한 마리가 1초 동안에 75kg의 물체를 1m 움직이는 힘을 1마력. 1PS = $75Kg_f m/s$

| [보충정리 : 전력] |
|---|
| * P = V I [W] |
| * 1kW = 100W |
| * 1kW = 102 $Kg_f\ m/s$ |
| * 1PS = 0.736kW |

1) 지시마력 ( Indicated Horse Power = 도시마력 )
① 실린더 내에서 연료가 연소하여 피스톤이 상하운동을 하는 힘을 지압계로 측정하여 지압 선도로 나타내어 계산한 마력.
② 실린더 내에서 발생된 폭발압력에서 직접 구한 마력.

$$\text{지시 마력}\ (IHP) = \frac{P \times A \times L \times R \times N}{75 \times 60} = \frac{P \times V \times R \times N}{4500 \times 100}$$

P : 지시 평균 유효 압력 (kg/㎠), A : 실린더 단면적(㎠)
L : 행정 (m), N : 실린더 수
R : 회전수 ( 2사이클 - R , 4사이클 - R/2 )
* 4사이클은 2회전에 1회 폭발하므로 R/2
* 2사이클은 R이다.
V : 배기량 (cc = ㎤)

[예제] 기관의 총 배기량이 4500cc이고 지시 평균 유효압력이 5kg/㎠ , 회전수가 2500rpm인 4사이클 4기통 기관의 지시마력은?

풀이)

$$IHP = \frac{5 \times 4500 \times 2500}{75 \times 60 \times 2 \times 100}$$

2) 마찰마력 (Friction Horse Power : 손실마력)
마찰력은 기계 손실을 말하고 엔진이 동력을 전달할 때는 동력 전달에서 마찰 손실(25%)이

크며 75%정도가 실 기계효율이 된다.

FHP = IHP - BHP
IHP : 지시마력, BHP : 제동마력, FHP : 마찰마력

$$\text{마찰 마력 } (FHP) = \frac{F_r \times Z \times N \times V}{75} = \frac{F \times V}{75}$$

$$F = F_r \times Z \times N$$

F : 총 마찰력 [Kg], Fr : 링 한 개당 마찰력 [Kg], N : 실린더 수
Z : 실린더 당 링의 수 , V : 피스톤 평균속도 [m/sec]

[예제] 링 1개당 마찰력이 0.2[Kg]이고 1실린더당 링의 수는 4개이며 피스톤 평균속도는 15m/sec인 4행정 4실린더 기관의 마찰 손실마력은 얼마인가?

$$\text{마찰 마력 } (FHP) = \frac{F_r \times Z \times N \times V}{75} = \frac{0.2 \times 4 \times 4 \times 15}{75} = 0.64[PS]$$

3) 제동마력 (Brake Horse Power : 축마력 , 정미마력)
① 제동마력(축마력 = 정미마력)이란 엔진에서 동력이 소요되는 발전기 , 물펌프 , 펜소음기 기타 부속품을 제거하고 엔진 정격 속도에서 전달할 수 있는 동력의 량.
② 표준 운전 상태에서 흡, 배기장치를 포함하여 모든 부품을 갖춘 기관이 크랭크축에서 내는 마력으로, 기관동력계에서 구해진 기관의 회전속도와 회전력으로 구하는 마력이다. 실제 기관의 출력을 표시하는 마력이다.

$$\text{제동 마력 } (BHP) = \eta \times IHP$$

$$\text{제동 마력 } (BHP) = \frac{2\pi \cdot P \cdot r \cdot N}{75 \times 60} = \frac{P \cdot r \cdot N}{716} = \frac{T \times N}{716} [ps]$$

η : 기계효율(%), P : 실린더 내의 전압력(kg), r : 크랭크 암의 회전반경(m), T : 회전력 = P · r (Kg-m), N : 회전수(rpm)

[예제] 기계효율이 80%인 기관에서 지시마력이 72[ps]이다 제동마력은 얼마인가?

풀이 : BHP = 0.8 × 72 = 57.6[PS]

[예제] 다이나모메터(Dynamometer) 암의 길이 0.5m , 하중이120kg , 회전수가 2500rpm 일 때 4행정 4실린더 기관의 정미마력은 ?

풀이 :

$$제동\ 마력\ (BHP) = \frac{0.5 \times 120 \times 2500}{716} = 251[PS]$$

4) 연료마력 (Petrol Horse Power)
기관의 성능 시험 시 사용되는 연료의 열량 , 소비량 , 시험시간 등에 의해 측정하여 얻은 마력이다.

$$① 연료\ 마력\ (PHP) = \frac{60 \times C \times W}{632.3\ t} = \frac{C \times W}{10.5\ t}$$

PHP : 연료 마력 [PS]
C : 엔진의 저위 발열량 [Kcal/Kg]
W : 사용 연료중량(무게)[Kg] (중량[Kg] = 연료사용량(체적)[Kg, ℓ] × 비중)
t : 측정시간 (min)

$$② 연료\ 마력\ (PHP) = \frac{60 \times C \times W}{2545\ t} = \frac{C \times W}{42.4\ t}$$

C : 엔진의 저위 발열량 [BTU/ℓb]
W : 연료의 중량[ℓb]
⋆ 가솔린 1Kg의 열량 = 632.3[Kcal]
⋆ 가솔린 1lb의 열량 = 2545[BTU]

[예제] 연료마력이 120[PS]인 라노스 엔진에 비중이 0.72 , 발열량이 10500[Kcal/Kg]인 연료를 사용하여 20분간 시험하였다 이때 소비된 연료의양[Kg]은 얼마인가?

풀이)

$$연료\ 마력\ (PHP) = \frac{C \times W}{10.5\ t}$$

$$W = \frac{120 \times 10.5 \times 20}{10500 \times 0.72} = 3.3\ [Kg]$$

6) SAE 마력 (Society of Automotive Engineers)
도시마력을 간략하게 표시한 것이며 차량의 세금을 부과하는데 사용되므로 과세마력 또는 공칭마력이라고 한다. SAE마력은 실린더 내경과 실린더 수를 알면 구할 수 있다.

① 실린더 내경이 [inch]인 경우

$$SAE\ 마력 = \frac{D^2 N}{2.5}$$

[조건] - 피스톤 평균속도 : 1000[ft/min]
- 평균 유효 압력 : 90[psi]
- 기계 효율 : 75[%]

D : 내경 [inch]

N : 기통 수

② 실린더 내경이 [mm]인 경우

$$SAE\ 마력 = \frac{M^2 N}{1613}$$

[조건] - 피스톤 평균속도 : 5[m/sec]
- 평균 유효 압력 : 6.33[kg/㎠]
- 기계 효율 : 75[%]

M : 내경 [mm]

N : 기통 수

[보충정리]
과세 마력은 일정한 기준치 하에서 공정한 수를 산출한 것이므로 막연히 실린더 내경과 기통 수에 의해서만 산출 할 수 없어 피스톤의 평균속도, 평균 유효 압력, 기계효율을 일정한 수치로 규정한 후 내경과 기통수로서 계산 된다.

[예제] 실린더 내경× 행정이 78㎜× 78㎜일 때 4기통 기관의 SAE마력은 얼마인가 ?
풀이)

$$SAE\ 마력 = \frac{M^2 N}{1613} = \frac{78^2 \times 4}{1613} = 15.09[PS]$$

[예제] 내경이 4.2 " 인 엔진이 5000[rpm]으로 회전하고 있을 때 이 기관의 SAE마력은 (단 4사이클 V - 6기통의 엔진이다)
풀이)

$$SAE\ 마력 = \frac{D^2 N}{2.5} = \frac{4.2^2 \times 6}{2.5} = 42.34[PS]$$

(4) 기관의 효율

① 실제 일로 변한 열에너지와 기관에 공급된 열에너지와의 비

② 열효율은 연료압력과 연료 출력 에너지와 관계

③ 열에너지는 연료가 연소할 때의 열의 양
④ 이 열은 대부분 실린더 벽이나 냉각장치에 손실되며 나머지 부분은 배기가스로 손실되어 피스톤을 하강하는데 아무 영향을 주지 못하고
⑤ 아주 적은 양이 열효율로 25%이상 유지하도록 한다.
* 가솔린 기관 : 약 25 ~ 32%
* 디젤 기관 : 약 32 ~ 38%

1) 제동 열효율

$$\frac{\text{실제로 일로 변한 열에너지}}{\text{기관에 공급된 열에너지}} \times 100[\%]$$

$$= \frac{632.3 \times BPS}{B \times C} \times 100[\%]$$

$$= \frac{860 \times KW}{B \times C} \times 100[\%]$$

BPS : 제동마력 , B : 제동 연료 소비율 (Kg/ps-h)
C : 연료의 저위 발열량(Kcal/Kg)
632 : 1마력 1시간당의 일량(Kcal), 1(PS· h) = 75× 3600× 1/427≒632(Kcal)
* A : 일의 열당량 = $\frac{1}{427}(Kcal/Kg_f \cdot m)$

[예제] 500ps를 발생하는 디젤 기관의 시간당 연료 소비량이 98Kg 이고 발열량이 10500(Kcal/Kg)이다. 이 기관의 열효율은 얼마인가?
단 1ps-h = 632.3Kcal 이다

풀이)

$$\frac{632.3 \times 500}{10500 \times 98} = 31(\%)$$

2) 기계효율 ($\eta_m$) (Mechanical Efficiency)
실린더 내에서 실제로 발생된 지시마력에서 기관의 운전 중 각부의 마찰, 기타에 의해 손실되어 발생된 정미마력과의 상호 관계이다.
4cycle : 약80 ~ 85%
2cycle : 약60 ~ 83%

$$\eta_m = \frac{제동일}{지시일} \times 100[\%]$$

$$\eta_m = \frac{제동마력}{지시마력} \times 100[\%]$$

$$\eta_m = \frac{제동평균유효압력}{지시평균유효압력} \times 100[\%]$$

[예제] 지시마력이 85ps이고 제동마력이 72ps라면 기계효율은 얼마인가?

풀이) 기계효율 = 제동마력/지시마력
정답 : 85%

[보충정리 : 기계 효율의 증가 요인]
① 저항을 줄인다.
㉠ 윤활을 한다.
㉡ 접촉면적이 큰 베어링을 사용하여 압력을 분산 시킨다.
㉢ 볼 베어링, 롤러 베어링을 사용(미끄럼 접촉 → 구름 접촉)한다.
㉣ 섭동면의 가공 정밀도를 높인다.
㉤ 마찰계수가 작은 재료를 사용한다.

② 사이클 중의 유해한 힘을 줄인다.
㉠ 연소 속도를 높여서 점화 전진을 줄인다.
㉡ 편심, 커넥팅 로드의 길이를 길게 하여 피스톤의 측압을 줄인다.

③ 관성을 줄인다.
㉠ 섭동부분의 중량을 감소시킨다.
㉡ 실린더 수를 증가한다.

④ 기관의 평형을 좋게 한다.
⑤ 보조기구의 구동에 요하는 출력을 줄인다.
⑥ 배기가스의 배출을 방해하는 저항을 적게 한다.

3) 용적(체적) 효율 (Volumetric Efficiency)
용적 효율이란 흡입 행정 시 실제로 실린더 내에 들어간 공기량과 대기압 상온 하에서 실린더 용적에 해당하는 공기의 중량 비

$$\text{용적(체적) 효율}(\eta) = \frac{\text{실제로 흡입된 공기량 (중량)}}{\text{실린더 용적이 차지할 수 있는 공기량 (중량)}} \times 100\%$$

$$= \frac{\text{흡기량}}{\text{실린더 총 배기량(총행정체적)}} \times 100\%$$

[예제] 직경×행정이 78mm × 78mm인 4사이클 4기통 기관에서 실제로 흡입된 공기량이 1120.7cc라면 체적 효율은 ?

정답 : 75.2%

4) 열효율

① $\text{열효율} = \frac{\text{유효 발생마력}}{\text{실린더 내에 공급된 연료의 소비량}} = \frac{\text{일로 변환된 열에너지}}{\text{기관에 공급된 열에너지}} \times 100$

② $\text{열효율}(\eta) = \frac{632.3 \times \text{출력}}{\text{시간당 연료소비량}(kg/hr) \times \text{연료의 저위 발열량}(kcal/kg)} \times 100$

(출력을 Ps로 줄 경우)

$$\text{열효율}(\eta) = \frac{860 \times \text{출력}}{\text{시간당 연료소비량}(kg/hr) \times \text{연료의 저위 발열량}(kcal/kg)} \times 100$$

(출력을 kW 로 줄 경우)

③ $\text{체적효율} = \frac{\text{실제흡입된양}}{\text{흡입할수있는양}} \times 100 = \frac{\text{실제흡입된양}}{\text{총배기량}} \times 100$

$$\text{총배기량} = \frac{\pi}{4} D^2 LN \quad [cm^3 = cc]$$

D = 실린더 내경 (cm ), L = 행정 (cm ), N = 기통수

(5) 기관의 성능곡선 (Performance cure of an engine)

기관에 대한 여러 가지 성능을 선도로 표시함 것이며 출력(PS), 회전력($Kg_f - m$), 연료소비율( g/ps·h )을 표시한 것이다.

기관의 성능이란 실린더 내에서 압력의 변화, 기관의 회전속도, 출력, 연료소비율 등 기관의 능률과 관계되는 사항을 말한다.

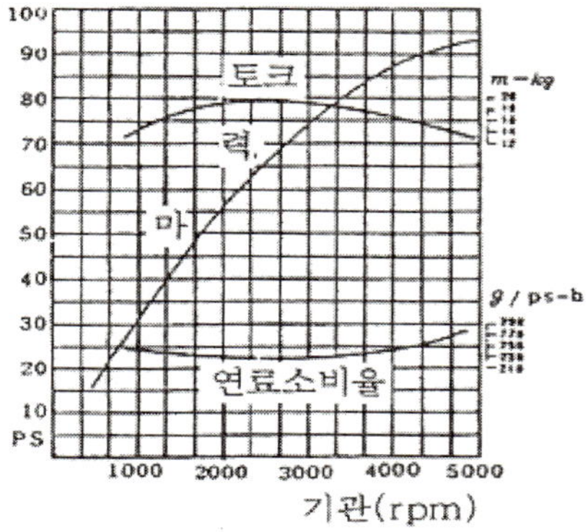


[ 기관의 성능 선도 ]

1) 출력
회전수가 상승함에 따라 급증하나 고속에서는 체적효율이 저하되는 관계로 증가하지 못한다.
2) 회전력
기관이 중속으로 회전할 때가 가장 크다.
3) 연료 소비율
최대 회전력을 나타내는 중속 부근에서 최소값이다.

(6) 지압선도 ( P - V 선도)

1) 지압선도
지압기를 이용하여 실제 기관의 운전 상태로부터 얻은 P-V선도를 말하며 실린더 내의 가스의 상태 변화를 압력, 체적, 즉 압력과 피스톤 행정과의 관계를 표시한 것을 말한다.

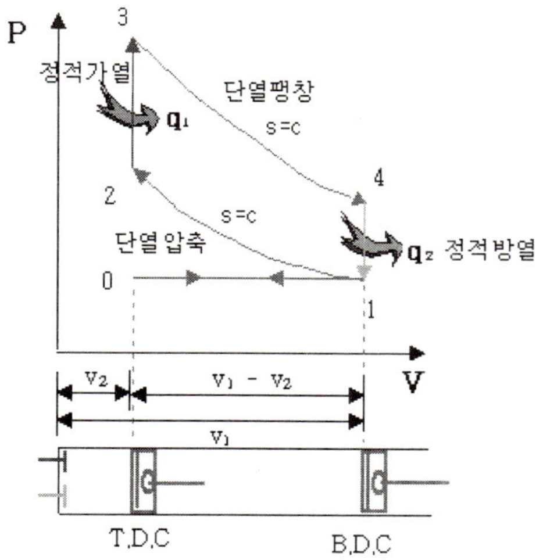


[ 4사이클 기관의 지압선도 ]

2) 지압 선도의 사용 목적

① 기관의 운전상태 확인

② 기관의 출력 계산

3) 지압 선도로서 알 수 있는 것

① 연료 분사 밸브의 개폐시기 적부

② 압축 압력 및 최고 압력의 크기와 연소 상태

③ 흡, 배기 밸브의 개폐시기 적부

④ 평균 유효압력 및 도시마력 산출

4) 지압기의 종류

지압기의 원리는 실린더 내의 압력변화를 피스톤 또는 수압막(受壓膜)이 받아 그변위를 확대 기록한 것인데 그 종류는 다음과 같다.

① 기계적 지압기

② 광학적 지압기

③ 전기적 지압기

④ 압력 평형식 지압기

⑤ 압전형 지압기

# 제2장 기관의 주요부

[보충정리 : 엔진분해 순서 ]

① 고압 케이블 → 점화플러그(점화플러그 렌치사용 : 21mm)를 제거한다.
② 점화코일 → 배전기 → 기화기 → 수온조절기 하우징 → EGR밸브를 탈거한다.(12mm 소켓, 스피드 핸들 사용)
③ 흡기다기관 → 연료펌프 → 배기다기관(12mm소켓 , 스피드 핸들)
④ 오일 여과기(필터 전용공구) → 물펌프 및 크랭크축 풀리를 탈거한다.(12mm소켓 , 스피드 핸들)
⑤ 타이밍 커버 상/하를 탈거(10mm소켓 , 스피드 핸들) → 텐션너 베어링 및 타이밍 밸트(12mm소켓 , 스피드 핸들) → 캠축 풀리(17mm소켓 , 복스)를 분리 한다
⑥ 크랭크축 풀리 및 스프로켓 → 로커암 커버 및 로커암 어셈블리를 탈거한다(19mm, 12mm, 10mm소켓 , 스피드 핸들)
⑦ 리어커버, 플랜지 볼트, 드러스트 케이스(10mm, 12mm소켓 , 스피드 핸들) → 캠축은 고무 헤머를 이용하여 뒤족으로 탈거(17mm소켓 , 힌지 핸들) → 실린더 헤드를 탈거(8mm육각 헤드렌치 , 중간연결대, 힌지핸들 , 스피드 핸들)
⑧ 오일팬 → 오일 스트레이너(10mm소켓 , 스피드 핸들) → 프런트 케이스(오일펌프)를 탈거 (12mm소켓 , 스피드 핸들) → 피스톤, 커넥팅 로드 어셈블리 탈거(14mm소켓 , 힌지핸들) → 플라이휠 탈거(19mm소켓 , 힌지핸들, 스피드 핸들)
⑨ 크랭크축 오일실 케이스 탈거(10mm소켓 , 스피드 핸들) → 크랭크축 메인 베어링 캡 탈거(17mm소켓 , 힌지 핸들) → 크랭크축을 들어낸다.

※ 조립은 분해의 역순

## 2-1. 실린더 헤드 (Cylinder Head)

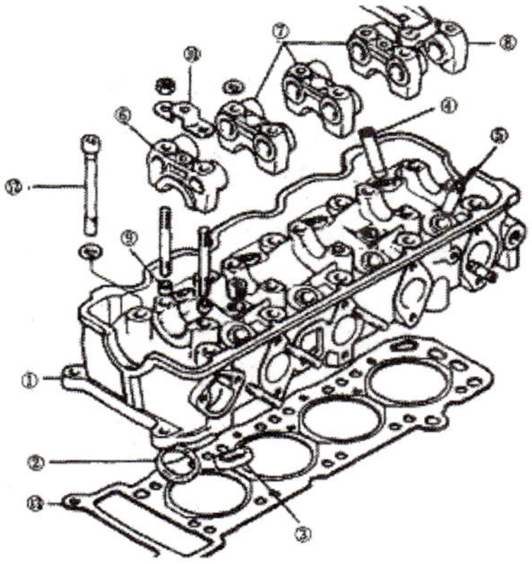

① 실린더 헤드 ② 흡입 밸브 시트링 ③ 배기 밸브 시트링 ④ 배기 밸브 가이드 ⑤ 흡입

밸브 가이드 ⑥ 베어링 캡 (앞) ⑦ 베어링 캡 (중앙) ⑧ 베어링 캘 (뒤 ) ⑨ 부싱 ⑩ 로커암 커버 브래킷 ⑪ 버플판 ⑫ 실린더 헤드 볼트

[ 실린더 헤드 ]

(1) 실린더 헤드의 기능
실린더 헤드 개스킷(cylinder head gasket)을 사이에 두고 실린더 블록에 볼트로 설치되며 밸브, 점화 플러그가 설치된다. 그리고 피스톤, 실린더와 함께 연소실을 형성하며 기밀과 수밀을 유지한다.

(2) 실린더 헤드의 재질
실린더 헤드에 경합금(주철, 알루미늄 합금)을 사용하는 이유 : 주철에 비해 열전도 특성이 좋기 때문에 연소실의 온도를 낮게 할 수 있어 조기점화(pre-ignition)의 원인이 되는 열점(hot spot)이 잘 생기지 않고 또 압축비를 높일 수 있는 이점이 있다. 그러나 팽창이 크기 때문에 변형이 생기기 쉽고 또 부식이나 기타 내구성이 작은 결점이 있다.

[보충정리]
① 조기점화(프리 이그니션 , 과조착화) : 가솔린 기관에서 연소실에서 형성된 열점에 의하여 정상 점화시기 이전에 연료가 연소되는 현상으로 표면착화 또는 과조 착화라고도 한다. 원인은 점화 플러그 과열이다.

② 열점 : 열이 국부적으로 집결된 부분을 말하며 연소실 벽이나 밸브 헤드의 주변의 돌출물 등에 생기는 일이 있다.

③ 내구성 : 오래 동안 견딜 수 있는 성질

(3) 형태
일체식과분할식이 있다.

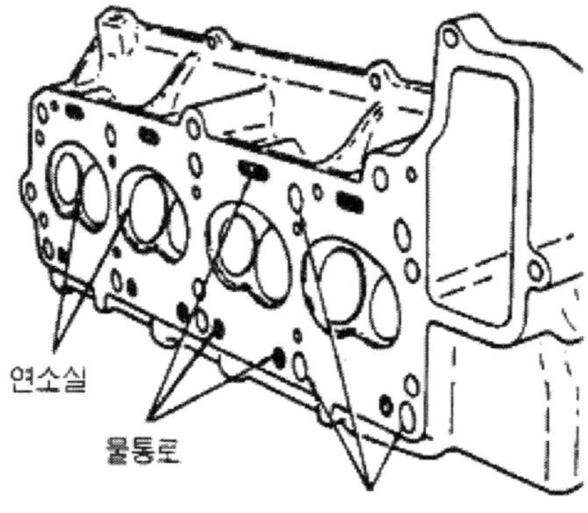


[ 실린더 헤드 ]

(4) 점검 및 정비

1) 변형
① 원인
㉮ 실린더 헤드볼트 작업 불량 (볼트 이완 : 방열기에서 기포 발생)
㉯ 실린더 헤드 개스킷 불량
㉰ 엔진의 과열, 과냉
㉱ 재질 불량, 제작시 열처리 불량

[보충정리 : 실린더 헤드볼트 작업]
① 안에서 밖으로 대각선으로 조이고. 밖에서 안으로 대각선 방향으로 복스 렌치를 사용하여 푼다.

② 조일 때는 반드시 토크 렌치를 사용하여야 하며 여러 번 나누어서 작업을 하여야 한다.

③ 실린더 헤드가 잘 떨어지지 않을 때
ⓐ 고무 해머로 가볍게 충격을 가한다.
ⓑ 호이스트 자중을 이용하거나 기관의 압축 압력을 이용한다.
ⓒ 정이나 드라이브, 쇠망치를 사용해서는 안 된다.

② 영향
㉮ 압축가스의 누기(blow-by)
㉯ 냉각수 누수
㉰ 엔진오일의 누유

③ 변형 점검 계측기 : 직각자(직정규)와 간극 게이지, 필러게이지, 디그니스 게이지

④ 점검 개소 : 6개소 또는 7개소

⑤ 변형 한계값 : 0.2mm

⑥ 수정 방법 : 평면연삭기로 연마 수정

⑦ 수정 후 영향
㉮ 실린더헤드를 연마하면 압축비가 증가하게 된다.
㉯ 실린더헤드를 연마하면 실린더헤드 개스킷 두께로 조정하여야 한다.

2) 균열
① 원인

㉮ 기관의 열파 나 동파
㉯ 재질 및 열처리 불량

② 영향
㉮ 기관 작동 불능
㉯ 누기, 누수, 누유 현상 발생
㉰ 진동 및 소음 증대

③ 검사 방법 : 육안 검사 , 자기 탐상 검사 , 염색 탐상법(형광 물질 탐상법) , 비파괴검사 방법으로 한다.

④ 수정 : 리베팅하거나 저온 용접을 한다.

## 2-2. 연소실 (Combustion Chamber)

연소실은 실린더 헤드 및 피스톤에 의해 형성되고 혼합기의 연소와 연소 가스의 팽창이 시작되어 동력을 발생하는 곳으로 밸브 및 점화 플러그가 설치되어 있다. 이론상 열효율 및 연소실의 체적은 압축비에 따라 정해지며 혼합기를 연소시킬 때 높은 효율을 얻을 수 있는 형상으로 설계되어야 한다.

(1) 연소실의 구비조건
① 화염전파에 요하는 시간을 최소로 짧게 할 것.
② 가열되기 쉬운 돌출부를 두지 말 것.
③ 압축행정 끝에 와류를 일으키게 할 것.
④ 연소실 내의 표면적은 최소가 될 것.
⑤ 밸브면적을 크게 하여 흡배기 작용을 원활히 할 것.

(2) 가솔린 연소실 종류

1) 오버 헤드 밸브 엔진 연소실 ( I - head형 연소실 )
구조가 복잡하다. 그러나 가장 이상적인 연소실이 얻지므로 압축비를 높일 수 있고 밸브의 면적도 크게 할 수 있어 열효율, 체적효율이 높아져 출력의 증가를 도모할 수 있어 현재 오버 헤드 밸브엔진이 거의 사용되고 있다. 연소실에는 다음과 같은 것이 있다.

① 반구형 연소실(semi-spherical type)
㉠ 연소실의 체적당의 표면적(표면적/체적비)이 작아 열손실이 적다.
㉡ 점화플러그의 위치가 알맞아 화염전파 거리가 최소가 된다.
㉢ 밸브 지름을 크게 할 수 있다. 또 밸브 구멍의 배열을 알맞게 할 수 있어 체적 효율을 높일 수 있다. 이 연소실은 큰 스퀴시부(squish area)를 둘 수 없으나 흡기구멍을 오프셋하여 흡입 혼합기에 와류를 줌으로써 단위 실린더 체적당의 출력을 높일 수 있다.

[보충정리]
A. 스퀴시부 :피스톤 헤드의 일부와 실린더 헤드 사이에 만들어지는 작은 간극(와류를 촉진시킨다)

B. 열효율(thermal efficiency) : 기관에 공급된 연료의 총열량과 일로 변환한 열량과의 비를 열효율이라 하며, 이론 열효율, 도시열효율, 재동열효율 등으로 나눈다.

② 쐐기형 연소실(wedge type) : 이 연소실은 밸브를 실린더 헤드에 일렬로 배열할 수 있어 밸브 기구가 비교적 간단하게 된다(밸브가 수선에 대하여 20"의 각도를 두고 설치된다). V형 기관에 사용. 특징은 다음과 같다.
㉠ 고압축비를 얻을 수 있어 열효율이 높다.
㉡ 혼합기의 와류작용이 좋아 혼합기가 완전 연소된다.
㉢ 혼합기의 연소속도가 낮아 압력상승이 급격하지 않으므로 연소에 의한 운전의 거칠 음이 없다.
㉣ 연소실의 스퀴시부에 혼합기가 냉각되기 때문에 노킹이 억제되어 저옥탄ㄱ-의 연료를 사용할 수 있다.
㉤ 점화 플러그가 연소실의 중앙부에 설치되므로 화염 전파 시간이 짧게 된다.
㉥ 카본 퇴적물에 대해 둔감하다.

③ 지붕형 연소실(pentroat type) : 연소실의 꼭대기 각도를 90" 정도로 하면 반구형과 비슷하게 되므로 그것과 동일한 특징을 가지고 있다.(반구형의 개량형)

④ 욕조형 연소실(bath tubtype) : 고압축비를 얻을 수 있으며 반구형과 쐐기형의 중간형이라 생각할 수 있으며 모양이 간단하므로 정밀한 치수로 가공할 수 있다. 엔진의 실린더 직경이 큰 경우 큰 직경의 밸브를 설치할 수 있고 스퀴시부를 적당히 선정하여 와류의 정도를 크게 할 수 있다(이 연소실은 유럽 특히 영국차에 많이 이용한다).

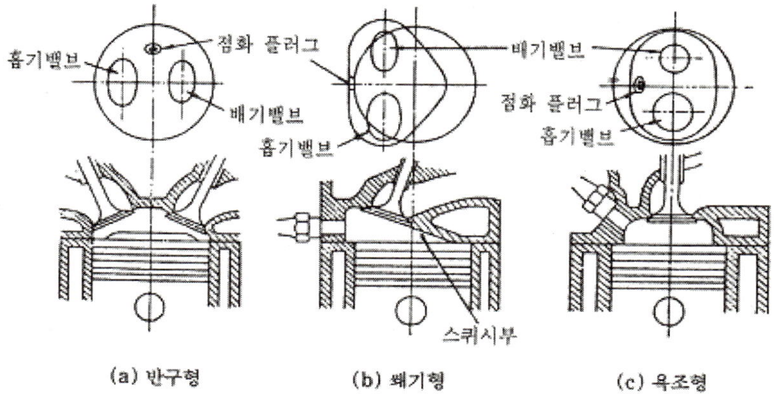


[ 연소실의 형상과 밸브 배치(I - Head ) ]

2) L-헤드형 연소실 (사이드 밸브식)

실린더 블록의 윗면 한쪽에 흡·배기 밸브가 설치되어 있어, 밸브 위치가 캠축에 가까워 밸브 기구가 간단하여 소음이나 진동이 적다. 실린더 헤드의 -구조가 간단하여 엔진의 높이도 낮게 할 수 있다. 그러나 오버헤드 밸브식 (I-Head)만큼 고압축비를 얻을 수가 없고 또한 혼합기의 흡입 통로가 구부러지기 때문에 체적 효율이 낮으며 열효율이나 출력이 오버 헤드 밸브식에 미치지 못하므로 오늘날에는 거의 사용되지 않고 있다. L헤드 연소실의 종류는 다음과 같다.

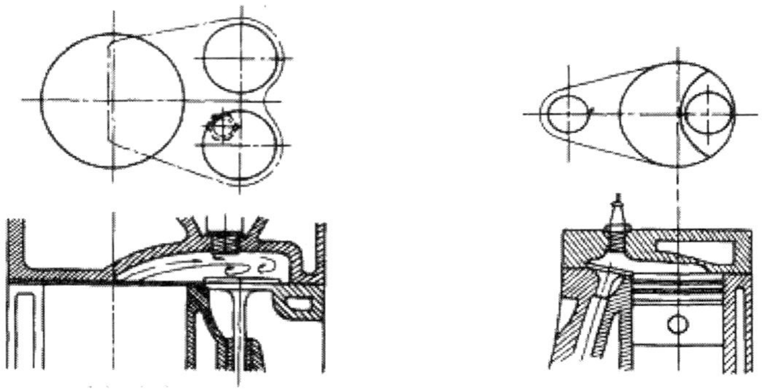

[ L - 헤드형 및 리카도형 연소실 ]

① 리카도형 (ricardo type) : 열효율이 가장 좋다.
② 제인웨이형 (janeway type)
③ 와트모우형 (whatmough type)
④ 편평형 (flat type)

3) F - 헤드형 연소실

흡기밸브를 실린던 헤드에 배기밸브는 실린더 블록에 설치한 것으로 오버헤드 밸브식과 헤드형(사이드 밸브식)의 중간형이며 다음과 같은 특징이 있다.

① 밸브 면적을 크게 할 수 있고 또 밸브 주위가 충분히 냉각되기 때문에 흡·배기가 원활하게 된다. 따라서 흡·배기 효율이 높아지고 동시에 흡기 다기관과 배기 다기관을 분리하기 쉽다.
② 연소실이 콤팩트하여 화염 전파거리가 짧게 되고 노킹도 덜 일어난다.
③ 밸브기구가 복잡하게 되는 결점이 있으며 L헤드형과 같이 고압축비를 얻기에는 적당하지 않다.

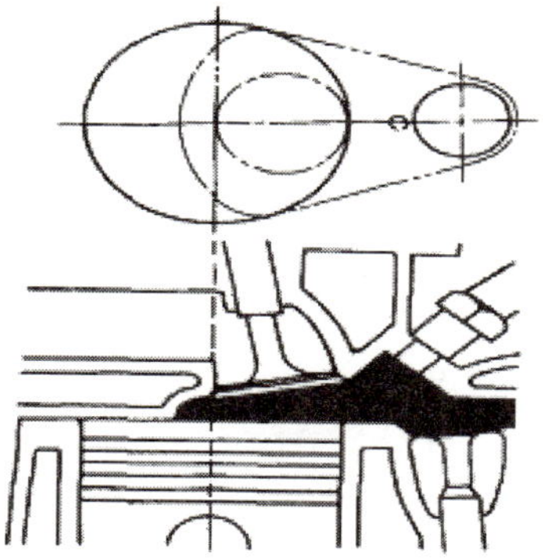

[ F - 헤드형 연소실 ]

4) 저공해 연소실

① 특징 : 흡입 또는 압축 행정시 혼합 가스에 강한 와류를 주어 연소속도를 빠르게 하고 완전연소에 가깝도록. 설계 재작한 연소실

② 종류
㉠ 부연소실식 : 주연소실 이외에 부연소실을 별도로 설치
㉡ 난류생성 포트식 : 와류를 형성시킬 수 있는 난류 생성 구멍을 만들어 흡기시 강한 와류가 발생 도록 한 것
㉢ 부흡기 밸브식 : 일명 제트밸브(간극 : 0.17 ~ 0.25㎜)라고도하는 흡기 밸브를 하나 더 두어 흡기시 와류가 형성 되도록 한 것으로 1실린더에 흡기밸브2 개와 배기밸브 1개가 설치 된다.
㉣ 흡입 가이드식 : 흡기밸브와 배기밸브 사이에 둔턱을 두어 흡기시 둔턱의 곡선에 따라 와류가 발생 되도록 설계한 것
㉤ 1실린더 2플러그식 : 1실린더에 점화플러그를 2개씩 두고 동시에 점화시키므로 희박한 혼합기라도 연소속도를 빠르게 하여 완전 연소가 되도록 한 것
- 배기가스가 재순환 되어도 연소시간에 거의 영향을 주지 않는다.
- EGR허용 한계를 확대시켜 저공해 연소가스 배출
㉥ 1실린더 4밸브식 : 1실린더에 흡배기밸브를 2개씩(캠축수 2개) 두어 흡배기 효율을 높이고 와류가 발생하도록 한 것으로 DOHC의 형태로 한다.

(3) 디젤 기관 연소실

① 단실식 : 연료가 연소실에서 직접분사 되어 연소가 잘되며, 다공형 노즐을 사용.
㉮ 직접 분사실식이라고도 한다.
㉯ 분사압력이 가장 높아 ( 150 ~ 300㎏/㎠) 예열플러그가 필요 없다.
㉰ 시동이 용이하고 열효율은 높으나 노킹이 잘 일어난다.
㉱ 구멍형 (다공형 ,단공형)노즐을 사용.
㉲ 열효율이 높아 연료소비가 적다.

② 복실식

㉮ 예연소실식 : 연료가 예연소실에 분사되어 일부가 연소되며, 압력이 상승하면 주연소실로 분사되어 공기와 혼합하여 완전연소 된다.

㉠ 연소상태가 양호하고 디젤노크를 방지한다.

㉡ 분사압력이 낮아 연료장치의 고장이 작다.

㉢ 시동이 불량하여 예열플러그가 필요.

㉣ 직접분사식에 비해 연료소모가 많다.

㉯ 와류실식 : 압축 행정 중 강한 와류가 생기며, 여기에 연료가 분사되어 착화한 후 주연소실로 분사되어 완전연소 된다.

㉠ 강한 와류를 이용함으로 회전속도 및 평균유효압력이 높다.

㉡ 분사압력이 낮아도 되며, 고속회전이 용이하다.

㉢ 저속에서 디젤노크가 일어나고 기관 시동시 예열플러그가 필요

㉣ 직접분사식과 예연소실의 중간

㉰ 공기실식 : 압축행정 중 공기가 공기실에 저장되며 연료는 주연소실에 분사되어 피스톤 하강시 공기가 분사되어 완전연소

㉠ 시동이 직접분사식 다음으로 잘된다.

㉡ 연료 최고압력이 낮다(열효율이 가장 낮다)

㉢ 예열플러그를 사용하지 않는다.

㉣ 연소가 완만하게 진행되어 열손실이 많다(후기 연소가 길다).

[보충정리]

(1) 주철 (CAST IRON) : 주조용 재료로서 탄소량은 2.5~4.5% 정도. 탄소의 상태와 파단면의 색으로 분류하면 백주철(white cast iron), 회주철(grey cast iron) 및 반주철(mottled cast iron)의 3종류가 있으며 장·단점은 다음과 같다.

① 용융점이 낮고 유동성이 우수하다.

② 마찰저항이 우수하다.

③ 압축 강도가 우수하다.

④ 단위 무게당 값이 싸다.

⑤ 녹이 잘 생기지 않는다.

(2) 특수주철 : 니켈이나 크롬 등을 첨가한 것으로 내마멸성, 내열성, 내식성 등을 개선시킨 것으로 합금주철, 가단주철, 칠드주철 등으로 나눈다.

① 합금주철 : 브레이크 드럼 , 파이프 , 라이너 등에 사용

② 가단주철 : 브레이크 슈, 스프링 , 브래킷, 섀클, 페달 등에 사용

③ 칠드주철 : 용융된 선철에 망간을 가하여 급냉 시키면 표면이 탄화철로 되는데 롤러 ,차축, 실린더 라이너등에 사용

(3) 알루미늄 : 알루미늄은 광석인 보크사이트를 사용하여 제련하는데, 그 특징은 비중이 작다(2.7), 용융점이 낮다(660℃), 절연성이 좋다(구리 다음), 전기 및 열의 전도성이 좋다는 점을 들 수 있다.

① 알루미늄 합금 : Y합금 : Al-Cu-Mg-Ni계 :피스톤, 실린더 헤드 ② 알루미늄 함금은 열전도가 우수하기 때문에 연소실의 온도를 낮게 할 수 있어 엔진의 체적 효율 등을 낮게 할 수 있다.

| [보충정리 : 용어] |
|---|
| ① 와류 : 혼합기가 연소실 내에서 소용돌이치는 현상. |
| ② 화염전파거리 :스파크 플러그의 중심전극에서 연소실 끝부분까지 거리 |
| ③ 콤팩트(compact) : 작은 |

(4) 연소실 모양

1) 턴플로형식
흡입 및 배기밸브가 같은 쪽에 설치되어 있기 때문에 밸브계통의 구조가 간단하게 되어 OHC식에서도 사용할 수 있으며, 쐐기형 연소실을 사용하고 흡입 효율이 낮다.

2) 크로스플로형
흡/배기 밸브가 양쪽에 분리되어 설치되어 있기 때문에 흡기 및 배기행정에서 가스흐름이 잘 되어 흡입효율이 높고 배기가스에 의한 흡입온도 상승을 피할 수 있다. 크로스플로형식즌 OHC 또는 DOHC엔진에 주로 사용된다.

(5) 점검 및 정비 (카본 부착)
① 원인 : 불완전연소 가스에 의해 생성
② 영향 : 열점의 원인
③ 측정 : 압축압력 게이지
④ 수정 : 압축압력이 110% 이상일 때 분해 정비

| [보충정리] |
|---|
| ㈜ 실린더 내의 연소 속도에 영향을 주는 조건<br>- 흡기 및 배기 압력의 영향<br>- 혼합비의 영향<br>- 흡기 온도의 영향 |
| ㈜ 기관 해체 정비 시기는 보통 압축 압력의 70%이하 일 때 실시 |
| ㈜ 1실린더 3밸브란 : 흡기 밸브 2개 배기밸브 1개 |
| ㈜ 연소 상태에 영향을 주는 조건<br>- 기관 온도<br>- 연소실 모양<br>- 피스톤의 속도 |

## 2-3 실린더 헤드 개스킷 (Cylinder Head Gasket)

(1) 기능 : 실린더헤드와 실린더블록 사이에 설치되어 기밀. 수밀. 유밀을 유지한다.

(2) 종류

① 보통 개스킷

동판이나 강판으로 석면 (asbestos)을 싸서 만든 것

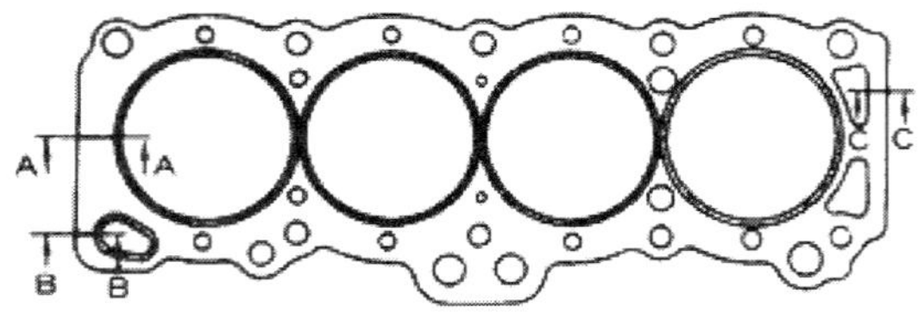


[ 보통 개스킷 ]

② 스틸 베스토 개스킷

고회전 고출력 엔진에서는 실린더 헤드 개스킷의 두께에 대해 심한 제한이 가해지고 있으며 이에 따라 고안된 것이다. 강판의 양쪽면에 돌출물을 만들고 여기에 흑연을 섞은 석면 (graphite asbestos)을 압착하고 표면에 흑연을 발라 완성한 것이다.

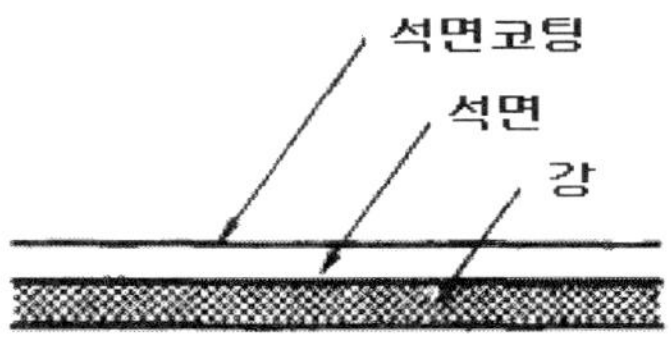


[ 스틸 베스토 개스킷 ]

③ 스틸 개스킷

강판만으로 얇게 만든 것이며 주로 고급엔진에 사용한다.

| [보충정리] |
|---|
| 개스킷을 끼울 때에는 개스킷 면에 윗면 표시가 되어 있는 것은 그대로 따르고 표시가 없는 것은 마크가 위쪽으로 오게 하고 또 접은 부분이 위쪽으로 오게 한다. |

(3) 사용 시 주의사항

① 사용하던 개스킷은 재사용하지 않는다.

② 오일 구멍 및 냉각수 구멍을 확인

③ 접힌 부분이 헤드 방향을 향하도록

④ 개스킷 양면에 접착제를 바른다.

(4) 실린더헤드 개스킷 손상 시 영향
① 누수, 누유, 누기 현상발생
② 압축 압력의 저하로 출력 저하
③ 연료소비율 증가
④ 윤활유 소모량 증대
⑤ 냉각수에 기름이 섞인다.

## 2-4 실린더 블록 (Cylinder Block)

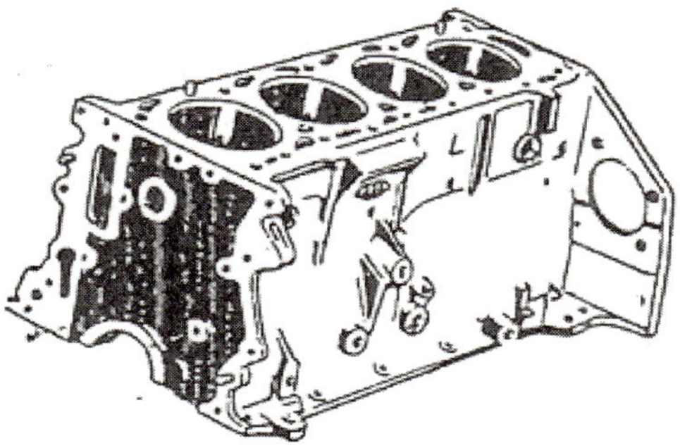

[ 실린더 블록 ]

(1) 실린더 블록
실린더 블록은 기관의 기초 구조물이며 상부에는 헤드가 있고 아래쪽 중앙부에는 평면 베어링을 두고 크랭크축이 설치된다. 내부에는 실린더가 있고 실린더 주위에는 물재킷이 있으며 블록 주위에는 밸브기구의 설치부가 있다. 하부에는 개스킷을 두고 오일 팬이 설치되며 보통 일체 주조로 되어 있다.

1) 기능 : 기관의 기초 구조물

2) 재질
① 알루미늄 합금
알루미늄(Al) + 규소(Si)계 합금으로 소량의 망간(Mn), 마그네슘(Mg), 구리((Cu), 철(Fe), 아연(Zn) 등을 첨가한 실루민(silumin)을 사용한다.

② 보통 주철
F 25C를 주로 사용하며 보통 주철재 실린더 블록의 특징은 내마멸성, 절삭성, 강고, 주조성이 좋으나 인장강도가 10~20㎏/㎟ 정도이고 비중이 7.2정도로서 경량화에는 부적합하다.

③ 특수주철

보통주철에 몰리브덴(Mo), 니켈(Ni), 크롬(Cr), 망간(Mn)등을 첨가한 것이다. 특수 주철재 실린더 블록의 특징은 강도, 내열성, 내식성, 내마멸성 등이 우수하다.

3) 구성

① 내부에는 실린더와 물통로, 오일통로가 설치

② 위 크랭크 케이스와 일체로 주포

③ 상부에는 실린더 헤드가 하부에는 아래 크랭크 케이스가 설치

| [보충정리] |
|---|
| ㈜ 실린더 블록의 변형 한계값 : 0.05mm |
| ㈜ 실린더 블록 세척시 가장 좋은 용해액 : 석유 |
| ㈜ 실린더 블록 내의 수압 시험시 일반적으로 3kg/㎠ 이상에서 시험 |

## 2-5 실린더 (Cylinder) 및 실린더 라이너

(1) 구조

1) 기능

피스톤 행정의 약 2배의 길이가 되는 진원통으로 그 내부를 피스톤이 기밀을 유지하면서 왕복운동하며 열에너지를 기계적 에너지로 바꾸어 동력을 발생한다.

2) 재질

① 주철이나 알루미늄 합금

② 실린더 벽에 약 0.1mm 정도 크롬을 도금하여 내마멸성을 높이는 경우도 있다.

3) 종류

① 일체식 : 실린더 블록과 일체 주조한 것으로 가솔린 차량에 사용된다.

② 삽입식 : 실린더 블록과 별개로 만들어 삽입한 것으로 건식과 습식이 있다.

4) 건식 라이너

① 실린더 블록을 통하여 간접 냉각

② 삽입압력 2 ~ 3톤(실린더 내경 100mm당)

③ 라이너 두께 : 약2~4mm

④ 가솔린 기관에 사용

⑤ 일체식 실린더에 라이너를 삽입하면 건식이 된다.

⑥ 냉각수가 실린더내로 들어올 염려가 없다

5) 습식 라이너(wet type liner)

① 냉각수가 실린더 외벽을 직접 냉각

② 삽입압력 가볍게 때려 (눌러 )박을 정도(비눗물을 바른 다음 손으로 가볍게)

③ 라이너 상부에 플랜지를, 하부에 고무 실링(용도: 열팽창에 의한 변형방지 및 냉각수가 크랭크 케이스를 새는 것을 방지)을 2 ~ 3개 정도 둔다.
④ 라이너의 두께 5 ~ 8㎜
⑤ 주로 디젤 기관에 사용

| [보충정리] |
|---|
| ㈜ 실린더 라이너 및 피스톤 링 주조법 : 원심 주조법 |

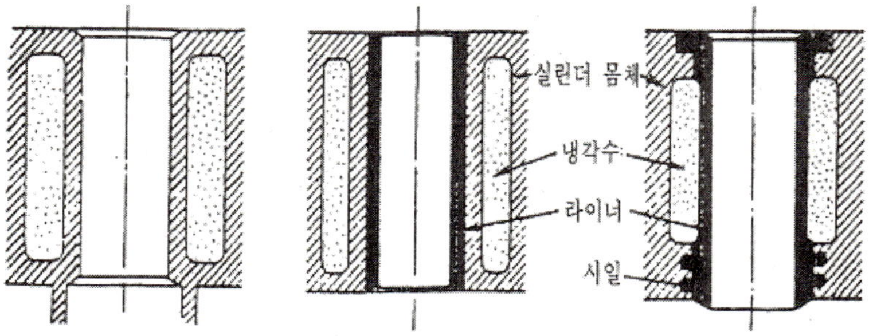


[ 실린더 라이너 구조 ]

(2) 점검 및 정비

1) 마모
① 원인 : 피스톤 링과의 마찰 , 실린더와 피스톤의 접촉, 흡입 가스 중 먼지와 이물질 연소 생성물

② 영향
㉮ 블로바이 증대
㉯ 피스톤 측압 증대
㉰ 기관 출력 감소
㉱ 엔진오일이 연소실에서 연소
㉲ 오일 소비량 증대
㉳ 오일 슬러지 증대
㉴ 연료소비량 증대
㉵ 엔진 오일 희석

③ 마모 형태
㉮ 실린더 상부에서 가장 마모가 크다.
* 이유 : ㉠ 윤활불량, ㉡ 고온 고압에 노출, ㉢ 링의 호흡작용으로 마찰력 증대
㉯ 크랭크 축 방향보다 직각 방향의 마모가 크다.
㉰ 하부에서 가장 마모가 작다.

㉣ 상사점 부근의 마모되지 않은 부분을 릿지(턱)라하며 릿지가 심하면 피스톤 분해시 피스톤이 손상 될 우려가 있으므로 릿지 리머로 제거해야 한다.

④ 수정방법
㉮ 일체식 : 보링 (보링머신 사용)
㉯ 삽입식 : 라이너· 교환

⑤ 계측기
㉮ 실린더 보어 게이지 : 실린더 테이퍼 마모를 가장 정확하게 측정할 수 있다.
㉯ 내경 마이크로미터
㉰ 텔레스코핑 게이지와 외경 마이크로미터

⑥ 측정개소 : 축방향으로 상·중·하 3개소와 축의 직각방향으로 상·중·하 3개소, 모두 2방향 6개소에서 측정하여 가장 큰 최대 마모 값을 그 실린더의 마모 값으로 정한다.

⑦ 마모 한계 값
㉮ 내경 70mm 이하 = 0.15mm
㉯ 내경 70mm 이상 = 0.20mm

⑧ 수정 : 보링 머신을 이용하여 오버 사이즈로 보링
⑨ 수정 한계 값
㉮ 내경 70mm이하 = 1.25mm
㉯ 내경 70mm이상 = 1.50mm

⑩ 오버사이즈 정하기
⋆ 수정 값 = 최대 마멸 측정값 + 0.20mm (진원으로 하기 위한 최대값)
⋆ 수정값은 이 값보다 크면서 가장 가까운 수정값으로 한다.

| [보충정리] |
|---|
| 1. 보링 : 보링 머신을 이용하여 타원 또는 테이퍼 마모된 실린더를 피스톤 오버사이즈에 따라 진원으로 절삭하는 작업 (보링 후 실린더간의 오차 한계 : 0.02mm).<br><br>2. 호닝 : 호닝 머신을 이용하여 보링을 한 후 보링 머신의 바이트 자국을 없애는 작업으로 보링 치수를 수정 할 수 없다. |

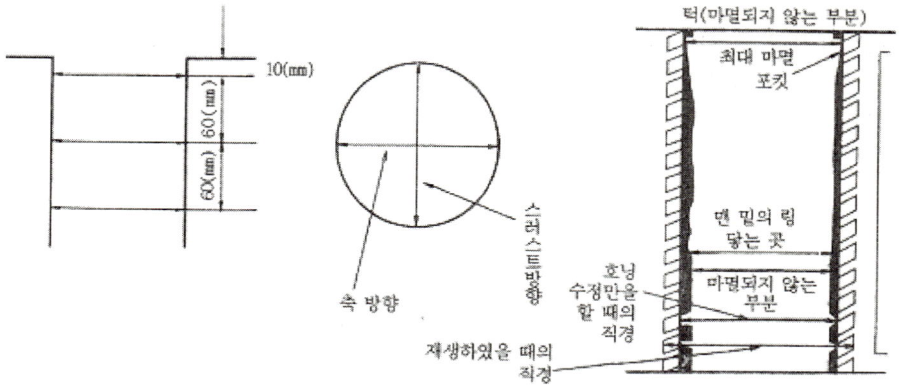


[ 실린더 마멸량 측정개소 ]

2) 균열

① 원인

㉮ 재질불량

㉯ 수격현상 : 가열된 실린더 내에 냉각수가 유입되면 급속 냉각이 발생되어 조직에 이상이 생겨 균열이 발생하는 현상으로 실린더헤드 개스킷 손상 시 발생된다.

② 영향

㉮ 기관 작동불능.

㉯ 누기, 누유, 누수현상

③ 정비 = 교환

## 2-6. 실린더 내경과 피스톤 행정 비율에 따른 분류

엔진의 실린더 크기는 구경 × 행정으로 표시하며, 구경은 실린더의 직경과 같다.

(1) 정의 : 피스톤행정(L)과 실린더 내경(D)과의 비

(2) 단 행정 기관 (over square engine : L/D < 1)

① 피스톤 행정이 실린더 내경보다 작은 기관으로 오버스퀘어 기관이라고도 한다.

② 회전력은 작으나 회전 속도는 빠르다.

③ 피스톤 평균 속도를 높이지 않고도 기관의 회전속도를 높일 수가 있어 최근 소형 승용차 고속용 차량에 많이 사용한다.

(3) 정방행정 기관 (square engine : L/D = 1)

① 피스톤 행정과 실린더 내경이 같은 기관으로 스퀘어 기관이라고도 한다.

② 단 행정 기관과 장 행정 기관의 중간 특성을 가지며 소형 승용차에 많이 사용 된다.

(4) 장 행정 기관 (under square engine : L/D > 1)

① 피스톤 행정이 실린더 내경보다 큰 기관으로 언더스퀘어 기관이라고도 한다

② 회전력은 크나 회전 속도는 느리다.

③ 피스톤 측압이 작고, 속도보다 힘을 위주로 하는 차량에 사용

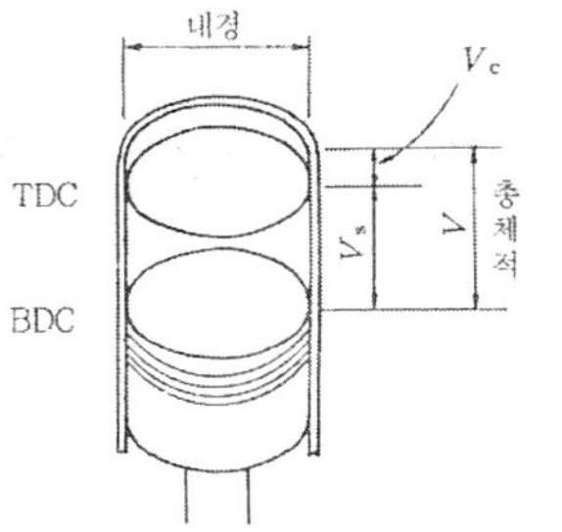


[ 실린더 내경 / 행정비 ]

## 2-7. 실린더 벽의 두께

(1) 실린더 벽두께

$$t = \frac{P \times D}{2 \times \sigma_a}$$

t : 실린더 벽의 두께(㎝)

P : 폭발 압력(kg/㎠)

D : 실린더 내경(㎝)

$\sigma_a$ : 허용 응력(kg/㎠)

| [보충정리 : 응력] |
|---|
| 하중이 물체에 작용할 경우 그 재료 내부에는 이에 대항하는 힘이 생겨 균형을 이루는 데 이 저항력을 응력이라 한다. |

## 2-8. 크랭크 케이스 (crank case)

(1) 구성 및 기능

① 위 크랭크 케이스

㉮ 실린더블록과 일체로 주조

㉯ 크랭크축을 지지하며, 오일통로가 설치되어 있다.

② 아래 크랭크 케이스 : 오일 팬이라고도 하며 엔진 오일을 저장하는 오일 탱크의 기능을 가지며 오일을 저장하는 댐퍼와, 오일의 유동을 방지하는 배플(칸막이)이 있다.

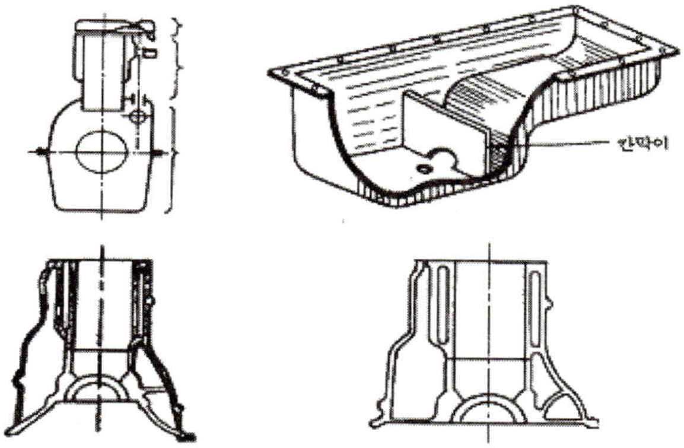


[ 디프 스커트와 하프 케이스 ]

## 2-9. 피스톤, 커넥팅 로드 어셈블리

(1) 피스톤(piston)

1) 기능

실린더 내에서 상하 왕복 운동을 하면서 폭발행정에서 얻은 동력을 커넥팅로드를 통하여 크랭크축에 전달하며 흡입, 압축, 배기 행정에서는 크랭크축으로부터 동력을 전달받아 사이클을 완성한다.

2) 구성

피스톤은 헤드부, 링지대(랜드와 링 홈으로 구성), 스커트부, 보스부로 되어 있으며 어떤 형식에서는 헤드부의 높은 열이 스커트부로 전달되는 것을 방지하는 히트 댐(heat dam)을 두기도 한다.

① 피스톤 헤드부(piston head)

㉮ 폭발 행정시 힘을 받는 부분으로 뒷부분에 리브를 두어 강성을 증대시키고 열전달을 높인다.

㉯ 피스톤 헤드에 각인되어 있는 것

㉠ 설치 방향 = 화살표 또는 삼각형

㉡ 직경 또는 O/S

㉢ 실린더 번호

㉣ 피스톤 핀 O/S

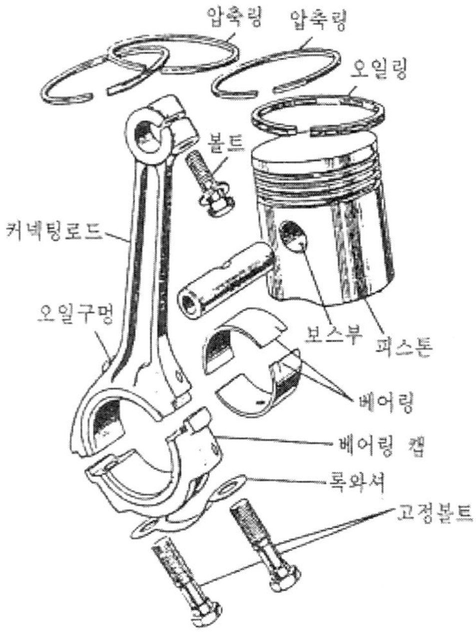


[ 피스톤 구조 ]

② 링지대

㉮ 링홈 : 피스톤 링이 끼워지는 곳

㉯ 링랜드 : 링홈 사이의 턱

㉰ 히트 댐 (heat dam)

㉠ 피스톤 상부 제 1랜드부에 설치

㉡ 연소시 발생하는 높은 열을 일시 차단하여 스커트에 전달되는 것을 막고, 피스톤 링을 통하여 방열되도록 한 것

③ 스커트부

- 피스톤에서 링지대를 제외한 아랫부분으로 작동 시 측압을 받는다.
- 피스톤과 실린더와의 간극 측정 부위

④ 핀 보스부 : 피스톤 핀이 설치되는 부분

[보충정리]

㈜ 피스톤 표면에 주석이나 아연을 도금하는 경우가 있다. 이것은 피스톤 작동 중 마찰열에 의한 타붙음을 방지하기 위함이다.

㈜ 기관에서 피스톤을 떼어내기 전에 먼저 떼어내야 할 것 : 헤드, 오일팬, 릿지

3) 구비조건
① 폭발압력을 유효하게 이용할 것
② 가스 및 오일의 누출 방지
③ 관성이 작을 것
④ 열팽창율이 자고, 열전도성이 클 것
⑤ 마찰로 인한 기계적 손실 방지
⑥ 가벼울 것

4) 재질
① 특수주철 : 강도가 크고, 열팽창율은 작으나 중량이 커 관성력이 증가하므로 현재는 거의 사용하지 않는다.
② 알루미늄 합금 : 구리계 Y합금과 규소계 Lo - Ex가 사용된다. 중량이 가볍다.
㉮ Y 합금(구리계 합금)
⇒ Al + Cu + Hg + Ni
㉯ Lo : Ex 합금(규소계합금)
⇒ Al + Cu + Ni + Mg + Si + Fe

5) 종류

① 헤드의 모양에 따라
㉮ 평편형
㉯ 돔형
㉰ 오목형
㉱ 지붕형
㉲ 불규칙형
㉳ 밸브노치형

② 스커트 모양에 따라
㉮ 솔리드형 : 스커트부에 홈이 없는 통형의 피스톤이며 기계적 강도가 크다
㉯ 스플리트형 : 스커트부 측압 부분에 가로와 세로로 흠을 만든 것으로, 스커트에 열전달을 막고, 열에 의한 팽창을 적게 한 것으로 U ,T 홈이 있다.
㉰ 슬리퍼형 : 측압을 받지 않는 부분을 잘라낸 것으로 무게를 가볍게 하는 효과가 있다.
㉱ 오프셋형 : 피스톤 중심과 피스톤 보스부의 중심을 약 1.587mm 정도 편심시킨 것으로 피스톤 슬랩을 방지할 수 있다.
㉲ 캠연마형 : 캠그라운드 피스톤 또는 타원형 피스톤이라고도 하며 핀 보스부의 직경보다 보스부의 직각 방향을 장경으로 한 것으로 정상 작동 온도에서 진원에 가깝게 변형된다.
경합금 피스톤의 거의 이 형식이며 직경차이는 0.125 ~ 0.325mm 정도이다.

③ 첨가 재료에 따라
㉮ 강대 피스톤 (steel belt piston)
㉯ 인바 스트러트 피스톤 (invar strut piston)

- 인반 강을 넣고 일체 주조한 형식이며 작동 중 일정한 피스톤 간극을 유지할 수 있다.
- 열에 의한 변형이 거의 없다
- 구성 : C + Fe + Mn + Ni

㉰ 오토 서믹 피스톤 (auto - thermic piston)

㉱ 링 캐리어 삽입 피스톤 (insert ring carrier type)

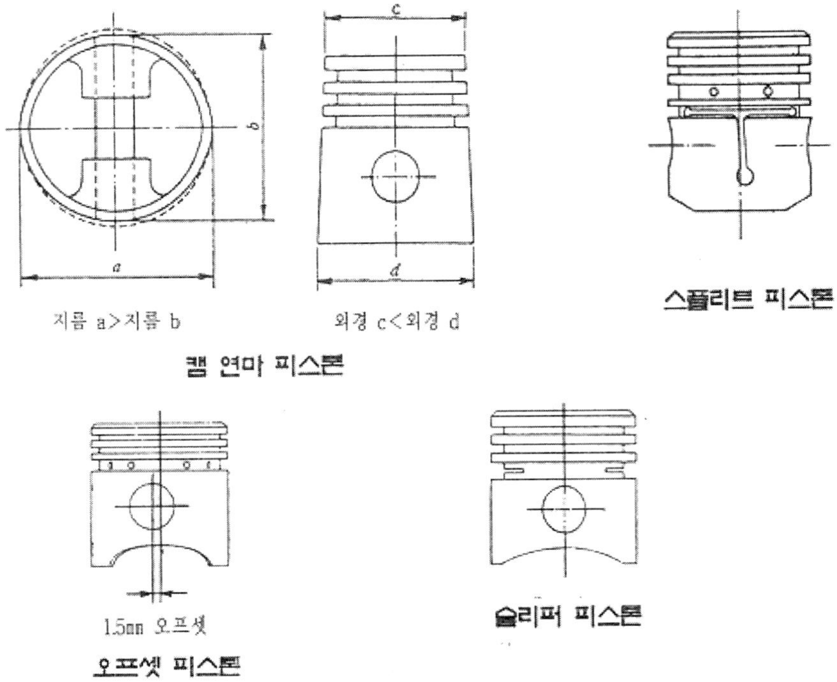


[ 피스톤의 종류 ]

6) 피스톤 평균 속도

$$V = \frac{2 \times N \times L}{60}[m/s] \quad \text{또는} \quad \frac{N \times L}{30}[m/s]$$

여기서

V : 피스톤의 평균 속도 (m/s), N : 기관 회전수, L : 행정 길이

* 위 공식의 60은 분당 회전수를 초당 회전수로 고치기 위한 것임.

7) 점검 및 정비

① 피스톤 간극

㉮ 이유 : 실린더 내경에서 피스톤 최대외경을 뺀 차이로 피스톤의 윤활, 작동 중 피스톤의 열팽창을 고려하여 둔다.
㉯ 규정 값 : 실린더 직경의 0.05%
㉰ 영향
㉠ 간극이 크면
ⓐ 블로우바이 발생
ⓑ 피스톤 슬랩 증대
ⓒ 기관 출력 감소
ⓓ 연료 및 오일 소비율 증대
ⓔ 압축압력의 저하

㉡ 간극이 작으면 : 마찰증대 및 심하면 소결

[보충정리]
㈜ 피스톤 슬랩 : 피스톤이 운동방향을 바꿀 때 실린더 벽에 충격을 주는 현상으로 저온에서 현저하게 발생한다.
㈜ 피스톤 슬랩음 발생원인 : 피스톤과 실린더와의 간극이 너무 크다.
㈜ 피스톤 슬랩을 방지를 위한 조치 방법 : 옵셋 피스톤

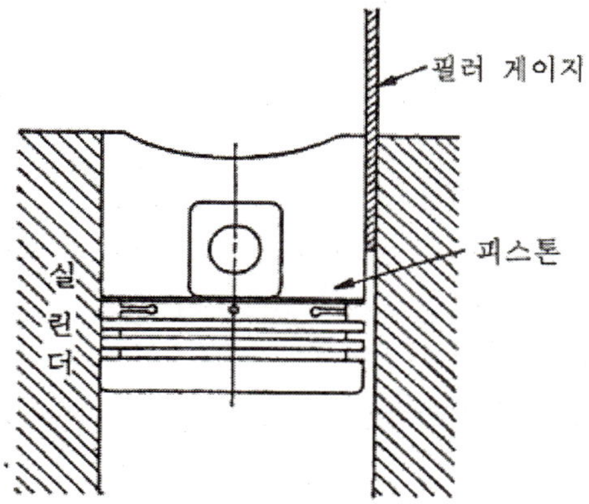


[ 피스톤 간극 ]

㉱ 계측기
㉠ 내경 및 외경 마이크로미터
㉡ 실린더보어게이지와 외경마이크로미터
㉢ 필러게이지와 스프링 저울

㉲ 수정
㉠ 간극이 클 때
ⓐ 피스톤 스커트부를 보링 하여 재사용한다.
ⓑ 실린더를 0/S로 수정 후 피스톤을 0/S로 교환한다.
ⓒ 경미한 것은 피스톤 링만을 0/S로 교환한다.

㉡ 간극이 작을 때
ⓐ 피스톤 스커트부를 스크레이핑 하여 수정한다.
ⓑ 실린더를 보링한 후 피스톤을 0/S로 교환
* 0 / S : 0.25㎜ , 0.50㎜ , 0.75㎜ , 1.00㎜ , 1.25㎜ , 1.50㎜

② 피스톤 핀 보스부 마모
㉮ 원인 : 작동 중 반복되는 하중에 의하여 상하 타원형으로 마모된다.
㉯ 영향 : 소음과 진동 증대 및 마모 증대
㉰ 계측기 : 텔레스코핑게이지와 외경마이크로미터
㉱ 수정 : 리머로 핀 보스부를 진원으로 수정한 후 피스톤 핀을 0/S로 교환
㉲ 피스톤 핀 0/S = 3단계로 제작 ( 0.125 ㎜ , 0.250 ㎜ , 0.375 ㎜ )
㉳ 피스톤과 핀 보스부의 중심선 사이의 편심량 : 1.5875㎜

③ 피스톤의 중량 오차
㉮ 영향 : 관성의 차이가 커져 진동과 맥동, 소음이 커지고 비틀림 진동이 발생한다.
㉯ 오차한계 : 2% (7g)이내

(2) 피스톤 링(piston ring)

피스톤 링은 적당한 탄성을 갖게 하기 위하여 그 일부를 절단하여 개방시킨 구조로 피스톤의 링 홈에 끼워지며 일반적으로 2~3개의 압축 링과 1~2개의 오일 링을 사용하고 2개의 오일 링을 사용할 경우에는 하나는 피스톤 스커트부에 설치된다.

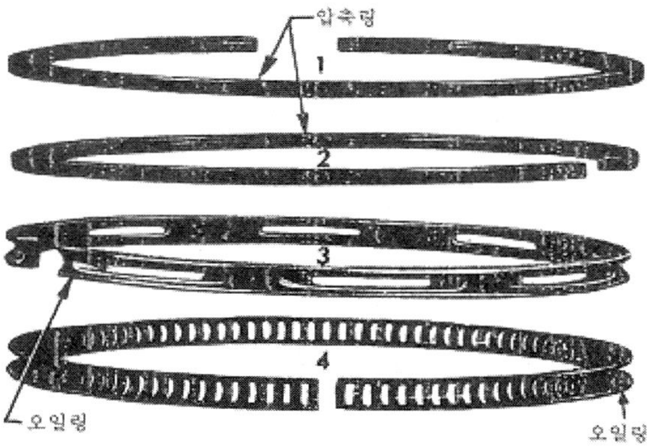


[ 피스톤 링 ]

1) 피스톤 링의 3대 작용
① 기밀유지 작용 : 실린더 내의 가스 누출 방지 작용, 밀봉작용
② 열전도 작용 : 냉각작용
③ 오일제거 작용 : 실린더 벽의 오일을 긁어내린다.

2) 구성

파이프(강관) 형태로 만들고 일정한 두께로 자른 후 적당한 탄성을 주기 위하여 한쪽을 잘라 개방한 것으로 표면에 크롬 도금을 한 링은 톱링(1번링)에 하나만 사용한다.

3) 종류

① 용도에 따라

㉮ 압축 링

피스톤 헤드의 가까운 쪽에 2~3개가 설치되며, 기능은 피스톤과 실린더 벽 사이의 기밀을 유지하고 동시에 오일을 긁어내리는 작용을 한다. 제1번 압축링은 챔버형, 카운터보어형, 테이퍼형 등이, 제2번 압축링에는 스크레이퍼형, 플레인형, 홈형등이 사용된다.

㉠ 카운터보어형 : 가장 많이 사용

㉡ 챔버형

㉢ 플레인형

㉣ 스크레이퍼형

㉤ 테이퍼형

㉥ 홈형

> [보충정리]
> 압축 링은 하강시 오일을 긁어내리고, 상승시 오일을 묻혀 올리며, 제1번 링에는 카운터보어형을 제2번 링에는 스크레이퍼 형을 많이 사용 한다.

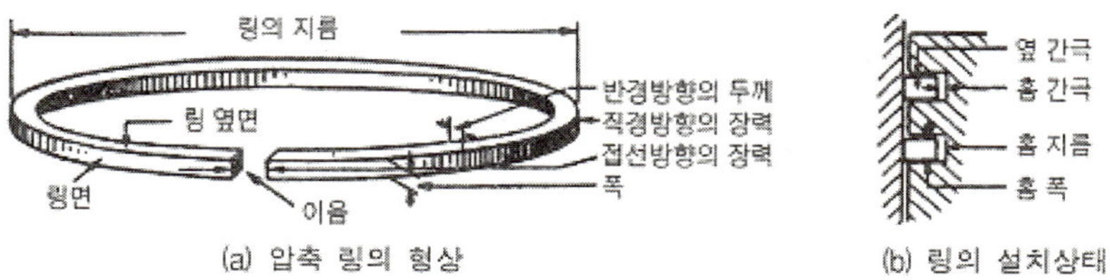


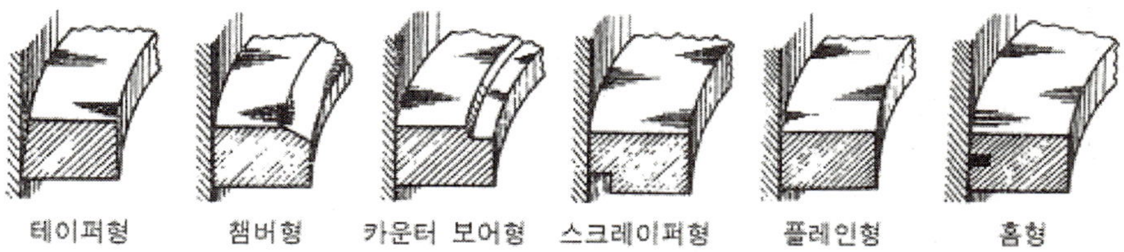


[압축링과 그 종류 ]

㉯ 오일 링

오일 링은 압축 링 밑에 1~2개가 설치되며 기능은 실린더 벽에 뿌려진 과잉의 오일을 긁어내리는 일만 한다.

㉠ 드릴형

㉡ 익스팬더 링 형
㉢ 슬롯형
㉣ U 플렉스링형

| [보충정리]<br>(주) 오일 링은 실린더 벽에 뿌려진 오일을 긁어내리는 역할을 담당하는데 긁어내 린 오일을 배출하기 위한 통로가 마련되어 있다.<br><br>(주) 근래의 고속엔진에서는 U플렉스 링을 많이 사용 하는데 그 이유는 오일 배출 구멍이 많아 고속 회전시 오일 배출이 용이하기 때문이다 |
|---|

② 모양에 따라
㉮ 동심링 : 폭이 일정한 것으로 제작이 용이하다.
㉯ 편심링 : 실린더 벽에 일정한 면압을 준다.
㉰ 오일리스링 : 링 표면을 거칠게 다듬질하고 흑연에 오일을 침투한 다음 소결시킨 것으로 윤활성이 좋아 오일 공급이 어려운 장소에 사용한다.

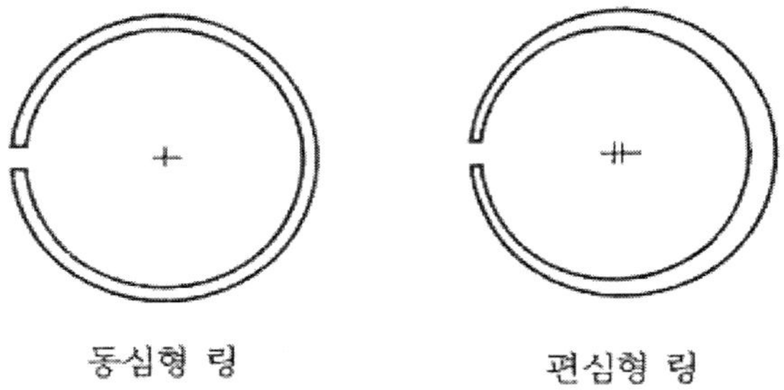

[ 동심형 링과 편심형 링 ]

| [보충정리]<br>※ 피스톤링이 갖추어야 할 조건<br>① 내열, 내마멸성을 가질 것.<br>② 적절한 장력과 높은 면압을 가질 것.<br>③ 고온에서 장력의 감퇴가 작을 것<br>④ 실린더 벽을 마멸시키지 않을 것.<br>⑤ 열 전도성이 좋을 것.<br>⑥ 열팽창율이 작을 것.<br>⑦ 실린더 벽에 균일한 압력을 가할 것. |
|---|

4) 링 절개구 및 간극
① 링 끝의 잘라 놓은 부분이 열에 의해 팽창 , 변형되어 실린더 벽을 마모시키는 것을 방

지하기 위하여 적당한 간극을 준다.

② 이 간극으로 인하여 블로바이가 발생되기 때문에 설치시 절개구가 서로 120 ~ 180도의 차이를 갖도록 보스 방향과 측압 방향을 피하여 엇갈려 설치한다.(압축가스의 누설을 방지하기 위해)

③ 절개구 이음의 종류

㉮ 맞이음(종절 이음 = 비트이음)

㉯ 각이음(경사절 이음)

㉰ 랩 이음(계단 이음 또는 겹침 이음)

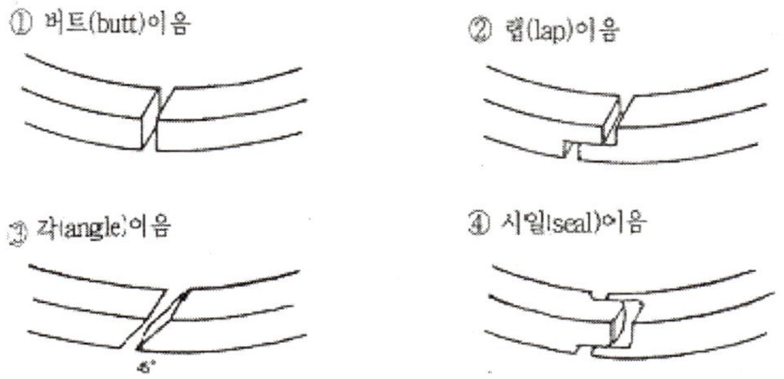


[ 링 이음의 종류 ]

| [보충정리] |
|---|
| ※ 피스톤 링의 절개 구(이음부)는 측압 쪽을 피하여 120~180° 방향으로 끼워야 한다. |

5) 점검 및 정비

① 절개 구 간극

㉮ 영향

㉠ 클 때

ⓐ 블로우 바이 증대

ⓑ 압축 압력 저하

ⓒ 기관 출력 저하

ⓓ 연료 및 오일 소모량 증대

㉡ 작을 때

ⓐ 실린더 벽 이상 마모 증대

ⓑ 심하면 소결

㉯ 규정 값

㉠ 1번 링 : 내경 25mm당 0.1mm

㉡ 2번 링 : 내경 25mm당 0.075mm

㉢ 3번 링 : 내경 25mm당 0.005mm

㉣ 톱 링의 간극을 가장 크게 둔다.

㉰ 한계 값 : 규정의 2배 정도

㉣ 계측기 : 필러게이지
㉤ 수정방법 : 간극이 클 때는 피스톤링을 교환하며, 간극이 작을 때는 줄을 이용하여 수정한다.

| [보충정리]<br>㈜ 피스톤 링의 절개 구 간극을 줄로 수정 할 때는 줄을 바이스에 고정하고 링을 움직여서 수정하여야 한다. |
|---|

② 사이드간극 = 링 홈 간극
㉮ 이유 : 작동 중 링의 신축 작용을 원활하게 하기 위하여

㉯ 영향
◎ 크면 : 블로바이 증대로 엔진의 출력 저하
◎ 작으면 : 신축 작용이 이루어지지 않아 링의 호흡작용이 불량해진다.

| [보충정리]<br>호흡작용이란 피스톤이 상하 왕복 운동을 할 때 피스톤 링이 변형되는 현상으로 이 현상이 없으면 오일제어 및 기밀유지가 어렵다 |
|---|

㉰ 규정 값
◎ 1번 링 : 0.03 ~ 0.07mm
◎ 2번 링 : 0.025 ~ 0.065mm
◎ 3번 링 : 0.025 ~ 0.065mm

㉣ 한계 값 : 0.15mm

㉤ 수정방법
◎ 간극이 클 때 : 링 캐리어 삽입
◎ 간극이 작을 때 : 유리관에 콤파운드를 바르고 링 아래 면을 연마한다.

③ 링의 장력
㉮ 규정 값 : 1 ~ 1.2kg
㉯ 장력이 크면 : 마찰 및 마모 증대와 동력 감소
㉰ 장력이 작으면 : 블로바이 증대로 출력 저하 및 연료, 오일 소모량증대
㉣ 계측기 : 스프링저울과 필러게이지
㉤ 수정 교환

| 링의 총 마찰력(kg)=실린더 수 × 실린더 당 피스톤 링의 갯수 × 링 1개당의 마찰력(kg) |
|---|

(3) 피스톤 핀(Piston Pin)

1) 기능
- 피스톤과 커넥팅로드를 연결
- 피스톤 핀은 커넥팅로드 작은 끝에 설치
- 중공으로 무게를 가볍게 윤활 통로가 있다.(표면경화 처리 : 캠축에 있는 캠 , 태핏)

2) 피스톤 핀의 설치 방식
① 고정식 : 볼트나 스크루로 보스부에 고정
② 반부동식(= 요동식) : 클램프 볼트로 핀을 커넥팅로드 소단부에 고정
③ 전부동식(= 부동식) : 보스부나 커넥팅로드에 고정되지 않은 것으로 작동 중 핀이 빠져 나오는 것을 방지하기 위하여 양쪽에 스냅 링을 사용한다.

3) 재질 : 저탄소강, 니켈-크롬강, 니켈-몰리브덴강 등을 사용한다.

4) 점검 정비
① 마모 : O / S 로 교환

| [보충정리] 피스톤 핀은 표면 경화 처리가 되어 있다 |
|---|

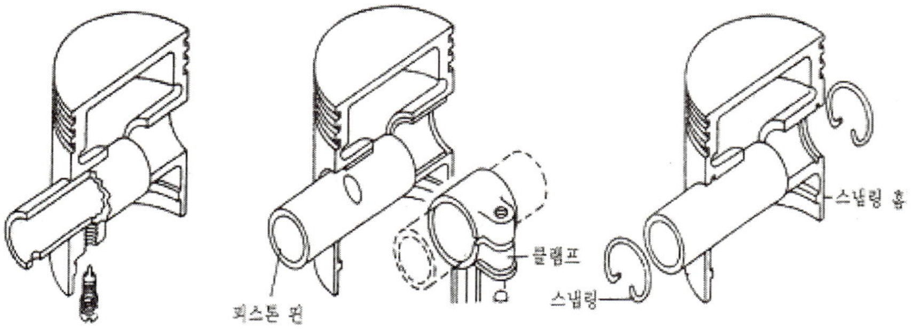


[ 피스톤 핀의 설치방법 ]

(4) 커넥팅 로드(Connecting - rod)

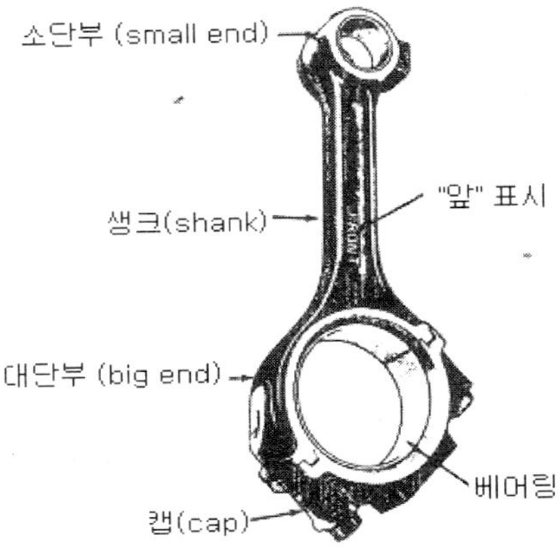


[ 커넥팅 로드 ]

1) 기능 : 커넥팅 로드는 피스톤의 왕복운동을 크랭크축에 전달하며 피스톤 핀과 연결되는 소단부와 크랭크축에 연결되는 대단부로 되어 있다.

2) 구비 조건
크랭크축의 회전에 따라 흡입 행정 시에 상사점에서 하사점으로 잡아당기므로 인장하중과 압축행정에 압축하중, 폭발행정에 굽힘 하중을 반복하여 받기 때문에 이것에 충분히 견딜 수 있는 강도와 강성이 있어야 한다.

3) 구성
① 소단부 : 피스톤 핀과 연결
② 대단부 : 크랭크축 핀과 연결
③ 생크 : 소단부와 대단부를 연결하는 막대로 강성을 주기 위하여 I 단면으로 제작
④ 길이 : 커넥팅로드 소단부의 중심과 대반부의 중심과의 거리를 커넥팅 로드 길이라 하며 피스톤행정의 1.5 ~ 2.3배
㉮ 길면
㉠ 엔진 높이가 높아진다.
㉡ 강성이 낮아진다.
㉢ 측압은 작아진다.

㉯ 짧으면
㉠ 엔진 높이가 낮아진다.
㉡ 강성은 커진다.
㉢ 측압이 커진다.
⑤ 재질 : 니켈-크롬강, 크롬-몰리브덴강등의 특수강이 재료로 사용되며 형타 단조에 의해 만들어진다. 무게를 가볍게 하거나 기계적 강도를 높이기 위해 I 단면 등을 하고 있다.

4) 휨과 비틀림 점검 정비
① 원인 : 크랭크축의 과도한 엔드플레이와 반복하중에 의해 변형
② 영향
㉮ 피스톤 측압 증대
㉯ 블로바이 증대
㉰ 소음과 진동 증대
㉱ 크랭크축의 이상 마모 증대
③ 계측기 : 커넥팅로드 얼라이너와 필러게이지
④ 수정 : 아버 프레스로 수정

5) 커넥팅 로드의 휨과 비틀림
커넥팅 로드가 휘거나 비틀리게 되면 실린더 내에서 피스톤이 원활한 운동을 하지 못하게 되며 피스톤이나 실린더 벽 또는 베어링 메탈 등이 편마멸되고 연소실내에 윤활유가 올라가거나 기관이 이상 음을 내게 되는 원인이 된다.

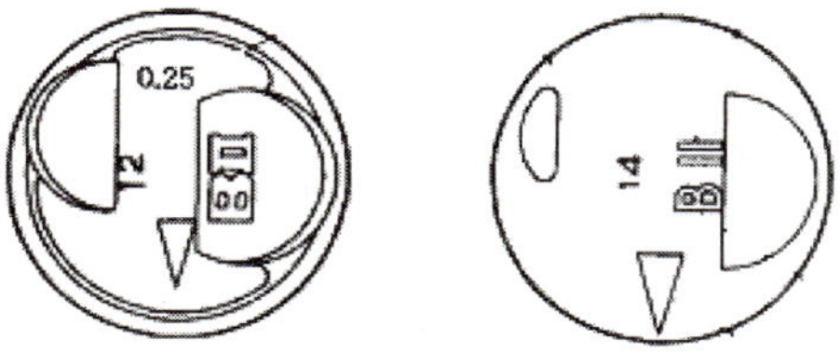

[ 피스톤 헤드의 표시 ]

[보충정리]
㈜ 피스톤 헤드에 각인되어 있는 것은?
① 피스톤 번호 ② 피스톤 외경
③ 오버사이즈 표시 ④ 피스톤 번호
⑤ 핀 구멍 마크 ⑥ 전방 마크

㈜ 새 커넥팅 로드를 끼울 때에는 대단부에 찍혀 있는 실린더 번호를 확인한다.
① 피스톤의 중량차 : 7g 이내(2% 이내)
② 커넥팅 로드 어셈블리 중량차 : 15~ 20g이내(2% 이내)
③ 피스톤 커넥팅 로드 어셈블리 중량차 : 30g이내(2% 이내)

㈜ 중량차가 크면 크랭크축을 중심으로 하는 운동부분이 불평형이 생겨 운전 중 진동이 발생하므로 중량차가 작아야 한다.

# 2 - 10. 엔진 베어링(Engine Bearing)

(1) 구조

1) 기능 : 물체를 지지하고 마찰을 감소시키며 축을 보호한다.

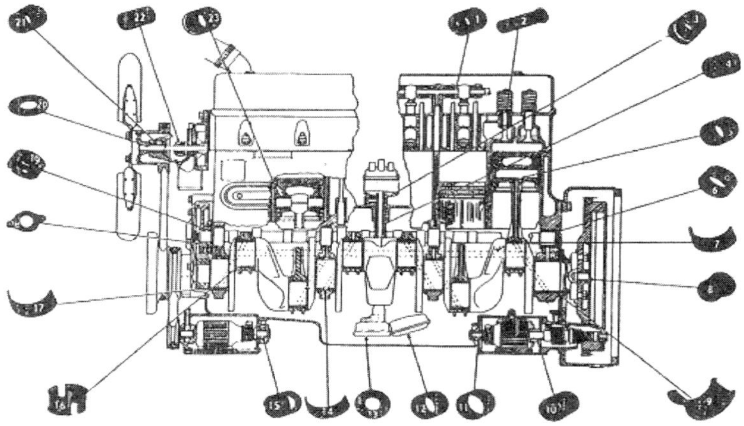


[ 엔진에 사용되는 평면 베어링 ]

2) 종류

① 작동상태에 따라

㉮ 평면 베어링 (plane bearing) : 두께는 반원부 중앙의 두께로 나타낸다.

㉯ 전동 베어링 (rolling bearing)

② 베어링 형식에 따라

㉮ 주조베어링

㉯ 반다듬질 베어링

㉰ 정밀삽입식 베어링

③ 하중 방향에 따라

㉮ 레이디얼 베어링 : 하중이 축의 직각 방향으로 작용

㉯ 스러스트 베어링 : 하중이 축방향으로 작용

㉰ 앵글러 베어링 : 하중이 축의 직각 방향과 축방향으로 동시에 작용

3) 구비조건
① 하중부담능력
② 내피로성
③ 내식성
④ 마멸 및 길들임성
⑤ 매입성
⑥ 추종유동성

4) 평면베어링의 재질
① 일체형
㉮ 청동 ㉯ 황동 ㉰ 알루미늄

② 분할형
㉮ 배빗메탈(babbit metal = 화이트메탈)
㉠ 구성 : 주석(90%) + 안티몬(1.5%) + 구리(5%)
㉡ 특징 : 매입성, 길들임성은 좋으나 기계적 강도가 작고 내피로성, 열전도성이 불량하다.
㉯ 켈밋메탈(kelmet metal = 적 (레드)메탈)
㉠ 구성 : 구리 (60%) + 납(40%)
㉡ 특징 : 고온, 고속, 고부하에 적합하며, 열전도성, 반융착성이 좋으나 매입성, 길들임성은 나쁘다.
㉰ 트리 메탈(three metal= 3층 메탈)
㉠ 동합금제 셀에 표면은 배빗메탈을 사용하고 중간층은 켈밋 메탈을 사용한 것
㉡ 특징 : 표면은 강도가 작아 매입성, 길들임성을 크게하여 축을 보호하고, 내부는 열적 기계적 강도를 크게 한 것

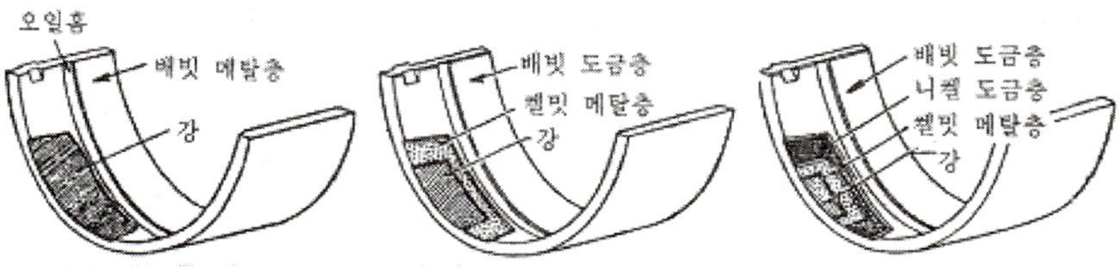


[ 베어링 메탈의 종류 ]

5) 베어링 크러시(bearing crush)
① 베어링 바깥둘레와 안둘레와의 차이
② 이유 : 조립시 밀착을 좋게 하고 열전도를 양호하게 한다.
③ 영향

㉮ 클 때 : 조립시 찌그러져 유막을 파괴하고 심하면 소결현상을 일으킨다.
㉯ 작을 때 : 기관 작동 중 움직이거나 열전달 불량으로 과열될 수 있다.

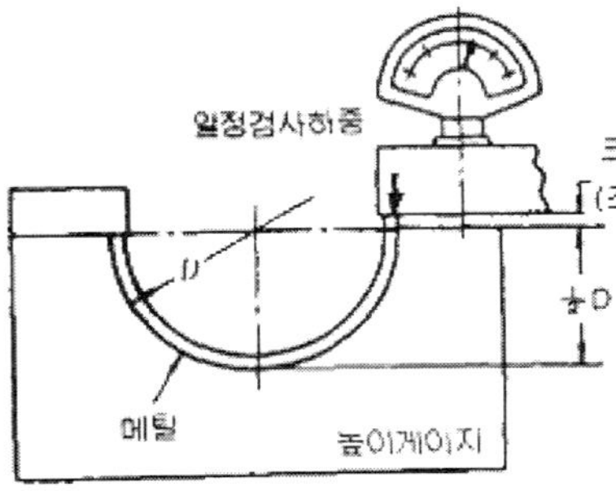


[ 베어링 메탈의 크러시 ]

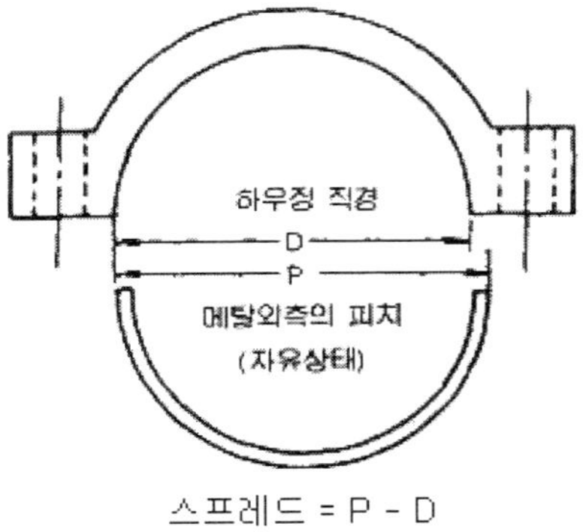


스프레드 = P - D
[ 베어링 메탈의 스프레드 ]

6) 베어링 스프레드(bearing spread)

① 베어링을 끼우지 않았을 때 베어링의 바깥 직경과 하우징의 안 직경파의 차이로 통상 0.125 ~ 0.50mm를 둔다.

② 이유

㉮ 조립시 베어링이 제자리에 밀착되게

㉯ 작업시 베어링의 이탈을 방지

㉰ 크러시가 조립시 안쪽으로 찌그러지는 것을 방지

7) 베어링의 두께

① 베어링의 두께는 중앙 부분을 두껍게 하고 좌우 끝쪽은 얇게 하여 작동중 충격으로 인한 유막의 갈라짐을 방지

② 베어링 메탈층의 두께는 적당하게 얇은 것이 좋다. 두꺼우면 매입성, 길들임성은 향상되나 내피로성 내구성 등은 저하하며, 너무 얇으면 매입성 불량으로 저널이 손상된다.

8) 베어링 간극

① 베어링 내경과 축 외경과의 차이를 말하며 일반적으로 0.038~0.076mm를 둔다.

② 간극이 2배 커지면 오일 소모량은 5배 증가한다.

9) 베어링의 필요조건

① 하중 부담 능력 (load - caring capacity)이 있을 것.

② 내피로성 (fatigue resistance)이 있을 것.

③ 매입성 (embeddabillity)이 있을 것.

④ 추종 유동성 : 변형에 대해 맞추어 가는 금속적인 유동성

⑤ 내식성 (corrosion resistance)이 클 것.

(2) 점검 및 정비

1) 베어링 간극
① 이유 : 축과 베어링의 마찰을 방지하여 섭동을 원활히 하며 축과 베어링 사이의 윤활을 위하여

② 영향
㉮ 간극이 클 때
㉠ 유압저하로 유막 파괴
㉡ 오일 소모량 증대
㉢ 진동, 소음 및 마모 증대
㉯ 간극이 작을 때
㉠ 오일 공급 불량으로 유막 파괴
㉡ 윤활불량으로 마찰 및 마모 증대
㉢ 심하면 소결

③ 계측기
㉮ 실린더보어게이지와 외경마이크로미터
㉯ 내경마이크로미터와 외경마이크로미터
㉰ 텔레스코핑게이지와 외경마이크로미터
㉱ 플라스틱게이지 (실납과 외경마이크로미터 ) : 크랭크축 베어링 저널 간극 측정에 적합
④ 수정 축을 U/S로 수정 후 베어링을 교환

2) 베어링 교환
① 주조 베어링 : 현재 사용하지 않음
② 반다듬질 베어링 : 현재 사용하지 않음
③ 정밀 삽입식 베어 링
㉮ 베어링 만을 교환할 시는 엔진을 완전히 분해하지 않고, 오일팬과 저널 캡만을 탈거하며 작업이 가능하다
㉯ 일반적으로 베어링을 교환할 시는 크랭크 축의 마모 상태를 확인하여 수정 후 교환을 원칙으로 한다. 이때는 축을 U/S로 수정 후 베어링도 U/S로 교환한다.

3) 크랭크축 베어링 저널의 수정
① 균열이 있을 때
② 규정한계 이상 마멸
③ 한계값 이상의 휨

4) 크랭크축 엔드 플레이 ( end play ) 조정 : 스러스트 베어링 두께로 조정

5) 크랭크축과 베어링과의 오일 간극 : 0.03 ~ 0.05mm

6) 베어링에 변형이 생기는 이유 : 베어링 크러시가 너무 크다.

## 2 - 11. 크랭크 축(Crank Shaft)

크랭크축은 크랭크 케이스 내에 설치된 메인 베어링에 의해서 지지되며 각 실린더의 폭발행정에서 얻어진 피스톤의 왕복 직선 운동을 커넥팅 로드의 운동을 통하여 회전운동으로 바꾸어 주는 중심축이다.

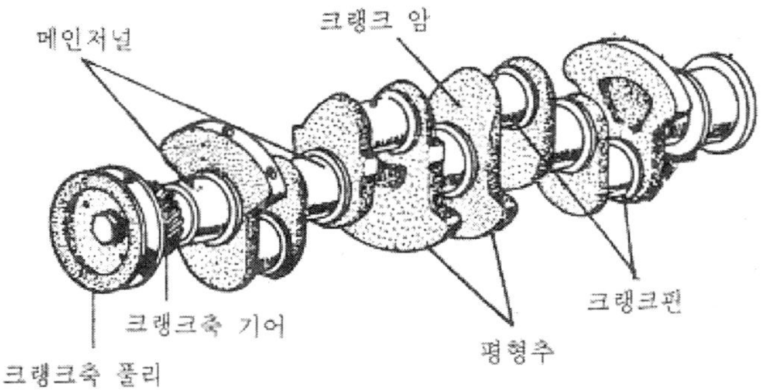


[ 크랭크축 구성 ]

(1) 구조

1) 기능
① 피스톤의 직선 왕복 운동을 회전 운동으로 바꾼다.
② 동력 행정시는 피스톤으로부터 힘을 받아 회전력을 발생시키고, 흡입, 압축, 배기행정에서는 피스톤에 힘을 전달하여 사이클을 완성하도록 한다.

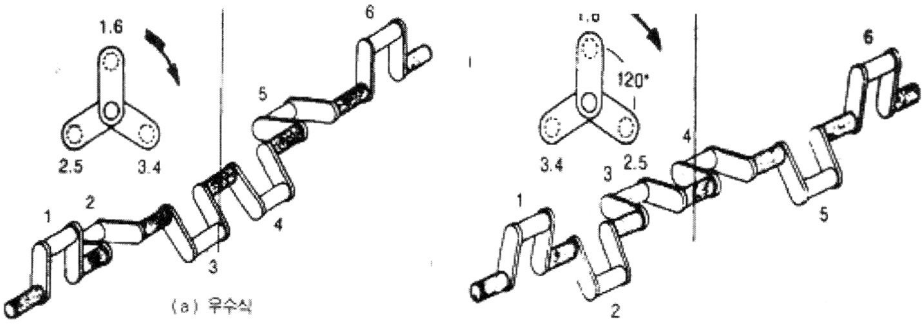


[ 6 실린더의 크랭크 축 ]

2) 구비조건

① 고속 회전시 진동이 없을 것

② 내마멸성이 크고 충격하중에 견딜 것

③ 정적, 동적 평형이 잡혀 있을 것

[보충정리]
㈜ 크랭크축의 동적 및 정적 평형이 잡혀 있어야 하는 이유 : 고속 회전을 하기 때문

3) 재질 : 단조제의 경우에는 고탄소강(S45C ~S56C)이나 크롬-몰리브덴강, 니켈-크롬강이 있으며, 주조제는 미하나이트 주철, 구상 흑연 주철 등이다.

4) 구성

① 메인 저널(main journal) : 크랭크축의 하중을 지지하는 부분이며, 실린더 블록의 하단부에 볼트로 지지된다.

② 크랭크 핀(crank pin) : 커넥팅로드 대단부와 연결되어 피스톤으로부터 힘을 받아 회전 방향으로 바꾸는 부분.

③ 크랭크 암(crank arm) : 메인저널과 크랭크 암을 연결하는 부분.

④ 곡률 반경부 : 암과 저널의 연결 부분을 직각으로 하지 않고 라운딩을 두어 응력집중을 방지한다.

⑤ 오일구멍 : 오일을 공급받는 구멍

⑥ 오일 슬링거 : 크랭크축 뒤 부분에 설치되어 오일의 누출을 방지한다.

⑦ 플랜지 : 플라이휠이 설치되는 부분

⑧ 평형추(balance weight) : 크랭크축의 정적, 동적 회전 평형을 원활하게 하기 위한 부분이다.

보충정리]
㈜ 근래 차량에는 메인 저널과 핀 저널을 약간 겹치는 형태로 하는데, 이것을 크랭크축 오버랩이라 하며, 크랭크 암의 길이를 짧고 굵게 하여 강도를 증대시키고 축의 고속 회전을 원활하게 한다.

㈜ 크랭크 핀 급유 방법 중 가장 많이 쓰이는 방법 : 원심 급유법

5) 크랭크축의 점화순서

① 4기통

㉮ 위상각 180도

㉯ 점화순서 1-3-4-2, 1-2-4-3

② 6기통

㉮ 위상각 : 120도

㉯ 점화순서 : 1-5-3-6-2-4, 1-4-2-6-3-5

㉰ 우수식과 좌수식이 있다.

③ 8기통

㉮ 위상각 : 90도

㉯ 점화순서 :1-6-2-5-8-3-7-4. 1-5-2-6-8-4-7-3

6) 크랭크축의 회전을 원활히 하기위한 점화순서 결정시 고려할 사항

① 연소가 같은 간격으로 일어나게 한다.

② 크랭크축에 비틀림 진동이 일어나지 않도록 한다.

③ 혼합기가 각 실린더에 균일하게 분배되게 한다.

④ 하나의 메인 베어링(저널)에 연속 하중이 작용하지 않도록 하기 위해 인접한 실린더에 연이어 점화하지 않게 한다.

7) 피스톤 행정 찾기

① 4실린더 4행정 기관에서 점화순서가 1-3-4-2이다. 1번 실린더가 압축 행정을 할 때 3번 실린더는 어떤 행정을 하는가?

(풀이) 점화순서를 시계방향으로 칸 안에 써넣고 행정을 시계 반대 방향으로 써 넣은 뒤 1번이 압축이므로 흡(2)→압(1)→폭(3)→배(4)써넣으면 3번은 흡입행정이 된다.

※ 점화순서가 1-2-4-3도 같은 방법으로 한다.

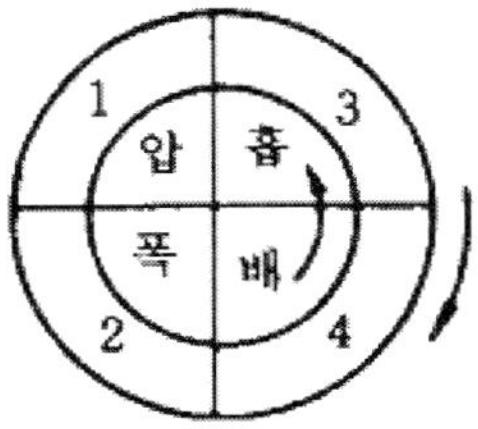

〈4기통 기관의 크랭크축 회전각〉

점화순서 1-3-4-2

| 크랭크축 회전각 / 실린더 번호 | ½회전 0~180° | 1회전 180°~360° | 1½회전 360°~540 | 2회전 540°~720° |
|---|---|---|---|---|
| 1 | 동 력 | 배 기 | 흡 입 | 압 축 |
| 2 | 배 기 | 흡 입 | 압 축 | 동 력 |
| 3 | 압 축 | 동 력 | 배 기 | 흡 입 |
| 4 | 흡 입 | 압 축 | 동 력 | 배 기 |

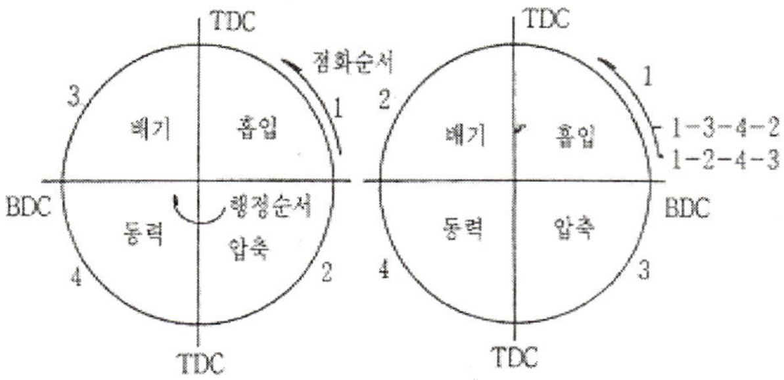


② 점화순서가 1-5-3-6-2-4에서 4번 실린더가 배기초일 때 6번은 어떤 행정을 하나?

(풀이) 행정을 시계 반대 방향으로 써넣는다. 행정의 초· 중· 말을 시계 반대방향으로 써넣는다. 점화순서를 시계방향으로 한 칸씩 건너 써넣으면 6번은 흡기 중이다.

점화순서 1-4-2-6-3-5

| 크랭크축의 회전각도 / 실린더 번호 | 1 회 전 | | 2 회 전 | | |
|---|---|---|---|---|---|
| | 0~180° 60° 120° | 180~360° 240° 300° | 360~540° 420° 480° | 540~720° 600° 660° | |
| 1 | 동 력 | 배 기 | 흡 입 | 압 축 | |
| 2 | 흡 입 | 압 축 | 동 력 | 배 기 | 흡 입 |
| 3 | 배 기 | 흡 입 | 압 축 | 동 력 | 배 기 |
| 4 | 압 축 | 동 력 | 배 기 | 흡 입 | 압 축 |
| 5 | 동 력 | 배 기 | 흡 입 | 압 축 | 동 력 |
| 6 | 흡 입 | 압 축 | 동 력 | 배 기 | |

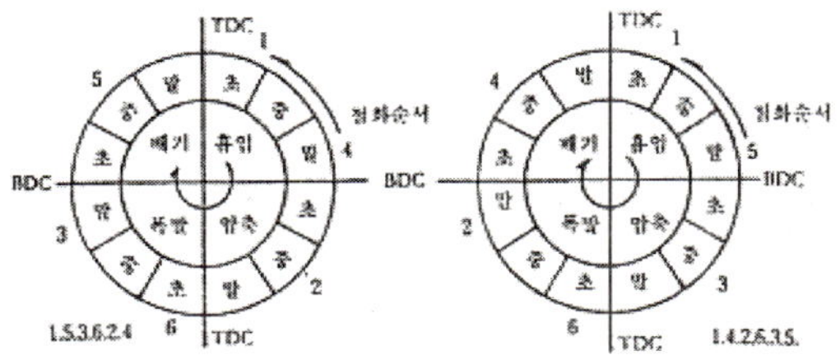


[ 6기통 점화순서와 각 실린더 작동 ]

③ 기관의 회전속도가 1,800rpm일 때 화염전파에 소요되는 시간이 1/600초라면 상사점 몇도 전에서 점화되어야 하는가?(단, 상사점에서 최고 압력이 발생한다. )

(풀이1) 1분간 크랭크축 회전각도= 1,800 × 360° =648,000°
1초간 크랭크축 회전각도=648,000 ÷ 60= 10,800°
연소 지연시간 동안 회전각= 10,800 × 1/600= 18°
(풀이2) 6RT
6 × 1800RPM × 1/600SEC = 18°

(2) 점검 및 정비

1) 축의 휨
① 원인 : 충격, 비틀림 등의 반복하중에 의하여 피로증대
② 영향 : 고속 회전시 진동과 소음이 커지고 축의 이상 마모가 발생되며 심하면 밸브와 피스톤의 접촉 상태도 발생될 뿐만 아니라 균열 현상도 발생된다.
③ 한계값 : 축의 길이 500mm이상 : 0.05mm , 500mm이하 : 0.03mm
④ 계측기 : 다이얼게이지와 V블록 , 정반
⑤ 측정 방법 : 다어얼게이지를 중간 메인저널에 설치하고 축을 천천히 회전시키면서 다이얼게이지 큰 바늘이 움직인 양을 반(1/2) 으로 나눈 값을 휨값으로 한다.
⑥ 수정방법 : 가벼운 휨은 아버 프레스로 수정하거나 축을 U/S로 연마하고, 심하면 교환한다.
2) 축의 엔드플레이(축방향 움직임)
① 이유 : 축의 회전을 원활히 하기 위하여 두는 축 방향의 간극
② 영향
㉮ 간극이 크면
㉠ 커넥팅로드에 휨 하중 발생
㉡ 피스톤 측압 증대
㉢ 밸브 개폐시기가 틀려진다.
㉣ 클러치 작동시 충격 진동 발생
㉯ 간극이 작으면
㉠ 마찰 증대로 기계적 손실 증대
㉡ 심하면 소결
③ 규정값 : 0.05 ~ 0.25mm
④ 한계값 : 0.3mm
⑤ 계측기 : 다이얼게이지 또는 필러게이지
⑥ 측정방법
㉮ 크랭크축을 드라이버를 사용하여 한쪽으로 밀어 놓는다.
㉯ 다이얼게이지를 플랜지 부분에 직각으로 설치한다.
㉰ 드라이버로 크랭크축을 반대로 민다.
㉱ 이 때 다이얼게이지 바늘이 움직인 거리가 축방향 유격이다.

㉲ 필러게이지를사용할 경우에는 반드시 스러스트 베어링이 있는 곳에서 측정한다. 이 때 크랭크축을 드라이버로 민 반대방향에서 측정한다.

⑦ 수정방법

㉮ 클 때 : 스러스트 베어링을 교환

㉯ 작을 때 : 스러스트 베어링을 연삭

3) 마모

① 원인 : 베어링과의 마찰

② 영향

㉮ 베어링 간극의 과다로 유압 저하 및 유막파괴 , 오일 소모량 증대

㉯ 소음 진동 증대

③ 계측기 : 외경마이크로미터

④ 측정개소 : 오일 구멍을 피하여 양단에서 4개소에서 측정

⑤ 한계값 : 진원마모 - 0.2mm , 이상마모 - 0.03mm

| [보충정리] |
|---|
| ㈜ 진원 마모 값이 한계 값 이하라 해도 이상 마모(테이퍼 마모나 타원 마모) 값이 한계값 이상이면 수정을 하여야 한다. |
| ㈜ 크랭크축의 축 방향 움직임이 크면 운전 중 소음이 크고 타이어 기어 마멸이 생김 |
| ㈜ 균열이 생기면 크랭크축 교환 |
| ㈜ 크랭크축 편마멸은 양단에서 가장 크다 |

4) 크랭크축 베어링 저널수정

크랭크축 메인 저널의 테이퍼 측정 : 플라스틱 게이지

5) 크랭크축 외경 측정값이 52.28mm 일 때 언더사이즈 기준값 ? (단 크랭크축 외경 표준값 : 52.75mm)

풀이) 1.72.75mm - 52.28mm = 0.47mm
2.0.47 + 0.2 = 0.67
3. U/S에 대입하면 0.75 선택

## 2 - 12. 플라이휠(fly wheel) & 비틀림 진동 방지기

(1) 플라이 휠 : 관성의 법칙 이용

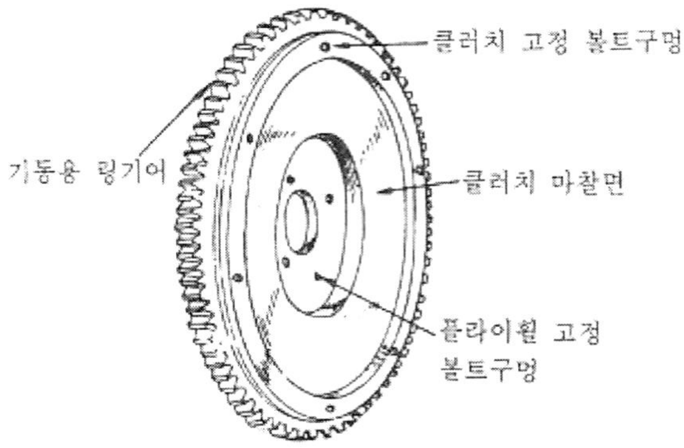


[ 플라이 휠 ]

1) 기능

① 엔진의 맥동 운동을 원활하게 한다.

② 클러치 마찰면으로 활용

③ 시동을 위한 링기어 부착

④ 회전력을 일정하게 유지

2) 구비조건

① 중량은 가능한 가벼워야 하므로 중앙부는 두께를 얇게 하고 주위는 두껍게 하여야 한다. 그리고 중량은 회전속도와 실린더 수에 관계한다.

② 회전 관성이 클 것

3) 재질 : 주철제

4) 동력 오버랩

① 동력 발생 각도와 동력 행정 각도가 겹치는 상태를 말하며 동력 겹침 각도가 큰 엔진은 맥동이 작고 출력이 크다

② 동력의 겹침 현상은 4기통 이하에서는 없고, 6기통 이상에서 발생한다.

5) 플라이휠의 크기 : 기관 실린더 수와 회전 속도에 반비례 한다.

| [보충정리] |
|---|
| ㈜ 엔진 점화 표시는 플라이휠과 크랭크축 풀리에 표시 |

(2) 비틀림 진동 방지기

1) 기능

이상 연소에 의한 비틀림 진동을 플라이휠과 같은 작용으로 방지하며. 크랭크축 풀리 앞에 설치된다.

2) 원인

엔진의 작동 중 급격한 압력의 변화가 발생하면 비틀림 진동이 생긴다.

3) 크기

① 회전속도와 기통 수에 반비례

② 플라이휠의 무게가 클수록 크다.

③ 플라이휠에서 멀수록 크다.

④ 크랭크축의 길이가 길수록 크다.

⑤ 기통수가 작을수록 크다.

4) 구조

① 무게(휠) : 관성을 이용하여 비틀림 진동을 억제 (플라이휠과 동일한 작용)

② 합성고무 : 축과 댐퍼 사이에 설치되어 발생되는 회전 충격을 흡수

(3) 점검 및 정비

1) 비틀림(런아웃)

① 원인

㉮ 재질불량

㉯ 반복되는 접촉 충격

㉰ 마찰열에 의한 열변형

② 영향

㉮ 동력전달 및 차단 불량

㉯ 진동 소음 발생

③ 계측기 : 다이얼게이지

④ 런아웃 한계값 : 0.05mm

⑤ 수정방법 : 선반으로 연삭, 심하면 교환

2) 마찰면의 마모

① 원인 : 클러치판과 마찰

② 영향 : 클러치가 미끄러져 동력 전달불량

③ 수정 : 선반으로 연삭

3) 링기어 마모

① 원인 : 시동모터 피니언 기어와의 접촉

② 마모개소

㉮ 4기통 : 2개소 (180도 간격을 두고 마찰)

㉯ 6기통 : 3개소 (120도 간격을 두고 마찰)

㉰ 8기통 : 4개소

③ 영향 : 시동 시 접속 불량으로 시동 불능

④ 수정방법 : 링기어를 가열하여 빼낸 후 위치를 돌려 끼운다.

㉮ 끼울 때 가열온도 : 200 ~ 250도

㉯ 뺄 때 가열온도 : 120 ~ 150도

## 2 - 13. 밸브기구(Valve Train)

밸브 기구란 밸브를 개폐시키기 위한 기구이며, 캠축, 밸브 리프터, 푸시로드, 로커암축 어셈블리, 밸브로 구성되어 있다.

(1) 밸브 기구의 형식

1) I-헤드 엔진(OHV-오버헤드밸브엔진) : 흡배기 밸브의 개폐작용에 푸시로드와 로커암을 사용

① SC(side camshaft) 형 : 크랭크축기어 - 캠축기어 - 캠축 - 캠 - 태핏 - 푸시로드 - 로커암 - 밸브

② 기계식OHC(over head cam shaft) 형 : 크랭크축 스프로킷 - 체인(벨트) - 캠축 스프로킷 - 캠축 - 캠 - 로커암 - 밸브

③ 유압식 OHC형 : 크랭크축 스프로킷 - 체인(벨트) - 캠축 스프로킷 - 캠축 - 캠 - 유압태핏 - 밸브

[보충정리

㈜ OHC 엔진의 특징

① 캠축 구동방식이 복잡하다.

② 밸브기구의 관성력이 작다.

③ 저속에서 고속까지 예민하게 반응

④ 고속에서 밸브개폐시기가 안정 된다.

2) L-헤드 엔진(SV-사이드 밸브엔진) : 푸시로드와 로커암이 없다.

크랭크축기어 -캠축기어 - 캠축 - 캠 - 태핏 - 밸브

3) 오버헤드 캠축 밸브기구(overhead cam shaft valve train)

캠축을 실린더 헤드 위에 설치하고 캠이 직접 로커암을 움직이게 되어 있다. 캠축을 체인장치와 실린더 헤드의 구조는 복잡하게 되나 밸브 기구의 왕복운동부분의 관성력 때문에 밸브

의 가속도를 크게 할 수 있다. 이에 따라 고속성능이 향상되고 또 저속에 고속까지 원활하게 속도를 높일 수 있다. 근래 고성능 엔진에 많이 사용된다.
오버헤드 캠축 엔진에는 1개의 캠축으로 모든 밸브를 작동시키는 싱글 오버 캠축 형식(single overhead cam shaft, SOHC)과 2개의 캠축으로 각각 흡/배기 밸브를 작동시키는 더블 오버 캠축 형식 (double overhead cams haft type, D.O.H.C)이 있다.
성능상으로 더블 오버헤드 캠축 형식이 이상적인 연소실의 설계를 할 수 있어 유리하나 제작이나 조정, 가격 등의 면에서는 싱글 오버헤드 캠축 형식이 유리하다.

4) F-헤드 밸브기구(F-head valve train)
L-헤드 밸브기구와 오버헤드 밸브기구를 조합한 것이다. 흡기 밸브는 오버헤드 밸브기구와 같이 캠축, 리프터, 푸시로드 및 로커암에 의해 구동되고 배기밸브는 L-헤드 밸브기구와 같이 캠축과 리프터에 의하여 구동된다.
흡/배기의 양 밸브가 한 개의 캠축에 의하여 작동되며 흡·배기 밸브를 크게 할 수 있는 이점이 있다.

5) 트윈캠 밸브 기구
최근에는 회전수를 빠르게 하면 할수록 흡입밸브의 열리는 시간이 짧아져 실린더당 흡입되는 혼합기량은 한계에 도달하기 때문에 2개의 캠축에 각 실린더마다 흡기 밸브 2개와 배기밸브 2개를 사용하는 트윈캠(twin cam)밸브기구가 사용된다. 트윈캠 기구를 D.O.H.C라고도 하며 S.O.H.C 엔진에 비해 다음과 같은 장점이 있다.
① 흡입 효율 향상
② 허용 최고 회전수 향상
③ 높은 연소 효율
④ 응답성 향상

(2) 구조 및 기능

1) 캠축
재질 : 중탄소강, 저탄소강, 크롬- 몰리브덴강

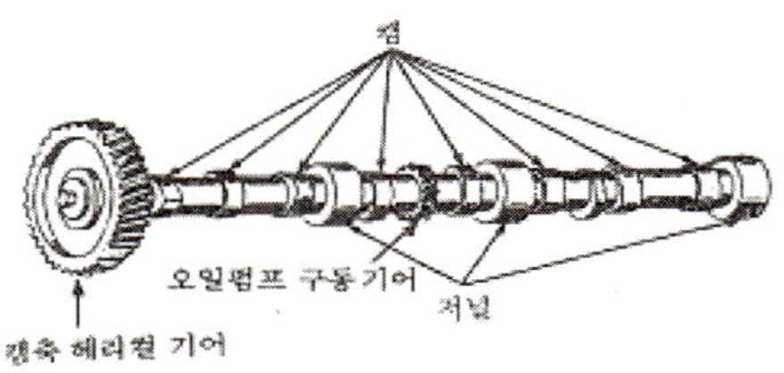

캠 축

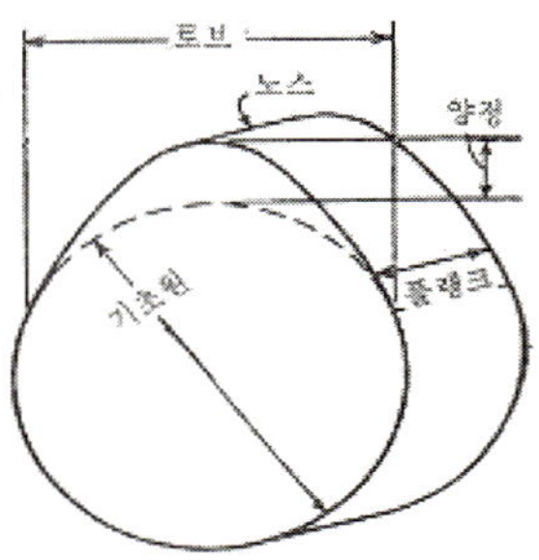

캠의 구성

[ 캠축 및 캠의 구성 ]

① 기능 : 캠축은 기관의 밸브 수와 같은 수의 캠이 배열된 축이며, 크랭크축으로 부터 동력을 전달 받아 캠을 구동하여 이 작용으로 배전기 및 연료펌프, 오일펌프 등을 구동한다.

| [보충정리]<br>양정(lift) : 캠에서 기초원과 노스 사이의 거리. |
|---|

② 구동방식

㉮ 직접구동방식 : 기어 구동식

㉯ 간접구동방식 : 체인이나 벨트 구동식

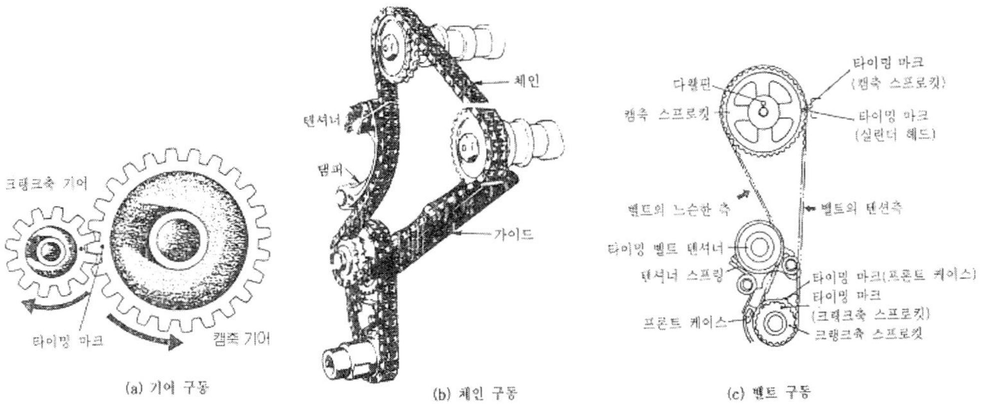


[ 캠축의 구동 방식 ]

③ 직접구동방식

㉮ 개요 : 캠축이 실린더 블록에 설치되어 크랭크축과의 거리가 가까울 때 사용

㉯ 기능 : 크랭크축의 동력을 캠축에 전달

㉰ 특징

◎ 크랭크축 기어와 캠축 기어의 통칭이며 주로 헬리컬 기어를 사용한다.

◎ 크랭크축 기어와 캠축 기어를 서로 다른 이종 재질로 만들어 소음과 마멸을 감소시킨다.

◎ 크랭크축기어와 캠축 기어의 지름비 및 회전비 (지름비 = 1 : 2, 회전비 = 2 : 1)

④ 간접구동방식

㉮ 기능 : 캠축이 실린더 헤드에 설치되어 크랭크축과의 거리가 멀 때 사용

㉯ 기능 : 캠축을 구동

㉰ 종류

㉠ 체인구동

ⓐ 롤러 체인과 사일런트 체인이 있다.

ⓑ 소음이 적고 동력전달 효율이 좋다

ⓒ 캠축의 위치를 임의로 설치할 수 있다.

ⓓ 체인이 늘어나면 밸브개폐시기가 틀려지고 소음이 심해진다.
㉡ 벨트구동
ⓐ 이음이 없는 고무와 직물을 사용하며 미끄러짐을 방지하기 위하여 돌기 (이빨) 가 있다.
ⓑ 진동과 소음이 작으나 벨트가 늘어나면 밸브개폐시기의 변화가 심하다
ⓒ 오일이 묻으면 벨트의 수명이 단축되며, 작업시 늘어나는 것을 방지하기 위하여 손으로 작업해야 한다.

㉣ 장력 조절기 : 체인이나 벨트의 장력을 자동으로 고정하는 것으로 유압식과 스프링식이 있다.
㉤ 충격 방지기 : 작동 중 체인이나 벨트의 진동을 흡수

㉥ 스프로킷
㉠ 체인 또는 벨트와 접촉하여 구동 또는 피동
㉡ 이수비 = 1 : 2, 회전비 = 2 : 1

[보충정리]
㈜ 캠축 엔드플레이의 일반적인 수정 기준 : 0.2㎜
㈜ 캠축의 축방향 놀음(엔드플레이)이 크면 밸브개폐시기가 달라진다.
㈜ 크랭크축 기어와 캠축 기어를 서로 다른 이종 재질로 하는 이유 : 과도한 마모 방지
㈜ 타이밍 기어에서 헬리컬 기어를 사용하는 이유 : 작동이 정숙, 동력전달이 확실, 소음과 진동이 적다.
㈜ 타이밍 기어 백래시가 클 때 : 밸브 개폐시기가 틀려 진다
㈜ 캠축 스러스트 간극이 클 때 : 밸브 개폐시기가 틀려 진다
㈜ 소형 자동차의 경우 타이밍 기어 런아웃 한계 : 0.25㎜

2) 캠

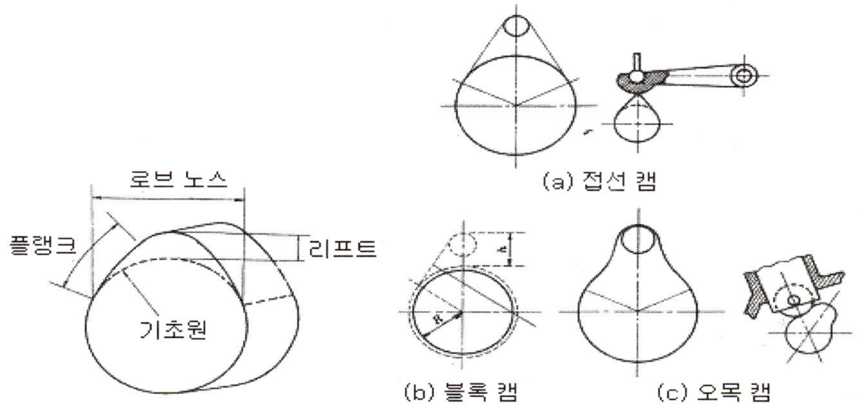

[캠의 명칭] [캠의 종류]

[ 캠의 명칭 및 캠의 종류 ]

① 기능 : 캠축의 회전 운동을 직선운동으로 바꾸어 태핏이나 로커 암에 전달

② 구성
㉮ 기초원 : 회전 운동의 중심원
㉯ 노스원 : 노스가 이루는 원
㉰ 노스 : 밸브가 완전히 열리는 지점
㉱ 양정 : 노스원의 직경과 기초원 직경의 차이
㉲ 플랭크 기초원과 노스원의 연결부분으로 태핏면과 접촉
㉳ 로브 : 밸브가 열려서 닫힐 때까지의 거리

③ 재질
㉮ 주철
㉯ 저탄소강
㉰ 중탄소강

④ 종류
㉮ 접선캠(tangential cam)
㉠ 플랭크가 접선 모양으로 된 것
㉡ 밸브개폐가 급격히 이루어짐
㉢ 장력이 큰 밸브스프링을 사용하여야 한다.

㉯ 볼록캠(convex cam)
㉠ 플랭크가 원호 모양으로 된 것
㉡ 비교적 제작이 쉽다.
ⓒ 고속용 엔진에 많이 사용한다.

㉰ 오목캠(concave cam)
㉠ 밸브의 가속도를 일정하게 하므로 일정속도 캠이라고도 한다
㉡ 플랭크가 오목한 원호형
㉢ 롤러 태핏과 조합으로 사용
㉣ 정치용 대형엔진에 주로 사용

㉱ 비례캠
㉠ 일정 회전수에서 밸브 기구의 변형을 고려하여 설계한 것
㉡ 캠의 가속도 변화가 원활하여 밸브 기구의 충격을 감소한다.

㉲ 원호캠
㉠ 노스 부분이 원호의 모양
㉡ 밸브의 열림 시간이 길다.
㉢ 주로 정치용 엔진에 사용

㉳ 편심캠 (편심륜) : 연료 펌프를 구동

| [보충정리] |
|---|
| ㈜ 일반적으로 캠축의 캠수는 밸브수와 같다 |
| ㈜ 4사이클 엔진에서 캠축은 크랭크축의 1/2로 회전 |
| ㈜ 캠과 태핏을 옵셋(off-set)하는 이유 : 마모를 감소시키기 위해 |

3) 밸브 태핏 (밸브 리프터 ; valve lift)

① 기능 : 캠의 회전 운동을 직선 운동으로 바꾸어 푸시로드에 전달하거나 직접 밸브를 개폐한다. 종류에는 기계식과 유압식이 있다.

② 재질 : 합금 주철이나 탄소강을 사용하며 캠과 접촉면은 내마모성을 증대시키기 위하여 표면경화 한다.

③ 기계식 태핏

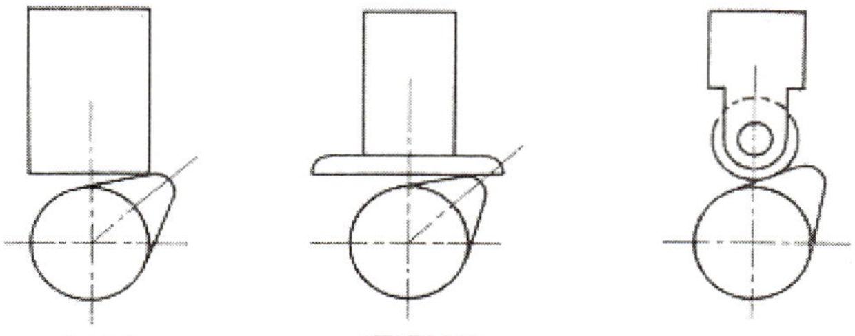


[기계식 리프터와 캠의 형상 ]

㉮ 평면 태핏

㉠ 볼록캠과 조합으로 사용

㉡ 플랜지형과 원통형이 있다.

㉢ 플랜지형에는 밸브 간극을 조정하는 조정나사가 있다.

㉯ 볼록면 태핏 : 접선캠과 조합

㉰ 롤러 태핏 : 오목캠과 조합

④ 유압식 태핏

㉮ 기능 : 윤활장치의 오일 순환 압력과 오일의 비압축성을 이용하며, 기관의 온도 변화에 관계없이 밸브간극을 항상 '0'mm으로 유지한다.

㉯ 특징

㉠ 밸브 개폐시기가 정확하다

㉡ 소음과 진동이 없다.

㉢ 내구성이 높다.

㉣ 밸브 간극 조정을 하지 않는다.

㉤ 구조가 복잡하다.

ⓑ 유압회로가 고장이 생기면 작동이 어렵다.
ⓢ 오일펌프의 고장이 생기면 작동이 안 된다.

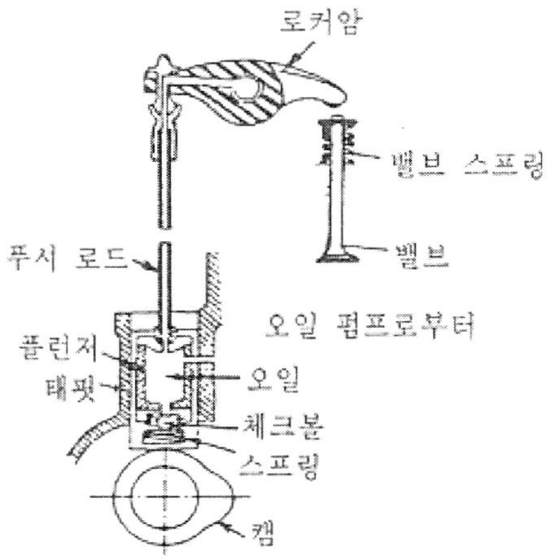


[ 유압식 태핏 ]

[보충정리]
릭다운 시험 (leak-down test) : 유압 태핏 안의 오일의 누설 여부를 측정하는 실험으로 유압 태핏의 성능을 알 수 있다. 시험 방법은 정상 유압으로 부하를 작용시켰을 때 플런저가 1mm 하강 시 10초 이상이어야 한다.

ⓒ 구조 및 작용
㉠ 구조

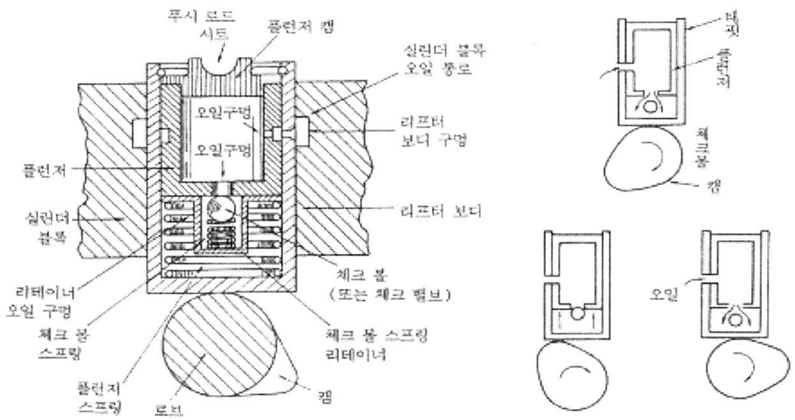


[ 유압식 리프터 및 유압식 리프터 작용 ]

㉡ 작용
ⓐ 캠 작용이 끝난 후 태핏이 내려오면 윤활 장치의 유압이 공급된다.

ⓑ 엔진 오일이 유입되면 푸시로드 시트가 유압에 의하여 밀어 올려져 로커암과 밸브 스템 끝과의 간극을 ‘ 0 ’ 으로 한다.
ⓒ 캠이 태핏 보디를 밀어 올리면 보디내의 유압이 상승되고 그에 따라 체크볼이 입구를 막아 오일의 누출을 방지한다.
ⓓ 보디의 움직임에 따라 플런저가 상승, 오일 구멍이 막힐 때까지는 유압이 상승이 되지 않는다.
ⓔ 플런저가 더욱 상승하여 오일 구멍을 막게 되면 플런저 내의 유압이 상승되고 푸시로드 시트가 로커암을 밀어 밸브를 작동시킨다.

[보충정리]
유압식 밸브 리프터가 위로 움직여 밸브가 열릴 때 플런저 내의 체크 밸브는 닫혀 있다.

㉣ 유압식 리프터의 장/단점

| 장점 | 단점 |
|---|---|
| 1.밸브 간극 조정이 필요 없다.<br>2.밸브 개폐시기가 정확하게 되어 엔진 성능이 향상된다.<br>3.작동이 조용.<br>4.충격을 흡수하기 때문에 밸브기구의 내구성이 향상된다. | 1.오일펌프나 오일회로에 고장이 생시면 작동이 불량.<br>2.구조가 복잡하다. |

⑤ 캠과 태핏의 옵셋(tappet off- Set) : 캠과 태핏의 중심을 어긋나게 한 것으로 작동중 태핏이 회전을 하므로 편마모를 방지한다.

4) 푸시로드(push rod)
태핏의 움직임을 로커암에 전달하는 것으로 중공의 강관으로 만든다.

5) 로커암축 어셈블리(rocker arm assembly)
① 구성 및 기능
㉮ 로커암 지지대 : 로커암 어셈블리를 지지
㉯ 로커암 축 : 로커암을 지지하며 내부는 중공으로 오일 통로로 사용된다.
㉰ 로커암 스프링 : 작동 중 로커암이 축방향으로 이탈하는 것을 방지한다.
㉱ 로커암 : 푸시로드나 태핏, 캠의 움직임을 전달받아 밸브를 직접 개폐 하는 것으로 로커암축에 설치되며, 축을 중심으로 밸브 방향의 길이가 반대쪽보다 1.2 ~ 1.6배 정도 크게 하여 밸브의 양정을 양호하게 한다. 또한 로커암에는 밸브 간극을 조정하는 조정나사가 설치되어있다.

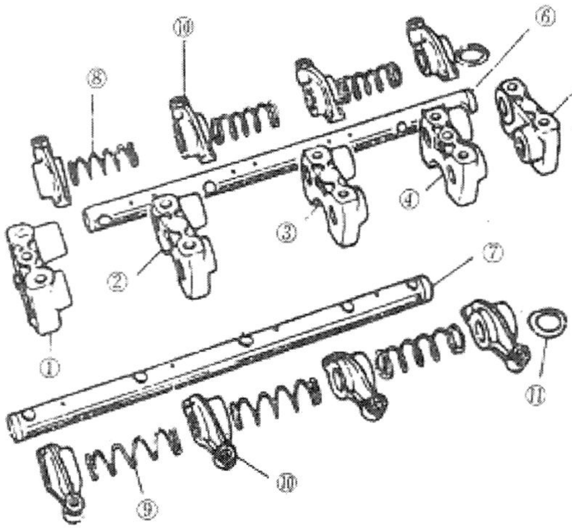


① 베어링 캡(앞) ② 베어링 캡(중앙 No.2) ③ 베어링 캡(중앙 No.3) ④ 베어링 캡(중앙 No.4)
⑤ 베어링 캡(뒤) ⑥ 로커 암축 오른쪽(배기) ⑦ 로커 암축 왼쪽(흡입) ⑧ 스프링(오른쪽)
⑨ 스프링 왼쪽(흡입) ⑩ 로커 암(흡입 및 배기) ⑪ 와셔

[ 로커암축 어셈블리 ]

6) 밸브 간극( 밸브 클리어런스)

연소열에 의한 밸브의 선팽창을 고려하여 로커암과 밸브 스템 사이에 두는 간극으로 배기밸브를 흡기밸브 보다 크게 둔다.

① 밸브 간극이 크면

㉮ 밸브가 완전히 개방되지 않는다.

㉯ 작동중에 충격적인 접촉이 일어난다.

② 간극이 작으면

㉮ 작동 온도에서 밸브가 완전히 밀착되지 않는다.

㉯ 밸브 기구의 마모가 커진다.

7) 밸브 개폐시기 ( Valve Timing )

밸브 개폐시기를 표시하는 그림을 밸브 개폐시기 선도라 한다. 이 엔진의 흡기밸브는 상사점전18° 에서 열리고 하사점후 50° 에서 닫히며 배기밸브는 하사점전 48° 에서 열리고 상사점후 20° 에서 닫힌다.

이 밸브의 선도에 의하면 상사점 부근에서 흡·배기 밸브가 동시에 열려 있는데 이것을 밸브 오버랩(valve over lap)이라고 부르며 이 엔진의 밸브 오버랩은 18° + 20° = 38° 가된다.

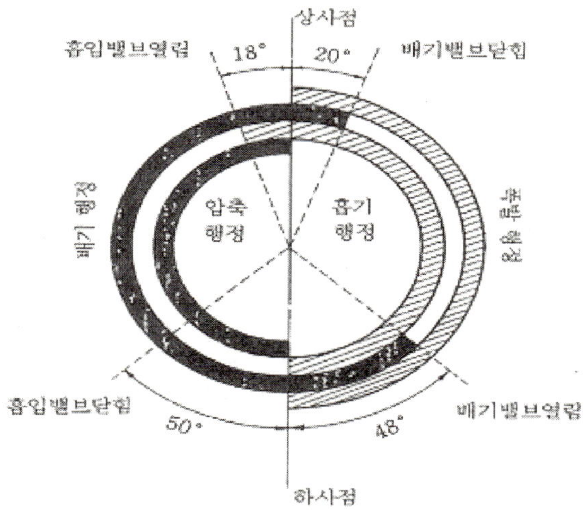


[ 밸브 개폐시기 선도 ]

[보충정리]
① 파워 오버랩(power overlap) : 동력의 겹침 (6기통 이상)
② 리드(lead) :앞세우기(흡/배기 밸브를 상사점전에 열어주는 것)
③ 래그(lag) : 늦추기 (흡/배기를 상사점후에 열어주는 것 )
④ IHC(In Head Cam shaft)

## 2 - 14. 밸브(Valve)

(1) 밸브(valve)

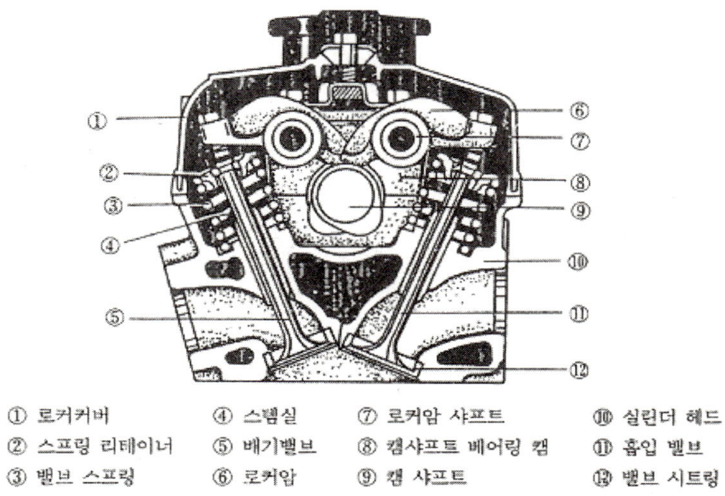


[ 밸브 기구 ]

1) 기능

흡배기 행정시 연소실의 흡배기 구멍을 열거나 닫아 주어 작동을 완성하며 일반적으로 포핏 밸브(poppet valve)를 사용한다.

2) 구조

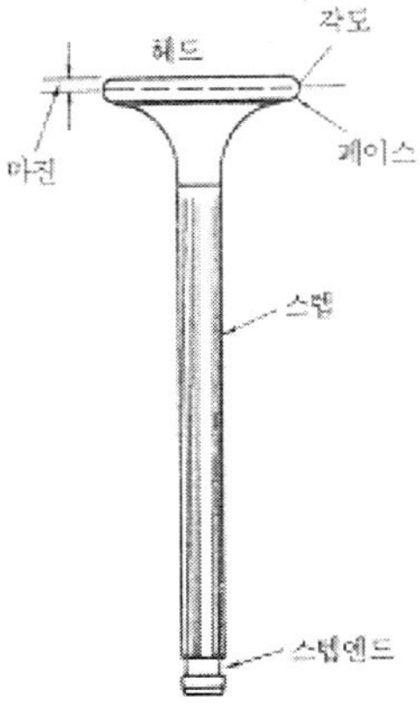


밸브(포핏밸브)

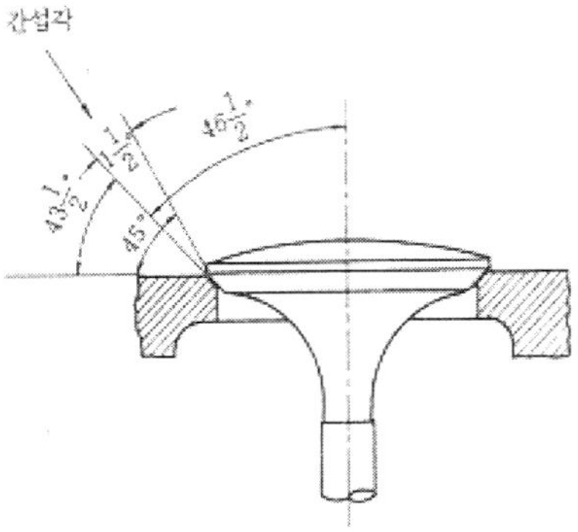


밸브면의각도

[ 밸브(포핏 밸브) 및 밸브면의 각도 ]

① 밸브헤드 : 밸브의 머리 부분으로 중심 부분의 온도가 가장 높으며, 흡입효율을 높이기 위해 흡기밸브가 배기밸브 보다 크다.

② 마진(margin) : 밸브 헤드의 두께를 나타내는 것으로 다른 부분이 양호할 때 밸브의 재사용 여부를 결정 하며, 한계값은 0.8mm이다.

③ 밸브 면(face) : 밸브 시트와 접촉하여 기밀 유지 및 열전도 작용을 하며 30도, 45도, 60도 각도의 것이 있으나 통상 45도가 많이 사용 된다.

④ 곡률반경부 : 밸브헤드와 스템을 연결하는 부분으로 작동 중 응력 집중을 방지한다.

⑤ 밸브 스템(valva stem) : 밸브를 지지하는 축으로 밸브스프링 리테이너 록을 설치하는 홈이 있으며, 스템 끝 부분은 로크암과 접촉하기 때문에 평면으로 다듬질 한다.

[보충정리]
㈜ 밸브의 재료 : 크롬- 실리콘강, 니켈-크롬강
㈜ 밸브에서 가장 온도가 높은 곳 : 헤드 중심
㈜ 밸브 스템의 휨 검사 : 다이얼 게이지 , 정반 , V블록
㈜ 밸브 스템의 마멸 원인 : 밸브 스프링의 직각도 불량
㈜ 밸브 스템 엔드부의 찌그러짐 원인 : 밸브 태핏 간극이 클 때
㈜ 밸브 헤드는 고온에 노출되기 때문에 내열강인 오스테나이트를, 밸브 스템은 내구성을 위하여 페라이트를 사용하여 특수 용접으로 접합시킨다.
㈜ 나트륨 냉각밸브 밸브 스템을 중공으로 하여 내부에 나트륨 용액을 40 ~ 60% 정도 봉입한 것으로 밸브 헤드의 온도를 약 100도 정도 더 낮출 수 있어 밸브의 변형을 방지 한다.
㈜ 밸브 구비 조건
- 높은 온도에 견딜 것
- 열전도율이 크고, 장력과 충격에 견딜 수 있을 것.
- 가볍고, 내구성이 클 것.
- 저항이 작은 통로를 형성할 것.

⑥ 밸브시트(valve seat)
㉮ 기능 : 밸브면과 접촉하여 기밀유지 및 열전달 작용을 하며 밸브면에 따라 30도, 45도. 60도의 것이 있다.
㉯ 간섭각 : 어떤 기관에서는 작동 중 열팽창을 고려하여 밸브면과 시트 사이에 1/4 ~ 1° 정도의 차이를 둔 것으로 정상온도에서 완전히 밀착시킨다.
㉰ 시트 폭 : 밸브면과 접촉하는 시트의 폭은 1.4 ~ 2.0mm로 접촉 폭이 크면 열전달은 잘되나 기밀 유지가 어렵고, 접촉폭이 작으면 기밀 유지는 잘되나 열전달이 불량해진다.
㉱ 시트 커터 : 시트의 각도를 45도로 연삭시 필요한 커터는 15도, 45도, 75도의 세 가지이다.
㉲ 종류 : 일체식과 삽입식이 있으며 삽입식 실트를 시트링이라 한타.

⑦ 밸브 가이드 : 밸브가 직선으로 작용하도록 밸브 스템을 안내하며. 스템과의 사이에 0.015 ~ 0.07mm (한계 : 0.1mm)의 간극을 둔다.

⑧ 밸브스프링(valve spring)

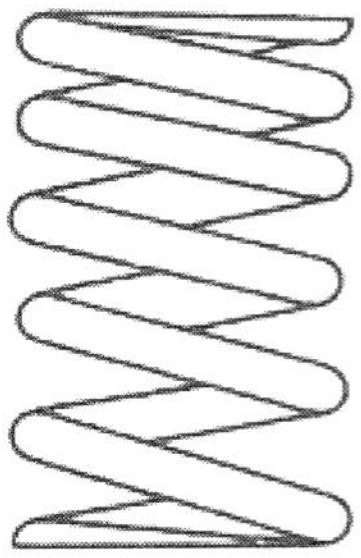

(a) 원통형

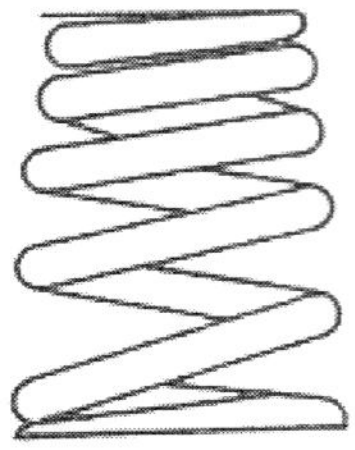

(b) 원뿔형

[ 밸브 스프링 ]

㉮ 기능 : 압축과 폭발행정에서는 밸브면과 시트를 밀착시키고 흡기와 배기행정에서는 캠의 형상에 따라서 밸브가 열리도록 작동한다.

㉯ 서징 현상 : 기관이 고속 회전할 때 캠에 의한 밸브 개폐횟수가 밸브 스프링의 고유 진동수와 같거나 또는 정수배일 경우 캠에 의한 강제진동과 스프링 자체의 고유진동이 공진하여 캠의 작동과는 상관없이 진동을 일으키는 현상이다. 따라서 서징이 발생하면 밸브 개폐시기가 불량해지므로 흡/배기 작용이 불충분해지며, 스프링 일부에 큰 압력이 걸려 변형되거나 절손된다.

㉰ 서징 방지법
㉠ 이중 스프링 사용
㉡ 원뿔 스프링 사용
㉢ 부등피치 스프링 사용
㉣ 정해진 양정 내에서 충분한 스프링 정수를 얻도록 할 것.

| [보충정리] |
| --- |
| 피치가 작은 쪽이나, 지름이 작은 쪽을 실린더헤드 방향으로 한다. |

㉱ 점검 항목
㉠ 장력(15%) : 규정장력의 15% 이상 감소되었을 때 교환.
㉡ 자유고(3%) : 규정높이의 3% 이상 감소되었을 때 교환.
㉢ 직각도(3%) : 자유고 100㎜에 대하여 3㎜ 이상 변형시 교환.
㉣ 접촉면은 2/3이상 수평일 것.

㉲ 밸브 스프링의 요구 조건
㉠ 블로우 바이가 일어나지 않도록 밸브면이 시트에 충분히 밀착될 수 있는 장력이 있을 것
㉡ 밸브나 밸브기구가 캠을 따라서 운동시 관성력을 이겨낼 것.
㉢ 최고 회전속도에서 오랫동안 운전하여도 충분히 견딜 내구성이 있을 것.
㉣ 밸브 서징 현상을 일으키지 않을 것.

⑨ 밸브 스프링 리테이너 : 밸브 스프링을 밸브 스템에 고정

⑩ 리테이너 록
㉮ 밸브 리테이너와 밸브 스템을 고정시키는 일종의 키
㉯ 말굽형, 핀형, 원뿔형 등이 있다

(a) 말굽형 (b) 핀형 (c) 원뿔형

[ 스프링 록 ]

(2) 밸브 회전기구 & 밸브 오버 랩

1) 밸브 회전기구

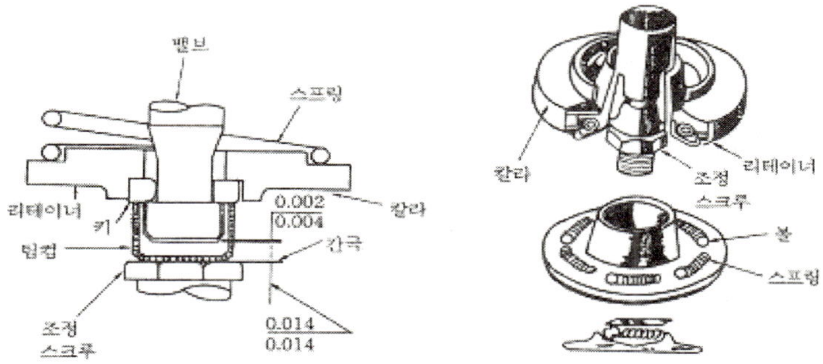


[ 밸브 회전기구 ]

① 목적
㉮ 밸브면과 시트사이의 카본 퇴적을 방지
㉯ 밸브 헤드의 온도를 균일하게 한다.
㉰ 밸브 스템과 가이드 사이에 카본 퇴적을 방지

② 종류
㉮ 릴리스 형식 : 기관의 진동에 의해 밸브가 열릴 때 좌우로 회전
㉯ 포지티브 형식 : 밸브가 열릴 때 강제로 회전하도록 한 형식

2) 밸브 오버 랩
① 정의 : 배기말과 흡기초가 겹쳐 흡배기 밸브가 동시에 열려있는 상태
② 이유
㉮ 배기 효율 증대
㉯ 연소실 온도 저하

㉰ 배기가스 온도 저하
㉱ 흡입 효율 증대

> [보충정리]
> A. 배기 밸브의 과열은 조기 점화를 조장
> B. 밸브 간극
> 기관 작동중 열팽창을 고려해서 두며 오브헤드 밸브기구에서는 밸브 스템끝과 로커암 사이에 둔다. 배기 간극은 배기밸브 쪽이 열팽창율이 크므로 약간 크며, 냉간시와 온간시 간극이 다르다. 간극이 크면 늦게 열리고 일찍 닫히므로 출력 감소, 기관 과열, 잡음 발생 및 밸브 기구의 충격이 심해진다. 그리고 간극이 작으면 일찍 열리고 늦게 닫히므로 역화나 실화가 일어나기 쉽고, 기관의 출력이 감소한다.

(3) 밸브 계산문제

1) 밸브의 양정
지름 d인 밸브가 L만큼 상승했을 때, 밸브 시트 환산치는 πdL는 밸브 구멍의 넓이 π/4와 같으므로 $\pi dL = \frac{\pi d^2}{4}$에서 다음식이 산출되었다.
L = d/4 ( L : 밸브의 양정[mm], d : 밸브 지름[mm] )

예제1) 스프링 장력이 45kg이고 사용한도를 15%로 한다면 몇 kg이상 감소되면 사용하지 못하게 되는가?

sol)
45 × 15 / 100 = 6.75 Kg

예제2) 밸브의 지름이 160mm이면 양정(lift)은 ?

sol)
L = 160 / 4 = 40mm

2) 밸브면의 지름

$$d = D\sqrt{\frac{S}{V}} \quad (mm)$$

D : 실린더 안지름(내경) (mm) , S : 피스톤의 평균속도 (m/s)
d : 밸브면의 지름 (mm), V : 밸브를 통과하는 가스의 속도 (m/s)

예제 1) 실린더 지름과 행정이 80× 80(mm)이고 회전속도가 3,000rpm인 기관의 밸브지름은?
(단 밸브포트를 통과하는 가스의 속도는 50m/sec이다)

sol)
피스톤의 평균속도 (S) = 2× 3000× 0.08 / 60 = 8m/sec

$$d = 80\sqrt{\frac{8}{50}} = 32(mm)$$

3) 밸브의 열림각
① 흡기밸브 열림각 = 상사점 전 열림각 + 180° + 하사점 후 닫힘각
② 배기밸브 열림각 = 하사점 전 열림각 + 180° + 상사점 후 닫힘각

예제1) 배기 밸브는 하사점(BDC)전 52° 에서 열리고 상사점(TDC)후 10。에서 닫힌다. 배기밸브의 열림각은?

sol) 52 + 180° + 10° = 242°

예제2) 4행정 기관의 다음과 같은 밸브기구에서 흡기 밸브의 행정각은?
흡기 밸브 열림 TDC전 10° , 닫힘 BDC후 43°
배기 밸브 열림 BDC전 420° , 닫힌 TDC후 14°

sol) 흡기 밸브의 행정각 = 10° + 180° + 43° = 233°

예제3) 어떤 4사이클 엔진의 밸브 타이밍은 흡기 밸브의 열려 있는 기간이 242。(크랭크 각도), 배기 밸브의 열려 있는 기간이 247° , 흡기 밸브의 열림의 시작이 상사점 13° , 배기 밸브의 닫힘의 끝이 상사점후 16° 였다. 여기서 흡기 밸브의 닫힘 끝의 시기는 하사점후 몇 도인가?

sol) 242° - (180 + 13) = 49°

## 2 - 15. 엔진 성능 및 튠업

(1) 열감정

1) 정의
기관에서 발생한 총열량과 손실된 열량을 각각 백분율로 나타낸 것으로 열감정의 3분법이라고도 한다.

2) 열 손실의 종류

① 냉각손실
㉮ 기관 냉각 장치에 의한 열 손실
㉯ 총 열량의 1/3(30 ~ 35%) 정도가 손실된다.

② 배기손실
㉮ 배기 행정시 배기가스에 의해 밖으로 배출되는 열 손실
㉯ 총 열량의 1/3(32 ~ 37%) 정도가 손실된다.

③ 마찰손실(기계적 손실)
㉮ 기관 작동 중 기계적 마찰로 인한 열 손실
㉯ 총 열량의 5 ~ 9% 정도이다.

④ 기관 출력
㉮ 총 열량에서 냉각 손실과 배기 손실 그리고 기계 손실을 제외한 열량으로 크랭크 축의 회전력을 발생시킨다.
㉯ 총 열량의 22 ~ 25% 정도이다.

⑤ 동력 전달 손실
㉮기관출력이 바퀴의 구동력으로 전달될 때 까지 기계적으로 손실된 열량을 말한다.
㉯ 총 열량의 3 ~ 8% 정도이다.

⑥ 실제일로 변한 열량
㉮ 실제 자동차가 주행하는데 사용된 열량을 말한다.
㉯ 총 열량의 12 ~ 25% 정도이다.

(2) 압축압력 측정

1) 목적
기관의 출력이 현저하게 낮아졌을 때 기관 내부의 이상 상태를 분해전에 확인하는 것이다.

2) 측정 전 준비사항
① 엔진을 기동하여 정상 온도로 한다.
② 엔진 시동을 정지시킨다.
③ 연료 공급을 차단한다.
④ 점화 1차 회로를 접지시킨다.
⑤ 에어클리너를 탈거한다.
⑥ 초크 벨브를 완개 한다.
⑦ 스로틀 밸브를 완개한다.
⑧ 모든 실린더의 점화플러그를 제거한다.(디젤 기관에서는 예열플러그를 재거 한다. 이 때 분사노즐을 함께 제거해서는 안된다.)
⑨ 점퍼 리드 원격 시동 스위치를 시동 모터 'B'단자와 'St'단자에 접속한다.

3) 건식 측정

① 측정
㉮ 압축 압력게이지 지침을 '0'으로 한다.
㉯ 압축 압력게이지를 점화플러그 구멍에 압착시킨다.
㉰ 원격 스위치로 기관을 150 ~ 200rpm 정도 회전을 시킨다.
㉱ 압축 압력이 3번 정도 발생할 때까지 엔진을 회전시킨다.
㉲ 처음 압력과 나중 압력을 읽는다.
㉳ 나중 압력이 규정 압축 압력의 70% 이하일 때에는 습식 측정을 한다.

② 판정
㉮ 정상 규정 압력의 90 ~ 100%일 때
㉯ 양호
㉠ 규정 압력의 70 ~ 90% 일 때
㉡ 규정 압력의 100 ~ 110% 일 때
㉰ 불량 - 분해 정비
㉠ 규정 압력의 70%미만일 때
㉡ 규정 압력의 110%이상일 때
㉢ 실린더간 압력차가 10% 이상일 때

4) 습식 측정
① 측정
㉮ 점화플러그 구멍을 통하여 엔진 오일을 약 10cc 정도 투입한다.
㉯ 오일이 확산될 때까지 5 ~ 10분간 기다린다.
㉰ 건식 측정과 동일하게 측정한다.
㉱ 압축압력 게이지 지침을 판독한다.
② 판정
㉮ 습식 측정 시 압축 압력이 규정 압력의 70% 이상일 때 : 피스톤 링이나 실린더의 마모
㉯ 습식 측정시 압축 압력이 규정 압력의 70% 이하일 때 : 실린더 헤드 개스킷 손상이나 밸브 소손
㉰ 인접한 실린더에서 비슷한 값으로 압력이 낮을 때 : 인접한 실린더 개스킷의 손상

| [보충정리]<br>압축압력 측정시 규정 값이 나오지 않아 오일을 넣고 측정하였더니 규정 값이 나왔다.<br>그 원인은 : 피스톤 링 마모 |
|---|

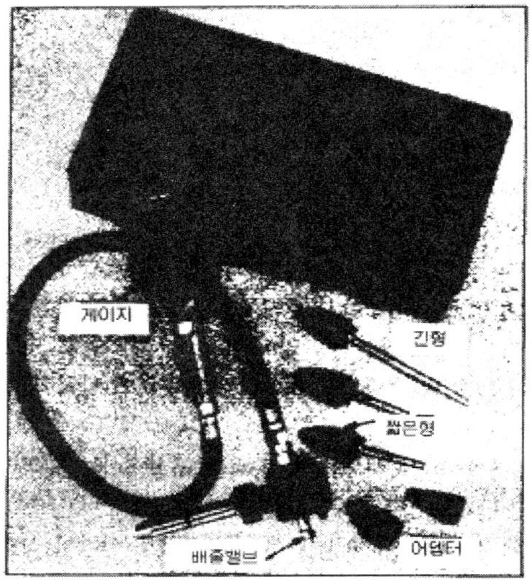


[ 압축 압력 게이지 ]

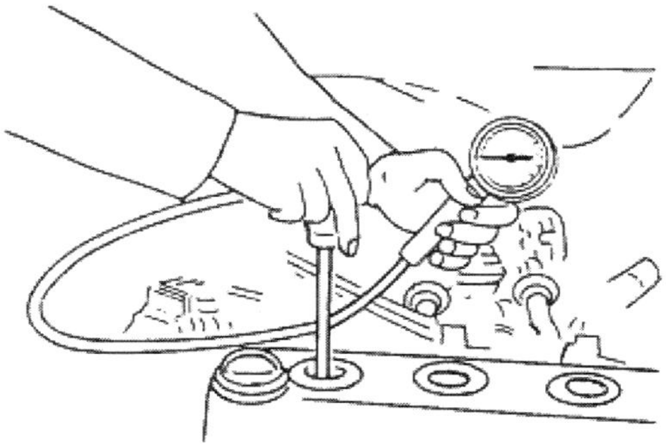

[ 측정 방법 ]

(3) 흡기다기관 진공도 측정

1) 목적
흡기다기관의 진공도의 변화를 측정하여 기관 내부의 이상 상태를 종합적으로 판단할 수 있는 점검 방법이다.

2) 시험 판정 항목
① 압축압력 누설
② 기화기 조정
③ 밸브 장치
④ 배기가스의 배압
⑤ 점화 시기

3) 측정

① 엔진을 워밍업 하여 정상 온도로 한다.

② 흡기다기관의 어댑터 설치 장소에 진공게이지 어댑터를 설치한다.

③ 진공계의 눈금을 판독한다.

4) 판정

① 정상 : 공전 운전시 바늘이 45 ~ 50cmHg 사이에서 정지되거나 조용히 움직인다.

② 실린더 벽이나 피스톤 링의 마멸 : 바늘이 정지되어 있기는 하나 정상 보다 약간 낮은 30 ~ 40cmHg를 나타낸다. 이 때 스로틀 밸브를 급격히 여닫으면 바늘이 '0'까지 내려갔다가 55cmHg까지 상승한 다음 다시 원래의 위치에 머물게 된다.

③ 밸브가 소손되었을 때 : 정상의 눈금보다 5 ~ 10cmHg정도 낮아지며 바늘이 규칙적으로 흔들린다.

④ 밸브개폐 시기가 맞지 않을 때 : 바늘이 20 ~ 40cmHg사이에서 흔들린다.

⑤ 밸브의 접촉 불량 : 바늘이 정상의 눈금보다 5~8cmHg 정도 낮아진다.

⑥ 밸브 가이드 마멸 : 바늘이 35~40cmHg 사이를 급격히 움직인다.

⑦ 밸브 시트와 접촉 불량 : 바늘이 35~40cmHg 사이에서 움직인다.

⑧ 밸브 스프링 장력 약화 (감소) : 바늘이 25~55cmHg사이에서 흔들리며 엔진의 회전 속도를 높이면 바늘의 움직임도 격렬해진다.

⑨ 실린더 헤드개스킷 파손 : 바늘이 13~45cmHg의 낮은 위치와 높은 위치 사이를 규칙적으로 강약이 있게 흔들린다.

⑩ 기화기 조정 불량 : 바늘이 33~43cmHg 사이를 완만하게 흔들린다.

⑪ 흡기 계통에서 누설 : 바늘이 8~15cmHg사이에서 정지한다.

⑫ 점화플러그 간극 불량 : 점화플러그를 단락 시켰을 때 바늘이 내려갔다가 원상태로 하면 바늘이 원래의 위치로 급히 돌아간다.

⑬ 점화시기 불량 : 바늘이 정상보다 5~8cmHg 낮으며 그다지 흔들리지 않는다.

⑭ 배기 장치내의 막힘 : 바늘이 엔진 기동 직후에는 정상을 나타내나 잠시 후에 '0'까지 내렸다가 점차로 회복되어 정상으로 돌아간다.

| [보충정리] 1inHg = 2.52× cmHg |
|---|

5) 연소 시험기 시험 항목

① 밸브 간극 조정 상태

② 실린더 압축압력 상태

③ 점화시기 조사

(4) 기관 출력 계산식

1) 마력

마력은 horse power의 약자로 HP (영마력), PS (불마력) 로 표시 한다.

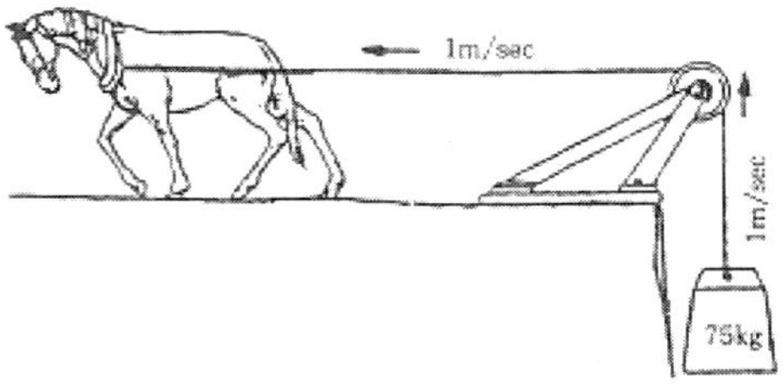


[ 마력 ]

1마력은 75Kg의 물건을 1초 동안 1m 들어 올리는 힘을 말하며 1PS = 75Kg·m/s 이다.

* 1PS = 75Kg·m/s = 632.3㎉/h = 0.736KW
* 1KW = 860㎉/h = 102Kg·m/s

2) 지시마력

- 실린더에서 연료가 연소하면서 발생된 이론적인 기관의 출력
- 실린더 안에서 일어나는 연소압력으로부터 직접 측정하는 마력으로서 지압계에 의하여 구할 수 있으며 이것을 구함으로써 실린더 내에서의 출력, 연료의 연소상태 밸브 타이밍의 적부 , 회전수에 대한 점화시기 양부 등을 알 수 있다. 또한 도시마력이라고도 하며 지압선도에서 얻어진다. 지시마력(Indicated horse power : I.H.P)은 지압선도의 면적에서 구할 수 있고, IMEP(indicated mean effective pressure)를 알면 구할 수 있다.

IMEP : 도시평균 유효압력

$$I.H.P = \frac{PALRN}{75 \times 60} = \frac{PVRN}{75 \times 60 \times 100} [PS]$$

여기서

* P : 지시 평균유효압력[kg/㎠]
* $A = \frac{\pi D^2}{4}$[㎠] [ A : 실린더 단면적 , D : 내경[cm]
* L : 피스톤 행정[cm]
* R : 기관의 회전수 [rpm] ( 4행정 사이클 기관 : R/2 , 2행정 사이클 기관 : R )
* N : 기통수 = 실린더 수
* V : 피스톤 배기량 = 행정체적 [ CC = ㎤ ] $V = \frac{\pi D^2}{4} L$

1[PS] = 75 Kg·m

예제) 평균 유효압력이 10[kg/㎠], 배기량이 75cc 회전속도 2400rpm , 단기통 2사이클 디젤 엔진의 지시마력 ? 정답 4PS

3) 제동마력 (B.H.P)

- 실제로 일로 변환 기관의 출력을 축의 회전력으로 나타내기 때문에 축마력 이라고 한다.

- 크랭크축으로부터 실제동력으로 얻을 수 있는 마력
- 축마력 = 순마력 = 실마력 = 정미마력 = 유효 마력

$$B.H.P = \frac{TR}{75 \times 60} = \frac{TR}{716}$$

여기서

* T : 회전력[Kg-m], * R : 기관회전수[rpm]
* 75마력에서 60을 곱한 것은 RPM(분당 회전수)을 RPS(초당 회전수)로 고치기 위함.

* B.H.P = I.H.P - F.H.P

예제) 4실린더 가솔린 기관이 2200rpm에서 7.3 Kg-m의 회전력이 발생되었을 때 이때의 축마력은 ?

* 22 마력

4) 손실마력 = 마찰마력 (Friction Horse Power)

마찰로 인하여 소멸되는 것으로 마찰마력 ( = 손실마력)이라고도 한다.

$$F.H.P = \frac{F_r\ ZNV}{75} = \frac{FV}{75}$$

여기서

* F : 총 마찰력 [Kg]
* Fr : 링 한 개당 마찰력 [Kg]
* N : 실린더 수
* Z : 실린더 당 링의 수
* V : 피스톤의 평균 속도 [m/sec]

예제) 링 1개당 마찰력이 0.2Kg이고 1실린더당 링의 수는 4개이며 피스톤의 평균속도는 15 [m/sec]인 4행정 4실린더 기관의 마찰 손실마력은 얼마인가 ?

* 1.2[ps]

5) 기계효율

지시마력과 제동마력과의 비율

$$\eta_m = \frac{B.H.P}{I.H.P} \times 100$$

6) 기관 크기의 표시

내경[mm] × 행정길이 - 실린더수

7) SAE 마력

실린더 내경과 실린더 수를 기초로 계산

$$SAE = \frac{D^2 \times N}{2.5} \qquad SAE = \frac{M^2 \times N}{2.5}$$

여기서

* D : 실린더 내경 (in), * N : 실린더 수, * M : 실린더 내경 (mm)

# 제3장 윤활 장치

## 3-1. 윤활 작용

(1) 기능

① 감마작용 (마찰감소 및 마멸방지) : 강인한 유막을 형성하여 표면의 마찰을 방지한다.

② 밀봉작용 (밀폐작용) : 고압가스의 누출을 방지한다.

③ 냉각작용 : 마찰열을 흡수하여 다른 곳에서 방열한다,

④ 세척작용 : 불순물을 그 유동과정에서 흡수하여 윤활부를 깨끗이 한다.

⑤ 방청작용 : 수분이나 부식가스 침투를 방지한다.

⑥ 응력분산작용 : 국부압력을 액 전체에 분산시켜 평균화시키는 작용을 한다.

| [보충정리] |
|---|
| 윤활유 3대 작용 : 감마 , 밀봉 , 냉각작용 |

(2) 구비조건

① 적당한 점도 (가장 중요한 성질)
② 높은 청정력
③ 열과 산에 안정성
④ 적당한 비중
⑤ 낮은 응고점
⑥ 적은 카본 생성
⑦ 높은 인화 및 발화점
⑧ 기포 발생에 대한 큰 저항력

(3) 첨가제

① 산화방지제
② 점도지수 향상제
③ 기포 방지제
④ 청정분산제
⑤ 유성 향상제
⑥ 유동점 강하제
⑦ 형광 염료
⑧ 부식 방지제

| [보충정리] |
|---|
| ㈜ 점성 : 유체를 흐르게 할 때 나타나는 액체 내부의 저항 또는 마찰 (끈끈한 성질) |
| ㈜ 유성 : 유막을 형성하는 성질 |

(4) 윤활유의 분류

① SAE 구분류 - 점도에 의한 분류

㉮ 봄, 가을 = SAE 30

㉯ 여름 = SAE 40

㉰ 겨울 = SAE 10 ~ 20

숫자 뒤에 표시되는 ' W '는 겨울용을 나타낸다.

※ 범용오일 : 다급오일 또는 전계절용 오일이라고도 하며 저온용 오일과 고온용 오일을 혼합하여 만든 오일

② API 분류 : 사용연료와 사용조건에 따라 분류

③ SAE 신분류 : 사용 연료와 사용 조건 및 점도에 따라 분류

④ API 와 SAE신분류 비교

| 구 분 | 가솔린 | | 디젤 | |
|---|---|---|---|---|
| | SAE | API | SAE | API |
| 좋은조건 | SA | ML | CA | DG |
| 보통조건 | SB | MM | CB,CC | DM |
| 나쁜조건 | SC,SD | MS | CD | DS |

[보충정리]

◎ SAE분류(Society Automotive Engineers 미국 자동차 협회 ) : 점도에 의한 분류

㉠ W 문자는 겨울철에 시동을 고려한 것(-17.78℃에서 측정)

㉡ 문자가 없는 것 : 100℃에서 점도를 측정한 것

㉢ 표시문자 : 5W-20, 10W-20, 10W-30,20W-40

* 봄 / 가을 : SAE 30 , * 겨울 : SAE 20 * 여름: SAE 40

◎ API분류(American Petroleum Institute, 미국 석유협회) : 엔진의 운전 조건에 의한 분류

㉠ ML(Motor Light) : 가장 좋은 운전조건하에 사용한다. 즉 보통속도, 경부하 차량 및 정상운전 온도유지 차량(연료에 유황분이 적게 포함된 것) 등에 사용한다.

㉡ MM(Motor Medium) : 중/하중 조금 빠른 속도로 운전되는 기관에 사용된다.

㉢ MS(Motor Severe) : 고온 고부하 기관 및 출발, 정지의 반복으로 슬러지 발생 과태차량 및 연료에 의하여 윤활유 희석이 많은 차량에 사용된다.

㉣ DG(diesel general)

* 질좋은 연료사용 및 정상온도 경부하 차량
* 침전물 발생우려가 없는 엔진
* 첨가제 : 산화방지제, 방청제, 청정제

㉤ DS(diesel servere)

* 고온 고부하 , 발차정지 연속운전
* 유황분이 많은 저질연료 사용
* 마멸 및 침전물이 많은 경우

㉥ DM(diesel moderate) : 침전물, 마멸발생 우려가 많은 연료 사용시

(5) 윤활유의 교환 시기

① 좋은 조건 = 3,000 ~ 5,000Km

② 보통 조건 = 1,500 ~ 3,000Km

③ 나쁜 조건 = 800Km 주행시

[보충정리]
㈜ 엔진 윤활유 사용 목적 : 실린더내의 가스 누설을 방지, 응력 집중 방지, 방청 및 세척 작용
㈜ 엔진에서 일어나는 마찰의 종류 : 고체마찰, 경계마찰, 유체마찰
㈜ 점도(Viscosity) : 액체를 유동시켰을 때 나타내는 액체의 내부저항 또는 마찰, 즉 액체가 흐름에 저항하는 성질이며 윤활유의 가장 중요한 성질이다.
㈜ 점도지수(Viscosity Index) : 점도의 크기는 온도의 변화에 따라서 달라지며, 온도가 상승하면 오일의 점도가 낮아지고, 온도가 낮아지면 점도가 높아지는 성질이 있다. 점도지수는 이 변화정도를 표시하는 것이며, 점도지수가 높은 오일일수록 점도의 변화가 적다. 통상 기관 오일은 120~140 정도의 점도지수를 가지고 있다.
㈜ 유성(Oiliness) : 오일이 금속 마찰면에 윤활피막(유막)을 형성하는 성질을 말한다.

## 3-2. 윤활장치

(1) 윤활 급유방식
① 비산식
② 압력식
- 크랭크 케이스 내에 윤활유의 양을 적게 하여도 된다.
- 베어링면의 유압이 높으므로 항상 완전한 급유가 가능
- 각 주유부의 급유를 고루할 수 있다
③ 비산 압력식

(2) 오일여과기
① 기능 : 오일속의 불순물 제거 및 수분의 분리
② 종류
㉮ 분류식 : 오일 펌프에서 나온 오일의 일부만 여과되어 오일팬으로 나머지는 직접 윤활부로 보내지는 형식
㉯ 전류식 : 필터를 거치지 않고는 오일이 윤활부로 갈 수 없는 형식으로 항상 여과된 깨끗한 오일이 공급되는 장점이 있으나 필터가 막혔을 때를 대비하여 필터내에 바이패스 밸브를 두고 있다. (공급된 윤활유 전부를 청천기를 통하여 여과 시킨 후 윤활시키는 형식)

[보충정리]
㈜ 전류식 윤활방식에서 오일 여과기의 엘리먼트가 막히면 오일은 바이패스를 통하여 윤활부로 흐른다.

㉰ 샨트식 : 분류식과 같이 여과기를 거치지 않는 바이패스 회로를 두어 여과되지 않은 오일이 윤활부로 공급되나, 이 형식은 필터를 거친 오일이 윤활부로 공급되는 것이 분류식과 다르다. (오일펌프에서 보내진 오일의 일부를 여과하고 일부는 직접 윤활부로 보내는 형식)

③ 교환 시기 : 5,000Km 주행시 또는 오일 교환시

[보충정리]
㈜ 비포장에서 운전되는 자동차는 500 ~ 1500Km마다 교환
㈜ 기관을 운전 상태에서 점검하는 부분 : 클러치 상태, 기어의 물림 상태, 이상이음의 유무
㈜ 오일 점검은 정지 상태에서 한다.

(3) 윤활장치의 구성

1) 오일펌프(oil pump)
캠축상의 헬리컬 기어와 접촉 구동하고 오일팬의 오일을 가압하여 윤활부로 송출한다.

① 종류
㉮ 기어식
㉠ 외접기어식
㉡ 내접기어식 (크레센도 형식)

[보충정리]
㈜ 기어오일 펌프의 점검 개소 :
- 구동로터와 수동로터 이끝 틈새 , - 기어와 펌프 몸체와 틈새,
- 기어 측면과 커버와의 틈새

㉯ 로터리식
㉠ 구동 로터와 피동 로터로 구성
㉡ 구동 로터는 내부에, 피동 로터는 외부에 설치
㉢ 구롱 로터의 이수는 4개
㉣ 피동 로터의 이수는 5개
㉤ 구동 로터와 피동 로터의 회진 차이 (1/5)에 따라 이 틈새가 커지는 쪽에서 흡입이 좁아지는 쪽에서 배출이 이루어진다.
㉥ 안쪽 로터와 바깥쪽 로터 틈새가 크면 급유량이 적다
㉦ 안쪽 바깥쪽 로터의 회전 방향은 같다

㉰ 베인식 : 편심 되어 설치된 로터에 날개(베인)를 두어 회전시 날개의 실링 작용과 신축 작용으로 흡입 송출이 이루어진다.
㉱ 플런저식 : 피스톤 펌프라고도 하며 플런저의 피스톤 작용으로 펌핑 작용을 한다

② 오일 송출 압력 (일반적인 연료 압송 압력 ) : 2 ~ 3kg/㎠

2) 오일 스트레이너(oil strainer)
커다란 불순물을 여과하여 펌프 내의 오일을 흡입한다.

3) 유압조절 밸브(oil pressure relief valve)

회로내의 유압이 높아지는 것을 막고, 일정(2 ~ 3㎏/㎠로)하게 유지하는 것으로 릴리프 밸브라고도 하며, 체크볼 형식과 플런저 형식이 있다.

조정 스크루를 조이면 유압이 높아진다.

| [보충정리] |
|---|
| ㈜ 가솔린 엔진용 오일펌프의 릴리프 밸브의 개/폐 압력 : 4 ~ 7 ㎏/㎠ |

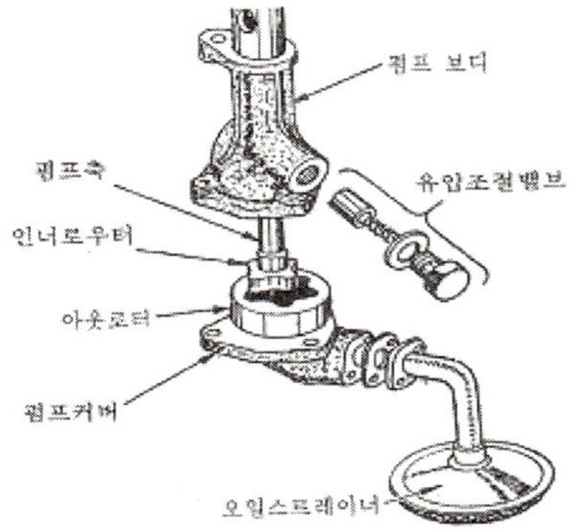


(오일 스테레이너)

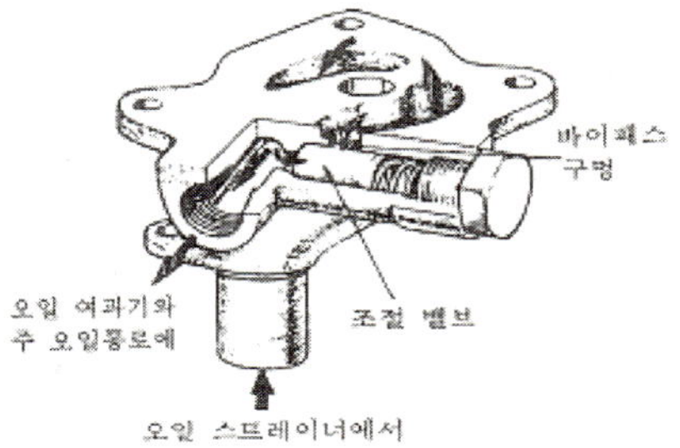


(유압 조절 밸브)

[ 오일 스트레이너 및 유압 조절 밸브 ]

4) 오일 필터

오일속의 수분, 연소물 생성물, 금속분말 등의 불순물을 여과한다.

5) 오일 팬 및 오일 탱크

① 오일팬을 얇은 강판으로 하는 이유 : 더워진 오일을 식히기 위해

② 기관 작동 중 오일이 유동하는 것을 방지하기 위해 오일팬 내에 설치한 것 : 배플

③ 자동차 주행 중 앞뒤로 기울여져도 일정량의 오일이 고여 있도록 한 것 : 섬프

6) 유면표시기

① 기능 : 오일의 양, 색깔 점도, 이물질을 점검하는 막대로 오일 레벨게이지 또는 오일 스틱이라고도 한다.

② 점검 방법

㉮ 수평로에서 기관 정상온도로 한다.

㉯ 엔진 시동을 정지시키고 5분 정도 기다린다.

㉰ 오일 레벨게이지를 빼서 닦은 후 다시 오일을 찍어본다.

㉱ 오일이 F 와 L 사이에서 'F' 가까이 있으면 좋다.

(4) 유압계

① 기능 : 오일의 순환 압력 표시하는 것으로 유압 회로에 유닛이 설치되고 게이기는 운전석 대시판에 설치된다.

② 종류

㉮ 압력팽창식 : 부어든 튜브식

㉯ 평형코일식 : 밸런싱 코일식

㉰ 바이메탈식

③ 유압경고등 : 유압계 대신 설치하는 것으로 유압의 크기는 알 수 없으나 오일의 압력이 낮아지면 점등된다. 소형차에 주로 사용된다.

(5) 크랭크케이스 환기장치 (P.C.V 장치)

1) 목적

① 크랭크 케이스내 압력 상승 방지

② 오일의 오염 및 오일슬러지 방지

2) 자연 환기식(N.C.V) : 현재 사용되지 않음.

㉮ 오픈 형식

3) 강재환기식(P.C.V)

① 기능 : 흡기다기관의 진공을 이용 블로바이 가스를 연소실로 재순환하여 연소시킨다.

② 종류

㉮ 실드 형식

㉯ 클로즈업 형식

(6) 오일냉각기

1) 기능

엔진을 순환하면서 온도가 높아진 오일을 냉각시키고, 냉각된 오일에는 열을 전달하여 웜업 시간을 단축한다.

2) 종류

냉각수를 이용하거나 또는 외기의 공기를 이용하며 , 냉각수를 이용하는 경우에는 오일의 온도가 낮을 때는 온도를 높여주며 오일의 온도가 높을 때는 냉각시켜 주기 때문에 유온 조절기라고도 한다.

## 3-3. 점검 및 정비

(1) 오일펌프의 점검 정비

① 점검 항목

㉮ 팁 간극(백래시) : 기어 사이의 간극

㉯ 보디 간극 : 하우징과 기어 간극

㉰ 사이드 간극 : 커버와 기어 간극

② 현상 : 규정 간극 이하일 때는 작동 저항이 커지고, 규정 간극 이상일 메는 유압이 저하된다.

(2) 유압이 규정 보다 높은 원인

① 오일 회로(오일 필터, 오일 파이프, 펌프 스테이너 등) 의 막힘

② 기관 오일의 점도가 높을 때

③ 유압 조절밸브 스프링 장력 과다

(3) 유압이 규정 보다 낮은 원인

① 오일 팬 내의 오일 양의 부족

② 오일 점도 저하

③ 기관 베어링의 마모가 심하여 오일 간극의 과대(과도한 마모)

④ 유압 조절밸브 스프링 장력약화 또는 절손되었을 때

⑤ 유압 조절밸브가 열린 채로 고착

⑥ 기관 오일이 연료 등으로 현저하게 희석되었을 때

(4) 오일 오염 점검

① 검정색 :심하게 오염, 교환시기가 경과되었을 때

② 붉은색 : 가솔린 유입

③ 회 색 : 4에틸납 연소생성물 혼합

④ 우유색 : 냉각수 혼합

| [보충정리] |
|---|
| ㈜ 윤활유가 연소실에서 연소될 때 배기의 색 : 백색 |
| ㈜ 농후한 혼합기 : 흑색 , 완전연소 : 푸른색 , 희박한 혼합기 : 엷은 자색 |
| ㈜ 윤활유 소비의 가장큰 원인 : 연소와 누설 |
| ㈜ 엔진 오일의 양 측정은 정지 상태에서 |

# 제4장 냉각 장치

## 4-1. 냉각장치 일반

(1) 설치 이유

작동 중인 기관의 폭발 행정 시 발생되는 열을 냉각시켜 기관의 온도를 알맞게 유지하는 장치이며 정상적인 온도는 75~85℃ 정도이다.

(2) 엔진 과열

① 원인

㉮ 냉각핀의 손상 및 오염

㉯ 냉각수의 부족

㉰ 냉각수 순환계통의 막힘

㉱ 이상 연소(노킹 등)

㉲ 팬벨트의 이완 또는 절손

㉳ 물 펌프의 작동 불량

㉴ 라디에이터의 불량

㉵ 압력식 캡의 불량

② 결과

㉮ 부품의 변형

㉯ 유막의 파괴

㉰ 윤활유 손실 과대

㉱ 엔진의 출력 저하

㉳ 마찰 및 마멸 증대로 심하면 소결

(3) 엔진 과냉

① 원인

㉮ 수온조절기의 작동 불량

㉯ 겨울철 외기 온도의 저하

② 결과

㉮ 엔진 출력의 저하

㉯ 연료 소비율 증대

㉰ 오일의 희석, 변질 및 오염

(4) 냉각방식

냉각시키는 방법에는 공기로 기관의 외부를 냉각하는 공랭식과 냉각수를 사용하여 기관의 내부를 냉각시키는 수냉식이 있다.

1) 공랭식(Air cooling type)

기관을 대기와 직접 접촉시켜서 냉각시키는 방식으로 냉각수의 보충, 누수, 동결등의 염려가 없고 구조가 간단하여 취급이 쉽다. 그러나 기후, 운전상태 등에 따라 기관의 온도가 변하기 쉽고 냉각이 균일하지 못하다. 즉, 공기를 냉매로 하는 것이다.

① 자연 통풍식(Natural air cooling type) : 주행 중 부딪쳐 오는 공기에 의해 냉각시키는 방식이며, 실린더 블록 및 실린더 헤드와 같이 과열되기 쉬운 부분에 냉각 핀(cooling pin)을 둔다.

② 강제 통풍식(Forced air cooling type) : 냉각 팬(cooling fan)을 사용하여 강제로 다량의 공기를 보내어 냉각시키는 방식이며, 냉각 팬은 크랭크 축에 직결되어 있다. 또 기관을 균일하게 냉각시키기 위하여 기관의 주위에 시라우드(shroud)를 두고 이곳을 냉각공기가 지나가게 되어 있다. 한마디로 냉각팬과 시라우드에 의해 냉각시키는 방식이다.

[보충정리]
㈜ 공냉식 냉각 방식에서 리브(핀)를 두는 이유 : 고주파 진동을 방지하기 위해
㈜ 공냉식 엔진의 과열 원인 : ㉠ 냉각핀의 오손 및 파손, ㉡ 냉각팬의 파손 ㉢ 정차 시 고속회전

2) 수냉식(Water cooling type)

냉각수를 사용하여 기관을 냉각시키는 방식이며 냉각수는 보통 연수(증류수, 빗물, 수돗물)을 사용한다. 수냉식에는 냉각수를 순환시키는 방식에 따라 자연 순환식, 강제 순환식, 압력 순환식, 밀봉 압력식 등이 있다.

① 자연 순환식 : 물의 대류 작용을 이용하여 순환시키는 방식이며, 현재의 고성능 기관에는 적합지 못하다.

② 강제 순환식 : 물펌프로 냉각수를 순환시키는 방식으로 실린더 블록과 실린더 헤드에 설치된 물재킷내에 냉각수를 순환시켜 냉각을 시키는 방식이며, 주요부는 물재킷, 라디에이터, 물펌프, 냉각 팬, 수온조절기 등으로 구성되어 있다.

③ 압력 순환식 : 냉각계통을 밀폐하여 냉각수가 가열되어 팽창할 때의 압력이 냉각수에 압력을 가하여 냉각수의 비등점을 높여 비등에 의한 손실을 줄일 수 있는 방식이다. 압력의 조절은 라디에이터 캡에 있는 압력밸브로 하며 특징은 라디에이터를 소형으로 제작할 수 있고, 냉각수의 보충 횟수를 줄일 수 있으며 기관의 열효율도 높일 수 있다.

④ 밀봉 압력식 : 압력 순환식에서는 라디에이터 캡으로 압력이 조절되지만 냉각수가 가열팽창하였을 때 오버 플로우 파이프(over flow pipe)로 팽창된 냉각수가 방출된다. 이러한 결점을 보완하여 라디에이터 캡을 밀봉하고 냉각수의 팽창과 맞먹는 크기의 보조 물 탱크를 설치하여 냉각수가 팽창하였을 때 외부로 유출되지 않게 하는 방식이다. 특징은 냉각수의 유출에 의한 손실이 적어서 장시간 냉각수의 량 점검 및 보충을 하지 않아도 된다.

## 4-2. (강제 순환식) 냉각장치의 구성

(1) 물펌프(water pump)
① 기능 : 원심력식 펌프로 냉각된 방열기 아래 탱크의 물을 물재킷으로 순환시킨다.
② 종류
㉮ 방사형 : 날개가 직선 방사형으로 설치
㉯ 와류형 : 날개가 곡선으로 설치된 것으로 가장 많이 사용한다.

[보충정리]
㈜ 물 펌프 분해 조립 시 그리스는 가능 한 묽은 캠 그리스를 사용
(주) 펌프의 효율은 냉각수의 온도에 반비례하고 냉각수의 압력에 비례한다.
(주) 기관 회전수의 1.2~1.6배로 회전한다.

(2) 물재킷(water jacket) : 실린더 블록 및 헤드의 물 순환 통로

(3) 수온조절기 (정온기 = 서모스탯)
① 기능 : 냉각수 통로를 개폐하여 냉각수의 온도를 알맞게 유지한다.
② 작동온도
㉮ 65℃ 에서 열리기 시작
㉯ 85℃ 에서 완전히 열린다.
③ 종류
㉮ 벨로스형
ⓐ 동합금으로 주름관을 만들고 내부에 휘발성이 큰 가솔린이나 에털. 알코올 등의 물질을 넣고 봉한 것
ⓑ 위로 작동하여 입구를 연다.
㉯ 왁스 펠릿형
㉠ 왁스의 팽창성과 합성 고무의 신축작용으로 개폐
㉡ 아래로 작동하여 입구를 개방
④ 설치 위치
㉮ 실린더 헤드 물재킷 출구(방열기 입구)에 설치
㉯ 아래 부분에 수온센서 유닛이 설치된다.

[보충정리]
㈜ 수온 조절기의 전개 온도가 낮으면 워밍업 시간이 길어지기 쉽다

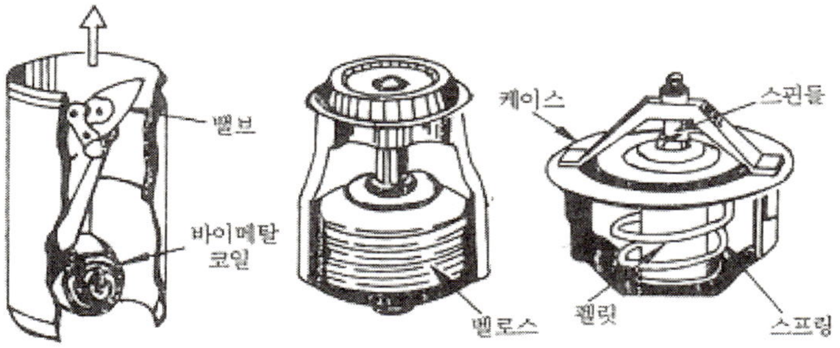


(a) 바이메탈형 (b) 벨로스형 (c) 펠릿형

[수온조절기의 종류]

(4) 방열기(radiator : 라디에이터)

① 기능

㉮ 물 통로를 순환하면서 온도가 높아진 냉각수를 공기와의 접촉으로 냉각시킨다.

㉯ 방열기에 유입되는 냉각수의 온도와 물 펌프에 의해 유출되는 냉각수의 온도 차이는 5 ~ 10℃ 정도이다.

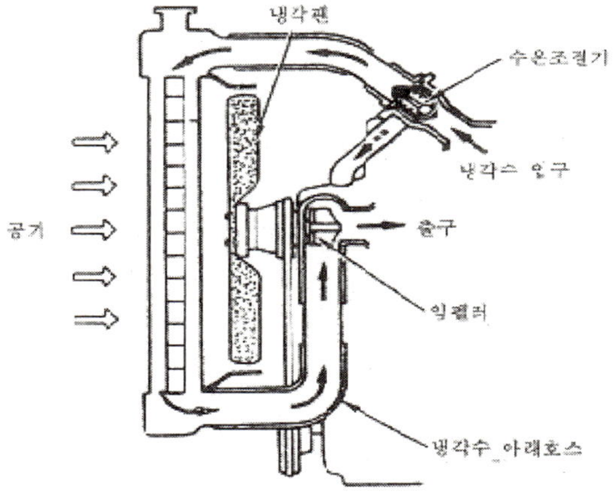


수온 조절기 부착 위치

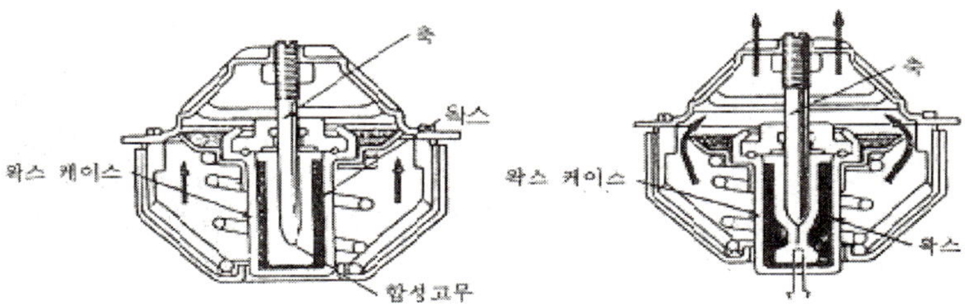


펠릿형

[ 수온조절기 부착위치 및 형상 ]

② 방열기의 구비조건
㉮ 공기 흐름 저항이 작을 것
㉯ 경량이며 강도가 클 것
㉰ 단위면적당 발열량이 클것
㉱ 냉각수 순환 저항이 작을 것

③ 구성 및 작용
㉮ 위, 아래 탱크 : 냉각수를 저장
㉯ 코어
㉠ 위, 아래 탱크를 연결하는 냉각수 순환 통로
㉡ 냉각수가 코어를 통과할 때 냉각된다.
㉢ 막힘 한도 20% 이내
㉰ 방열 핀 또는 냉각핀
㉠ 공기와의 접촉 면적을 크게 하는 것
㉡ 종류
ⓐ 평행핀(플레이트 핀)
ⓑ 코르게이트핀(물결형 핀)
ⓒ 리본 셀룰로오스핀(벌집형 핀)

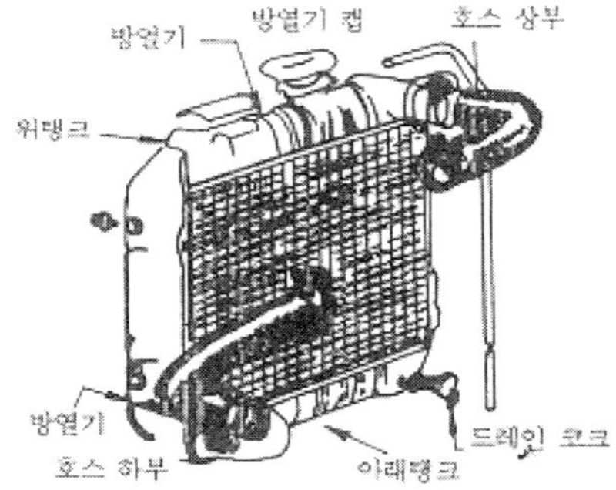


(라디에이터)

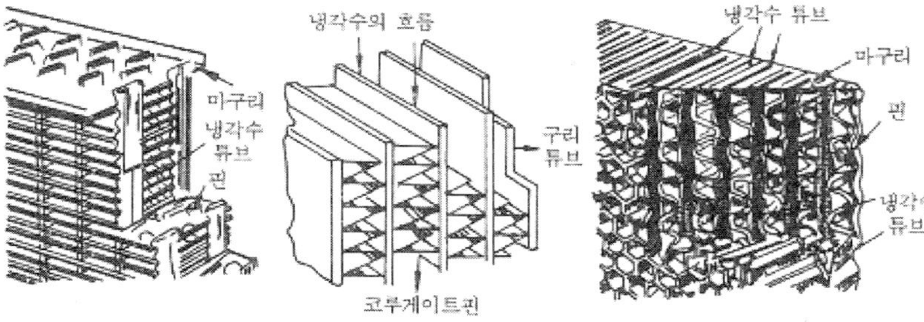


(a) 플레이터 핀　(b) 코루게이트 핀　(c) 리본 셀룰러 핀

[ 라디에이터 및 핀의 종류 ]

㉣ 압력식 캡

㉠ 기능

ⓐ 냉각 계통의 순환 압력을 대기압 보다 0.3 ~ 0.4 ㎏/㎠ 상승

ⓑ 냉각수의 비등점을 112℃ 로 높인다.

ⓒ 일반적인 게이지 압력 : 0.2 ~ 0.9㎏/㎠ ( 0.3 ~ 0.9 ㎏/㎠ )

ⓓ 라디에이터의 냉각 효율을 크게 하여 그 범위를 넓게 하기 위한 것

| [보충정리]<br>㈜ 냉각수 주입량은 꼭 레벨코크까지 채워서 한다. |
|---|

㉡ 구성

ⓐ 압력밸브 : 방열기 내의 압력이 설정 압력 보다 낮을 때는 스프링의 장력으로 증기압력을 상승시키고, 압력이 커지면 증기압에 의해 열려 오버플로 파이프를 통하여 증기를 배출하므로 방열기가 파손되는 것을 방지

ⓑ 진공밸브 : 주행 후 냉각수의 온도가 낮아지므로 서 방열기 내에 진공이 발생하였을 때 열려 외기를 받아들이므로 진공으로 인한 방열기의 변형, 파손 등을 방지

㉤ 오버플로파이프 : 방열기 내의 증기 압력이 과도하게 높아졌을 때 방열기 내의 증기압력을 밖으로 유출시키고 압력이 낮아져 진공이 발생되면 대기를 받아 들여 방열기의 파손을 방지한다. 근래에는 대기 대신에 냉각수를 받아들이는 형식으로 되어 있다.

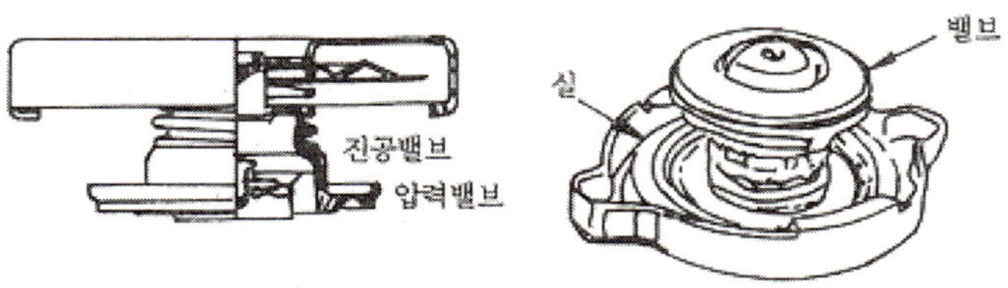


(a) 압력식캡

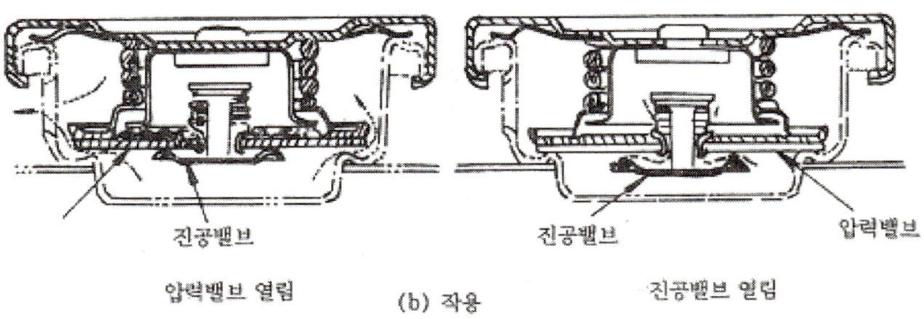


(b) 작용

[ 압력식 캡 ]

(5) 냉각팬

① 기능 : 외기의 공기로 흡입 방열기를 냉각 시킨다

② 종류
㉮ 기계식 : V-벨트를 통하여 크랭크축으로 부터 동력을 전달받는 형식
㉯ 유체 커플링식 : 기관의 속도가 고속일 때 불필요하게 냉각팬의 회전 속도가 빨라지므로 비로서 소음이 커지고, 냉각 효과를 감소시키는 현상을 방지하기 위한 것으로 냉각팬의 회전 속도를 2000 rpm 이상 증가시키지 않는 기능을 가지며 실리콘 오일을 사용한다.
㉰ 전동식 : 직류 전동기를 사용한 것으로 설치 위치에 제한을 받지 않는 이점이 있으며, 기관 냉각수의 온도가 낮을 때는 냉각팬을 작동시키지 않고 설정 온도 이상이 되었을 때 냉각팬을 작동시키므로 열손실을 방지함과 동시에 냉각팬 회전에 따른 소음을 감소시킬 수 있다. 전동 팬이 회전하는 온도는 93~95℃ 정도이다.

[보충정리]
㈜ 팬 클러치를 사용하는 이유 : 엔진의 온도가 작동온도 이하일 때에도 팬이 고속으로 구동되는 것을 방지하기위해

(6) 팬벨트(V-벨트)
① 기능 : 크랭크축의 동력을 물 펌프와 발전기에 전달하는 벨트
② 종류 : 폭과 두께로 나타내며 M , A , B , C , D , E 의 6가지가 있다

| 구분 | M | A | B | C | D | E |
|---|---|---|---|---|---|---|
| 폭 | 10 | 13 | 17 | 23 | 32 | 38 |
| 두께 | 6 | 9 | 11 | 15 | 20 | 24 |

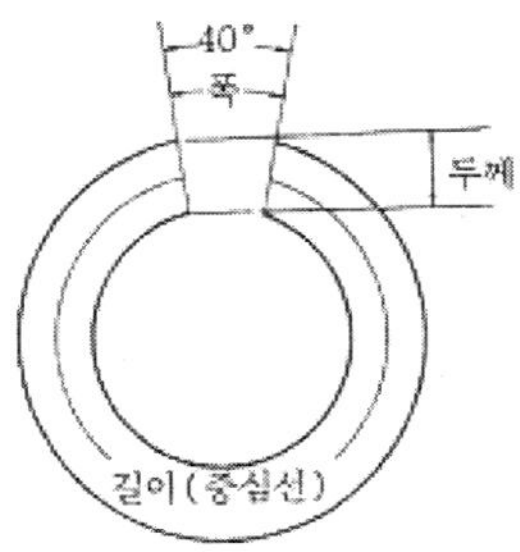


[V 밸트 크기의 표시]

③ 장력 10kg의 힘으로 눌렀을때 13~20mm의 이완이 있으면 정상
④ 접촉각 40도

[보충정리]
㈜ 팬벨트 길이는 두께의 중심선 전장으로 표시

(7) 냉각수와 부동액

① 냉각수 : 불순물이 적은 연수(증류수 ,빗물 , 수돗물)를 사용

② 부동액 : 냉각수가 동결되는 것을 방지하기 위하여 냉각수와 혼합하여 사용하는 액체를 말하며 에틸렌 글리콜(Ethylene glycol), 메탄올(Metanol), 글리셀린(Glycerine) 등이 있으며 현재는 에틸렌 글리콜을 가장 많이 사용한다.

㉮ 일시부동액

㉠ 메탄올을 주원료로 한 것으로 주행 후에 다시 보충하여야 한다.

㉡ 메탄올의 특징

ⓐ 비등점 : 82℃

ⓑ 응고점 (빙점) : -30℃

ⓒ 비점이 낮아 증발이 잘 되기 때문에 매번 보충하여야 한다.

㉯ 영구부동액

㉠ 에틸렌글리콜을 주원료로 하며 , 냉각수 부족시 물만 보충한다.

㉡ 에틸렌글리콜의 특징

ⓐ 비등점 : 197.2℃

ⓑ 응고점 (빙점) : - 50℃

ⓒ 노출 시 증발이 없는 불연성 액체

ⓓ 금속을 부식시킨다.

ⓔ 열팽창 계수가 크다.

ⓕ 침전물이 엔진에 쉽게 부착된다.

③ 부동액의 구비조건

㉠ 물과 쉽게 혼합될 것

㉡ 순환성이 좋을 것

㉢ 비등점이 높을 것

㉣ 휘발성이나 부식성이 없을 것

㉤ 팽창계수가 적을 것

④ 부동액과 냉각수 혼합시 주의사항 그 지방 최저 온도보다 -5℃ ~ -10℃ 정도 낮게 기준을 정한다.

| [보충정리] |
|---|
| ㈜ 부동액 세기는 비중계로 측정 |

## 4-3. 점검 및 정비

(1) 팬벨트의 장력
발전기와 물펌프 사이에서 측정하며 10kg의 힘으로 눌렀을때 13 ~ 20㎜의 이완이 있으면 좋다. (조정시는 발전기 몸체를 움직여 조정)

(2) 코어막힘 : 20%이내이면 양호

$$코어막힘 = \frac{신품주수량 - 구품주수량}{신품주수량} \times 100(\%)$$

(3) 방열기 청소
① 공기 또는 물을 아래에서 위로(하부에서 상부로) 보낸다.
② 플러시건을 사용 시 압축공기를 너무 세게 보내면 안 된다.

(4) 압력캡 점검 압력 : 0.2 ~ 0.9 ㎏/㎠

(5) 방열기 누설시험 압력 : 0.5 ~ 2㎏/㎠

| [보충정리] |
|---|
| ㈜ 냉각 장치에서 흡수되는 열은 연료의 전발열량의 30 ~ 35% |
| ㈜ 냉각수의 수온을 측정하는 곳 : 실린더 헤드내의 물재킷부 |

(6) 중요 요점 정리
① 냉각 장치에서 냉각수의 비점을 올리기 위한 것은? : 압력식 캡
② 온도 조절기가 하는 가장 중요한 일은? : 과냉 방지
③ 압력식 라디에이터 캡의 규정 압력은? : (112℃) 0.3~0.7kg/cm
④ 라디에이터의 냉각수의 충만 상태 검사는? : 지면이 고르고 기관이 정지된 상태에서 점검
⑤ 압축 공기로 라디에이터를 청소할 때는? : 엔진쪽에서 불어댄다.
⑥ 방열기를 세척할 때 가장 좋은 방법은? : 하부에서 상부로 물을 순환시킨다.
⑦ 엔진은 과열하지 않고 있는데 방열기 내에 기포가 발생한다. 그 원인은? : 실린더 헤드 개스킷의 불량
⑧ 자동차 기관에 있는 온도계의 눈금은? : 물재킷의 물의 온도
⑨ 라디에이터 누설 시험시 압축 공기의 압력은? : 0.5~2.0 kg/㎠
⑩ 알칼리와 산을 물과 혼합하여 사용할 때는? : 물을 먼저 넣은 후 산·알칼리를 유리막대로 서서히 저어 넣는다.
⑪ 냉각장치의 전동 팬에서 수온센서의 설정 온도는? : 95℃ 전후이다.
⑫ 팬 클러치를 사용하는 이유는? : 엔진의 온도가 작동온도 이하일 때에도 팬이 고속으로 구동되는 것을 방지하기 위한 것이다.
⑬ 팬벨트의 길이는? : 두께의 중심선의 전장

⑭ 왁스실에 왁스를 넣어서 온도가 높아지면 팽창축을 올려 열리는 식의 온도조절기는? : 펠릿형

⑮ V벨트의 접촉면의 각도는? : 40°

ⓐ 자동차용 팬 벨트의 각도는? : 20 ~ 25°

ⓑ 냉각장치에서 수온 조절기의 절개온도가 낮으면? : 워밍업 시간이 길어진다.

ⓒ 냉각수로 적당한 것은? : 증류수, 수도물, 빗물

ⓓ 부동액의 종류는? : 메탄올, 에틸렌 글리콜, 알코올

ⓔ 비등점이 197.2℃이고 응고점이 -50℃ 부동액의 성분은? : 에틸렌 글리콜

ⓕ 부동액의 세기 측정은? : 비중계

ⓖ 과냉되면 기관에 미치는 영향은? : 출력저하와 연료소비 증대

ⓗ 온도조절기가 하는 가장 중요한 일은? : 과냉 방지

ⓘ 방열기 상부에 있는 오버플로 파이프가 막히면? : 방열기관이 파손된다.

ⓙ 라디에이터의 세척제로 널리 사용되는 것은? : 탄산소다와 중탄산소다

ⓚ 냉각수의 순환 순서로 옳은 것은? : 물펌프 → 물통로 → 방열기 위물통 → 코어 (튜브) → 방열기 아래물통

ⓛ 아래 그림과 같이 벨트 3개가 풀리와 연결되어 있다. 기관을 수동으로 회전시키려고 크랭크축에1.8m/kg의 토크가 필요하다면 벨트를 회전시키려는 힘은?

$$T = F \times L \Rightarrow F = \frac{T}{L} = \frac{1.8m/kg}{90 \times 10^{-3}m} = 20\text{kg}$$

ⓜ 아래 그림과 같이 3개의 풀리가 연결되어 회전하고 있을 때 크랭크 풀리의 회전속도가 700rpm이면 제너레이터 풀리의 회전속도는 몇 rpm인가?(단, 기계적 손실은 무시한다.)

$$\frac{N_2}{N_1} = \frac{D_1}{D_2}$$

$$N_2 = N_1 \times \frac{D_1}{D_2} = 700 \times \frac{90}{45} = 1400RPM$$

# 제5장 가솔린 연료 장치

## 5-1. 기계식 (기화기)

(1) 연료탱크

① 1일 주행이나 작업에 필요한 양을 저장

② 내부는 아연이나 주석으로 도금(부식 방지)

③ 리브를 두어 강도 증대

④ 파손되어 연료가 샐 때, 수리시 가장 주의하여야 할 점은 가솔린 증기를 없애는 것이며, 작은 구멍 등은 납땜으로 수리한다.

⑤ 배플 : 차량 진동에 따른 연료 유동방지 및 강성 증대.

⑥ 설치시 주의 사항 : 배기통로 끝으로부터 30㎝, 노출된 전기단자로부터 20㎝ 이상 떨어지게 할 것.

[보충정리]
㈜ 연료 탱크의 연료가 펌프에 흡입될 때 로커암은 막을 아래로 잡아당긴다.
㈜ 겨울철 연료 탱크를 가득 채우는 이유 : 연료가 적으면 수증기가 응축된다.

(2) 연료파이프

강제의 파이프로 구부릴 때는 모래 등을 넣고 작업하며 ,피팅으로 결합하므로 피팅을 풀 때는 오픈렌치를 사용한다. 재료는 구리 및 강제의 파이프를 사용하며 내부에는 주석 도금으로 방청처리 되어있다.

(3) 연료여과기

- 연료속의 이물질을 제거하며 7,000 ~ 8,000km 주행 시마다 교환.
- 연료 여과기의 여과 성능은 0.01mm 이상

(4) 연료펌프

① 포막식을 사용하며 연료 펌프로부터 뜨개실 입구까지 송출압력은 0.2 ~ 0.3 (0.4) kg/㎠ (전기식 : 1~5kg/㎠) 정도이고, 연료의 송출 압력은 다이어프램 리턴 스프링의 장력에 비례하고 연료 송출량은 연료펌프의 패킹의 두께에 의해 결정된다.

② 연료 송출량은 로커암의 행정과 회전수에 따라 비례하며. 로커암이 마모되면 연료 송출량이 적어진다.

③ 다이어프램을 새것으로 교환시는 새 다이어프램을 먼저 가솔린에 수일 동안 담가두었다가 사용해야 한다. ( 이유 : 막 [가죽]의 수축을 고려 )

[보충정리]
㈜ 연료 파이프나 연료 펌프에서 가솔린이 증발하여 일으키는 현상 : 베이프록

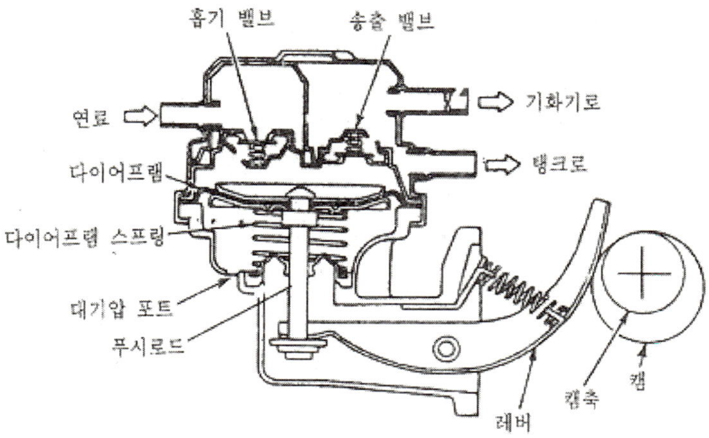


[ 연료펌프 구조 ]

(5) 기화기

① 기능 : 공기와 연료를 혼합하여 각 실린더에 공급하는 장치이다.

② 엔진이 요구하는 공연비

㉮ 가연혼합비 : 8 ~ 20 : 1

㉯ 공전혼합비 : 12 : 1

㉰ 출력혼합비 : 13 : 1

㉱ 이론혼합비 : 15 : 1

㉲ 경제혼합비 : 16 ~ 17 : 1

③ 원리 - 베르누이 정리 : 밀폐된 관속을 흐르는 정상류에서 관의 지름이 작은 곳에서는 유체의 속도가 빨라지고, 유체의 속도가 빨라지면 압력은 낮아지며, 관의 지름이 큰 곳에서는 유체의 속도가 느려지고, 압력은 높아진다. 즉 관속을 흐르는 유체의 속도와 압력의 관계는 항상 일정하다.

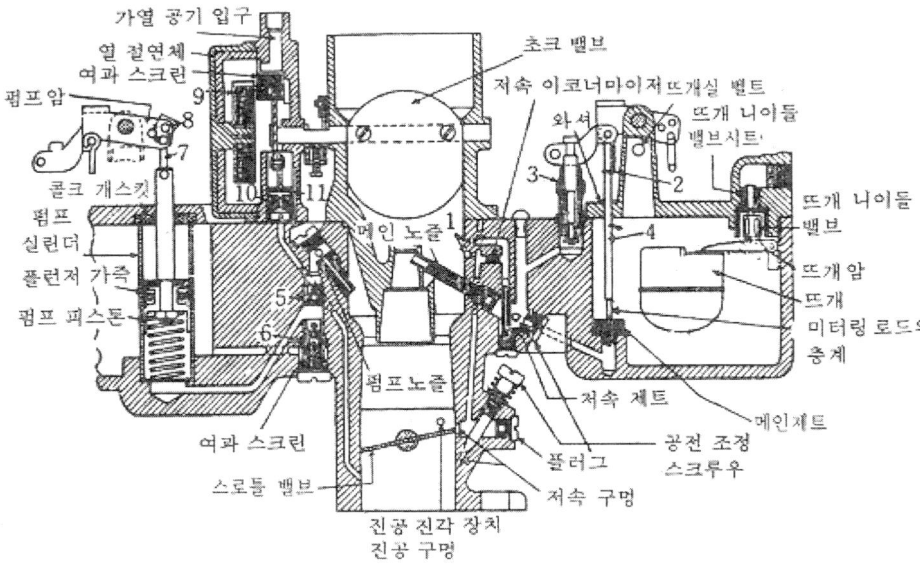


[ 기화기 구조 ]

[보충정리]
※ 각 부분 역할
㉠ 벤투리관 : 유속과 압력변화를 체크한다.(베르누이 정리와 관계)
㉡ 제트 : 연료 계량 (분량)을 한다.
㉢ 뜨개실 : 연료의 면을 규정 높이로 유지하기 위하여 설치
㉣ 스로틀 밸브 : 기화기의 아래 부분에 설치되며 가속페달에 의해 개폐되어 혼합기량을 조절해주는 장치이다.
㉤ 초크 밸브 : 공기량 제어
㉥ 미터링 로드 : 뜨개실내의 연료가 벤투리부로 공급될 때 메인노즐에 통하는 연료의 통로에 설치되어 연료량을 조절해 준다.
㉦ 뜨개와 니들밸브 ; 뜨개실에 공급되는 연료량을 일정하게 유진한다.
㉧ 메인노즐 : 연료를 안개모양으로 벤추리부에 분사하는 장치이다.
㉨ 가속펌프 ; 기관을 급가속 시킬 때 다량의 연료를 분출시켜 주는 장치이다.
㉩ 공전속도 스크루와 혼합비 조정 스크루 : 기관이 공회전할 때 공전속도와 연료량을 조절하는 장치이다.

[보충정리]
㈜ 기화기 구비 조건 : 조작에 따라 혼합비를 적절히 공급할 것
㈜ 기관의 흡입 공기량에 따른 벤튜리 단면적이 자동적으로 변화는 기화기 :
가변 벤튜리 기화기

㉰ 베이퍼록 현상
㉱ 연료펌프의 송출압력 과소
㉲ 노즐의 막힘
㉳ 뜨개실 통기 구멍의 막힘
㉴ 연료 필터의 막힘

(6) 기타 장치
① 빙결방지회로
㉮ 외기의 온도가 낮을 때 기화기에서 무화 혼합된 연료의 응결을 방지
㉯ 냉각수를 이용하는 형식과 배기가스를 이용하는 형식이 있으며 , 근래에는 전기를 이용한 형식이 많이 사용된다.
② 패스트 아이들 기구 : 저온 시동시 엔진 공회전수를 높여 웜업 시간을 단축하는 것으로 초크밸브와 연동으로 작동하는 패스트 아이들 캠에 의하여 스로틀 밸브를 약간 열어준다.

③ 스로틀 크래커 : 솔레노이드를 이용 크랭킹시 스로틀 밸브를 열어주어 시동을 용이하게 한다.

④ 앤티퍼컬레이트 장치 : 고속 주행 후 뜨개실에서 연료의 비등으로 인한 오버플로 현상을 방지.

⑤ 스로틀 리턴 첵 또는 대시 포트 : 자동변속기를 부착한 자동차에서 스로틀 밸브를 급격하게 닫았을 때 자동차가 울컥거리는 현상을 방지하기 위하여 스로틀 밸브의 닫힘 시간을 제어하는 장치.

(7) 흡배기 장치

① 공기 청정기 (air cleaner)
㉮ 기능
㉠ 공기속의 이물질 및 수분의 제거 (여과 기능)
㉡ 공기 유입에 따른 소음 방지
㉢ 기화기 배럴 내에 일정한 압력을 유지하므로 역화를 방지.

㉯ 종류
㉠ 건식 : 여과지식 , 여과포식
㉡ 습식
ⓐ 철망 형식의 스트레이너와 오일을 이용
ⓑ 오일은 엔진 오일을 사용한다.
ⓒ 오일의 양이 많으면 기화기 배럴 내부가 오염되고, 너무 적으면 여과 작용이 불량하다.
㉢ 원심 분리식 : 흡입되는 공기에 회전 운동을 주어 원심력에 의하여 이물질이 제거되도록 한 여과기

㉰ 점검 및 정비
㉠ 건식 : 압축 공기를 이용하여 여과기 안에서 밖을 향해 청소
㉡ 습식 : 스트레이너를 세척제로 닦아주고, 오일을 교환하여 준다.

② 소음기
㉮ 배기가스의 온도를 낮추어 배기 소음을 제거 또는 억제
㉯ 소음기의 저항을 너무 크게 하면 소음은 작아지나 배압이 높아져 기관의 출력이 저하한다.
㉰ 소음기가 탄소 알갱이 등으로 막히면 배압이 높아져 엔진의 출력이 감소한다.
㉱ 배기색과 원인
㉠ 무색 : 완전 연소
㉡ 흰색 : 윤활유 연소
㉢ 흑색 : 농후한 혼합비
㉣ 엷은 청색 : 희박한 혼합비

(8) 기화기 정비

1) 연료에 관한 것
◎ 기화기 뜨개실에서 연료가 넘쳐흐르는 원인
① 뜨개유면이 규정보다 높을 때
② 니들밸브에 불순물이 끼었을 때
③ 뜨개의 파손
④ 뜨개의 조정 불량

◎ 연료펌프의 송출 부족의 원인
① 다이어프램 파손 및 스프링의 쇠약
② 로커암과 링크의 마멸
③ 흡입체크 밸브의 손상 및 접촉 불량
④ 파이프 라인내에 공기유입

◎ 기화기에 연료가 공급되지 않는 원인
① 연료 라인에 베이퍼록 현상이 발생하였을 때
⑦ 연료 라인에 공기가 누설되고 있을 때
③ 연료 펌프에 파이프가 막혔을 때
④ 연툐 펌프의 로커암이 파손되었을 때
⑤ 연료 펌프 다이어프램이 파손되었을 때

◎ 연료파이프가 막혔을 때에는 압축공기를 탱크쪽으로 불어서 불순물을 제거한다.

◎ 연료 여과기의 여과 성능은? : 0.01㎜ 이상

◎ 겨울철에 연료탱크에 연료를 가득 채우는 이유는? : 수증기의 응축을 방지하기 위하여

◎ 연료 탱크의 세척제 : 연료탱크의 세척제로는 등유, 트리클로 에틸렌, 중성액상 세척제 등이 있다.

◎ 가솔린 엔진에서 출발하기 위해 가속페달을 조금 빨리 밟는 순간 시동이 꺼졌다. 연료장치에 이상이 있다면? : 가속 펌프 회로의 이상

◎ 가솔린 연료의 베이퍼록을 방지하려면? : 저 휘발성 가솔린 사용

◎ 연료의 압송압력은 어디에 영향을 받는가? : 막판 스프링 장력

◎ 공전운전을 하고 있을 때 메인노즐에서 연료가 새어나오는 원인은?
① 뜨개가 샌다.
② 메인노즐의 위치가 낮다.
③ 뜨개 조정위치가 높고 니들밸브의 밀착이 좋지 않다.

2) 혼합기에 관한 것

◎ 농후한 혼합기가 기관에 미치는 영향은?
① 불안전한 연소와 동력의 감소.
② 기관의 과열 및 카본의 생성.
③ 조기점화 및 유해한 가스 배출.

◎ 희박한 혼합기가 기관에 미치는 영향
① 가동이 어렵다.
② 저속 및 고속회전이 어렵다.
③ 배기가스의 온도가 올라간다.
④ 동력의 감소, 노킹의 원인이 된다.
⑤ 역화가 일어난다.

◎ 혼합기가 희박해지는 원인
① 저속 포트가 막혔을 때
② 미터링 로드의 작동이 불량할 때
③ 메인 노즐이 불량할 때
④ 뜨개실의 유면이 낮을 때
⑤ 공전 혼합비 조정 스크루에 결함이 있을 때
⑥ 공전 포트가 막혔을 때
⑦ 흡기 다기관에서 누출

◎ 혼합기가 농후해지는 원인
① 뜨개실의 유면이 규정보다 높을 때
② 연료펌프의 송출 압력이 너무 높을 때
③ 파워 밸브에서 연료가 누출될 때
④ 초크 밸브의 작동이 불량할 때
⑤ 공기 청정기가 막혔을 때
⑥ 에어 블리더가 막혔을 때

◎ 용이한 시동과 가속을 위한 가솔린은? : 휘발성이 높은 가솔린

◎ 기화기의 미터링 로드를 본래 것보다 지름이 큰 것으로 갈아 끼웠을 때는? 혼합비는 희박해진다.

◎ 기화기 공전 혼합비 조정은 언제 하는가? : 초기 점화시기를 조정한 후에 한다.

◎ 공기와 가솔린의 혼합비를 알아내는 시험기는? : 연소 시험기

◎ 엔진 점화시기를 점검할 때 엔진운전 상태는? : 공전

◎ 배기관에 카본이나 찌꺼기가 많이 쌓이면? : 기관 과열

3) 기타 사항

◎ 공전속도가 불량할 때의 원인
① 공전 및 저속제트가 막혔을 때
② 스로틀 밸브의 개도가 불량할 때
③ 초크밸브의 개도가 불량할 때
④ 뜨개실의 유면이 낮을 때
⑤ 공전 조정이 불량할 때
⑥ 뜨개실의 유면이 규정보다 높을 때
⑦ 공전 구멍이 막혔을 때
⑧ 저속 에어 블리더가 막혔을 때
⑨ 스로틀 밸브의 축이 마멸되었을 때

◎ 배압(back pressure)이 기관에 미치는 영향은?
① 실린더 내에 잔류가스가 많아진다.
② 신기를 유입할 때 저항을 받게 되어서 신기량이 그만큼 감소하여 압축 초 온도가 상승하여 이상 폭발을 일으킨다. 따라서 출력 감소를 가져온다.

◎ 노킹의 발견법은?
① 배기가스가 흑색이다

② 기관의 최고 압력이 높아진다.
③ 냉각수 온도가 높아진다.

◎ 기관에서 노킹을 막으려면?
① 점화시기를 늦춘다.
② 퇴적된 카본을 떼어낸다.
③ 혼합기를 진하게 한다.
④ 고옥탄가 연료를 사용한다.

◎ 실화가 생기는 원인
① 점화 플러그 오손
② 점화장치 불량
③ 플러그 애자부에 균열
④ 압축압력이 낮다

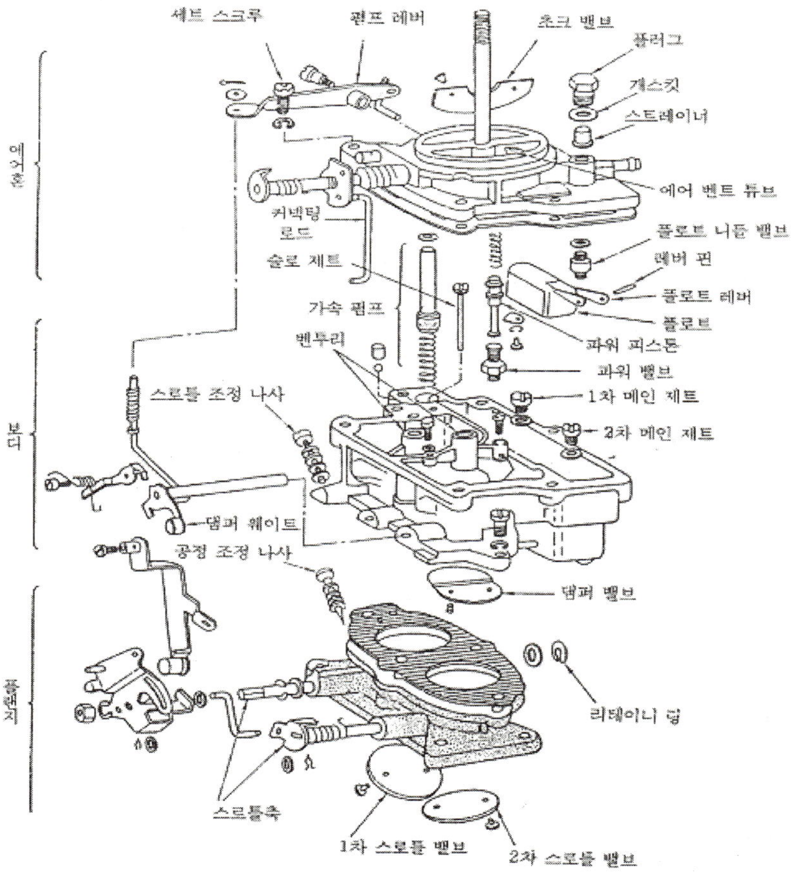


[ 2배럴 기화기 ]

## 5-2. 피드백 기화기 (Feed Back Carburetor : F.B.C)

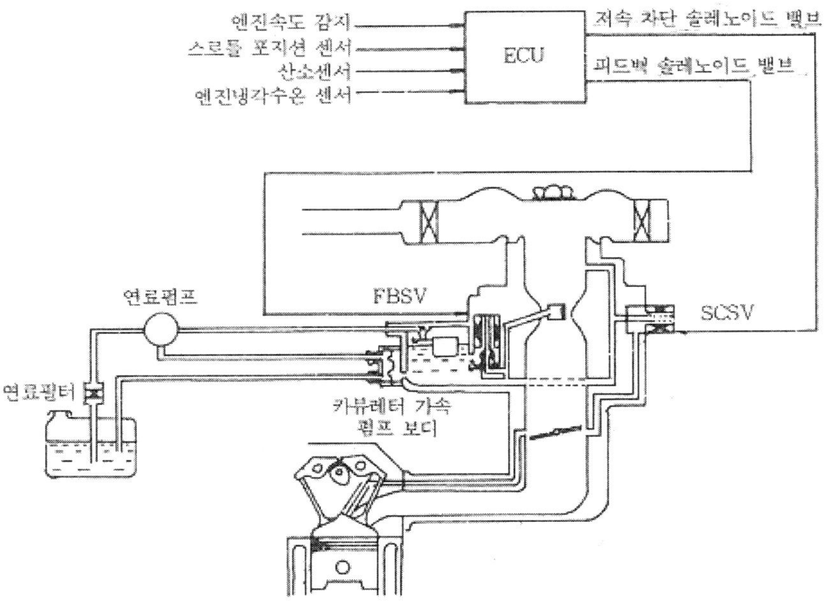


[ FBC 기화기]

[참고]

① F.B.S.V : feed back solenoid valve

② S.C.S.V : slow cut solenoid valve

(1) 개요

컴퓨터(ECU)를 이용 각종 센서로부터 입력된 신호로 엔진의 운전 상태를 판단 최적의 공연비가 되도록 피드백제어 (feed back)를 하여 유해가스를 감소시키고 연료 소비율을 향상시킨 기화기로 2배럴 기화기를 사용.

[보충정리]

㈜ 2배럴 기화기에서 1차 쪽은 기화기의 기본 회로를 갖추고 있으나 2차 쪽에는 고속회로만이 있다.

(2) 제어장치

① 구성

㉮ 컴퓨터 (ECU)

㉯ 엔진속도(RPM) 센서

㉰ 스로틀포지션센서 (TPS)

㉱ 산소(O2) 센서 (피드백 기화기에 반드시 있어야 하는 센서)

㉲ 냉각수온센서 (WTS)

㉥ 전기부하 감지기
㉦ 연료컷 솔레노이드 밸브(FCSV)
㉧ 기타장치

② 제어내용
㉮ 공연비 제어
㉯ 연료 차단 제어
㉰ 배기가스 재순환(EGR) 장치 제어
㉱ 공회전 제어
㉲ 자기진단 기능

(3) 전자제어 가솔린 연료 분사장치(E.F.I)

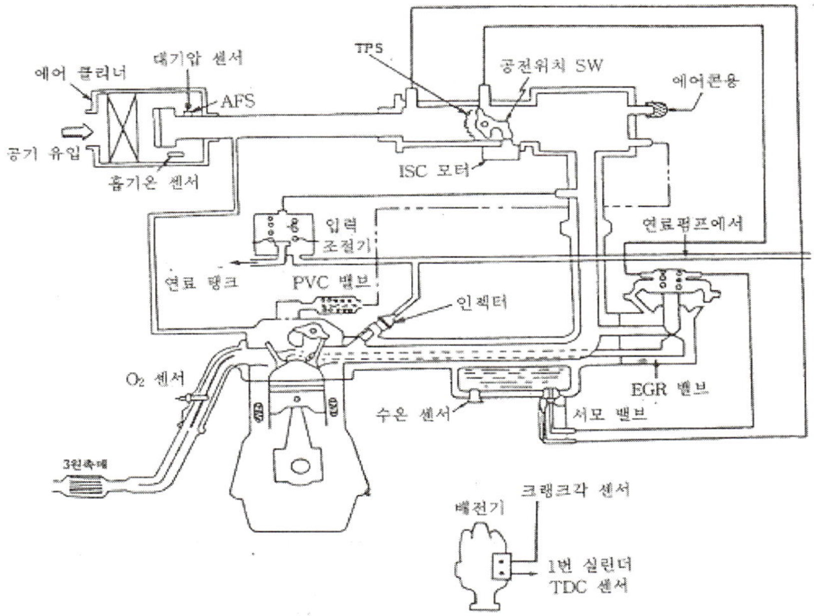


[ 전자제어 연료분사 장치 기관 ]

1) 개요
① 정의 : 각종 센서의 신호를 기초로 하여 ECU는 엔진의 작동 상태에 맞는 최적의 공연비가 되도록 연료 분사량을 조정하고 인젝터가 흡기다기관에 가솔린을 분사한다.

| [보충정리] |
|---|
| ㈜ 연료제어의 기본 목적 : 연료의 경제성을 향상, 촉매 컨버터의 효율을 향상, 유해 배출가스를 최소화 |

2) 전자제어 연료분사장치의 장·단점

[장 점]
① 정상상태와 순간적인 조건변화에 대한 정확한 연료의 계측이 이루어진다.
② 연료의 수송시간이 필요하지 않다.
③ 연료의 응축현상이 발생하지 않는다.
④ 전 부하 상태에서 정확한 연료의 분배가 이루어진다.
⑤ 흡입 다기관의 설계가 자유롭다.
⑥ 기관 부위에 연료장치의 설계가 자유롭다.
⑦ 감속시 fuel - cut - off가 발생하여 주행성능의 저하가 없다.

[단 점]
① 고온 시동성 (hot start)이 저온시동(cold start)보다 불량하다.
② 값이 비싸다.
③ 흡기 통로중의 접속부로부터 계측되지 않은 공기가 유입할 경우 기관의 부조현상이 심하다. 이는 분사장치가 계측된 공기에 대항하는 양의 연료만 분사하도록 설치되어 있기 때문이다.

[보충정리]
㈜ 엔진에 전자제어 장치가 도입되게 된 최초의 계기 : 자동차 배출가스 규제 및 연료경제성 규제에 의해
㈜ 전자제어 엔진의 바람직한 공연비 : 14.7 : 1
㈜ 기화기 엔진과 가솔린 분사엔진의 비교

| 기화기 설치 차량 | 전자제어 분사장치 |
|---|---|
| 1.흡기 배기의 불균일<br>2.혼합기의 부정확<br>3.흡입 저항이 크다.<br>4.무화의 불균일<br>5.구조가 복잡하다.<br>6.급가속성(응답성)이 좋지 않다.<br>7.응축 현상에 의한 완전연소에 한계가 있다. | 1.연비 향상<br>(흡입 공기량을 직접검출 피드백 조정)<br>2.기관의 효율 및 주행 성능향상<br>3.냉간시 시동이 용이<br>4.CO,HC의 발생을 감소시켜 배기가스 규제 |

3) 종류

㉮ 공기량 검출방식
㉠ K - jet (기계식 검출방식) : 공기 흡입구인 에어클리너 내에 공기 흡입량에 따라 작동하는 플랩을 두고 플랩의 움직임을 이용한 것.
㉡ D- jet (간접 검출방식) : 압력에 따라 저항값이 변하는 피에조 저항형 압전소자를 이용

하여 흡기다기관의 압력 변화를 감지 흡입되는 공기량을 연산 검출하는 방식
㉢ L - jet(직접 검출방식) : 에어클리너를 통해 들어오는 공기량들 직접 검출하는 방식으로 가장 많이 사용된다.

㉯ 연료 공급방식
㉠ MPI(muley point injection) : 각 실린더 마다 인젝터를 설치
㉡ SPI(singlepoint injection) : 1개 또는 2개의 인젝터를 한 곳에 설치하여 ECU에 의해 흡기다기관에 연료를 분사시키는 방식으로 TBI라고도 한다.

| [보충정리] |
|---|
| ㈜ 모노제트로닉 : 연료분사를 간헐적으로 하는 방식이며 SPI방식이 여기에 속한다. |
| ㈜ 흡입되는 공기량을 직접 계측하는 방식 : 매스플로 방식 |

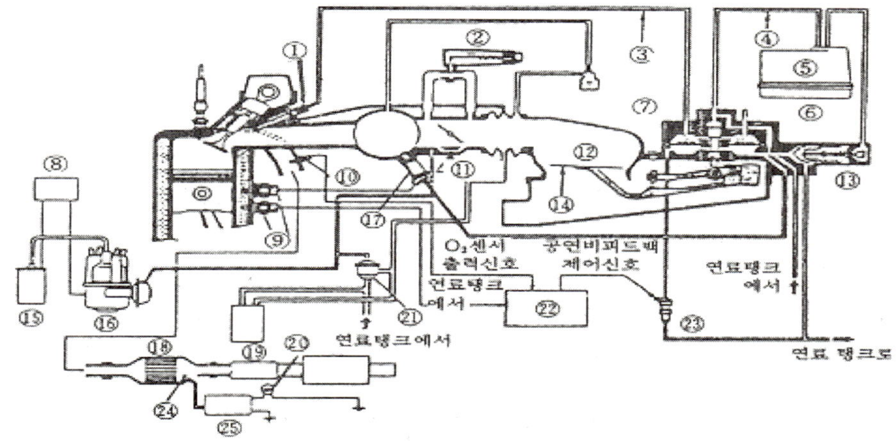


① 인젝터 ② 에어레귤레이터
③ 분사압 ④ 제어압
⑤ 웜 업 유닛
⑥ 연료 디스트리뷰터
⑦ 공연비 컨트롤 유닛
⑧ 이그나이터 ⑨ 서모 스위치
⑩ $O_2$ 센서 ⑪ 아이들 조정 스크류
⑫ 에어 플로 미터 ⑬ 압력 레귤레이터
⑭ 센서 플레이트 ⑮ 점화 코일
⑯ 디스트리뷰터 ⑰ 콜드 스타트 밸브
⑱ 삼원 촉매 ⑲ 캐니스터
⑳ 배기온도 경고등
㉑ 퍼지 컨트롤 밸브
㉒ 피드백 컨트롤 유닛
㉓ 피드백 컨트롤 솔레노이드
㉔ 배기온도 센서
㉕ 스위치 모듈

[ K 제트로닉 ]

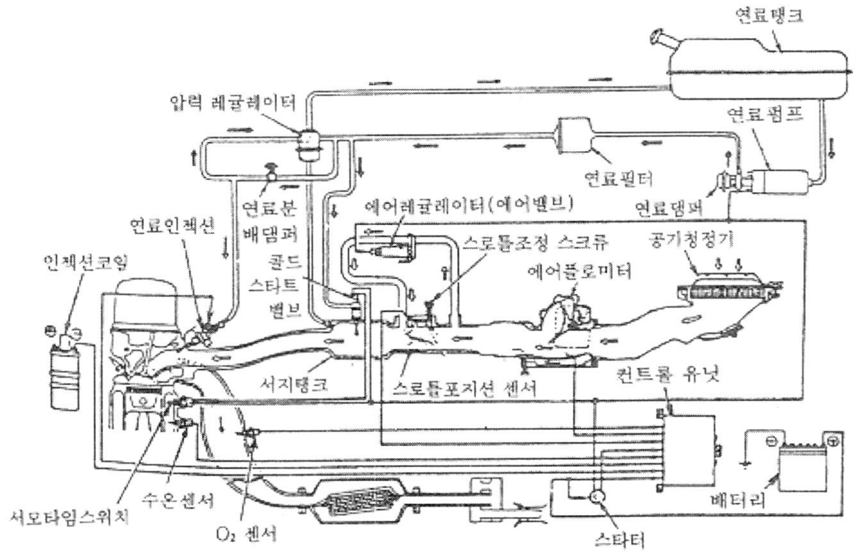

연료탱크
압력 레귤레이터
연료펌프
연료필터
연료분배댐퍼
에어레귤레이터(에어밸브)
연료댐퍼
연료인젝션
스로틀조정 스크류
공기청정기
인젝션코일
콜드 스타트 밸브
에어플로미터
서지탱크
스로틀포지션 센서
컨트롤 유닛
배터리
수온센서
서모타임스위치
$O_2$ 센서
스타터


[ L 제트로닉 ]

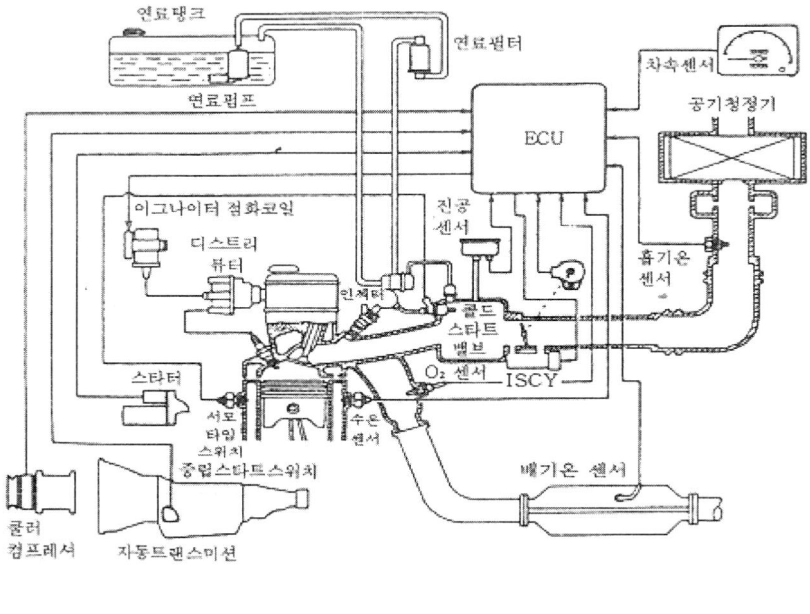

연료탱크
연료필터
차속센서
연료펌프
공기청정기
ECU
이그나이터 점화코일
진공 센서
디스트리뷰터
흡기온 센서
인젝터
콜드 스타트 밸브
스타터
$O_2$ 센서
ISCY
서모 타임 스위치
수온 센서
중립스타트스위치
배기온 센서
쿨러 컴프레서
자동트랜스미션


[ D 제트로닉 ]

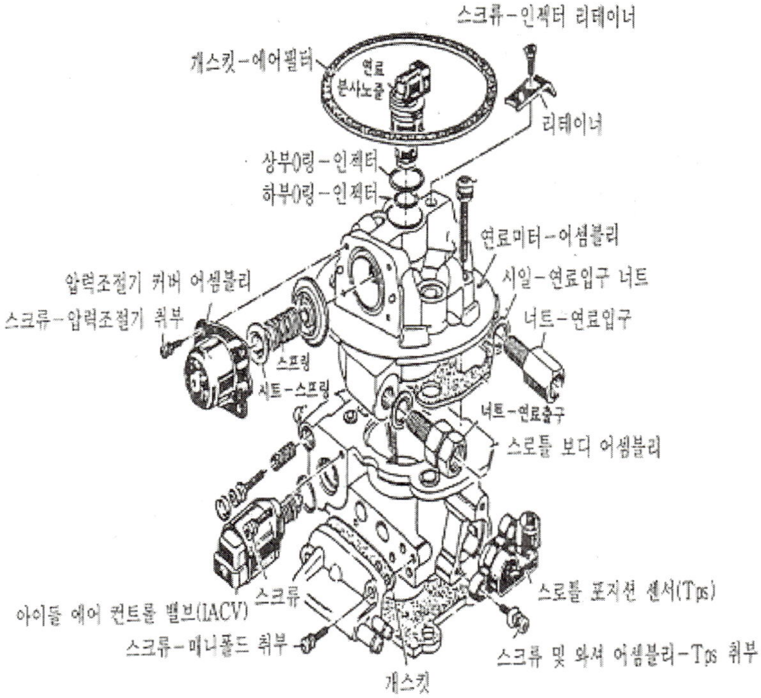


[ SPI 부품명칭 ]

㉣ 연료 분사방식

㉠ 동시분사 : 모든 인젝터가 한꺼번에 동시에 분사하는 것으로 고부하시에 작동하며, 이때 에는 1번 TDC 센서의 신호를 받지 않는다.

㉡ 그룹분사 : 1,3번 인젝터와 2,4번 인젝터로 나누어서 분마하는 것으로 중부하시에 작동한다.

㉢ 독립분사 : 각 인젝터가 순차적으로 분사시기에 분사하는 것으로 No. 1 TDC 센서의 신호를 받아 배기 행정 중에 흡기밸브직전(흡기 다기관내에) 에서 분사를 한다.

| [보충정리] |
|---|
| ㈜ 연료분사의 횟수는 엔진 회전수에 의해 결정 |

4) 구성

① 연료 계통(Fuel System)

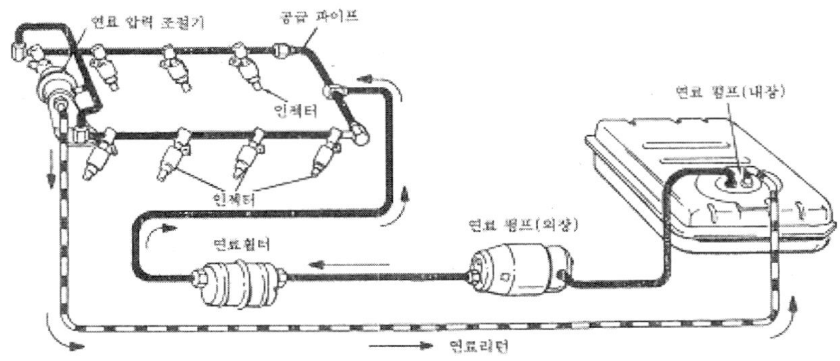


[ 연료계통도 ]

㉮ 연료펌프 : 인라인형, 외장형, 내장형이 있다 주로 내장형 전동식 펌프를 사용하며, 송출 압력은 4 ~ 6 ㎏/㎠이다. 연료펌프 내의 압력 과잉시 연료의 누출 및 파손을 방지 하는 릴리프 밸브와 연료의 압송이 정지 되었을 때 연료계통 내의 잔압을 유지시키고 고온에서 베이퍼록을 방지하고, 재기동성을 높여주는 체크 밸브를 두고 있다.

㉠ 종류

ⓐ 롤러 베인형 : MPI, EGI엔진에 사용

ⓑ 임펠러형 (터빈펌프) : TBI엔진에 사용

[보충정리]
㈜ 내장형 연료 펌프의 특징 : 작동의 정숙, 소음 억제, 베이퍼록 방지

㉡ 구성

ⓐ 임펠러 또는 롤러 베인 : 원심력에 의하여 연료를 흡입 송출

ⓑ 체크 밸브 : 연료 펌프내의 연료가 연료 탱크로 누출되지 않도록 하며, 회로상의 연료가 역류되지 않도록 한다.

- 재 시동성 향상
- 베이퍼록 방지
- 입구와 출구에 각 1개씩 모두 2개를 설치
- 연료 라인 내 잔압 유지

ⓒ 릴리프 밸브 : 펌프의 송출 압력이 규정 이상이 되면 밸브가 열려 펌프를 무부하 운전 시키므로 연료 압력이 과도하게 높아지는 것을 방지하고 일정하게 유지시킨다. ( 작동 압력 : 4.5 ~ 6 ㎏/㎠ )

[보충정리]
㈜ 연료 펌프의 전기자 축과 부싱의 윤활은 가솔린으로 한다.

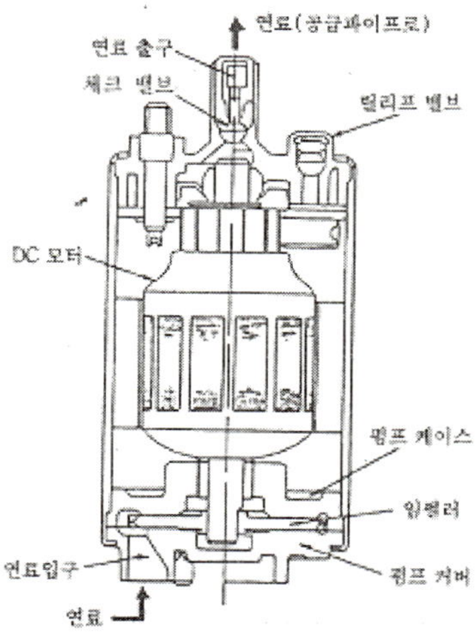


[ 연료펌프 ]

㉯ 연료댐퍼 : 펌프의 맥동을 감소시켜 소음과 진동을 방지하고 연료압력을 일정하게 유지하는 일종의 어큐뮬레이터로 사일런서라고도 한다.

㉰ 연료압력조절기 : 흡기다기관의 진공도에 따라 인젝터에서 분사되는 연료의 분사 압력과 흡기다기관의 압력의 차이를 항시 2.55 ㎏/㎠이 유지되도록 하여 분사량의 변화를 방지한다. 이에 따라 흡기다기관의 진공이 커지면 연료 분사압력도 낮아진다.

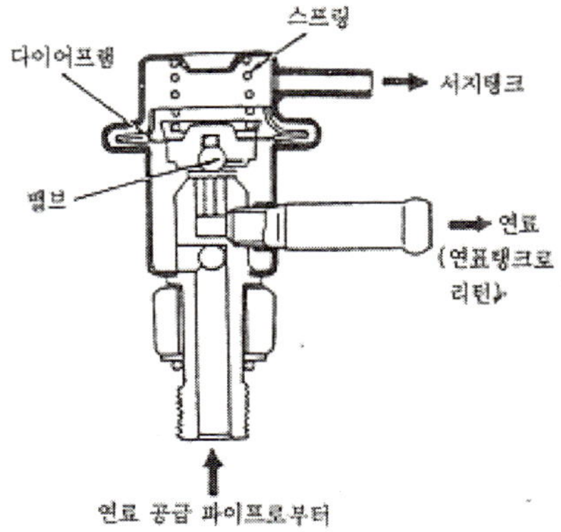


[ 연료 압력 조절기 ]

㉱ 인젝터 : ECU의 신호를 받아 연료를 분사하며, 분사 압력은 펌프의 송출 압력으로 결정하며, 흡기다기관에 분사되는 분사량은 컴퓨터의 분사 신호에 의한 니들 밸브의 열림 시간으로 결정된다.

- 전자연료 인젝터 부분의 연료 압력 : 2.5㎏/㎠
- 연료 인젝터 회로의 레지스터(저항기)의 역할은 점화계통의 점화코일의 1차 저항의 원리와 같다.
- 레지스터는 인젝터에 직렬로 연결 (저항 값은 6Ω)
- 연료 인젝터 내의 O링의 윤활제는 가솔린

| [보충정리] |
|---|
| ㈜ 연료 분사 밸브의 분사량 결정 : 분사압력, 인젝터 직경, 통전시간 |
| ㈜ 연료 분사 밸브가 열리는 시간 : 2 ~ 2.5ms |

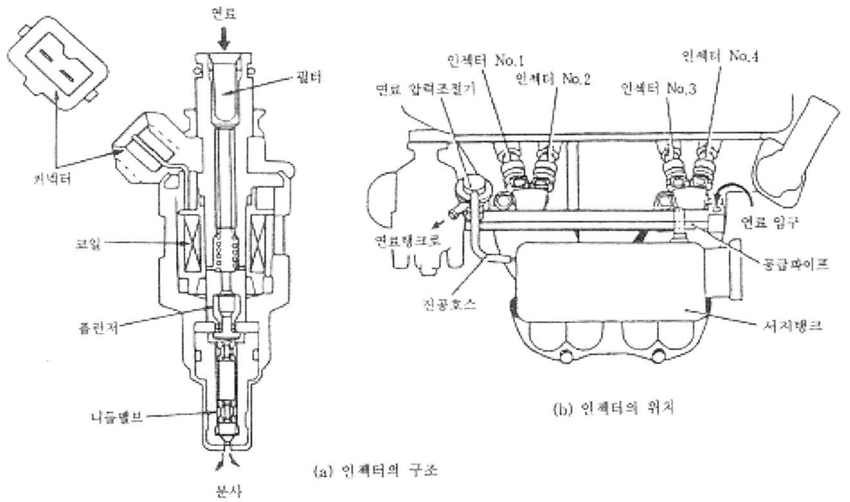

(a) 인젝터의 구조
(b) 인젝터의 위치

[ 인젝터 ]

② 흡기 계통

㉮ 공기여과기(에어클리너) : 통기 속의 이물질. 수분을 분리 제거하며, 공기 유량센서, 공기온도센서, 대기압센서 등이 설치된다.

㉯ 스로틀 보디 : 유입되는 공기량을 조절하는 장치로 스로틀 위치센서, 공회전속도 조절장치(ESC서보). 모터위치센서, 아이들스위치 등이 설치된다.

㉰ 서지탱크 : 에어클리너를 통하여 흡입된 공기를 저장하여 각 실린더에 공급되는 공기 탱크로 흡입 행정시 발생하는 공기의 맥동을 방지하여 각 실린더 마다 흡입되는 공기량의 분배를 일정하게 유지한다.

㉱ 흡기다기관 : 서지 탱크와 실린더를 연결하는 공기 흡입 통로

③ 제어 계통(Control System)

제어 계통에는 각종센서와 컨트롤 릴레이, 컴퓨터가 있다.

1 컨트롤 릴레이(Control Relay)

컴퓨터, 연료펌프, 공기유량센서 등으로 축전지 전원을 공급해 주는 장치이다.

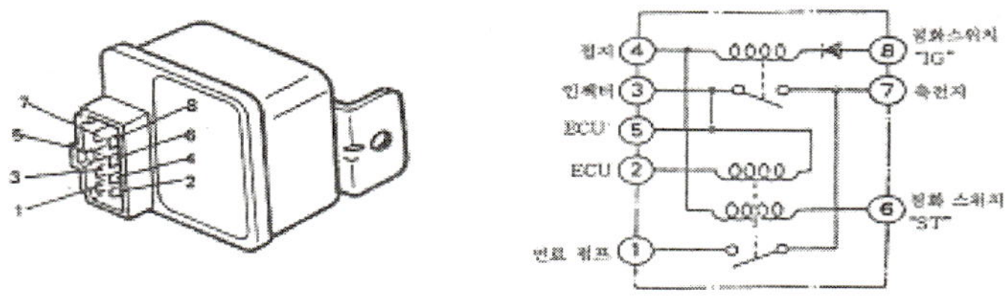


컨트롤 릴레이

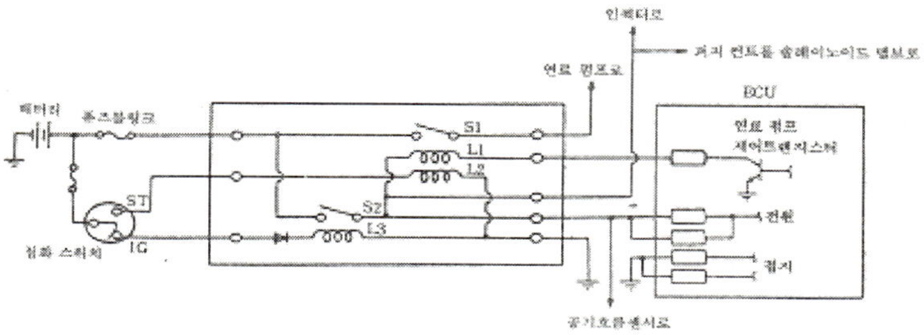


[ 컨트롤 릴레이 ]

2 제어장치의 각종센서

㉮ 공기유량센서(AFS) : 공기 청정기내로 흡입되는 공기량을 검출하여 컴퓨터로 보내주며, 컴퓨터는 이 신호를 연산하여 분사량을 결정하고 분사신호를 인젝터로 보낸다. 에어클리너 내에 설치

㉠ 메저링 플레이트 방식(Measuring Plate Type)

회전중심의 축 외부에 설치되어 연료분사량을 증감시키는 신호를 컴퓨터로 보내는 포텐쇼미터가 스로틀 밸브의 열림정도에 따른 양만큼 저항값이 변화되어 흡입공기량을 감지하는 방식이다. 즉, 메저링 플레이트의 열림정도는 흡입공기량에 비례하여 포텐쇼미터의 전압비로 바뀌어 전기적 신호로 컴퓨터에 보낸다. 흡입공기량이 많아지면 메저링 플레이 각도가 크며, 전압이 높아진다.

[보충정리]

㈜ 연료펌프 스위치 : 기관이 정지 되었을 때 메저링 플레이트가 닫혀 있으므로 연료펌프 스위치를 밀어 열리게 하므로 연료펌프 전원이 차단된다.

ⓐ 센서 플랩 : 공기 흡입구에 설치되어 흡입되는 공기량을 감지

ⓑ 포텐셔미터 : 일종의 가변 저항으로 센서 플랩의 움직임을 전압비로 바꾸어 컴퓨터에 보낸다.

ⓒ 댐퍼 플랩 :센서 플랩의 급격한 움직임을 방지

ⓓ 바이패스 통로 : 센서 플랩을 통하지 않고 공기를 유입시키는 통로로 조정 나사가 설치되어 공회전시 공기의 양을 조절한다. 바이패스 통로로 유입되는 공기량이 적으면 센서 플랩을 통하는 공기의 양이 많아지고 연료 분사량이 많아져 공연비가 작아지며, 바이패스통로로 유입되는 공기량이 많으면 센서 플랩을 통하는 공기량이 적어져 공연비가 커진다. 이 조정나사는 공전 혼합비를 조정한다.
ⓔ 공기 공급장치 : 스로틀 밸브 부근에 설치되어 스로틀 밸브를 거치지 않고 공기가 유입될 수 있는 바이패스 통로로 바이메탈의 작동에 따라 게이트 밸브가 통로를 열고 닫는다. 이 장치는 기화기의 패스트 아이들 장치와 동일한 기능으로 냉간 시동시 공회전 속도를 높여 웜업 시간을 단축한다.

ⓛ 열선식(Hot Wire Type)
질량유량에 의하여 흡입공기량을 직접 검출하는 방식이다. 즉 2개의 저항선으로 흡입 공기량을 전기 저항값의 변화에 의해 검출하여 흡입 공기량이 많으면 열선의 냉각량이 증대되어 저항값이 감소하므로 인젝터에 흐르는 전류가 증가되어 연료 분사량이 많아진다.

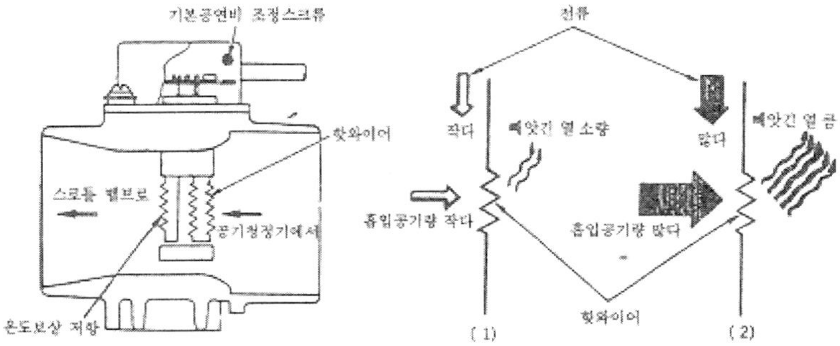


[ 열선식 ]

ⓒ 칼만 와류식(Karman Vortex Type)
발신기로부터 발신되는 초음파가 카르만 와류에 의해 절단될 때 와류 수만큼 밀집되거나 분산된 후 소밀 음파로 수신기에 전달되면 변조기에 의해 펄스 파형의 신호로 변환되어 컴퓨터로 입력시키는 방식이다.

| [보충정리]<br>1. 에어 플로우 미터 (Air Flow Meter ⇒ Mass Flow Type : 흡입 공기량을 계측하는 L-제트로닉에서 사용한다.) |
|---|

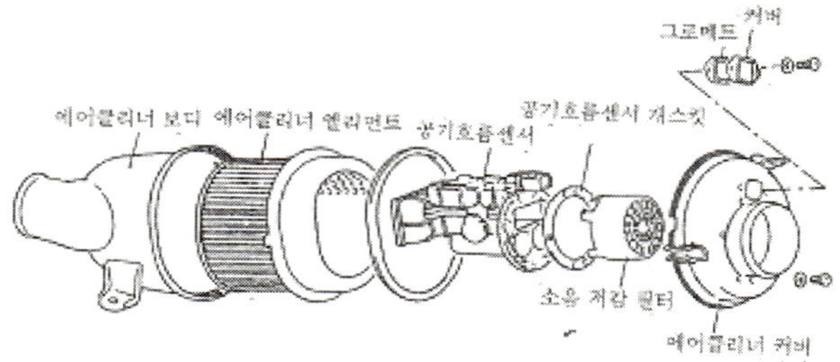


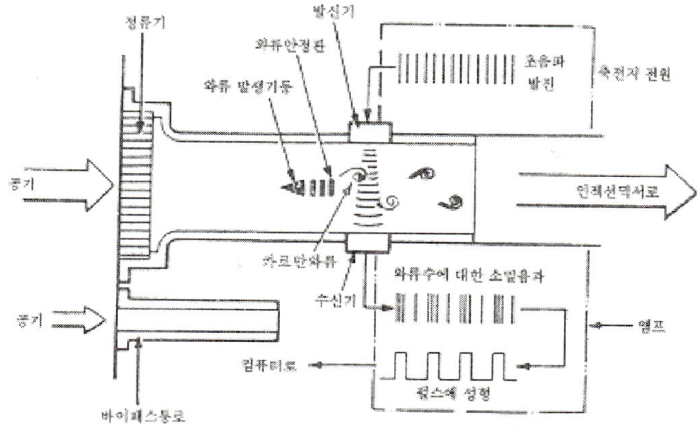


[ 칼만 와류식 ]

2. 흡기압력 검출방식(Speed Density Type)

흡입 공기의 압력을 검출하는 방식으로 D 제트로닉에서 사용된다. 흡기압력의 검출은 흡기다기관 압력이 1사이클에 대하여 흡입되는 공기량이 거의 비례하는 원리를 이용한 것이다.

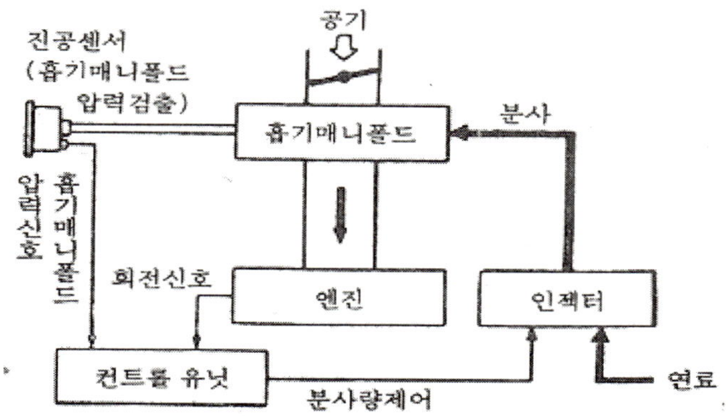


[ 흡기압력 검출식의 원리 ]

㈜ 가솔린 연료 분사장치에서 공기량 계측 방식 : 칼만와류식, 핫 와이어식, 메저링 플레이트

㉯ 흡기온도센서(ATS : Air Temperature Sensor)
공기유량 감지기에 부착되어 흡입온도를 검출하는 가변 저항기(부특성 서미스터)이며, 온도가 상승하면 저항값이 감소하여 출력전압이 감소한다.

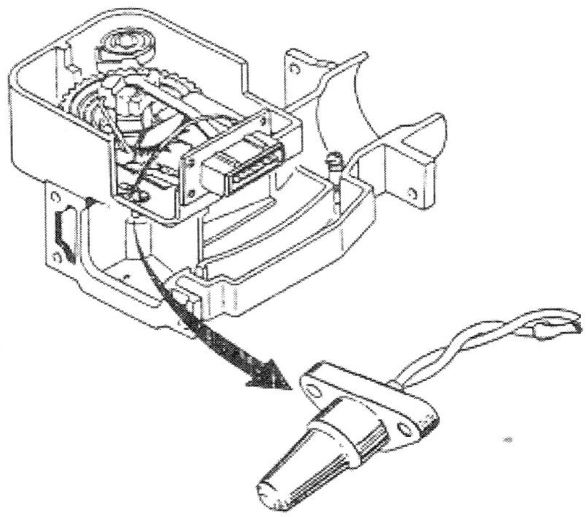

[ AFM식 흡기온도 센서 ]

㉰ 대기압센서(BPS : Barometric Pressure Sensor = APS) :
공기유량 센서에 부착되어 대기 압력을 검출하여 전압으로 변환한 신호를 컴퓨터로 입력시키는 피에조(압전소자)센서이다.

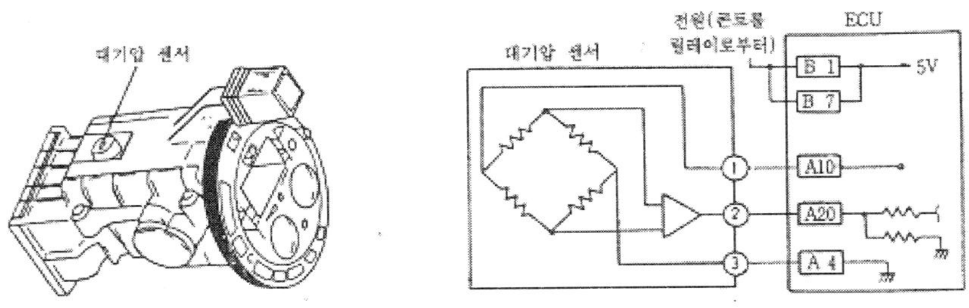


[ 대기압력 센서 ]

㉱ 스로틀 위치센서 (TPS : Throttle Position Sensor) :
스로틀 밸브의 회전에 따라 출력 전압이 변화하여 컴퓨터로 입력시키는 센서이다.

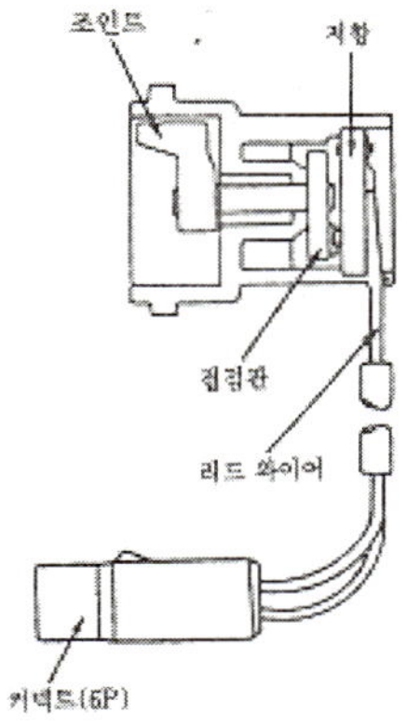


스로틀 위치 센서

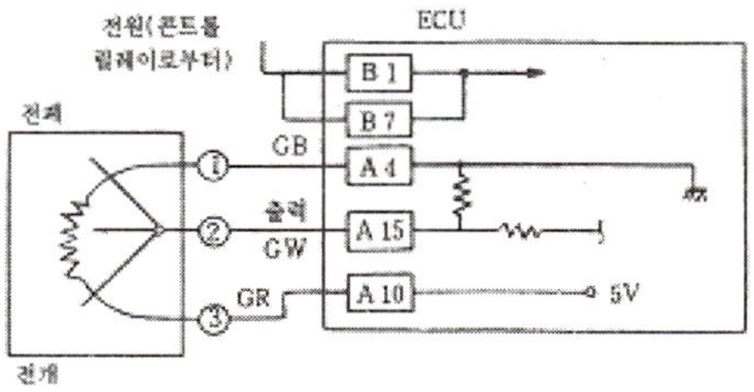


스로틀 위치 센서 회로

[ 스로틀 위치 센서 ]

㉤ 스로틀 보디(Throttle Body)

스로틀 보디에는 흡입 공기량을 제어하는 스로틀 밸브, 공기속도 조절기, 스로틀 위치 센서 등이 부착되어 있다.

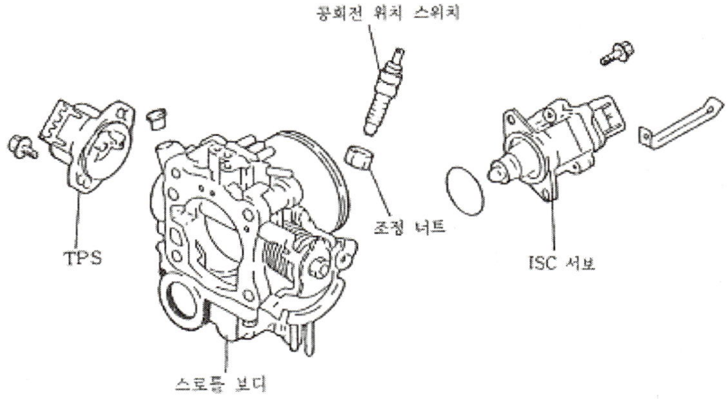


[ 스로틀 보디의 구성 ]

[보충정리 :  공기 속도 조절기의 종류]
공전속도 제어서보(ISC-Servo0의 디지털 방식은 스텝모터이고 아날로그 제어 방식은 모터 포지션 센서가 필요하다. 그리고 아이들 스피드 액추레이터(ISA)는 신형엑셀, 엘린트라, 스쿠프 터보, 그 외 대우, 기아 자동차의 공전속도 제어밸브인데 모터가 아니고 전자식 밸브로써 구조가 간단하다. 디지털 제어가 되며 대개 100㎐정도의 속도로 작동한다.

1. 칼만 와류식의 경우
① ISC-Servo
모터, 웜기어, 웜휠, 모터위치센서, 공전스위치로 구성되며 컴퓨터의 신호에 따라 모터가 회전하면 웜휠이 회전하며 플런저가 왕복운동을 하여 스로틀 밸브의 열림 정도를 제어하여 공전속도를 제어한다.

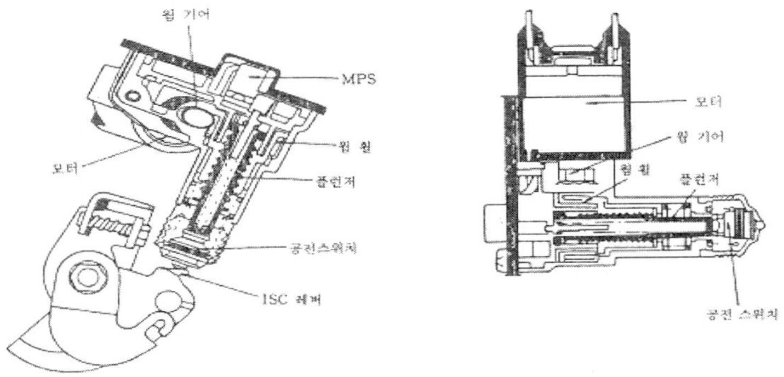


[ ISC-Servo의 구조 ]

② 모터 위치 센서(MPS : Motor Position Sensor)
ISC-Servo의 플런저 위치를 검출한 신호를 컴퓨터로 보내면 컴퓨터는 MPS신호, 공전 신호, 수온센서의 신호, 부하 신호, 차속센서의 신호등을 연산하여 스로틀 밸브의 열림 정도를 제어한다.

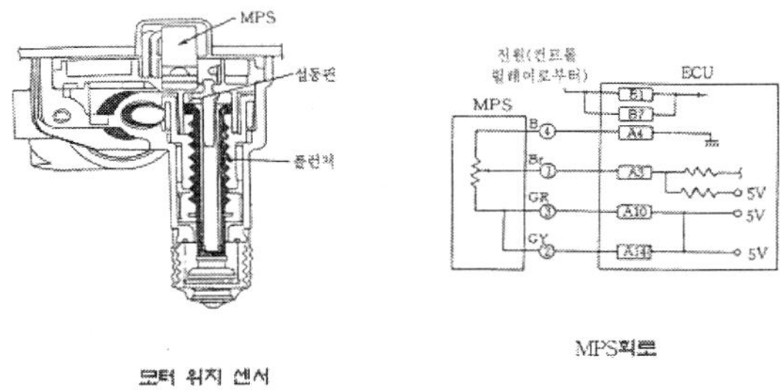


[ 모터 위치 센서 ]

③ 공전 스위치(Idle Switch)
접점식이며 ISC-Servo 끝에 부착되어 스로틀 밸브가 공전상태이면 ISC 레버에 의해 푸시핀이 눌려 접점이 ON 상태가 되어 컴퓨터로 입력시킨다.

2. 메저링 플레이트식의 경우

① 공기 밸브식(Air Valve Type)

기관 냉간시에 게이트 밸브(gate valve)가 열려 진공도가 높아져 메저링 플레이트가 많이 열리게 되어 흡입 공기량이 증가하며 컴퓨터에서도 분사량이 증가하도록 한다.

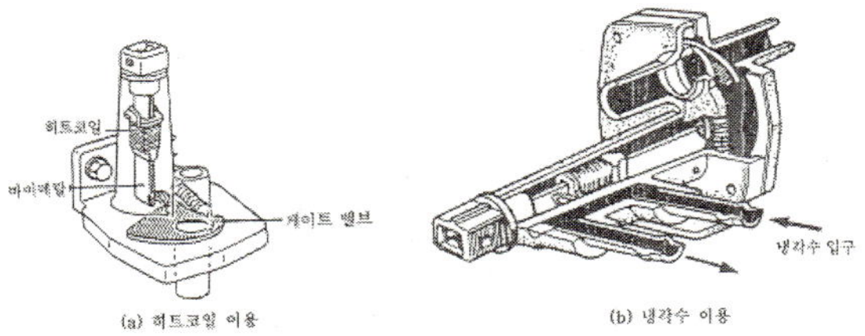


[ 에어 밸브 구조 ]

㈓ 크랭크 각 센서(CAS) : 각 실린더의 크랭크각(피스톤 위치)을 감지하여 이를 펄스 신호로 바꾸어 ECU에 보내면 ECU는 이 신호를 기초로 하여 기관의 회전속도를 계산하고 연료 분사시기와 점화시기를 결정한다.

㈔ 1번 실린더 상사점센서 : TDC 센서는 1번 실린더 압축행정의 상사점을 감지하여 이를 펄스 신호로 바꾸어 ECU에 보내면 ECU는 이 신호를 기초로 하여 연료 분사순서를 결정한다.

㈕ 차속센서 :자동차의 속도를 검출하는 것으로 속도계 내에 설치되어 있으며 리드 스위치를 이용하여 트랜스 액슬 기어의 회전을 펄스 신호로 바꾸어 ECU로 보내면 ECU는 이 신호를 기초로 하여 공회전 속도 등을 조절한다. 요즘 차에는 미션에 장착 되어있다.

㈖ 냉각수 온도센서(WTS) : 방열기 온도 센서와 같이 서미스터를 이용하여 냉각수의 온도를 검출.

[보충정리]

㈜ 수냉식 엔진에서 온도센서는 실린더 블록에 설치

㈜ 온도 센서 내부에 내장되어 있는 NTC의 재질 : 반도체

㈗ 방열기 온도 센서 : 방열기 아래 탱크 내 냉각수의 온도를 감지하여 전동팬을 작동.

㈘ 전기부하 센서 : 전기적 부하가 발생되었을 때 공회전 속도를 증가한다.

㈙ 산소 센서 (02) : 지르코니아 라는 물질을 이용 배기 가스속의 산소 농도를 검출하여 혼합기가 희박할 때 (공연비가 클 때) 0.1[V]의 전압을, 혼합기가 농후할 때(공연비가 작을 때) 0.9[V]의 전압을 발생하여 ECU에 보낸다. 이 산소 센서는 민감하기 때문에 아날로그식 테스터로 점검을 하면 센서가 손상될 수 있기 때문에 반드시 디지털 테스터를 사용하여야

한다. 이 산소 센서는 배기다기관에 (촉매 컨버터 전에) 설치한다.

㉻ MAP 센서(Manifold Absolute Pressure Sensor : 흡기다기관 절대압력 센서)
흡기다기관의 부압 상태를 검출하여 흡입 공기량을 간접적으로 측정하여 ECU로 보내주는 센서이다. 예전에는 D제트로닉 방식에서 에어 플로우 미터 대신사용하며 흡기 다기관의 부압이 낮을 때 MAP센서의 출력전압이 높아져 연료 분사량을 증대시킨다.

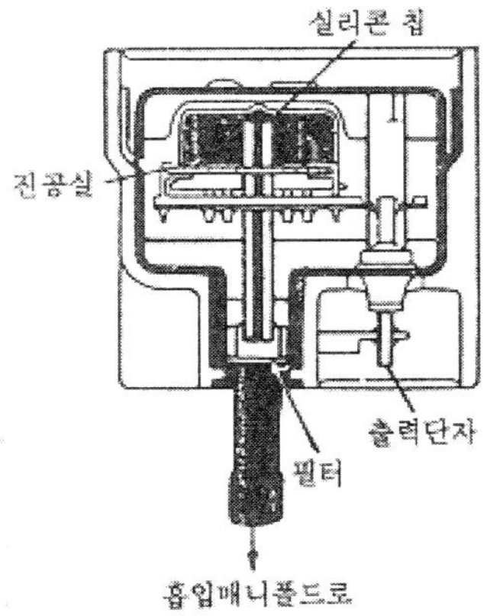


[ MAP 센서 ]

ⓐ 동력조향 오일 압력 스위치
동력조향 장치 오일 압력 스위치는 동력조향의 부하여부를 전압의 고저로 바꾸어 ECU에 보내면 ECU는 이 신호를 이용하여 공전속도 조절서보를 조절한다.

ⓑ 점화스위치 ST와 인히비터 스위치
점화스위치 ST는 기관이 크랭킹하고 있는 동안 높은 신호를 ECU에 입력하면 ECU는 이 신호에 의해 기관 시동시 연료분사를 조정하여 준다. 즉 점화스위치가 ST위치에 놓이면 크랭킹시 축전지 전압이 점화 스위치와 인히비터 스위치를 통해 ECU에 입력되며 ECU는 기관이 크랭킹중인 것을 감지한다. 또한 자동변속기 선택레버가 P 또는 N위치 이외에 있으면 축전지 전압은 ECU에 입력되지 않는다. 인히비터 스위치는 기어선택 레버의 위치를 전압의 고저로 바꾸어 ECU에 입력하며 ECU는 이 신호를 이용하여 공회전 속도 조절 서보를 조절한다.

ⓒ 에어컨 스위치 및 에어컨 릴레이
에어컨이 ON이 되면 에어컨 스위치는 ECU에 축전지 전압이 가해지도록 하며 ECU는 ISC 서보를 구동시키며 동시에 에어컨 릴레이를 작동시켜 에어컨 클러치에 전원을 공급한다.

ⓓ 컨트롤 릴레이와 점화 스위치 IG
점화 스위치가 ON이 되면 축전지 전압은 점화 스위치에서 ECU로 흐르게 되며 또한 컨트롤 릴레이 코일에도 공급되어 컨트롤 릴레이 스위치는 ON이 되어 ECU에 전원이 공급된다.

3 컴퓨터(ECU)의 제어기능

① 연료분사 제어 : 공기유량 센서(AFS)로 흡입공기량을 검출하여 공기량을 계량한 후 이에 대응하는 연료를 각 실린더에 분사시켜 준다. 즉 인젝터의 구동시간에 의하여 분사량이 제어된다.

② 공전속도 제어

㉠ 공전속도 조절기를 구동하여 스로틀 밸브의 열림 정도를 제어.

㉡ 모터위치 감지에 의하여 공전속도 조절기의 플런저 위치를 검출하여 공전속도 조절기의 위치제어.

㉢ 제어기능

- 패스트 아이들(Fast Idle)제어
- 공전(Idle) 제어
- 대시포트(Dash Pot) 제어
- 에어컨 작동시 공전속도 상승(Idle Up)

③ 점화시기 및 캠각 제어 : 전 주행 모드의 점화시기와 캠각을 제어한다.

④ 컨트롤 릴레이 제어 : 기관이 정지되었을 때 연료펌프의 구동을 정지시킨다.

⑤ 에어컨(A/C)릴레이 제어 : 기관 시동시나 가속시 일시적으로 에어컨 릴레이가 OFF되어 에어컨 컴프레서의 작동을 제어한다.

⑥ 증발가스 제어 : 캐니스터(Canister)에 포집된 연료 증발가스를 기관의 상태에 따라서 흡기다기관으로 유입을 제어한다.

⑦ 피드백(Feed Back) 제어 : 배기가스 중의 산소농도를 검출하여 이를 감안하여 혼합비를 자동적으로 제어하나다.

⑧ 자기고장(Diagnosis) 표시 : 각종 감지기의 고장을 진단하여 고장진단 표시를 나타낸준다.

5) 연료분사 제어

인젝터는 크랭크각 감지기의 출력신호 및 공기유량 센서의 출력 등을 산정한 ECU 신호에 의하여 구동된다.

연료의 분사량은 인젝터의 구동시간에 의하여 제어되는데 이 시간은 공기유량 센서, 크랭크각 센서의 출력, 산소 센서로부터 입력되는 배기가스의 정보, 각종 감지기로부터의 신호를 근거로 ECU에서 산정된다.

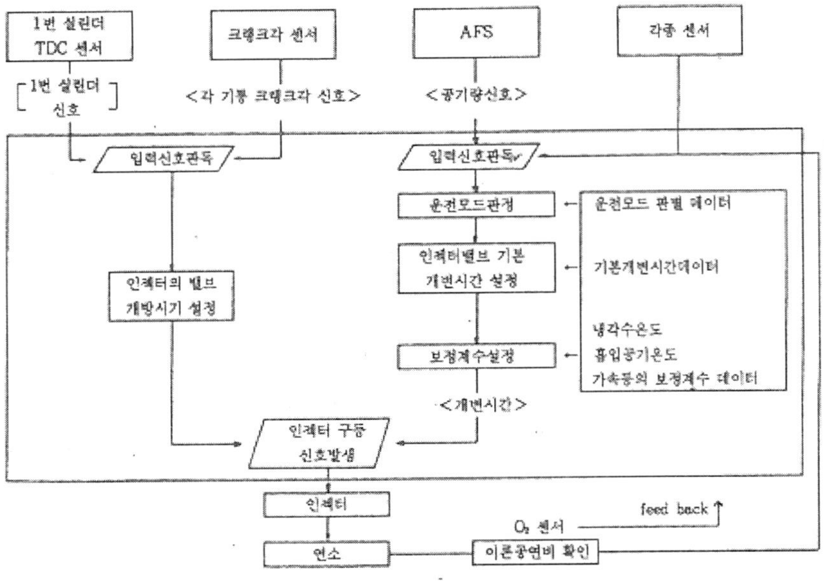


[ 연료분사 제어 ]

[보충정리]
㈜ 전자제어 엔진에서 공전 상태의 회전속도 조정 : 스피드 조정나사와 세트 스크루
㈜ 공연비 : 연료의 질량으로 나눈 실린더 내의 공기 질량
㈜ 컴퓨터는 공기유량센서와 크랭크각 센서를 연산하여 기본 문사시간(분사량)을 결정
㈜ 전자제어 연료분사장치에서 인젝터의 상태를 점검하는 방법
- 인젝터의 작동음을 듣는다.
- 인젝터의 분사량 측정
- 인젝터 작동시간을 잰다.

## 5-3. 희박 연소 엔진(Lean burn engine)

희박 연소 엔진이란 혼합비(공연비) 22:1상태에서 연소 할 수 있도록 한 형식이며, 장점은 다음과 같다.

① 기존 엔진보다 연료 소비율의 개선 효과가 11~12%정도이다.
② 질소 산화물이 70%정도 저하된다.
③ 공회전 상태에서 매니폴드 스로틀 밸브를 닫아 급속 연소를 유도하면 공회전 속도를 700rpm정도까지 저하시킬 수 있으므로 연료 소비율이 향상되고 공회전 상태도 안정된다.

(1) 구성과 작동원리

① 매니폴드 스로틀 밸브(MTV : Manifold throttle valve) : 와류 제어 밸브
희박연소 엔진에서는 매니폴드 스로틀 밸브를 설치하여 희박 연소 영역에서 이 밸브를 닫아

빠른 유속에 의해 와류(swirl)가 발생하도록 한다.

② 전 영역 산소센서(Wide band oxygen sensor)
이 산소 센서의 측정 원리는 지르코니아($ZrO_2$)고체 전해질에 (+)의 전류를 흐르게 하므로써 확산실 내의 산소를 펌핑 셀(pumping shell)내로 받아들이고 이때 산소는 외부 전극에서 일산화탄소 및 이산화탄소를 환원하여 얻는다.

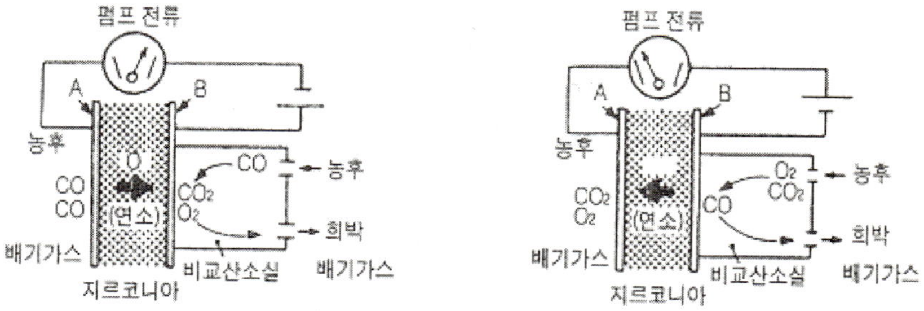


[ 전 영역 산소센서의 작동원리]

(2) 각종 제어
1) 희박제어
① 희박과 이론 혼합비 구간
희박 연소 엔진이 LA-4모드 시험 조건에서 실제로 희박 연소 운전을 하는 영역은 약 61%정도 이다.

② 희박 연소 제어를 하지 않는 조건
㉮ 공회전 상태에서는 제어를 하지 않는다. 단, 주행속도가 높은 경우에는 희박 연소를 제어한다.
㉯ 희박 연소 제어 조건 및 영역에서 급가속을 하는 경우에는 희박 연소 제어를 하지 않는다.

③ 매니폴드 스로틀 밸브 제어
매니폴드 스로틀 밸브는 다음과 같은 조건에서 닫힌다.
㉮ 희박 연소 조건이 만족되었을 때
㉯ 엔진을 크랭킹 할 때
㉰ 엔진 공회전 상태일 때이다.

2) 분사 시기 제어
희박 연소에서 분사 시기는 희박 연소 한계와 질소 산화물의 배출량이 최소가 되도록 정해야 하며, 분사 시기는 연료 분사 완료 시점을 기준으로 흡기 ATDC 50 ~ 90° 이다.

## 5-4. 가솔린 직접 분사식 엔진 (GDI : Gasoline direct injection)

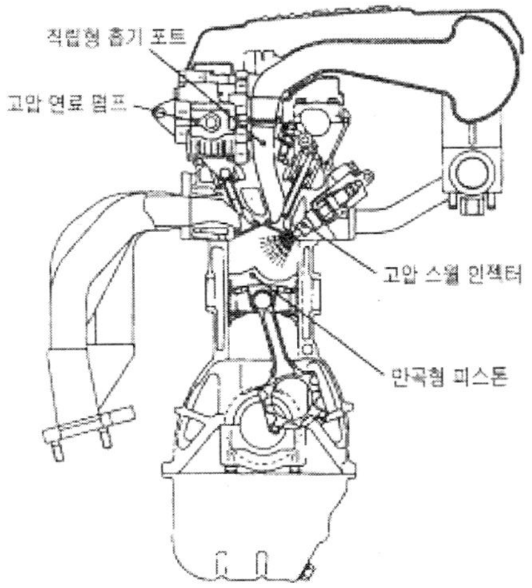


[ GDI 가솔린 분사 시스템]

(1) 가솔린 직접 분사엔진의 연료 계통

1) 와류형 인젝터(swirl injection)

분사 시기가 부분 부하 상태에서는 압축 행정 말기에 분사(초 희박 연소)되며 전 부하 운전에서는 흡입 행정 중에 분사(일반 연소)하여 흡입 공기 중의 열을 흡수하므로 써 기화와 동시에 흡입 공기를 냉각하여 충전효율을 향상시킨다. 그리고 인젝터의 구동은 컴퓨터(ECU)가 직접 제어하지 아니하고 인젝터 구동기가 분사 시간을 컴퓨터로부터 입력받아 구동한다.

2) 인젝터 구동기(injection driver)

인젝터 구동기를 사용하는 목적은 연료 압력이 기존 엔진보다 10~20배 이상 되기 때문에 인젝터에서의 전류 소모가 많으며, 발열량이 커지기 때문에 이를 방지하기 위함이다.

3)연료 압력 센서(fuel pressure sensor)

연요 압력 센서는 연료 공급 계통에 설치되며 검출된 압력을 전압 신호로 컴퓨터에 입력시켜 인젝터의 연료 분사량 보정 신호로 사용한다. 컴퓨터는 고압 모드와 저압 모드를 연료 압력 센서에 따라 판정하며, 고압 모드가 되는 경우는 다음의 3가지 조건을 만족하여야 한다.

① 엔진 회전속도가 1,000rpm이상
② 연료 압력 센서가 정상이고, 연료 압력이 40kg/㎠이상
③ 엔진 작동 정지 및 시동 후 이외

다만, 1번 고압이 된 이후에는 재 시동할 때까지 저압 모드는 되지 않는다.

4) 연료 펌프 릴레이의 제어

연료 펌프 릴레이가 off되는 때는 다음과 같다.

① 연료 압력 센서의 고장으로 엔진 경고등이 점등된 경우

② 고압 모드에서 연료 압력이 70㎏/㎠이상 될 경우

③ 크랭크 각 센서에서 검출된 엔진 회전속도가 50rpm이하일 경우

5) 연료 펌프 저항기

고압 펌프의 유량 특성은 엔진을 크랭킹 할 때에는 회전속도가 낮기 때문에 토출량이 적으며 이 상태에서 저압 연료 펌프가 작동하면 연료 펌프의 전류 소모가 커지게 된다. 고압 펌프 이전까지의 저압 라인에는 저압 연료 조절기 바이패스 압력까지 상승하여 토출 부하가 걸리게 되어 연료 펌프의 손상이 염려된다. 이를 방지하기 위해 연료 펌프의 배선에 저항기를 두어 연료 펌프가 천천히 구동되도록 컴퓨터에서 High/Low 릴레이를 제어한다.

6) 고압 펌프와 고압 연료 조절기

고압 펌프는 엔진의 흡입 캠축의 캠으로 구동되며, 펌프 구동으로 인하여 연료 탱크 내의 저압 펌프에서 배출된 3㎏/㎠정도의 연료 압력은 50㎏/㎠정도의 압력으로 상승한다. 또 엔진 회전속도가 상승하면 고압 펌프의 작동이 빨라져 압력이 상승하지만 고압 연료 조절기에 의해 일정한 압력으로 유지된다.

## 5-5. 배출가스 제어장치

(1) 배기가스

① 무해성 가스 : 수증기($H_2O$), 이산화탄소($CO_2$), 질소($N_2$)

② 유해성 가스 : 일산화탄소(CO), 탄화수소(HC), 질소산화물(NOx), 납화합물 탄소입자

[보충정리]

◎ 유해원소와 특징

① 일산화탄소(CO) : 불완전 연소로 인하여 발생되며 , 소량일지라도 인체에 수족 마비나 정신분열 증세 등의 치명적인 손상을 주는 것으로 혼합기의 농도가 클 때, 연소 온도가 낮을 때 발생되며, 특히 겨울철에 많이 발생된다.

② 탄화수소(HC) : 공기중에 혼합되면 스모그를 발생시키므로 환각증세를 나타내는 것으로 혼합기가 농후할 때, 연소 온도가 낮을 때, 공기의 부족으로 미연소된 가스를 말하며, 블로바이가스, 증발가스도 대부분 탄화수소이다.

③ 질소산화물(NOx) : 대기중에 방출되면 광화학 스모그를 형성하고 산성비를 만드는 것으로 혼합기가 희박할 때 또는 연소온도가 높을 때 등 거의 완전 연소에 가까울수록 발생된다.

(2) 블로바이 가스

70~95%가 미연소 가스 상태(HC)

[보충정리]
◎ 블로바이 가스 대책
① 강제환기장치(PCV)로 누출 가스를 연소실로 재순환하여 연소시킨다.
② 블로바이 가스는 대부분 탄화수소 (HC) 이다.
③ 실린더 헤드 커버 (로커암 커버)에 PCV 밸브가 설치되어 시동시 또는 과부하시에 순환작용을 정지시킨다.

(3) 연료증발가스
연료탱크 및 기화기에서 발생. 성분은 탄화수소(HC)이다.

(4) 혼합비와 유해가스의 발생
① 이론 혼합비보다 농후한 상태 : NOx 감소, CO 및 HC 증가.
② 이론 혼합비보다 희박한 상태 : NOx 증가, CO 및 HC 감소.
③ 이론 혼합비보다 아주 희박한 상태 : NOx, CO 감소, HC 증가.
④ 저온시 농후한 혼합비 : HC, CO 증가, NOx 감소
⑤ 기관 고온시 : NOx 발생 증가
⑥ 기관 가속시 : NOx, CO, HC의 배출 증가
⑦ 감속시 : NOx 감소, CO 및 HC 증가.

(5) 연료증발가스 제어 대책

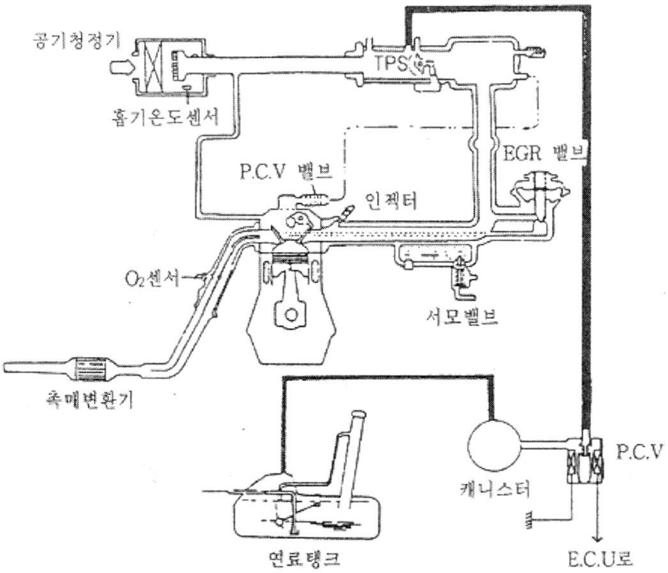


[ 연료증발 가스 제어 장치 ]

① 연료 탱크 및 기화기에서 발생한 증발 가스를 차콜 캐니스터에 저장했다가 연소실로 재순환하여 연소시며 퍼지컨트를 솔레노이드 밸브에 의해 작동한다..

② P.C.S.V(Purge Control Solenoid Valve) 듀티 제어

주차중에 발생된 증발가스를 활성탄에 흡착 시킨후 엔진 시동이 걸리면 솔레노이드 밸브의 듀티 컨트롤에 의해 엔진으로 재 유입되는 기능을 한다. 이러한 배출가스 억제장치에 각별한 신경을 쓰면서 엔진의 부조가 생기면 경고등을 점등 시키는게 OBD I 의 기본이다. OBD I는 단순히 배기가스에 영향을 주는 장치에 현저한 문제가 있을때 점등되는 "엔진체크 경고등" 이고 OBD II는 컴퓨터에서 더욱 세밀히 엔진을 분석하여 증상은 심각하지 않아도 미리 경고등을 켜준다.

㉠ 캐니스터에 포집된 증발가스를 ECU 신호에 의해 제어하여 연소실로 유입한다.

㉡ 공전 및 난기 운전시 에는 작동하지 않는다.

| [보충정리] |
|---|
| ㈜ 캐니스터틑 자동차에 발생되는 유해 가스 중 HC (탄화수소)을 정화 |

(6) 배기가스 제어 장치

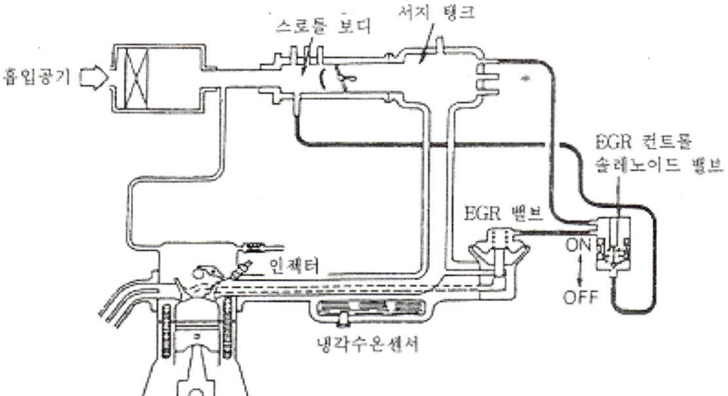


[ EGR 작동 계통 ]

① 배기가스 재순환 장치(EGR : Exhaust Gas Recircuration Solenoid Valve)

배기가스중의 질소성분(NOx)을 저감 시키기 위해서 배기가스의 일부분을 실린더로 유입시켜 폭발온도를 낮추어 연소실내의 질소와 산소의 화학반응을 억제하기 위해 밸브를 제어 하는데 엔진의 입장에서는 출력저하의 요인이 되므로 신중한 제어가 필요하며 최근에는 엔진이 워밍업 되면 흡기매니폴드의 진공 사항에 따라 적당히 제어하긴 하지만 엄밀히 말하면 이 EGR밸브의 변위를 별도의 센서로 정밀 측정 제어해야만 올바른 제어라고 할 수 있다. 최근

에 새로나온 차량은 이것을 제어하기 위한 변위센서를 채택하였다. 디지털 신호로 제어된다.

- 배기가스 일부를 실린더에 들여보낸다.
- 흡기다기관의 진공에 의해 배기다기관과 흡기다기관을 개폐하는 밸브(NOx발생을 억제)
- 일반적으로 저속 및 고속에서는 작용하지 않는다.

| [보충정리] |
|---|
| ◎ 서모 스위치 : 엔진 냉각수의 온도가 낮을 때 EGR밸브을 작용하는 진공을 제어하고 냉각수의 온도가 정상온도가 되었을 때 EGR 밸브가 작동하도록 하는 것. |

② 산소센서(02 센서 : 공연비 센서)

㉠ 배기가스 중의 산소농도를 전기적 신호로 바꾸어 ECU로 보낸다.

㉡ 피드백 기준 신호를 공급해 주며 혼합비가 희박할 때에는 0.1V, 농후할 때에는 0.9V의 전압이 발생된다.(대부분 차량이 산화 지르코니아 타입)

㉢ 출력 전압 측정시 아날로그 테스터로 측정하지 말고 오실로스코프나 디지털테스터로 한다.

㉣ 내부저항을 측정하지 말 것.

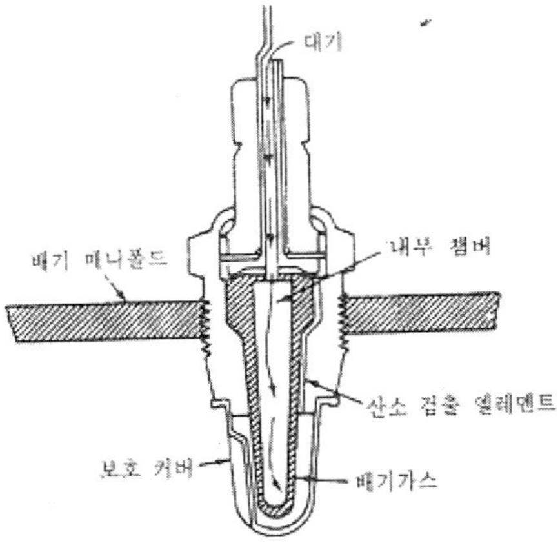


[ 산소센서의 구조 ]

③ 삼원촉매장치

㉠ 촉매 컨버터를 이용하여 배기가스속의 유해원소(CO, HC, Nox) 를 무해원소(CO2, H2O, N2, O2)로 치환한다.

㉡ 촉매 컨버터에 사용되는 촉매제로는 백금과 로듐을 사용하며 로듐은 산화와 환원을 동시에 행한다.

㉢ 배기가스 속에 질소산화물(NOx)이 많을 때는 배기가스 재순환장치 (EGR)로 배기가스를 연소실로 재순환시킨다.

㉣ 모양에 따라 펠릿형과 벌집형이 있다

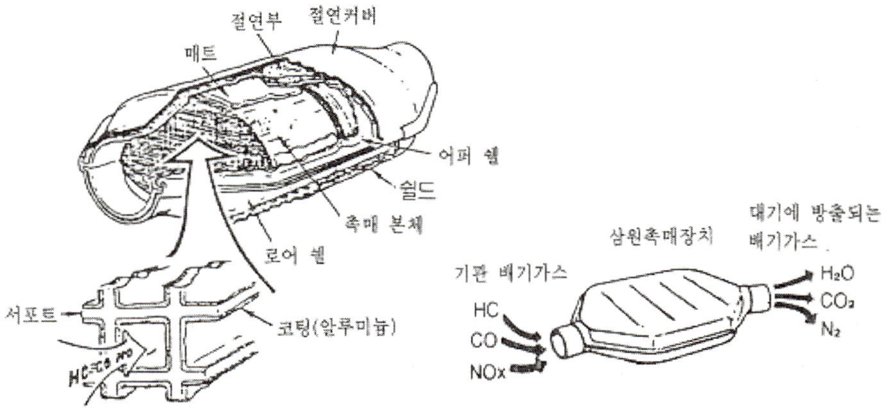


[ 촉매변환기 구조 ]

[보충정리]

㈜ 촉매 컨버터 부착 차량의 관리상 주의 사항

- 반드시 무연 휘발유를 사용
- 밀어서 시동해서는 안 된다.
- 엔진을 정상적으로 유지시킬 것

㈜ 자동차 배출가스 : 배기가스, 블로바이 가스, 연료 증발 가스

㈜ 배출 가스 중 인체에 유해한 가스를 줄이는 방법 : 촉매 컨버터 방식, 성층 급기 연소 방식, 서머 리액터 방식

㈜ 배출가스 정화에 쓰이는 촉매 : 산화 촉매, 환원 촉매, 삼원 촉매

# 제6장 LPG 연료 장치

## 6-1. LPG 차량의 특징

① 옥탄가가 높아 노킹이 잘 일어나지 않는다.(가솔린 옥탄가보다 높다)
② 내열성이 우수하여 베이퍼록(vapor-lock), 퍼컬레이션(percolation)현상이 발생하지 않는다.
③ 기체 연료로 되어 실린더 내로 연료공급이 되기 때문에 각 실린더 내로의 혼합기 분배가 양호하며 따라서 가연범위가 넓은 혼합기를 사용할 수 있다.
④ 연료탱크(봄베)가 밀폐식이기 때문에 연료증발가스가 발생하지 않는다.

[보충정리]
㈜ 퍼컬레이션 :과열로 말미암아 기화기의 가솔린이 팽창하여 노즐이나 블리더로 연료가 새어나와 혼합기가 지나치게 진해져 시동이 걸리지 않는 현상이다.

[보충정리]
㈜ LPG 연료에 관한 것 :
- LPG의 옥탄가는 가솔린의 옥탄가 보다 높다.
- LPG의 발열량은 약 12,000Kcal/kg 정도이다.
- LPG는 20기압 정도의 압력에서 액화되고 기체상태 에서는 공기보다 무겁다.

㈜ LPG(Liquified Petroleum Gas는 액화석유가스의 첫 글자를 딴 약자이다. LPG는 원유를 정제하는 도중에 나오는 부산물의 하나로 프로판과 부탄이 주성분이며 이에 프로필렌과 부틸렌 등이 포함된 혼합물이다.

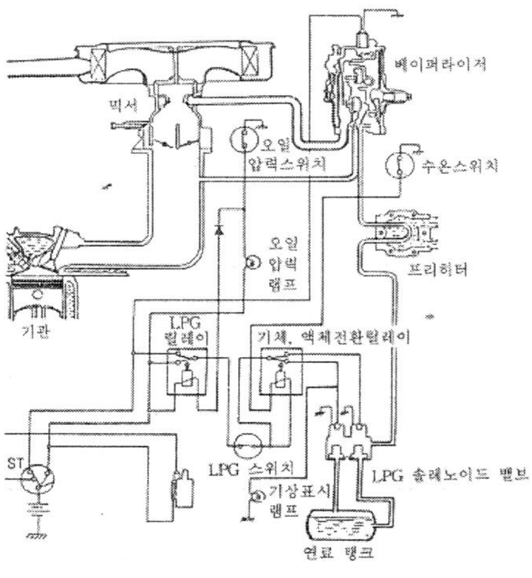


[ LPG 연료 계통도 ]

## 6-2. LPG 차량의 연료공급 순서

(1) LPG 전용차
① 연료 공급 순서 : 탱크 → 여과기 → 전자밸브 → 프리히터 → 베이퍼라이저 → 믹서

(2) LPG 가솔린 겸용 (병용식)
① 연료 공급 순서 :
봄베(탱크) → LPG 필터 → 솔레노이드 유닛 → 프리히터 → 베이퍼라이저 → 어뎁터 + 기화기

연료탱크 → 연료필터 → 연료펌프 → 가솔린 솔레노이드 밸브 → 기화기 → 기관

| [보충정리] |
|---|
| ㈜ 베이퍼라이저의 기능 : 감압, 기화, 압력조절, LPG가 기체가 되는 곳 |

(3) 병용식 이점
① 장거리 운행시 예기치 못한 연료의 부족을 메꿀 수 있다.
② 한냉시 시동이 곤란할 때 가솔린으로 기관의 온도를 높일 수 있다.
③ 한냉시 기관이 시동되어도 냉각수의 온도가 정상이 될 때까지 가솔린으로 작동하거나 고속이나 가속시에 지장이 있으면 가솔린으로 대체할 수 있다.

## 6-3. LPG 연료장치 구조

(1) LPG 봄베(bomb) : LPG를 저장하기 위한 탱크이며 7 ~ 10 kg/㎠ 의 압력을 유지해야 한다. 봄베에는 기체 LPG 배출 밸브와 액체 LPG 배출 밸브 및 충전 밸브가 설치되어 있으며, 안전장치인 안전밸브와 과류방지 밸브가 설치되어 있다.

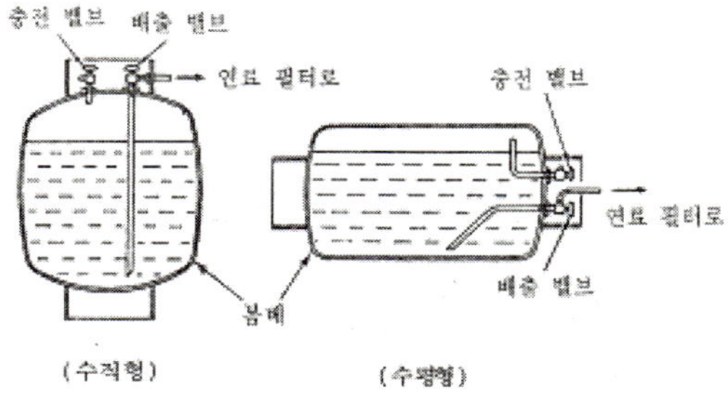


[ LPG 봄베 ]

(2) LPG 솔레노이드밸브 : 운전석에서 조작할 수 있는 연료 차단 밸브로서 밸브 및 리턴스프링으로 구성되어있다. 코일에 전류가 흐르면 전자석이 되어 플런저 리턴 스프링의 장력을

이기고 밸브를 열어 연료를 공급하며 기관의 냉각수 수온이 낮을 때는 봄베 내에 기화되어 있는 LPG 연료를 사용하는 것이 시동성이 양호하며, 시동 후에는 양호한 주행성능을 얻기 위해 액체 LPG 공급이 필요하다.

(3) 프리히터(pre heater : 예열기) : 베이퍼라이저 직전에 프리히터를 설치하는 것은 LPG를 가열하여 LPG 일부 또는 전부를 기화시켜 베이퍼라이저에 공급하기 위해 설치하며 또한 기관의 냉각수가 프리히터 가스통로 아래에 벽을 사이에 두고 순환하여 가열된 증발잠열을 공급하기 위함이다.

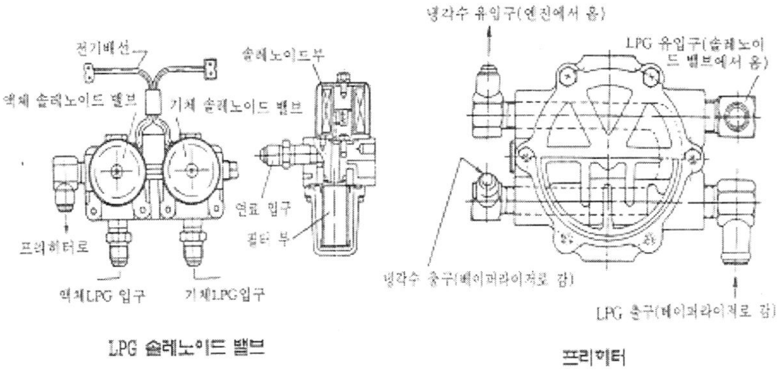


[ LPG 솔레노이드 밸브, 프리히터 ]

(4) 베이퍼라이저(vaporizer : 감압 기화장치) : LPG 봄베에 포화되어 있는 기체연료만을 사용하면 혹한시 시동성을 대폭 향상시킬 수 있으나 고속시에는 기관이 필요로 하는 연료량에 비해 LPG 봄베 내에 액체 연료가 기체 연료로 변화되는 양이 적기 때문에 연료 부족 현상을 일으켜 기관 출력이 저하되며 정상 주행이 불가능하게 된다. 또한 기체 연료만을 사용하자면 봄베의 용량을 크게 하여야 한다. 따라서 베이퍼라이저는 액체 연료를 강제적으로 증발시켜 기관에 필요로 하는 기체 LPG를 공급한다.

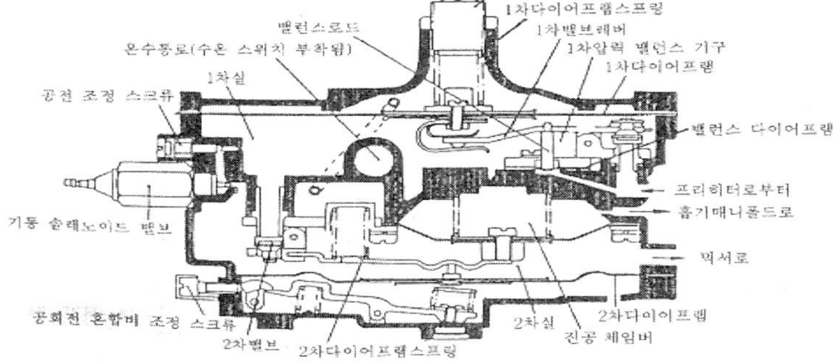


[ 베이퍼라이저 구조 ]

(5) 믹서(Mixer:혼합기): 베이퍼라이저에서 기화된 LPG를 공기와 혼합하여 연소실에 공급하는 장치로서 이론적 완전연소 혼합비는 15:3이며 가솔린 기관의 기화기 같은 역할을 한다.

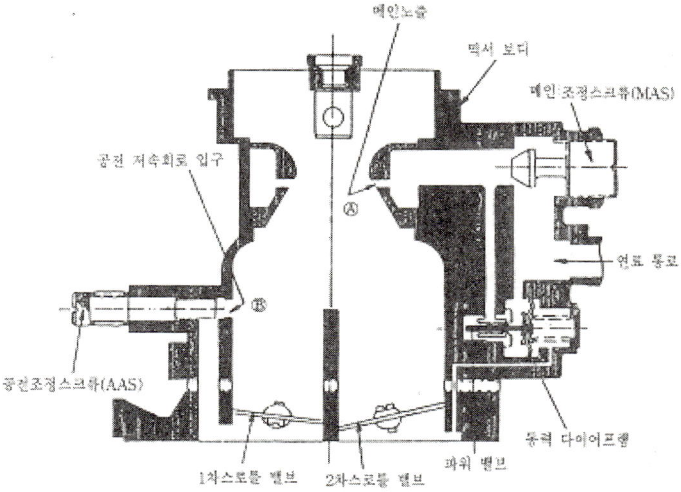


[ 믹서 구조 ]

(6) 여과기 : 불순물제거

## 6-4. LPG자동차 장점 및 단점

(1) 장 점

① 연료비를 경감시킬 수 있다.
② 엔진의 수명이 연장된다.
③ 연소실내의 카본의 부착이 없다.
④ 분해점검(overhaul)까지의 시간이 연장된다.
⑤ 점화 플러그가 오손되지 않고 수명이 길어진다.
⑥ 엔진오일 사용수명이 길어진다.
⑦ 엔진의 노킹(knocking )이 일어나지 않는다.
⑧ 배기가스의 해가 적다.

(2) 단 점

① 고압용기 자체가 폭탄인 이상 승무에 불안감이 있다.
② 차실 내부에 냄새가 나고 충전중애 불쾌감이 따른다.
③ 무색투명 가스이므로 누출 발견에 결점이 있다.
④ 가솔린차에 LP가스장치를 부착하는 것이므로 구조가 복잡하다.
⑤ 가솔린차에 비해 출력이 떨어진다.
⑥ 부착 설비에 비용이 따른다.

## 6-5. LPG연료장치 정비

(1) 기관시동이 어렵게 되는 원인
① 솔레노이드 밸브 작동 불량
② 진공호스에서의 누설, 손상
③ 솔레노이드 밸브 누출
④ 필터의 막힘

(2) 기관이 시동되지 않는 원인
① LPG 배출 밸브가 열리시 않았을 때
② 솔레노이드 밸브 작동 불량
③ LPG 커플링 연결 상태 불량
④ 공회전 조정 불량

(3) 기관 공회전 불량
① 베이퍼라이저 공회전 조정스크루 조정 불량
② 베이퍼라이저 각 밸브의 작동불량
③ 스로틀 밸브 개도 불량
④ 베이퍼라이저 다이어프램 손상
⑤ 믹서 각부의 체결불량
⑥ 베이퍼라이저 내부에 이물축적
⑦ 진공 호스의 손상

(4) 기관출력 부족
① 점화시기 불량
② 믹서 혼합기 조정스크루의 조정 불량
③ 고압 다이어프램 불량
④ 필터의 막힘 또는 밸브에 이물질 부착
⑤ 믹서의 스로틀 밸트 개도 불량
⑥ 베이퍼라이저 각 밸브의 작동 불량
⑦ 진공록 다이어프램 불량
⑧ 저압 다이어프램 파손

# 제7장 디젤 연료 장치

## 7-1. 개요

(1) 특징 : 흡입 행정시 공기만을 흡입한 후 높은 압축비로 가압하여 발생되는 압축열로 자기착화 시키며 점화장치가 없고 연료 분사장치가 있다.

## 7-2. 디젤기관의 장점 및 단점

| 장점 | 단점 |
|---|---|
| ① 열효율이 높고 연료소비율이 적다.<br>② 경유를 사용하므로 화재의 위험성이 적다.<br>③ 대형기관 제작이 가능하다.<br>④ 경부하시 효율이 그다지 나쁘지 않다.<br>⑤ 전기점화 장치가 없어 고장율이 적다.<br>⑥ 유독성 배기가스가 적다. | ① 연소압력이 높아 각부의 구조가 튼튼해야 한다.<br>② 온전 중 진동 및 소음이 그다.<br>③ 마력당 중량이 무겁다.<br>④ 회전속도의 범위가 좁다.<br>⑤ 압축비가 높아 기동전동기의 출력이 커야 한다.<br>⑥ 제작비가 비싸다. |

## 7-3. 연료와 연소

(1) 경유의 성상
① 원유에서 정제
② 탄소와 수소의 화합물
③ 발열량 : 11,000 ㎉/kg
④ 인화점 : 500 ~ 600℃
⑤ 착화점 : 250 ~ 350℃

[보충정리
① 자연발화온도 : 산소 내에서 254℃, 공기 내에서 358℃
② 경유 1㎏을 완전 연소시키는데 필요한 건조 공기량 : 14.4㎏(11.2㎥)

(2) 구비조건
① 적당한 점도
② 인화점이 높고 발화점이 낮을 것 (착화 지연기간 단축)
③ 내폭성 및 내한성이 클 것
④ 불순물이 없을 것
⑤ 카본 생성이 적을 것

⑥ 온도에 따른 점도의 변화가 적을 것
⑦ 유해 성분이 적을 것
⑧ 발열량이 클 것
⑨ 세탄가가 높을 것

[보충정리]
◎ 착화성
경유의 착화성은 세탄가로 표시하며 착화성이 좋은 세탄가 100, 착화성이 나쁜 α-메틸나프탈린을 세탄가 0으로 하여 혼합한다. 세탄가 이외에 착화성을 표시하는 방법으로는 디젤지수, 임계압축비 등이 있다.
◎ 발화 촉진제 : 질산에틸, 초산아밀, 아초산아밀, 초산에틸, 아초산에틸, 아질산아밀
◎ 디젤 엔진 연료의 세탄가 : α메틸나프탈렌과 세탄의 비

## 7-4. 연소과정

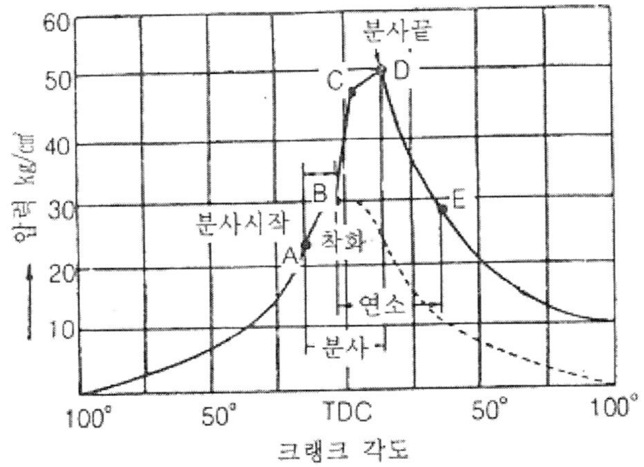


[ 디젤 기관 연소 과정 ]

① 착화지연기간 : 연료 분사후 연료와 공기가 혼합하고 착화되는 기간으로 통상 1/1000 ~ 4/1000초를 두며 이 착화지연기간이 길어지면 디젤 노크가 발생한다.
② 화염전파기간 (폭발연소기간, 정적연소기간) : 공기와 혼합된 미세한 연료가 착화되는 기간
③ 직접연소기간 (제어연소기간, 정압연소기간) : 연소실 내의 다량의 연료가 연소되는 기간으로 최고 압력이 발생한다.
④ 후기연소기간 : 직접연소기간 중에 미연소된 연료가 연소되는 기간이며 팽창행정 중에 발생하는 것으로 후기연소기간이 길어지면 연료소비율이 커지고 배기가스의 온도가 높아진다.

## 7-5. 디젤노크(연소)

착화 늦음 기간 중에 분사된 다량의 연료가 화염 전파 기간 중에 연소되어 실린더 내의 압력이 급격히 상승되고 이에 따라 피스톤이 실린더 벽을 때리는 현상.

(1) 종류

① 화학적 노크

② 기계적 노크

(2) 방지법

① 연료의 착화온도를 낮춘다.

② 압축비, 압축압력, 압축온도를 높인다.

③ 흡입 공기의 온도를 높이고 와류가 일어나게 한다.

④ 연소실벽의 온도를 높게

⑤ 회전 속도를 느리게

⑥ 분사시기를 알맞게 조절한다.(느리게)

⑦ 착화성이 좋은(세탄가가 높은) 연료 사용

## 7-6. 디젤기관의 연소실

(1) 연소실이 갖추어야 할 조건

① 분사된 연료를 가능한 짧은 시간 안에 완전 연소시킬 것.

② 평균유효압력이 높을 것.

③ 연료소비율이 적을 것.

④ 고속회전에서의 연소상태가 좋을 것.

⑤ 기동이 쉬울 것.

⑥ 디젤 노크가 적을 것.

(2) 연소실의 형상

① 단실식 : 직접 분사실식

② 복실식 : 예연소실, 와류실식, 공기실식

(3) 연소실의 구조 및 특징

1) 직접 분사실식(direct injection type)

① 개요 : 연소실이 실린더 헤드와 피스톤 헤드에 설치된 요철에 의하여 형성이 되며, 여기게 연료가 직접 분사되는 형식.

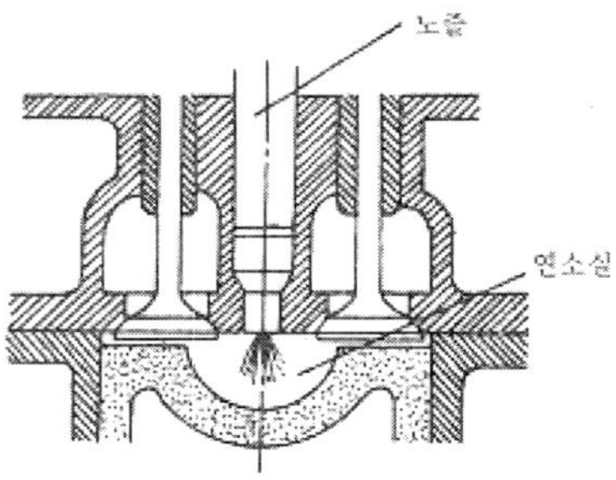


[ 직접 분사실식 ]

② 직접 분사실식의 장/단점

㉮ 장점

- 실린더 헤드의 구조가 간단하기 때문에 열효율이 높고 연료소비율이 작다.
- 열 변형이 작다.
- 연소실 체적에 대한 표면적비가 작아 냉각손실이 작다.
- 기동이 쉽다.

㉯ 단점

- 분사압력이 가장 높아 분사펌프, 분사노즐의 수명이 짧다.
- 다공성 분사노즐을 사용함으로 가격이 비싸다.
- 분사상태가 조금만 달라져도 기관의 성능이 크게 달라진다.
- 사용연료의 변화가 민감하다.
- 디젤 노크 발생이 쉽다.
- 기관의 회전속도, 부하 등의 변화에 민감하다.

③ 직접 분사실식의 주요 제원

㉮ 압축비 : 13~16:1

㉯ 연료소비율 : 170~200g/ps-h

㉰ 분사압력 : 200~400kg/㎠

㉱ 폭발압력 : 80kg/㎠

㉲ 분사노즐의 형식 : 구멍형 노즐 중에서 다공식 노즐을 사용

㉳ 주로 2행정 사이클 기관에서 사용된다.

2) 예연소실식(precombustion chamber type)

① 개요 : 피스톤과 실린더 헤드 사이에 형성되는 주연소실 위쪽에 연소실을 둔 것이며 분사된 연료가 예연소실에서 연소되고 고온 고압의 가스를 발생시키며 이것에 의해 나머지 연료가 주연소실에서 분출되어 공기가 잘 혼합되어 완전 연소하는 연소실이다. 예연소실의 체적은 전 압축체적의 30~40%이고, 분출구멍의 면적은 피스톤 면적의 0.3~0.6%가 된다.

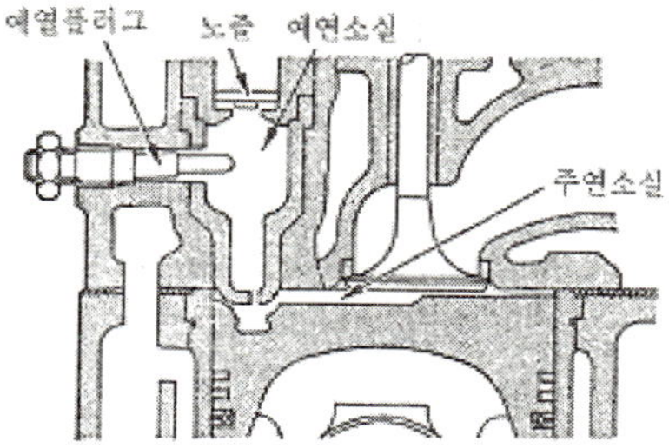


[ 예연소실의 구조 ]

② 예연소실의 장/단점

㉮ 장점

- 분사압력이 낮아서 연료장치의 고장이 작고 수명이 길다.
- 사용연료 변화에 둔감하므로 연료의 선택범위가 넓다.
- 운전상태가 정숙하고, 디젤 노크가 적다.
- 기관이 유연하고 제작이 쉽다.

㉯ 단점

- 연소실 표면적대 체적비가 커서 냉각손실이 크다.
- 시동 보조 장치인 예열 플러그가 필요하다.
- 시동성과 냉각손실 등을 고려하여 압축비를 크게 하므로 기동 토크가 증대되어 큰 출력의 기동전동기가 필요하다.
- 연료소비율이 비교적 크다.
- 실린더 헤드의 구조가 복잡하다.

③ 예연소실의 주요 제원

㉮ 압축비 : 15~20:1

㉯ 연료소비율 : 200~250g/ps-h

㉰ 분사압력 : 100~120㎏/㎠

㉱ 폭발압력 : 50~60㎏/㎠

㉲ 분사노즐의 형식 : 핀들형이나 스로틀형 노즐 사용.

3) 와류실식(swirl chamber type)

① 개요 : 실린더나 실린더 헤드에 와류실을 두어 압축행정 중 이 와류실에서 강한 와류가 일어나게 한 형식이며 이 와류실에 연료가 분사된다. 와류실에 분사된 연료는 강한 선회운동을 하고 있는 공기와 만나 빨리 혼합되어 착화연소하면서 주연소실로 분출되어 다시 여기서 미연소 연료가 새 공기와 만나서 연소하는 연소실이다.
와류실의 체적은 전 압축체적의 50~60% 정도이며, 분출구멍의 면적은 피스톤 면적의 1~1.3%로 되어 있다.

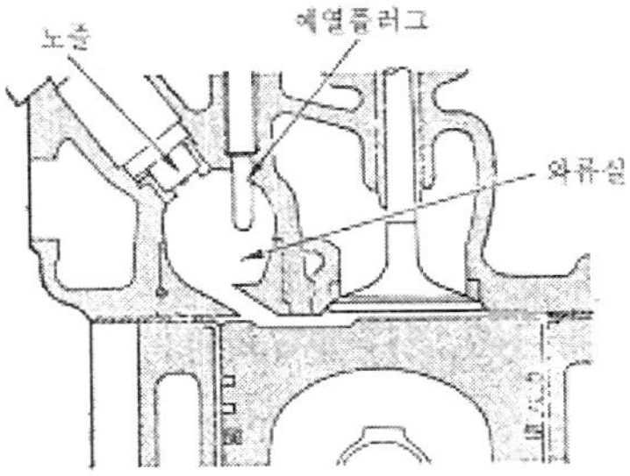


[ 와류실식의 구조 ]

② 와류실식의 장/단점

㉮ 장점

- 압축행정에서 생기는 강한 와류를 이용하므로 회전속도 및 평균 유효압력이 높다.
- 분사압력이 낮아도 된다.
- 기관의 회전속도 범위가 넓고 운전이 원활하다.
- 연료소비율이 비교적 적다.

㉯ 단점

- 실린더 헤드 구조가 복잡하다.
- 분사구멍의 조임작용, 연소실 표면적대 체적비가 커서 열효율이 낮다.
- 저속에서 디젤 노크 발생이 쉽다.
- 기동시 예열 플러그가 필요하다.

③ 와류실식의 주요 제원

㉮ 압축비 : 15~17:1

㉯ 연료소비율 : 190~220g/ps-h

㉰ 분사압력 : 100~140kg/㎠

㉱ 폭발압력 : 55~65kg/㎠

㉲ 분사노즐의 형식 : 핀들형이나 스로틀형 노즐 사용.

4) 공기실식(airl chamber type)

① 개요 : 주연소실과 연결된 공기실을 실린더 헤드와 피스톤 사이에 설치하고 연료는 주연소실에 직접 분사하게 된 연소실이다. 압축행정의 끝부분에서 공기실에 강한 와류가 생기며 이때 연료가 공기실을 향하여 분사되면 주연소실에서 연소가 일어나고 또 일부의 연료는 공기실내에 돌입하여 착화되어 공기실 내의 압력을 높인다. 다음 피스톤이 하강하면 이에 따라 공기실내의 공기가 주연소실로 분출되어 주연소실내의 연소를 도와준다. 공기실의 체적은 전압축체적의 6.5~20% 정도이다.

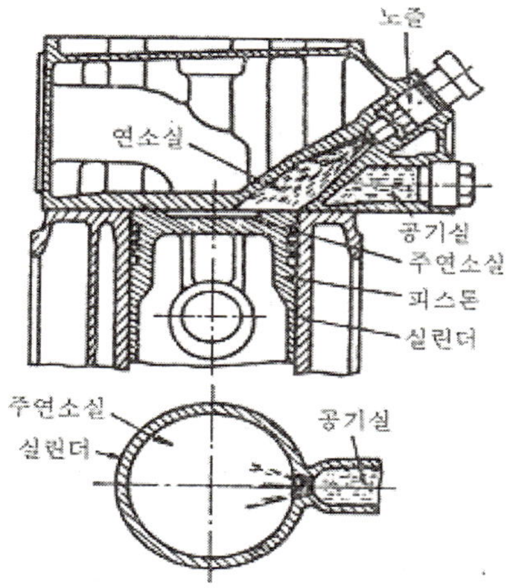


[ 공기실식의 구조 ]

② 공기실식의 장/단점

㉮ 장점

- 연소진행이 완만하여 압력상승이 낮고 작동이 조용하다.
- 연료가 주연소실에 분사되므로 기동이 쉽다.
- 연소의 폭발압력이 가장 낮다.

㉯ 단점

- 분사시기가 기관의 작동에 영향을 준다.
- 후적(after drop) 연소발생이 쉬워 배기가스의 온도가 높다.
- 연료 소비율이 비교적 크다.
- 부하 및 회전 속도 변화에 대한 적응성이 낮다.

③ 공기실식의 주요 제원

㉮ 압축비 : 13~17:1

㉯ 연료소비율 : 210~230g/ps-h

㉰ 분사압력 : 100~140㎏/㎠

㉱ 폭발압력 : 45~60㎏/㎠

㉲ 분사노즐의 형식 : 구멍형, 핀들형, 스로틀형 노즐 사용.

[보충정리]

(1) 주철 (CAST IRON) : 주조용 재료로서 탄소량은 2.5~4.5% 정도. 탄소의 상태와 파단면의 색으로 분류하면 백주철(white cast iron), 회주철(grey cast iron) 및 반주철(mottled cast iron)의 3종류가 있으며 장·단점은 다음과 같다.

① 용융점이 낮고 유동성이 우수하다.
② 마찰저항이 우수하다.
③ 압축 강도가 우수하다.
④ 단위 무게당 값이 싸다.
⑤ 녹이 잘 생기지 않는다.

(2) 특수주철 : 니켈이나 크롬 등을 첨가한 것으로 내마멸성, 내열성, 내식성 등을 개선시킨 것으로 합금주철, 가단주철, 칠드주철 등으로 나눈다.

① 합금주철 : 브레이크 드럼, 파이프 , 라이너 등에 사용
② 가단주철 : 브레이크 슈, 스프링 , 브래킷, 새클, 페달 등에 사용
③ 칠드주철 : 용융된 선철에 망간을 가하여 급냉 시키면 표면이 탄화철로 되는데 롤러, 차축, 실린더 라이너 등에 사용

(3) 알루미늄 : 알루미늄은 광석인 보크사이트를 사용하여 제련하는데, 그 특징은 비중이 작다(2.7), 용융점이 낮다(660℃), 절연성이 좋다(구리 다음), 전기 및 열의 전도성이 좋다는 점을 들 수 있다.

① 알루미늄 합금 : Y합금 : Al-Cu-Mg-Ni계 :피스톤, 실린더 헤드 ② 알루미늄 함금은 열전도가 우수하기 때문에 연소실의 온도를 낮게 할 수 있어 엔진의 체적 효율 등을 낮게 할 수 있다.

※ 용어

① 와류 : 혼합기가 연소실 내에서 소용돌이치는 현상
② 화염전파거리 :스파크 플러그의 중심전극에서 연소실 끝부분까지 거리
③ 콤팩트(compact) : 작은

## 7-7. 디젤기관의 연료장치

(1) 연료공급순서(분배식) :

연료탱크 → (연료필터) → 연료공급펌프 → 연료여과기 → 분사펌프 → 분사 파이프 → 분사노즐

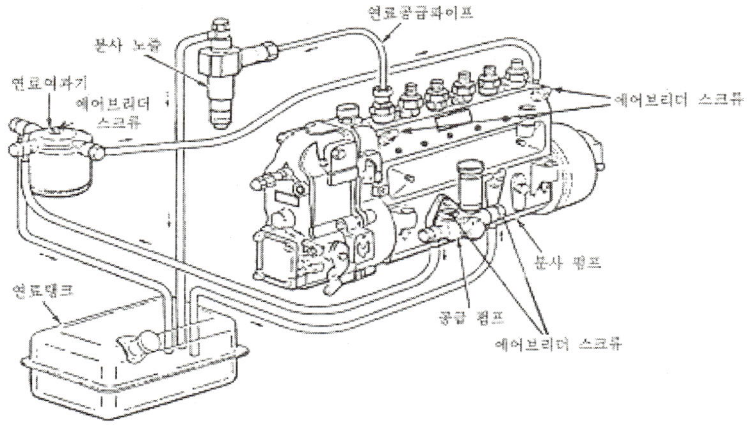


[ 연료공급계통 ]

> [보충정리]
> ㈜ 독립식 연료 분사장치 : 연료탱크 → 연료여과기 → 공급펌프 → 연료여과기 → 분사펌프 → 분사노즐
> ㈜ 2행정 디젤기관에 관한 것
> - 하나의 실린더에 두 개의 배기밸브가 설치
> - 일반적으로 구멍형 노즐이 사용
> - 배기가스를 소제하고 흡입 공기를 공급하게 위한 송풍장치가 있다

(2) 구성 및 기능

1) 연료탱크 : 1일 주행 또는 작업에 필요한 용량

2) 공급펌프(Fuel Feed Pump)
① 기능 : 탱크 내의 연료를 흡입 가압(2~3㎏/㎠)하여 분사펌프에 송출하는 장치이며 연료장치 내의 공기빼기 등에 사용하는 수동용의 프라이밍 펌프(Priming Pump)가 부착되어 있다.
② 종류
㉮ 플런저식 : 독립식에 사용
㉯ 베인식 : 분배식에 사용

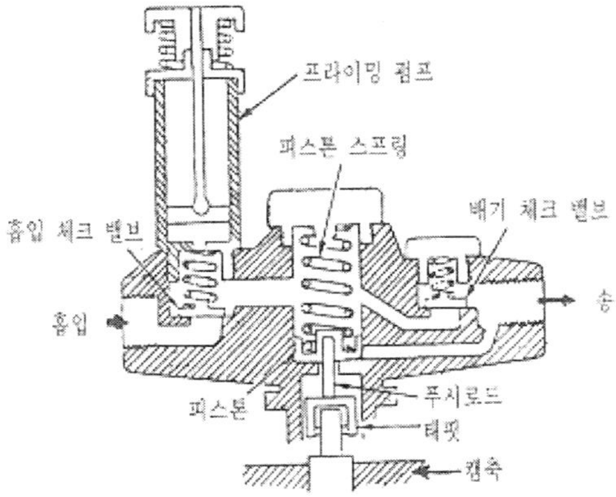


[ 공급 펌프의 명칭 ]

[보충정리]
㈜ 디젤 기관에서 연료 공급 펌프를 분해 조립한 다음 시험해야 할 사항 : 공급압 시험, 흡압시험, 연료펌프 토출량 시험
㈜ 프라이밍 펌프(수동펌프) : 엔진 정지시 수동으로 연료를 분사 펌프까지 공급하며 공기빼기작업에 사용한다.

3) 연료여과기(Fuel Filter)

연료속의 먼지 및 이물질 등을 제거, 수분을 분리하며 여과기 내의 압력은 1.5㎏/㎠이며 규정압력 이상으로 상승하면 오버 플로루 밸브(Over flow valve)가 작동하여 연료를 연료탱크로 되돌아가게 한다.

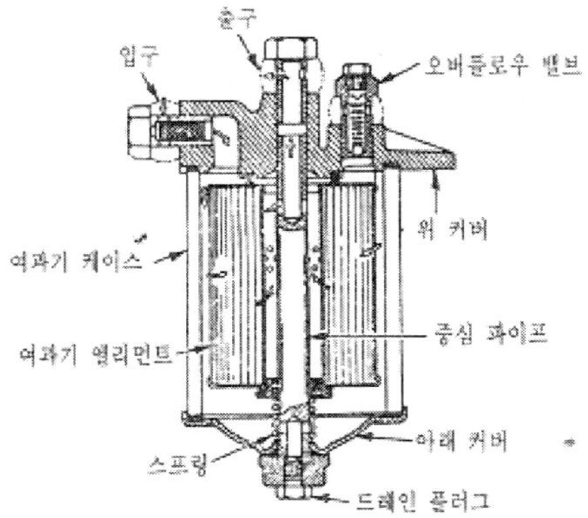


[ 연료 여과기 ]

[보충정리]
㈜ 오버플로 밸브의 기능
㉮ 여과기 각 부분을 보호
㉯ 연료의 맥동을 방지
㉰ 운전 중 공기빼기 작업
㉱ 여과 성능 향상
㉲ 공급펌프와 분사펌프실 내의 균형 유지

㈜ 연료계통 공기빼기 작업
① 작업 방법 : 플라이밍 펌프를 작동하면서 공기가 완전히 빠질 때까지 작업
② 작업순서 : 공급펌프 → 연료여과기 → 분사펌프
㈜ 디젤 연료 장치에 설치되는 여과기는 3개 이상이어야 한다 : 공급펌프 입구쪽, 필터, 분사노즐 입구쪽.

4) 분사펌프(Injection Pump)
① 형식
㉮ 독립식 : 기관의 각 실린더마다 1개씩의 분사 펌프 갖는 형식
㉯ 분배식 : 기관의 실린더 수에 관계없이 분사 펌프 1개를 사용하는 형식
㉰ 공동식 : 분사 펌프는 1개이나 어큐물레이터(accumulator)가 있어 여기에 고압의 연료를 저장 하였다가 분배기로 각 실린더에 분배하는 형식.

② 구조 및 기능
㉮ 분사 펌프의 하우징(Injection Pump Housing)
분사 펌프의 주체 부분이며, 위쪽에 딜리버리 밸브 어셈블리, 중앙부에 플런저, 플런저 배럴, 제어 래크, 제어 슬리브, 제어 피니언, 플런저 스프링, 태핏 등이, 아래쪽에는 캠축이 설치되어 있다.

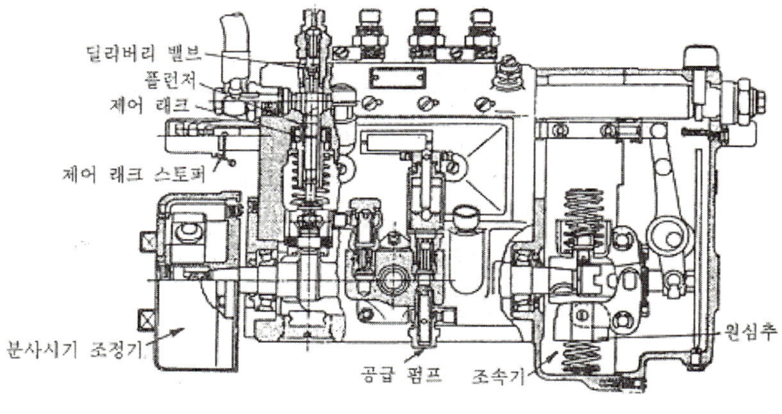


[ 분사펌프 하우징 ]

[보충정리]
㈜ 분사펌프의 분사시기 조정이 끝나고 분사량을 조정하려면 조정 슬리브와 조정 피니언의 관계 위치를 바꾸어 조정 한다.
㈜ 보쉬형 분사펌프의 분사시기는 펌프와 타이밍기어 커플링에서 조정

㉯ 캠축과 태핏

㉠ 캠축(Cam Shaft)

크랭크축 기어로 구동되며 4사이클의 경우 크랭크축의 1/2로 회전하며 플런저 구동용 캠과 공급펌프 구동륜 캠이 있다. 그리고 구동부에는 분사사기 조정기가, 반대쪽에는 조속기가 설치되어 있다.

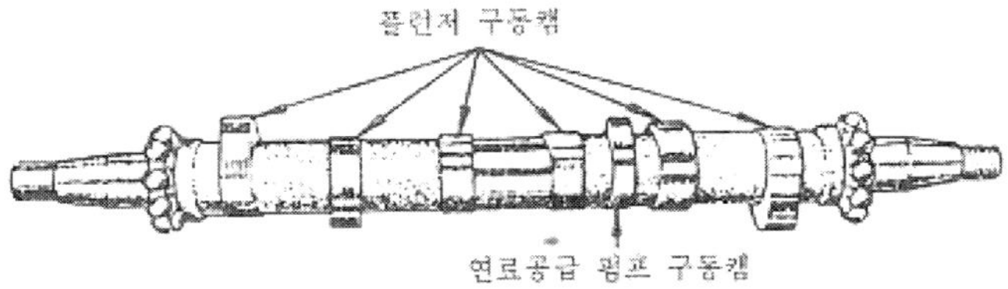


[ 캠 축 ]

㉡ 태 핏(Tappet)

캠에 의하여 상하운동을 하며 플런저를 구동한다. 플런저가 캠에 의해 최고 위치까지 올려졌을 때 플런저 헤드부와 배럴 윗면과의 간극이라고 하며 0.5mm 정도 둔다.

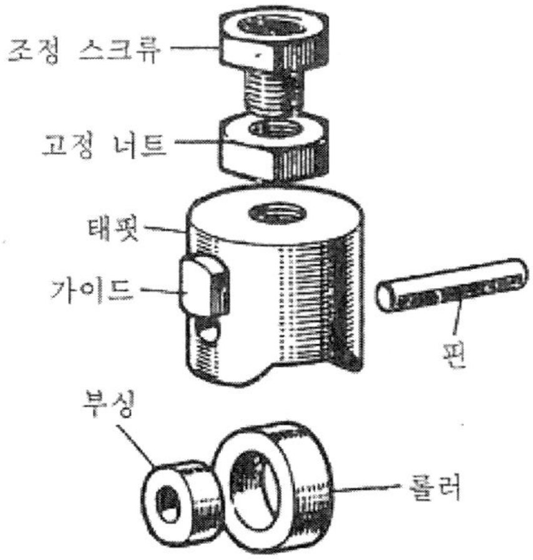


[ 태핏의 분해도 ]

㉰ 펌프 엘리먼트

플런저와 플런저 배럴로 구성되며 펌프 하우징에 고정되어 있는 배럴 내를 플런저가 상하 섭동하여 연료를 압축하여 분사노즐로 보내는 장치이다.

㉠ 플런저 예행정

플런저가 하사점으로부터 플런저 윗면이 연료 공급구멍을 막을 때까지 플런저가 움직인 행정이다.

㉡ 플런저 유효행정

플런저 윗면이 연료 공급을 막은 후부터 제어홈이 플런저 배럴의 연료공급 구멍에 이를 때까지 연료를 압송하는 기관이다.

유효 행정을 크게 하면 분사량이 증가되며 그 양은 배럴의 단면적 × 유효행정으로 정해진다.

㉢ 플런저 리드의 방향과 분사시기의 관계

유효행정을 크게 할수록 분사량이 증대 되는데 플런저를 우측으로 회전 시켰을 때 유효행정이 증대되는 형식을 우리드형, 좌측으로 회전시켰을 때 유효행정이 증대되는 형식을 좌리드형이라고 한다.

㉣ 리드의 종류

ⓐ 우리드 : 오른쪽으로 회전시 분사량 감소

ⓑ 좌리드 : 왼쪽으로 회전시 분사량 감소

ⓒ 정리그 : 분사초 일정 , 분사말 변화

ⓓ 역리드 : 분사초 변화 , 분사말 일정

ⓔ 양리드 : 분사초와 분사말이 변화

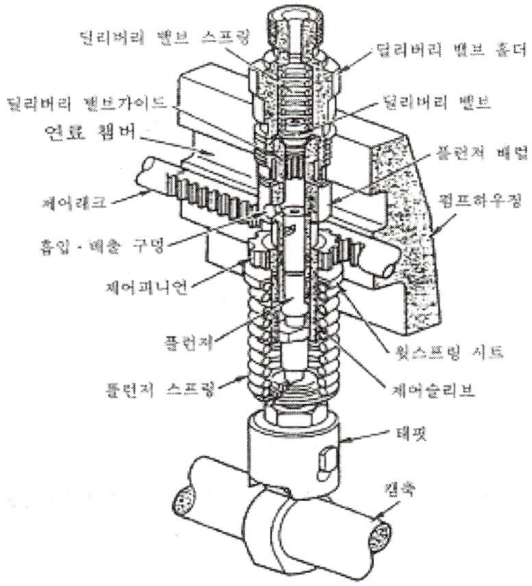


[ 펌프 엘리먼트의 단면도 ]

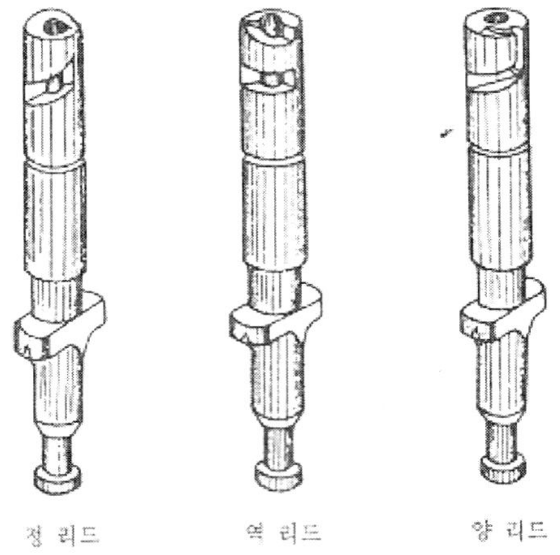


[ 플런저의 리드 형식 ]

㉣ 분사량 제어기구

가속 페달이나 조속기의 움직임을 플런저로 전달하는 기구이며 제어 래크, 제어 피니언, 제어 슬리브로 구성되며 전달과정은 제어 래크 → 제어 피니언 → 플런저 순이다.

㉠ 제어랙 : 가속페달이나 조속기에 의해 구동되며 제어피니언을 좌우로 작동

㉡ 제어피니언 : 제어랙의 움직임을 제어슬리브에 전달

㉢ 제어슬리브 : 피니언의 운동을 플런저에 전달하여 유효 행정을 변화시킨다.

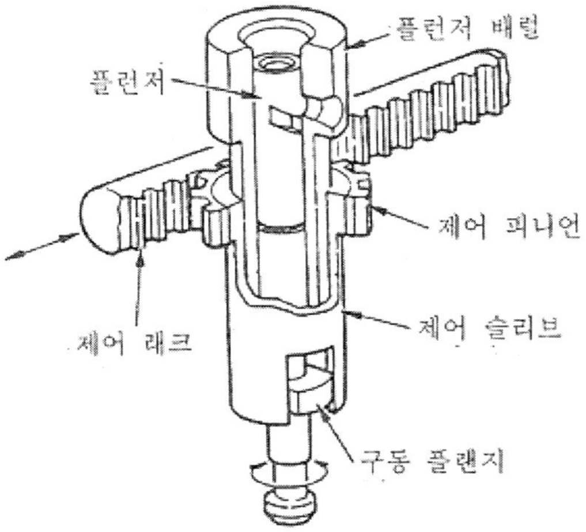


[ 분사량 제어 기구 ]

[보충정리]
① 어느 형식에서는 기관을 기동할 때 등 제어 래크가 최대 송출량 이상으로 움직이는 것을 제한하는 리미터 슬리브(limit sleeve)를 둔다.
② 제어 피니언과 슬리브의 관계 위치를 변화시켜 각 펌프 엘리먼트마다의 분사량을 조절할 수 있다.

㉮ 딜리버리 밸브(Delivery Valve)
플런저 배럴 내의 연료 압력이 일정 압력 이상이 되었을 때 분사관으로 연료를 송출하는 일종의 체크밸브 이다. 기능은 역류방지, 잔압 유지, 후적 방지(피스톤 부)이다.

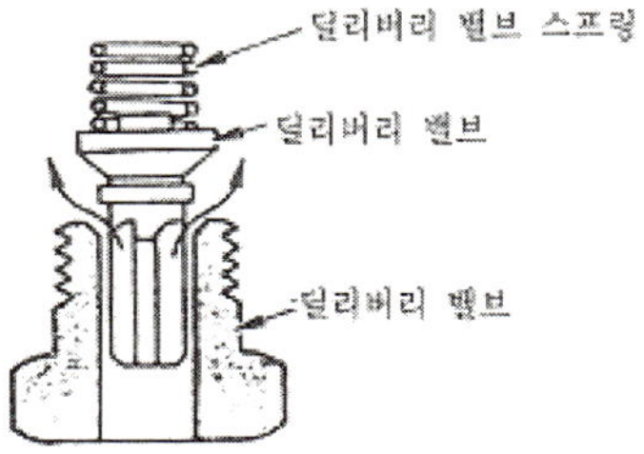


[ 딜리버리 밸브 ]

[보충정리]
㈜ 딜리버리 밸브의 유압 시험시 밸브내의 압력은 150㎏/㎠이상 올려야 한다.
㈜ 딜리버리 밸브의 피스톤은 후적을 방지하는 일을 한다.

㉯ 조속기 (거버너 : governor)
㉠ 기능 : 엔진의 부하 및 속도에 따라 자동으로 제어 랙을 움직여 분사량을 조정
㉡ 종류
ⓐ 기계식 조속기 : 원심추의 원심력으로 작용
- 최고 최저속도 조속기 : 최고 속도를 제한하고 최저 속도를 안정시킨다.
- 전속도 조속기 : 전속도에서 분사량을 조정하는 것으로 일반적으로 조합식을 사용한다.

ⓑ 공기식 조속기 : 흡기다기관의 진공을 이용하며 전속도에서 분사량을 조정한다.
- 구조 : 진공실, 주 스프링, 막판

[보충정리]
㈜ 기계식 전속도 조속기의 토크 스프링은 제어랙을 분사량이 최대가 되는 위치에 고정한 상태
㈜ 조속기가 공기식으로 되어 있는 경우 공기입구에 벤투리를 두고 있는 이유 : 충분한 부압을 얻기 위해

ⓒ 복합형 : 원심력과 스프링의 균형 및 부압과 대기압의 차압 병용

| | 기계식 조속기 | 공기식 조속기 | 복합식 조속기 |
|---|---|---|---|
| 저속, 고속 조속기 | R, RQ, RQU, RP<br>RSVO, RAD | - | - |
| 전속도 조속기 | RV, RQV, RQUV, RPV<br>RSV, RSUV | MN, MZ, MD | RBD |

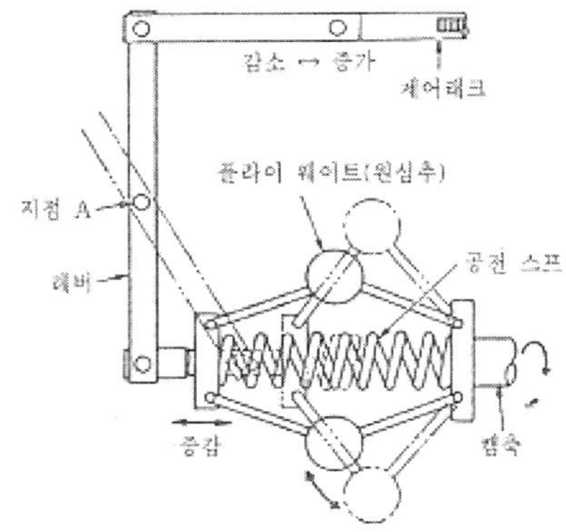


기계식 조속기

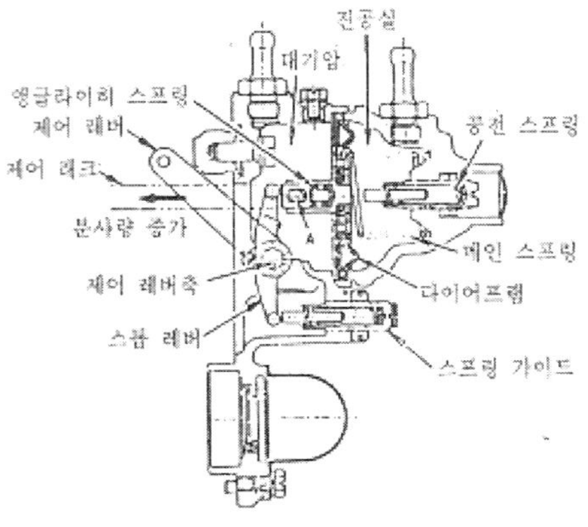


공기식조속기의 전체도

[ 조속기 ]

[보충정리]

1. 앵글라이히 장치 : 모든 속도의 범위 내 에서 제어랙의 위치가 일정 할 때 공기와 연료의 혼합 비율을 알맞은 혼합비로 한다.

2. 분사량 불균형률

① 규정 (법규) 상 : ± 3% 이내

② $(+)\text{불균율} = \dfrac{\text{최대분사량} - \text{평균분사량}}{\text{평균분사량}} \times 100$

③ $(-)\text{불균율} = \dfrac{\text{평균분사량} - \text{최소분사량}}{\text{평균분사량}} \times 100$

㉶ 분사시기 조정장치 (Injection Timer : 자동타이머)

작동은 기관의 회전 속도가 증가하면 원심추에 걸리는 원심력이 커져 스프링을 압축하면 베어링 핀이 당겨져 분사 펌프의 캠축을 기관의 구동축에 대해 어느 각도만큼 회전시켜 분사시기를 진각 한다.

[보충정리]
◎ 보쉬형에는 펌프와 타이밍기어 커플링으로 분사시기를 조정하며, 분사시기가 너무 빠르면 배기색이 흑색이 된다.

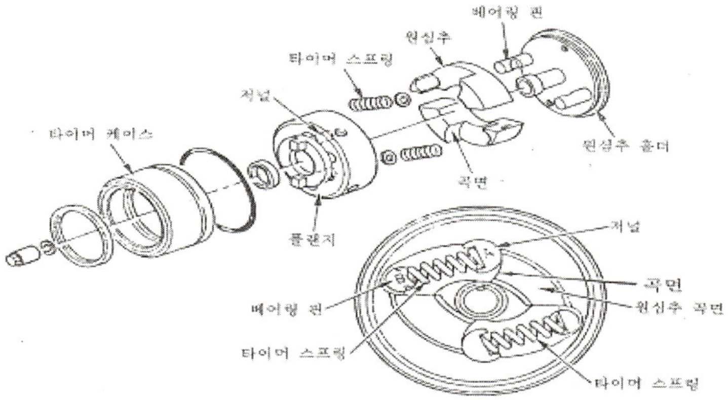


[ 타이머의 구성 ]

(5) 분사노즐(Injection Nozzle)

① 구비조건

㉮ 연료를 미세한 안개모양으로 하여 쉽게 착화되게 할 것.

㉯ 분무를 연소실 구석구석까지 뿌려지게 할 것.

㉰ 연료의 분사 끝에서 완전히 차단하여 후적이 일어나지 않게 할 것.

㉱ 고온, 고압의 가혹한 조건에서 장시간 사용할 수 있을 것.

② 분무의 조건

㉮ 무화가 양호 할 것.

㉯ 관통력이 클 것.

㉰ 분포가 골고루 이루어질 것.

㉱ 분사도가 양호할 것.

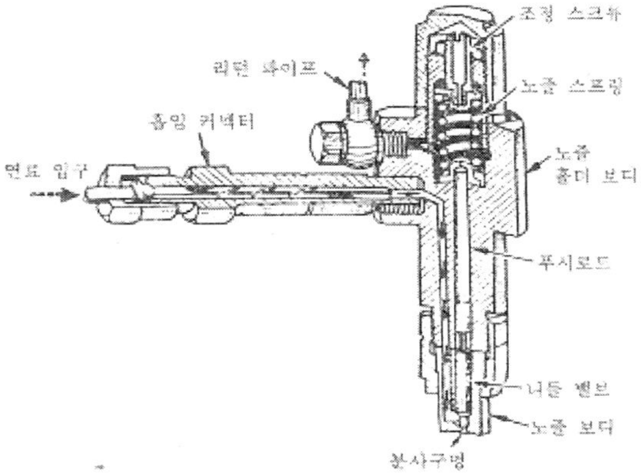


[ 분사노즐 구조 ]

③ 노즐의 분류

분사노즐은 개방형과 밀폐형(폐지형)으로 크게 나누어지고 밀폐형은 다시 구멍형(단공형, 다공형), 핀들형, 스로틀형으로 나누어진다.

㉮ 개방형(Open type nozzle)

분사 펌프와 분사 노즐 사이에 노즐 스프링과 니들 밸브 등이 없이 항상 열려져 있는 형식의 분사 노즐이다.

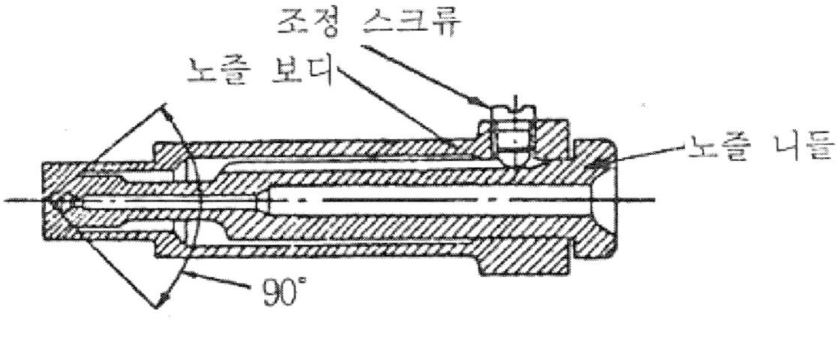


[ 개방형 노즐 구조 ]

| 장 점 | 단 점 |
|---|---|
| ① 노즐 스프링, 니들밸브 등 운동부분이 없어 이들에 대한 고장이 없다.<br>② 분사 파이프내에 공기가 머물지 않는다.<br>③ 구조가 간단하고 값이 싸다. | ① 이들 밸브가 없어 분사압력을 조정 할 수 없다.<br>② 분사개시 또는 분사끝 등 분사압력이 낮을 때 무화가 조금 좋지 못하다.<br>③ 분사종료 후 실린더내의 압력이 낮아졌을 때 분사 파이프나 노즐내의 연료가 연소실에 흘러 들어가서 후적을 일으키기 쉽다. |

㉯ 밀폐형(폐지형 : Close type nozzle)

분사 펌프와 노즐 사이에 니들 밸브를 두고 필요할 때만 니들 밸브를 열고 연료를 연소실에 분사되게 하는 방식의 노즐이다.

㉠ 구멍형(hole type) : 구멍형 노즐의 구조는 니들 밸브의 앞끝단이 원뿔모양으로 되어 있으며, 분사 구멍은 볼록하게 된 노즐 바디의 앞 끝에 노즐 중심선에 대해 대칭으로 어떤 각도를 두고 몇 개가 뚫어져 있다. 작동은 노즐 보디 옆쪽에 마련된 연료 통로로부터 보내진 고압의 연료에 의해 니들 밸브가 밀어 올려지고 이때 연료는 분사 구멍에서 분사된다.

분사 구멍의 지름은 0.2~0.4mm이며 분사개시압력은 150~300kg/cm²(또는 200~400kg/cm²)정도이고, 직접 분사실에서 주로 사용한다.

| 구멍형 노즐의 장 점 | 구멍형 노즐의 단 점 |
|---|---|
| ① 분사압력이 높아 무화가 좋다.<br>② 기관의 기동이 쉽다.<br>③ 연료가 완전 연소 될 수 있어서 연료소비량이 적다. | ① 구멍이 작아 가공이 조금 어렵다.<br>② 구멍이 막힐 우려가 있다.<br>③ 분사 압력이 높아 분사 펌프, 분사노즐의 수명이 짧아지고 또 각 연결부에서 연료가 새기 쉽다. |

㉡ 핀들형(Pintle type) : 핀들형 노즐의 구조는 원기둥 모양의 구멍(약 1mm)과 구멍보다 조금 작은 원기둥 모양의 핀으로 구성되어 있으며, 고압의 연료에 의해 자동적으로 열려 연료를 4° 정도의 정각을 가지는 원뿔모양으로 분사한다.

| 핀들형 노즐의 장 점 | 핀들형 노즐의 단 점 |
|---|---|
| ① 분사 구멍의 지름이 비교적 크고 분사구멍이 작동 중 니들 밸브의 앞끝 핀에 의해 청소가 되기 때문에 막히는 일이 적다.<br>② 분사압력이 낮아도 된다.<br>③ 연료가 링 모양으로 구멍으로부터 분사되므로 무화가 비교적 좋다.<br>④ 구조가 비교적 간단하고 고장이 적다. | ① 분무상태가 다공식 노즐에 비해 약간 못하다.<br>② 연료소비량이 다공식에 비해 조금 많다. |

㉢ 스로틀형(throttle type nozzle) : 니들 밸브의 앞끝 부분이 길고 나팔모양으로 테이퍼 가공되어 있고, 노즐 보디에서 조금 돌출되어 있다. 이 분사노즐은 핀들형을 개량하여 분사개시때 분사량을 적게 하고, 잠시 후 많은 양의 연료를 분사시켜 디젤 노크를 방지하기 위해 사용된다. 분사개시압력은 보통 80~150㎏/㎠ 정도이다.

> [보충정리]
> ㈜ 압축 공기의 힘에 의하여 연료를 분사하는 형식 : 공기분사식
> ㈜ 연료 분사 압력 조정은 노즐 홀더의 조정 스크류로 한다.
> ㈜ 노즐의 분사압력이 높은 순서 : 구멍형 〉 핀들형 〉 스로틀형

④ 노즐테스터 시험 항목 : ㉮ 분사압력 ㉯ 분사각도 ㉰ 후적 유무 ㉱ 분무모양

> [보충정리]
> ㈜ 분사노즐의 분사도 결정조건 : 노즐의 형상과 설치각, 연소실 모양, 공기의 와류
> ㈜ 분사도 : 연료가 노즐로부터 연소실에 분사 되었을 때 그 분사 범위의 각 장소에서의 분무중량의 분포를 분산도라 한다.

(6) 과급기(Super Charge)

엔진 충진효율을 높이기 위해 흡입 공기에 압력을 가해주는 일종의 공기 펌프이다.

1) 특징

① 엔진 출력 35 ~ 45% 증가
② 연료소비율 향상
③ 착화지연기간이 짧아짐 .
④ 회전력 증대
⑤ 배기가스 온도 저하
⑥ 사용 연료에 둔감해진다
⑦ 소기작용 활발
⑧ 엔진 중량 20 ~ 25% 증가

2) 종류

① 기계식 과급기 : 엔진의 동력을 이용

② 배기터빈식 과급기 : 배기가스의 배압을 이용하므로 엔진의 동력 손실이 없다.

| [보충정리] |
|---|
| ㈜ 과급기는 구조상으로 체적형과 유동형으로 분류 |
| ㈜ 디퓨저 : 과급기에서 공기의 속도 에너지를 압력에너지로 바꾸어 주는 장치. |

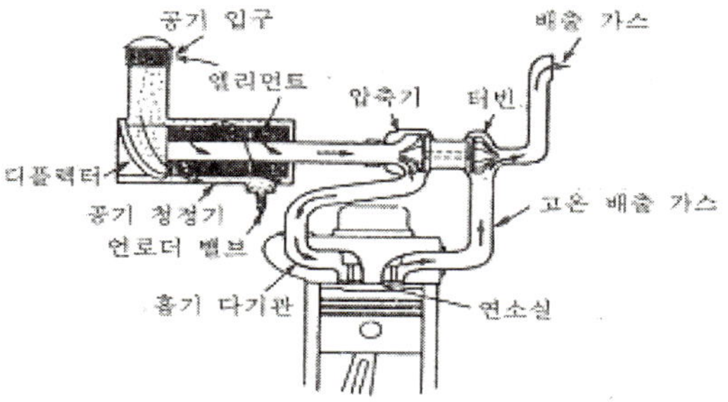


과급기의 원리

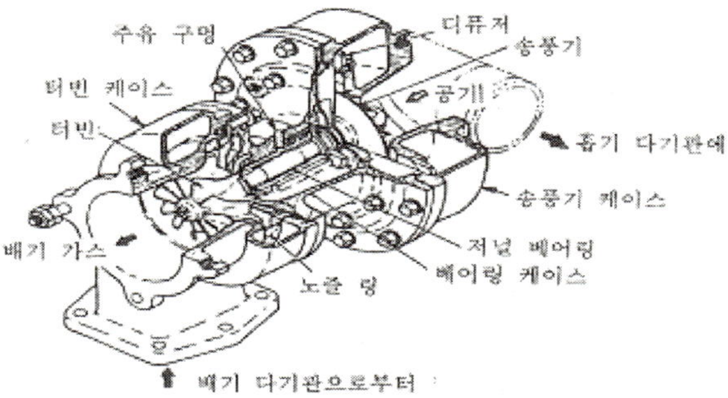


과급기의 구조

[ 과급기의 원리 및 구조 ]

# 7-8. 시동보조장치

(1) 데콤프(감압장치 : De-Compression Device)

1) 설치 목적

겨울철 오일의 점도가 높을 때 시동을 용이하게 하기위해 기관의 점검 조정등 고장 발견시

등에 작용하며 흡입 또는 배기밸브에 작용 감압한다.

(2) 예열장치

디젤 엔진은 실린더 내에 흡입된 공기를 압축할 때에 발생한 압축열로 착화 연소하기 때문에 흡입공기를 가열하여 기동이 쉽게 되도록 하는 장치이다.

1) 예열 플러그식

예연소실식 및 와류실식에 사용하는 것으로서 연소실 내에 압축공기를 직접 예열하여 착화를 쉽게하며 예열 플러그, 예열 플러그 파일럿, 예열 플러그 저항으로 구성되어 있다.

① 코일형의 특징

㉮ 히터코일이 노출되어 있어 적열시간이 짧다.

㉯ 실린더 마다 한 개씩 설치되며 저항값이 작아 직렬로 결선된다. 그리고 예열플러그 저항기를 두어야 한다.

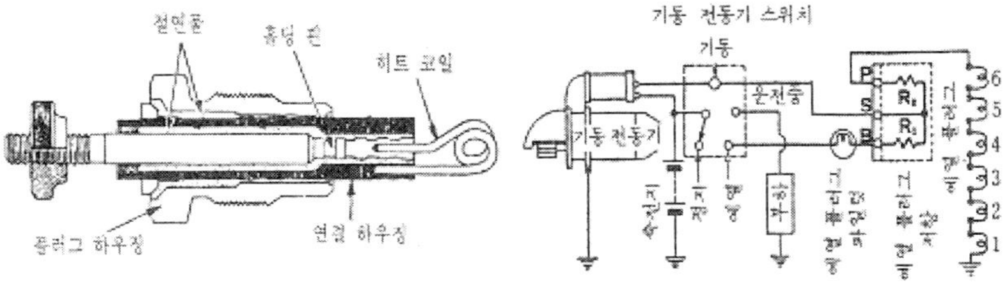


[ 코일형 예열 플러그의 구조 ]

② 시일드형의 특징

㉮ 히터코일이 보호금속 튜브속에 내장된 형식

㉯ 실린더 마다 한 개씩 설치되며 병렬로 결선된다. 그리고 발열량, 열용량이 크다.

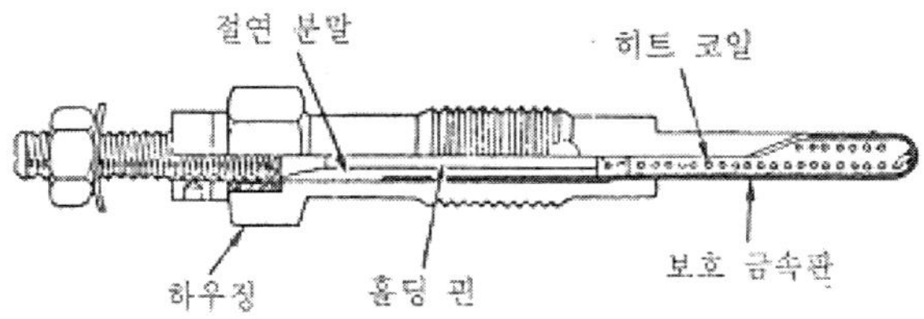


[ 실드형 예열 플러그의 구조 ]

[보충정리 : 예열 플러그의 특징]

| 항목 | 코일형 | 시일드 형 |
|---|---|---|
| 발열부 온도 | 950 ~ 1050℃ | 950 ~ 1050℃ |
| 예열 시간 | 40 ~ 60초 | 60 ~ 90초 |
| 전류 | 30 ~ 60A | 12V 식 : 10 ~ 11A<br>24V 식 : 20 ~ 23V |
| 전압 | 0.9 ~ 1.4V | 12V 식 : 9 ~ 11A<br>24V 식 : 20 ~ 23V |
| 발열량 | 30 ~ 40W | 60 ~ 100W |
| 회로 | 직접접속 | 병렬접속 |

③ 예열 플러그의 부수장치

㉮ 예열 플러그 파일럿 : 예열 플러그의 적열 상태를 운전석에서 점검할 수 있도록 하는 것.

㉯ 예열 플러그 저항기 : 코일형 예열 플러그에서 규정된 전압이 가해지도록 전압을 강하시키는 것.

㉰ 히트 릴레이 : 예열회로를 흐르는 전류가 크기 때문에 기동 전동기 스위치의 소손을 방지하기 위하여 사용한다,

2) 흡기 가열식

① 흡기 가열식

흡기 다기관에 설치되며 작동은 스위치를 닫으면 히터코일에 전류가 흘러 볼 밸브가 열리며 이때 연료가 유입, 기화하여 이그나이터부로 유출되며 착화되어 흡입 공기와 함께 실린더내로 들어간다.

② 히트 레인지

디젤엔진의 직접분사식에서는 예열플러그를 설치할 곳 (예연소실)이 없기 때문에 흡기 다기관에 히터를 설치하는 일이 있다. 히터의 용량은 400 ~ 500W이며 축전기 전압이 직접 가해지는 회로로 되어 있다.

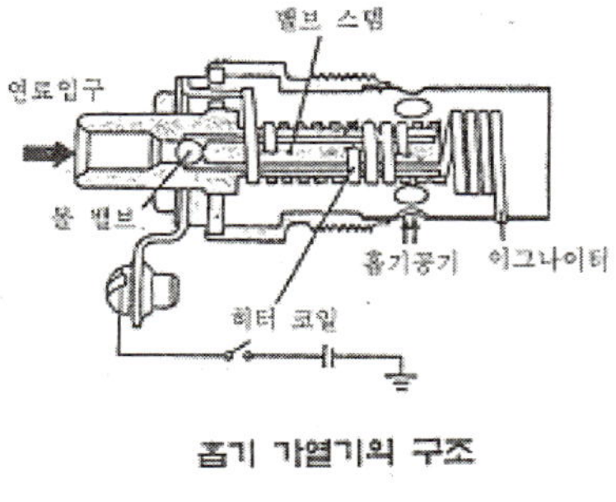


흡기 가열기의 구조

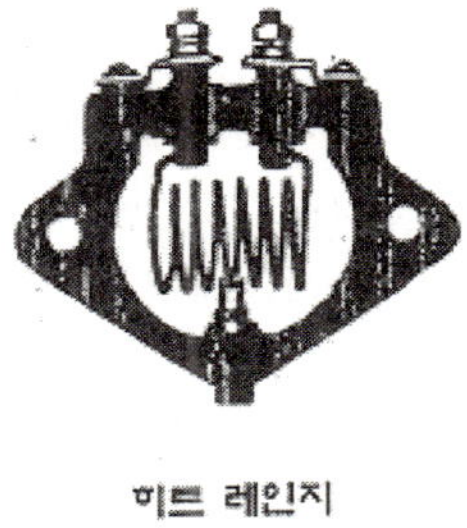

히트 레인지

[ 흡기 가열기의 구조 및 히트 레인지 ]

## 7-9. 정비

(1) 기관의 해체정비 시기

① 압축 압력 (kg/㎠) : 규정압력의 70%이하

② 연료 소비율 (㎞/ℓ) : 표준소비율의 60% 이상

③ 윤활유 소비율 (㎞/ℓ) : 표준소비율의 50% 이상

(2) 디젤 노크

① 노크의 발생 원인

디젤 기관의 노크는 연소 과정에서 착화 지연이 길어질 때 일어나는 현상으로 다음과 같다.

㉠ 온도가 낮을 때

㉡ 분사 시기가 빠를 때

㉢ 연료 분사 상태가 불량할 때

② 노크의 방지책

㉠ 압축 압력을 높인다.

㉡ 흡기 온도를 높인다.

㉢ 세탄가가 높은 연료를 사용

㉣ 분사시기를 상사점을 중심으로 하여 평균 온도 및 압력을 최고가 되게 한다.

(3) 디젤 기관이 역회전하면 일어나는 현상

① 열효율이 저하한다.

② 기계 각 부의 마멸과 타붙음이 생긴다.

③ 배기 구멍에서 흡입, 소기공에서 배기작용이 일어난다.

[보충정리]

㈜ 디젤 기관에서 저속회전에서도 큰 회전력을 얻을 수 있는 것은, 흡기량이나 연료 분사량이 동시에 일어나기 때문이다. 이것은 디젤 기관에서는 스로틀 밸브가 없고 출력 조정은 연료 분사량을 가감하여서 하고 흡입 공기량은 기관의 부하에 따라 크게 변화되지 않기 때문이다.

(4) 디젤 기관에서 분사 시기가 빠를 때 일어나는 현상

① 배기가스의 색이 흑색이며, 그 양도 많아진다.

② 노크 현상이 일어난다.

③ 저속회전이 잘 되지 않는다.

[보충정리]

① 연료 분사압력 조정 : 노즐 홀더

② 연료 분사량 조정 : 분사 펌프

## 7-10. 전자제어 디젤기관 연료분사 시스템

### (1) 개요

전자제어 디젤 연료분사 장치는 전자 제어 가솔린 분사장치와 마찬가지로 물리적 양을 전기 신호로 변환하여 이를 컴퓨터로 처리하여 액추에이터를 작동시키는 방식이다. 즉, 전자 제어 디젤 연료분사 장치는 기관의 회전속도, 흡입 공기 온도, 냉각수 온도, 대기압, 스로틀 위치 등의 상태가 각종 센서에 의해서 입력되는 신호를 기준으로 하여 ECU가 기관의 운전 상태에 따른 최적의 분사량을 계산하고 액추에이터를 제어하여 기관의 운전 조건에 가장 알맞은 연료가 분사되도록 한다. 일반적으로 분사량과 분사 시기 제어는 물론이고 추가적으로 공전 제어, 최고 속도 제한, 시동 분사량 제한, 그리고 과급 압력, 공기 온도, 연료 온도 등을 고려한 전 부하 분사량 제한 등의 기능을 수행한다. 따라서 디젤 기관의 문제점인 겨울철 기관의 시동성, 공회전 제어, 매연 및 질소 산화물(NOx)의 배출 제어, 과급기의 작동 제어, 헌팅 제어 등을 전자제어에 의하여 개선할 수 있다.

### (2) 전자제어 연료분사 장치의 장점

① 기관을 시동할 때 분사량을 제어하여 매연의 발생을 감소시킬 수 있다.
② 운전 성능이 향상되고 연료 소비량이 감소한다.
③ 기관의 동력 손실에 관계없이 안정된 공전속도를 유지한다.
④ 기관의 회전속도가 균일하게 유지되어 정속 운전을 할 수 있다.
⑤ 기관과 동력전달 장치를 연결할 때 진동을 방지 할 수 있다.
⑥ 주행 상태에 따라서 자동차와 엔진의 특성이 동조되어 주행성능이 향상된다.

### (3) 디젤 연료분사 장치의 구성

전자 제어 디젤 연료분사 장치는 분사 펌프, 흡입 공기 온도, 냉각수 온도, 흡기 다기관 압력, 연료의 온도, 연료 분사량, 분사 시기 등의 상태를 전기적 신호로 검출하는 센서, ECU, 액추에이터로 구성되어 있다.

# 제8장 로터리 엔진

## 8-1. 로터리 엔진

로터리 엔진은 가솔린 엔진이면서 피스톤이 왕복운동을 하는 방식과는 기구가 다른 회전형 피스톤엔진이다. 피스톤에 상당하는 부분인 로터의 회전운동에 의하여 크랭크 기구 없이 왕복형 엔진과 같은 행정으로 운동한다.

(1) 로터리 엔진의 특징

① 밸브 개폐기구가 없기 때문에 진동이출 소음이 적다.

② 고속 회전시 출력이 저하되는 일이 적다.

③ 구조가 간단하다.

④ 소형이고 가볍다.

(2)로터리 엔진의 작동

로터 1회전(360° )에 3변에서 모두 1사이클을 작동하므로 3회의 동력을 얻게 된다.

# 제9장 연료와 연소

## 9-1. 가솔린

① 개요

㉮ 석유계의 원유에서 정제한 액체 연료로 휘발성이 크고 발열량이 크다.

㉯ 증류 온도 30 ~ 200℃

㉰ 탄소와 수소의 화합물

㉱ 발열량 : 11,000 ~ 11,500 ㎉/kg

② 조성

㉮ 파라핀계 : 50 ~ 65% (피라핀계 탄화수소 일반식 : CnH2n + 2)

㉯ 나프타계 : 30 ~ 50%

㉰ 방향족계 2 ~ 4%

③ 성질

㉮ 취발성 : 엔진의 기동과 가속에 필요

㉯ 인화성 : 불꽃을 가까이했을 때 연소하는 것

㉰ 인화점 : -10 ~ -15℃

㉱ 착화성 : 온도에 따라 자연 연소하는 것

㉲ 착화점 : 500 ~ 550℃

㉳ 옥탄가 : 연료의 내폭성을 나타내는 정도 (가솔린의 안티노크성을 표시하는 수치)이며 이소옥탄을 옥탄가 100, 노말헵탄을 옥탄가 0으로 하여 이소옥탄의 함량비를 결정한다.

㉠ 보통휘발유 : 88 ~ 90

㉡ 고급휘발유 : 95이상

㉢ 무연취발유 : 91정도

㉣ 옥탄가 : 옥탄가를 노킹방지가라 하며 가솔린에서 옥탄가를 높이기 위하여 4에틸납을 첨가하기도 한다.

$$\text{옥탄가} = \frac{\text{이소옥탄}}{\text{이소옥탄} + \text{노르말헵탄}} \times 100$$

[보충정리]

㈜ 이소옥탄 70이고 노말헵탄이 30일 때 옥탄가는 : 70

㈜ 엔진의 옥탄 요구를 만족시키는 2가지 방법 : - 화학적 및 기계적인 방법

④ 연소

㉮ 정상 연소

㉠ 점화플러그에서 점화 후 완전 연소되는 상태

㉡ 연소 속도 : 20 ~ 30m/s

㉯ 이상 연소

㉠ 조기점화 : 점화플러그에서 점화하기(점화시기) 이전에 열점에 의하여 연소되는 현상으로 노킹 현상이 수반되기도 한다.

㉡ 후기점화 : 점화플러그에서 점화 후 연소 진행 중에 열점에 의하여 미연소 가스가 연소되는 현상으로 노킹을 수반한다.

㉢ 노킹의 원인

- 기관에 과부하가 걸릴 때
- 기관 과열시
- 점화시기가 틀릴 때
- 혼합비가 희박할 때
- 저옥탄가 가솔린 사용시

㉣ 노킹의 영향

- 기관의 고열, 배기밸브 및 피스톤의 소손
- 기관의 출력저하
- 피스톤과 실린더의 소결 발생
- 기계 각부의 응력 증대
- 배기 온도 저하

[보충정리]

㈜ 노킹방지 대책

- 점화시기를 지연시킨다.
- 혼합비를 농후하게 한다.
- 고옥탄가 가솔린을 사용
- 압축비, 혼합가스의 온도를 저하시킨다.
- 발화지연이 긴 연료 사용
- 화염 전파거리를 단축시킨다.
- 연소실 내 퇴적된 카본을 떼어내기(가장 경제적인 방법)

㈜ 노킹과 조기 점화의 관계

- 노킹과 조기 점화는 서로 인과 관계가 있으나 그 현상은 전혀 다르다
- 혼합기가 점화 플러그 이외의 방법에 의해 점화되는 것을 조기점화
- 가솔린 엔진의 노킹은 혼합기의 자연발화에 의해 일어난다

㉤ 데토네이션파 : 정상 점화로 인한 화염과 노킹으로 인한 화염이 충돌하여 고주파 진동을 일으킨다. 이 진동을 데토네이션파라고 한다.

㉥ 노킹시 연소속도 : 2,000 ~ 3,000 m/sec

[보충정리]

㈜ 옥탄가를 측정하기 위하여 특별한 장치(압축비를 임의로 변경 가능)를 한 엔진 : CFR 엔진

㈜ 가솔린 기관의 불완전 연소 시 가장 많이 발생되는 가스 : CO

## 9-2. 디젤

① 개요

㉮ 원유에서 정제

㉯ 탄소와 수소의 화합물

㉰ 발열량 : 11,000 ㎉/kg

㉱ 인화점 : 40 ~ 90℃

㉲ 발화점 : 250 ~ 350℃

② 구비조건

㉮ 적당한 점도

㉯ 인화점이 높고 발화점이 낮을 것 (착화 지연기간 단축)

㉰ 내폭성 및 내한성이 클 것

㉱ 불순물이 없을 것

㉲ 카본 생성이 적을 것

㉳ 온도에 따른 점도의 변화가 적을 것

㉴ 유해 성분이 적을 것

㉵ 발열량이 클 것

㉶ 세탄가가 높을 것

③ 디젤 노크(연소)

㉮ 착화 늦음 기간 중에 분사된 다량의 연료가 화염 전파 기간 중에 연소되어 실린더 내의 압력이 급격히 상승되고 이에 따라 피스톤이 실린더 벽을 때리는 현상.

㉯ 종류

㉠ 화학적 노크

㉡ 기계적 노크

㉰ 방지법

㉠ 연료의 착화온도를 낮춘다. (세탄가를 높인다)

㉡ 압축비, 압축압력을 높인다.

㉢ 흡입 공기의 온도를 높인다.

㉣ 연소실벽의 온도를 높게

㉤ 회전 속도를 느리게

㉥ 분사시기를 느리게

④ 연소촉진제

㉮ 초산아밀

㉯ 아초산아밀

㉰ 초산에틸

㉱ 아초산에틸

㉲ 아질산아밀

[보충정리]
㈜ 디젤 엔진 연료의 세탄가 : α메틸 나프탈렌과 세탄의 비

(3) LP가스(liquefied petroleum gas)

LP가스는 일반적으로 프로판 가스라고도 하는데 화학적으로는 탄화수소류 중에서 C3및 C4인 성분의 것을 말한다. LP가스는 10kg/㎠ 이하인 비교적 낮은 압력하에서 상온이라도 액화하여 비중 0.6 ~ 0.7정도의 액체로 되며 대기압으로 하면 곧 가스로 된다. 이는 액체 연료와 똑같이 수송할 수 있으며 기체연료와 같은 연소를 하므로 매우 편리하다.

1) LP가스의 성질

① 상온 상압에서는 가스이다.
② 액화 압력은 상온에서는 6 ~ 7kg/㎠
③ 무색, 무취이나 정제된 상태에 따라 황화물이 들어 있어서 다소 취기를 가진다. 특수한 용도를 제외하고는 일반적으로 발견을 쉽게 하기 위하여 냄새가 약간 나도록 하고 있다.
④ 발열량은 12000㎉/kg이며 일반도시가스의 약 7배에 상당한다.
⑤ 비중은 공기의 약 1.5배로서 도시가스의 약 3배이며 이것이 새면 위험하므로 환기 설비를 잘해야 한다.
⑥ 기화시는 열이 크므로 냉각제로도 이용이 가능하다.
⑦ 착화온도는 440 ~ 480℃, 폭발 범위는 2~ 10 vo1%이므로 도시가스와 비교할 때 안전한 가스이다.
⑧ 연소에 소요되는 공기량은 도시가스와 비교할 때 크며 밀폐된 실내에서는 산소 결핍을 일으키기 쉬므로 환기에 주의하여야 한다.
⑨ 액상의 LPG는 물보다 가볍다

[보충정리]
㈜ LPG의 두 종류 : 프로판과 부탄

2) 장 · 단점

① 장 점
㉮ 이물질이나 유해 부실 성분이 없고 조성이 일정하다.
㉯ 발열량이 높고 연소조정이 쉽다.

② 단점
㉮ 다른 연료보다 비싸다

[보충정리]
㈜ 가솔린이 LPG보다 좋은 점 : 출력이 약간 높다

# 제10장 정속주행 장치

## 10-1. 개요

자동속도 조정 장치라고도 하며 가속 패달을 사용하지 않고도 차량을 일정한 속도로 유지시키는 장치(40㎞/h ~ 100 ㎞/h 사이에서 작동)로서 피드백(feed back) 장치로서 차량속도센서, 컨트롤유닛, 엑추에이터, 컨트롤스위치, 해제 스위치로 되어 있다.

속도 제어장치는 차량속도센서로 주행속도를 알아내고(feed back), 컨트롤스위치세트, 리쥼(resume), 가속(acc), 감속(coast) 작동으로 컨트롤 유닛이 차량속도를 기억하여 최초의 스로틀밸브 열림을 결정한다.

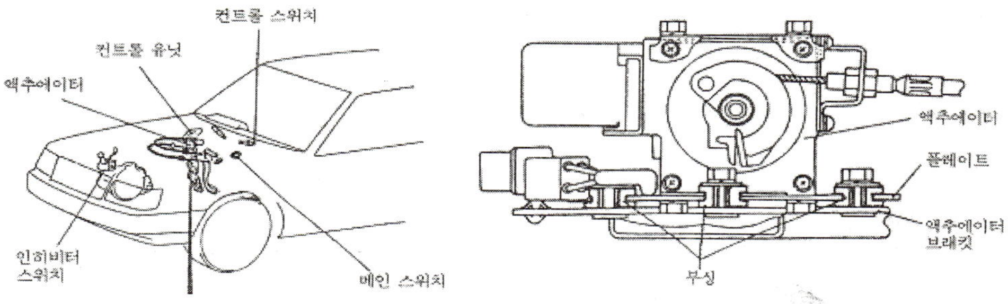


[ 구조 ]

(1) 사용상 이점

① 장시간 고속주행시 운전자 피로 경감

② 연료절감 10%

③ 승차감과 쾌적한 운행을 한 수 있다

(2) 종류

① 진공식 : 진공 액추에이터를 이용한 정속주행 장치(예: 소나타)

② 전동식 : 전기모터를 컴퓨터가 제어하는 장치

# 제11장 흡기 및 배기 장치

## 11-1 공기 청정기(air cleaner)

흡기장치의 공기흡입 과정에서 공기와 함께 들어오는 먼지 등은 피스톤링, 실린더벽, 피스톤, 흡기밸브 등을 마멸시키고 또 엔진 오일에 혼입되어 베이링 등 각 윤활부의 마멸을 촉진한다. 공기청정기의 주기능은 흡입되는 공기속의 먼지 등을 여과하는 것이며 일반적으로 기화기 에어혼에 설치되며 건식과 습식이 있다. 또한, 공기 청정기의 2차적 기능은 흡기 소음의 감소, 역화시 불길의 저지 등을 들 수 있다.

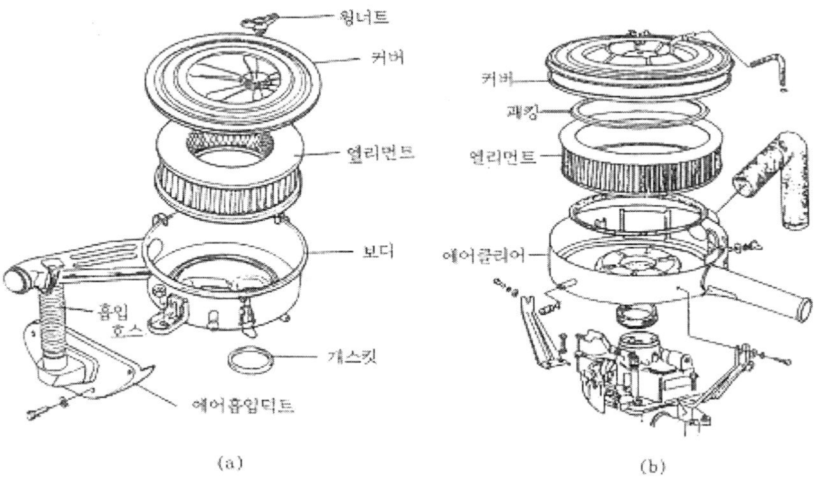


[ 건식 공기청정기 구성 ]

(1) 역할 : 기화기 위에 설치되어 공기 중의 불순물 제거, 흡기소음 감소, 역화시 불길저지

(2) 종류

① 건식 : 종이나 천으로 된 엘리먼트 사용

② 습식 : 엔진오일을 주입하며 굵은 먼지는 와류에 의해 오일에 떨어지고, 작은 불순물은 오일이 묻은 엘리먼트 사이를 통과할 때 여과된다.

(3) 점검 및 청소 : 1,500 ~ 3,000Km 주행 후 압축공기를 이용하여 안에서 밖으로 불어서 청소한다.

(4) 교환시기 : 20,000-30,000Km 주행시 교환한다.

[보충정리]

㈜ 공기 청정기가 막혔을 때 배기색 : 흑색

㈜ 흡입 공기에 선회 운동을 주어 엘리먼트 이전에서 대부분의 이 물질을 제거하는 공기 청정기는 원심 분리식이다

## 11-2 흡기 및 배기관

(1) 흡기 다기관(intake manifold)

흡기 다기관을 기화기 출구와 각 실린더의 흡기 구멍을 연결하여 기화기에서 만들어진 혼합기를 각 실린더에 균일하게 분배하며 보통 주철제로 만들어진 관이다. 그리고 부장품을 작동하기 위한 진공을 공급한다.

[보충정리]
㈜ 흡입 다기관 부압 검출은 진공 스위치로 한다.

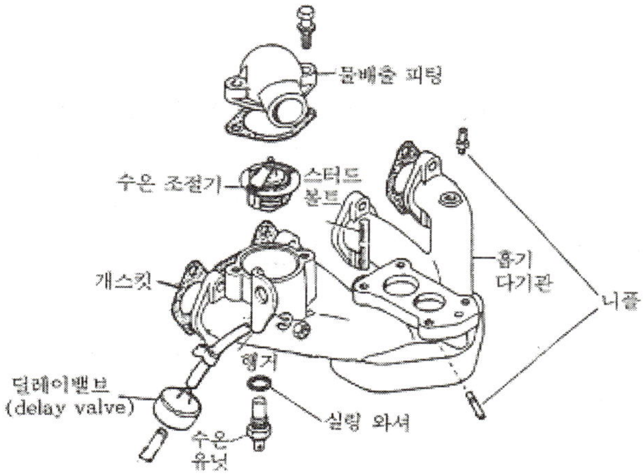


[ 흡기 다기관 구성부품 ]

(1) 지름 :실린더 지름의 25 ~ 35%
(2) 재질 : 알루미늄합금
(3) 비틀림 측정 : 정반위에 올려놓고 틈새게이지 사용

## 11-3 배기 다기관(exhaust manifold)

배기 다기관은 엔진의 각 실린더에서 배출되는 배기가스를 모으는 것으로 배기 다기관은 그 모양이 흡기 다기관과 비슷하며 유출저장이나 배기 간섭이 작은 모양으로 되어 있다.

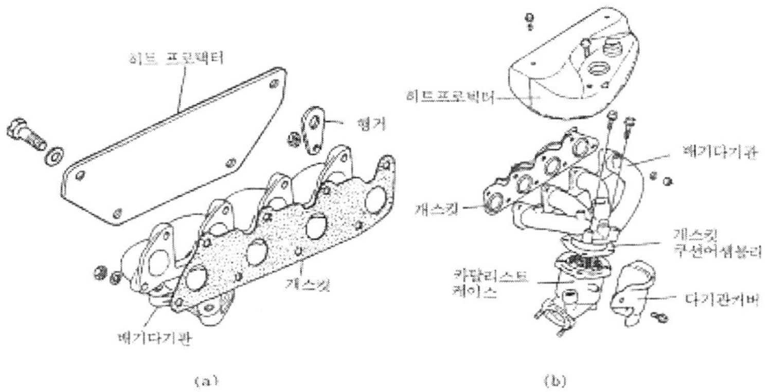


[ 배기 다기관 구성부품 ]

> [보충정리]
> ㈜ 어떤 가솔린 엔진에서 흡기 다기관과 배기 다기관의 벽이 서로 붙어 있는데 그 목적은 연료의 분무 상태가 응축되는 것을 막기 위하여 (빙결회로 방지)
> ㈜ 배기 다기관 비틀림 측정기구 : 디크니스 게이지

## 11-4 배기관(exhaust pipe)

배기관은 배기 다기관에서 나오는 배기가스를 내보내는 강관이며 하나 또는 두 개로 되어 있다.

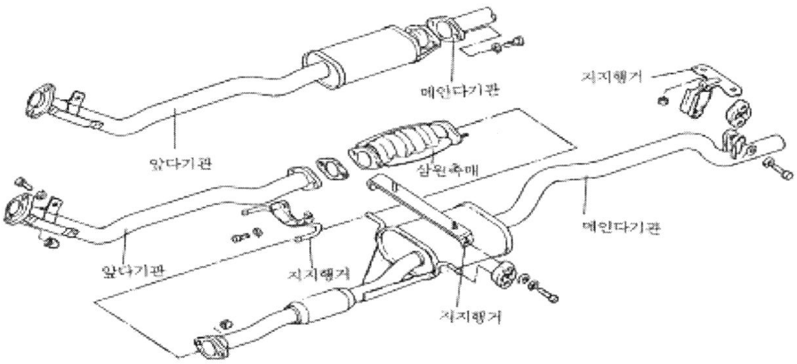


[ 배기관 ]

> [보충정리]
> ㈜ 배기 장치에 의해 일어나는 엔진의 배압이 더 커지게 되는 경우 : 오일과 탄소 알갱이로 소음기가 막혀있을 때

## 11-5 소음기(muffler)

배기가스는 상당히 고온(600 ~ 900℃)이고 그 속도도 거의 음속에 달한다. 이것을 그대로 대기 중에 방출하면 급격히 팽창하기 때문에 격렬한 폭음을 낸다. 이것을 막는 것이 소음기이며 음압과 음파를 감쇠시키는 구조로 되어 있다.

소음기는 보통 1mm 정도의 강판으로 된 원통형의 모양으로 되어 있으며 그 내부는 몇 개의 방으로 구분되어 있다.

(1) 역할 : 배기가스를 대기 중에 배출하기 전에 압력과 온도를 저하시켜 급격한 팽창에 의한 폭음을 억제한다.

(2) 크기 : 소음기의 체적은 행정체적의 12 ~ 20배 정도가 좋다.

(3) 종류 : 원통형, 차단판식

| [보충정리] |
|---|
| ㈜ 가솔린 엔진에 소음기를 사용하면 출력이 작아지고 잡음이 적어진다. |

## 11-6 진공계에 의한 시험

① 정상 : 45 ~ 50 cmHg 사이에서 정지하거나 조용히 지침이 움직인다.

② 밸브스템 고착시 : 35 ~ 40cmHg 사이에서 움직인다.

③ 밸브소손시 : 정상보다 5 ~ 10cmHg를 낮게 지침이 규칙적으로 움직인다.

④ 밸브타이밍이 맞지 않을 때 : 20 ~ 40 cmHg 사이에서 정지한다.

⑤ 밸브의 밀착 불량 : 정상보다 5 ~ 8cmHg 낮아진다.

⑥ 실린더 헤드 개스킷의 불량 : 13 ~ 45cmHg 사이에서 규칙적으로 움직인다.

⑦ 기화기 조정 불량 : 33 ~ 45cmHg 사이에서 움직인다.

⑧ 점화 플러그 간극 불량 : 높은 공전에서는 흔들리지 않으나 낮은 공전상태에서 35 ~ 45cmHg 사이 지침이 움직인다.

⑨ 점화시기가 늦을 때 : 정상보다 5 ~ 8cmHg 낮으며 그다지 흔들리지 않는다.

⑩ 배기장치의 막힘 : 0 ~ 50cmHg 올라갔다 내려갔다 한다.

⑪ 흡기 다기관 또는 기화기의 개스킷 불량 : 8 ~ 15cmHg에서 정지.

⑫ 실린더벽 피스톤링 마멸 : 30 ~ 40cmHg에 지침 정지.

# 제12장 배출가스 제어 장치

배출 가스 제어장치는 크랭크케이스 배출가스 제어장치 (crank case emission control system)증발 가스 제어장치 (evaporative emission control system), 배기가스 제어장치 (Exhaust emission control system)의 3가지 주요계통으로 이루어져 있다.

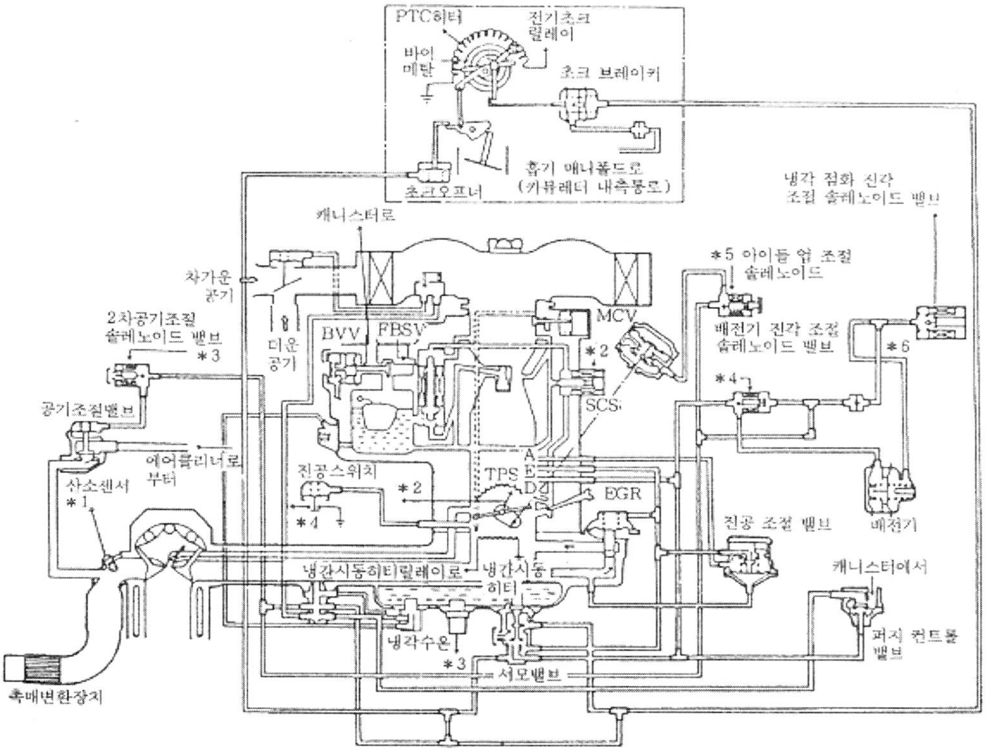


[ 배출가스제어장치 계통도 ]

(1) 개요

1) 배출 가스의 배출원 및 성분

① 배기가스

㉮ 무해성 가스(완전연소기) : 수증기(H2O) ,이산화탄소(CO2)

㉯ 유해성 가스 : 일산화탄소(CO), 탄화수소(HC), 질소산화물(NOx), 납화합물, 탄소입자

② 블로우바이 가스

㉮ 성분 : 75 ~ 95%가 미연소 가스 상태로 된 연료(HC)이고 그 외 연소가스 및 부분 산화된 혼합가스.

③ 연료증발 가스 : 기화기나 연료탱크 내의 가솔린이 증발해서 발생하며 주성분은 탄화수소(HC) 이다.

2) 배출가스의 발생원인

① 일산화탄소 : 실린더 내의 산소공급이 부족한 상태(불완전 연소 : 연료 소비 증대)에서 연소시 발생되며, 공전시 가장 많이 배출된다. 인체에 제일 해로운 가스, 겨울철 많이 발생한다.

② 탄화수소 : 밸브 오버랩 과다 , 공연비의 농후시나 희박할 때, 기관 감속시 발생한다. 그리고 블로바이 가스 주성분이다.

③ 질소산화물 : 연소실 안이 고온 , 고압일 때 흡입 공기 중의 질소와 공기의 산화로 발생된다. 그리고 완전연소에 가까울수록 증가, 희박한 혼합비 15 ~ 16 : 1 부근에서 가장 많이 발생한다.

3) 배출가스의 영향

① 대기에 미치는 영향 : 광화학 스모그 현상을 발생시킨다.

② 인체에 미치는 영향

㉮ 일산화탄토(CO) : 산소 결핍으로 두통 현기증이 심할 경우 사망하게 된다.

㉯ 질소산화물(NOx) : 눈에 자극을 주고 폐의 기능에 장해를 일으키며, 광화학스모그의 주원인이다.

㉰ 탄화수소 (HC) :  시계(視界)를 악화시키며 점막을 자극하게 되고, 미각의 기능을 저하시킨다.

㉱ 납화합물 : 소화기 및 근육신경 등에 장해를 주며, 심할 경우 납중독 중상을 나타내게 된다.

(2) 유해가스의 배출특성

1) 혼합비에 따른 영향

① 이론혼합비 보다 농후할 때 : NOx 감소, CO / HC 증가

② 이론혼합비 보다 희박할 때 : NOx 중가, CO / HC 감소

③ 이론혼합비 보다 아주 희박할 때 : NOx, CO감소 HC증가

2) 기관 온도에 따른 영향

① 기관 저온시 : HC / CO 증가, NOx 감소

② 기관 고온시 : NOx 증가

3) 가 / 감속에 따른 영향

① 가속시 : 질소산화물, 일산화탄소 / 탄화수소 증가

② 감속시 : 질소산화물 감소, 일산화탄소 / 탄화수소 증가

(3) 배출가스 대책

1) 블로바이 가스 대책

① 강제환기장치 (PCV)로 누출 가스를 연소실로 재순환하여 연소시킨다.

② 블로바이 가스는 대부분 탄화수소(HC)이다.
[보충정리 : 탄화수소 생성 원인]
- 공연비의 농후
- 연소시 스템 경계층
- 공연비 희박
③ 실린더 헤드 커버 (로커암 커버)에 PCV 밸브가 설치되어 시동시 또는 과부하시에 순환작용을 정지시킨다.

2) 증발가스 대책
① 연료 탱크 및 기화기에서 발생한 증발 가스를 차콜캐니스터에 저장했다가 연소실로 재순환하여 연소시킨다.
② 퍼지컨트롤 솔레노이드 밸브에 의해 작동

[보충정리]
㈜ 차콜 캐니스터는 HC발생을 방지하기 위해 사용

3) 삼원촉매장치
① 촉매 컨버터를 이용하여 배기가스 속의 유해원소(CO, HC, NOx)를 무해원소로 치환한다.
② 촉매 컨버터에 사용되는 촉매제로는 백금과 로듐을 사용하며 로듐은 산화와 환원을 동시에 행한다.
③ 배기가스 속에 질소산화물(NOx)이 많을 때는 배기가스 재순환장치 (EGR)로 배기가스를 연소실로 재순환시킨다.
④ 모양에 따라 펠릿형과 벌집형으로 구분한다.

[보충정리]
㈜ 인성분이 촉매에 부착되면 삼원 촉매 장치는 정화능력이 감소
㈜ 삼원 촉매 컨버터(장치)의 담체 즉 토대(뼈대)인 알루미나 표면에 부착(도포)시키는 재료 : 백금

4) EGR (배기가스 재순환 장치 : Exhaust gas recirculation)

① EGR : 기관의 흡기에 배기가스의 일부를 재순환시켜서 출력감소를 최소로 하면서 연소온도를 낮추어 NOx(질소산화물)의 배출량을 감소시키는 장치로 서모밸브가 냉각수온도가 상승되면 팽창축이 팽창하여 대기통로를 막아 흡기다기관의 진공이 작용 하도록 하여 진공에 의해서 열리므로 가속하는 순간이나 공전 및 워밍업 이전에는 작동하지 않는다.

② 촉매 변환기
㉮ 재질 : Pt(백금), Ra(로듐), Pd(파라듐) 등
㉯ 역할 : 배기가스 중의 CO , HC, NOx를 산화 및 환원반응을 일으켜 $CO_2$ , $H_2O$, 질소, 산소 등으로 전환시킨다.

[보충정리]
㈜ 자동차 배기색
- 무색 혹은 엷은 청담색 : 완전 연소
- 백색 : 오일 연소
- 검은색 : 진한 혼합기 등으로 인한 불완전 연소

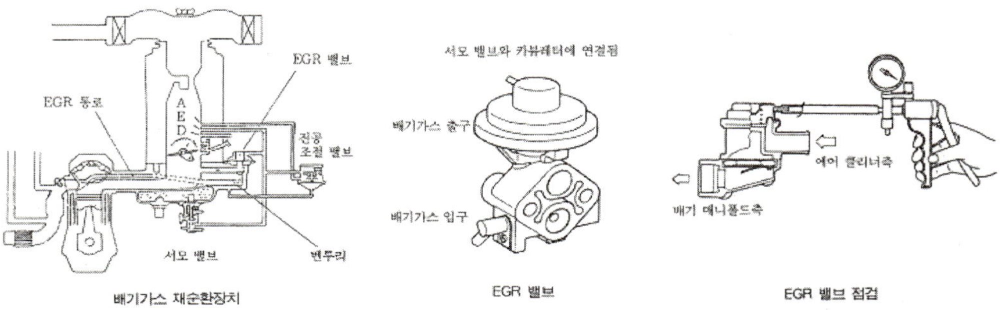


[ 배기가스 재순환장치 및 EGR 밸브 ]

# 제13장 단위와 계산식

(1) 속도와 가속도

① 속도 : s[m]떨어진 거리를 시간 t[sec]사이에 이동할 때의 등속도 운동의 속도

V = s / t [m/sec]

② 가속도

$$a = \frac{V_2 - V_1}{t} \ [m/s^2]$$

여기서

$V_2$ : 나중 속도, $V_1$ : 처음 속도

(문제)

1. 6㎞의 거리를 5㎞/h의 속도로 달리면 걸리는 시간은 ?

2. 20Km/h의 속도로 주행하던 차가 급가속 하여 10초 후에 40Km/h로 되었다. 이때의 가속도는 ?

(2) 토크

1) 토크 회전력

물체가 축을 중심으로 하여 연속적으로 회전될 때 그 회전의 원인이 되는 힘의 모멘트를 토크 또는 회전 모멘트라 한다.

T = F · L [kg·m]

(문제)

1. 길이 50cm의 토크렌치로 15 Kg·m로 볼트를 조이려면 몇 Kg의 힘이 필요 한가 ?

2. 그림과 같이 길이 100cm의 렌치를 45。방향으로 20Kg의 힘을 가했을 때
   토크는 몇 Kg·m 인가?

(3) 마력

마력은 horse power의 약자로 HP (영마력), PS (불마력)으로 표시 한다.
1마력은 75Kg의 물건을 1초 동안 1m 들어 올리는 힘을 말하며 1PS = 75Kg·m/s 이다.

[보충정리]
* 1PS = 75Kg·m/s = 632.3㎉/h
* 1KW = 860㎉/h = 102Kg·m/s

(4) 지시마력

실린더에서 연료가 연소하면서 발생된 이론적인 기관의 출력이며 실린더 안에서 일어나는 연소압력으로부터 직접 측정하는 마력으로서 지압계에 의하여 구할 수 있으며 이것을 구함으로써 실린더 내에서의 출력 , 연료의 연소상태밸브 타이밍의 적부 , 회전수에 대한 점화시기 양부 등을 알 수 있다.

도시마력이라고도 하며 지압선도에서 얻어진다. 지시마력(Indicated horse power : I.H.P)은 지압선도의 면적에서 구할 수 있고,IMEP(indicated mean effective pressure)를 알면 구할수 있다.

* IMEP : 도시평균 유효압력

$$I.H.P = \frac{PALRN}{75 \times 60} = \frac{PVRN}{75 \times 60 \times 100}[PS]$$

P : 지시 평균유효압력[kg/㎠]

$A = \frac{\pi D^2}{4}$[㎠] : 실린더 단면적 , D : 내경[cm]

L : 피스톤 행정[m]

R : 기관의 회전수 [rpm] ( 4행정 사이클 기관 : R/2, 2행정 사이클 기관 : R )

N : 기통수 = 실린더 수

V : 피스톤 배기량 [ CC = ㎤ ] $V = \frac{\pi D^2}{4} L$

1[PS] = 75 Kg·m

예제) 평균 유효압력이 10[kg/㎠], 배기량이 75cc 회전속도 2400rpm , 단기통 2사이클 디젤 엔진의 지시마력 ? 정답 4PS

(5) 제동마력 (B.H.P)

① 실제로 일로 변환 기관의 출력을 축의 회전력으로 나타내기 때문에 축마력 이라고 한다.

② 크랭크축으로부터 실제동력으로 얻을 수 있는 마력

③ 축마력 = 순마력 = 실마력 = 정미마력 = 유효 마력

$$B.H.P = \frac{TR}{75 \times 60} = \frac{TR}{716}$$

T : 회전력[Kg-m], R : 기관회전수[rpm]
* 75마력에서 60을 곱한 것은 RPM(분당 회전수)을 RPS(초당 회전수)로 고치기 위함.

* B.H.P = I.H.P - F.H.P

예제) 4실린더 가솔린 기관이 2200rpm에서 7.3 Kg-m의 회전력이 발생되었을 때
이때의 축마력은 ?

* 22 마력

(6) 손실마력 = 마찰마력 (Friction Horse Power)
마찰로 인하여 소멸되는 것으로 마찰마력 ( = 손실마력)이라고도 한다.

$$F.H.P = \frac{F_r\,ZNV}{75} = \frac{FV}{75}$$

F : 총 마찰력 [Kg]
Fr : 링 한 개당 마찰력 [Kg]
N : 실린더 수
Z : 실린더 당 링의 수
V : 피스톤의 평균 속도 [m/sec]

예제) 링 1개당 마찰력이 0.2Kg이고 1실린더당 링의 수는 4개이며 피스톤의 평균속도는
15 [m/sec]인 4행정 4실린더 기관의 마찰 손실마력은 얼마인가 ?

* 1.2[ps]

(7) 기계효율
지시마력과 제동마력과의 비율

$$\eta_m = \frac{BHP}{IHP} \times 100$$

(8) 기관 크기의 표시
내경[mm] × 행정길이 - 실린더 수

# 2편 전기

# 제1장 기초 전기, 전자

## 1-1. 전기일반

(1) 물질의 구성

1) 개요

① 물질 : 분자로 구성

② 분자 : 원자로 구성

③ 원자

㉮ 원자핵과 전자로 구성

㉯ 원자핵의 주위를 전자가 일정한 궤도를 형성하며 움직이고 있으며 궤도 수에 따라 전자의 수가 결정된다.

전자의수 $= 2\ n^2$ (n = 궤도수)

㉰ 가전자 : 원자핵의 주위를 도는 전자 중 최외곽 궤도의 전자

2) 자유전자

① 원자핵으로부터 구속력이 약하여 다른 궤도로 이동하기 쉬운 전자

② 전자가 빠져나간 자리를 홀이라 하며 (+)성질을 갖는다.

③ 전자나 홀을 캐리어라 한다.

3) 전기

① 정의 : 자유 전자의 이동

② 종류

㉮ 정전기 : 마찰 전기와 같이 + 전하, 또는 - 전자가 물질에 정지한 상태로 유용하게 이용할 수 없다.

㉯ 동전기 : 전기가 물질 속을 이동하는 것으로 유용하게 이용할 수 있다.

㉠ 직류전기 (direct current : DC) : 전기의 흐름 방향과 크기가 일정한 것

㉡ 교류전기 (alternate current : AC) : 전기의 흐름 방향과 크기가 변하는 것

㉢ 맥류전기 : 전기의 흐름 방향은 일정하나 크기가 변화하는 것

㉰ 정전유도 : 대전체를 도체에 가까이 하였을 때 대전체에 가까운 도체에 다른 종류의 전하가 발생하는 현상.

| [보충정리] |
|---|
| ㈜ 자동차에 사용 되는 전류 : 직류 |

4) 전기의 3요소

① 전압

㉮ 도체에 전류가 흐를 수 있게 하는 전기적 압력으로 전위차라고도 한다.

㉯ 기호 : E , 단위 : [V]

㉰ 1[Ω]의 도체에 1[A]의 전류를 흐르게 할 수 있는 전기의 압력을 1[V]라 한다.

② 저항

㉮ 전류의 흐름을 방해하는 요소

㉯ 기호 : R , 단위 : [Ω]

㉰ 1[V]의 전압을 가했을 때 1[A]의 전류가 흐를 수 있는 저항을 1[Ω]이라 한다.

㉱ 저항의 종류

㉠ 도체저항 : 도체 본래의 저항으로, 도체의 단면적에 반비례하고, 도체의 길이에 비례

$$R = \frac{\ell}{A} \times \rho [\Omega]$$

여기서 A=단면적[㎠], ℓ=길이[㎝], ρ=고유저항[Ω㎝]

[보충정리 : 저항의 접속법]

① 직렬접속 : +단자와 -단자를 순차적으로 접속하는 것을 직렬접속이라 한다.

[저항을 직렬 접속하면]

* 합성저항의 값은 각 저항의 합과 같다.
* 전류는 일정하나 전압은 상승한다.
* 용량은 1개일 때와 같다.

[합성저항]

$$R = R_1 + R_2 + ------ + R_n$$

② 병렬접속 : 한쪽은 +단자끼리 다른 한쪽은 - 단자끼리 각각 접속시켜 주는 접속으로 자동차 전기장치는 대부분 직병렬접속이 사용된다.

[저항을 병렬접속 하면]

* ·합성 저항은 각 저항의 역수를 합한 값의 역수와 같다
* ·전류는 상승하고 전압은 일정하다.
* ·용량은 개수의 배가된다.

[합성저항]

$$R = \frac{1}{\frac{1}{R_1} + \frac{1}{R_2} + ----- + \frac{1}{R_n}}$$

③ 직병렬접속 : 직렬접속과 병렬접속을 병용

㉡ 절연저항

절연체를 사이에 두고 전압을 가하면 절연체의 절연정도에 따라 극히 적은 양이기는 하지만 전류가 누출되는데 이때의 저항을 절연저항, 흐르는 전류를 누설전류라고 하며, 단위는 메가 옴[MΩ]을 사용한다.

ⓒ 온도와 저항의 관계

보통 금속은 온도상승에 따라 저항이 증가하지만 탄소, 반도체, 절연체 등은 감소한다. 금속에서 온도가 1℃ 상승하였을 때 저항값이 어느 정도 크게 되었는가의 비를 그 저항의 온도계수라고 한다.

ⓓ 접촉저항

도체를 연결할 때 헐겁게 연결하거나 녹이나 페인트를 떼어내지 않고 전선을 연결하면 그 접촉면 사이에 저항이 생겨 열이 발생하고 전류의 흐름이 방해되는 현상이다.

이러한 접촉저항을 감소시키는 방법은 다음과 같다.

* 접촉면적과 접촉압력을 증가한다.
* 접촉부분을 납땜한다.
* 단자를 설치할 때 와셔를 이용한다.
* 단자에 도금을 한다.

| [보충정리 : 전압강하] |
|---|
| ㉠ 도체의 저항에 전류가 흐를 때 가해진 전압이 저하되는 현상 |
| ㉡ 도체의 고유 저항과 접속부의 접촉 저항에 의하여 발생한다. |

③ 전류

전기를 가진 전자와 -전기를 가진 전자를 도체로 연결하면 +전자가 -전자로 이동한다. 이 전자의 이동을 전류라 한다.

$$I = \frac{E}{R}[A]$$

$$R = \frac{E}{I},\ E = IR$$

㉮ 전하 또는 전자의 이동

㉯ 기호: I , 단위 : [A]

㉰ 1[A]란 임의의 한 점을 매초 1[Q]의 전하가 이동하는 것을 말한다.

㉱ 전류의 3대작용

㉠ 발열작용 : 전구 , 전열기

㉡ 화학작용 : 도금 , 축전기

㉢ 자기작용 : 모터 , 솔레노이드

| [보충정리] |
|---|
| ㈜ 전위차 : 도체에 전류를 흐르게 하는 전기적 압력 즉 전압 |
| ㈜ 도선에 흐르는 전류 및 전압 측정을 위해 전류계는 회로에 직렬연결 , 전압계는 병렬연결 한다. |

# 1-2. 전기 회로 법칙

## (1) 전기 회로

① 개회로(open circuit)
회로가 연결되지 않은 상태로 전기가 흐를 수 없다.

② 폐회로(close circuit)
회로가 연결되어 전류가 흐를 수 있는 상태

③ 단선(open)
회로를 형성하는 도체가 끊어진 것으로 개회로라고도 한다.

④ 단락(short)
도체끼리 접속되어 회로의 길이가 짧아진 것으로 그만큼 저항이 적게 되어 많은 전류가 흐르게 된다.

⑤ 접지 (ground. earth)
도체와 몸체 (보디 )가 접속된 것으로 단락과 같이 과대전류가 흐르게 된다.

## (2) 회로 법칙

1) 옴의 법칙
① 독일의 옴이 라는 사람이 발견
② 도체에 흐르는 전류의 크기는 그 도체의 저항에 반비례하고 도체에 가해진 전압에 정비례한다.

$$I = \frac{E}{R}[A],\ R = \frac{E}{I},\ E = IR$$

2) 키르히호프의 법칙
① 제 1법칙 : 임의의 한 점에 유입된 전류의 총합과 유출된 전류의 총합은 같다.

$$I_1 + I_2 = I_3 + I_4$$

$$(I_1 + I_2) - (I_3 + I_4) = 0 \quad 즉 \Sigma I = 0$$

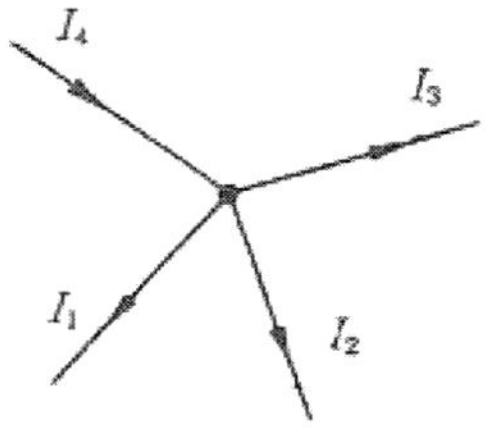


[ 키르히호프 제1법칙 ]

② 제 2 법칙 : 임의의 폐회로에 있어서 기전력의 총합과 전압 강하의 총합은 같다.

3) 줄의 법칙

① 전류가 도체 속을 흐를 때 발생하는 열량은 도체의 저항과 전류의 제곱의 곱에 비례한다.

② 기호 = $H$

$H = 0.24I^2RT$ , $1cal = 4.2J$

4) 앙페르의 오른 나사 법칙

도체에 전류가 흐를 때 전류의 방향을 오른 나사의 진행 방향으로 하면 도체 주위에 오른 나사의 회전방향으로 맴돌이 전류가 발생한다.

5) 플레밍의 왼손 법칙(직류전동기, 전류계, 전압계 등에 응용)

① 자계내의 도체에 전류가 흐르면 도체는 움직인다.

② 엄지 = 도체의 운동 방향
인지 =자력선의 방향
중지 = 전류의 방향

6) 플레밍의 오른손 법칙(발전기에 응용)

① 자계내의 도체를 자력선의 직각 방향으로 움직여 자력선을 자르면 도체에 기전력이 유기된다.

② 엄지 = 도체의 운동 방향,
인지 = 자력선의 방향,
중지 = 전류의 방향

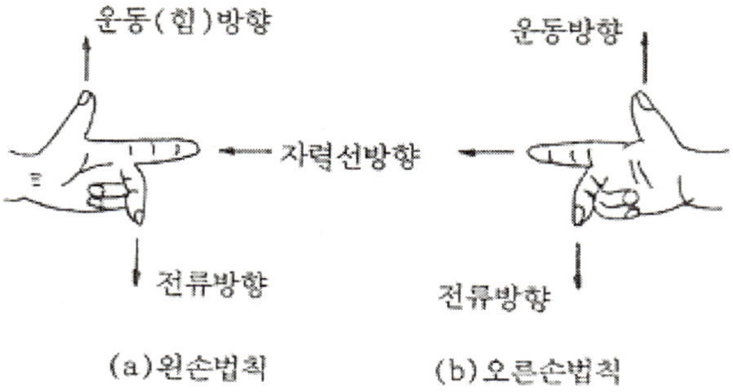


[ 플레밍 오른손 법칙과 왼손법칙 ]

7) 플레밍의 오른손 엄지손가락 법칙 (솔레노이드에 응용)

① 철심 주위에 도체를 감고 도체에 전류를 흐르게 하면 자력선이 오른손 엄지손가락 방향으로 발생하여 철심이 움직인다.

② 오른손 엄지손가락과 다른 손가락을 직각이 되게 한다.

③ 인지와 다른 손가락을 전류의 gm름 방향으로 쥐었을 때 엄지손가락 방향으로 전자력이 발생한다.

(3) 전력과 전력량

1) 전력

① 전기가 하는 일의 크기이며, 전력은 전압이나 전류가 클수록 크게 된다.

② 기호 : P , 단위 : W(watt)

③ $P = E \times I = I^2 \times R,\ P = \frac{E^2}{R},\ E = \frac{P}{R},\ I = \frac{P}{E}$

| [보충정리]<br>전구를 직렬로 연결하면 전류의 세기는 같으므로 P = I^2R 에서 저항이 큰 쪽이 밝다. |
|---|

④ 전력과 마력 : 1PS = 75 Kg· m/s = 736W (0.736KW) = 632Kcal

2) 전력량

① 도체 속을 흐르는 전류가 일정 시간 동안에 한 일의 총량이다.

② 단위 = Wh 또는 Ws, P× t

3) 전선의 허용 전류

도체에 전류가 흐를 때 안전하게 사용할 수 있는 허용 한계의 전류 값.

4) 퓨즈

① 회로 및 전기 기기를 보호하는 것

② 회로 상에 직렬로 연결

③ 재료 : 납 + 주석 + 안티몬, 납 + 주석 + 창연 + 카드늄

5) 전지의 연결법

① 전지 : 전원으로 전기를 발생시키는 것으로 1차 전지와 2차 전지가 있다.

② 직렬연결

㉮ 전지의 (+)와 (-)를 연결

㉯ 전압은 개수배로 상승

㉰ 전류는 1개의 양과 같다.

③ 병렬연결

㉮ 전지의 (+)와(+)를, (-)와(-)를 같은 극성끼리 연결

㉯ 전압은 1개의 전압과 같다.

㉰ 전류는 개수배로 상승

④ 직병렬연결

㉮ 직렬연결과 병렬연결을 병용

㉯ 전압과 전류가 함께 상승

6) 축전기 (condenser)

① 전류의 정전특성 (동종 반발, 이종 흡인)을 이용하여 전하를 저장

② 저장할 수 있는 크기를 정전용량이라 한다.

③ 기호 : C , 단위 : [F]

④ l[F]은 1[V]의 전압을 가했을 때 1[Q]의 전하가 저장되는 용량

⑤ 정전 용량은

㉮ 가해진 전압에 비례

㉯ 금속판의 면적에 비례

㉰ 절연체의 절연도에 정비례

㉱ 금속판 사이의 거리에 반비례

$$Q = CV[C],\ C = \frac{\varepsilon \cdot S}{d}[F],\ Q = \frac{\varepsilon \cdot S \cdot V}{d}[C]$$

⑥ 종류 : 절연체의 종류로 구분하고 자동차에는 종이축전기를 사용

⑦ 특성
㉮ 용량 0.2 ~ 0.3 ㎌
㉯ 절연저항 : 1,000 ㏁
㉰ 온도 : 85℃를 1시간 가했을 때 충분한 절연 저항이 있을 것

⑧ 시험 (측정 )
㉮ 용량 시험
㉯ 누설 시험
㉰ 직렬저항 시험

⑨ 관계식
㉮ 축전기에 충전되는 전기량 (Q)
Q = CV[C] ( Q : 전기량 , C : 축전기 용량 , V : 전압 )
㉯ 축전기의 충전용량

$$C = \frac{Q}{V}[F]$$

㉰ 축전기 직렬연결

$$C = \frac{1}{\frac{1}{C_1}+\frac{1}{C_2}+-----+\frac{1}{C_n}}$$

㉱ 축전기 병렬연결

$$C = C_1 + C_2 + ------ + C_n$$

(4) 전류와 자기

1) 맴돌이 전류(eddy current)
① 도체에 전류가 흐르면 도체 주위를 맴도는 현상의 자기장이 발생한다.
② 앙페르의 오른 나사 법칙

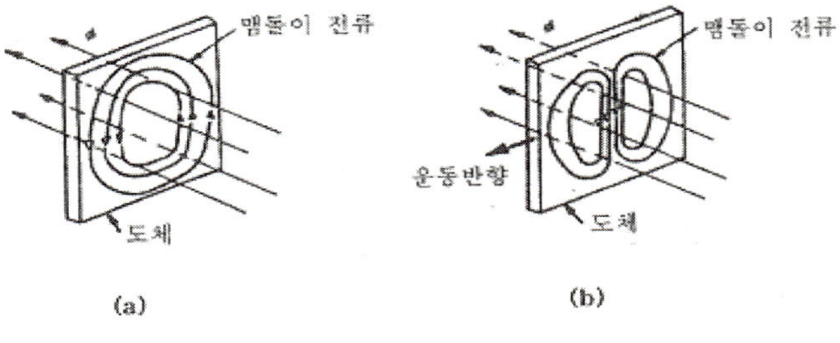


[ 맴돌이 전류 ]

2) 전자석

① 철심 주위에 도체를 감고 도체에 전류를 흐르면 철심은 자석이 된다.

② 전자석의 힘(전자력)의 크기 도체에 흐르는 전류의 크기에 비례

3) 자기 유도 작용

① 도체에 흐르는 전류를 단속하면 도체 주위에 자장이 생성, 소멸된다.

② 도체에 주위의 자장이 소멸될 때 자장의 소멸을 방해하려는 방향으로(전류의 흐름 반대 방향으로) 기전력이 발생한다.

③ 이러한 현상을 자기유도작용이라 하며, 자기유도 작용에 의하여 발생한 기전력을 역기전력(자기유도기전력)이라 한다.

㉠ 코일에 흐르는 전류가 Δt초 동안에 ΔI[A]만큼 변화하면 코일에 유도되는 자기 유도 기전력 e는 다음 식과 같다.

$$e = -L\frac{\Delta I}{\Delta t}[V]$$

L은 자기 인덕턴스라고 하며 단위는 상호인덕턴스와 같이 헨리[H]를 사용한다. L은 코일 권수의 제곱에 비례하고 또한 철심을 넣으므로서 크게 증대한다.

4) 상호 유도 작용

① 두개의 코일을 상대하도록 설치 후 1개의 코일에 자기유도작용을 발생시키면 다른 코일에도 유도작용이 발생되는 현상을 말한다.

② 처음 유도 작용이 발생한 코일을 1차코일, 다른 코일을 2차 코일이라 한다.

③ 유도기전력의 크기는 코일의 감긴 횟수(권수)의 비율로 발생한다.

㉠ 코일 1차에 흐르는 전류 $I_{1차}$가 Δt초 동안에 $\Delta I_{1차}$[A]만큼 변화하므로서 코일 2차에 유도되는 기전력 $e_2$는 다음 식과 같다.

$$e_2 = -M\frac{\Delta I_{1차}}{\Delta t}[V]$$

M은 상호 인덕턴스라고 하며 단위는 헨리[H]를 사용한다. M은 EN 코일 상호간의 거리, 코일의 방향, 코일의 권수 등에 따라 변한다.

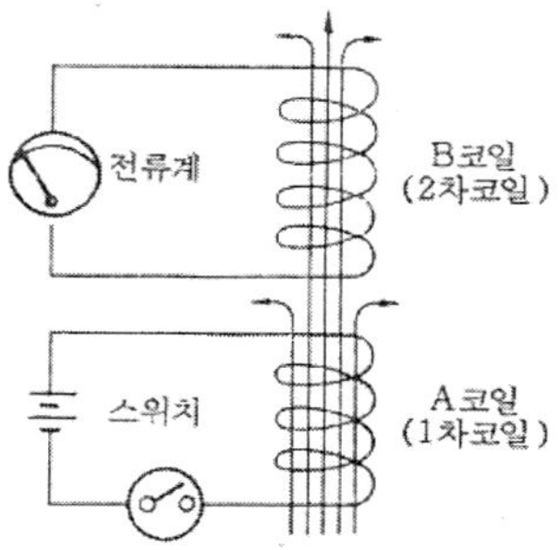


[ 상호유도작용 ]

5) 렌츠의 법칙

유도기전력은 코일 내의 자 속의 변화를 방해하는 방향으로 생긴다. 이것을 렌츠의 법칙이라 한다.

[보충정리]
1. 자동차 전기배선에서 주의사항
- 배선 차단 시는 우선 어스(-)를 떼고 차단
- 배선 작업장은 건조해야 한다.
- 붙일 때는 (+) 부터 , 뗄 때는 (-) 부터

## 1-3. 전자 일반 ( 정류, 도체, 반도체, 절연체 )

(1) 정의

1) 도체

① 전기저항이 작아 전류가 잘 흐르는 물체로 도전체라고도 한다.

② 고유저항이 작은 순서 : 은 - 구리 - 금 - 알루미늄 - 황동 - 니켈 - 철

2) 절연체

① 도체의 저항이 커서 전류의 흐름이 나쁘거나 흐르지 못하는 물체로 부도체 라고도 한다.

② 고무, 유리. 합성수지 (베이클라이트) 나무, 종이 등

③ 절연체의 저항이 크기 때문에 메가옴 (MΩ) 으로서 나타낸다.

3) 반도체

① 도체와 절연체의 중간 성질

② 조건에 따라 저항 값이 변한다.

③ 다른 원소를 함유하면 전기저항이 크게 변한다.

4) 정류

① 교류를 한쪽 방향의 흐름(직류)으로 바꾸는 것을 정류라고  한다.

② 이러한 정류하는 장치를 정류기라고 한다.

③ 정류에는 반파정류 , 전파정류 , 3상 전파정류가 있다.

(2) 반도체

1) 전자의 결합

① 불활성 결합

㉮ 가전자 - 원자핵 주위를 돌고 있는 전자의 궤도 중 최외곽 궤도를 도는 전자

㉯ 전자가 - 최외곽 전자의 수(2n^2)이다. 전자의 수(2n^2)가 안정된 것으로 전자의 이동이 거의 없다.

② 이온 결합 : 하나의 원소가 (+)성질을 다른 원소가 (-) 성질을 가지고 결합

③ 공유결합
㉮ 최외곽 전자의 수가 2n^2개가 아닌 원소는 전자의 수를 2n^2개로 맞추기 위하여 주위의 원소의 전자와 함께 결합하게 된다.
㉯ 이러한 결합을 공유결합이라 한다.
㉰ 공유결합을 한 전자의 결합력은 상대적으로 약하여 궤도에서 쉽게 이탈할 수 있다.

2) 진성 반도체
㉮ 불순물이 섞여 있지 않은 순도 높은 반도체(게르마늄 : Ge, 실리콘 : Si)
㉯ 외부의 부하(전압, 열, 빛 등)를 가하면 자유 전자나 홀의 수가 증가한다.

3) 불순물 반도체
㉮ 진성반도체에 어떤 특성을 주기 위하여 적은 양의 불순물을 첨가한 반도체를 불순물 반도체라 한다.
㉯ 불순물 반도체는 전자의 결합상태에 따라 전기적 성질이 다르게 된다.
㉰ 대표적인으로 P형 및 N형 반도체가 있다.

[보충정리 : P형 및 N형 반도체]
① P형 반도체
전자가 4인 원소(실리콘)와 전자가 3인 원소(알루미늄 : Al, 인듐 : In)등을 결합시키면 공유 결합을 하여도 1개의 전자가 부족하게 된다. 이 부족한 자리는 홀로 남게 되어 (+)성질을 지니게 된다. 이것을 정공이라 한다. 이러한 반도체를 P형 반도체라 한다.

② N형 반도체
전자가 4인 원소(실리콘)와 전자가 5인 원소(비소 : As, 안티몬 : Sb, 인 : P)등을 결합하면 1개의 전자가 남게 된다. 이 전자는 구속력이 극히 약하여 자유로이 이동할 수 있다. 따라서 전자의 수가 많으므로 (-)성질을 지니게 된다. 이것을 자유전자라 한다. 이러한 반도체를 N형 반도체라 한다.

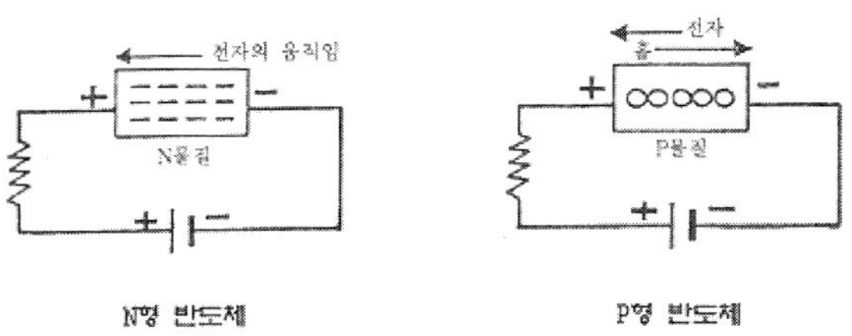


[ N형 반도체와 P형 반도체 ]

4) 불순물 반도체의 결합

① 접합의 방법

㉮ 무접합 : P형 반도체 또는 N형 반도체 하나만을 사용하는 것

㉯ 단일 접합 : P형 반도체와 N형 반도체를 1개씩만 접합한 것(다이오드)

㉰ 2중접합 : PNP정션, NPN정션 등의 트랜지스터

㉱ 다중접합 : 접합부가 3개 이상인 것(다이리스터, 핫트랜지스터)

② (실리콘) 다이오드

㉮ P형 반도체 1개와 N형 반도체 1개를 단일 접합한 것

㉯ 정방향으로는 전류가 흐르나 역방향으로는 전류가 흐르지 않는다.

㉰ 교류발전기, 경보장치 등에 활용

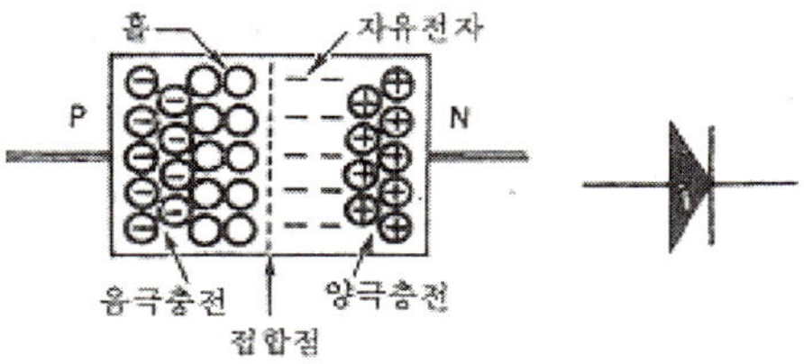


[ 다이오드 ]

> [보충정리]
> ㈜ 다이오드는 역방향으로 전류를 연결하면 공핍층이 커져 저항이 높아진다.
> ㈜ 공핍층 : 접합면에 캐리어가 존재하지 않는 영역.
> ㈜ 역내 전압(파괴전압) : 역방향으로 과도한 전압을 가하면 전류가 급격히 흐르게 된다. 이 전압을 역내 전압이라 한다.
> ㈜ 온도가 상승함에 따라 저항이 감소하는 것 : 탄소

③ 제너다이오드

㉮ 순방향 특성은 다이오드와 같으나 역방향 특성에서 일정 전압 이상이 가해지면 역방향으로도 전류가 흐른다.

㉯ 역방향으로 전류가 흐르는 현상을 제너현상. 이때의 전압을 제너전압(항복전압)이라 한다.

㉰ 발전기 조정기 등에 활용

④ 트랜지스터 (TR)

㉮ 불순물 반도체 3개를 접합한 것으로 PNP형과 NPN형의 2가지가 있으며 이미터, 컬렉터, 베이스의 단자 3개를 갖는다.

㉯ 전류의 흐름

㉠ PNP형 : 이미터에서 베이스로 전류가 흐르면 이미터에서 컬렉터로 전류가 흐른다.

㉡ NPN형 : 베이스에서 이미터로 전류가 흐르면 컬렉터에서 이미터로 전류가 흐른다.

㉰ 트랜지스터의 작용

㉠ 스위칭 작용 : 베이스에 흐르는 전류를 단속하면 이미터나 컬렉터에 전류가 단속된다.

㉡ 증폭작용 : 베이스에 흐르는 전류는 총 전류의 2%로 작동이 되며 나머지 98%가 컬렉터로 흐른다. 즉 작은 전류로 큰 전류를 제어하는 것을 말한다.

| [보충정리] |
|---|
| ★ 증폭율이란 : $\alpha = \frac{I_c}{I_b}$, 즉 베이스 전류로 컬렉터 전류를 제어하는 비율 |

㉱ 특징

㉠ 스위칭속도가 5 ~ 10배 정도로 빠르다 (1 / 1000 초)

㉡ 기계적 손실이 없고 작동이 안정된다.

㉢ 베이스 전류의 크기를 제어함으로 부하 전류를 제어할 수 있다.

㉣ 접점의 채터링 현상이 없다.

㉤ 극히 소형이고 가볍다

㉥ 예열 시간을 요하지 않는다.

㉦ 전력손실이 적다

| [보충정리] |
|---|
| ㈜ 트랜지스터와 다이오드의 다른점 : 증폭작용 |

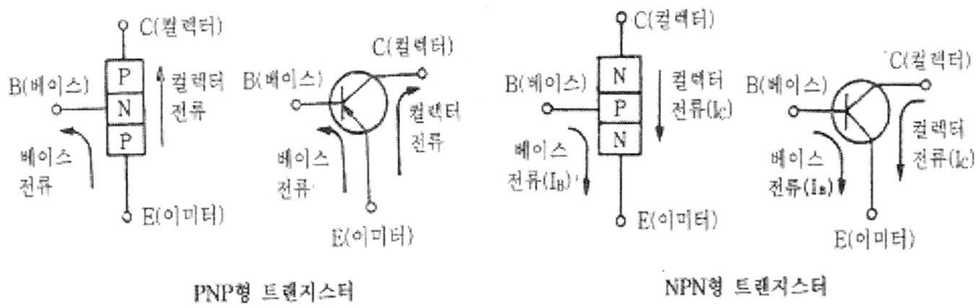


[ 트랜지스터 ]

⑤ 사이리스터 (SCR)

㉮ PN 정션의 다이오드 2개를 접합한 상태로 PNPN의 형태를 나타내며 PNP형 1개와 NPN형 1개의 트랜지스터 2개를 합친 것과 같은 작용을 한다.

㉯ P게이트형과 N게이트형이 있다.

㉰ 애노드, 캐소드, 게이트로 구성된다.

㉣ 애노드에서 캐소드로 전류가 흐르도록 접속한 것을 순방향이라 한다.
㉤ 게이트에 전류가 흐르면 다이오드의 특성과 같이 작용한다.
㉥ 애노드에서 캐소드에 전류가 흐를때 게이트의 전압을 상승시켜 어느 일정 전압에 이르면 게이트에 흐르는 전류를 0으로 해도 순방향 전류는 계속 흐르게 된다. 이때의 전압을 브레이크 오버전압이라 한다.
㉦ 콘덴서 방전식 점화장치(CDI)나 전기 자동차에 사용된다.

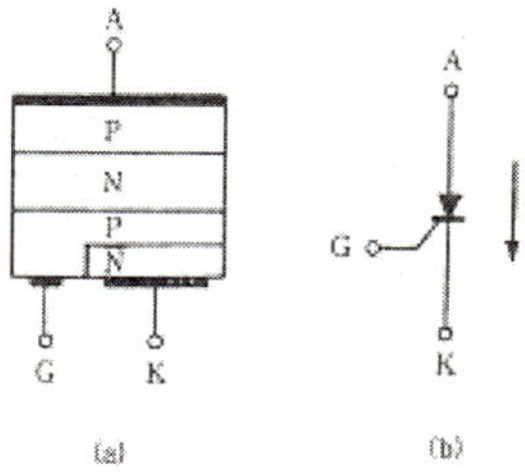


[ SCR ]

⑥ 서미스터
㉮ 온도에 따라 저항 값이 크게 변하는 반도체
㉯ 수온센서, 연료센서, 온도 감지기(온도 센서)에 사용된다.
㉰ 일반적으로 온도에 따라 저항 값이 반비례하는 부특성 서미스터를 사용한다.

⑦ 발광 다이오드 (LED)
㉮ 순방향으로 전류를 흐르게 하였을 때 빛이 발생하는 다이오드
㉯ 발열이 거의 없으며 수명이 백열전구의 10배 이상
㉰ 배전기내의 크랭크각 센서로 이용

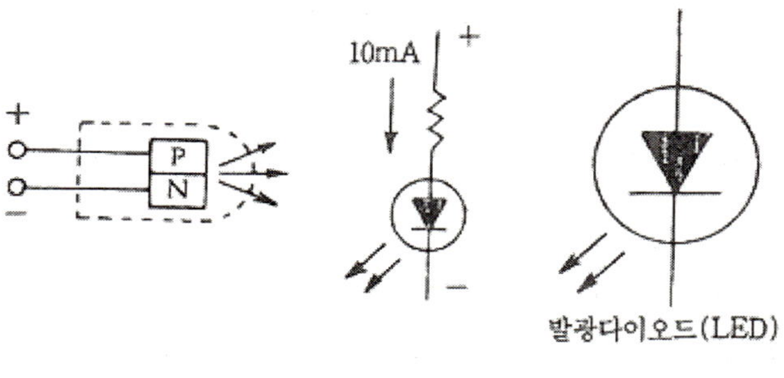


[ 발광다이오드 ]

⑧ 포토 다이오드 (PHOTO DIODE)
㉮ 집합부에 입사광선을 쬐면 빛에 의해 자유전자가 되어 전자가 이동하며 역방향으로도 전

류가 흐른다.

㉯ 크랭크각 1번 TDC센서에 사용

㉰ 소형이며 취급이 용이

㉱ 광출력 전류가 매우 적다

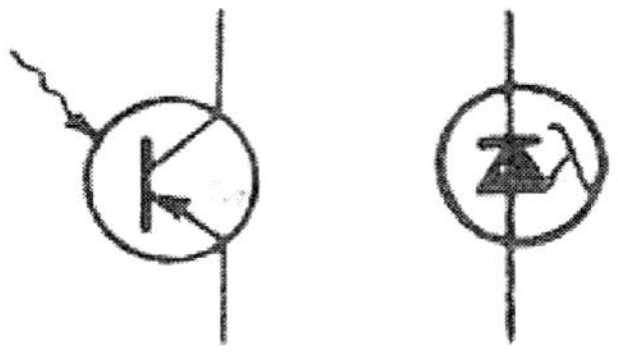

(a) 기 호

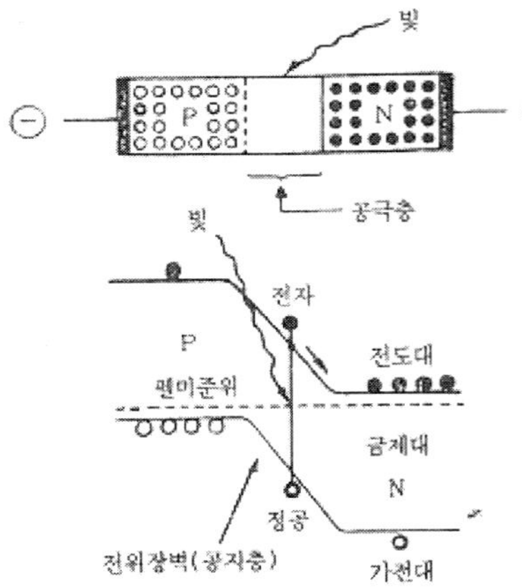


(b) 포토 다이오드의 원리 및 구조

[ 포토다이오드 ]

(3) 논리회로

0, 1을 이용한 논리대수로 나타낸다.

1) 아날로그 회로

컴퓨터에서 처리되는 신호의 형태는 디지털 신호이지만 실제 외부에 존재하는 신호의 형태는 아날로그가 대부분이다. 아날로그 회로는 아래 그림과 같이 시간의 변화에 따라 직선적으로 변화되는 신호의 형태로서 축전지 전압, 발전기 파형, 산소 센서의 출력전압, 교류 등의 신호를 일컫는다.

통상적으로 자연계에 존재하는 전기적 신호 내지는 인위적으로 만든 각종 센서가 감지한 물리량, 화학량, 전기량 등을 신호 처리한 결과는 아날로그 파형으로 검출된다. 이러한 아날로그 신호를 좀 더 증폭하는 방법은 TR을 사용할 수도 있고 아날로그 IC를 이용하기도 한다.

2) 디지털(digital) 회로

디지털 회로는 아래 그림과 같이 전압의 변화가 시간의 변화에 대비해 계단형식의 값을 취하는 경우 이러한 회로를 디지털신호라 한다.

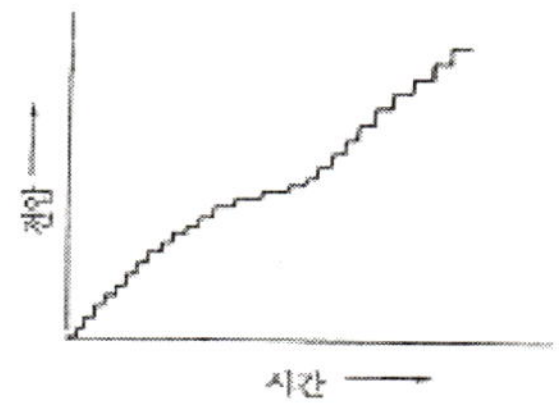


[ 디지털 신호 ]

① 논리곱 (AND, 직렬 회로)

AND는 진리표에서 보이는 것과 같이 두 개의 조건을 만족해야 출력이 나오게 되어있다. 이 AND 회로는 TR로도 구성이 될 수 있고 다이오드로도 구성될 수 있다. 입력 A와B 모두가 1이 되어야 출력도 1이 된다.

| A | B | 출력 |
|---|---|---|
| 0 | 0 | 0 |
| 0 | 1 | 0 |
| 1 | 0 | 0 |
| 1 | 1 | 1 |

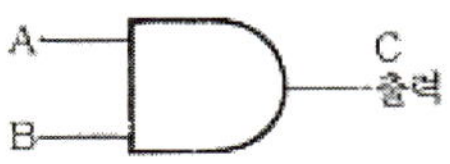


(a) 기호

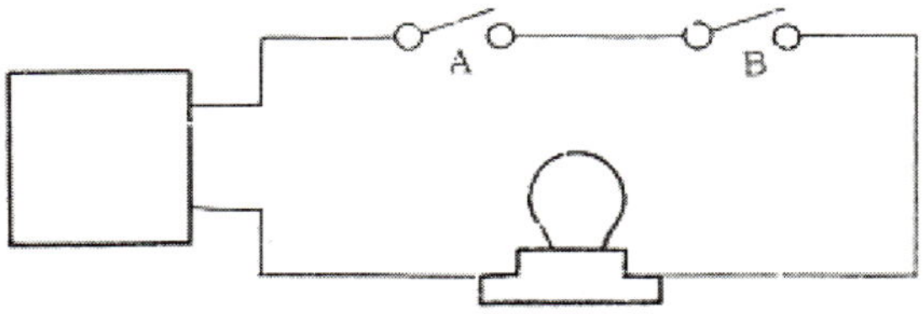


(b) 등가회로

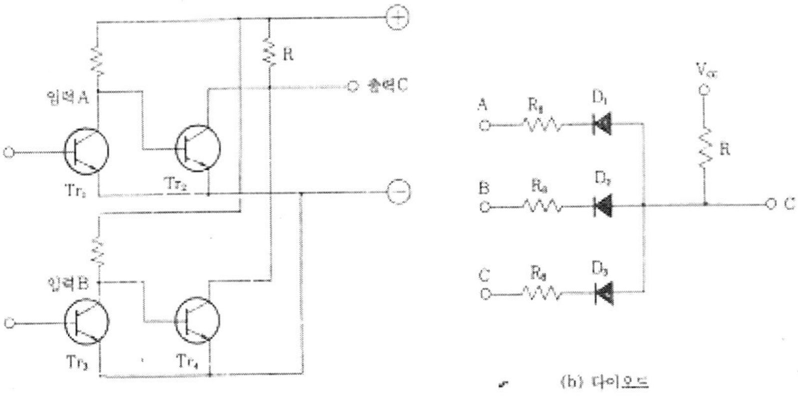


(a) TR (b) 다이오드

AND회로의 구성

[ AND 회로 ]

② 논리합(OR :병렬회로) : OR는 AND와 달리 두 개의 조건중 하나만 만족시켜도 출력이 나온다. AND와 마찬가지로 OR도 TR 또는 다이오드로도 구성이 가능하다.

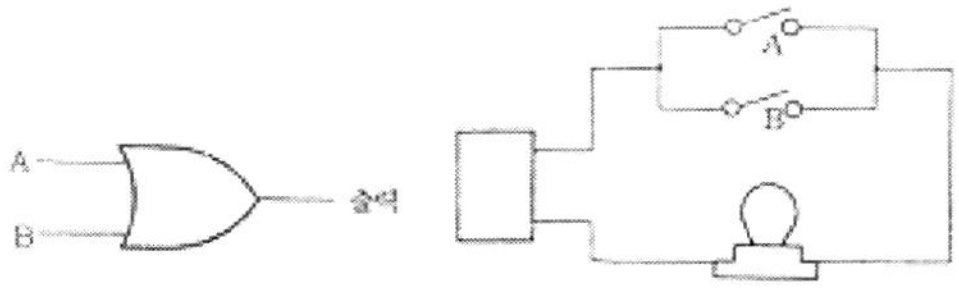


(a) 기호 (b) 등가회로

등가회로

| A | B | 출력 |
|---|---|---|
| 0 | 0 | 0 |
| 0 | 1 | 1 |
| 1 | 0 | 1 |
| 1 | 1 | 1 |

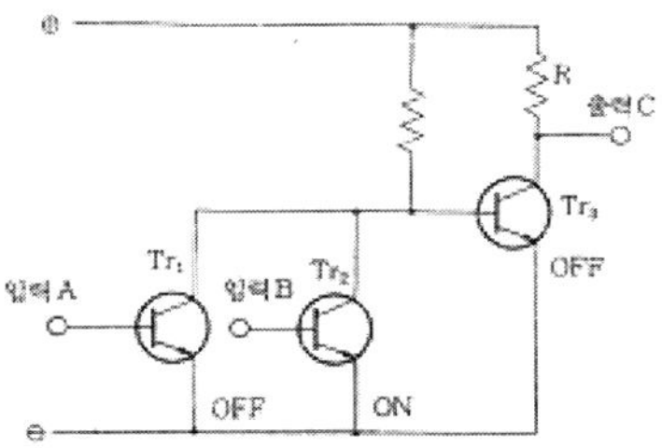


(a) TR

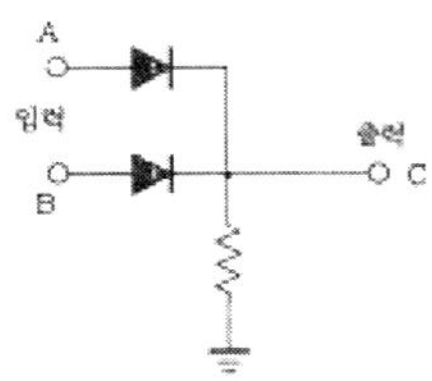


(b) 다이오드

OR회로의 구성

[ OR 회로 ]

③ 논리부정 (NOT) : NOT은 입력이 1이면 출력은 0, 즉 입력과 반대의 성질을 가지고 있다.

| A | 출력 |
|---|---|
| 0 | 1 |
| 1 | 0 |

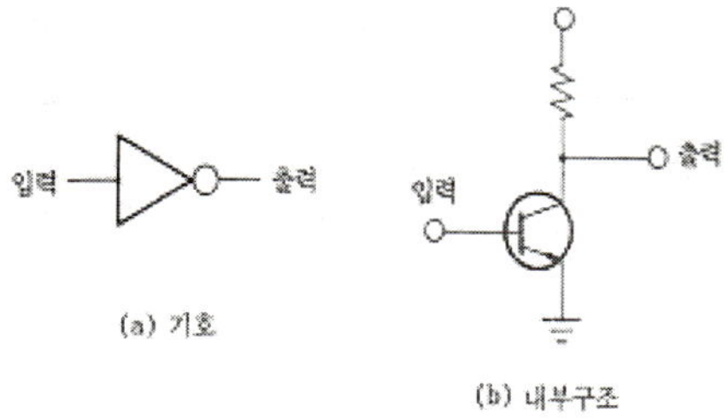


[ NOT 회로 ]

④ 논리곱 부정(NAND) : NAND는 AND의 부정을 의미하여 NAND의 출력은 진리표 보여 주는 것과 같이 AND출력의 반대를 가지고 있다. NAND로서 NOT와 AND또는 OR를 만들 수 있다.

| A | B | 출력 |
|---|---|---|
| 0 | 0 | 1 |
| 0 | 1 | 1 |
| 1 | 0 | 1 |
| 1 | 1 | 0 |

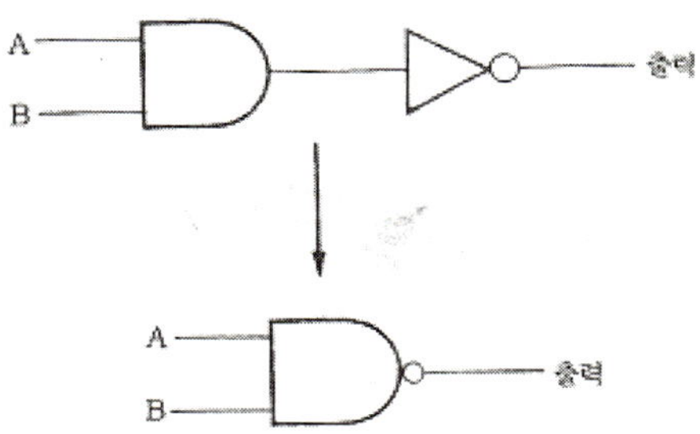


[ NAND 회로 ]

⑤ 논리합 부정(NOR) : NOR역시 OR의 반대 출력이 나온다. 이러한 NAND나 NOR는 회로 설계시에 설계자의 하드웨어(hard were) 제작에 참고가 된다. 이러한 것은 기본이 되는 AND나 OR를 이해하면 쉽게 알 수 있다.

| A | B | 출력 |
|---|---|---|
| 0 | 0 | 1 |
| 0 | 1 | 0 |
| 1 | 0 | 0 |
| 1 | 1 | 0 |

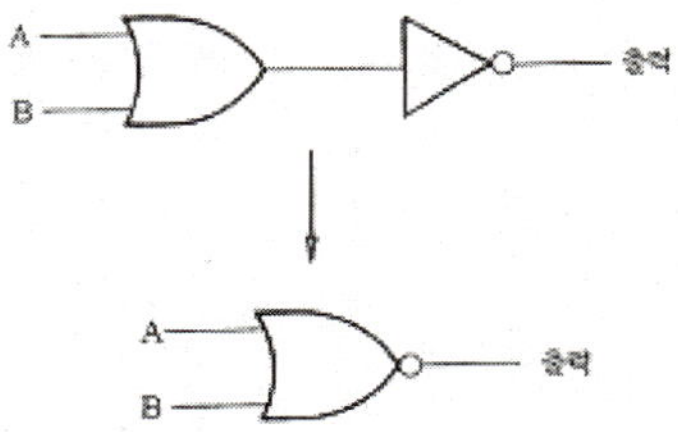


[ NOR 회로 ]

(4) IC(integrated circuit : 집적 회로)

IC란 인터그레이티드 서킷(집적한, 가득채운 회로) 을 말하며 머리문자인 I와 C를 딴 것이다. 이 집적회로는 많은 회로 소자로 구성된다. 예를 들면 다이오드 트랜지스터, 저항, 콘덴서 등을 하나의 실리콘 결정의 기판에 회로를 집적한 것이다.
IC의 소자는 몇 개에서 수천 개의 트랜지스터를 가로 세로가 몇 mm인 실리콘 칩 위에 형성한 것이며 세라믹이나 플라스틱의 패키지 속에 들어 있다.

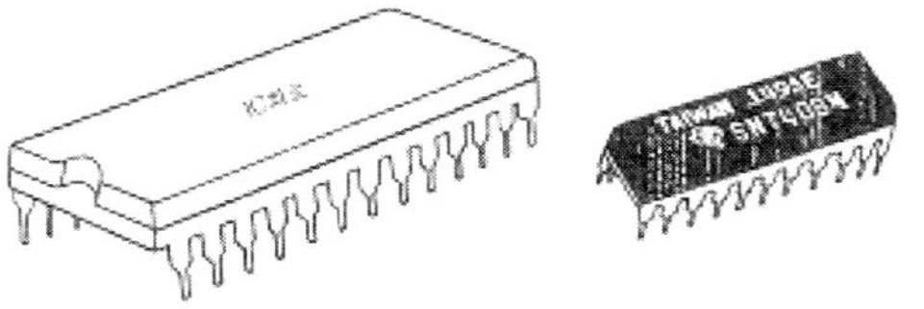

[ IC ]

1) IC의 종류

| 명 칭 | 소 자 수 |
|---|---|
| SSI (Small Scale Integrated Circuit)<br>소규모 집적회로 | 약 100개 정도 |
| MSI (Middle Scale Integrated Circuit)<br>중규모 집적회로 | 약 100 ~ 1000개 정도 |
| LSI (Large Scale Integrated Circuit)<br>대규모 집적회로 | 1만개 이상 |
| VLSI(Very Scale Large Integrated Circuit)<br>초 대규모 집적회로 | 10만개 이상 |

2) IC의 기능
IC는 그 기능에 따라 디지털(숫자 표시) IC와 아날로그(지침식) IC로 나눌 수 있다. 디지털 IC란 Hi와 Lo 2가지 전기 신호를 취급하여 이 2개의 레벨 사이를 스위칭 하는 기능을 갖는다. 이 전기 신호 즉, 디지털 신호는 "있다" 또는 "없다"를 신호로 사용하고 있으며, 있다를 1, 없다를 0으로 표현한다. 이 전기신호(전압)가 1이냐 0이냐는 미리 어느 전압을 기준으로 그보다 크면 1이고 작으면 0으로 한다.
아래 그림과 같이 신호의 크기가 다소 변화해도 기준전압 이상이면 1이고 기준전압 이하이면 0이라는 것이다. 숫자로서의 1과 0이 아니라 어디까지나 기준으로 편의상 사용하는 것에 지나지 않는다. 1과 0 대신에 예를 들어 1과 2를 사용해도 되므로 이 점에 유의해야 한다.
따라서 신호가 1인 때와 0인 때의 차를 어느 정도 크게 하면(예를 들어, 1=5V 0=0V) 매우 안정된다.

또 디지털 신호는 1과 0의 2종류 밖에 없으며 이것만으로는 여러 가지 신호를 표현할 수 없다. 그러므로 몇 가지 조합으로 신호를 표현하고 있다. 특히 마이크로컴퓨터 등에 이용되고 있다.

다음에 아날로그 신호란 아날로그 신호를 입력으로 하여 그대로의 파형으로 증폭하여 출력하는 기능을 갖고 있기 때문에 리니어 IC라고도 한다.
아날로그 신호란 저항의 온도에 따른 전류의 변화와 같이 연속적으로 변화하는 신호를 말한다. 아날로그 IC는 음향부품의 증폭회로 등에 많이 이용되고 있다.

3) IC(집적회로)의 특징
① 고장이 적고 신뢰성이 있다.
② 가격이 저렴하다.
③ 회로의 소형화, 경량화가 가능하다.
④ 고속화할 수 있다

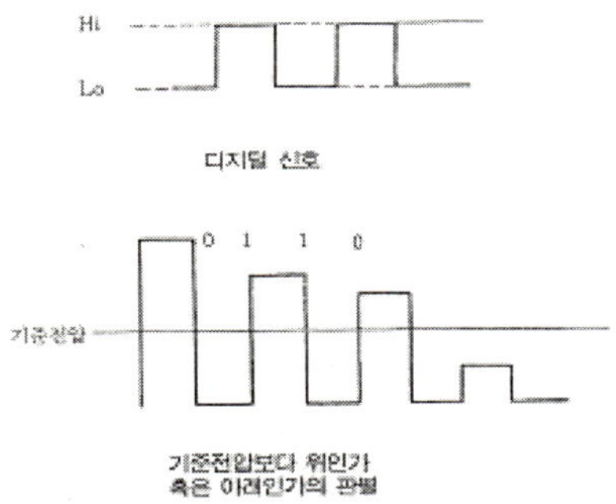


[ 디지털 신호 ] - 동신 352 1-48,49

4) IC 장단점

| 장점 | 단점 |
|---|---|
| 1.소형 경량화<br>2.대량생산 , 가격이 싸다<br>3.고장이 적다<br>4.진동에 강하다<br>5.소비 전력이 작다 | 1.열에 약하다 (방열기 사용)<br>2.용량이 큰 콘덴서는 IC회로가 곤란 |

# 제2장 축전지

## 2-1. 구성

(1) 개요

1) 정의 : 축전지는 전류의 화학적 작용을 이용한 장치이며 양극판, 음극판 그리고 전해액으로 구성되어 있다. 각 극판의 작용물질과 전해액이 가지는 화학적 에너지를 전기적 에너지로 바꿀 수 있고(이것을 방전이라고 한다). 또 전기적 에너지를 주면 화학적 에너지로 저장(이것을 충전이라고 한다)할 수 있는 장치이다.

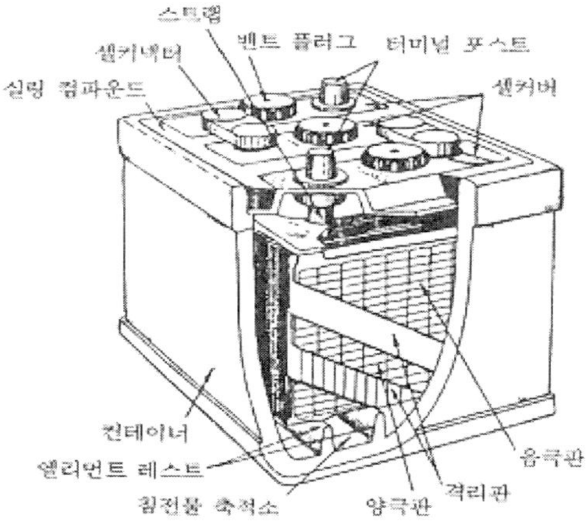


[ 축전지의 구조 ]

2) 전지와 축전지

① 1차 전지 (일반전지) : 재사용이 불가능한 것 (비가역성)

② 2차 전지 (축전지) : 재사용이 가능한 것 (가역성)

3) 축전지의 기능

① 시동시 전기적 부하 담당

② 발전기 고장시 주행전원으로 작용

③ 발전기 출력과 부하와의 언밸런스 조정

4) 축전지의 구비조건

① 소형이며 가벼울 것.

② 수명이 길 것.
③ 심한 진동에 견딜 것.
④ 다루기가 쉬울 것.
⑤ 용량이 크고 가격이 저렴할 것.

5) 축전지의 종류
① 납산 축전지(lead - acid battery)
양극판은 과산화납($PbO_2$), 음극판은 해면상납(Pb), 전해액은 묽은 황산($2H_2SO_4$)이며, 현재 자동차에 사용하고 있는 축전지이다.

② 알칼리 축전지(Ni - cd battery)
양극판은 수산화 제2니켈, 음극판은 카드뮴, 전해액은 가성알카리용액이며, 특징은 과충전, 과방전, 장기방치 등의 가혹한 조건에서 잘 견디고 실효년수가 10~20년이며, 고율방전 성능이 우수하다. 그러나 에너지 밀도가 납산 축전지 정도이며, 가격이 비싸고 다량으로 공급이 어렵다.

(2) 축전지의 작용

1) 작용물질
① 양(+)극판 : 과산화납($PbO_2$)
② 음(-)극판 : 해면상납(Pb)
③ 전해액 : 묽은 황산($2H_2SO_4$)

2) 충/방전 중의 화학 작용

$$\mathrm{PbO_2}(\text{양극판 : 과산화납}) + 2\mathrm{H_2SO_4}(\text{전해액 : 묽은황산}) + \mathrm{Pb}(\text{음극판 : 해면상납}) \underset{\text{충전}}{\overset{\text{방전}}{\rightleftarrows}} PbSO_4(\text{양극판 : 황산납}) + 2H_2O(\text{전해액 : 물}) + PbSO_4(\text{음극판 : 황산납})$$

## 2-2. 구조 및 기능

축전지의 구조는 케이스에 12V 축전지의 경우에는 6개의 셀(cell : 단전지)이 있고, 이 셀 속에 양극판, 음극판, 전해액이 들어 있으며 이들이 화학적 반응을 하여 셀마다 약 2.1V의 기전력을 발생시킨다. 양극판이 음극판보다 더 활성적이기 때문에 양극판의 화학적 평형을 고려하여 음극판이 1장 더 많다.

(1) 극판(plate)

1) 양극판
① 재질 : 과산화납
② 색깔 : 암갈색
③ 특질 : 다공성으로 화학작용이 활발하다.

④ 수량 : 셀 당 13 ~ 14장

2) 음극판
① 재질 : 해면상납
② 색깔 : 회색
③ 수량 : 양극판 보다 1장 더 많다.

[보충정리]
㈜ 음극판에 비해 양극판이 활성적이라 두 극판사이의 화학적 평형을 고려하여 셀당 음극 판을 양극판보다 1장 더 둔다.
㈜ 축전지 셀의 극판 면적을 크게 하면 이용 전류가 많아진다.
㈜ 셀(sell) : 즉 단전지 내의 극판의 수나 면적의 크기는 이용전류의 양을 결정

3) 격자
① 납과 안티몬의 합금
② 작용물질의 탈락 방지
③ 전기 전도체

4) 극판의 두께 : 2 ~ 3mm

5) 극판의 수 : 셀 당 양극판의 수로 3 ~ 5개 (최고 14개)

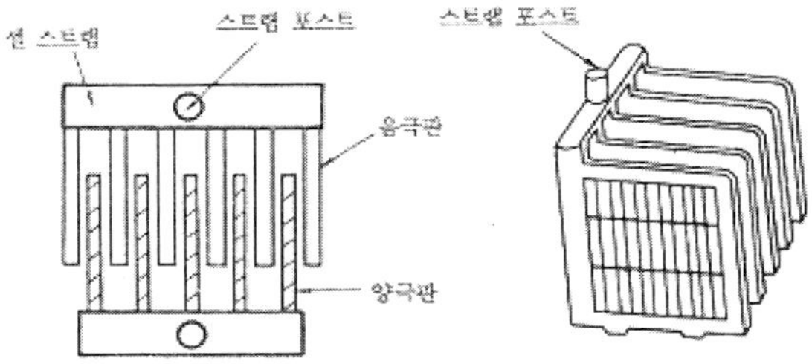

(a) 극판의 조립 (b) 극판군의 구조

[ 극판군의 구성 ]

(2) 격리판(separators)

1) 기능
양(+)극판과 음(-)극판 사이에 끼워져 양쪽 극판이 단락되는 것을 방지하는 일을 하며, 양쪽 극판이 단락(short)되면 축전지 내에 저장되었던 전기적 에너지가 소멸된다.

2) 종류

격리판은 합성수지로 가공한 강화섬유 격리판, 고무를 주재료로 한 미공성 고무 격리판 및 합성수지 격리판 등이 사용된다. 또 격리판은 홈이 있는 면이 양극판 쪽으로 끼워져 있는데 이는 과산화납에 의한 산화 부식을 방지하고 전해액의 확산이 잘 되도록 하기 위함이다.

3) 필요조건

① 다공성이며 비전도성 일 것.
② 전해액의 확산이 잘 될 것.
③ 전해액에 부식되지 않을 것.
④ 기계적 강도가 있을 것.
⑤ 극판에 나쁜 물질을 내 품지 않을 것.

(3) 케이스 및 극판군(또는 단전지, 엘리먼트 : plate group or element)

1) 케이스

① 재질 : 합성수지로 일체 성형
② 엘리먼트레스트(브릿지) : 작용물질의 탈락 또는 불순물의 침전에 의한 극판의 단락을 방지

2) 극판군 (단전지)

① 기능 : 몇 장의 극판을 단자 기둥과 함께 접속시킨 것
② 단전지셀 : 축전지는 통상 6개의 셀로 구성(셀당 단자 전압 : 2.1[V] , 단전지 6개를 직렬로 이으면 12.6[V] 통상 12[V]라 한다.
③ 완전 충전시 기전력
㉮ 셀 당 기전력 : 2.1 ~ 2.3[V]
㉯ 단자전압 : 12.6 ~ 13.8[V]
㉰ 기전력의 크기
㉠ 전해액의 온도에 비례
㉡ 전해액의 비중에 비례
㉢ 방전 점도에 반비례

3) 필러플러그

① 단전지마다 별개로 된 것과 전체가 일체로 된 것이 있으며 일반적으로 별개로 된 것이 많이 사용된다.
② 단전지마다 공기구멍이 있는 플러그가 있어 화학 작용 시 발생하는 가스를 배출한다.

(4) 커넥터와 단자 기둥(terminal plate)

1) 정의

① 커넥터 : 단전지와 단전지를 직렬로 연결하는 것이며 납 합금으로 되어 있다.
② 단자기둥 : 납 합금으로 되어 있으며 외부 회로와 접속할 수 있도록 한 것.

2) 단자 기둥 식별 법

① 직경 : 양(+)극 단자가 음(-)극보다 더 굵다 (길이는 같다).

② 단자색 : 양(+)극은 적갈색 , 음(-)극은 흑색

③ 문자 '+', '-' 또는 P(POS), N(NEG)

④ 위치 : 용량이 표시된 쪽이 (+)

(5) 전해액(electrolyte)

1) 기능 및 구성

① 순수한 황산 + 순수한 물(증류수)=묽은 황산($H_2SO_4$)

② 극판과 접촉하여 화학작용 발생 (전류 생성, 전류 저장)

③ 단전지 (셀) 내부의 전류 전도 작용

2) 비중

① 열대 : 1.240 / 20℃

② 온대 : 1.260 ~ 1.280 /20℃

③ 한대 : 1.280 ~ 1.300 /20℃

[보충정리]
㈜ 비중이 1.28인 축전지 : 완전 충전

3) 충/방전과 비중의 변화

① 충전시 원래의 비중으로 환원되므로 전해액 비중이 높아진다.

② 방전시 황산이 극판에 침투되므로 전해액 비중이 낮아진다.

③ 축전지의 비중 측정은 비중계를 이용하여 측정한다.

| 전해액 비중 | 충전량 (%) | 전해액 비중 | 황산 함유량 (%) |
|---|---|---|---|
| 1.260 | 100 | 1.300 | 40 |
| 1.210 | 75 | 1.250 | 33 |
| 1.150 | 50 | 1.200 | 28 |
| 1.100 | 25 | 1.150 | 21 |
| 1.050 | 0 | | |

4) 온도와 비중의 변화

① 전해액의 온도가 1℃ 변화함에 따라 비중은 0.00074 변화

② 온도가 올라가면 비중은 작아지고, 온도가 낮아지면 비중은 커진다.

③ 표준 온도 = 20℃ 또는 25℃

④ 표준 온도로의 비중 환산

$$S_{20} = S_t + 0.00074(t-20)$$

$$S_{25} = S_t + 0.00074(t-25)$$

[보충정리]
㈜ 1.260의 비중을 갖는 묽은 황산 1리터에 약 35%의 황산이 포함되어 있으며 패러데이 법칙에 의해 1[AH]방전에 대해 황산은 3.600g이 소비되며 물은 0.67g이 생성된다.
㈜ 비중이 1.200(20℃)정도 저하되면 보충하여 충전한다.
㈜ 비중이 1.28의 묽은 황산 1ℓ 속에 40%의 황산이 포함되어 있으면 물은 몇g포함?
- 황산중량 : 1.28 × 1000g = 1280g
  1280 × 0.40 = 512
- 물의 중량 : 1280g - 512g = 768g

⑤ 측정한 전해액으로부터 축전지의 방전량을 구하는 식

$$\text{방전량}(\%) = \frac{\text{완전충전시 비중} - \text{측정한 비중}}{\text{완전충전시 비중} - \text{전방전시 비중}} \times 100$$

$$\text{방전량}(AH) = \frac{\text{완전충전시 비중} - \text{측정한 비중}}{\text{완전충전시 비중} - \text{전방전시 비중}} \times \text{용량}(AH)$$

[보충정리]
(주) 방전량은 비중을 측정하거나 축전지용량 시험기로 측정한다.

5) 전해액 비중과 빙결
① 비중이 낮으면 빙결(동결) 온도가 높아지고 , 비중이 높으면 빙결(동결) 온도가 낮아진다.
② 전해액이 빙결되면 극판의 작용물질이 파괴 탈락되어 사용 불가능함 .

(6) 방전 종지 전압

1) 정의 : 축전지를 어떤 전압 이하로 방전하여서는 안 되는 전압을 말한다.

2) 방전 종지 전압의 크기
① 단전지 (셀)당 : 1.75 [V] (1.7 ~ 1.8V)
② 단자전압 : 10.5 [V]

3) 축전지를 방전종지 전압 이하로 방전하게 되면 설페이션 현상이 발생한다.

[보충정리]
① 설페이션 현상 (sulphation, 황화현상=유화=영구 황산납)
축전기를 장시간 사용하지 않고 놓아두면 자기 방전으로 인하여 극판표면에 우유 빛 부도성 황산납의 결정이 생기는 것으로, 이 현상이 오래 지속되면 충전을 하여도 극판의 작용물질은 본래의 과산화납이나 해면상납으로 되돌아가지 않게 된다. 설페이션의 원인은 다음과 같다.
㉠ 과방전을 하였을 때
㉡ 극판이 단락되었을 때
㉢ 전해액의 비중이 너무 높거나 낮을 때
㉣ 전해액의 부족으로 극판이 노출되어 있을 때
㉤ 전해액에 불순물이 혼입되었을 때
㉥ 불충분한 충전을 반복하였을 때

(7) 축전지 용량

1) 완전 충전된 축전지를 방전시 방전 종지 전압이 될 때까지 방전시킬 수 있는 용량을 말한다.

2) 단위는 AH(ampere hour rate : 암페어시 용량)로 시간당 방전량과 방전시간으로 나타낸다.

3) 축전지 용량의 크기를 결정하는 요소
① 셀당 극판의 수
② 극판의 크기(면적)
③ 전해액 (황산)의 양에 의해 결정된다.

4) 용량표시 방법
① 20시간율 (우리나라에서 사용하는 방법) : 일정 방전전류를 연속 방전하여 셀당 방전끝 전압이 1.75V 될 때까지 20시간 방전할 수 있는 전류의 총량이며, 일반적으로 사용하는 방전율이다.
② 25A율 : 26.6℃(80°F)에서 일정 방전전류(25A)로 방전하여 셀당 전압이 1.75V에 이를 때까지 방전하는 것을 측정하는 것으로 발전기 고장시 등에 부하에 전류를 공급하기 위한 축전지 능력을 표시한다.
③ 냉간율 : -17.7℃(0°F)에서 300A로 방전하여 셀당 전압이 1V 강하하기까지 몇 분정도 소요되는가를 표시한다.

(8) 자기 방전

1) 정의 : 완전 충전된 축전지를 사용하지 않아도 방치하여 두면 조금씩 자연방전을 하여 용량이 감소되는 현상이다.

2) 원인

① 음극판의 작용물질(Pb)이 황산과의 화학작용으로 황산납이 되면서 자기방전이 되며 이때 수소 가스를 발생시킨다. (구조상 부득이 한 것)

② 전해액에 포함된 불순 금속 때문에 국부 전지가 형성되어 방전된다. (불순물에 의한 것)

③ 탈락한 극판의 작용물질이 축전지 내부의 밑이나 옆에 퇴적되거나 격리판이 파손되어 양 극판이 단락되어 방전된다. (내부 단락에 의한 것)

④ 축전지 커버 윗면에 부착된 전해액이나 먼지 등에 의한 누전의 경우

3) 자기방전량

축전지 용량에 대한 백분율(%)로 표시되며, 24시간 동안 실용량의 0.3~1.5% 정도이다.

① 전해액의 온도가 높을수록 크다.

② 불순물이 많을수록 크다.

③ 전해액의 비중이 클수록 크다.

4) 온도에 따른 자기방전량과의 관계

| 온도 | 방전량(%) | 비중저하량 |
|---|---|---|
| 30도 | 1% | 0.002 |
| 20도 | 0.5% | 0.001 |
| 5도 | 0.25% | 0.0005 |

5) 충전시기 : 완전 충전된 축전지라도 보관 시에는 15일마다 보충전을 실시한다.

[보충정리]
㈜ 충전되어 보관된 축전지의 자기방전 비율은 온도가 높아지면 높아진다.

(9) 축전지의 수명

1) 설페이션 현상 (황화현상)

① 현상 : 극판이 영구황산납이 되는 현상

② 설페이션의 원인

㉮ 장시간 방전 상태로 방치

㉯ 전해액 양의 부족

㉰ 내부 단락

㉱ 과방전

2) 사이클링 쇠약

① 극판의 다공성이 상실되어 화학작용이 일어나지 않는 현상

② 극판의 작용물질이(특히 양극판) 탈락되어 화학작용이 일어나지 않는 현상

## 2-3. 기타 축전기

(1) 알칼리 축전기

1) 양(+)극판 : 수산화니켈 분말 + 흑연

2) 음(-)극판 : 카드뮴을 주제로 한 배합 물질

3) 전해액 : 수산화칼리 용액 (KOH)

4) 특징
① 수명이 길고 가격이 고가이다.
② 냉간 시동성능 및 내구성이 좋다.

(2) MF축전지 (maintenance free battery)

1) 기능 : 자기방전이나 화학반응을 할 때 발생되는 가스로 인하여 전해액의 감소를 줄이기 위하여 개발된 축전지이다.

2) 특징
① 증류수를 보충할 필요가 없다.
② 장기간 보존할 수 있다.(자기방전이 적다)
③ 저안티몬 합금의 격자(grid)로 사용

3) 구조
① 양(+)극판 : 납과 저안티몬 합금
② 음(-)극판 : 납과 칼슘 합금
③ 벤트플러그는 밀봉되어 있으며, 플러그에 촉매제를 보관한다.

## 2-4.축전기 충전법

(1) 초충전
1) 축전지를 처음 사용하기 전에 시행하는 충전

2) 축전지에 규정의 전해액을 넣고 2 ~ 12시간 내에 축전지 용량의 5%의 충전용량으로 60 ~ 70시간 정도 충전 실시한다.

(2) 보충전
1) 기능 : 사용 중인 축전지의 재사용을 위하여 시행하는 충전

2) 정전류 충전법

① 충전 전류를 일정하게 설정하고 충전

② 전류의 구분

㉮ 표준용량 : 축전지 용량의 10% (예 : 40Ah의 축전지는 4A 이하)

㉯ 최소용량 : 축전지 용량의 5% (밤샘 충전)

㉰ 최대 용량 : 축전지 용량의 20%

③ 특징

㉮ 극판의 손상이 적다.

㉯ 과충전이 되기 쉽다.

㉤ 충전 말기에 양(+)극판 쪽에서 산소가스를, 음(-)극판 쪽에서 수소가스를 발생한다.

④ 주의사항

㉮ 통풍이 잘되는 곳에서 실시

㉯ 증류수의 양을 확인한다.

㉰ 벤트플러그를 모두 열어 놓는다.

㉱ 전해액의 온도가 45℃가 넘지 않도록 한다. (why : 음극판에서 발생되는 수소가스의 폭발성 위험)

㉲ 충전 중 화기금지

3) 정전압 충전

① 정의 : 충전 전압을 일정하게 충전

② 특징

㉮ 극판이 손상되기 쉽다.

㉯ 과충전의 우려가 없다.

㉰ 가스의 발생이 거의 없다.

㉱ 자동차 충전 장치에 이용한다.

③ 주의사항

㉮ 축전지의 충전을 가급적 빠른 시간 내에 실시한다.

㉯ 전위차가 커지면 수명이 짧아진다.

4) 단별 전류 충전법

① 정전류 충전법의 변형

② 충전중의 전류의 용량을 단계적으로 감소시켜 과충전 낭지

5) 급속 충전법

① 정의 : 시간적 여유가 없을 때 실시

② 충전 전류 : 축전지 용량의 1/2

③ 주의 사항

㉮ 통풍이 잘되는 곳에서 실시

㉯ 충전 중 축전지에 충격이 없도록

㉰ 충전 시간을 짧게 할 것

㉱ 전해액의 온도가 45℃ 이상이 되지 않도록 할 것

㉮ 차에 설치한 상태로 실시하지 말 것
㉯ 병렬 충전을 실시하지 말 것

6) 차량에서 충전 주의 사항
㉮ 양 터미널을 완전히 제거할 것 (발전기 다이오드의 손상 방지)
㉯ 극성을 바르게 연결할 것

## 2-5. 점검 및 정비

(1) 전해액 및 증류수 보충
① 극판 위 10 ~ 13㎜
② 축전지에 전해액이 부족할 시는 증류수만을 보충한다.
③ 전해액 만들기 : 적당한 양의 증류수를 용기 속에 먼저 넣은 후 황산을 조금씩 부으면서 유리봉으로 저어 혼합

(2) 케이스의 청소 : 중탄산소다로 중화한 후 물로 세척

(3) 축전지 시험
① 저항 시험
② 경부하 시험
③ 중부하 시험 (축전지 용량시험)

[보충정리]
㈜ 온도가 내려가면 축전지의 비중은 내려간다.
㈜ 축전지 셀의 경부하 시험에서 각 셀의 전압차이가 0.05[V]이내이면 양호한 축전지
㈜ 충전 중인 축전지를 살펴보니 양극 케이스가 부풀어 있다 그 원인은 과충전에 의한 양극판 격자의 산화이다.
㈜ 전해액 비중이 저하되면 빙점(어느점)는 올라간다.
㈜ 12[V] 축전지인 경우 크랭킹 할 때 전압은 약 10.5[V] 이상

# 제3장 시동장치

## 3-1. 개요

(1) 필요성 : 엔진은 자기 기동을 할 수 없기 때문에 외력으로 기동시켜야 한다.

(2) 시동 회전 속도 및 출력
① 가솔린 엔진 : 0.5 ~ 1.5(2.0) PS/100rpm (1PS = 0.736KW)
② 디젤 엔진 : 3.0 ~ 10PS/180rpm

(3) 전동기
① 원리 : 자장 내에 도체를 설치하고 도체에 전류를 보내면 도체는 플레밍의 왼손 법칙에 따라 움직인다.

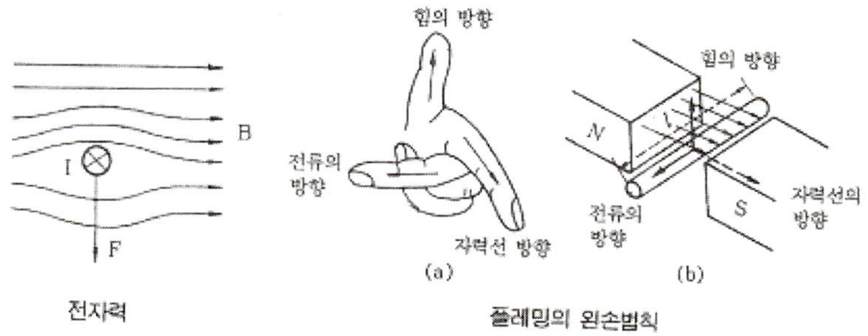


[ 기동전동기의 원리 ]

② 전동기의 출력 : 자력선의 크기 × 전류의 크기
③ 전동기의 종류
㉮ 직권전동기
㉠ 전기자(아마추어)와 계자(필드)를 직렬로 연결
㉡ 시동 회전력은 크나 부하에 따라 회전 속도의 변화가 심하다.
㉢ 시동모터에 사용

㉯ 분권전동기
㉠ 전기자(아마추어)와 계자(필드)를 병렬로 연결
㉡ 시동 회전력은 작으나 회전 속도가 일정하다
㉢ 자동차에서는 발전기에 사용

㉰ 복권전동기
㉠ 전기자(아마추어)와 계자(필드)를 직렬과 병렬로 연결

㉡ 직권과 분권의 공통 특성
㉢ 자동차에는 와이퍼 , 윈도우 모터에 사용

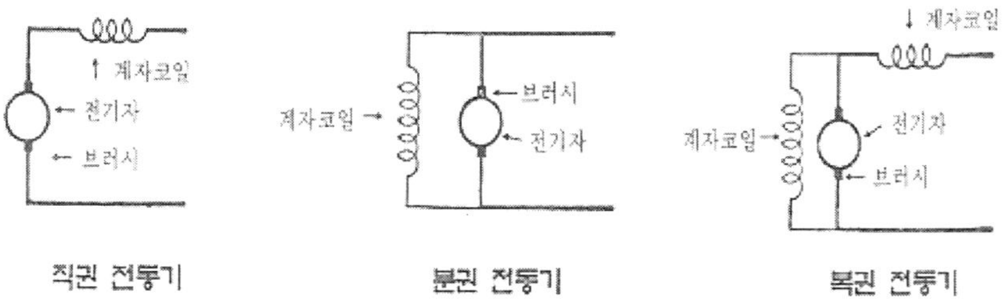


[ 직류전동기의 종류 ]

| [보충정리] |
|---|
| ㈜ 자동차용 기동 전동기는 직류 직권식 전동기. |

## 3-2. 시동(기동) 전동기

(1) 구조 및 작동

① 기동전동기 구동 방식(피니언을 링기어에 물리는 방식) : 벤딕스식, 피니언 섭동식, 전기자 섭동식

② 시동 모터의 피니언과 링기어 간극은 3.5 ~ 4.5mm이고 백래시는 0.6 ~ 0.8mm이다

③ 기동전동기는 작동상 다음의 3주요부로 나누어진다.

㉮ 회전력을 발생하는 부분(전동기)

㉯ 회전력을 기관의 플라이 휠 링기어에 전달하는 동력전달기구

㉰ 피니언을 섭동시켜 플라이 휠 링기어에 물리게 하는 부분

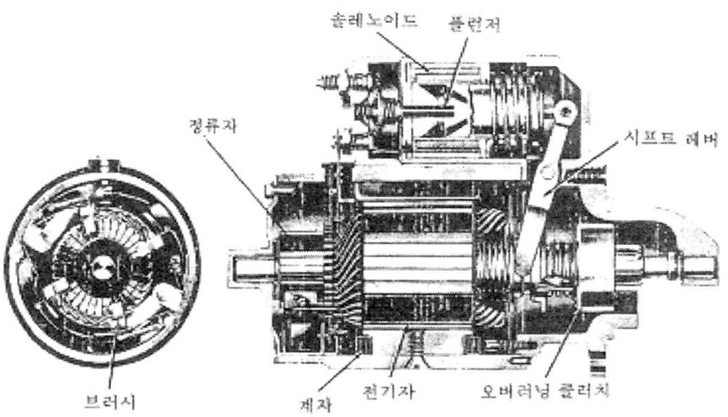


[ 기동 전동기의 구조 ]

1) 전기자 (아마추어 : armature)

전기자는 축, 전기자 철심, 전기자 코일, 정류자로 구성되어 있고 축의 재질은 특수강이며, 피니언 섭동부에는 스플라인이 파져 있다. 전기자 철심은 자력선을 잘 통과시키고 맴돌이 전류를 감소시키기 위하여 0.35~1.0mm의 얇은 철판을 각각 절연하여 겹쳐 만들었으며, 바깥 둘레에는 전기자 코일이 들어가는 홈이 파져 있다.

| [보충정리] |
|---|
| ① 전기자 기능 : 회전력 발생 |

② 전기자 코일

㉮ 평각선 사용 : 큰 전류가 흐를 수 있도록

㉯ 정류자편과 연결

㉰ 절연체로 감싸여짐

㈜ 전기자 코일이 떨어진 경우는 과도한 속도 발생을 의미

③ 전기자 철심

㉮ 0.35 ~ 1.0mm의 규소 강판을 성층

㉯ 자력선 통과시키고 맴돌이 자장(전류)는 감소

④ 전기자 축

㉮ 특수강

㉯ 코일 움직임을 회전운동으로 전환

㈜ 기동전동기 전기자(아마추어)의 정비 시 주의사항

- 납땜을 할 때에는 수지 플러스를 사용
- 정류자가 편심 되었으면 선반에 의해 수정해야 한다.
- 정류자 면 사이의 마이카(mica)는 0.5 ~ 0.8mm 정도이다

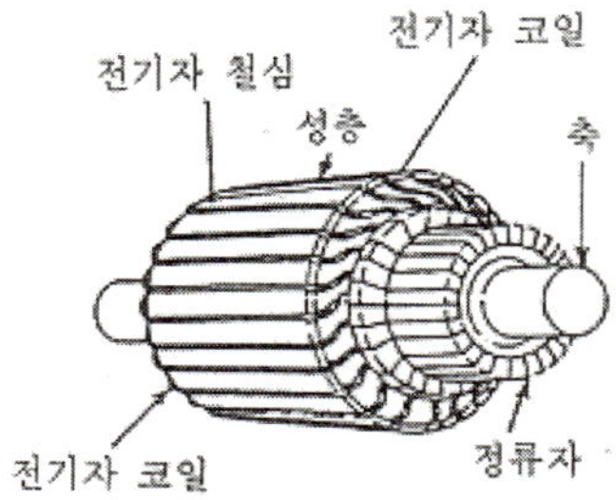


[ 전기자 ]

2) 정류자(commutator)

정류자는 경동으로 만든 정류자편을 절연체로 싸서 원형으로 제작한 것이며, 작용은 브러시에서의 전류를 일정한 방향으로만 전기자코일로 흐르게 한다.

| [보충정리 : 정류자] |
|---|
| ① 기능 : 브러시와 접촉하여 전류를 일정 방향으로 흐르게 함. |
| ② 재질 : 경동 |
| ③ 형태 : 조각(세그먼트 : segment)으로 된 정류자편을 절연체로 싸서 원형으로 한 것 |
| ④ 절연체 : 운모(마이카) |
| ⑤ 정류자편과 편 사이 : 약 1mm정도 |
| ⑥ 언더 컷 |
| ㉮ 정류자편과 운모 사이의 깊이 |
| ㉯ 언더컷이 한계값 이하이면 정류자와 브러시의 접촉이 불량해진다. |
| ㉰ 규정값 : 0.5 ~ 0.8mm (한계 0.2mm) |
| ㈜ 기동 전동기의 접촉이 불량할 때 정류자편이 소손되기 쉽다 |

3) 브러시와 브러시 홀더(brush and brush holder)

브러시는 정류자를 통하여 전기자코일에 전류를 출입시키는 일을 하며, 보통 4개가 설치되는데 2개는 절연된 홀더에 지지되어 정류자와 접속되고 다른 2개는 접지된 홀드에 지지되어 정류자와 접속된다. 기동전동기의 브러시는 큰 전류가 흐르기 때문에 재질은 금속 흑연계의 것이 대부분 사용된다. 브러시는 스프링의 장력에 의하여 정류자에 압착되며, 홀더내에서 상하로 섭동한다. 이 스프링의 장력은 0.5~1.0kg/㎠ 정도이며, 브러시가 표준길이에서 1/3 이상 마모되면 교환한다.

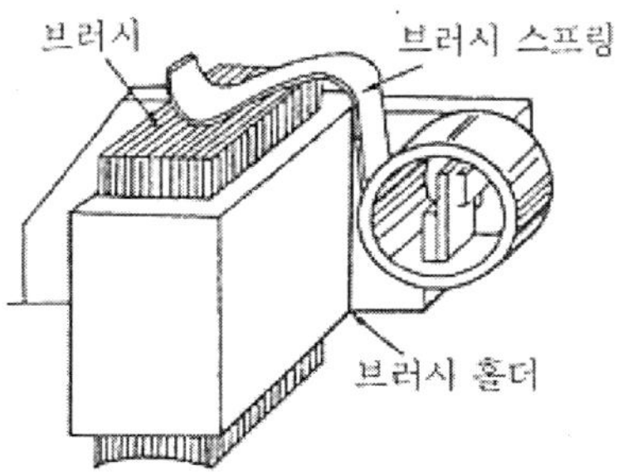


[ 브러시와 브러시 홀더 ]

[보충정리 : 브러시와 브러시 홀더]
① 브러시
㉮ 금속 흑연계를 사용
㉯ 정류자와 접촉
㉰ 절연브러시는 브러시 홀더 사이에 절연체 (합성수지 ) 삽입
㉱ 사용한계 : 1/3 마모 (발전기의 브러시 사용한계 : 1/2 마모)

② 브러시 스프링 : 규정 장력 : 0.5 ~ 2.0Kg
㉮ 스프링 장력이 클 때
㉠ 정류자 마모 증대
㉡ 브러시 마모 증대
㉯ 스프링 장력이 작을 때
㉠ 정류자와 접촉 불량
㉡ 아크 발생 = 불꽃 방전.
㉢ 정류자와 브러시 소손 증대

③ 브러시 홀더
㉮ 브러시를 고정
㉯ 접지 브러시의 접지 양호

[보충정리]
㈜ 기동 전동기 브러시는 전류를 전기자(아마추어)에 일정방향으로 흐르게 한다.

4) 계자(필드 : field)

① 계자코일(field coil)
계자철심에 감겨져 자력을 일으키는 코일이며, 큰 전류가 흐르기 때문에 평각 구리선이 사용된다. 코일의 바깥쪽은 테이프를 감거나 합성수지 등에 담가 막을 만든다.

[보충정리 : 계자코일]
㉮ 계자 철심 주위에 감겨 계자 철심에 전자력을 발생
㉯ 평각선의 사용하는 이유는 많은 전류를 흐르게 하기 위함.

② 계철 및 계자철심(yoke and pole core)
계철은 자력선의 통로와 기동전동기의 틀이 되는 부분이며, 안쪽 면에 계자코일을 지지하여 자극이 되는 계자철심이 나사로 고정되어 있다.

[보충정리 : 계철과 계자철심]
① 계자철심
㉮ 계자코일에 전류가 흐르면 전자석이 됨
㉯ 4개의 철심 사용

② 계철(=계철하우징)
㉮ 계자코일과 계자철심을 지지
㉯ 계자철심이 전자석이 되면 자속이 흐르는 통로가 됨.

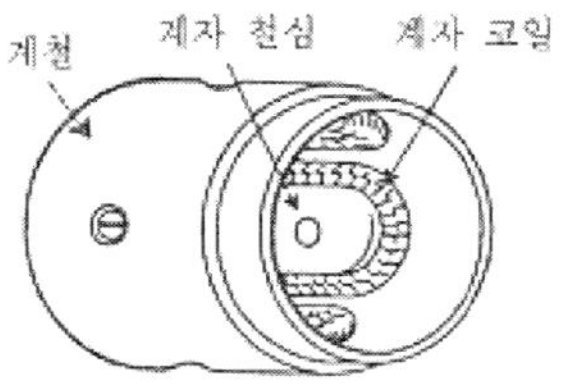


[ 계자코일과 계철 ]

5) 베어링
① 전기자축의 마찰 감소 및 마모 방지한다.
② 하중이 크고 사용 시간이 짧기 때문에 평면 베어링(부싱)을 사용한다.

6) 피니언 기어
① 전기자축에 설치되어 전기자축의 회전력을 외부(엔진)에 전달
② 링기어와의 감속비(기어비) : 10 ~ 15 : 1

(2) 동력전달기구

① 기능 : 동력전달기구는 기동전동기에 발생한 회전력을 기관의 플라이 휠 링기어에 전달하여 기관을 회전시키는 것이다. 플라이 휠 링기어와 피니언의 감속비는 보통 10~15:1로 되어 있으며, 피니언을 링기어에 물리는 방식은 다음과 같은 방식이 있다.

② 벤딕스식(bendix type : 관성 섭동식)
㉮ 피니언의 관성을 이용
㉯ 구조 간단
㉰ 내구성이 작음
㉱ 오버 러닝 (일방향)클러치 불필요
㉲ 구동스프링을 두어 피니언기어 치합시의 충격을 완화한다.

(주) 벤딕스 구동스프링은 엔진 역회전시 쉽게 손상된다.

③ 전기자 섭동식(armature shift type)
㉮ 자력선의 성질을 이용
㉯ 계철의 중심과 전기자축 중심이 옵셋(편심)되어 있다.
㉰ 자장발생용(전기자 이동용)계철이 있다.
㉱ 다판클러치식 오버 러닝 클러치 사용

④ 피니언 섭동식 (sliding gear type)
㉮ 전기자가 회전하기 전에 시프트레버에 의해 피니언기어와 링기어가 치합된다.
㉯ 롤러식 오버러닝 클러치 사용

[보충정리 : 오버러닝 클러치 = 일방향 클러치]
① 한쪽 방향으로만 동력이 전달
② 엔진 기동 후 스위치를 닫아두었을 때 엔진의 동력이 전기자에 전달되는 것을 방지

③ 종류
㉮ 롤러식
㉠ 전동베어링 형식으로 이너레이스에 턱을 둠
㉡ 영구주유식 : 세척제로 세척금지

㉯ 스프래그식
㉠ 직선과 대각선의 길이차를 이용
㉡ 엔진 오일로 주유

㉰ 다판 클러치식
㉠ 건식 다판 클러치 사용
㉡ 과부하시 미끄러짐을 이용 (마찰 클러치의 특징)

[보충정리]
㈜ 기동 전동기 피니언과 링기어 물림 방식 : 오버러닝 클러치식, 벤딕스식, 전기자 슬립식 (섭동식)

(3) 전동기 스위치
① 푸시버튼식

② 전자식 : 솔레노이드를 이용
㉮ 2개의 코일과 3개의 단자로 구성
㉯ 풀인 코일
㉠ 굵은 선으로 되어 있으며 ST단자와 F(M)단자에 접속
㉡ 내부의 플런저를 잡아당겨 B단자와 F(M) 단자를 접촉시킴
㉰ 홀드인 코일

㉠ 가는 선으로 되어 있으며 ST단자와 몸체에 접속
㉢ 접촉되어 있는 플런저의 접촉 상태를 유지시킴

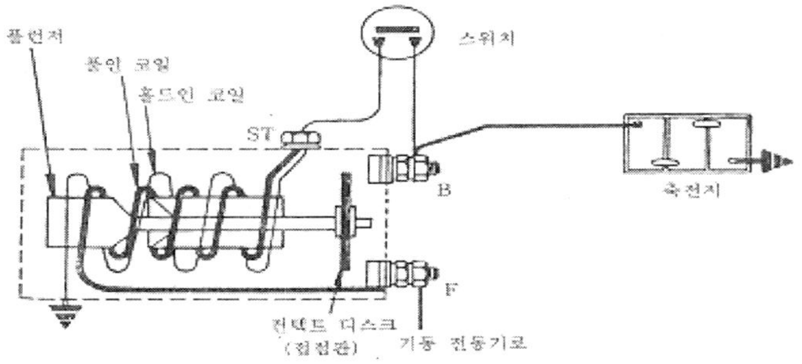


[ 전자석 스위치의 구조 ]

점화 스위치를 ST에 위치하면 풀인 코일과 홀드 인 코일이 자화되어 플런저를 당기면 피니언 기어와 엔진의 링기어가 치합되고 마그네틱 스위치 접점이 닫혀 대전류가 모터를 회전시켜 엔진을 구동시킨다. 이때 풀인 코일은 마그네틱 스위치를 통해 흐르는 전류에 의해 작동하지 않고 홀드 인 코일만 작동한다.
엔진이 구동되어 링기어의 회전이 피니언 기어보다 빠르면 스타트 모터의 소손을 방지하기 위해 치합이 풀린다. 점화 스위치를 놓으면 홀드 인 코일 작동이 중지되어 리턴 스프링에 의해 플런저가 원위치 하며 마그네틱 스위치가 열려 스타트 모터의 작동이 중지된다.

## 3-3. 점검 및 정비

(1) 회로 시험

1) 전기자 시험
① 그로울러 시험기 사용
② 전기자의 단선 , 단락 , 접지 및 정류자 밸런스 시험

2) 계철의 시험
① 그로울러 시험기 사용(회로 시험기로도 가능)
② 계자 코일의 단선 접지 시험

3) 브러시
① 스프링 장력 : 0.5 ~ 1.0 Kg이면 정상
② 브러시 마모 : 1/3 이상 마모 시 교환
③ 브러시 접촉 압력 : 0.5 ~ 1.0kg/㎠

[보충정리]
㈜ 기동 전동기 브러시 스프링의 검사시 스프링의 장력은 각 형식의 규정값에 대해 ± 20%의 허용차 이내여야 한다.

(2) 계측기 시험

1) 무부하 시험
① 사용계측기
㉮ 전류계 회로 내에 직렬로 연결
㉯ 전압계 회로 내에 병렬로
㉰ 가변저항 : 회로 내에 직렬로 연결
㉱ 회전속도계

② 판정
㉮ 큰 전류가 흐르나 회전 속도가 낮고 회전력이 낮을 때
㉠ 베어링의 오손 마모
㉡ 전기자 축의 휨.
㉢ 전기자 또는 계자 코일의 접지
㉣ 전기자 코일의 단락
㉯ 큰 전규가 흐르나 작동되지 않음
㉠ 계자 코일의 단락
㉡ 전기자 축 베어링의 소결

2) 회전력 시험 = 토크 시험
① 정지 회전력을 측정

② 사용계측기
㉮ 전류계
㉯ 전압계
㉰ 가변저항
㉱ 브레이크 암 : 피니언기어를 고정
㉲ 스프링저울 : 브레이크 암에 연결

3) 고정 시험 = 스톨 시험(저항 시험)
① 시동 모터가 회전하지 않도록 하고 측정

② 사용계측기
㉮ 전류계
㉯ 전압계
㉰ 가변저항
㉱ 브레이크 암 퍼니언 기어를 고정

4) 그로울러 시험기에 의한 전기자 시험

① 단락 시험 (Short Test)

② 접지 시험 (Earth Test)

③ 단선 시험 (Open Test)

| [보충정리]<br>㈜ 기동 전동기 조립이 끝나면 하는 성능 시험 : 무부하 시험, 토크 시험, 저항 시험 |
|---|

(3) 계산식

1) 기동전동기의 최소 필요 회전력

$$T = \frac{\text{피니언기어이의 잇수}}{\text{링기어이의 잇수}} \times \text{회전저항}$$

2) 기관에 필요한 기동력

$P = 1.03 \times \text{기관 회전속도}(rpm) \times \text{시동소요 토크}(Kg-m)$

3) 기동전동기의 소모전류

$$I = \frac{P}{V}[A]$$

4) 전동기의 출력

① $P = \dfrac{\text{전동기의 토크} \times \text{전동기의 회전수}}{716}[PS]$

② P = VI [W], 1PS = 736[W]

| [보충정리]<br>㈜ 기동 전동기의 허용 연속 사용 시간은 10초 이내<br>㈜ 엔진이 정상 회전하는데(크랭킹만) 시동이 걸리지 않는 이유 : 1차회로 단선, 접점의 소손, 축전기(콘덴서)의 불량<br>㈜ 기동 스위치 조작 시 시동이 잘 안될 때 연속 사용하지 말고 짧게 간격을 두고 하는 이유: 기동 전동기에 순간 전류가 너무 많이 흘러 전동기가 과열되어 파손의 가능성이 있기 때문이다. |
|---|

# 제4장 충전장치

## 4-1. 개요

(1) 기능

① 축전지 방전 시 충전

② 전기적 부하에 전력 공급 : 시동 시는 축전지가 전원이 되고 주행 시는 발전기가 전원이 된다.

③ 발전기는 일반적으로 크랭크축 풀리와 벨트로 연결되어 구동된다.

(2) 분류

① 출력 전류에 따라

㉮ 직류발전기 (DC 발전기)

㉯ 교류발전기 (AC 발전기)

- 저속 시 발전 성능이 좋고 공회전 때도 충전이 가능
- 소형, 경량이고 고속 회전이 가능
- 직류 발전기와 같이 정류자가 없고 고로 브러시 마멸이 적다
- 극성이 없다

| 비고 | AC(교류) 발전기 | DC(직류) 발전기 |
|---|---|---|
| 충전능력(공전시) | 양호 | 불량 |
| 중량 | 적다 | 크다 |
| 브러시와의 접촉 | 슬립형(마모적다) | 정류자(마모크다) |
| 여자방식 | 타여자(로터) | 자여자(계자) |
| 전류 발생부 | 스테이터 | 전기자 |
| 조정기 | 전압조정기만 필요 | 전압/전류 조정기 및<br>컷 아웃 릴레이 필요 |

② 여자 방법에 따라

직류 발전기의 계자에는 출력을 제어하여야 할 필요 때문에 자려 분권식을 사용한다. 이것은 발전기 자신의 전기자코일에서 발생된 전류의 일부를 계자코일에 흐르게 하여 계자철심을 자화시키게 되어 있다. 이때 처음 회전할 때에는 계자철심에 남아 있던 잔류자기에 의하여 발전이 시작된다.

㉮ 자여자 발전기(self-excite generator) : 영구자석의 잔류자기에 의하여 출력을 발생시키고 그 출력으로 계자철심을 여자 하는 발전기로 직류발전기에 사용한다.

㉯ 타여자 발전기(separately excite generator) : 축전지 전원으로 계자철심을 여자 시키는 발전기(교류발전기:alternator)로 별도로 설치된 전원으로 발전을 하는 형식

[보충정리]
여자(excite) : 발전기의 계자코일에 전류를 흐르게 하여 자속이 발생되게 하는 것을 말한다.

③ 접지방식에 따라
㉮ 내부 접지식 : 계자코일이 발전기 내부에서 접지
㉯ 외부 접지식 : 계자코일이 발전기 조정기(발전기 외부)에서 접지

(3) 원리
① 자계 내에 도체를 설치하고 도체를 움직여 자장을 수직으로 끊으면 도체에 기전력이 유도된다.
② 발전기의 유도 기전력 발생 방향은 플레밍의 오른손 법칙에 따라 발생한다.
③ 유도기전력의 크기는 자력선의 크기와 자력선을 끊는 횟수에 비례하여 발생한다.
④ 발전기는 분권식 (계자코일과 전기자 코일이 병렬연결)을 응용한다.

## 4-2. 직류발전기

(1) 구조 및 기능
자계를 만드는 계자코일(field coil) 및 계자철심(pole core), 자속에서 회전하여 그 자속을 잘라서 전압을 유기하는 전기자코일(armature coil), 유기된 교류전압을 직류전압으로 정류하여 외부로 보내는 정류자와 브러시 등으로 구성된다.

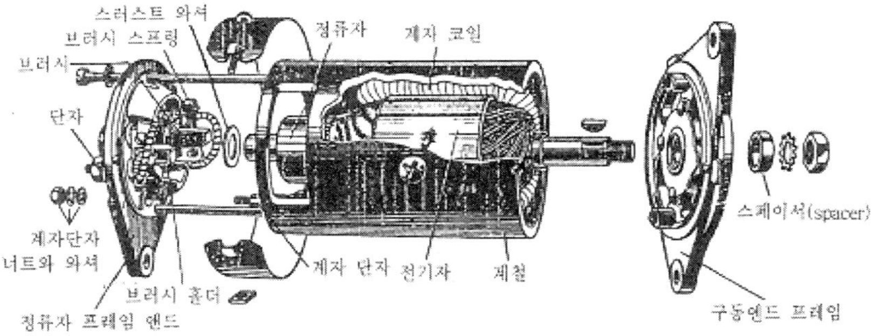


[ 직류 발전기의 구조 ]

1) 고정 부분

① 계철하우징
㉮ 계자코일과 계자철심을 고정
㉯ 자속이 흐르는 통로

② 계자철심
㉮ 영구자석 : 잔류자기 형성
㉯ 계자코일에 전류가 흐르면 전자석이 됨
㉰ 전자석으로 만드는 이유는 자력을 크게 하기 위함.

[보충정리]
㈜ DC발전기에 영구 자석을 사용하는 이유 : 타여자로 할 수 없기 때문

③ 계자코일
㉮ 전기자코일과 병렬연결.
㉯ 계자철심을 전자석으로 만듬.
㉰ 평각선을 이용 : 많은 전류가 흐르도록.

2) 회전 부분
① 전기자(armature)
㉮ 계자코일 내에서 회전하며 전류를 발생

② 전기자코일
㉮ 자력선을 끊어 유도기전력 발생(교류가 발생)
㉯ 정류자와 연결
㉰ 평각선을 이용
㉱ 전기자 철심내에 설치
㉲ 계자코일과 병렬연결

③ 전기자 철심
㉮ 자력선이 잘 통하도록 얇은 강판으로 성형 : 규소 강판
㉯ 전기자 코일을 보호 : 원심력에 의한 탈락 방지

3) 정류부분
① 정류자
㉮ 전기자코일과 연결
㉯ 얇은 편형으로 됨
㉰ 운모에 의하여 절연
㉱ 브러시와 접촉하여 교류를 직류로 정류

② 브러시
㉮ 금속 흑연계 브러시
㉯ 브러시 스프링에 의하여 정류자와 사각(경사지게) 접촉
㉰ 사용한계 : 1/2

| [보충정리] |
| --- |
| ㈜ 직류 발전기에서 정류를 하는 것은 : 브러시와 정류자 |

③ 브러시 스프링
㉮ 브러시를 정류자에 압착
㉯ 장력 : 0.5 ~ 2.0kg
㉰ 정류자와 접촉하여 교류를 직류로 정류

④ 브러시 홀더
㉮ 브러시를 안내
㉯ 브러시 스프링과 브러시를 고정

⑤ 베어링
어떤 형식에는 정류자 엔드 프레임 쪽에는 부상을 구동엔드 프레임 쪽에는 볼 베어링을 사용, 어떤 형식에는 양쪽 모두에 볼 베어링을 사용

(2) 직류 발전기 조정기(regulator)
발전기의 출력은 전기자코일의 권수, 계자의 세기 및 단위 시간당 자속을 자르는 횟수(전기자의 회전수)에 따라 결정된다. 따라서 기관의 회전수가 증가하면 발전기의 발생전압과 전류가 모두 커진다.

1) 기능
① 전자석 릴레이를 사용
② 축전지로 부터 발전기로 전류가 역류 하는 것을 방지
③ 계자코일에 흐르는 전류를 가감 조정 하여 (저항을 이용)발전기의 출력을 제어

2) 3 유닛 형식의 구성
① 전압조정기 : 발전기 전압을 조정하여 과도한 출력을 방지.
② 전류조정기 : 발전기 전류를 조정하여 과충전을 방지.
③ 컷아웃 릴레이(cut-out relay : 역류방지기) : 발전기의 출력이 없거나 작을 때 축전지의 전류가 발전기로 역류하는 것을 방지.

[보충정리]
㈜ 컷아웃 릴레이에서 축전지로 전류가 흐를 때 접점이 닫히게 되며, 이것을 컷인(cut-in)이라고 하며, 이때의 전압을 컷인 전압이라고 한다. 컷인 전압은 12V의 경우 13~14V 정도이다.
㈜ 전압 조정기 설정 전압을 높이려면 스프링 장력을 강하게 한다.

3) 작동
① 컷아웃 릴레이
㉮ 접점이 접촉할 때 충전이 시작된다.
㉯ 접점이 접촉할 때의 전압을 컷인 전압이라 한다.
㉰ 컷인 전압 : 13.8V (12.6 ~ 13.8V)
㉱ 발전기 출력이 저하되면 접점이 떨어져서 역류를 방지한다.
㉲ 컷 아웃 릴레이 접점을 손으로 눌러 닫으면 접점이 녹아 못 쓰게 된다.
㉳ 컷 아웃 릴레이 폐회로 동작상태에서 발전기 단자 전압(6[V]식 규정값)의 허용차 범위는 0.5[V]가 적당하다

② 전압 전류조정기
㉮ 계자코일에 흐르는 전류의 크기를 저항을 이용하여 가감 조정
㉯ 릴레이 접점이 단속 작용을 시작할 때의 전압을 조정 전압이라 한다.
㉰ 조정 전압은 컷인 전압보다 크다.
㉱ 조정 전압 14.6 ~ 15.2V

[보충정리]
㈜ 직류 발전기 취급 시 주의 사항
- 회로의 결선에응 회전 방향과 극성에 주의
- 발전기에 너무 많은 부하가 걸리지 않도록 한다.
- 정류자와 브러시 사이에 오물이 끼지 않도록 한다.

## 4-3. 교류발전기 (alternator system)

(1) 구조 및 기능

1) 개요
① 전기자에 해당하는 스테이터를 고정
② 계자에 해당하는 로터를 회전
③ 정류자가 없고, 정류기 (실리콘 다이오드)를 이용하여 정류

2) 특징
① 저속에서도 충전이 가능하다.
② 고속회전에 잘 견딘다.

③ 회전부에 정류자가 없어 허용회전속도 한계가 높다.
④ 반도체(실리콘 다이오드)로 정류하므로 전기적 용량이 높다.
⑤ 소형 경량이다.
⑥ 브러시 수명이 길다.
⑦ 전압 조정기만 필요하다.
교류발전기는 역류방지를 실리콘 다이오드가 하며 전류조정기가 필요없는 이유는 스테이터 코일에는 회전수가 증가됨에 따라 발생하는 교류 주파수가 높아져 전기가 잘 통하지 않는 성질이 있어 전류가 증가하는 것을 제한할 수 있기 때문에 교류발전기는 전압조정기만 필요하다.

3) 고정 부분
① 스테이터(stator)
㉮ DC발전기 전기자에 해당
㉯ 성층한 철심에 독립된 3개의 코일(3상 코일)이 감겨있고 3상 교류가 유도된다.
㉰ 발전기 바깥쪽에 고정되어 있어 원심력에 의한 층간단락의 위험이 적고 내구성이 양호하다.

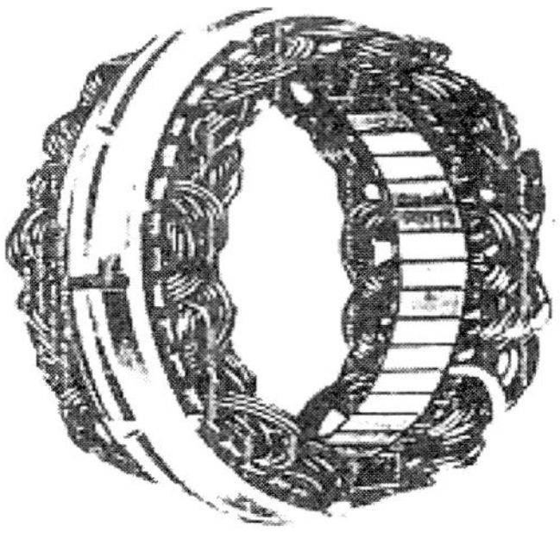

[ 교류 발전기 스테이터 ]

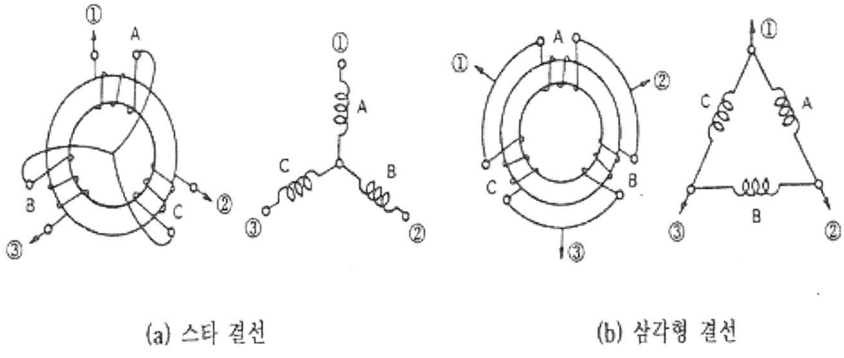


[ 결선의 종류 ]

[보충정리 : 3상 결선 방법]
1. Y결선 (직렬결선)
① 3개의 코일 한쪽을 공통점(중성점)으로 접속하고 다른 쪽을 출력선으로 끌어낸 것
② 저속 회전시 높은 전압이 발생되고 중성점의 전압(선간 전압의 약1/2)을 활용할 수 있다.
③ 선간 전압은 상전압의 $\sqrt{3}$배이다. $V_l = \sqrt{3}\,V_p$

2. 델타 결선 = 4결선 (병렬 결선)
① 3개의 코일을 2개씩 차례로 접속하고 각각의 접속점을 출력선으로 끌어낸 것
② 선간 전류는 상전류의 $\sqrt{3}$ 배이다.
③ 선간 전압은 상전압과 같다

㈜ 3상 발전기의 스테이터에는 선간전압이 높은 Y 결선이 좋다

② 스테이터 철심
㉮ 얇은 두께로 성층한 규소 강판
㉯ 자력선의 통과를 원활하게 한다

4) 회전 부분
① 로터(rotor)
로터는 직류발전기의 계자코일과 계자철심에 상당하며, 자극을 만든다. 로터의 자극편은 코일에 여자전류가 흐르면 N극과 S극이 형성되어 자화되며, 로터가 회전함에 따라 스테이터 코일이 이 자력선을 끊기 때문에 전압이 유기된다. 슬립 링(slip ring)은 축과 절연되어 있으며 각각 로터 코일의 양끝과 연결되어 있다. 이 슬립 링 위를 브러시가 섭동하면서 로터 코일에 여자전류를 공급한다.

[보충정리 : 로터]
㉮ DC발전기 계자코일과 계자 철심에 해당
㉯ 내부에 로터 코일(계자코일)을 감싸고 있다.
㉰ 로터 코일(계자코일)에 전류가 흐르면 전자석이 된다.
㉱ 랜들 구성으로 자극을 여러개로 할 수 있다.
㉲ 회전하면서 스테이터 코일에 자장을 끊어지게 함.

② 로터 코일
㉮ DC발전기 계자 코일에 해당
㉯ 로터 내에 설치되어 전류가 흐르면 로터를 전자석으로 만듬.
㉰ 슬립링을 통하여 전류를 공급 받음 .

③ 슬립링
㉮ 브러시와 접촉하여있고 로터 코일 양끝과 연결되어 있으며, 로터축과 절연되어 있다.
㉯ 로터 코일에 전류가 일정 방향으로 흐르게 공급하는 역할

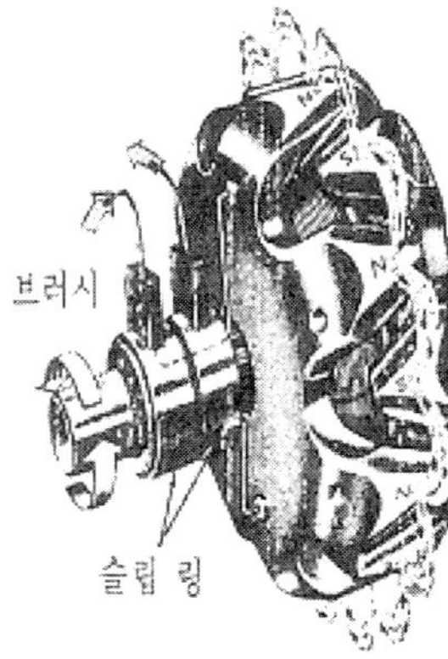


[ 교류발전기의 로터 ]

④ 브러시
㉮ 슬립링과 접촉하여 전류를 공급하는 역할
㉯ 전기 흑연계가 사용 : 흑연의 양이 많다.
㉰ 사용한계 = 1/2

⑤ 풀리 : 크랭크축의 회전력을 받아 로터를 구동

⑥ 냉각팬 풀리와 함께 회전하며 공기를 순환시켜 다이오드를 냉각시킴

5) 정류기 (실리콘 다이오드)
① 스테이터에 유도된 교류를 직류로 전환
② 정류자를 사용하지 못하기 때문에 정류기를 사용
③ 실리콘 다이오드를 주로 사용
④ 다이오드는 (+)다이오드 3개. (-)다이오드 3개로 모두 6개의 다이오드를 사용한다.
⑤ 다이오드는 히트 싱크(다이오드 홀더 )에 결합되어 있다.
⑥ 히트 싱크는 다이오드에 발생된 열을 방열 시킨다 그리고 엔드 프레임에 설치되어 있다.

[보충정리]
㈜ 교류 발전기의 다이오드는 교류를 정류하고 역류를 방지
㈜ 직류 발전기의 컷 아웃 릴레이는 배터리의 전기자 발전기로 역류하는 것을 방지하는 역할을 하며 교류 발전기는 이 역할을 실리콘 다이오드(정류기)가 하므로 조정기(레귤레이터)에 컷 아웃 릴레이를 두지 않는다.
㈜ 다이오드의 규격표의 값은 특수한 것 이외에는 주위 온도가 25℃이하로 하여야 한다
㈜ 교류발전기는 계자철심의 잔류자기만으로 발전이 어렵기 때문에 타여자한다. 그 이유는 반도체 정류기의 사용에 있다. 즉 반도체 정류기에 인가되는 전압이 극히 낮을 때에는 큰 저항비를 나타내므로 발전기의 회전속도가 상당히 크지 않으면 전류가 흐르지 않기 때문이다. 축전지의 단자전압보다 발전기의 발생전압이 높아지면 자동으로 충전을 시작한다.

[보충정리 : 정류의 종류]
1. 반파 정류
① 정방향 전류만을 흐르게 하고 역방향 전류를 차단하므로 전류 이용률이 1/2이다.
② 정류된 전류가 맥류이므로 직류전류로는 알맞지 않다.

2. 전파 정류
① 4개 또는 6개의 다이오드를 브리지 접속하여 역방향 전류를 정방향 전류로 전환
② 유도된 전류를 모두 사용할 수 있다
③ 정류된 전류가 직류화 된 맥류이므로 직류 전류 처럼 사용이 가능함

[ 보충정리 : 정류기의 종류]
① 텅가 벌브 정류기 : 용량과 효율이 작다.
② 셀렌 정류기 : 철판이나 니켈판에 셀렌을 융착하여 금속성의 셀렌막을 만들면 전류가 셀렌막 방향으로 흐른다.
③ 실리콘 다이오드 : 단접합 반도체인 다이오드를 사용하는 것을 말하며 통상 6개 사용

(2) AC 발전기 조정기 (regulator)

1) 특징
① 로터 코일에 흐르는 전류를 조정하여 발전기 출력을 조정
② 충전 시작시 전압 (컷인 전압) : 13.8[V]
③ 출력 조정 전압(조정 전압) : 14.8[V]
④ 교류발전기 특성상 전압 조정기만 필요
⑤ 컷아웃 릴레이는 불필요하다.
⑥ 교류발전기는 타여자식이다.

[보충정리]
㈜ 모든 발전기 조정기는 DC, AC 막론하고 계자(로터)코일에 저항을 넣어 흐르는 전류를 가감 조정한다.

2) 종류

① 진동 접점식

㉮ 릴레이를 이용한 것

㉯ 고속접점과 저속접점이 있다.

② 반트랜지스터식

㉮ 진동 접점식과 트랜지스터를 병용

㉯ 릴레이가 베이스 전류를 단속

③ 전트랜지스터식

㉮ 릴레이를 사용하지 않는다.

㉯ 기계적 손실이 없다.

㉰ 제너 다이오드를 사용하여 베이스 전류를 단속

④ I.C 조정기

㉮ I.C회로를 사용한다

㉯ 현재 가장 많이 사용

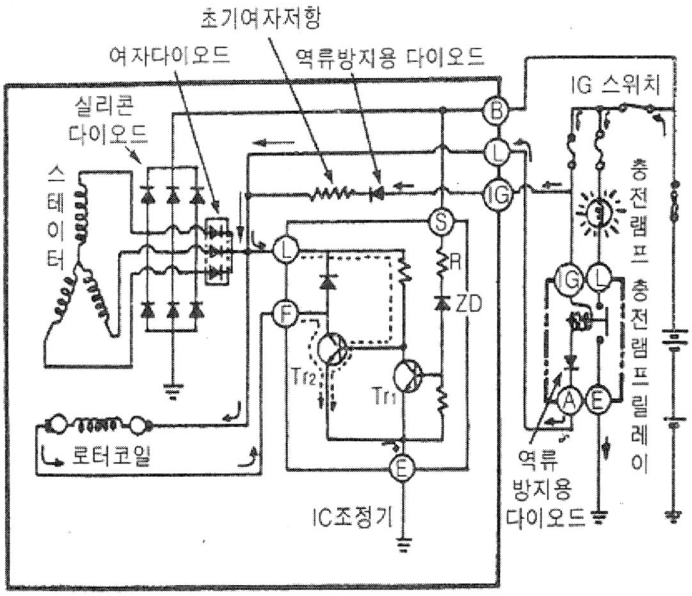


[ IC형 조정기 ]

㉣ IC 전압조정기에 의한 교류 발전기 충전회로

㉠ 엔진이 정지되었을 때 : 조정기 S단자는 제너 다이오드가 브레이크 다운 전압이 되지 않기 때문에 TR1은 OFF되어 있다.

㉡ 점화스위치를 ON 시키면 : 조정기 L(IG)단자에서 TR2의 베이스에 전류가 공급되어 로터 코일에 전류가 흐르므로 로터 코어가 자화된다.

㉢ 발전 전압이 높으면 : 조정기 S(L)단자에서 제너 다이오드에 브레이크다운 전압에 의해 TR2가 OFF되어 로터 코일에 흐르는 전류가 차단된다.

㉣ 발전 전압이 낮으면 : 발생 전압이 제너 다이오드의 브레이크다운 전압보다 작아지면 TR2가 ON되어 로터 코일에 전류가 흐른다.

[보충정리]

㈜ 완전 충전된 축전지에 높은 충전율로 충전이 될 때 그 원인이 발전기에 있는가 혹은 조정기에 있는가 알려면 발전기를 중속으로 작동 시키면서 F단자를 떼었을 때 (발전기 계자 코일에 전류가 흐르지 않는다)출력이 떨어지지 않으면 발전기 고장이고, 출력이 떨어지면 조정기 고장이다.

㈜ 발전기의 B단자(출력단자)를 떼어내고 발전기를 회전 시켜서는 않된다. N단자의 전압 이급상승하면 릴레이 코일 손상이나 다이오드 손상을 일으키므로 B단자를 개방할 필요가 있을 때에는 반드시 F단자를 떼어야 한다.

㈜ 교류 발전기 정비 시 안전 작업

- 급속 충전기를 사용하여 급속 충전을 할 때에는 먼저 밧데리 (+)단자를 분리
- 스립링에 먼지나 기름이 묻어면 건조한 헝겁으로 청소한다.
- 차에 장착된 채로 조정기 고압 조정을 행 할 때에는 반드시 점화 스위치를 끊고서 행한다.

# 제5장 점화장치

## 5-1. 개요

(1) 총론

1) 기능 : 압축된 혼합 가스에 전기적으로 불꽃을 일으켜 점화 연소시키는 장치

2) 종류
① 축전지 점화식 : 일반적으로 가장 많이 사용하는 형태로 축전지 전원(발전기 전원)을 이용하는 형식을 말한다.
② 고압자석 점화식 : 점화장치용 발전기를 설치한 형태로 가속성, 고속성, 등에 부적합

## 5-2. 축전지 점화식(battery ignition type)

자동차용 가솔린 기관에서는 주로 축전지 점화식을 사용하며, 그 구성은 축전지를 비롯하여 점화스위치, 점화1차 저항, 점화코일, 배전기 어셈블리(단속기와 축전기 포함), 점화플러그 고압케이블, 점화플러그 등으로 구성되어 있다.

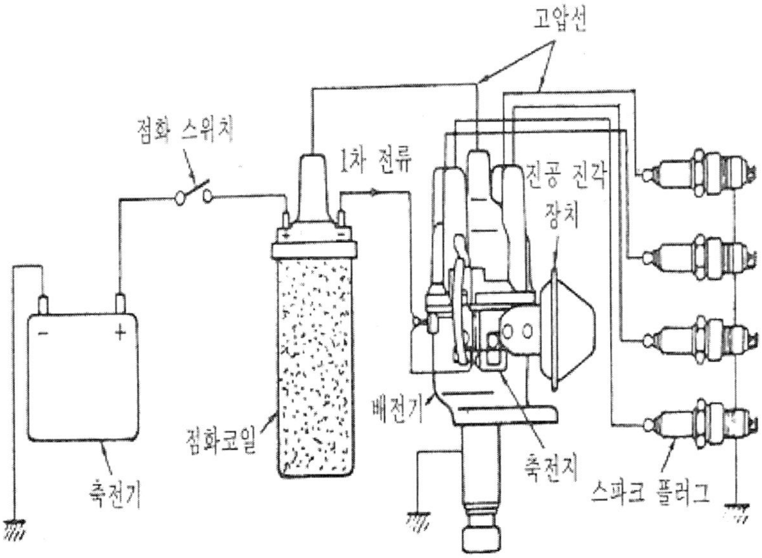


[ 축전지식 점화장치의 회로 ]

(1) 축전지 점화식의 구성

1) 점화스위치 : 시동 키 스위치를 말한다.

2) 점화코일(ignition coil) : 점화코일은 점화플러그에 불꽃방전을 일으킬 수 있는 일종의 승압기 (변압기)로 12V의 전압을 15,000~25,000[V]로 승압 시킨다.

3) 배전기 어셈블리
① 단속기 점화코일의 작용을 원활하게 하기 위하여 1차 전류를 단속
② 점화진각장치 : 엔진 회전 속도 및 부하에 따라 점화시기를 진각
③ 로터와 배전기캡 : 2차 고전압을 점화시기에 따라 각 실린더에 분배

4) 축전기(콘덴서) : 단속기를 보호

5) 고압케이블 : 2차 고압이 흐르는 통로

6) 점화플러그 : 실린더 내에서 불꽃 방전으로 혼합기에 점화

(3) 점화 스위치(ignition switch)

1) 기능 : 1차회로의 전류를 운전석에서 개폐함과 동시에 시동, 기타 모든 전원을 개폐하는 스위치.

2) 기본 단자
① B단자 : 배터리 (+)단자와 연결
② ACC단자 : 기타 전기장치에 전원 공급
③ IG 단자 : 점화코일 가변저항과 연결
④ R단자 : 점화코일(+)단자와 직접연결
⑤ ST 단자 : 시동모터 ST단자와 연결

(4) 점화코일(ignition coil)
1) 기능 : 12 볼트의 축전지 전압을 15,000 ~ 25,000볼트의 높은 고전압으로 승압시키는 일종의 변압이다.

2) 원리
① 자기 유도 작용
㉮ 코일 전류가 흐르면 주위에 자장이 형성 (맴돌이 자장)
㉯ 자장에 변화를 주면(흐르는 전류를 단속)코일에 자장의 변화를 방해하는 방향으로 기전력이 발생
㉰ 자기유도작용에 따른 유도 기전력은 코일의 권수(권선수 = 감긴 횟수)가 많을수록 크며 철심이 있으면 더욱 커진다.

$$유도\ 기전력 = L \times \frac{dI}{dt}$$

여기서
⋆ L : 자기인덕턴스

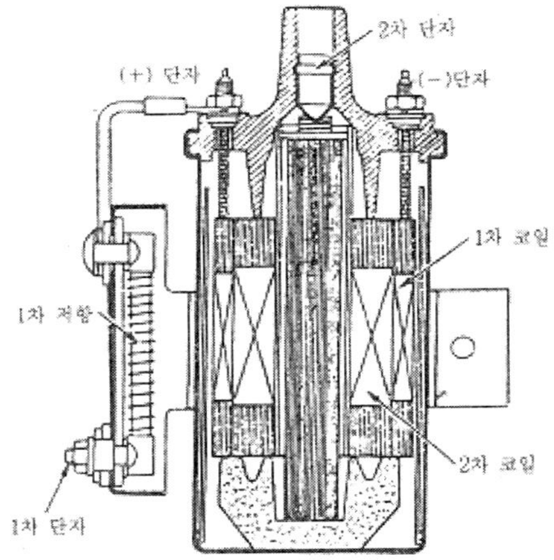


[ 점화코일의 구조 ]

② 상호 유도 작용
㉮ 하나의 전기 회로에 자장의 변화가 생기면 인접한 다른 회로에 자장의 변화를 방해하는 방향으로 유도 기전력이 발생하는 현상
㉯ 상호 유도 작용에 의한 유도 기전력의 크기는 1차코일과 2차코일의 권수비(권선수비 = 감긴 횟수비)에 따라 증감한다.

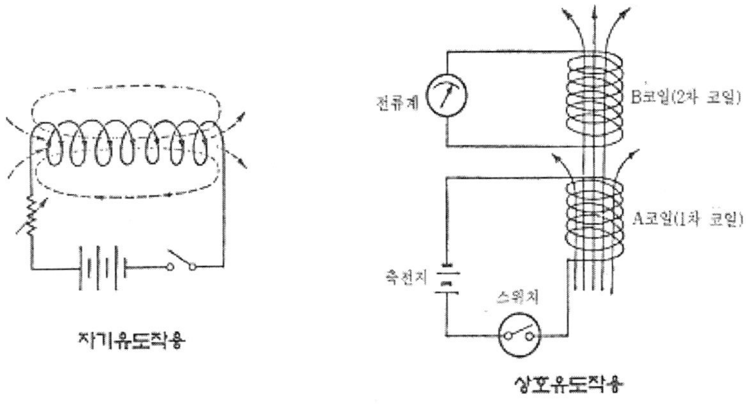


[ 자기유도작용과 상호유도작용 ]

$$E_2 = \frac{N_2}{N_1} E_1$$

여기서

* $N_1$ : 1차 코일의 권수, $N_2$ : 2차 코일의 권수

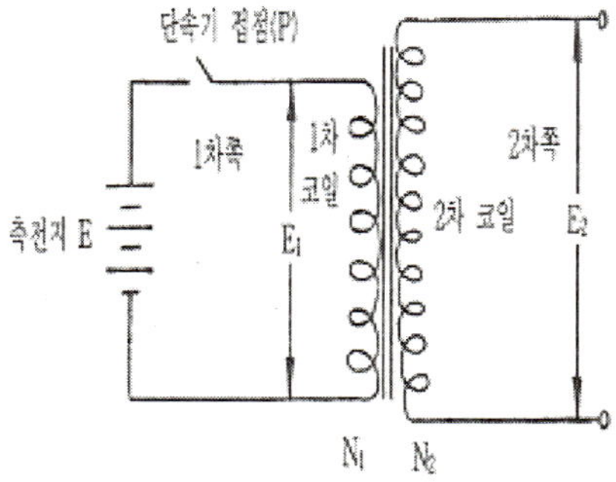


[ 점화코일의 원리 ]

$$a = \frac{E_1}{E_2} = \frac{N_1}{N_2} = \frac{I_2}{I_1}$$

a : 권수비

3) 종류 및 구조

① 개자로 철심형 (케이스형 , 분리형 : 몰드형)

㉮ 케이스

㉠ 원통형의 케이스에 봉입

㉡ 내부에는 절연오일이 들어있다.

㉯ 1차코일

㉠ 굵은 선으로 바깥쪽(2차 코일에)에 감겨 있다.(방열이 잘 되도록 하기 위함)

㉡ 권수 : 200 ~ 300회

㉢ 지름 : 0.6 ~ 1.0mm

㉣ 감기시작은 (+)단자에 시작 , 감기 끝은 (-)단자에 접속

㉤ 1차 코일은 2차 코일에 비하여 큰 전류가 흐르기 때문에 선의 단면적도 크다

㉰ 2차코일

㉠ 가는 선으로 안쪽에 감겨 있다.

㉡ 권수 : 15000 ~ 25000회

㉢ 감기시작은 (-)단자에, 감기 끝은 중심단자에 접속

㉣ 권(선)수비
㉠ 1차 코일과 2차 코일의 감긴 횟수의 비
㉡ 통상 60 ~ 100 : 1 정도이다.
㉢ 권수비에 따라 고전압이 발생

㉤ 1차 저항(밸러스트 저항)
㉠ 온도에 따라 저항 값이 변하는 가변 저항이다
㉡ 1차 코일에 흐르는 전류의 크기를 제한하여 코일의 온도가 높아지는 것을 방지한다.
㉢ 단속기 접점의 소손을 방지하고, 1차 저항은 1차 회로에 직렬로 연결한다.
㉣ 저항 값 : 2 ~ 5[Ω]

[보충정리]
㈜ 점화 코일의 높은 전압은 접점이 열릴 때 생긴다.
㈜ 철심으로 규소강판을 쓰는 이유 : 자화, 비 자화 작용이 잘 되기 때문이다.
㈜ 밸러스트 저항 (ballast resistance)
일종의 가변저항기로서 접점 포인트 작용이 늦으면 많은 전류가 흐르는 전류의 열이 발생되고 저항이 증대되어 코일에 흐르는 전류의 양이 적게 되고 반대로 포인트 작용이 빠르면 비교적 많이 전류가 흐른다.

② 폐자로 철심형 (사각 철심형, 일체형 - HEI형식 )
㉮ 케이스가 없다.
㉯ 철심이 밖으로 노출되어 냉각이 양호하다.
㉰ 1차 코일을 더욱 굵은 선으로 사용할 수 있어 권수비가 작아도 된다.
㉱ 2차 코일을 바깥쪽에 설치할 수 있다.
㉲ 고속에서 성능이 양호하다.

4) 점화 코일의 성능상 중요한 특성
① 속도 특성
㉮ 배전기 회전 속도 1800rpm에서 안정된 불꽃이 형성되어야한다.
㉯ 3극 침상 시험기 6mm이상 불꽃이 방전되어야 한다.

② 온도 특성
㉮ 점화 코일의 온도가 높아지면 저항이 커져 1차 전류의 흐름이 적어진다.
㉯ 코일의 온도 80%에서 안정된 불꽃을 발생하여야 한다.

③ 절연 특성
㉮ 1,2차 코일과 케이스와는 누전이 없어야 한다.
㉯ 절연 저항으로 10MΩ 이상의 절연도가 있어야 한다.

(5) 배전기 어셈블리(distributor assembly)

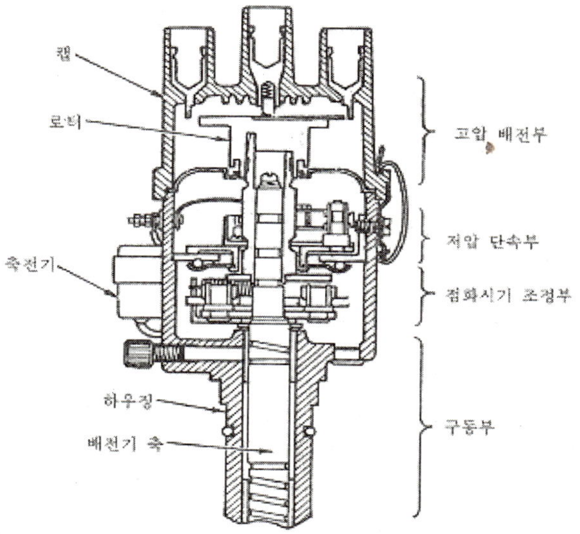


[ 배전기 구조 ]

1) 기능

배전기 어셈블리는 점화코일에서 유도된 고압전류를 기관의 점화순서에 따라 각 실린더의 점화플러그에 분해하는 장치이며, 그 내부에 점화코일의 1차 전류를 단속하는 단속기, 단속기의 접점의 소손을 방지하는 축전기, 그리고 점화시기를 조정하는 점화진각장치 등이 들어 있다. 배전기 어셈블리는 기관 회전수의 1/2로 회전되며, 보통 캠축에 의해 구동된다.

① 1차 전류의 단속 : 2차 고전압 유도한다.
② 2차 고압의 분배 : 점화시기에 따라 분배
③ 점화시기 진각 : 엔진 회전수 및 부하에 따라 작동

2) 종류

① 기계식 (접점식) : 접점을 이용하여 기계적으로 1차 전류를 단속
② 반트랜지스터식 : 접점으로 베이스전류를 제어하여 1차 전류를 단속
③ 전트랜지스터식 : 일명 무접점식 이라고 하며 이그나이터와 픽업 코일에 의하여 1차 전류를 단속한다.
④ 광학식 : 발광다이오드와 포토다이오드를 이용하여 1차 전류를 단속
⑤ 축전기 방전식 (C.D.1 형식) : 1차 전류를 축전기에 저장하였다가 방전시켜 고전압을 발생
⑥ 전자 배전 형식 (L.D.1 형식) : 배전기가 없이 점화 코일에서 직접 점화 플러그로 배전하는 형식

3) 구조 및 기능

① 단속기

㉮ 필요성 : 자동차 전류가 직류이기 때문에 교류를 직류로 변환

㉯ 구성

㉠ 단속기 접점

ⓐ 재질 : 텅스텐 강

ⓑ 접지 접점과 암 접점으로 구성

ⓒ 암 접점은 점화코일 (-)단자와 접속되고, 접지 접점은 자체에 접지 되어 있다.

ⓓ 접점이 떨어지는 시기가 2차고전압이 발생되는 점화시기이다.

ⓔ 단속기 접점이 개폐될 때 오존(03)이 발생

> [보충정리 : 초기 점화 시기 조정법]
> ① 엔진을 정상 작동 온도로 한다.
> ② 크랭크축을 손으로 돌려 크랭크축 풀리에 있는 점화시기 마크를 맞춘다. (이 때 1번 또는 4번 실린더가 압축 상사점에 있다 )
> ③ 배전기 하우징을 돌려 단속기 접점이 막 떨어지는 위치로 한다.
> ④ 회전자(로터)가 가리키는 방향을 1번 또는 4번 실린더 점화 플러그에 고압 케이블을 연결 한다.
> ⑤ 점화 순서에 따라 고압케이블을 연결한다.
> ㈜ 초기 점화시기를 점검할 때 기관의 회전 속도 : 공회전

㉡ 접점 간극

ⓐ 간극의 크기 : 0.4 ~ 0.5mm

ⓑ 간극의 조정은 접지 접점을 움직여서 한다.

㉢ 캠각(cam angle or dwell angle = 드웰각)

ⓐ 배전기 축상에 단속기 캠이 설치되어 단속기 암을 밀어 접점을 개폐시킨다.

ⓑ 단속기 접점이 붙어있는(닫혀 있는) 동안 캠이 회전한 각도를 캠각 또는 드웰각이라 한다.

ⓒ 캠각은 보통 한 실린더에 주어지는 전체 캠각의 60%정도로 되어 있다.

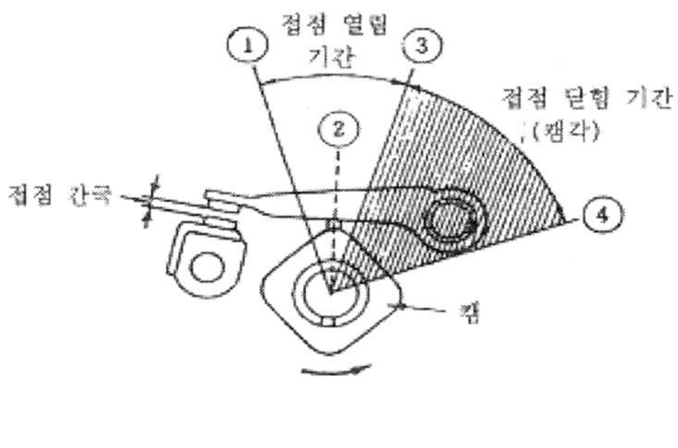


[ 캠 각 ]

㉣ 캠각과 접점 간극의 관계

| 접점 간극 | 커지면 | 작아지면 |
|---|---|---|
| 캠각 | 작아진다 | 커진다 |
| 점화시기 | 빨라진다 | 느려진다 |
| 1차 전류 | 작아진다 | 커진다 |
| 영향 | 점화코일이 발열 | 고속에서 실화 |

| 캠 앵글이 크면 | 캠 앵글이 작으면 |
|---|---|
| 1.접점간극이 작아진다 | 1.접점간극이 커진다 |
| 2.점화시기가 늦어진다 | 2.점화시기가 빨라진다 |
| 3.1차 전류가 커진다 | 3.1차 전류가 작아진다 |
| 4.점화코일이 발열한다 | 4.고속에서 실화된다 |
| 5.접점이 소손된다 | |

$$※캠각 = \frac{360°}{실린더수} \times \frac{60}{100}$$

[보충정리 : 점화파형]

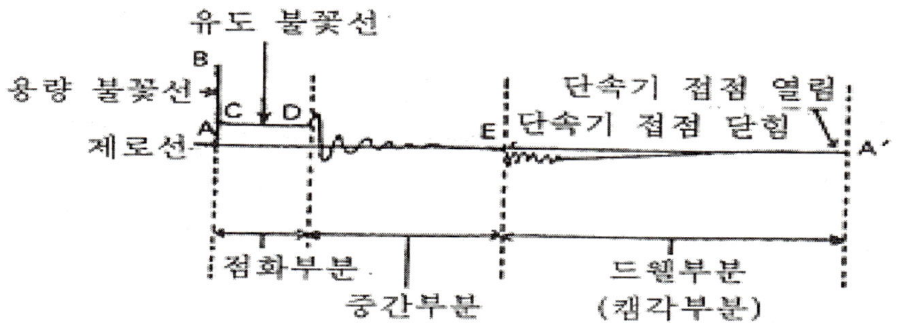


[ 점화파형 ]

여기서

A점 : 배전기의 단속기 접점이 열리는 순간 점화코일에 고전압이 형성되는 지점.

B점 : 점화코일에 고전압이 형성되어 점화플러그에서 불꽃방전이 일어나는 지점(이 지점의

높이가 불꽃방전 전압이다)
C점 : 불꽃방전이 일어나면 고전압은 이점까지 저하되며 불꽃방전이 일어나는 동안 수평을 유지한다.
D점 : 점화플러그에서 불꽃방전이 끝나는 지점
E점 : 단속기 접점이 닫힘
A'점 : 단속기 접점이 열림

$$파형에\ 의한\ 캠각 = \frac{캠각길이}{파형\ 전체길이} \times \frac{360°}{기통수}$$

ⓜ 단속기 암 스프링
ⓐ 접점을 밀착 시킨다.
ⓑ 캠의 형상대로 움직이게 한다.
ⓒ 장력
- 규정값 : 400 ~ 500g
- 크면 : 러빙블록의 마모가 증대 되고 접점의 손상이 커진다.
- 작으면 : 접점의 소손이 빨라지고, 불꽃 방전이 발생되며, 채터링 현상이 발생한다.

| [보충정리 : 채터링 현상]<br>스프링의 장력이 약하여 접점이 접촉하기 전에 다시 캠에 의하여 밀어 올려지는 현상을 말한다. |
|---|

ⓑ 러빙블록(rubbing block)
ⓐ 캠과 접촉하여 단속기 암을 작동한다.
ⓑ 러빙블록이 마모되면 접점간극이 작아져 코일에 열이 발생한다. 그리고 1차 전류가 크게 되고 점화시기가 늦어진다.

ⓢ 트리거 휠(로터)
ⓐ 무접점식 (이그나이터식)에서 사용
ⓑ 픽업 코일에 교류 발생
ⓒ 트리거 휠과 감응부와의 간극
- 규정 값 : 0.5 ~ 1.2mm
- 이 간극이 점화시기를 결정

② 축전기 (condenser : 콘덴서)
㉮ 기능
㉠ 단속기 접점과 병렬로 연결
㉡ 단속기 접점 보호
㉢ 1차 전류의 차단시간을 단속하여 2차 전압을 높인다.
㉣ 접점이 닫혔을 때에는 축전한 전하를 방출하여 1차 전류의 회복이 속히 이루어지도록 한다.

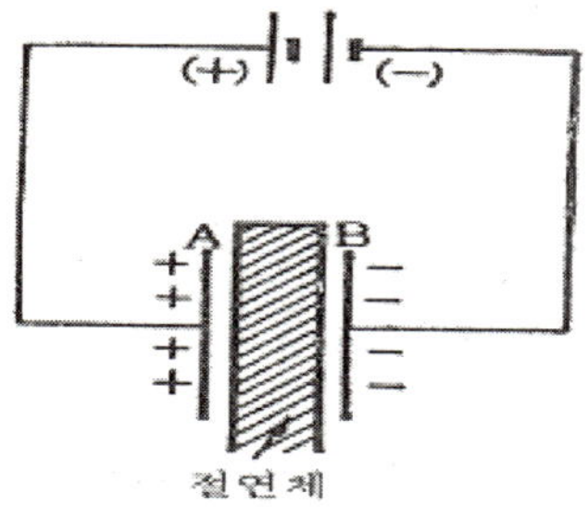


[ 축전기의 원리 ]

㉯ 용량

㉠ 규정값 : 0.20 ~ 0.30 ㎌

㉡ 용량이 크거나 작으면 단속기 접점 소손의 원인이 된다.

㉢ 내열성은 80도 이상

㉰ 종류 : 종이 콘덴서

③ 배전기 캡과 회전자(로터)

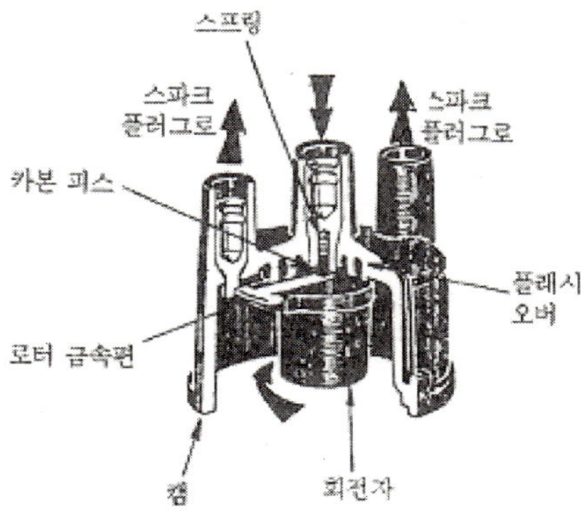


배전기캡과 회전자

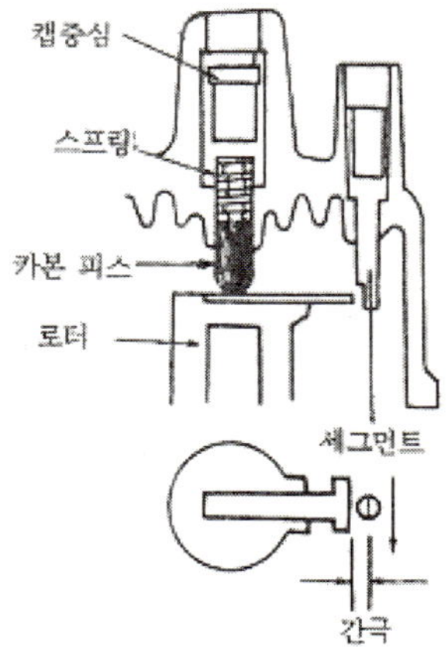


로터와 플러그단자

[ 배전기 캡과 회전자 ]

㉮ 배전기 캡

㉠ 합성수지

㉡ 구조

ⓐ 중심단자 : 점화코일 중심단자와 접속되고, 내부에 카본피스가 있어 로터 중심과 접촉되어 있다.

ⓑ 플러그 단자 : 점화플러그와 접속

㉯ 로터 (회전자)
㉠ 배전기 캡의 중심단자에 있는 카본 피스와 접촉
㉡ 배전기 축에 설치
㉢ 점화시기에 따라 각 실린더에 고압 배분

| [보충정리] |
|---|
| ㈜ 2차 고압 전류가 흐르는 곳 : 배전기 캡, 점화 플러그, 회전자(로터) |

④ 점화 진각 기구 (ignition advance mechanism)
기관의 회전속도나 부하에 따라서 점화플러그의 불꽃 발생시기를 자동적으로 조정하는 기구이다. 점화시기를 조정하는 이유는 모든 기관의 회전속도에서 효율이 가장 높게 되는 최고 폭발을 상사점(TDC) 후 10~12° 에서 얻기 위함이다. 종류는 원심력식, 진공식, 원심력과 진공식 병용, 옥탄 셀렉터 등이 있다.

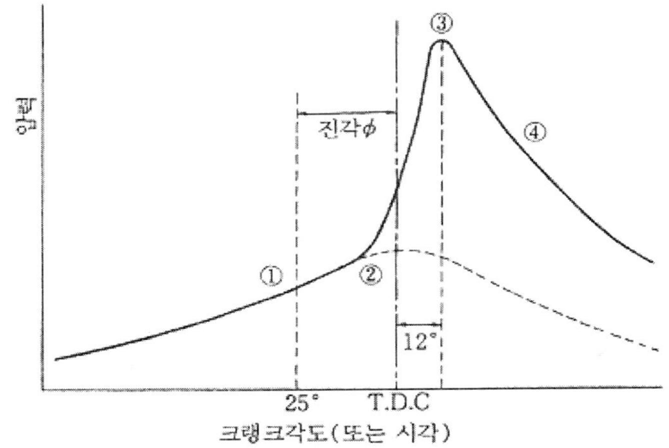


[ 엔진회전수 1800rpm에 의한 지압선도 ]

위 그림은 1,800rpm일 때 어떤 엔진의 지압선도이며 점선은 점화가 일어나지 않았을 때의 곡선이다. 곡선에 의하면 TDC전 25° 에서 점화 하였는데도 점화 후 약 18° (1/600초) 동안 뚜렷한 압력상승이 없다. 이것은 연소 늦음(Ignition delay)이 있기 때문이다.
연소 늦음의 기간이 끝나면 급속히 연소가 진전된다. 이 진전의 정도는 혼합기 맴돌이의 존재 비율에 비례한다. 엔진의 속도가 빠르면 연소 늦음에 이어서 일어나는 연소가 빠르게 진행된다. 실용상 연소기간은 엔진의 회전속도에 역비례하나 최대압력에 달할 때까지 크랭크축의 회전 각도는 대체로 일정하며 약 1/1,000초가 소요된다.
따라서 점화 후 최고 압력에 달할 때까지는 1/600초 + 1/1,000초의 시간이 소요되며 이 시간은 엔진의 어떤 속도에서도 확보되어야 한다.

그런데 엔진을 가장 효율적으로 운전하려면 TDC후 10 ~ 12° 에서 최고압력이 되어야 하므로 점화시기를 빠르게 하여 이 시간을 확보하여야 한다.
위 그림에서 연소에 소요되는 크랭크축의 각도를 15° 라 하면 TDC전 3° (15 - 3° ) TDC후 12° 가 된다. 이때 연소 늦음이 18° 이면 18 + 3 = 21° 전에 점화하여야 한다.

㉮ 설치 이유
㉠ 연소지연시간 : 1/500 ~ 1/600초
㉡ 연소 지연의 종류
ⓐ 전기적 지연
ⓑ 화학적 지연
ⓒ 기계적 지연
㉢ 엔진 폭발 압력을 유효하게 이용할 수 있는 지점 : ATDC 10°
㉣ 연소지연각도구하기 : 6Rt (R : 회전수, T : 연소지연기간)

㉯ 종류와 작용
㉠ 원심력식 진각 장치 (centrifugal advance)
기관의 회전속도가 증가되면 원심추에 원심력이 작용하여 추 스프링의 장력을 이기고 벌어진다. 이에 따라 진각판이 진각방향으로 움직이게 되고, 움직인 만큼 단속기 접점이 열리는 시기가 빨라져 점화시기가 빨라진다.

ⓐ 엔진의 회전 속도에 따라 점화시기를 진각
ⓑ 진각도 : 15 ~ 20도

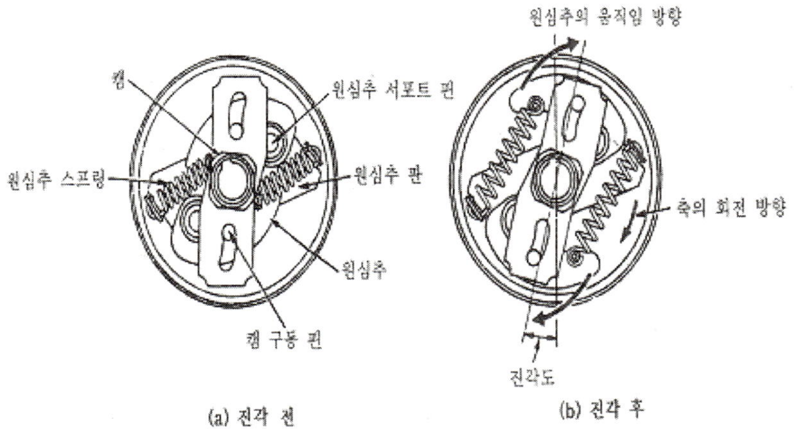


[ 원심식 진각기구의 작동 ]

㉡ 진공식 진각 장치 (vacuum advance)
회전속도가 증가되면 흡기다기관 내의 진공도가 높아지며, 그 정도에 따라 대기압의 작용으로 다이어프램이 스프링을 누르고 진공쪽으로 움직이게 되며 단속기 판이 단속기의 암접점

(contact breaker arm point)과 접지접점(grounded contact point)을 배전기 축에 대하는 위상이 앞서게 하므로 점화시기가 빨라진다.

ⓐ 엔진의 부하(스로틀밸브 열리기 정도)에 따라 점화시기를 진각
ⓑ 진각도 : 7 ~ 8도

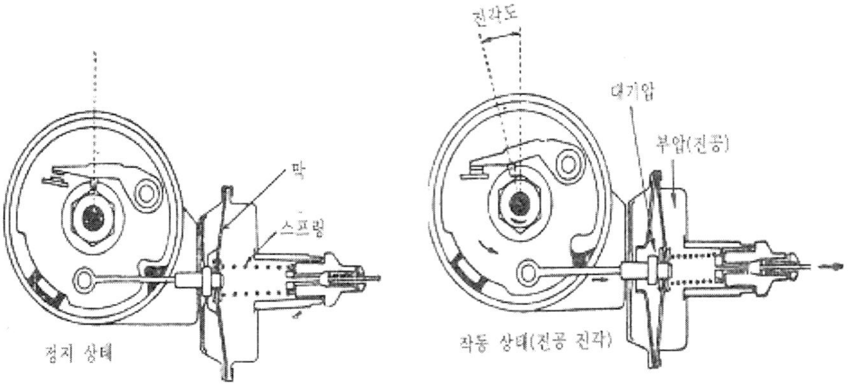


(a) 기관에 큰 부하가 걸리다(진공도 작다)　　(b) 기관에 걸린 부하가 작다(진공도 크다)

[ 진공식 진각기구의 작동 ]

ⓒ 옥탄 셀렉터(octane selector)
옥탄가가 높은 연료를 사용할 때에는 점화시기를 빠르게 조정하고, 옥탄가가 낮은 연료를 사용할 때에는 점화시기를 늦게 조정한다.

ⓐ 연료의 옥탄가에 따라 점화시기를 조정
ⓑ 옥탄가가 높아지면 점화시기를 빠르게 하고, 옥탄가가 낮아지면 점화시기를 늦춘다.
ⓒ A방향으로 움직이면(돌리면)점화시기 진각. R방향으로 움직이면(돌리면) 점화시기 후각
ⓓ 1눈금 움직이면 점화 시기 2° 변화

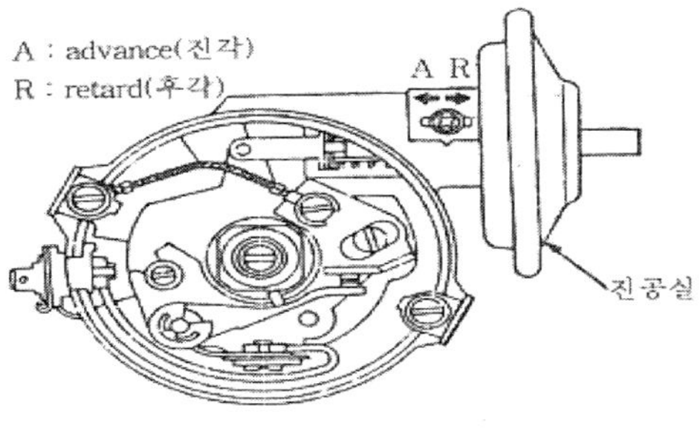


[ 옥탄 셀렉터의 작동 ]

㉣ 원심 진공 병용식(centrifugal and vacuum conbined advance type)
ⓐ 원심식 진각 장치와 진공식 진각 장치를 병용한 것
ⓑ 저속에서 중속 사이에서는 진공식 진각 장치가 작용
ⓒ 중속에서 고속 사이는 원심식 진각 장치가 작용

[보충정리]
㈜ 가솔린 기관의 점화시기 조정장치 : 원심식 (자동) 진각 장치, 옥탄 셀렉터, 진공식 (자동) 진각 장치, 원심 진공 병용식

(6) 고압 케이블 (high tension cable)

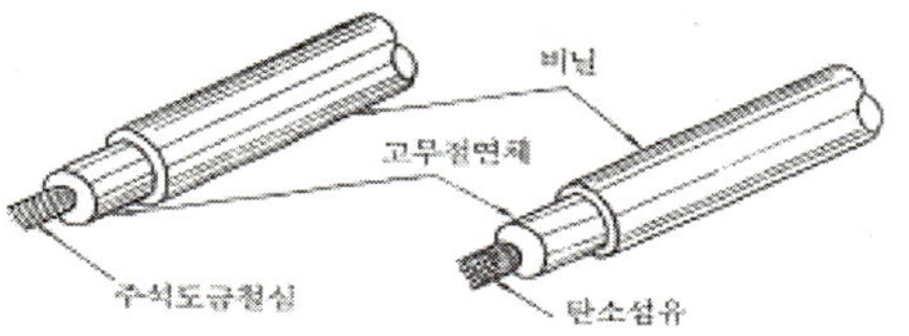


(a)

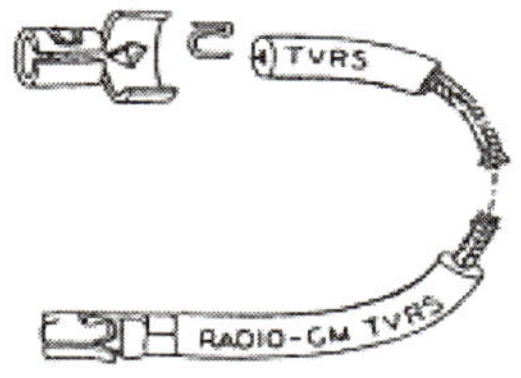


(b)

[ 고압케이블 ]

1) 보통 고압케이블
10~20개의 주석도금 전선을 철심으로 하고 그 주위에 두꺼운 고무를 입힌 후 방습처리한 것이며, 점화플러그 단자쪽과 배전기 캡 플러그쪽에는 고무제의 캡이 씌워져 있으며, 그 속에 태그(tag)가 있어 단자에 끼울 수 있다.

2) TVRS 케이블 (television radio suppression cable)
고압으로 인한 고주파방해를 막기 위하여 내부에 10,000Ω (10kΩ)의 저항을 둔다.

(7) 점화 플러그 (spark plug)

1) 기능
점화 코일의 2차 고전압을 받아 불꽃 방전을 일으켜 혼합기에 점화시키는 장치이며 전극, 절연체, 셀로 구성되어 있다.

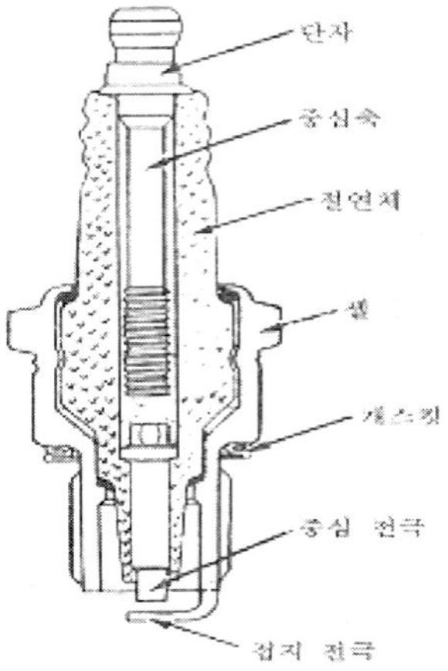


[ 점화플러그 ]

2) 구비 조건

① 급격한 온도 변화에 견딜 것

② 고온 고압에서 기밀 유지

③ 고전압에서 충분한 절연도

④ 충분한 내구성

⑤ 내식성이 클 것

⑥ 충분한 강도

⑦ 방열성이 클 것 : 열전도성

3) 구조

① 전극

㉮ 중심 전극과 접지 전극으로 구성

㉯ 규정 간극 : 0.5 (0.6) ~ 0.8mm 정도

㉰ 재질 : 니켈합금 또는 백금

② 셀 : 외곽 부분을 이루는 강제

③ 절연체 : 내열성, 절연성이 큰 자기

④ 개스킷 : 기밀 유지를 위한 것으로 점화플러그 설치 시 꼭 있어야 한다.

4) 자기 청정 온도(self cleaning temperature)

① 운전 시 전극 부분의 온도를 말한다.

② 전극 부분의 온도가 높으면(800도 이상) 조기점화 현상 발생

③ 전극 부분의 온도가 낮으면(400도 이하) 카본 발생
④ 전극 부분의 온도는 400 ~ 800도 이내가 되어야 카본 발생을 억제하고 조기점화를 방지할 수 있다.
⑤ 최적의 온도는 450 ~ 600도 이며, 이온도를 자기 청정 온도라 한다.

5) 열값(heat range : 열가)
① 점화플러그의 열방산 정도를 나타낸 것
② 자기 청정 온도를 유지하기 위함 .
③ 실링에서 아래까지 절연체의 길이와 직경에 의하여 결정
④ 종류
㉮ 냉형
㉠ 방열 길이가 짧은 것
㉡ 고압축비, 고속. 고부하 차량에 사용

㉯ 열형
㉠ 방열 길이가 긴 것
㉡ 저압축비, 저속. 저부하 차량에 사용

㉰ 중간형 : 냉형과 열형의 중간 성질로 가장 많이 사용

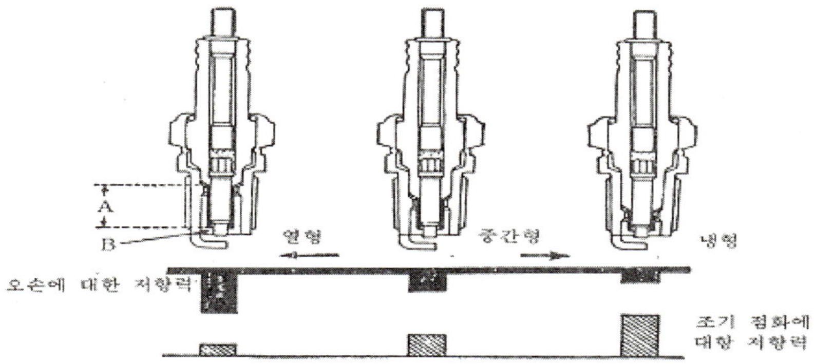


[ 점화플러그의 열값 ]

| [보충정리]<br>엔진 작동 시 점화플러그에 카본이 많이 발생하면 열형으로 교환하고 운전 중 열을 많이 받고 조기 점화 현상이 발생하면 냉형으로 교환한다. |
|---|

6) 특수 점화플러그
① 자기 돌출형 점화플러그 (프로젝티드 코어 노스 플러그 : projected core nose plug)
㉮ 중심 전극과 절연체가 셀의 끝부분 보다 더 노출되어 있는 것

㉯ 흡입 혼합기를 예열
㉰ 흡입 혼합기에 의해 냉각효과 얻음
㉱ 일정 온도 유지
② 저항 플러그 (resistor plug)
㉮ 유도 불꽃의 기간을 짧게 하기 위하여 중심전극에 약 10,000Ω 정도의 저항을 둔 것
㉯ 유도 불꽃의 기간이 길어지면 고주파 방해가 커짐

③ 보조 간극 플러그 (auxiliary gap plug)
㉮ 중심 전극과 단자 사이에 간극을 둔 것
㉯ 높은 전압과 전류를 유지하여 소손된 플러그에서도 안정된 불꽃을 유도
㉰ 불꽃 방전으로 발생한 오존을 환기시키기 위한 환기공이 있다.

7) 점화플러그의 표시
(예 : BP6ESR )
* B = 나사 부분의 지름 (A = 18mm, B = 14mm, C = 10mm, D = 12mm)
* P = 자기 돌출형 점화플러그
* 6 = 열값 (4,5,6,7,8,9 : 숫자가 작을수록 열형 , 클수록 냉형)
* I = 나사부분의 길이 (E = 19mm , H = 1.27mm)
* S = 개조형 또는 신형
* R = 저항 플러그

[보충정리]
㈜ 점화플러그는 8,000km마다 점검 , 15,000 ~ 20,000 km에서 교환
㈜ 점화 플러그 절연 저항은 10MΩ 정도
㈜ 점화 플러그 시험 : - 절연시험 , - 불꽃시험 , - 기밀시험
㈜ 점화 플러그의 열 범위를 나타내는 기준 : 점화플러그 열방산 정도
㈜ 점화 플러그의 간극 조정 : 접지 전극을 구부려 조정
㈜ 점화 플러그가 과열되면 과조착화를 가져온다.
㈜ 점화 플러그 청소 시 보안경을 쓰는 이유 : 모래알이 눈에 들어가기 때문
㈜ 점화 플러그 자기청청온도 이상이 되면 조기점화 현상이 일어난다.

(8) 반도체 점화장치

1) 트랜지스터식 점화장치의 장점
① 저속성능이 안정되고 고속성능이 향상된다.
② 점화장치의 신뢰성이 향상되고 점화시기를 정확하게 조절할 수 있다.
③ 2차 코일에서 안정된 고전압을 얻을 수 있다.
④ 점화코일에 흐르는 1차 전류의 크기에 제한을 받지 않기 때문에 권수비가 큰 점화코일을 사용 할 수 있다.
⑤ 전 트랜지스터식의 경우에는 기계적인 단속기구가 없어 점화장치의 전반적인 성능이 향상된다.

2) 반트랜지스터식 (semi transistor type)

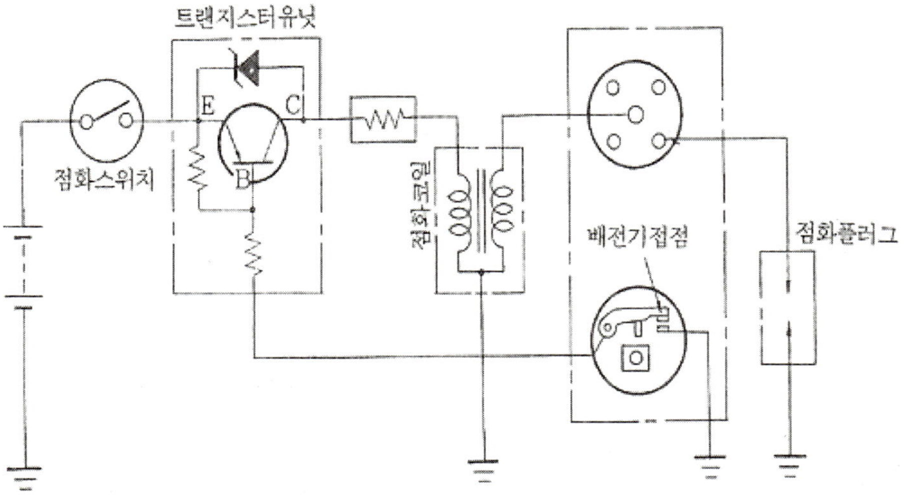


[ 반트랜지스터 점화장치의 회로도 ]

① 단속기를 이용하여 트랜지스터의 베이스 전류를 단속
② 단속기에 흐르는 전류가 작아 접점의 소손이 거의 없다.
③ 작은 저항에도 점화 불꽃이 불안정하게 된다.

3) 전트랜지스터식 (full transistor type)

전트랜지스터식에서는 접점이 없기 때문에 접점에 의해서 발생되는 문제점이 모두 해소되고 점화신호를 전기적으로 제어하므로 점화능력의 향상과 고속 회전시에도 2차 전압이 확실하게 확보되었다. 전트랜지스터식 점화장치는 픽업코일, 마그넷 및 기계식의 배전기 캠에 해당하는 실린더 수와 같은 수의 돌기를 가진 시그널 로터로 구성되어 있으며, 시그널 로터는 배전기 축에 의해 회전한다. 기관의 회전에 의해 시그널 로터가 회전하면 시그널 발전기에 의해서 전기적 점화신호를 발생하여 이그나이터에 공급하면 점화코일에 흐르는 1차전류를 트랜지스터에 의해 단속하는 것이다.

㉮ 단속기 접점 대신에 점화시기 검출용 픽업과 트리거휠을 사용하는 방식으로 이그나이터 형식을 말한다.
㉯ 영구 자석 이그나이터과 감응부(볼피스), 픽업 코일, 트리거휠(로터)로 구성되어 있다.
㉰ 픽업 코일에 교류가 발생, 이 교류 펄스의 작용에 따라 TR이 1차 전류를 단속하게 된다.
㉱ 로트와 이그나이터 사이의 간극은 0.2 ~ 0.7㎜정도를 두며, 이 간극이 초기 점화시기를 결정한다. 그리고 최적 간극은 0.8 ± 0.1㎜이다.

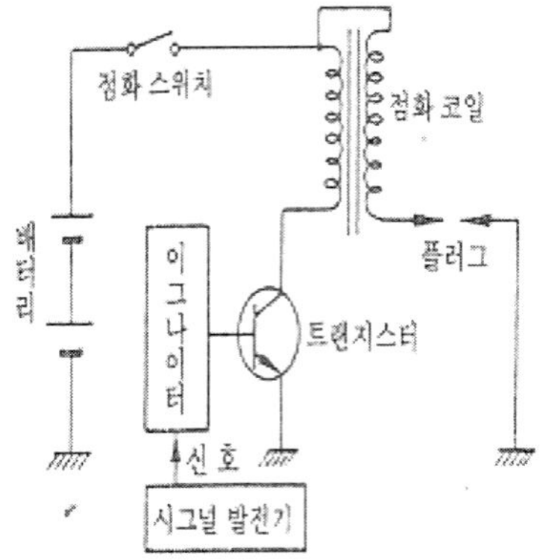


[ 전트랜지스터 점화장치의 회로도 ]

① 시그널 제너레이터(점화신호 발생기구)

시그널 제너레이터는 브레이커판 위에 마그넷과 픽업 코일을 고정하고 배전기축에 시그널 로터를 고정한 구조로 되어 점화신호를 발생한다.

작동원리는 마그넷이 영구자석이므로 자속의 경로는 마그넷 → 배전기축에 의해 회전하는 시그널 로터 → 시그널 제너레이터의 픽업코일 → 브래킷 → 마그넷으로 이루어진다.

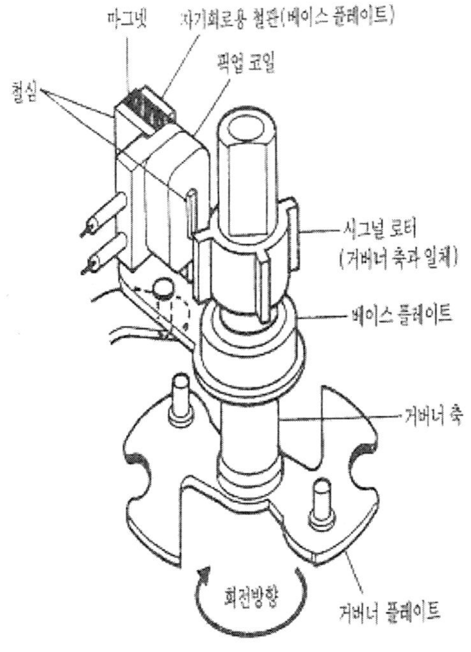


[ 시그널 제너레이터의 구조 ]

② 이그나이터(ignitor)

픽업 코일에서 유도된 전압을 이용해 증폭 신호로 점화코일의 1차전류를 단속하는 부분, 유도전압을 증폭하는 부분, 유도전압으로 점화신호를 검출하는 부분으로 구성되어 있으며 기능은 신호검출, 신호 증폭, 1차 전류 단속 및 캠각 제어 및 정전류 제어가 있다.

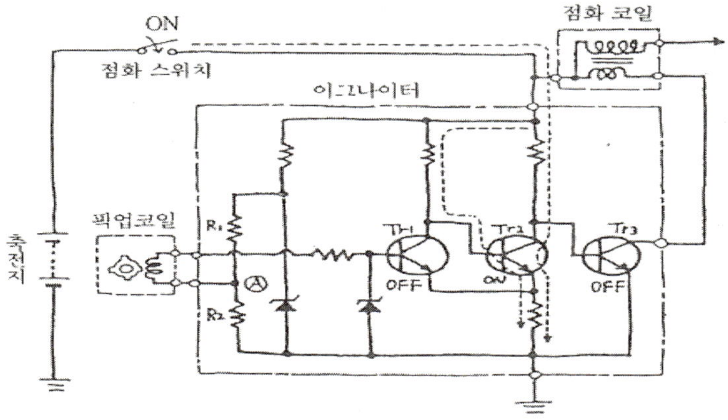


[ 이그나이터 회로 ]

> [보충정리]
> ㈜ 전트랜지스터식 점화장치의 픽업코일의 기능 : 전기적 점화신호 발생
> ㈜ 전트랜지스터식 점화장치의 점화신호 발생 방식 : 신호 발전식, 광선 차단식, 전자파 차단식
> ㈜ 트랜지스터식 점화장치는 트랜지스터의 스위칭 작용을 이용하여 2차 전압을 유기시킨다
> ㈜ 신호 발전식에서 타이밍 로터의 소재 : 철
> ㈜ 파워 트랜지스터에서 접지 단자 : 이미터
> ㈜ 트랜지스터에서 점화코일 1차 전류는 컬렉터에서 이미터로 흐른다
> ㈜ 트랜지스터 점화장치의 특징
> - 저속 성능이 안정
> - 고속 성능이 안정
> - 점화시기, 캠각 제어 등이 정확하다

(4) 축전기 방전 점화장치(CDI : condenser discharge igniter)

CDI 점화장치는 축전기에 400V정도의 직류 전압을 충전시켜 놓고 점화시에 점화코일의 1차 코일을 통하여 급격히 방전시켜 2차 코일에 고전압을 발생시키는 점화장치를 CDI라 한다. 축전기에 충전용의 직류 전압을 얻는 방법은 트랜지스터를 이용하여 DC-DC 컨버터를 사용하는 것과 자석식 발전코일을 이용하는 방식이 있다.

축전지 전압을 DC-DC 컨버터로 승압시키는 원리는 점화 스위치를 닫으면 축전지의 DC 전류는 발진 회로에 의하여 교류로 변환하여 승압되며 이것을 다이오드로 정류하면 높은 전압의 전류를 얻게 된다. 다시 말하면 12V 축전지 전압은 DC-DC 컨버터에 의하여 약 400V의 직류 전압으로 승압되어 축전지에 충전된다.

이때 사이리스터는 차단 상태에 있으므로 점화시에 사이리스터의 게이트에 신호가 들어가면 캐소드와 애노드는 통전 상태로 축전기에 축적된 전기 에너지는 사이리스터와 점화코일의 1차측을 통하여 방전된다. 이때 1차 코일의 급격한 전류 변화에 따라 2차 코일은 빠른 속도로 고전압을 유기하며 방전이 끝난 사이리스터는 차단 상태가 되어 축전기는 재충전하며 충방전 작용은 극히 짧은 시간에 일어나므로 기관이 고속으로 회전하여도 높은 2차 전압을 얻을 수 있게 된다.

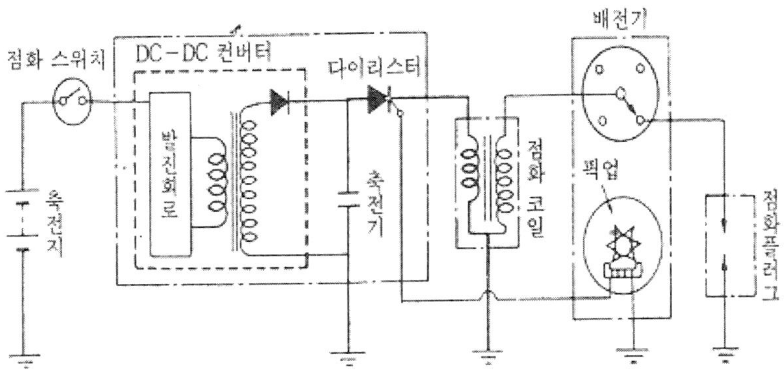


[ 축전기 방전식 점화장치 회로 ]

① 축전기 (콘덴서 )에 400볼트의 전압을 저장하였다가 점화시 점화 1차 코일을 통하여 급격히 방전시킴으로서 2차 코일에 고전압을 유기시키는 장치.

② 자석식 발진코일식과 DC-DC컨버터(직류변압기)를 이용하는 방법이 있다.

[보충정리 : DC - DC 컨버터식]

㉮ 점화스위치를 닫으면 축전지의 전류가 발진회로로 흐른다.

※ 발진 회로란 외부 신호가 아닌 전원으로 부터 보내진 전력으로 지속적인 전기 진동을 발생시키는 회로를 말하며 축전지 전류는 직류이기 때문에 유도 작용을 일으키기 위하여 사용된다.

㉯ 발진 회로는 축전지 전류에 진동을 주어 유도 작용을 유기시켜 승압시킨다. (12볼트를 400볼트로)

㉰ 승압된 교류를 다이오드로 정류하여 축전기(콘덴서)에 충전

㉱ 점화시 사이리스터 게이트에 신호가 가면 캐소드와 애노드는 통전상태가 되어 충전된 400볼트의 전기를 사이리스터를 통하여 점화 1차 코일에 방전하면 2차 코일은 빠른 속도로 2차 고전압을 유기.

㉲ 방전이 끝나면 사이리스터는 차단 상태가 되고 축전기는 재충전 된다.

③ 특징
㉮ 고속시 2차 고전압의 변화가 적다.
㉯ 저속에서 안전성과 신뢰성이 크다.
㉰ 점화플러그 소손시 2차 고전압의 변화가 적다
㉱ 접점식에 사용시 접점의 소손이 작다.

| [보충정리] |
|---|
| ㈜ 축전기에 충전용 직류 전압을 얻는 방법 : 다이오드 사용, 트랜지스터 이용, DC - DC 컨버터 사용 |
| ㈜ 축전기 점화 방식에서 사용되는 반도체 : 다이리스터 |

(5) 광학식
① 컴퓨터 제어 차량에 사용
② 발광 다이오드와 수광(포토)다이오드에 의해 1차 전류를 단속하는 것으로 점화진각 장치가 없으며, 고압의 배전을 주로 한다.
③ 광선 차단식 점화 신호 발생기구에서 2차 코일에 전압이 유기될 때 광원과 포트 트랜지스터 사이는 열리기 시작한다.

(6) 고에너지식 점화장치 (H.E.I : high energy ignition)
① 특징 : 점화 진각 장치가 없다 , 성능이 안정되어 있다 , 내열성이 우수
② 구성 요소 : ECU , 파워트랜지스터 , 센서
③ 점화코일의 작동 회로 : 센서 → ECU → 파워트랜지스터 → 점화코일
④ 발광다이오드가 보내는 신호는 펄스
⑤ 배전기내에 설치되어있는 발광다이오드 수는 2개
⑥ 폐자로형 점화코일 특징
㉮ 케이스가 없다.
㉯ 철심이 밖으로 노출되어 냉각이 양호하다.
㉰ 1차 코일을 더욱 굵은 선으로 사용할 수 있어 권수비가 작아도 된다.
㉱ 2차 코일을 바깥쪽에 설치할 수 있다.
㉲ 고속에서 성능이 양호하다.

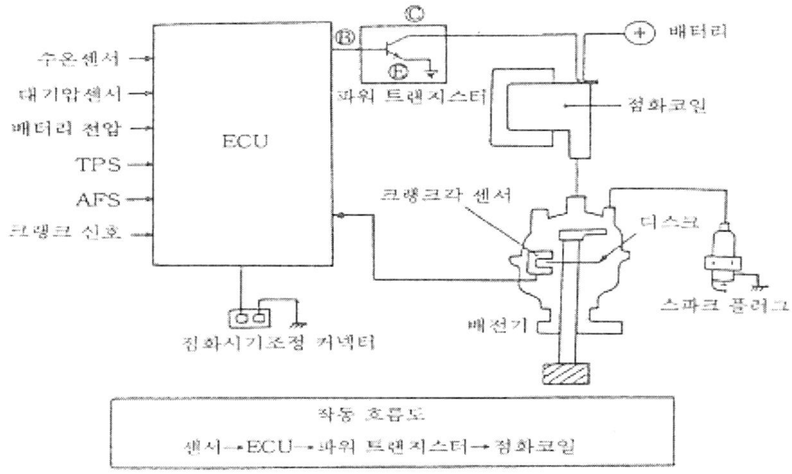


[ 고에너지식 점화장치 회로 ]

1) 점화코일

폐자로(ㅁ자형 : 몰드형)형 철심을 이용하여 자기유도작용에 의해 생성되는 자속이 외부로 방출되는 것을 방지하기 위해 철심을 통해 자속으로 흐르도록 하며 1차 코일의 저항을 감소시키기 위해 코일의 굵기를 굵게 하여 더욱 큰 자속이 형성될 수 있으므로 2차 고전압을 발생시킬 수 있고 구조가 간단하여 내열성 및 방열성이 우수하므로 성능 저하가 일어나지 않는다.

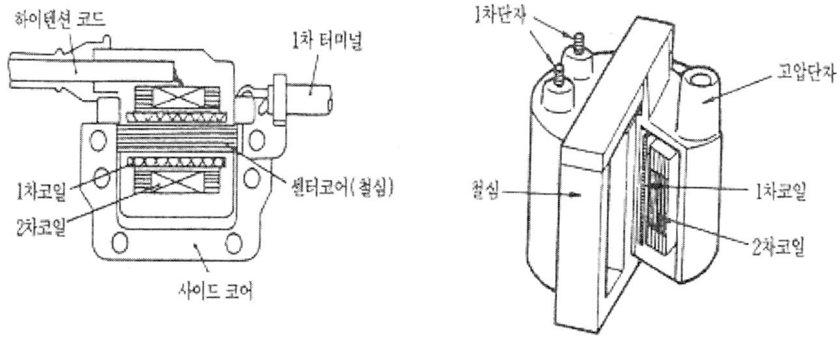


(a) 폐자로 저압 철심형 코일의 단면도　(b) 폐자로형 코일의 구조

[ 폐자로형 코일의 단면도 및 구조 ]

2) 파워 트랜지스터

파워 트랜지스터는 ECU와 연결되는 베이스 단자(B)와 점화코일에 접속된 컬렉터 단자(C) 및 접지되는 애미터(E)로 구성되어 ECU에 의해 제어되어 점화 1차 코일에 흐르는 전류를 단속

한다. 즉, 접점식 점화장치의 접점과 같은 기능을 한다. 그리고 파워 트랜지스터의 위치에 따라 점화장치는 TR 외장형, TR ECU 내장형, TR 코일 내장형이 있다. TR 외장형은 점화1차의 베이스 측정이 가능하고 TR이 ECU에 내장된 타입은 베이스 측정이 안되고 오직 점화 1차만 측정이 가능하며 TR이 코일속에 내장된 타입은 점화 1차 측정이 불가능하고 오직 베이스 전압만 측정이 가능하다. 그리고 SOHC엔진의 경우에는 파워 TR이 1개가 있고 그나마 신형 스쿠프는 컴퓨터에 내장되어 있는 방식이다. DOHC엔진의 경우에는 비록 1개의 덩어리로 되어 있지만 그 내부에는 4기통 엔진의 경우는 2개의 TR이 6기통 엔진에는 3개의 TR이 내장되어있다. 하지만 절대 단순한 TR이 아니다.

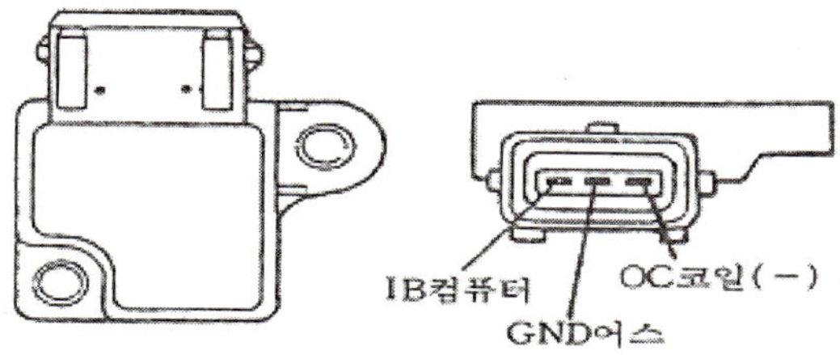


[ 파워 크랜지스터 ]

3) 배전기

배전기는 크랭크각 센서와 1번 실린더 TDC 센서 및 배전부로 구성되어 있으며, 유닛 어셈블리에는 디스크를 설치한 2종류의 슬릿(틈새)을 검출하기 위하여 발광 다이오드와 포트 다이오드 2개씩 내장되어 펄스 신호를 ECU에 보내어진다.

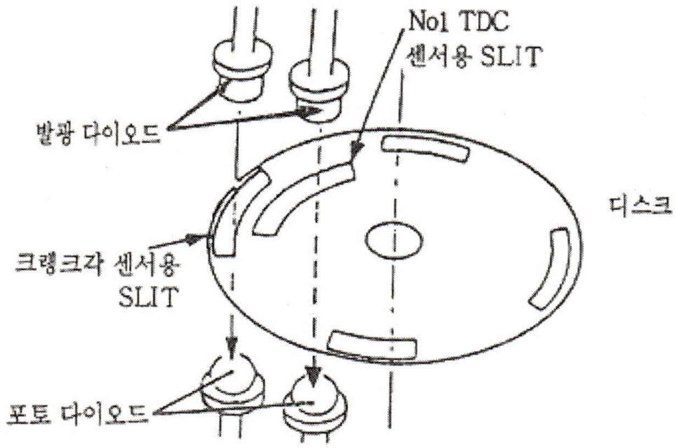


[ 배전기 내부구성 ]

크랭크각 센서 및 1번 실린더 TDC 센서는 디스크와 유닛 어셈블리로 구성되어 있으며 디스크는 금속제 원판으로 주위에 90° 간극으로 4개의 빛 통과 크랭크각 센서용 슬릿이 있고 또

내측에는 1개의 1번 실린더 TDC 센서용 슬릿이 있다. 디스크가 배전기 축에 고정되어 축이 회전하면 디스크 슬릿이 움직여 유닛 어셈블리에 의해 빛으로 감지하도록 되어 있다.
유닛 어셈블리는 2종류의 슬릿을 검출하기 때문에 발광 다이오드와 포트 다이오드 2개가 내장되어 발광 다이오드와 포트 다이오드 사이에 디스크가 회전하므로 발광 다이오드에서 방출된 빛은 포트 다이오드에 도달한다. 이때 포트 다이오드가 빛을 받으면 역 방향으로 통전되고 이 전류는 비교기로 약 5V가 들어가 감지되며 그림의 ②단자에서 ECU로 5V가 감지되어 디스크 틈새가 회전하면 포토 다이오드로 빛이 차단되어 전류가 흐르게 된다. 그러므로 ② 단자는 전압이 0V가 되기 때문에 유닛 어셈블리에서 펄스 신호로 ECU에 전달된다. 4개의 크랭크각 센서용 틈새에 얻어지는 신호는 기관 회전수를 연산하는 기준 신호로서 공히 크랭크축의 압축 상사점이 정위치에 있는지 검출하여 내측의 1개 1번 실린더 TDC 센서용의 틈새에서 얻어지는 신호에 의해 1번 실린더에 대한 기초 신호를 식별하여 ECU 멀티 장치의 분사순서를 결정하는데 사용한다.

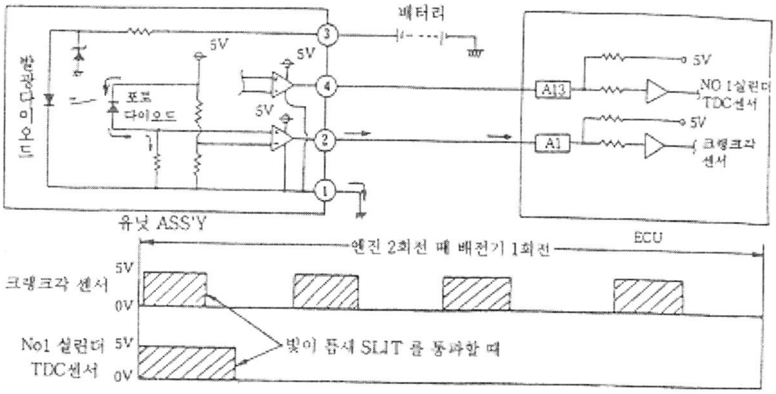


[ 크랭크각 센서와 1번 TDC 실린더 센서 ]

(7) 전자배전 방식(D.L.I : distributor less ignition = 배전기 없는 점화장치)
전자제어의 방식에 따라 전자배전방식을 분류하면 코일 배분식과 다이오드 배분식이 있으며, 코일 분배식에는 동시점화식과 독립점화식이 있는데 예전에는 동시점화식을 많이 사용하였지만 최근에는 독립 점화방식을 채택하고 있다. 코일 분배식은 고전압을 점화코일에서 점화플러그로 직접 배전하는 방식이며, 1개의 점화코일로 2개의 실린더에 동시에 분배해 주는 동시점화방식이 있고 각 실린더마다 1개의 점화코일과 1개의 점화플러그가 결합되어 직접 점화시키는 독립점화방식이 있다.
다이오드 분배식은 고전압의 방향을 다이오드로 제어하는 방식이며, 일종의 동시점화방식이다. 동시점화방식이란 2개의 실린더에 1개의 점화코일을 사용하여 압축상사점과 배기상사점에서 동시에 점화시키는 방식이다. 즉, 1번 실린더와 4번 실린더에 동시에 점화시킬 경우 1번 실린더는 압축상사점이기 때문에 연소가 발생하나 4번 실린더는 배기중이기 때문에 무효방전이 된다. 배전기 없는 점화방식은 배전기식에 비하여 다음과 같은 장점이 있다.
① 배전기에서 누전이 없다.

② 로터와 배전기 캡 전극사이의 고전압 에너지 손실이 없다.
③ 배전기 캡에서 발생하는 전파잡음이 없다.
④ 진각(advance)폭의 제한이 없다.
⑤ 고전압 출력을 감소하여도 방전 유효에너지 감소가 없다.
⑥ 내구성이 크다.
⑦ 전파방해가 없어 다른 전자제어장치에도 유리하다.

[요점정리]
① 컴퓨터 제어 차량에서 사용
② 배전기가 없다.
③ 점화 코일을 두개 또는 실린더 수만큼 사용한다.
④ 컴퓨터의 제어 신호로 점화코일에서 발생된 고전압을 직접 점화플러그로 보낸다.
⑤ 종류
㉮ 코일 분배식 : 동시 점화 방식과 독립 점화 방식을 채택한다.
㉯ 다이오드 분배식 : 동시 점화 방식을 채택한다.

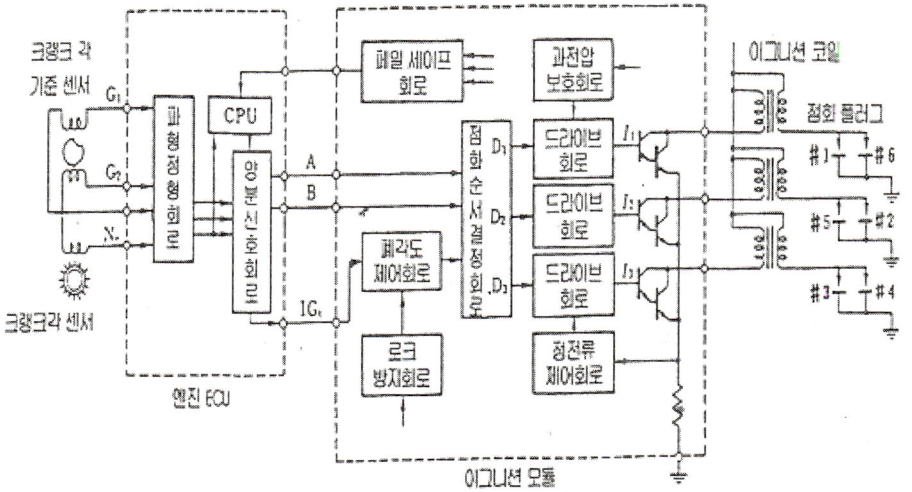


[ 배전기 없는 점화장치 ]

[보충정리]
㈜ 동시 점화 방식의 특징
- 전파 잡음이 없다
- 전압 강하 에너지 손실이 적다
- 누전이 발생되지 않는다.

(8) 핵심 정리

1) 점화코일에 1차 저항을 두는 이유?
① 점화코일의 온도가 상승되는 것 방지
② 저속에서 1차 전류가 많이 흐르는 것 제어
③ 단속기 접점의 소손방지
※ 1차 저항은 1차 회로에 직렬로 연결

2) 점화코일의 철심으로 규소 강판을 쓰는 이유
자화, 비자화가 잘되게 하기 위하여

3) 배전기에 접점을 두는 이유
자동차 전원은 직류이기 때문에 1차 전류를 단속하여 자력의 변화를 주어 2차에 교류전압을 발생시킨다.
※ 단속기와 축전기는 병렬로 연결되어 있다.

4) 배전기 하우징에 환기구멍을 두는 이유
접점이 개폐될 때 불꽃방전으로 오존 ( $O_3$ )이 발생된다. 오존은 발생기 산소로서 산화작용이 매우 활발하다. 따라서 환기구멍을 주어 오존에 의한 산화방지.

5) 점화코일에 높은 저항은 접점이 열릴 때 생긴다.

(9) 점화장치 정비

1) 단속기 암스프링 장력
① 장력이 너무 강하면 러빙블록이나 캠의 마멸을 촉진
② 스프링 장력이 약하면 고속에서 채터링 현상이 일어나서 실화의 원인이 된다.

2) 단속기 접점 사이의 저항이 크게 되는 원인
① 접점면의 소손이 심한 경우
② 접점면에 오일이 묻어 있는 경우
접점면의 저항이 크게 되면 1차 전류의 흐름을 방해하게 되므로 2차 고전압이 감소되어 기관의 출력 이 저하된다.
※ 단속기 암스프링의 장력은 400 ~ 500g

3) 단속기 접점이 소손되는 원인
① 단속기 접점의 얼라이닝이 잘 되어 있지 않을 때
② 단속기 접점의 간극이 너무 좁다.
③ 축전기의 용량이 부적합
④ 접점의 접촉 불량

⑤ 단속기 접점에 오일이 묻어 있다.

4) 단속기 암의 러빙블록이 마멸되면
① 접점 간극이 작게 된다.
② 점화시기가 늦게 된다.
③ 1차 전류의 흐름시간이 길어진다.
④ 점화코일이 발열한다.
⑤ 접점이 소손 된다.

5) 점화시기가 지나치게 빠를 경우 일어나는 현상
① 기관에서 노킹이 일어난다.
② 기관의 동력이 저하된다.
③ 피스톤 헤드 등이 파손되는 일이 있다.
④ 피스톤 및 실린더가 손상되고 파손된다.
⑤ 커넥팅로드 및 크랭크축에 변형이 생기고 심할 때는 베어링이 파손된다.
⑥ 기관의 수명이 단축되고 연료소비량이 증대된다.

6) 점화시기가 너무 늦을 경우 일어나는 현상은?
① 기관의 동력 감소
② 연료 소비량의 증대
③ 기관의 과열
④ 배기관에 다량의 카폰퇴적
⑤ 실린더 벽 및 피스톤 스커트부의 손상
⑥ 기관의 수명 단축

7) 점화플러그 간극
간극이 너무 작으면 불꽃이 약하고 너무 크면 실화(misfire)가 일어난다.

8) 스파크가 일어나지 않을 때
① 축전지의 용량부족 또는 단자의 접촉 불량
② 저압 회로부의 단선 또는 점화코일의 불량
③ 포인트가 닫히지 않거나 닫힌 그대로일 때 접촉 불량

9) 스파크가 약할 때
① 축전지 단자의 체결 불량
② 점화키로부터 점화코일 배전기까지의 체결 불량
③ 포인트의 접촉 불량 또는 간극부정
④ 각 배선의 단자의 접촉 불량, 점화코일의 기능불량

10) 점화플러그는 일반적으로 주행 4,500 ~ 8,000km마다 청소, 점검, 간극 조정을 하고 주행 15,000 ~ 20,000 Km ( 통상 16,000km)마다 교환한다.

11) 단속기 암스프링의 장력이 약할 때 일어나는 현상은?
기관의 고속회전에 채터링 현상이 발생되어 실화가 발생한다.

12) 축전기의 시험항목
① 누설시험 ② 용량시험 ③ 직렬저항시험

13) 배전기 축전기(condenser) 고장시 일어나는 현상은?
축전기의 고장은 점화코일내에 급속한 자력선의 변동을 줄 수 없으므로 2차유도 전압이 상대적으로 낮아진다. 따라서 2차유도 전압이 낮아진다.

14) 축전기 용량이 크거나 작으면 그림과 같이 금속전이 현상이 일어나며 용량이 부족할 때는 전이 현상이 더욱 심하다.

15) 점화코일의 절연저항은 80℃에서 10㏁ 이상이어야 한다.

16) 저항점화플러그의 중심전극 저항은? 10,000Ω

17) 배전기 시험기로 시험할 수 있는 항목은?
① 캠각도 점검
② 각회전 속도에서의 진각도
③ 점화시기의 분각도

18) 타이밍 라이트로 시험할 수 있는 항목
① 조기 점화시기 점검
② 점화진각 시험

19) 점화코일의 시험항목은?
① 1,2차 코일저항
② 코일의 용량시험
③ 절연시험
④ 코일의 극성시험

(10) 공식과 계산문제

1) 점화코일의 2차 전압

$$E_2 = \frac{N_2}{N_1} \times E_1$$

$E_1$: 1차 전압 , $E_2$: 2차 전압 , $N_1$: 1차코일의 권수 , $N_2$: 2차코일의 권수

2) 캠 앵글이 한 실린더에 주어지는 캠각

$$캠각 = \frac{360}{기통수} \times 60(\%)$$

3) 축전기에 충전되는 전기량

$$Q = CV$$

$C$ : 정전용량(㎌) , $V$ : 전압

4) 파형에 의한 캠각

$$\frac{캠각\ 길이}{파형\ 전체길이} \times \frac{360}{기통수}$$

문제1) 6실린더 기관의 점화장치를 엔진스코프로 측정한 결과 그림과 같이 제1실린더의 파형이나타났다. 캠각은 몇 도인가?

정답 : 40°

문제2) 축전기 전압이 13.8[V]이다. 점화코일의 1차 유도전압은 350[V] 2차 상호 유도 전압을 17,500[V]로 상승시키려면 권수비는?

풀이 $N\,(권수비 : \frac{N_2}{N_1}) = \frac{V_2}{V_1} = \frac{I_1}{I_2}$

정답 : 50

문제3) 점화코일에서 1차코일의 권수가 100회, 2차코일의 권수가 20,000회 1차 코일로 유도된 전압이 200[V]라면 2차 전압은?

정답 40,000[V]

문제4) 0.3㎌와 0.4㎌의 축전기를 병렬로 연결하고 12[V]의 전압을 가하면 얼마의 전기량이 축적 되는가?

정답 : 8.4 ㎌

5) 점화파형

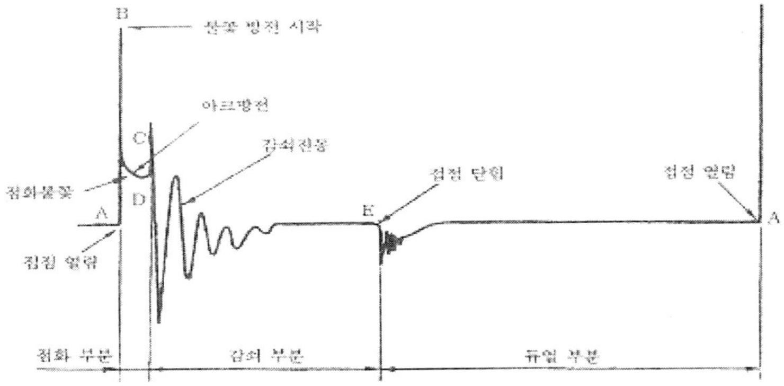


[점화정상파형 ]

6) 파형에 의한 고장진단

| 진단 | 진단 |
| --- | --- |
| 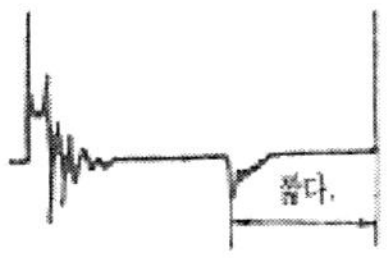<br><br>○ 접점간극이 클 때 | 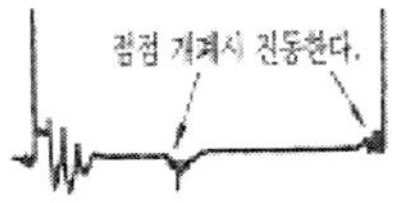<br><br>○ 접점 불량 |
| 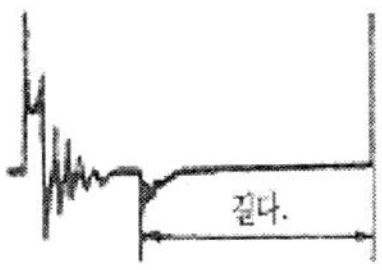<br><br>○ 접점간극이 좁을 때 | 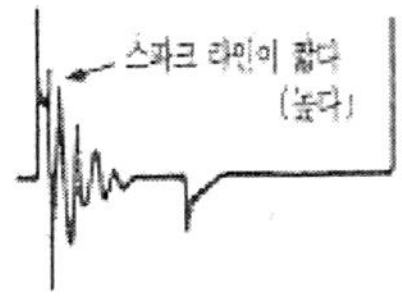<br><br>○ 불꽃 간극과대(실화) |
| 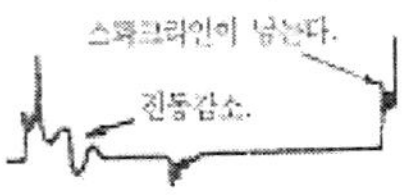<br><br>○ 축전기 불량<br>(절연, 용량과소, 리드선 불량) | 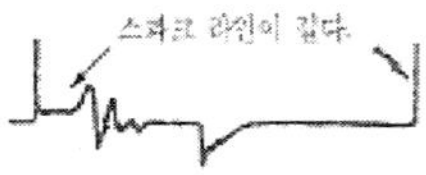<br><br>○ 불꽃간극과소, 점화플러그 오손<br>○ 고압회로 누전 |
| <br><br>○ 접점 불량 | <br><br>○2차 회로의 저항과대 |

[점화파형진단 ]

# 제6장 조명 장치 및 계기장치

## 6-1. 전선

(1) 정의 : 한 가닥 또는 여러 가닥으로 된 구리선 표면에 피복을 입힌 것 .

(2) 배선방식
① 단선식 : 인입선(+) 한개의 선으로 연결된 것으로 접지선(-)은 몸체가 차체와의 접촉으로 활용
② 복선식 : 인입선(+)과 접지선(-) 두개의 선으로 구성된 것으로 전력의 소모가 많거나, 몸체가 절연 물질 일 때 사용

| [보충정리] |
|---|
| ㈜ 자동차 전조등의 성능을 유지하기 위하여 가장 좋은 방법 : 복선식 |

(3) 전구의 3요소
① 반사경 : 빛을 한 방향으로 모아 반사
② 렌즈 : 빛을 일정 각도로 쏘아 보냄
③ 필라멘트 : 전류에 의하여 발열

(4) 용어 정리
① 광속 : 빛의 다발 (루멘 : Lm)
② 광도 : 광원의 세기 (칸델라 : Cd)
③ 조도 : 피조면의 밝기 (룩스 ; Lx)

[보충정리]
※ 조도는 광도가 일정 할 때 거리의 2승에 반비례한다. 조도 = Lx, 광도 = Cd, 거 리 = r 일 때

$$Lx = \frac{Cd}{r^2}$$

## 6-2. 등화장치

(1) 전조등 (head light)

1) 헤드램프의 종류
① 실드빔형(sealed beam type)

반사경에 필라멘트를 붙이고 여기에 렌즈를 녹여 붙인 후 내부에 불활성 가스를 넣어 그 자체가 하나의 전구가 되게 한 형식이다. 이 형식의 특징은 다음과 같다.

- 대기의 조건에 따라 반사경이 흐려지지 않는다.
- 사용에 따르는 광도의 변화가 적다.
- 필라멘트가 절단되면 렌즈나 반사경에 이상이 없어도 전체를 교환하여야 한다.

[요점정리]
㉮ 반시경, 렌즈, 필라멘트가 일체로 된 것
㉯ 수명이 길고 렌즈가 흐려지지 않는다.
㉰ 가격이 비싸다.

② 세미 실드빔형(semi sealed beam type)

렌즈와 반사경은 녹여 붙엿으나 전구는 별개로 설치하는 형식으로 필라멘트가 절단되면 전구만 교환하면 된다. 그러나 전구 설치부로 약간의 공기 유동이 있어 반사경이 흐려지기 쉽다.

[요점정리]
㉮ 반사경과 렌즈가 일체로 되었고, 필라멘트는 별개로 된 것
㉯ 일반적으로 가장 많이 사용된다.

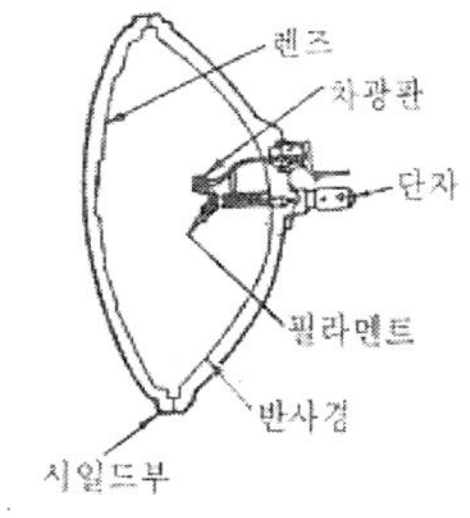

(a) 시일드 빔형

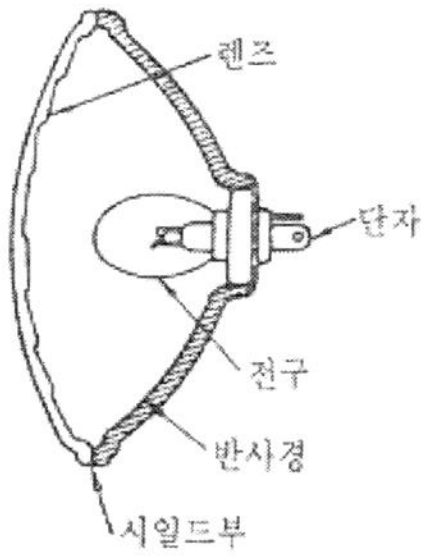

(b) 세미 시일드 빔형

[전조등 형식 ]

③ 분할형
㉮ 반사경, 렌즈, 필라멘트가 전부 별개로 된 것
㉯ 잘 사용되지 않는다.

| [보충정리] |
|---|
| ㈜ 전조등 감압 장치 종류 : |
| 보조 전조 등을 쓰는 방법, 저항선을 쓰는 방법, 이중 필라멘트를 사용하는 방법 |

(2) 방향지시등(turn signal lamp)

1) 기능

① 좌우 방향 전환 시 작동

② 1분 동안에 50 ~ 120회 점멸

③ 릴레이(플래셔 유닛)를 사용하여 점멸 시킨다.

2) 플래셔 유닛의 종류

① 바이메탈 형식

② 열선식

③ 축전기식

④ 축전기 전류형

⑤ 축전기 전압형

⑥ 수은식

⑦ 전자 열선식

⑧ 반도체식

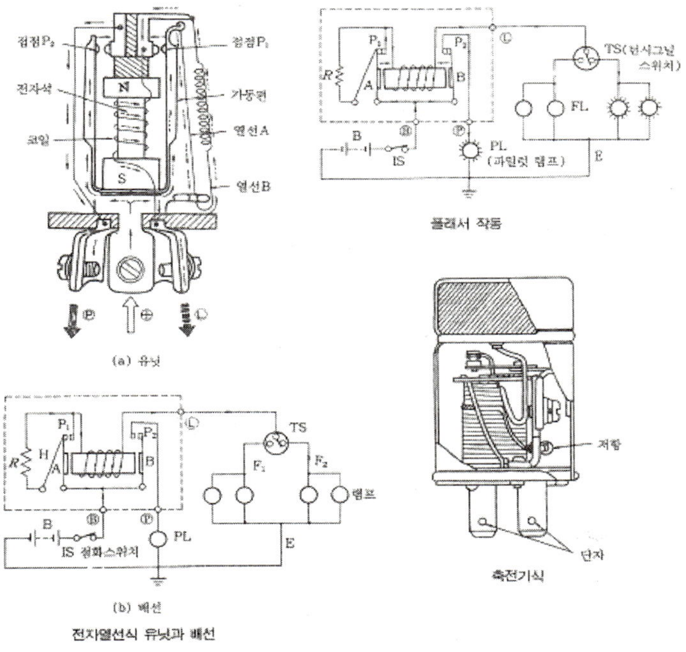


[전자열선식 유닛과 배선 ]

(3) 속도계(speed meter)

속도계는 1시간당의 주행거리(km/h)로 표시되며 변속기 출력축에서 속도계 구동 케이블을 통하여 구동된다. 종류는 원심력식과 자기식이 있으며 자기식의 작동은 영구 자석이 회전하면 로터에는 전자 유도 작용에 의해 맴돌이 전류가 발생하며 이 맴돌이 전류와 영구 자석의 자속과의 상호작용으로 로터에는 영구 자석의 회전과 같은 방향으로 회전력이 발생한다. 따라서 로터는 헤어 스프링(hair spring)의 장력과 평형이 되는 점까지 회전하며 이 회전각도만큼 바늘이 움직여 속도를 표시한다.

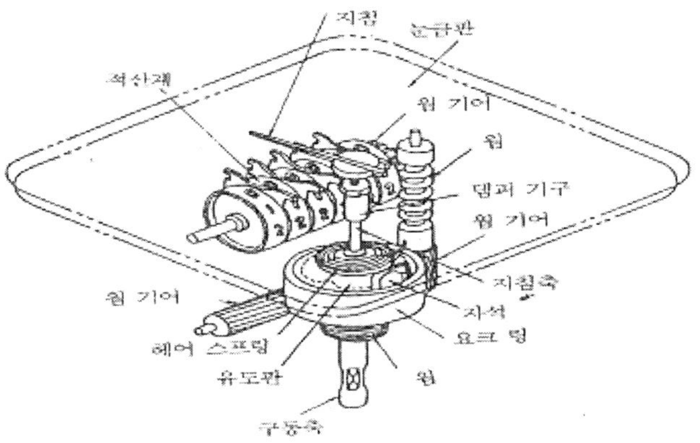


자기식 속도계의 구조

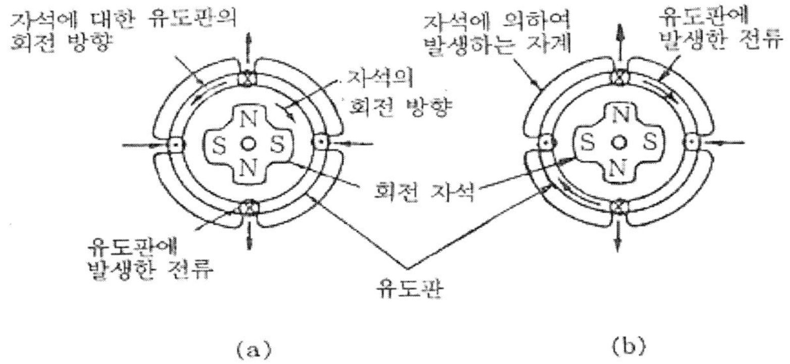


전자식 속도계의 원리

[자기식 및 전자식 속도계의 원리]

# 제7장 기타 장치

## 7-1. 냉난방장치

1) 개요

① 기능

- 주위 변화에 따른 온도 및 습도 등을 적절히 유지하여 쾌적한 환경을 제공
- 온도를 낮춘다.
- 공기에 속도를 두고 공기 속의 먼지를 제거

② 쾌적 감각 3요소

㉮ 온도

㉯ 습도

㉰ 풍속

③ 차량의 열부하

㉮ 승원부하 : 탐승 인원에 따른 열부하 (1인당 100kca1/h)

㉯ 복사부하 : 태양열에 의한 열부하 (복사부하 970kca1/h 전도부하 180 ~ 200kca1/h)

㉰ 관류부하 : 열의 대류현상에 의한 열부하 (190kca1/h)

㉱ 환기 부하 : 실내 환기에 의한 열부하 (230kca1/h)

④ 액체의 증발율 : 온도가 높을수록, 압력이 낮을수록 증발이 쉽다.

⑤ 공기조화 목적하는 장소의 온도, 습도, 청결도, 기류 분포 등의 공기 조건을사용 목적에 알맞게 조절하는 것

⑥ 잠열 : 물질의 상태 변화 없이 온도 변화에만 필요한 열량

2) 난방장치(heater)

① 종류

㉮ 온수식 : 냉각수를 이용(소형차)

㉯ 배기식 : 배기가스를 이용(공냉식 엔진)

㉰ 연소식 : 별도의 연료를 연소시킴 (대형차)

㉱ 엔진 예열식 : 엔진에서 발생된 열을 이용

㉲ 시라우드식 : 엔진 및 방열기의 열을 시라우드를 통하여 순환

② 온수식의 구성요소

㉮ 난방유닛 : 전동팬과 덕트

㉯ 호스 : 냉각수 순환 통로

㉰ 밸브 : 가열된 공기의 방향 전환

③ 난방용 공기의 순환 방식

㉮ 외기식

㉯ 내기식

㉰ 내외 겸용식

| [보충정리] |
|---|
| ㈜ 바이메탈 서모스탯식 유압계의 유닛부에 열선과 병렬로 연결된 저항은 가변저항 |
| ㈜ 두 개의 코일에 흐르는 전류의 크기를 저항에 의하여 가감하도록 되어 있는 급유용 압력계 : 밸런싱 코일식 유압계 |

3) 냉방장치(에어컨디셔너)

① 냉방사이클

㉮ 카르노사이클

㉯ 증발-압축 -응축 -팽창의 작용을 말한다.

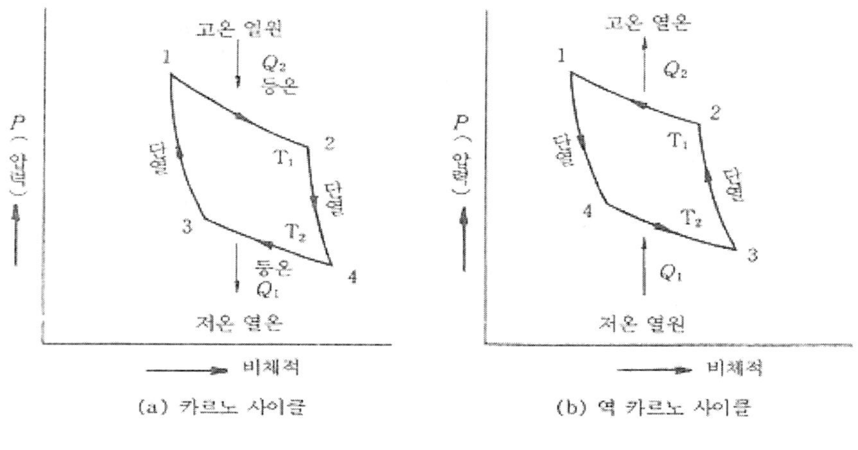


[카르노 사이클 및 역 카르노 사이클 ]

a. 가역 등온 팽창 : 고온에서 열을 흡수

b. 가역 단열 팽창 : 고온에서 저온으로 온도가 떨어진다.

c. 가역 등온 압축 : 저온에서 열을 방출

d. 가역 단열 압축 : 저온에서 고온으로 온도가 올라간다.

[보충정리]
㈜ 에어컨이 하는 두 가지 일 : 공기를 차게 하고 건조 시킨다.
㈜ 냉방장치의 기본 구성 : 압축기 , 응축기 , 리시버 , 팽창밸브 , 증발기
㈜ 냉매의 순환에 의한 열 변화 과정 : 기체 → 액체 → 기체
㈜ 본질적인 의미의 냉각과정이란 : 열의 이동을 의미

$$열효율\ (\eta_c) = \frac{Q_2 - Q_1}{Q_2} = \frac{AW}{Q_2}$$

$$A = \frac{1}{427}[\text{kcal}/Kgfm]$$

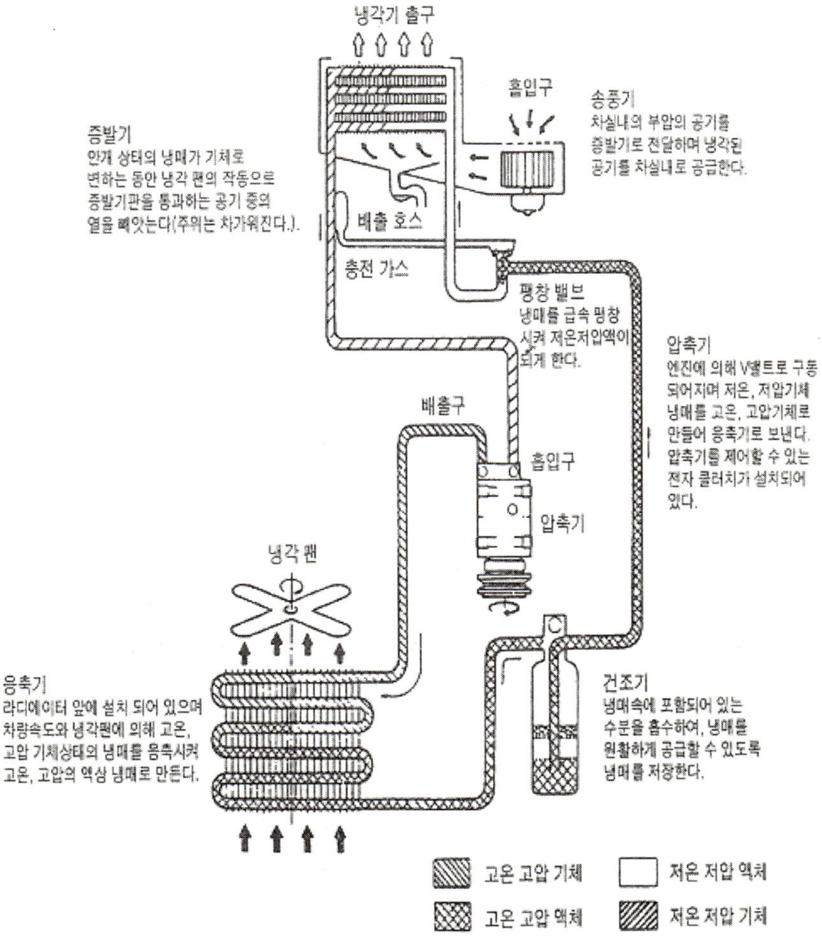


[ 냉방장치의 구성도]

② 주요 구성품

㉮ 냉매

㉠ 1차 냉매 : 프레온(R-12), 암모니아($NH_3$)

㉡ 2차 냉매 : 염화나트륨, 브라인(brine)

㉢ 냉매의 구비조건

A. 물리적 성질

- 증발 압력이 저온에서 대기압 이상일 것
- 응축 압력은 되도록 낮을 것

B. 화학적 성질

- 안전성이 있을 것
- 부식성이 없을 것
- 인화성과 폭발성이 없을 것
- 윤활유에 녹지 않을 것

C. 생화학적 성질

- 악취가 없을 것
- 독성이 없을 것

D. 경제적 특성

- 가격이 저렴하고 구입이 용이할 것
- 동일한 냉방능력에 대하여 소요 동력이 작을 것.

㉯ 압축기

㉠ 증발기에서 저압 기체로 된 냉매를 고압으로 압축시켜 응축기로 보낸다.

㉡ 종류

ⓐ 크랭크식 (피스톤식)

ⓑ 사판식

ⓒ 베인식 (로터 베인식)

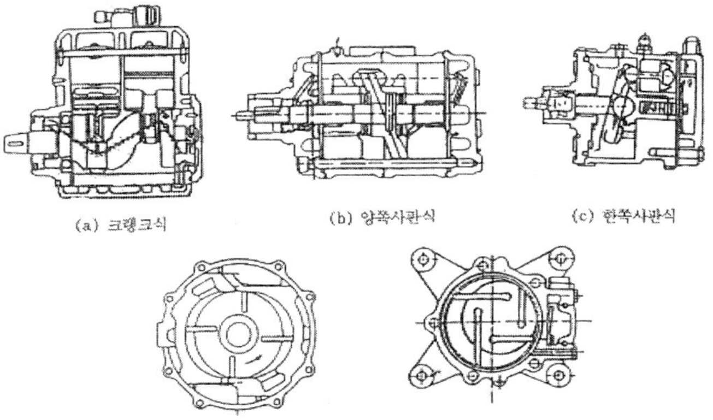


[압축기 종류 ]

㉰ 전자클러치 : 풀리와 압축기를 조건에 따라 접속 또는 분리

㉱ 응축기 (condenser) : 압축기에 의해 유입된 고온(고열) 고압의 기체를 액체로 만드는 방열기

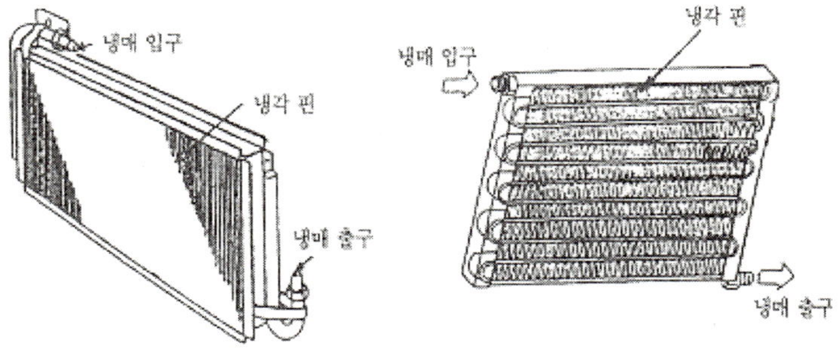


(a) 핀 튜브형 (b) 코루게이트핀형

응축기

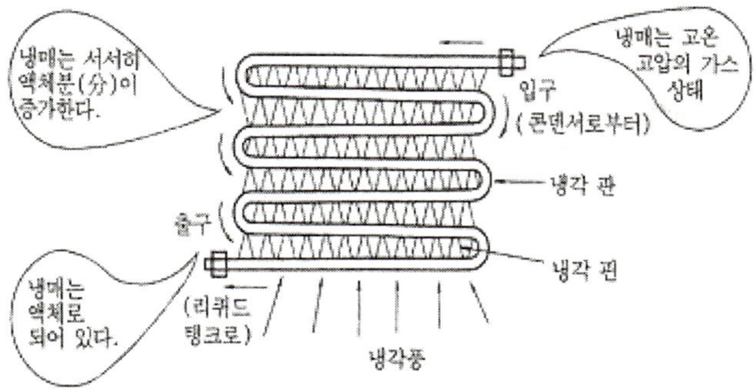


**응축기의 작동원리**

[응축기 및 작동원리]

㉣ 건조기 : 응축기에서 보내온 냉매를 저장하거나 팽창밸브로 보내는 것으로 내부에 건조제를 봉입하여 냉매속의 수분을 흡수한다.

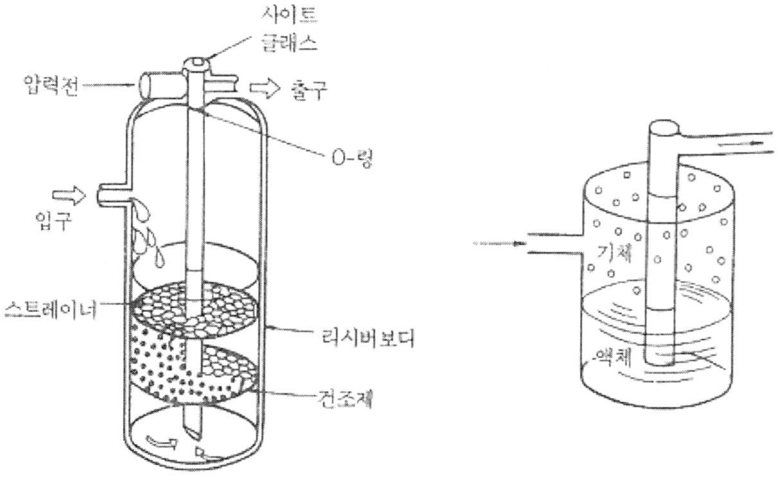


(a) 구조 (b) 기포분리

[저장기능과 기포분리]

㉤ 팽창밸브 (expansion valve) : 고압의 냉매를 저압펌프로 공급

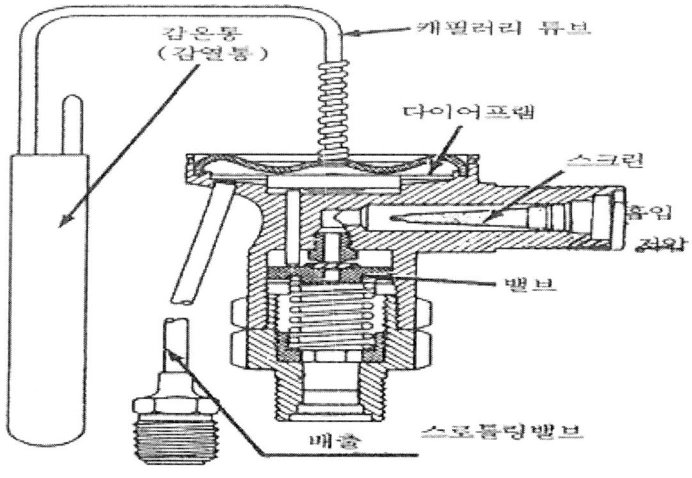


[팽창밸브 ]

㉦ 증발기 (evaporator) : 액체 상태의 저온 냉매가 기체 상태로 기화 증발하는 곳으로 열 교환이 이루어진다.

㉠ 건식증발기 (fin under tube)

㉡ 적층형 증발기

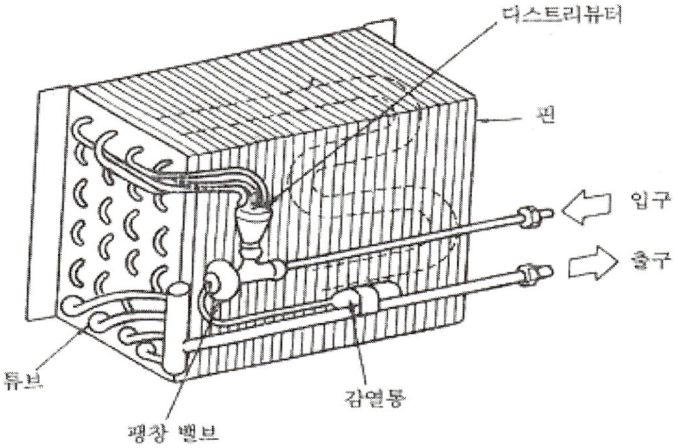


건식 증발기

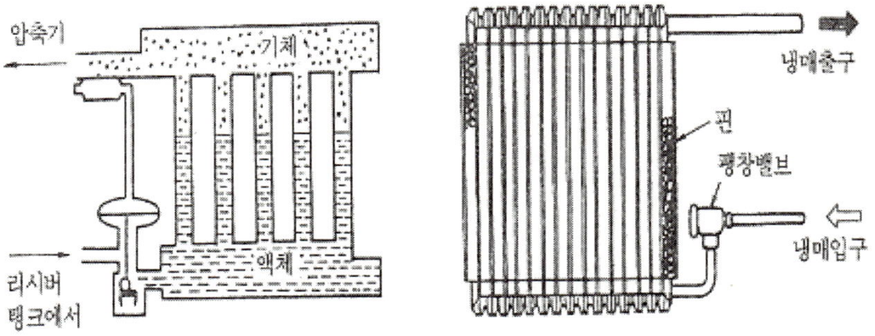


적층형 증발기

[건식 및 적층형 증발기 ]

㉧ 자동 온도 조절기구 : 차실 내의 온도나 증발기의 온도에 따라 자동으로 압축기를 ON, OFF시키는 기구로 전자클러치를 작동시킨다.

## 7-2. 기타장치

(1) 영구 자석의 회전에 의하여 발생한 맴돌이 전류와 영구 자석의 상호 작용에 의하여 바늘이 도는 계기 : 속도계

(2) 혼을 축전기에 직접 연결하였을 때는 소리가 나오나 자동차에 설치하였을 때 소리가 나지 않는 원인 :
- 축전지 전압이 너무 낮다
- 혼 스위치와 접지선의 접촉 불량
- 혼 스위치 불량
- 퓨즈가 소손

(3) 와이퍼 모터에 사용되는 형식 : 직류 복권식

# 3편 새시

# 제1장 개요

자동차의 기초가 되는 주요부로서 동력발생장치, 동력전달장치, 주행장치, 조종장치, 보조장치로 구성되며 자동차의 바디를 제외한 나머지 전부를 말한다.

## 1-1. 동력 전달장치 (power-transmission system)

엔진으로부터 구동바퀴까지의 동력전달장치는 다음과 같이 구성되어 있다.

(1) 클러치 (clutch)
동력을 구동바퀴에 전달하거나 또는 차단하는 일을 한다.

(2) 변속기 (transmission)
클러치를 거쳐서 전달된 동력을 자동차의 주행 상태에 알맞는 속도와 구동력으로 바꾸어 주는 장치를 말한다.

(3) 드라이브 라인(drive line)
변속기로 회전력을 받아 최종감속장치로 전달하는 긴축으로서 유니버설 조인트로 연결되어 있다.

(4) 최종감속 장치 (final reduction gear)
동력을 추진축과 직각방향으로 전하는 동시에 일정한 감속비로 감속(토크증가)한다.

(5) 차동기어장치 (differential gear system)
자동차가 커브를 돌 때 또는 고르지 못한 도로면을 주행할 때에는 좌·우 양쪽바퀴의 회전을 다르게 조정하여 원활한 주행상태로 자동적으로 조정하는 장치.

(6) 구동축 및 구동바퀴 (drive axle and drive wheel)
차동기어에서 전달된 동력은 구동축을 거쳐서 구동바퀴에 전달하는 장치

## 1-2. 그 밖의 장치

(1) 현가장치 (suspension system)
프레임 또는 차체와 차축을 연결하고 노면으로부터의 진동이나 충격을 흡수하여 완화시키는 장치

(2) 조향장치 (steering system)
자동차의 주행방향을 임의로 바꾸기 위한 장치이며 보통 앞바퀴를 조향 바퀴로 하고 있다.

(3) 브레이크 장치(brake system)
주행 중인 자동차의 속도를 감속·정지시키든가 또는 언덕길에서 정지상태를 유지시키기 위한 장치.

(4) 기타 장치
위의 장치 이외의 것으로 자동차의 운전을 안전하고 확실하게 하며 또한 쉽게 하기 위한 모든 장치를 포함한다.

| [보충정리]<br>㈜ 후륜 자동차의 동력 전달 순서 : 클러치 → 변속기 → 추진축 → 차동장치 → 후차축<br>㈜ FF차량에 없는 것 : 추진축<br>㈜ 추진축 : 4륜구동 방식이나 또는 후륜 구동 방식의 자동차에 설치되어 변속기에서 종감속 기어 장치에 동력을 전달하는 축을 말한다. |
|---|

# 제2장 클러치 (clutch)

## 2-1. 개요

(1) 기능 : 클러치는 엔진과 변속기 사이에 설치되어 있으며(기관 플라이 휠 뒷면에 부착되어 있다) 동력 전달장치로 전달되는 기관의 동력을 단속(연결 및 차단)하는 장치이다.

(2) 필요성
① 기관 기동할 때에 기관을 무부하 상태로 하기 위해서.
② 변속기의 기어 변속 시 기관의 회전력을 일시 차단하기 위해서.
③ 관성 주행을 하기 위해서.

(3) 구비조건
① 동력 차단이 신속하고 확실할 것.
② 회전 부분의 평형이 좋을 것.
③ 회전 관성이 작을 것.
④ 방열이 양호하여 과열되지 않을 것.
⑤ 구조가 간단하고 고장이 적을 것.
⑥ 동력 전달을 시작할 경우에는 미끄러지면서 서서히 동력 전달을 시작하고 일단 접촉하면 절대로 미끄러지는 일이 없이 동력을 확실하게 전달할 것.

(4) 종류
1) 마찰 클러치 : 마찰력에 의해 동력을 단속
① 원판 클러치
㉮ 단판 클러지
㉯ 복판 클러치
㉰ 다판 클러치
㉠ 건식
㉡ 습식

② 원뿔 클러치

2) 전자클러치 : 전자석을 이용하여 동력을 단속
3) 유체 클러치 : 유체 운동을 매체로 한 것
4) 물림 클러치 : 도그클러치라고도 함

[보충정리]
㈜ 원판 클러치에서 전달 마력(회전력)에 관한 설명 : 마찰면의 마찰 계수에 비례(f), 축방향의 압력에 비례(P), 원판의 지름에 비례(r)
㈜ 전달 회전력(T) = P× f× r [Kg·m]
㈜ 단판식 클러치에서 릴리스 베어링과 클러치 릴리스 레버가 서로 맞닿게 되는 통상적인 경우 : 클러치가 끊어져 있을 때

## 2-2. 클러치의 작동

(1) 기관의 동력을 전달할 때
기관의 동력을 동력전달장치로 전달할 때에는 클러치의 압력판에 가해지는 스프링의 장력에 의하여 클러치판이 기관 플라이휠과 클러치 압력판 사이에 압착되어 플라이휠과 함께 회전한다. 따라서 클러치판이 회전하면 이것과 스플라인(spline)을 통하여 연결된 변속기 입력축(또는 클러치축)이 회전하여 변속기로 동력이 전달된다.

(2) 기관의 동력을 차단할 때
클러치 페달을 밟으면 릴리스 레버를 밀게 되므로 압력판이 클러치판에 가해지는 압력이 해제된다. 따라서 클러치판이 플라이휠에서 분리되므로 기관의 동력이 변속기에 전달되지 않게 된다.

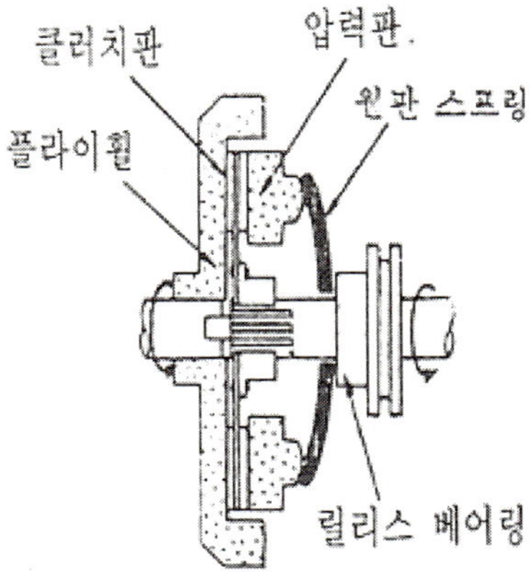

(a) 동력을 전달할 때

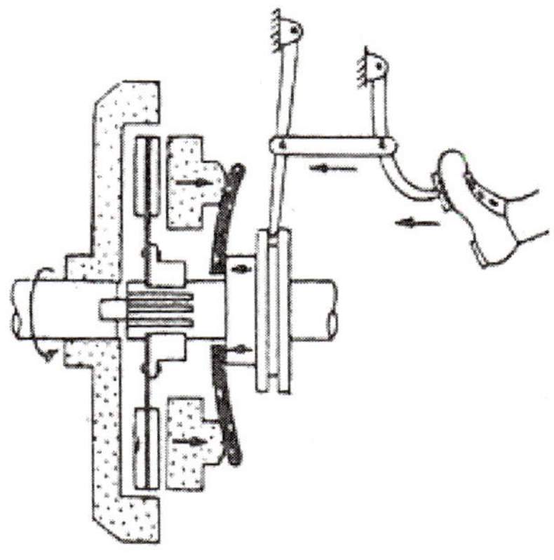
(b) 동력을 차단할 때

[ 클러치의 작동 ]

# 2-3. 클러치 구조

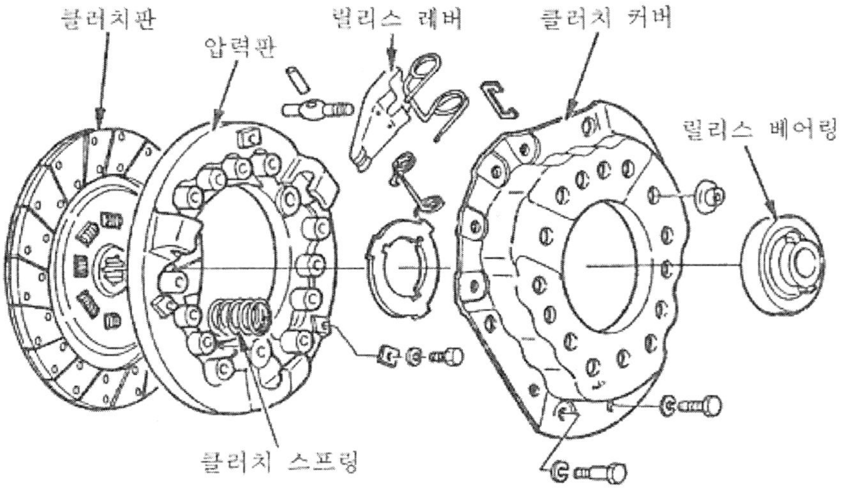


[ 클러치 본체의 구성부품 ]

(1) 마찰 클러치 구조 및 기능

1) 클러치 판(clutch plate or clutch disc)
클러치판은 플라이휠과 압력판 사이에 끼워져 기관의 동력이 변속기 입력축을 통하여 변속기로 전달해 주는 마찰판이다.
구조는 원형 강판의 가장자리에 마찰 물질로 된 라이닝(또는 페이싱)이 리벳으로 설치되어 있고, 중심부에는 허브(hub)가 있으며, 그 내부에 변속기 입력축을 끼우기 위한 스플라인이 만들어져 있다.

① 클러치 라이닝 (페이싱 )
㉮ 플라이휠과 압력판에 접촉하여 마찰력 발생
㉯ 마찰 계수 = 0.3 ~ 0.5 μ

㉰ 재질 = 석면
㉠ 위빙 라이닝 : 섬유의 길이가 긴 것
㉡ 몰드 라이닝 : 섬유의 길이가 짧은 것으로 가장 많이 사용

㉱ 클러치 강판에 리벳으로 설치
㉠ 리벳 깊이 한계 = 0.3mm
㉡ 측정 : 버니어 캘리퍼스 또는 깊이 게이지

㉮ 마찰시 발생하는 열을 발산하기 위하여 홈을 설치하였다
㉯ 클러치판의 런아웃의 한계 : 0.5mm (런아웃이 심하면 클러치의 단속이 잘되지 않는다)
㉰ 라이닝의 구비 조건
㉠ 내열성 및 내마멸성이 클 것
㉡ 마찰계수의 변화가 적을 것(알맞은 마찰계수를 가질 것)
㉢ 인체에 무해할 것

2) 쿠션 스프링(cushion spring)
① 클러치 강판과 연결. 라이닝 사이에 물결(웨이브)형으로 설치
② 클러치가 수직으로 접촉시 충격 흡수
③ 클러치 판의 변형, 편마멸, 파손 등을 방지

3) 토션 스프링 (=댐퍼 스프링, 비틀림 코일 스프링)
① 클러치 허브에 설치
② 코일형으로된 스프링
③ 클러치 접촉시 회전 충격을 흡수
④ 이 스프링이 파손되면 공전시 소음이 많다.

4) 허브
① 스플라인 설치
② 클러치 축(변속기 입력축)에 끼워짐.

5) 클러치 축(=변속기 입력축 : transmission input shaft or clutch shaft)
① 클러치판의 동력을 변속기에 전달
② 소형 차량에서는 변속기 입력축과 동일하다.

6) 압력판 Assambly (클러치 커버 Ass'y)
① 클러치 커버
㉮ 플라이휠에 볼트로 고정
㉯ 종류
㉠ 인너 레버 형 (inner lever type)
㉡ 아웃 레버형 (outer lever type)
㉢ 오븐형 (auburn type)
㉣ 반원심력식
㉤ 막(다이어프램)형식

② 클러치 스프링
㉮ 압력판에 힘을 가하여 마찰력을 발생케 함.

㉯ 종류

㉠ 코일스프링

ⓐ 중, 대형 차량에서 많이 사용

ⓑ 통상 3~12개를 사용한다.

ⓒ 스프링 장력은 크나 고속 회전 시 스프링 장력이 감소되는 현상이 있다.

ⓓ 릴리스 레버와 분리된다.

㉡ 막 스프링

ⓐ 원뿔 형태의 스프링 강으로 제작

ⓑ 주로 소형 차량에서 사용

ⓒ 스프링과 릴리스레버가 일체

ⓓ 릴리스레버에 해당하는 핑거가 있다

ⓔ 장력은 작으나 고속 회전 시 장력의 변화가 적고 평형이 좋다.

ⓕ 작은 힘으로 조작이 가능하다

ⓖ 작동 후 원상태로 복원시키기 위판 리트랙팅 스프링이 설치된다.

㉢ 크라운 프레셔 스프링

ⓐ 막형식과 같이 릴리스레버와 스프링이 일체로 된 것

ⓑ 원뿔 형태의 스프링 강을 물결 형으로 한 것.

ⓒ 고급 소형 차량에 사용

㉰ 스프링 장력과 전달 능력

㉠ 스프링 장력은 동력 전달 효율에 직접 영향을 준다.

㉡ 장력 이 크면

ⓐ 클러치 용량이 커져 미끄러짐이 없다

ⓑ 접촉시 수직 충격이 커진다.

ⓒ 클러치 조작력이 커진다.

㉢ 장력이 작으면

ⓐ 클러치 용량이 작아져 미끄러짐 발생

ⓑ 마찰에 의한 라이닝의 빠른 손상

㉱ 코일스프링 점검 사항

㉠ 장력 : 규정값 보다 15% 이상 감소된 것은 교환

㉡ 자유고 : 규정값 보다 3% 이상 감소된 것은 교환

㉢ 직각도 : 100mm당 3mm 이상 변형시 교환

③ 압력판(pressure plate)

㉮ 클러치 스프링의 장력으로 클러치판을 플라이휠에 압착

㉯ 릴리스레버와 연결되어 있다.

㉰ 재질은 내마멸성, 내열성, 열전도성이 큰 특수 주철을 사용한다.

④ 릴리스 레버(release lever)
㉮ 릴리스 베어링과 접촉하여 작동하며 압력판을 클러치판에서 분리
㉯ 코일형에서는 3개의 레버가 있다.
㉰ 재질은 강판을 프레스 가공하거나, 특수 주철로 되어 있다.

[보충정리]
㈜ 릴리스 레버의 높이가 서로 다를 때 현상
① 클러치 차단 불량
② 접촉시 진동
③ 클러치 판의 런아웃 발생

㈜ 클러치판의 런아웃 한계값 = 0.5mm
① 릴리스레버는 동력 차단시만 릴리스 베어링과 접촉
② 원심추를 설치한 것도 있다

㈜ 클러치의 점검항목
① 페이싱의 리벳 깊이 : 0.3%
② 판의 비틀림(런아웃) : 0.5mm
③ 클러치 스프링의 장력 : 15%

[보충정리]
㈜ 클러치 하우징 얼라이먼트의 편심 정도가 0.125mm이상이면 수정

(2) 클러치 조작기구

1) 기계식 : 포니 , 엑셀
① 클러치 페달을 밟는 힘을 로드나 케이블을 거쳐 릴리스 포크에 전달하여 릴리스 베어링을 움직이는 방식이다.
② 특징
㉮ 구조가 간단
㉯ 작동 확실
㉰ 동력 손실
㉱ 원거리 조작 곤란
㉲ 조작력이 크다

2) 유압식 : 소나타, 그랜져
① 클러치 페달을 밟는 것에 의하여 유압이 발생되는 마스터 실린더(master cylinder)와 유압을 받아서 릴리스 포크를 움직이는 릴리스 실린더(또는 슬레이브 실린더)로 되어 있으며, 그 사이를 오일 파이프로 연결하고 있다.
② 특징

㉮ 마찰손실이 적다
㉯ 조작력 감소
㉰ 신속한 작동
㉱ 설치 위치가 자유롭다.
㉲ 구조 복잡
㉳ 오일 누출 시 작동 불능
㉴ 공기 침입 시 작동 불량

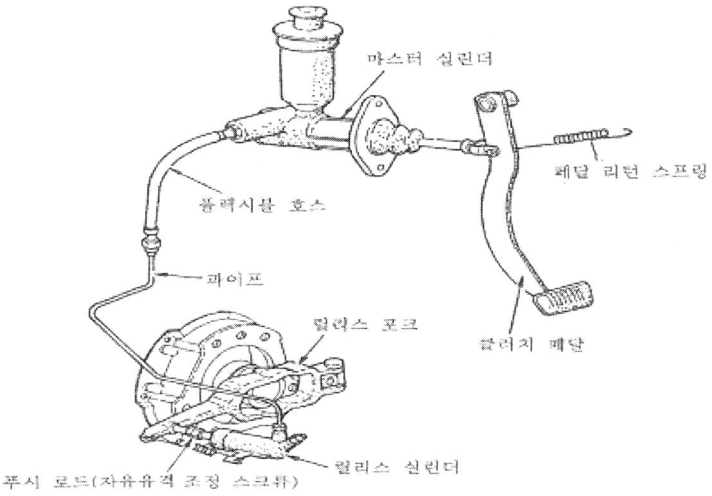


[ 유압식 조작 기구 ]

3) 클러치 페달
① 운전석에 설치
② 와이어 (기계식)나 푸시로드(유압식)와 연결

4) 클러치 케이블 (기계식 )
① 클러치 페달과 릴리스 포크를 연결
② 자유 유격을 조정하는 스타휠(어저스터)이 부착

5) 클러치 마스터 실린더(유압식) : 클러치 페달의 기계적 에너지를 유압으로 변환

[보충정리]
㈜ 클러치 마스터 실린더 분해 후 점검 사항 중 결함이 없어도 교환하는 것이 좋은 것은 :피스톤 컵의 마멸

6) 릴리스 실린더 : 슬레이브 실린더 또는 오퍼레이팅(오페라)실린더라고도 하며 마스타 실

린더에서 보내온 유압을 기계적 에너지로 변환

[보충정리]
㈜ 클러치 오퍼레이팅 실린더 점검사항
- 각 부분을 깨끗이 닦은 다음 마멸이나 긁힘에 대해 점검
- 피스톤 컵이나 부터는 알코올 또는 브레이크 오일로 닦는다.

7) 릴리스 포크(release fork)

릴리스 포크는 클러치 페달에 연결된 와이어 또는 릴리스실린더의 운동을 받아 릴리스 베어링을 움직여주는 일을 하며 주철이나 강판 프레스 제품으로 되어 있다.

8) 릴리스 베어링

① 릴리스 포크에 의해 클러치 축의 길이방향으로 움직이며, 회전 중인 릴리스 레버를 눌러 클러치의 동력을 차단하는 일을 한다.
② 릴리스 베어링과 릴리스 레버 사이에는 약간의 간극을 둔다.
③ 베어링의 종류
㉮ 볼베어링 형(ball bearing type)
㉯ 앵귤러 접촉 베어링 형(angular contact type)
㉰ 카본형(carbon type)
④ 릴리스 베어링은 영구주유식(오일리스 베어링)으로 되어 있어 솔벤트 등의 세척액에 넣고 세척 하여서는 안된다.

[보충정리]
㈜ 클러치페달 자유 유격
① 자유 유격 : 릴리스 베어링이 릴리스 레버에 닿을 때까지 페달이 움직인 거리이며 클러치가 미끄러지는 것을 방지하기 위하여 둔다.
② 클러치 페달의 자유 유격 : 25 ~ 30mm

㈜ 자유 유격과 작동 상태
① 클러치 라이닝이 마모되면 유격이 작아진다.
② 유격이 크면 클러치 차단 불량 (변속 어려움)
③ 유격이 작으면 클러치 미끄러짐 (동력 전달 불량)

(3) 클러치 성능

① 클러치 용량
㉮ 클러치가 전달할 수 있는 회전력의 크기로 엔진 회전력의 1.5 ~ 2.3배 정도이다.
㉯ 용량이 크면 접촉시 충격이 크고, 심하면 엔진 정지
㉰ 용량이 작으면 동력 전달 불량

[보충정리]
㈜ 클러치 용량에 관계되는 요소
① 클러치 라이닝의 면적
② 클러치 라이닝의 마찰계수
③ 클러치 스프링의 장력

② 클러치가 미끄러지지 않을 조건

$$T_s f r \geq T_e$$

여기서 Ts = 클러치 스프링의 장력
f = 클러치판의 마찰계수
r = 클러치판의 유효 반경
Te = 엔진의 회전력

③ 클러치 미끄러짐 발생시 현상
㉮ 엔진을 가속시켜도 차량의 속도는 증가하지 않는다.
㉯ 연료소비량이 커진다.
㉰ 등판능력이 저하된다.
㉱ 라이닝이 마찰열로 손상된다. (마찰계수의 저하)
㉲ 기관이 과열되기도 한다.

[보충정리]
㈜ 클러치의 효율 계산= $\dfrac{\text{클러치 토크} \times \text{클러치 } rpm}{\text{기관 토크} \times \text{기관 } rpm}$

㈜ 엔진 축마력$(C)= \dfrac{T \times R}{716}$ , $T= \dfrac{716 \times C}{R}$

㈜ 전달 회전력= 압력 ×반지름 ×마찰계수

(4) 클러치의 고장 진단

1) 클러치의 미끄러짐 원인 = 동력전달불량
㉮ 클러치 페달 자유 유격 과소
㉯ 라이닝 (페이싱)의 마모
㉰ 라이닝에 오일 부착
㉱ 클러치 스프링의 장력 감소
㉲ 플라이휠 및 압력판의 변형 보는 손상
㉳ 클러치 라이닝의 마찰계수 감소
㉴ 압력 스프링이 약하다
㉵ 클러치판에 오일이 묻어 있다

2) 클러치의 차단 불량
㉮ 변속시 기어 충돌음 발생
㉯ 클러치 페달의 자유 유격의 과다
㉰ 클러치판의 과도한 런아웃
㉱ 클러치 각부의 과도한 마모
㉲ 유압식에서 오일 부족(누설) 또는 공기 혼입

3) 출발시 진동
㉮ 릴리스 레버 높이 조정 불량
㉯ 라이닝의 경화 (마찰열에 의한)
㉰ 비틀림 코일 스프링 쇠손 럴손
㉱ 클러치판의 접촉 불량
㉰ 플라이휠 또는 클러치판. 압력판의 런아웃

4) 클러치의 소음
㉮ 스플라인의 마모
㉯ 비틀림 코일스프링의 쇠손 절손
㉰ 릴리스 베어링의 급유 부족 등으로 인한 마모
㉱ 플라이휠의 하우징과 접촉

5) 클러치의 급격 한 접속
㉮ 라이닝에 오일 부착
㉯ 라이닝 리벳의 노출 (과다 마모)
㉰ 비틀림 코일스프링의 절손

6) 클러치 면이 마모되었을 경우
㉮ 클러치 페달 유격이 작아진다.
㉯ 클러치 레버 높이가 높아진다.
㉰ 클러치가 슬립한다

7) 클러치 소음이 현저하게 나타나는 시기 : 공전운전

8) 유압식 클러치에서 클러치가 미끄러지는 원인 : 클러치 페달에 유격이 없다

9) 주행 중 2단에서 3단으로 변속한 후 액셀 페달을 밟았는데도 증속 되지 않는 이유 : 클러치 스프링의 약화

10) 클러치 페달을 밟았을 때 25mm 정도에서 클러치가 끊기도록 조정

11) 클러치를 차단하고 아이들링할 때 소리가 난다 그 원인 : 릴리스 베어링 마모

[보충정리]
㈜ 반드시 암기 사항
① 편마모를 방지하는 것 : 쿠션 스프링
② 라이닝의 마찰 계수 : 0.3 ~ 0.5μ
③ 클러치판의 변형 (비틀림, 런아웃) : 0.5mm이하
④ 클러치판의 리벳깊이 한계 : 0.3mm 이하
⑤ 클러치 하우징 얼라인먼트 : 0.125mm 이하
⑥ 클러치 페달 유격 : 20 ~ 30mm

(5) 유체클러치(fluid clutch)의 구조 및 기능

선풍기 2대를 마주보게 놓고 한쪽 선풍기에 스위치를 얻어 돌리면 그 회전이 증가함에 따라 다른 쪽도 서서히 들기 시작하여 거의 같은 속도로 회전하게 된다. 이것은 공기의 운동에너지가 다른 쪽 선풍기를 돌리는 에너지로 변했기 때문이다.
두 개의 날개차를 가까운 거리로 서로 마주보게 한 개의 케이스 속에 넣고 그 속에 오일을 가득 채운다. 이 상태에서 한쪽 날개차를 회전시키면 오일의 유동으로 다른 한쪽의 날개차도 회전하게 된다. 이것이 유체 클러치의 원리이다. 날개차의 구동축을 펌프 임펠러(pump Impeller)라 하고 수동축을 터빈 런너(turbine runner)라 한다.

1) 개요 : 유체클러치는 유체의 운동에너지를 이용하여 엔진의 동력을 전달 또는 차단하는 장치

2) 종류 및 기능
① 유체 커플링 (유체 클러치)
㉮ 구성
ⓐ 펌프임펠러 : 유체의 운동에너지를 발생
ⓑ 터빈러너 : 유체의 운동에너지를 기계적 에너지로 전환
ⓒ 가이드링 : 유체의 충돌로 인한 손실을 방지

㉯ 특징
ⓐ 날개가 방사형으로 설치
ⓑ 엔진 회전수에 따라 회전력 정비례
ⓒ 회전력(토크) 변환 비율 = 1 : 1 (펌프와 터빈의 속도가 같을 때)
ⓓ 펌프와 터빈의 속도가 거의 같게 되는 지점을 클러치점이라 한다.
ⓔ 클러치점에서는 오일의 순환이 정지 (마찰클러치와 동일)
ⓕ 터빈 속도의 증가는 회전력의 증가. 터빈속도의 감소는 회전력의 감소를 나타낸다.
ⓖ 유체의 운동에너지를 이용하기 때문에 작동중에 발생되는 비틀림 진동 등을 유체가 흡수
ⓗ 유체 클러치의 전달 마력은 펌프의 회전속도에 비례

[보충정리]
㈜ 동력을 유체 클러치를 통하여 구동 바퀴에 전달하려면 구동쪽은 피동쪽보다 빠른 속도로 회전.

② 토크 컨버터 (토크 변환기)

㉮ 구성

ⓐ 펌프임펠러 : 유체의 운동에너지를 발생

ⓑ 터빈러너 : 유체의 운동에너지를 기계적 에너지로 변환

ⓒ 스테이터 : 저속 , 중속에서 발생 토오크를 증대시키며 고속에서는 공회전을 한다.

㉯ 특징

ⓐ 날개가 곡선으로 설치

ⓑ 엔진회전수에 따라 회전력 비례 (곡선으로 나타남.)

ⓒ 회전력 변환 비율 = 1 : 2 ~ 3 (2.5)

ⓓ 펌프와 터빈의 속도가 같게 되는 지점을 클러치점이라 한다.

ⓔ 클러치점에서는 유체클러치와 동일

ⓕ 스톨 포인트에서 회전력이 최대

ⓖ 터빈 속도의 증가는 회전력의 감소. 터빈 속도의 감소는 회전력의 증대를 나타낸다.

[보충정리]
㈜ 스톨 포인트 : 펌프와 터빈의 속도비가 최대인 지점으로 자동차가 정지되어 있는 상태. 토크비는 2.5이다.
㈜ 토크컨버터에서 유체의 충돌 손실이 가장 적은 속도비는 0.6 ~ 0.7이다
㈜ 토크 컨버터는 클러치와 변속기의 작용을 동시에 한다.
㈜ 드래그 토크 : 스톨점의 토크, 속도비 '0' 에서의 토크, 터빈 정지 상태에서 토크
㈜ 유체 클러치에서 속도의 감소는 토크의 감소를 뜻한다. 토크 변환기에서의 속도의 감소는 토크의 증가를 뜻한다.
㈜ 토크 변환기에서 펌프와 터빈의 속도비가 거의 같아졌을 때 스테이터는 공전한다.
㈜ 토크 변환기에서 일방향 클러치가 불량하면 고속 상태에서 효율이 저하된다.
㈜ 토크 변환기에서 터빈을 떠난 오일은 스테이터 날개에 의하여 그 방향이 바뀐다.
㈜ 엔진이 정지한 때 토크 컨버터에서의 오일이 역류되는 것을 방지하는 밸브 : 체크밸브
㈜ 토크 컨버터에서 독립(댐퍼)클러치에 대한 설명 : 고속 회전시 토크 손실을 피하기 위한 것, 펌프 임펠러와 터빈 러너를 직결, 클러치점 이후에서 작용

③ 유체클러치 오일 : 자동변속기 오일과 동일 (점도가 낮을 것)

# 제3장 변속기 (Transmission)

## 3-1. 개요

변속기는 기관과 추진축 사이에 설치되어 기관의 동력을 자동차의 주행상태에 알맞도록 그 회전력과 속도를 바꾸어서 구동바퀴에 전달하는 장치이다.

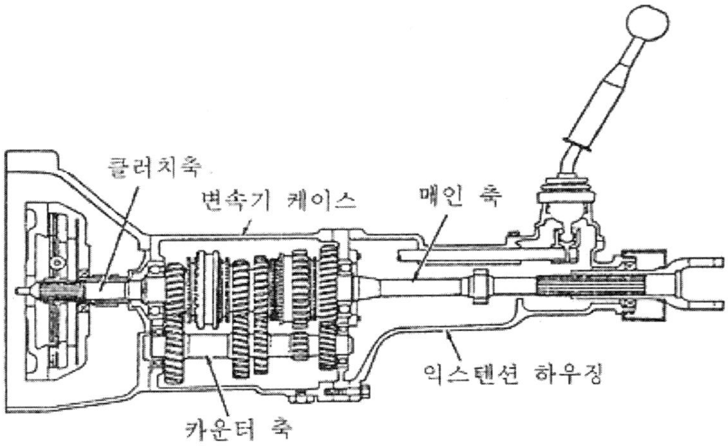


[ 동기 물림식 변속기 구조 ]

(1) 기능 : 자동차의 주행 상태에 따라 회전력을 변화시켜 회전 속도를 변환

(2) 필요성

① 광범위하게 변화하는 자동차의 주행저항에 알맞게 하려면 구동축 사이에 회전력을 증대시키는 장치를 두어야 한다.

② 기관을 기동 시 변속레버를 중립으로 하면 클러치의 작용 없이도 기관을 무부하 상태로 둘 수 있다.

③ 역전용 기어장치를 변속기에 두어 자동차가 후진할 수 있도록 한다.

[보충정리 : 구동력(tractive force)]

구동력이란 구동바퀴가 자동차를 미는 힘이며 구동바퀴의 반경을 r(m), 축의 회전력을 T(kg·m)라 하면, 구동력 F(kg)는 다음과 같다.

$$F = \frac{T}{r}$$

구동력을 높일려면 구동축에 가해지는 회전력을 높이고, 구동바퀴의 반경을 작게 해주고, 동력전달효율을 높여준다.

(3) 구비조건

① 단계 없이 연속 조작이 가능할 것.

② 조작이 용이하고 신속, 확실하며 정숙하게 행해질 것.

③ 전달효율이 좋을것.

④ 소형 경량일 것.

⑤ 내구성이 크고 정비가 쉬울 것.

(4) 종류

1) 일정 기어비 변속기

① 점진기어식

② 선택기어식

㉮ 섭동 기어식 (슬라이딩 기어식, 활동 기어식)

㉯ 상시 물림식

㉰ 동기 물림식

③ 유성기어식

2) 무한기어비 변속기

① 자동변속기

② 마찰차

(5) 재질 : 철(Fe)

(6) 변속기의 기어 바꿈 운동의 두 가지 작동

① 내부선택 - 시프트 포크를 선택

② 외부선택 - 시프트 레일을 선택

(7) 변속기 주축을 지지하는 베어링 : 볼 베어링

## 3-2. 일정 기어비 변속기

(1) 점진 기어식

① 단계적으로 변속 1속에서 톱기어로 톱기어에서 1속으로 변속불가

② 오토바이 및 트랙터에 사용

(2) 선택기어식

운전자 임의로 변속 단수 선택이 가능하며 입력축, 출력축 , 부축으로 구성되어 있다.

1) 섭동기어식

① 기능 : 변속레버의 조작에 따라 섭동기어가 움직여 부축상의 기어와 결합

② 특징

㉮ 구조가 간단

㉯ 기어의 손상이 많다.

2) 상시 물림식 (constant - mesh type)

① 개요

㉮ 출력축(주축)상의 기어와 부축상의 기어가 항상 치 합되어 있다.

㉯ 주축 스플라인에 도그클러치 (물림클러치)설치

㉰ 변속레터의 조작에 따라 섭동 도그클러치가 움직여 주축상의 기어에 설치된 도그클러치와 결합.

② 특징

㉮ 비교적 구조 간단

㉯ 기어 파손이 적다

㉰ 변속이 쉽다.

3) 동기 물림식 (synchro - mesh type)

① 개요

㉮ 주축상의 기어와 부축상의 기어가 항시 치합.

㉯ 싱크로 메시 기구 사용

㉰ 변속레버의 조작에 따라 싱크로메시 기구가 움직여 결합

② 특징

㉮ 치합되는 기어의 원주 속도를 일치시킴 (클러치 작용)

㉯ 내구성 증대

㉰ 변속시 기어 충돌 음이 없다.

㉱ 기계효율이 좋고 가장 많이 사용

③ 싱크로메시 기구의 종류 및 특성

㉮ 일정 부하형 (constant load type)

㉠ 동기 되지 않은 상태에서 무리한 변속 가능

㉡ 경주용차 등에서 사용

㉯ 관성 고정형 (inertia lock type)

㉠ 특징

- 동기 되어야 변속 가능
- 소음이 없고 정숙하다
- 일반 차량에 사용

㉡ 종류
- 키 형식
- 핀 형식

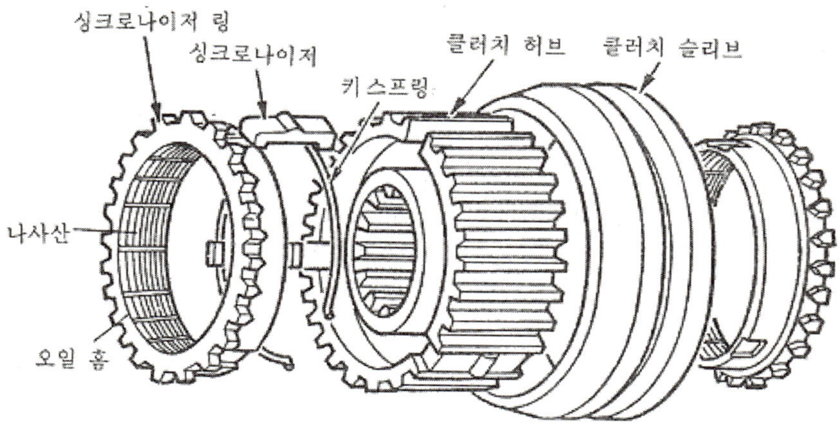


[ 싱크로메시 기구 ]

| [보충정리] |
|---|
| ㈜ 기어 변속 시 기어 클래시를 방지하고자 장치한 변속기 내의 특수 장치의 명칭 : 싱크로 나이저 |

4) 조작기구
① 직접 조작방식 (direct control system)
㉮ 변속레버를 변속기 케이스 커버에 직접 설치

㉯ 구성
㉠ 시프트 포크
㉡ 시프트 레일
㉢ 록킹 볼 - 기어가 물리거나 빠지는 것을 방지
㉣ 인터 록 - 기어의 이중물림 방지

② 원격 조작방식
㉮ 특징
㉠ 변속레버가 변속기와 분리 설치
㉡ 주로 조향 컬럼에 설치
㉢ 링키지와 로드로 연결

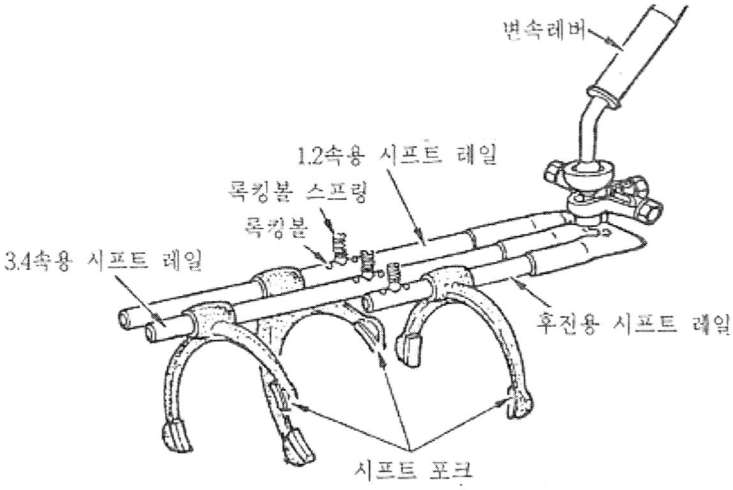


[ 록킹 볼 ]

㉯ 종류
㉠ 내부 선택식 - 시프트 포크를 선택
㉡ 외부 선택식 - 시프트 레일을 선택

5) 변속비 (변속기의 감속비)

① 변속비 $= \dfrac{\text{엔진 회전수}}{\text{추진축의 회전수}} = \dfrac{\text{입력축 회전수}}{\text{출력축 회전수}} = \dfrac{\text{부축기어 이수}}{\text{주축기어 이수}} \times \dfrac{\text{주축기어 이수}}{\text{부축기어 이수}}$

② 출력축 회전수 = 입력축 회전수 × 변속비 (감속비)

③ 종감속비 $= \dfrac{\text{링기어 잇수}}{\text{구동 피니언 잇수}}$

④ 총감속비 = 변속기의 변속비 × 종감속비

⑤ 구동력 (구동바퀴가 자동차를 추진하는 힘)

*구동력$(Kg) = \dfrac{\text{구동 토크}(Kg{\cdot}m)}{\text{구동바퀴의 유효 반지름}(m)}$
*구동토크 = 기관의 축토크 × 총감속비 × 전달효율

(3) 트랜스퍼 케이스 (transfer case)
① 앞뒤 모든 차륜을 구동시키는 장치
② 전륜 구동식에서 사용
③ 엔진의 동력을 모든 바퀴에 전달
④ 보조 변속기

(4) 동력인출 장치(power take off : PTO)
① 엔진의 동력을 주행 이외의 용도에 사용
② 건설기계장비 유압펌프 구동, 소방차의 물펌프 구동, 견인차의 와이어 작동용 윈치 등

(5) 변속기의 고장 진단
① 기어 변속이 어렵다.
㉮ 시프트 레일의 굽음
㉯ 변속 레버 및 시프트 레일의 마모
㉰ 인터록의 파손
㉱ 조작 링키지의 마멸및 조정 불량
㉲ 시프트 포크늬 마멸
㉳ 부축 스러스트 간극의 과대

② 기어 변속이 어렵고 기어 충돌음이 난다
㉮ 클러치 페달 자유 유격이 크다.
㉯ 클러치 차단이 불량하다.
㉰ 싱크로나이저링과 콘의 마모
㉱ 점도가 큰 오일의 사용

③ 기어가 잘 빠진다.
㉮ 로킹볼의 마모
㉯ 로킹볼 스프링의 쇠손 절손
㉰ 시프트 포크의 마멸
㉱ 기어의 과도한 마모
㉲ 조작 링키지의 조정 불량
㉳ 베어링 및 부싱의 마모
㉴ 부축 스러스트 간극의 과대
㉵ 싱크로 나이저 키 스프링의 장력 감소
㉶ 변속기의 시프트(축)고정 장치의 스프링 장력 감소
㉷ 변속기 기어의 백래시 과대
④ 소음이 발생한다.
㉮ 유량 부족
㉯ 유질, 점도의 불량
㉰ 기어의 과도한 마모
㉱ 베어링의 마모

㉮ 주축 스플라인부의 마모
㉯ 기어 교합 불량
⑤ 변속기가 과열하는 원인
㉮ 기어의 백래시가 너무 크다.
㉯ 기어의 이면의 접촉이 나쁘다.
㉰ 윤활유 점도가 너무 높다.

⑥ 고속으로 기어 변속을 할 때 마찰음이 심한 원인 : 싱크로나이저의 고장

> [보충정리]
> ㈜ 변속기의 2속 기어나 3속 기어에 헬리컬 기어를 사용하는 이유 : 작동을 정숙하게 한다.

(6) 점검 정비
① 기어의 백래시
㉮ 계측기 : 다이얼게이지 또는 필러게이지
㉯ 한계값 = 0.081 ~ 0.085mm

> [보충정리]
> ㈜ 변속기의 백래시가 크면 물린 기어가 빠지기 쉽다

② 스러스트 간극
㉮ 계측기 : 다이얼게이지 또는 필러게이지
㉯ 수정 : 와셔 또는 심
㉰ 한계 : 0.07 ~ 0.34mm

③ 배면 간극
㉮ 계측기 = 필러게이지
㉰ 한계값 = 0.8mm

④ 클러치 하우징 얼라인먼트
㉮ 한계값 = 0.125mm
㉯ 한계값 이상이면 고속에서 기어가 빠지기 쉽다

⑤ 기어오일의 교환 시기 : 6개월

⑥ 변속기 부축 기어의 엔드 플레이의 조정에 사용되는 것 : 청동이나 강제의 와셔

⑦ 변속기 내의 싱크로 메시 엔드 플레이 측정 공구 : 필러 게이지

## 3-3. 오버 드라이브 (over drive) 장치

(1) 개요

① 엔진의 여유 출력을 사용

② 평탄로 주행시 추진축의 속도가 엔진의 회전 속도보다 빠르게 하는 장치

③ 변속기 출력축의 회전 속도를 크랭크축의 회전속도보다 크게 한다.

④ 오브드라이브 장치는 변속기와 추진축 사이에 설치

| [보충정리] |
|---|
| ㈜ 여유 출력이란? |
| ① 엔진의 불력과 주행 저항의 차이를 말한다. |
| ② 구배길 등판, 가속 등에 사용 |
| ③ 여유 출력이 큰 차량이 고급차이다. |

(2) 특징

① 엔진 동일 회전 속도에서 자동차의 속도를 30% 증가

② 연료 소비량 20% 절감

③ 엔진의 수명 연장

④ 운전 정숙

⑤ 타이어 마모가 빨라진다.

⑥ 오버드라이브 상태에서는 후진할 수 없다.

(3) 종류

① 기계식 : 종감속 장치에 설치

② 전자식

㉮ 전기적으로 작동

㉯ 변속기와 추진축 사이에 설치

(4) 전자식오버 드라이브 기구 구성과 기능

① 오버드라이브 발전기 : 자동차의 속도가 40 km/h가 되면 약 8.5[V]의 유도전압을 발생

② 거버너 스위치 : 오버드라이브발전기 대신 사용하는 원심력식 스위치

③ 오버드라이브 릴레이 : 오버드라이브 발전기 또는 거버너 스위치에 의해 작동하는 전자 스위치로 축전지와 솔레노이드를 연결한다.

④ 솔레노이드

㉮ 풀인 코일 : 플런저를 잡아당김

㉯ 홀드인 : 코일 플런저를 유지시킴

㉰ 플런저 : 폴과 연결되어 폴을 앞쪽으로 이동시킴

㉱ 폴 : 플런저에 의해 이동되어 선기어 노치판에 결합되며 선기어를 고정

| [보충정리] |
| --- |
| ㈜ 폴이 선 기어 노치 판에 결합되었을 때 선기어가 고정되며 오버드라이브 주행 상태가 된다. |

⑤ 유성 기어 장치

㉮ 선기어 (sun gear)

㉠ 오버드라이브시 고정

㉡ 폴과 결합되는 노치판과 유성기어와 결합되는 물림기어가 있다.

㉯ 유성기어 선기어와 링기어 사이에 설치

㉰ 유성기어 캐리어

㉠ 유성기어를 작동시킴

㉡ 변속기 출력축과 연결

㉢ 직결시 선기어와 결합되는 물림기어가 있다.

㉱ 링기어 (ring gear) : 추진축과 연결

㉲ 선기어 노치판 : 선기어에 설치되어 폴과 결합

㉳ 브로커 링 : 폴의 움직임을 제어

| [보충정리] |
| --- |
| ㈜ 자동식 오브드라이버에 사용되는 유성기어 구성 부품 : 유성기어, 유성기어 캐리어, 링기어 |

⑥ 프리휠링 또는 오버 러닝 클러치

㉮ 변속기 축과 추진축 사이에 설치.

㉯ 변속기의 회전을 추진축에 전달할 수는 있으나 추진축의 회전력이 변속기 축에 전달되는 것을 방지.

㉰ 이너레이스 : 변속기 주축 스플라인에 연결

㉱ 아웃레이스 : 오버드라이브 축에 연결

⑦ 킥 다운 스위치 (kick down switch)

㉮ 오버드라이브 상태를 해제 시에 작용.

㉯ 가속 페달에 의해 작동.

| [보충정리] |
| --- |
| ㈜ 오브 드라이버 발전기는 자동차의 속도가 40Km/h 일 때 8.5[V]의 전압을 발생. |

## 3-4. 자동변속기 (automatic transmission)

(1) 개요

① 자동차의 주행 상태에 따라 자동으로 기어를 변속

② 토크컨버터와 조합하여 사용

③ 유성기어 장치 사용

④ 유압으로 유성기어 장치를 제어

⑤ 클러치 페달이 없다

(2) 특징

① 기어 변속이 필요 없어 운전이 쉽고 피로가 경감된다.

② 각 부 진동과 충격을 유체가 흡수하므로 내구성 증대

③ 운전 중 충격에 의하여 엔진이 정지되는 일이 없다.

④ 구조가 복잡하고 가격이 비싸다.

⑤ 연료소비율이 높다. (수동식에 비해 약 10%증가)

⑥ 밀거나 끌어서 시동할 수 없다.

| [보충정리] |
| --- |
| ㈜ 자동 변속기에 있는 싱크로 메시가 작용하는 시기 : 기어가 물릴 때 |
| ㈜ 자동 변속기 유성기어 유닛에 사용되고 있는 클러치 : 습식 다판 클러치 |
| ㈜ 자동 변속기의 변속점은 스로틀 밸브가 가장 많이 열렸을 때는 고속 위치이다 |

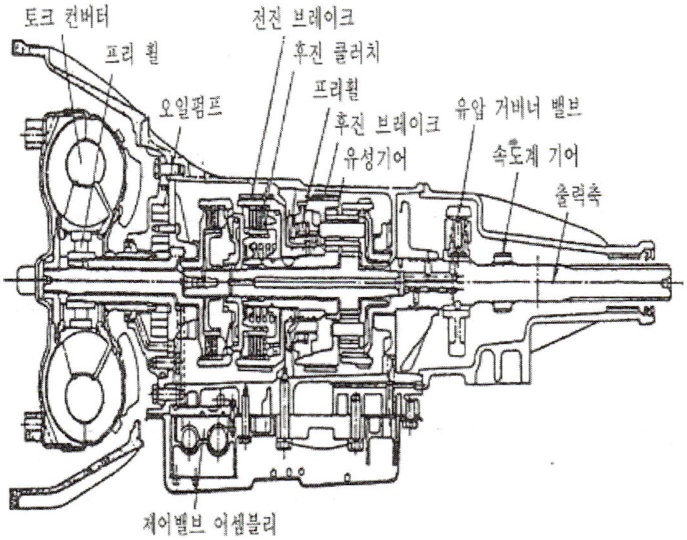


[ 자동변속기 단면도 ]

(3) 구성

1) 토크 컨버터 (torque convertor)

토크 변환기는 펌프, 터빈, 스테이터의 날개차가 케이스 내에 들어 있으며, 이 속에는 오일이 들어 있다. 펌프는 크랭크 축에 연결되고, 터빈은 변속기 입력축에 스플라인을 통하여 결합되어 있으며 스테이터는 변속기 케이스에 고정된 스테이터 축에 일방 클러치(프리 휠: free wheel)를 통하여 부착되어 있다. 펌프와 터빈의 날개는 곡선 방사형이며, 스테이터는 오일의 흐름방향을 바꾸기 위해 곡면으로 되어 있다. 토크 변환기는 주로 3요소 2상 1단형이 사용된다. 3요소란 펌프, 터빈, 스테이터이며 2상은 토크 변환기와 유체 클러치를 의미하고 1단이란 터빈의 수가 1개인 것을 말한다. 토크 변환율은 2~3 : 1 이다.

① 토크 변환기란 기관의 토크를 유체적으로 증가시킨다는 뜻이며 토크란 비틀림, 컨버터란 변환을 의미

② 유체클러치는 토크를 증대시킬 수 없으나 토크 변환기에서는 토크를 증대시킬 수 있다.

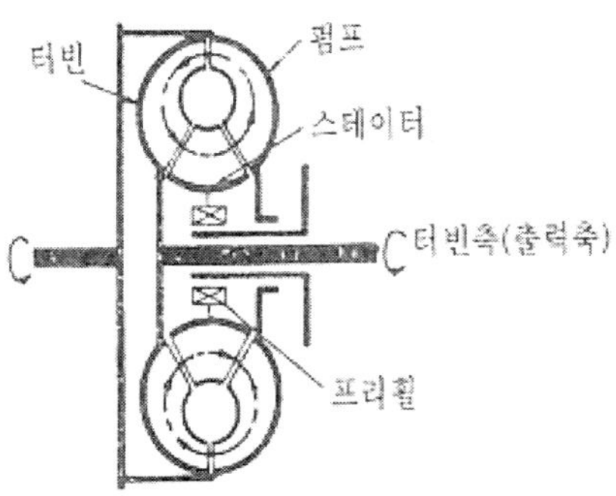


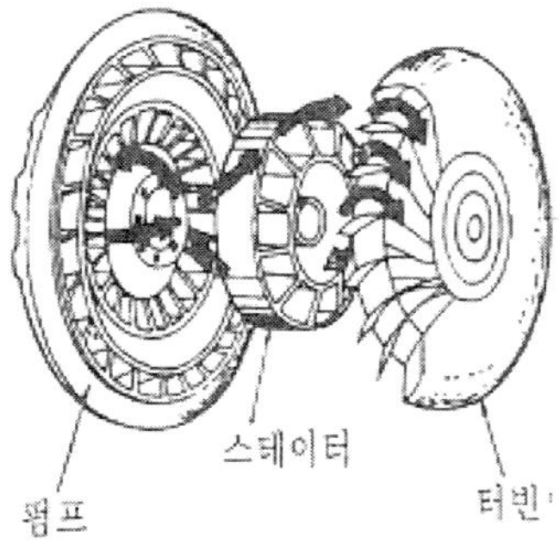


[ 토크 컨버터 ]

③ 구조

㉠ 펌프 임펠러 : 크랭크축에 의해 구동되며 오일에 압력을 가해 준다.

㉡ 터빈 런너 : 변속기 입력축에 연결되며 펌프에서 보내진 오일에 의해 구동

㉢ 스테이터 : 변속기 케이스에 고정된 일방향 클러치를 통해 설치되어 있으며 오일의 흐름 방향을 변환한다.

④ 효율

㉠ 전달 효율 : 97 ~ 98%

㉡ 토크 변환율 : 2 ~ 3 : 1

| [보충정리] |
|---|
| ㈜ 토크 컨버터 시험 시 유온 : 70도 |

2) 유성기어 장치 (planetary gear system)

① 자동변속기에서 유체 클러치 또는 토크 컨버터와 조합하여 사용된다.

② 구성

㉠ 선기어

㉡ 링기어

㉢ 유성기어 캐리어

㉣ 유성 피니언 기어

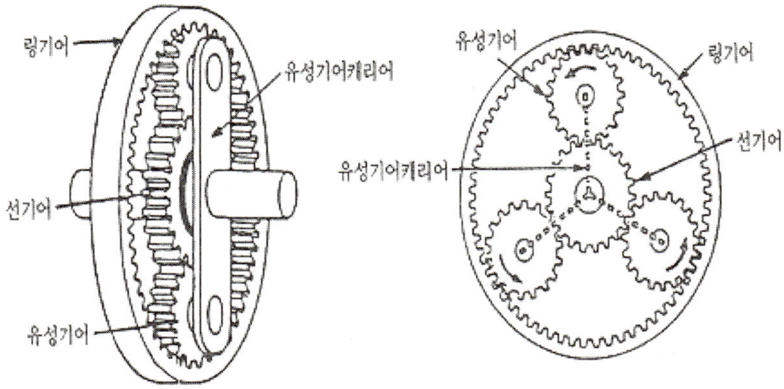


[ 단순형 유성기어의 구조 ]

| [보충정리] |
|---|
| ㈜ 작동 3요소 : 선기어, 링기어, 유성기어 캐리어 |

③ 작동 원리

㉠ 중립 3요소 중 어느 것도 고정되거나 결합되지 않은 상태로 동력을 전달할 수 없다.

㉡ 직결 3요소 중 2요소가 결합하여 같은 방향 같은 속도로 회전하게 되면 3요소가 모두 일체가 되어 같은 방향 같은 속도로 회전하게 되는 상태.

ⓒ 변속

| | 3요소 결합 상태 | 피동축 회전상태 | 변속비 |
|---|---|---|---|
| 1 | 고정 : 선기어 (A)<br>구동 : 캐리어 (C)<br>피동 : 링기어 (D) | 증속 | $\frac{D}{A + D}$ |
| 2 | 고정 : 선기어 (A)<br>구동 : 링기어 (D)<br>피동 : 캐리어 (C) | 감속 | $\frac{A + D}{D}$ |
| 3 | 고정 : 캐리어 (C)<br>구동 : 링기어 (D)<br>피동 : 선기어 (A) | 역전증속 | $\frac{-A}{D}$ |
| 4 | 고정 : 캐리어 (C)<br>구동 : 선기어 (A)<br>피동 : 링기어 (D) | 역전감속 | $\frac{-D}{A}$ |
| 5 | 고정 : 링기어 (D)<br>구동 : 캐리어 (C)<br>피동 : 선기어 (A) | 증속 | $\frac{A}{A + D}$ |
| 6 | 고정 : 링기어 (D)<br>구동 : 선기어 (A)<br>피동 : 캐리어 (C) | 감속 | $\frac{A + D}{A}$ |

[보충정리]
(1) 캐리어는 기어가 아니지만 기어로 가정하고 잇수는 A+D로한다. (선기어 잇수 + 링기어 잇수)
(2) 유성기어 잇수는 생각하지 마라.
(3) 캐리어

① 구동 : $r_t(\text{변속비}) = \dfrac{\text{피동잇수}}{\text{구동이수}} = \dfrac{A \text{ or } D}{A+D}$ ⇒증속

② 피동 : $r_t(\text{변속비}) = \dfrac{\text{피동잇수}}{\text{구동이수}} = \dfrac{A+D}{A \text{ or } D}$ ⇒감속

③ 고정 :

선기어구동시 ; $r_t(\text{변속비}) = -\dfrac{D}{A}$ ⇒감속, 링기어구동시 ; $r_t(\text{변속비}) = -\dfrac{A}{D}$ ⇒증속

※ 선기어, 유성기어, 캐리어, 링기어 중 2개 요소를 고정하면 각 기어는 개별적인 회전을 할 수 없어 유성기어와 일체로 회전한다. 즉, 직결상태가 되고 rt = 1이 된다.

※ 선기어, 링기어, 캐리어 3기어를 모두 모두 자유롭게 회전시키면 동력은 아무 것에도 전달되지 않는다. 즉, 중립상태가 된다.

※ 캐리어를 중심으로 생각하면
◎ 캐리어 고정시 = 역전
◎ 캐리어 구동시 = 증속
◎ 캐리어 피동시 = 감속

3) 유체 클러치
① 구조
날개차의 구동축을 펌프(pump 또는 임펠러)라 하고 피동측을 터빈(turbine 또는 런너)이라고 한다. 펌프는 크랭크축(플라이 휠)에 설치되며 터빈은 변속기 입력축 스프라인을 통하여 설치되어있다. 펌프와 터빈의 날개차는 전달효율을 좋게 하기 위하여 중심으로부터 바깥둘레를 향하여 직선 방사형으로 많은 날개를 붙이고 그 중간에 오일의 맴돌이 흐름(와류)을 방지하는 가이드 링(guide ring)을 두고 있고 토크 변환율은 1:1 이다.

㉠ 펌프 임펠러 : 크랭크축에 의해 구동되며 오일에 압력을 가해 준다.
㉡ 터빈 런너 : 변속기 입력축에 연결되며 펌프에서 보내진 오일에 의해 구동된다.
㉢ 가이드 링 : 오일의 맴돌이 흐름(와류)를 방지해 준다.

② 효율
㉠ 전달 효율 : 97 ~ 98%
㉡ 토크 변화율 : 1:1

③ 드래그 토크

유체클러치의 특성은 속도비 감소와 함께 회전력이 증가하고 속도비 0에서 최대값에 달하며 터빈의 회전속도가 0인 점을 스톨 포인트라 한다.

④ 유체클러치 오일의 구비 조건

㉠ 점도가 낮을 것
㉡ 비중이 클 것
㉢ 착화점이 높을 것
㉣ 내산성이 클 것
㉤ 유성이 좋을 것
㉥ 비점이 높을 것
㉦ 응고점이 낮을 것
㉧ 윤활성이 클 것

(4) 제어 장치

1) 오일펌프(유압 펌프)

㉮ 내접기어 펌프를 1개 또는 2개 사용
㉯ 2개 사용시 앞쪽과 뒤쪽에 각각 설치

㉰ 앞 펌프
㉠ 입력축에 설치
㉡ 토크 컨버터에 오일 공급
㉢ 토크 컨버터 오일 압력 유지 (약 3 ~ 7 BAR)
㉣ 유성기어 장치 윤활
㉤ 라인 압력 상태의 작동유 공급

| [보충정리] |
|---|
| ※ 라인 압력이란 : 오일펌프에서 가압된 오일이 유압조절 밸브에서 조절된 오일압력 |
| ※ 시프트 레버를 N, L, R의 위치에서 앞 오일펌프 토출압은 9 ~ 11kg/㎠ |

㉱ 뒤 펌프
㉠ 출력축에 설치
㉡ 일정 속도 이상에서 변속기에 유압을 공급

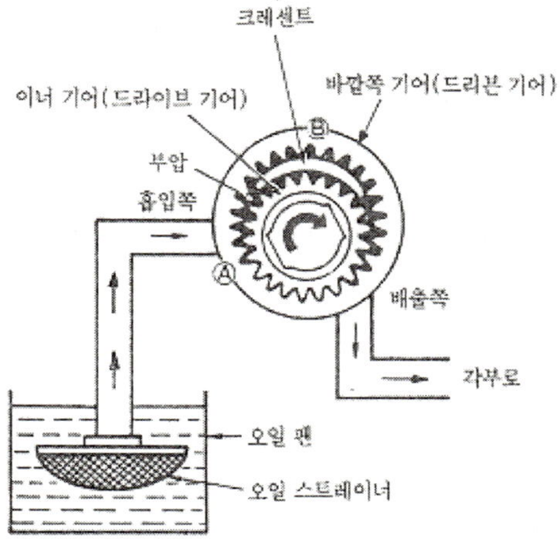


(a) 내접 기어형

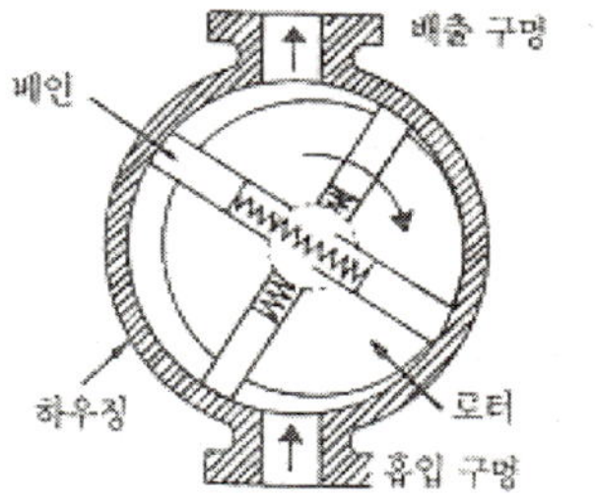


(b) 베인 펌프형의 원리도

[ 오일펌프]

2) 전진 클러치

㉮ 습식 다판클러치 사용

㉯ 구동판 : 전진클러치 드럼 내면 스플라인에 설치

㉰ 피동판 : 선기어 구동축 스플라인에 설치

㉱ 링기어를 구동 및 차단

3) 후진 클러치

㉮ 습식 다판클러치 사용

㉯ 구동판 : 전진클러치 드럼 외면 스플라인에 설치

㉰ 피동판 후진클러치 내면 스플라인에 설치

㉱ 선기어에 동력 전달 및 차단

4) 전진 브레이크 밴드

㉮ 후진 클러치 드럼에 설치

㉯ 선기어를 고정

5) 후진 브레이크 밴드

㉮ 제1,제2유성기어의 구동축이 붙어 있는 유성기어 캐리어 드럼에 설치

㉯ 유성기어 캐리어를 고정

(5) 제어 밸브

1) 매뉴얼 밸브

운전석 내에 설치된 시프트레버와 연동하여 작동하는 수동용 밸브이다.

㉮ 시프트레버 (변속레버)의 선택 위치에 따라 작동

㉯ 운전자가 수동으로 작동

㉰ 선택레인지 = P, R, N, D, L2, L1

2) 스로틀 밸브

기관의 부하에 따라 적절한 유압을 형성하는 밸브이며 한쪽에 라인 압력을 유도하여 그 유로를 기관의 부하에 따라 스풀이 이동하여 라인 압력을 변화시킨다.

㉮ 흡기다기관의 진공(스로틀밸브 열리기 정도)에 따라 스로틀 압력 (모듈레이터 압력)을 제어.

㉯ 스로틀 압력은 시프트 밸브 피스톤을 사이에 두고 거버너 압력과 대응하고 있다.

㉰ 스로틀 압력은 흡기다기관 진공도에 비례한다.

| [보충정리] |
|---|
| ㈜ 1차 스로틀 압력은 제어 압력에 비하여 낮다. |

3) 거버너 밸브

주행 속도에 적절한 유압을 만들기 위해 자동 변속기 출력축에 설치되어 있으며 작동은 원심추의 원심력에 의해 회전방향의 바깥쪽으로 이동시켜 밸브를 개폐한다.

㉮ 거버너 압력은 회전 속도에 비례.

㉯ 고속 주행 시 거버너 압력은 주 작동 압력과 같다.

㉰ 차속에 따라 증대되나 제어압력 보다 낮다.

4) 시프트 밸브

작동은 자동차 주행속도와 가속 페달을 밟는 정도에 따라 유성기어 장치의 클러치나 브레이크 등에 라인 압력을 유도하여 자동변속을 하도록 하는 밸브이다.

㉮ 거버너 압력과 스로틀 압력의 변화에 따라 작동

㉯ 1 ~ 2단, 2 ~ 3산 (또는3 ~ 4단)시프트밸브가 있다.

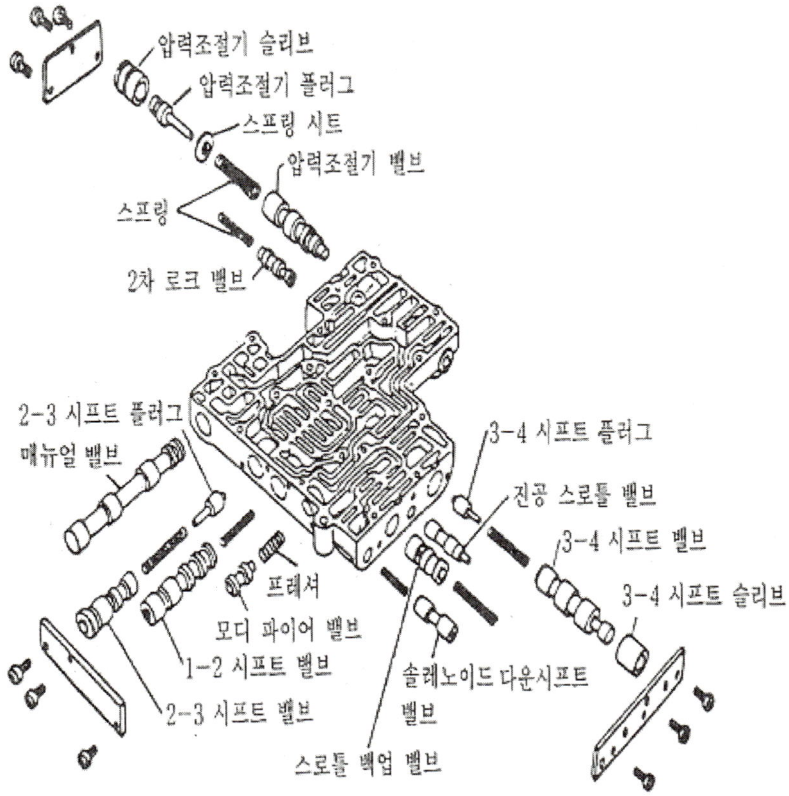


[ 자동 변속기 각종 밸브 ]

5) 어큐물레이터 : 유성기어 유닛의 브레이크 밴드와 클러치 작동이 급격히 작동되는 것을 방지한다.

6) 평행 밸브 : 일정 압력으로 조정되어 보내어진 유압을 기계적 작용으로 변화시킬 수 있는 스프링 장력과 동일한 압력으로 변경시킬 때 사용되는 밸브.

7) 한 방향으로만 통하게 하는 밸브 : 체크 밸브.

8) 디퍼렌셜 에어리어 밸브 : 작용면의 크기를 다르게 하여 유효한 작동을 하게 하는 밸브.

9) 압력제어 밸브 : 유압펌프란 유압을 제어하여 가부로 보내는 유압을 주행속도와 기관 부하에 적합한 압력으로 제어하며, 기관이 정지하였을 때에는 토크 변환기로부터 오일이 역류하는 것을 방지한다.

[보충정리]
㈜ 자동 변속기를 설치한 자동차에서 기화기 스로틀 밸브를 급격히 닫았을 때 엔진이 머뭇거리는 원인이 되어 유체 클러치가 미끄러짐 현상을 일으킨다. 이 현상을 방지하기 위해 스로틀 리턴 체크를 설치한다.

㈜ 제어 압력이 가장 높을 때 : 전 스로틀 일 때

㈜ 자동 변속기의 구성 부품 : 토크 변환기, 제어 장치, 유성기어 유닛

㈜ 포트매틱 자동 변속기의 저속 물림시는 프론터 클러치와 리어 밴드가 작용한다.

㈜ 전자 제어식 자동 변속기에서 사용 되는 센서 : 스로틀 포지션 센서, 펄서 제너레이트 A, B, 차속 센서.

㈜ 자동 변속기의 점검에 필요한 것 : 압축계, 진공계, 회전계

㈜ 자동 변속기 유압 제어 회로에 작용되는 유압은 변속기 내 오일펌프에서 발생

㈜ 전자 제어식 자동 변속기에서 인히비터 스위치 기능 :
- 시프트 레버 P 또는 N레인지에서 시동이 가능하게 한다.
- 시프트 레버 R레인지에서 백 램프가 점등되게 한다.
- 시프트 레버 D 또는 L레인지에서는 시동이 불가능하게 한다.

㈜ 자동 변속기에서 스톨 테스트의 시험 목적
- 클러치의 미끄러짐 유무
- 토크 컨버터의 동력전달기능
- 엔진의 구동력 시험

(6) 자동변속기용 오일
① 엔진 오일(EO) 또는 유압유 오일(HO) 주유
② 정상 유온 = 40 ~ 80도
③ 표준 유압 = 3.5 ~ 4.5 bar
④ 점검 시기 = 3,000 ~ 5,000km
⑤ 교환 시기1 = 20,000 ~ 40,000km
⑥ 구비 조건
㉮ 적당한 점도
㉯ 비중이 클 것
㉰ 높은 인화점과 착화점, 비점
㉱ 낮은 응고점
㉲ 기포 발생이 없을 것
㉳ 내산성. 유동성, 윤활성이 좋을 것

[보충정리]
㈜ 자동 변속기의 유압 계통의 유질을 검사한 결과 오일의 색이 희고 탁하면 오일 클러치 파손 상태이다.

㈜ 자동 변속기 오일량이 조금만 부족 되어도 나타나는 현상 :
- 회로에 기포 발생
- 클러치 밴드의 슬립
- 클러치 작용 불량

㈜ 자동 변속기 오일 압력 테스트를 할 때 사용하는 유압회로의 플러그는 6개 이다

㈜ 자동 변속기 오일 압력 테스트 방식 :
- 거버너압 테스트 : 거버너와 웨이트의 작동 상태 확인
- 라인 압 테스트
- 크로스 오버 포인트 테스트

㈜ 크로스 오버 포인터 란 : 앞 오일펌프로 부터 뒤 오일펌프로의 전환점

㈜ 자동 변속기에서 오일 압 테스트는 변속기 작동이 불확실한 경우 한다.

(7) 유압 장치

1) 유압의 일반적인 특징
㉮ 액체는 압출할 수 없다
㉯ 액체는 운동을 전달
㉰ 액체는 힘을 전달
㉱ 액체는 힘을 증대
㉲ 액체는 작용력을 감소시킬 수 있다

2) 파스칼의 원리
밀폐된 용기 속에 있는 액체의 일부에 압력을 가하면 동일한 세기로 액체의 모든 것에 동일하게 적용한다.

# 제4장 드라이브 라인 (Drive Line)

## 4-1. 개요

드라이브 라인은 변속기의 출력을 뒤차축의 종감속 기어로 전달해주는 부분이며, 추진축의 길이변화를 가능하게 해주는 슬립이음(slip joint), 추진축(propeller shaft), 추진축의 구동각의 변화를 주는 자재이음(universal joint)으로 구성되어 있다.

(1) 기능

① 변속기의 출력을 뒤차축에 전달.

② 주행 중 발생하는 각도 변화 흡수.

③ 주행 중 발생하는 길이 변화 흡수.

(2) 구성

① 추진축

② 자재이음

③ 슬립이음

## 4-2. 추진축 (propeller shaft)

(1) 기능

① 변속기와 연결되어 변속기의 출력을 종감속 장치에 전달

② 변속기와 종감속 장치 사이에 자재이음으로 연결

③ 중간에 스플라인을 설치 ⇒ 슬립이음

(2) 구성

① 재질 원형의 강관.

② 양끝에 자재이음과 결합되는 요크 설치.

③ 한쪽 또는 중간에 슬립 이음을 위 한 스플라인.

④ 중간베어링 : 추진축의 길이가길 때 축 중간에 베어링을사용.

⑤ 비틀림 방지기 : 중간베어링 바로 뒤에 설치.

## 4-3. 자재 이음 (universal joint)

(1) 기능 : 자동차 주행 중 발생하는 추진축의 각도 변화를 흡수

(2) 종류

① 십자축 자재이음

② 볼앤 트러니언 자재이음

③ 플렉시블 자재이음
④ 등속도 자재이음

(3) 십자축 자재이음(유니버설 조인트 : cross and roller universal joint)

1) 구성
① 십자축(스파이더)과 2개의 요크로 구성
② 요크는 추진축 앞 뒤에 하나씩 설치
③ 스파이더와 요크 사이는 니들 베어링 사용
④ 니들 베어링 주유는 그리스를 피팅을 통해 한다.

[보충정리]
◎ 요크 = 'ㄷ'자 모양으로 스파이더와 연결하는 것

2) 특징
① 설치각 = 12 ~ 18도
② 최대 동력 전달각 = 25도
③ 큰 동력 전달 가능
④ 추진축의 양쪽 요크는 동일 평면상에 있어야 한다.
⑤ 구동축이 등속도 운동을 하여도 피동축은 90° 마다 속도가 변한다.

[보충정리]
㈜ 유니버셜 조인트의 변화를 가능하게 하는 것 : 드라이브 각
㈜ 추진축 유니버셜 조인트의 그리스 주입 시기 : 월1회

(4) 볼 앤 트러니언 자재 이음 (ball and trunion universal joint)

1) 구성
① 실린더 (보디)
② 핀
③ 볼

2) 특징
① 자재 이음과 슬립 이음을 일체로 한 형식
② 슬립 이음이 따로 필요 없다.
③ 마찰이 많고 전달 효율이 낮다.
④ 잘 사용하지 않는다.

(5) 플렉시블 자재 이음(탄성 자재 이음 : flexible joint)

1) 구성
① 요크 : 3엽상의 모양
② 경질고무 : 6각형 모양(6개의 구멍 설치)
2) 특징
① 회전이 정숙하고 주유가 필요 없다.
② 설치각 : 3 ~ 5도
③ 보조 이음으로 활용
④ 세갈래 요크 사이에 경질 고무로 만든 커플링을 끼우고 볼트로 조인 자재 이음

(6) 등속도 자재 이음( CV 자재 이음 : constant velocity ratio universal joint)

1) 기능
① 동력 전달 각도에 의한 피동축의 속도 변화를 방지
② 볼과 관내를 이용하여 볼이 항상 축이 만나는 각의 2등분 상에 있게 한 것

2) 종류
① 트랙터형 (tractor type)
② 벤딕스 와이스형 (bendix weiss type)
③ 제파형 (zeppa type)
④ 파르빌레형 (parville type)
⑤ 이중십자형
⑥ 버필드형

3) 특징
① 구동축과 피동축의 속도 변화가 없다.
② 설치각 : 29 ~ 30도
③ 앞바퀴 구동차의 구동축 또는 전륜 구동차의 구동축에 사용

(7) 중심베어링 (center bearing)
앞뒤 추진축의 중간을 지지하는 것으로 앞추진축 뒤끝이 스플라인축에 설치되어 있다. 베어링은 고무 부싱으로 감싼 다음 차체에 설치하고 있다. 중심베어링은 2본식을 사용하는 추진축에 사용하며 추진축이 처지는 것을 방지하고 회전력을 원활히 전달하기 위해 사용된다.

(8) 비틀림 댐퍼 (torsional dsmper)
중심 베어링 뒤에 설치되어 추진축의 비틀림 진동을 방지하는 장치이다. 스플라인 플랜지에 댐퍼고무(damper rubber)를 고정하고 그 바깥둘레에 플라이휠이 조립되어 댐퍼고무와 플라이휠과의 마찰력으로 진동을 완충한다.

[보충정리]
① 휠링(wheeling) : 기하학적 중심과 질량적 중심이 일치하지 않을 때 굽음 진동을 일으키는 현상
② 추진축의 길이 변화는 후차축의 상하운동에 의해 생긴다.

(9) 추진축의 계산식

1) 실축인 원형 단면의 안지름 (cm)

$$PS = \frac{TR}{716} \qquad T = \frac{PS \cdot 716}{R} \ (Kg-m)$$

$$T = \tau_a \times \frac{\pi d^3}{16} = d^3 = \frac{16T}{\pi \tau_a}$$

$*\tau_a$ : 허용응력

$$d = \sqrt[3]{\frac{16T}{\pi \tau_a}} = 1.72\sqrt[3]{\frac{T}{\tau_a}}$$

[문제]
허용 전단응력이 500kg/㎠이고 1500rpm인 기관의 변속비가 3.06일 때 38PS의 출력을 낸다이 자동차 추진축의 지름?

답 : 3.84㎝

## 4-4. 슬립이음

(1) 기능
① 주행 중 뒤차축의 진동으로 인하여 추진축의 길이 방향의 변화가 발생
② 스플라인을 이용하여 길이변화를 흡수
③ 뒤 차축 형식에서 사용(앞바퀴 구동차량에는 없음)

[보충정리]
㈜ 자동차 추진축의 신축을 자동적으로 하기 위하여 스플라인을 사용

## 4-5. 추진축의 고장 진단

(1) 추진축이 진동한다.
① 니들 롤러 베어링의 파손 및 마모
② 추진축의 휨
③ 추진축의 동적, 정적 불 평형.
④ 슬립 이음의 스플라인부의 마모(백래시가 크다)
⑤ 자재 이음 플랜지 결합 부분의 볼트 이완
⑥ 중간 베어링의 마모
⑦ 추진축 요크 방향의 틀림 (동일 평면상에 없을 때)
⑧ 밸런스 웨이트가 떨어졌을 때

(2) 출발 및 관성 운전 시 소음
① 스플라인 부의 마모
② 니들롤러베어 링의 마모
③ 볼트 체결부의 헐거움
④ 중간 베어링의 마모

(3) 추진축이 회전 시 소리가 나는 원인
① 중간 베어링의 마모
② 추진축의 휨
③ 십자축 베어링의 마모

(4) 추진축의 스플라인부가 마모되면 : 주행 중 소음을 내고 추진축이 진동

# 제5장 뒤차축 어셈블리 (Rear axle ass'y) 종감속 기어와 차동기어

## 5-1. 개요

(1) 기 능
① 변속기의 출력을 최종 감속
② 선회 시 원활한 회전 유도
③ 차축의 중량을 지지함과 동시에 회전력을 구동 바퀴에 전달

(2) 구 성
① 종감속 기어 장치
② 차동기어 장치
③ 액슬 하우징 및 액슬축

## 5-2. 종감속 기어 장치 (final reduction gear)

(1) 기 능
① 변속기의 회전력을 최종적으로 감속하여 구동력 발생
② 추진축을 통하여 전달 된 회전력을 90도로 바꾸어 구동축에 전달

(2) 종류 및 특징
1) 웜과 웜기어 (worm and worm gear)
① 감속비를 크게 할 수 있다.
② 차축의 높이를 낮출 수 있다.
③ 역전을 방지할 수 있다
④ 소음과 진동이 작다.
⑤ 회전이 정숙하다.
⑥ 발열되기 쉽다
⑦ 전동 효율이 낮다

2) 베벨기어 (bevel gear)
① 스퍼 베벨기어 : 기어의 이가 방사형으로 된 것
② 스큐 베벨기어 : 기어의 이가 사선으로 된 것
③ 스파이럴 베벨기어 : 기어의 이가 곡선으로 된 것 (가장 많이 사용)
㉮ 전동이 확실하다.
㉯ 회전이 정숙하고 원활하다.
㉰ 마모가 적다.
㉱ 측압이 발생한다.

3) 하이포이드기어

① 스파이럴 베벨기어의 변형

② 구동피니언 기어의 중심이 링기어의 중심 아래에 위치( 오프셋량 = 링기어 직경의 10 ~ 20%정도 )

③ 안정성 및 거주성이 향상 (차축 중심이 낮다)

④ 구동피니언기어의 이를 크게 할 수 있다. (강도 증대)

⑤ 이의 요소가 스파이럴 쿠션으로 되어 점차적인 접촉으로 회전이 정숙하다.

⑥ 제작이 어렵다.

⑦ 측압이 커서 극압 오일(하이포이드용 오일)을 사용해야 한다.

⑧ 뒷바퀴 구동용 자동차에 주로 사용.

[보충정리]
㈜ 스퍼기어 : 앞바퀴 구동용 자동차에 주로 사용되는 종감속 기어.

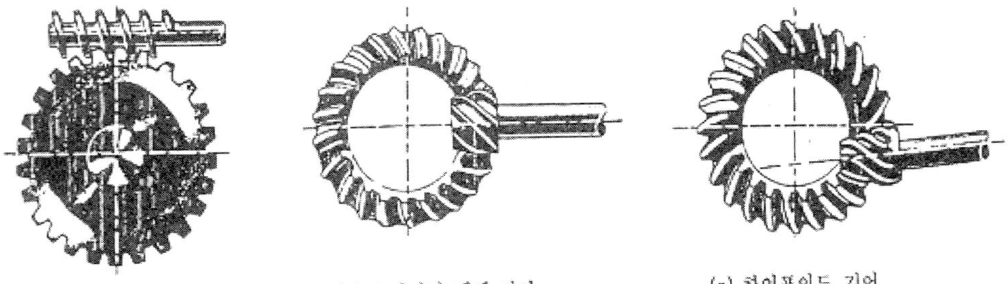

(a) 웜과 웜기어 (b) 스파이럴 베벨 기어 (c) 하이포이드 기어

[ 종감속 기어 종류 ]

## 5-3. 종 감속비와 총 감속비

(1) 종감속비 = $\dfrac{\text{링기어 잇수}}{\text{구동피니언기어잇수}}$

(2) 총감속비 : 변속비 (변속감속비) × 종감속비

(3) 종감속비는 나누어 떨어지지 않는 값으로 한다. (편마모 방지 )

※ 승용차 = 4 ~ 6 : 1 , 대형차 = 5 ~ 8 : 1

[예제]
기관의 회전수 2600rpm 변속비 1.5 감속비 4.0일 때 링 기어의 회전수?

풀이)
총 감속비 = 1.5 × 4.0 = 6.0
링 기어 회전수 = 2600/6 = 433.3rpm

## 5-4. 종감속 기어의 접촉 상태 및 수정

(1) 정상접촉 : 링 기어 중심(피치원)에서 접촉

(2) 휠 접촉
① 기어의 선단부가 접촉
② 구동퍼니언을 안으로

(3) 토우접촉
① 기어의 후단부가 접촉
② 구동피니언을 바깥쪽으로

(4) 페이스접촉
① 기어의 이끝 부분이 접촉
② 구동피니언을 안으로

(5) 플랭크접촉
① 기어의 이끝 부분이 접촉
② 구동피니언을 밖으로
③ 링기어와 구동 피니언 기어의 물림 상태 중에서 두 기어 이의 아랫부분만 물리는 접촉 상태

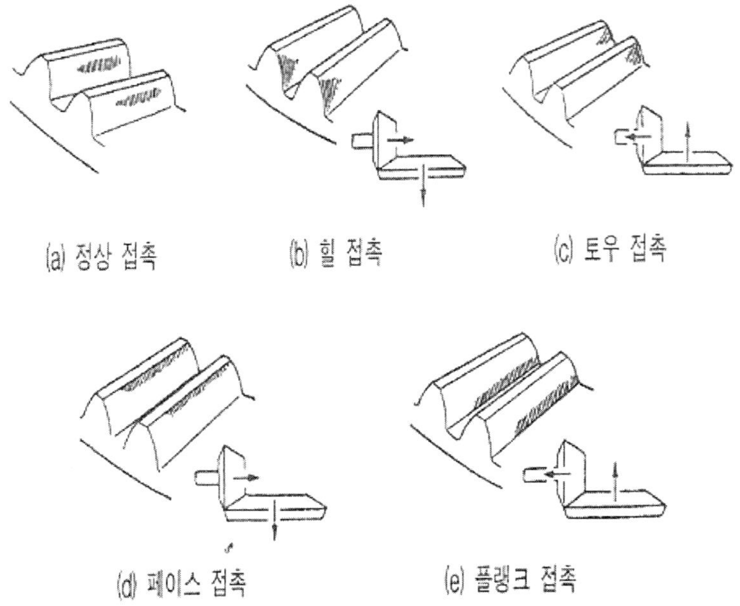


[ 구동피니언과 링 기어의 접촉 상태]

## 5-5. 점검 및 정비

(1) 링 기어의 백래시
① 다이얼게이지로 측정
② 한계값 0.1 ~ 0.3mm

(2) 링 기어의 런 아웃
① 다이얼게이지로 측정
② 한계값
㉮ 소형차 : 0.5mm 정도
㉯ 대형차 : 0.75mm 정도

(3) 구동피니언의 프리로우드(초기 저항)
① 스프링 저울 또는 토크렌치
② 규정값 : 7 ~ 13 cm/Kg
③ 조정 : 스페이서 또는 심으로 조정
④ 이유 : 실제로 부하 발생 시 베어링 초기 마멸을 방지하고 초기 길들임을 위하여

[보충정리]
㈜ 구동 피니언과 링 기어 조정이 바르지 못하면 주행 중 소음이 발생

## 5-6. 차동기어 장치 (differential gear system)

자동차가 커브길을 선회 할 때 양쪽 바퀴가 미끄러지지 않고 원활하게 돌려면 바깥쪽 바퀴가 안쪽 바퀴보다 더 많이 회전하여야 하며, 요철노면을 주행할 때에도 양쪽 바퀴의 회전수가 달라져야한다. 즉, 차동기어장치의 작용은 자동차가 선회할 때 바깥쪽 바퀴의 회전속도를 안쪽 바퀴보다 빠르게 해 주고, 노면의 저항이 적은 구동 바퀴쪽으로 동력이 많이 전달되도록 해주는 장치이다. 차동기어장치의 구성은 차동사이드 기어, 차동피니언, 피니언 축, 케이스 등으로 되어 있다. 원리는 랙크와 피니언의 원리를 응용한다.

(1) 기 능

① 선회 시 좌우 구동륜의 회전수에 차이를 두어 원활한 회전이 되도록 한 장치.

② 회전할 때 바깥쪽 바퀴의 회전속도를 증가하기 위하여.

(2) 원 리

① 랙과 피니언의 원리

(3) 구 성

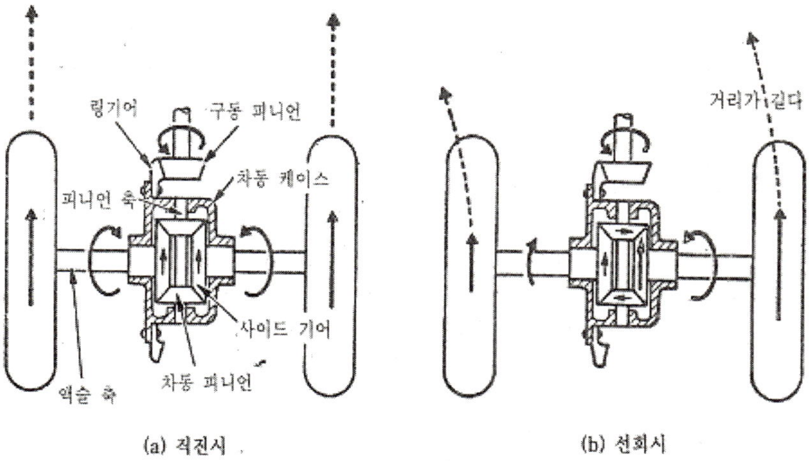


[ 차동기어장치의 작용 ]

1) 차동기어 케이스 : 링 기어와 볼트로 결합.

2) 차동 피니언 기어 : 랙과 피니언에서 피니언의 역할 , 차동 사이드 기어에 물려있다.

3) 피니언 축 : 차동 케이스에 연결되어 링 기어의 회전을 피니언에 전달

4) 차동사이드기어 : 랙과 피니언에서 랙의 역할을 하며, 액슬 축과 연결되어 있다.

| [보충정리] |
| --- |
| ㈜ 차동기어 장치의 링 기어 조정에는 베어링 조정 너트를 사용. |

(4) 바퀴의 회전수

[예제1] 구동 피니언의 잇수 30 , 링 기어 잇수 6 ,추진축 1000rpm 왼쪽바퀴가180rpm 이때 오른쪽 바퀴의 회전수 ?

풀이
바퀴의 회전수 = 6/30 × 1000 = 200rpm , 200 - 180 = 20
200 + 20 = 220

[예제2] 제3속의 감속비가 1이고 종감속비가6.0인 자동차의 엔진을 1800rpm으로 회전 이때 왼쪽 바퀴는 고정시키고 오른쪽 바퀴만 회전하게 되었다면 오른쪽 바퀴의 회전수?

풀이) 1800 / 6 = 300rpm
한쪽을 고정하였으므로 반대쪽의 회전을 못하게 되므로 300 × 2 = 600

[예제3] 기관의 회전수가 4200RPM에서 75PS이다 총감속비는 4.2라 하면 이때 뒤액슬축의 회전수는?

풀이) 바퀴의 회전수 = 4200 / 4.2 = 1000RPM

[예제4] 제3속의 감속비가 1.5이고 종감속 장치의 구동피니언의 잇수가 7, 링기어 잇수가 42, 구동바퀴의 유효 반지름이 280mm, 자동차의 기관회전속도가 3,300rpm이다. 이 자동차의 직진 주행 시의 주행속도는 약 얼마인가?(단 타이어와 노면 사이의 미끄럼은 없음)

풀이)
총감속비 = 1.5 × 42/7 = 9
바퀴의 회전수 = 3300/9 = 366.5

$$\text{주행속도} = \frac{366.6 \times 60 \times 3.14 \times 0.28 \times 2}{1000} = 38.678 = 39[\mathrm{km}/h]$$

(5) 자동제한 차동기어 장치

1) 기능
① 미끄러운 노면에서의 출발 용이하게 또는 미끄러짐 방지
② 평탄로 주행시 후부 흔들림 방지
③ 타이어의 미끄러짐 감소로 타이어 수명 연장
④ 급가속 직진 주행에 안전성 부여

2) 종류

① 슐러슈어 그립 자동제한 차동장치 (sure - grip limited slip differential)

㉮ 두개의 차동피니언 축 사용

㉯ 차동 피니언축 양끝은 V자로 성형

㉰ 차동 케이스에 V자 홈 설치

㉱ 차동사이드 기어 측면에 다판 클러치 설치

② 논스핀 차동장치 (non - spin differential)

㉮ 도그클러치 사용

㉯ 주로 대형 트럭에 사용

㉰ 한쪽 바퀴가 미끄럽거나 진흙 등에 빠졌을 때 양쪽의 액슬축이 직결된 것 같이 되어 미끄러운 길에 상관없이 주행할 수 있게 한 장치.

| [보충정리] |
|---|
| ㈜ 자동제한 차동장치와 넌스핀 차동 장치를 설치한 자동차에서 한쪽 바퀴를 들고 정비를 할 때는 자동차가 전진하기 때문에 엔진 동력을 전달해서는 안된다. |

# 5-7. 액슬축 (axle shaft)

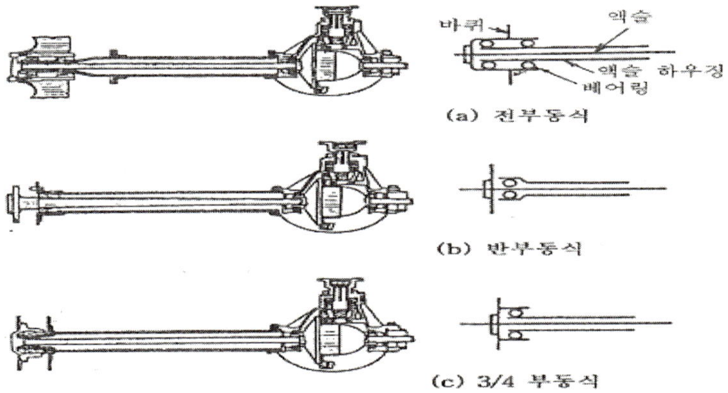


[ 액슬 축 ]

(1) 기 능

① 최종 구동력을 구동 바퀴에 전달하는 구동 축

② 안쪽은 차동사이드 기어의 스플라인에 설치되고, 바깥쪽은 구동 바퀴와 연결

(2) 지지 방식

1) 1/2부동식(반부동식 : semi - floating axle)
① 액슬축이 윤하중의 1/2을 지지하고, 액슬 하우징이 1/2를 지지하는 형식
② 허브 베어링으로 볼베어링 1개 사용
③ 내부 고정 장치를 풀어야 액슬 축 분리 가능

2) 3/4부동식 (three quarter floating axle)
① 액슬축이 윤하중의 1/4을 지지하고, 액슬 하우징이 3/4를 지지하는 형식.
② 허브 베어링으로 롤러베어링 1개 사용
③ 바퀴만 떼어내면 액슬 축 분리 가능
④ 중형차에 사용

3) 전부동식 (full floating axle)
① 액슬 축은 구동만하고 하중은 모두 액슬 하우징이 지지하는 형식.
② 허브베어링으로 테이퍼롤러 베어링 2개 사용
③ 바퀴를 떼어내지 않고도 액슬 축 분리 가능
④ 대형차에서 사용

## 5-8. 액슬(차축)하우징 (axle housing)

(1) 기 능
① 액슬축을 보호하고 종감속 및 차동장치를 보호하는 튜브

(2) 종 류
① 밴조형 (banjo type)
② 분할형 (split type)
③ 빌드업 형 (build - up type)

## 5-9. 주행 중의 이상 현상

(1) 주행 시 소음

① 오일 부족 또는 오일의 심한 오염

② 링기어와 구동피니 언 이의 접촉 불량

③ 구동피니언 기어 베어링의 이완

④ 차동케이스 기어 베어링의 이완

(2) 주행 중 갑자기 소음 발생

① 사리드베어링 파손

② 오일의 부족 및 오일의 심한 오염

③ 구동피니언기어의 백래시가 콬 때

④ 링기어와 차동케이스의 체결 볼트 이완

(3) 휠의 소음

① 허브베어링의 체결 이완

② 허브베어링의 마모

# 제6장 현가장치 (Suspension system)

## 6-1. 개 요

(1) 기 능

① 주행 중 노면에서 받은 충격이나 진동 완화
② 승차감과 주행 안전성 향상
③ 자동차 부품의 내구성 증대
④ 차축과 프레임 (차대)연결

(2) 구 성

① 스프링(spring)
② 쇽업소버(shock absorber)
③ 스테빌라이저(stabilizer)

## 6-2. 스프링(leaf spring)

(1) 판(겹판) 스프링 (leaf spring)

판스프링은 적당히 구부린 띠 모양의 스프링 강을 몇 장 겹쳐 그 중심에서 센터 볼트(center bolt)로 조인 것이며, 주 스프링 판이 양끝에는 스프링 아이(spring eye)를 두어 새클 핀을 통하여 차체(또는 프레임)에 설치하게 되어 있다.

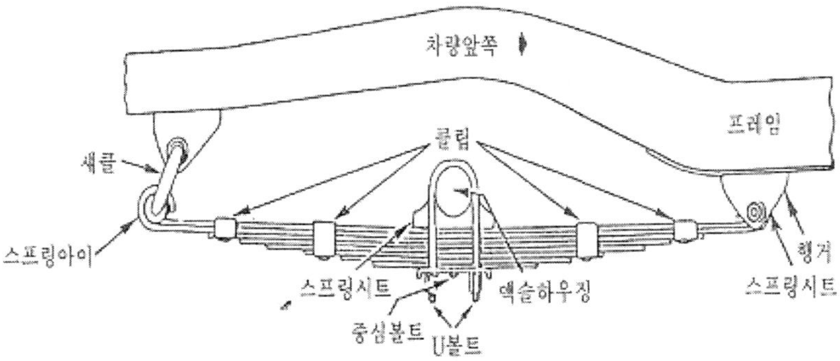


[ 판스프링의 구조 ]

[보충정리]

◉ 판스프링의 장 / 단점

| 장점 | 단점 |
|---|---|
| ① 스프링 자체의 강성으로 액슬축을 정해진 위치에 유지할 수 있기 때문에 현가장치의 구조가 간단하다.<br>② 판간 마찰에 의한 진동의 억제작용이 크다. | ① 판간 마찰 때문에 작은 진동을 흡수하지 못한다.<br>② 호치키스 구동에서는 너무 유연한 스프링을 사용하면 액슬축의 유지력이 부족하여 불안정하게 되기 쉽다. |

1) 형태 : 띠 모양의 스프링 강판을 여러 장 겹쳐 만든 것.

2) 구조

① 스팬 : 스프링 아이와 아이 사이의 거리.

② 스프링 아이 : 1번 스프링에 만들어진 차대(프레임)나 차체에 설치할 수 있는 구멍.

③ 캠버 : 판스프링의 휨 량.

④ 닙 : 스프링의 끝이 휘어진 부분 , 판간 마찰을 증대시키고 판과 판사이에 이물질이 들어오는 것 을 방지.

⑤ 센터볼트 : 스프링의 중심을 연결하는 볼트.

⑥ U볼트 : 스프링을 차축에 설치하기 위한 볼트.

⑦ 클립 : 스프링의 흐트러짐을 잡아 줌.

⑧ 패드 : 스프링 연결부의 마모를 방지하기 위한 고무.

⑨ 플레이트 : 볼트가 끼워지고 스프링 지지 및 너트를 체결하기 위한 연결 부분.

⑩ 섀클 :

㉠ 스프링의 압축 인장 시 길이 방향으로 늘어나는 것을 보상하는 부분

㉡ 판스프링을 차체에 결합하는 장치

㉢ 스팬의 변화를 가능하게 해주는 것

⑪ 섀클핀 : 섀클과 스프링 아이를 연결하는 핀

[보충정리]
㈜ 스프링 갭 : 스프링과 스프링 사이의 간극
㈜ 섀클핀과 부시와의 간극은 1.0mm이상이면 수정

[보충정리 : 섀클의 종류]
1. 부싱의 종류에 따른 분류
① 고무 부싱 섀클 = 주유 불필요
② 나사 부싱 섀클 = 옆방향 움직임 방지
③ 청동 부싱 섀클 = 주기적 주유 필요

2. 설치 방식에 따는 분류
① 압축 섀클
② 인장 섀클

(3) 특징
① 큰 진동 흡수(판간 마찰에 의하여 진동을 감소)
② 비틀림 진동에 강하다.
③ 구조 간단
④ 작은 진동 흡수율 작음
⑤ 승차감 저하
⑥ 일체차축식에서 주로 사용
⑦ 판스프링은 한쪽에 섀클을 두어야 한다.

[보충정리]
㈜ 판스프링의 중심 볼트가 부러지는 이유 : U볼트의 헐거움

㈜ 자동차 뒤의 판스프링 떼내기 작업 시 주의 사항
㉠ 차 뒷부분을 잭으로 들고 프레임을 스탠드로 지지한다.
㉡ U볼트 설치용의 이중 너트를 빼내고 U볼트 시트와 패드를 뗀다.
㉢ 스프링을 차에서 뗀 다음 스프링 브래킷 핀과 스프링 섀클을 스프링 양끝에서 떼어 낸다.

(2) 코일스프링 (coil spring)
스프링 강을 코일 모양으로 감아서 제작한 스프링이며 외력을 받으면 비틀려진다. 코일 스프링은 판스프링과 같이 판간 마찰작용이 없기 때문에 진동의 감쇄작용을 못하며, 옆방향 작용력에 대한 저항력도 없다. 따라서 코일 스프링을 액슬축에 설치할 때에는 링크기구와 쇽업쇼버가 필요하다. 그러나 단위중량당 에너지 흡수율이 크고 유연하기 때문에 많이 사용한다.

1) 형태 : 스프링 강을 코일 모양으로 한 것

2) 구조
① 코일의 양끝은 설치를 위하여 평면 다듬질
② 평면 부분을 제외하고 감긴 수로 유효 권수 표시

3) 특징
① 작은 진동의 흡수율이 높다
② 스프링 질량이 작아 승차감 우수
③ 큰 진동의 감쇠 작용이 작다.(고유진동 억제 작용을 하지 않는다)
④ 옆 방향 충격에 약하다.
⑤ 구조가 복잡하다.
⑥ 쇽업소버와 함께 사용해야 한다(보조기구가 필요).
⑦ 로드 홀딩이 우수
⑧ 수직 방향의 충격에 강하다

| [보충정리] |
|---|
| ㈜ 코일스프링에서 피치가 다른 이중 스프링을 사용하는 이유 : 서지 현상을 방지 |

(3) 토션 바 스프링 (torsion bar spring)
토션 바 스프링은 비틀었을 때 탄성에 의해 원위치하려는 성질을 이용한 스프링 강의 막대이다. 스프링의 힘은 바의 길이와 단면적에 따라 결정되며 코일 스프링과 같이 진동의 감쇄 작용이 없어 쇽업쇼버를 병용해야 한다. 그러나 토션 바 스프링은 단위중량당 에너지 흡수율이 가장 크기 때문에 가볍게 할 수 있고 구조가 간단하다.

1) 형태 : 스프링 강을 막대 형식으로 한 것

2) 특징
① 비틀림 탄성을 이용
② 좌/우 구분이 되어있으므로 설치 시 주의
③ 쇽업소버와 병용
④ 단위 중량당 에너지 흡수율이 크다

3) 설치방식
① 가로방식
② 세로방식

(4) 공기 스프링 (air spring or pneumatic spring)
압축공기의 탄성을 이용한 스프링이며, 유연한 탄성을 얻을 수 있고 노면으로부터의 아주 작은 진동도 흡수할 수 있어 승차감이 좋다.

1) 형태 : 공기의 압축성을 이용한 형식

2) 종류
① 벨로우즈형
② 다이어프램(막)형

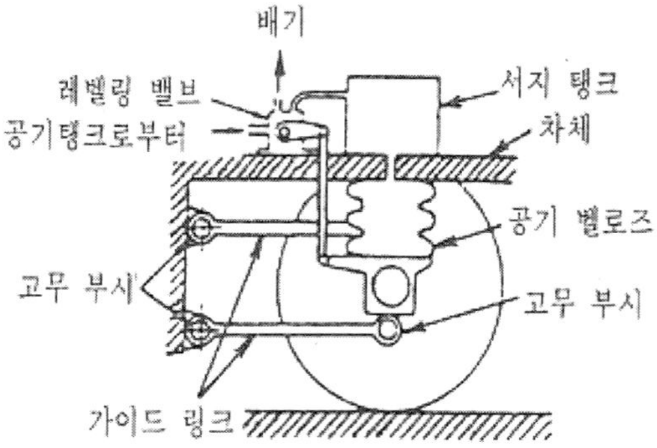


[ 공기스프링의 구조 ]

3) 특징
① 비교적 유연하다.
② 공기 그 자체가 감쇠성이 있어 작은 진동을 원화하는 효과가 있다
③ 차체 높이를 일정 유지
④ 스프링의 세기 (탄력)가 하중에 좌우된다.
⑤ 구조가 복잡하고 제작비가 고가이다
⑥ 버스 등에서 사용
⑦ 고유진동을 낮게 할 수 있다

4) 구성 및 기능
① 공기 스프링
② 공기압축기 : 엔진 크랭크에 의해 작동하며 압축 공기를 생산
③ 공기탱크
④ 압력조절밸브 : 압축 공기의 최고 압력을 제어
⑤ 언로드 밸브 : 압축 공기와 압력이 규정 압력 이상이 되면 무부하 운전을 시킴
⑥ 안전 체크밸브 : 공기탱크의 안전 확보
⑦ 레벨링 밸브 : 차체의 하중에 따라 공기 스프링에 압축 공기를 보내거나 공기 스프링의 압축 공기를 대기 중에 배출하여 차체의 높이를 일정하게 유지

(5) 고무스프링 (rubber spring)

① 고무의 탄성을 이용
② 고무의 내부 마찰에 의한 감쇠 작용

③ 큰 하중에 약하다.
④ 종류
㉠ 중공스프링(hollow spring) : 내부가 비어 있는 것으로 소형 승용차의 보조 스프링으로 사용.
㉡ 나이하르트 스프링(neidhart cushion spring) : 스윙 암의 움직임에 따라 캠을 회전시켜 그 주위에 들어 있는 고무를 압축하여 진동이나 충격을 흡수.

[보충정리 ]
◉ 스프링 정수(상수)
① 스프링을 단위 길이만큼 압축하거나 늘리는데 드는 힘을 말한다.
② 스프링 정수가 클수록 진동수가 커진다.
③ 단위로는 [kg/mm]가 사용된다.

## 6-3. 쇽업소버 (shock absorber)

쇽업소버는 노면에 의해 발생된 스프링의 진동을 재빨리 흡수하여 승차감을 향상시키고, 동시에 스프링의 피로를 줄이기 위해 설치하는 장치이다. 즉, 쇽업소버의 역할은 스프링의 상하운동 에너지를 열에너지로 변환시키고, 주행 중의 충격에 의해 발생된 스프링의 고유진동을 흡수하여 준다.

(1) 기능
① 노면의 충격으로 발생된 현가 스프링의 자유 진동을 흡수
② 스프링의 피로를 감소
③ 승차감 향상
④ 스프링 상하 운동에너지로 변환
⑤ 차에 각부의 적정 응력을 절감시킨다.

[보충정리]
㈜ 쇽업소버의 감쇠력이 클 때 언더 댐핑이 일어난다.

(2) 종류

1) 텔레스코핑형 (telescoping type : 통형)
이 형식은 안내를 겸한 가늘고 긴 실린더의 조합으로 되어 있으며, 내부에는 액슬축과 연결되는 실린더와 차체에 연결되는 피스톤이 있고 실린더 내에는 오일이 가득 차 있다. 피스톤에는 오일이 통과하는 작은 구멍이 있으며, 이 구멍에는 구멍을 개폐하는 밸브가 설치되어 있다.

① 종류 및 기능
㉮ 단동식 : 바운드할 때에는 저항이 없어서 차체에 충격을 주지 않기 때문에 좋지 않은 길

에서 운전이 유리하다.
㉯ 복동식 : 늘어날 때나 압축될 때 모두 저항이 생기게 되어 있다. 발차할 때나 제동할 때의 노스업(nose-up)이나 노스다운(nose-down)을 방지하여 주행 안전성을 향상시킬 수 있으나 구멍이나 밸브기구가 복잡하게 되는 결점이 있다.

② 특징
㉮ 링크와 로드를 사용하지 않고 직접 설치할 수 있다.
㉯ 피스톤 행정이 같다.
㉰ 실린더가 이중으로 되어 방열효과가 낮다.

2) 레버형 (lever type)
① 종류
㉮ 피스톤형
㉯ 회전 날개형

② 특징
㉮ 차체 설치 용이.
㉯ 마찰 손실이 많다.
㉰ 구조 복잡
㉱ 오일 누출 현상이 있다.
㉲ 쇽업소버 컨테이너 속에 스프링이 들어있다

3) 드가르봉형 (가스주입식)
유압식의 일종이며 프리 피스톤(free piston)을 두고, 그 아래에 고압의 질소가스 $(30kg/cm^2)$가 봉입되어 있는 형식이다.

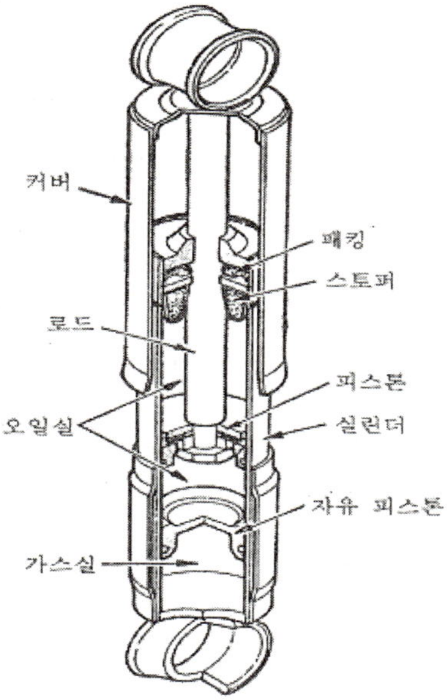


[ 드가르봉형 쇽업소버 구조 ]

① 기능

㉮ 텔레스코핑형의 개량형으로 실린더가 하나로 되어있으며 통상 복동식에 사용

㉯ 내부에 질소가스를 30㎏/㎠ 봉입

㉱ 피스톤의 움직임으로 급격한 압력의 변화방지

㉲ 질소가스와 프리 피스톤 작용으로 기포의 발생이 적어 댐핑력이 우수

② 특징

㉮ 작동할 때 오일에 기포가 쉽게 발생하지 않아 장기간 사용하여도 감쇄효과 저하가 적다.

㉯ 실린더가 1개이므로 방열 효과 양호

㉰ 구조가 간단하다.

㉱ 내부에 압력이 걸려있어 분해하는 것은 위험하다.

㉲ 오일의 열화등 발생 억제

## 6-4. 스테빌라이저 (stabilizer)

좌우 바퀴가 동시에 상하운동을 할 때에는 작용을 하지 않으나 좌우 바퀴가 서로 다르게 상하 운동을 할 때 작용하여 차체의 기울기를 최소로 하는 장치이다. 즉, 차체의 롤링(rolling : 좌우진동)을 제어하는 장치이다. 스테빌라이저는 일종의 토션바 스프링이며 양끝이 좌우의 아래 콘트롤 암에 연결되고 가운데는 프레임(또는 차체)에 설치된다.

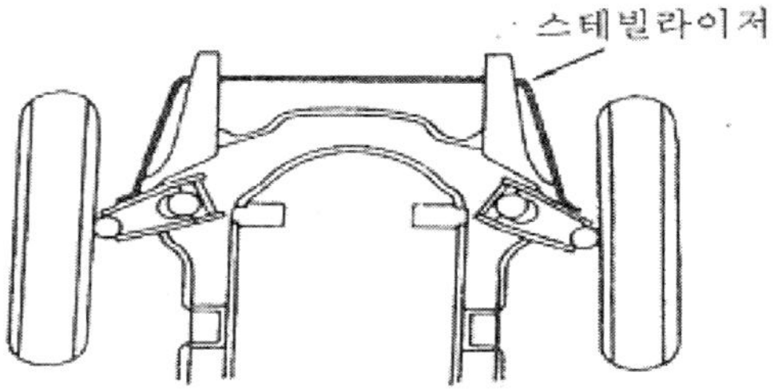


[ 스테빌라이저 ]

1) 기능
고속에서 선회할 때 차체의 좌우 진동(롤링 진동)을 완화하는 기능

2) 형 태
스프링 강을 활대 모양으로 한 것

3) 특징
① 차의 평형 유지
② 차의 좌우 진동 억제
③ 선회시 차의 전복을 방지

## 6-5. 현가장치의 종류

(1) 일체차축 현가장치 (solid axle suspension)

1) 일체차축식 현가장치 개요
이 형식은 일체로된 액슬축에 양 바퀴가 고정되고 다시 이것이 스프링을 거쳐서 차체에 설치된 형식이며, 스프링으로는 주로 판스프링을 사용한다.
버스, 트럭의 앞뒤 차축등에서 많이 사용되며, 스프링의 배치방식에 따라 평형 판스프링 형식과 옆방향 판스프링 형식이 있으나 주로 평행 판스프링 형식을 사용한다.

2) 구성
① 차축의 형태가 일체로 된 것
② 판스프링을 주로 사용
③ 차축의 움직임(구동력)이 판스프링을 통하여 차체에 전달

3) 특징
① 부품수가 적고 구조가 간단하다.
② 선회 시 차체의 기울기가 적다.
③ 스프링 정수가 커야 한다.
④ 승차감이 나쁘다.
⑤ 앞바퀴에 시미 현상이 일어나기 쉽다

㈜ 일체차축식 현가장치에서 스프링이 약해지면 바퀴의 캠버각은 변화가 없다.

[보충정리 : 일체차축식 현가장치의 장/단점]

| 장 점 | 단 점 |
|---|---|
| ① 부품수가 적고 구조가 간단하다.<br>② 선회할 때 차체의 기울기가 적다 | ① 스프링 아래쪽의 질량이 커 승차감이 좋지 못하다.<br>② 앞바퀴에 시미(shimmy) 발생이 쉽다.<br>③ 유연한 스프링을 사용할 수가 없어 승차감이 좋지 못하다. |

(2) 독립 현가장치 (independent suspension)

1) 독립 현가장치 개요
독립 현가장치는 액슬축을 분할하여 양쪽바퀴가 서로 관계없이 움직이게 하여 승차감이나 안전성이 향상되게 한 형식이다.

2) 특징
① 스프링 밑 질량이 작기 때문에 승차감이 좋다.
② 바퀴가 시미를 잘 일으키지 않는다.
③ 스프링 정수가 작은 스프링도 사용할 수 있다.

[보충정리 : 독립 현가장치의 장/단점]

| 장 점 | 단 점 |
|---|---|
| ① 스프링 밑 질량이 작기 때문에 승차감이 좋다.<br>② 앞바퀴의 시미현상이 적고, 로드 홀딩(road holding)이 우수하다.<br>③ 스프링 정수가 작아도 된다. | ① 구조가 복잡하고 값이나 취급, 정비면에서 불량하다.<br>② 볼 조인트 부분이 많아 그 마멸에 의해 앞바퀴 정렬이 틀려지기 쉽다.<br>③ 바퀴의 상하운동에 따라 윤거(tread)나 앞바퀴 정렬의 변화가 쉬워 타이어 마모가 빠르다. |

[보충정리]
① 시미(shimmy) : 바퀴의 좌우 진동을 말한다.
② 로드 홀딩(road holding) : 자동차의 모든 바퀴가 노면에서 밀착되는 현상.
③ 앞바퀴 정렬 : 앞바퀴의 기하학적인 각도를 말하며 캠버, 캐스터, 토인, 킹핀 경사각 등의 요소로 되어 있다.
④ 윤거(tread) : 좌우 타이어의 접지면의 중심선간의 거리를 말한다.

3) 종류

1) 위시본 형식 (wishbone type)

위시본 형식은 위, 아래 컨트롤 암(또는 서스펜션 암), 조향너클, 코일 스프링 등으로 구성되어 있으며, 바퀴가 스프링에 의해 완충되면서 상하운동을 하게 되어 있다. 이 형식은 위, 아래 컨트롤 암의 길이에 따라 캠버 또는 윤거가 변화되며, 평행사변형 형식과 SLA 형식이 있다.

① 평행사변형 형식

이 형식은 위 컨트롤 암과 아래 컨트롤 암을 연결하는 4점이 평행사변형을 이루고 있는 형식이며, 바퀴가 상하운동을 하며 조향너클과 연결되는 두 점이 평행이동 하게 되어 윤거(tread)가 변화된다. 이에 따라 타이어의 마멸을 촉진한다.

[특징]
㉮ 위/아래 컨트롤 암의 길이가 같다.
㉯ 캠버의 변화는 없으나 윤거의 변화가 있다.
㉰ 타이어의 마멸이 빠르다.

② SLA 형식(short long arm type)

이 형식은 아래 컨트롤 암이 위 컨트롤 암보다 길게 되어있는 형식으로 위 컨트롤 암은 작은 원호를 그리고, 아래 컨트롤 암은 큰 원호를 그리게 되어 컨트롤 암이 움직일 때마다 캠버(camber)가 변화되는 단점이 있다.

[특징]
㉮ 아래 컨트롤 암의 길이가 위 컨트롤 암의 길이보다 길다.
㉯ 윤거의 변화는 없으나 캠버의 변화는 있다.
㉰ 타이어의 마모가 작아 경제적이다.
㉱ SLA현가에 사용되는 코일 스프링은 아래 컨트롤 암과 프레임 사이에 설치

㈜ SLA 독립현가 장치에 과부하가 걸리면 더욱 부의 캠버가 된다.

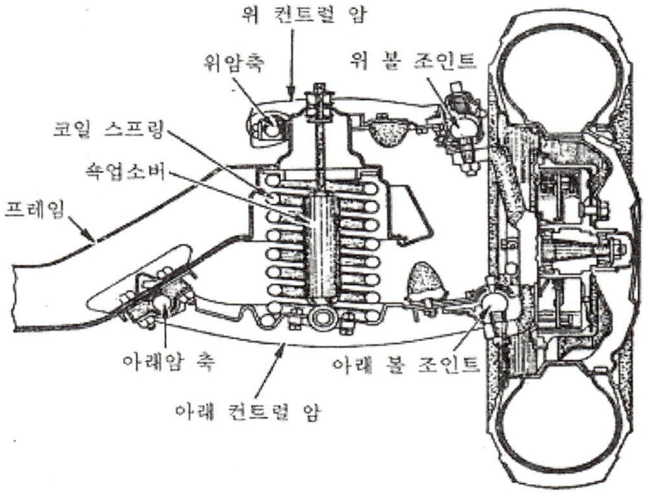


[ 위시븐 형식 ]

2) 맥퍼슨 형식 (macpherson type)
이 형식은 조향너클과 일체로 되어 있으며, 쇽업소버가 속에 들어있는 스트러트(strut: 기둥) 및 볼 조인트, 컨트롤 암, 스프링 등으로 구성되어 있다. 스트러트 상부는 현가장치를 통해 차체에 설치되고, 현가장치에는 스러스트 베어링이 들어 있어 스트러트가 자유롭게 회전할 수 있다. 또, 하부에는 볼 조인트를 거쳐 현가 암에 설치되어 있다.
코일 스프링은 스트러트와 스프링 시트 사이에 설치되며, 스프링 시트는 현가장치의 스러스트 베어링과 접촉되어 있다. 따라서 자동차의 무게는 현가장치를 통하여 차체가 지지하고, 조향할 때는에는 조향너클과 함께 스트러트가 회전한다.

[특징]
① 현가장치와 조향 장치가 일체로 된 형식
② 앞바퀴에 시미가 일어난다.
③ 소형차에 주로 사용
④ 구조 간단하다.
⑤ 엔진실 유효면적(체적)을 넓게 할 수 있다.

⑥ 스프링 밑 질량이 작아 로드 홀딩이 우수하다.

⑦ 윤거는 약간 변하나 캠버는 변화가 없다.

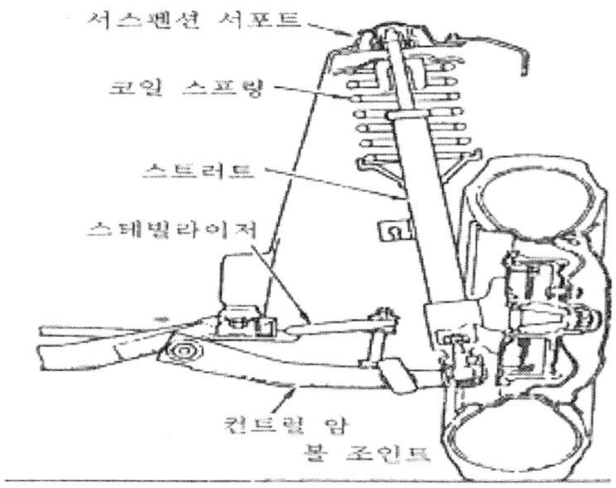


[ 맥퍼슨 형식 ]

## 6-6. 현가 구동 방식

(1) 호치키스 구동 (hotchikiss drive)

구동축의 현가 스프링으로 판스프링을 사용할 때 이용되는 방식이다. 구동바퀴의 추력은 스프링 끝을 거쳐서 차체(또는 프레임)에 전달한다. 이 경우 리어 엔드 토크나 발차 및 제동 시 발생되는 비틀림 등도 이 스프링이 받는다.

[특징]

① 판스프링을 이용한 구동 방식

② 출발 시 발생하는 리어엔드 토크를 판스프링(뒤 스프링)이 흡수

[보충정리]
리어 엔드 토크(rear and torque) : 기관이 동력전달장치를 통하여 구동바퀴를 돌리면 구동축에는 그 반대방향으로 돌아가려는 힘이 작용된다. 이 작용력을 리어 엔드 토크라고 한다.

(2) 래디어스 암 구동 (radius arm type)

코일 스프링을 현가 스프링으로 사용하는 방식에서 이용되며 구동바퀴의 추력을 구동축이나 차체(또는 프레임)에 연결된 2개의 레디어스 암을 거쳐 전달되며 리어 엔드 토크도 이 암이 흡수된다.

[특징]

① 코일 스프링 사용 차량에 이용.

② 레디어스 암(스트러트바)을 차체와 차축을 연결하여 설치.

③ 리어 엔드 토크를 래디어스 암이 흡수.

(3) 토크 튜브 구동 (torque tube type)
추진축을 그 내부에 두고 변속기와 차동기어 하우징 사이에 연결된 토크 튜브를 통하여 구동바퀴의 구동(추력)을 차체에 전달하는 방식이다. 현가 스프링에 코일 스프링을 사용할 때 이용되며, 이 토크 튜브가 리어 엔드 토크를 흡수한다.

[특징]
① 토크 튜브로 추진축을 감싼 형태.
② 코일 스프링 현가장치에 사용.
③ 밖에서 추진축이 보이지 않는다.
④ 리어엔드 토크를 토크 튜브가 흡수.

| [보충정리] |
|---|
| ㈜ 현가 구동 방식 종류 : 호치키스구동, 래디어스암 구동, 토크튜브 구동 |

## 6-7. 현가 이론

(1) 승차감과 진동수
사람이 걸어갈 때 머리의 상하운동은 60 ~ 70사이클/분(cycle/min)이고, 뛰어갈 때에는 120 ~ 160사이클/분이라고 한다. 따라서 일반적으로 60 ~ 120사이클/분의 상하운동을 할 때 좋은 승차감을 얻을 수 있다고 한다. 진동수가 120사이클/분 이상되면 딱딱해지고 45사이클/분 이하에서는 멀미를 느끼게 된다.

| [보충정리] |
|---|
| ① 좋은 승차감 : 60 ~ 120사이클/분 |
| ② 멀미감 발생 : 45사이클/분 이하 |
| ③ 딱딱한느낌 : 120사이클/분 이상 |

(2) 스프링의 진동

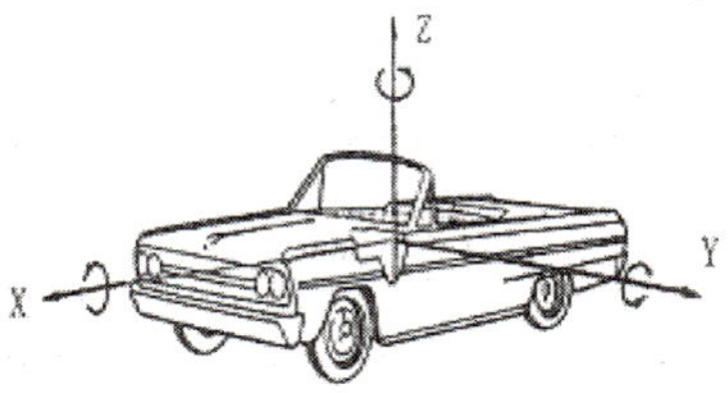

스프링 위 질량

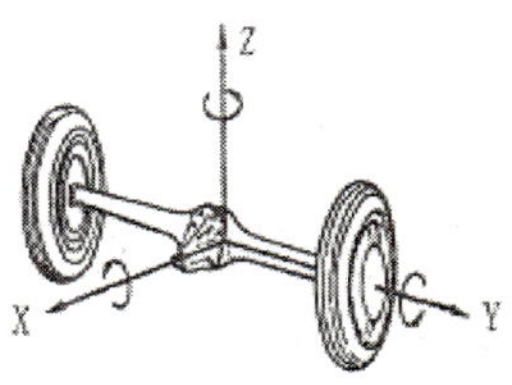

스프링 아래 진동

[ 스프링의 진동 ]

1) 스프링 위 질량의 진동은 차체의 진동이다.

① 바운싱(bouncing : 상하진동) : 자동차의 축 방향과 평행운동을 하는 고유진동이다.

② 롤링(rolling : 좌 / 우 방향의 회전 진동) : 자동차가 X축을 중심으로 하여 회전운동을 하는 고유진동이다.

③ 피칭(Pitching : 앞 / 뒤 방향의 회전 진동) : 자동차가 Y축을 중심으로 하여 회전운동을 하는 고유진동이다.

④ 요잉(yawing : 좌 / 우 옆방향의 미끄럼 진동) : 자동차가 Z축을 중심으로 하여 회전운동을 하는 고유진동이다.

2) 스프링 아래 질량의 진동은 액슬축의 진동이다.

① 휠 업(호프) [wheel up(hop) : 수직 방향의 상하진동] : 액슬축이 Z방향의 상하 평행운동을 하는 진동이다.

② 휠 트램프 [wheel tramp : 좌 / 우 방향의 회전 진동] : 액슬축이 X축을 중심으로 하여 회전운동을 하는 진동이다.

③ 와인드 업 [wind up : 앞뒤 방향의 회전 진동] : 액슬축이 Y축을 중심으로 하여 회전운동을 하는 진동이다.

| [보충정리] |
|---|
| ㈜ 자동차가 앞, 뒤로 숙여지는 진동 : 피칭 |

(3) 기타 진동

1) 윈더

자동차가 직진 주행 시 어느 순간 한쪽으로 쏠렸다가 반대 방향으로 쏠리는 현상

2) 로우드 스웨이

자동차가 고속 주행 시 차의 앞부분이 상하 / 좌우 제어할 수 없을 정도로 심한 진동

3) 트램핑

바퀴의 정적 불평형에 의한 상하진동

| [보충정리] |
|---|
| ㈜ 트램핑이 발생하는 원인 : 바퀴의 불 평형, 휠 허브의 불 평형, 브레이크 드럼의 불 평형 |

4) 시미

바퀴의 동적 불평형에 의한 좌우 진동

5) 고속 시미
조향 링키지의 마모로 인한 진동

6) 노우스 다운
자동차의 앞쪽이 정차 시 앞쪽으로 숙여지는 현상

7) 노우스 업
출발시 자동차의 앞쪽이 들리는 현상

8) 스탠딩 웨이브
타이어에 공기가 부족한 상태로 고속 주행시 발생하는 물결 모양의 변형과 진동

9) 저속 시미 현상이 일어나는 원인
① 바퀴의 평형이 잡혀있지 않다
② 캐스트, 캠버, 토인의 조정이 불량하다
③ 조향 링키지 마모 또는 접속부가 헐겁다

(4) 스프링 정수(또는 스프링 상수 : spring constant)
스프링 장력의 세기를 표시하는 것이다. 즉 스프링의 단위길이(mm)만큼 압축하거나 늘릴 때 드는 힘을 말한다. 단위는 보통 kg/mm, kg/cm을 사용한다.

[보충정리]
① 스프링 1mm 압축 또는 인장하는데 필요한 힘
② 클 때 : 딱딱한 느낌 (진동수가 커진다)
③ 작을 때 : 진동수가 적다
④ 단위 : kg/mm

[보충정리]
㈜ 진동수는 스프링 상수에 비례하고 외력(하중에) 반비례한다. 현재의 스프링 상수를 일정하게 했을 때 하중을 크게 하면 진동수는 감소하고 하중을 일정하게 할 경우 진동수를 적게 하려면 스프링 정수가 작은 스프링을 사용하지 않으면 안 된다. 그러나 너무 낮은 스프링을 사용하면 안 된다.

㈜ 타이어 접지 하중의 변화에 좌우되는 항목 : 현가 방식, 차체강성, 스프링 정수

## 6-8. 전자제어현가장치(E.C.S : electronic control system)

(1) 전자제어 현가장치의 개요

전자제어 현가장치는 노면상태, 주행조건, 운전자의 선택과 같은 요소에 따라서 자동차의 높이와 현가특성(스프링 상수 및 감쇄력)이 ECU에 의하여 자동적으로 제어되는 현가장치이다.

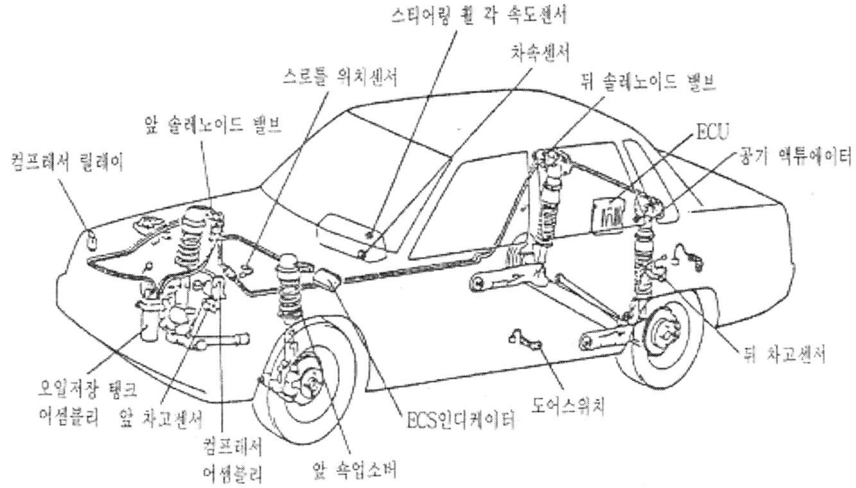


[ 전자제어 현가장치 구조 ]

(2) 기능

운전자의 선택, 주행 조건, 노면 상태 등에 따라 차량의 높이와 스프링의 장력(댐핑력)등이 자동적으로 조정되는 장치 (압축공기를 이용)

| [보충정리] |
|---|
| ① 급제동시 nose down 방지 |
| ② 급선회시 원심력에 의한 차체의 기울어짐 방지 |
| ③ 노면으로 부터의 차의 높이 조정 |

(3) 기능 선택 사항

1) 현가특성의 선택

현가특성 중 감도의 정도에는 2가지가 있다. 즉 주행 중 안락한 승차감을 필요로 할 때에는 소프트(soft), 안정된 조향성이 요구될 때에는 하드(hard)로 선택한다. 오토 모드(auto mode)에서는 주행조건에 따라서 소프트와 하드가 자동적으로 선택된다. 또, 필요에 따라서 운전자가 전자제어 현가장치의 지시패널에 있는 스위치로 현가특성을 소프트나 하드로 변환시킬 수 있다.

① Hard - over damping : 진동이 딱딱하다.
② Soft - under damping : 진동이 부드럽다.

2) 운전 모드 특성 선택
㉮ AUTO : 주행 속도와 노면 상태에 따라 차고의 높이를 자동으로 조절
㉯ SPORT : 스포티한 주행감.

3) 차체 높이 선택
① NORMAL : 정상 높이
② LOW : 아스팔트 도로 주행 시 높이
③ HIGH : 요철 도로 주행 시 높이

(4) 작동 원리
차속, 조향 휠 각속도, 가속페달 작동속도, 차체높이, 차체진동 등에 따라 선택 에어밸브의 제어
에 의해 에어 스프링의 상수와 쇽업소버의 댐핑력이 변화된다.

(5) 특징
① 고속 주행시 차체를 낮추어 공기 저항을 감소시킨다.
② 안정성 및 승차감을 향상시킨다.
③ 하중에 관계없이 차체의 수평을 유지

| [보충정리] |
|---|
| ㈜ 전자제어 현가장치에서 차량의 높이를 높이는 방법 : 공기 쳄버의 체적과 쇽업소버의 길이를 증대 시킨다 |
| ㈜ 전자제어 현가장치에서 쇽업소버의 댐핑력을 조정하는 것은 : 스텝 모터 |

# 제7장 조향장치 (Steering system)

## 7-1. 기계식 조향장치

기능 : 주행 또는 작업 중인 자동차의 방향을 변환 시키는 장치

(1) 일체 차축식의 앞바퀴 설치관계

1) 앞차축의 구조

앞차축은 강을 형타 단조한 I단면의 빔(beam)이며, 그 양쪽 끝에는 스프링 시트가 용접되어 있고, 킹 핀 설치부에 킹 핀을 통해 조향너클이 설치된다.

2) 조향너클의 앞바퀴의 설치방식

① 엘리엇형(elliot type)

이 방식은 앞차축의 양끝 부분이 요크(yoke)로 되어 있는 형식이며, 이 요크에 조향너클이 끼워진다. 킹 핀은 조향너클에 고정되고, 앞차축에는 부싱을 사이에 두고 설치된다.

[특징]

㉮ 차축 양끝이 요크로 됨

㉯ 조향 너클이 'T'자 형으로 요크 사이에 끼워짐

② 역 엘리엇형(reverse elliot type)

이 방식은 조향너클에 요크(yoke)가 설치되어 있는 형식이며, 킹 핀은 앞차축에 고정되고, 조향너클과는 부싱을 사이에 두고 설치된다. 현재 가장 많이 사용된다.

[특징]

㉮ 조향 너클이 요크로 됨

㉯ 조향 너클에 부싱 삽입

③ 마몬형(mormon type)

이 방식은 앞차축위에 조향너클이 설치되는 형식으로, 킹 핀이 아래쪽으로 돌출되어 있다.

[특징]

㉮ 차축 위에 조향 너클이 설치

㉯ 차체를 낮출 수 있다.

④ 르모앙형(lemoine type)

이 방식은 앞차축 아래쪽에 조향너클이 설치되는 형식이며, 킹 핀을 위쪽으로 돌출시킨 것이다.

[특징]

㉮ 차축 아래에 조향 너클이 설치

㉯ 차체의 높이가 높다.

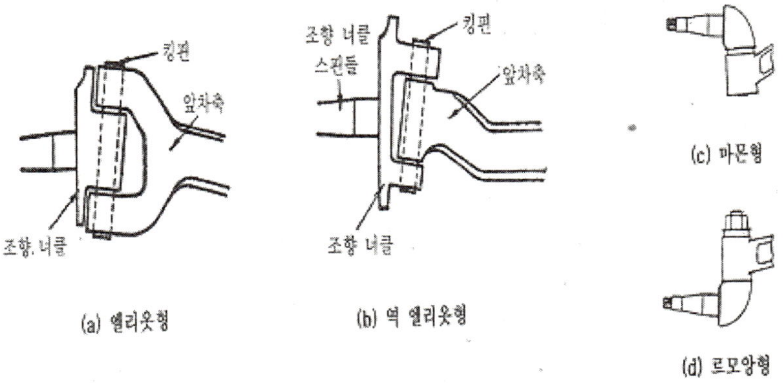


[ 조향너클의 설치방식 ]

> [보충정리]
> ㈜ 킹핀과 너클의 연결 방법 : 마몬형, 엘리엇형, 역 엘리엇형, 르모아형, 역 마몬형( × )
> ㈜ 킹핀 : 차축과 조향 너클(앞액슬과너클 스핀들)을 연결하고 수선에 대해 규정의 각도를 갖는다.
> ㈜ 조향 너클 : 킹핀을 중심으로 회전하며 바퀴를 지지한다.

(2) 조향장치의 원리

1) 애커먼장토식(ackerman-jantoud type)

애커먼 장토식의 원리는 선회하는 안쪽바퀴의 조향각이 바깥쪽 바퀴의 조향각보다 크게 되어 뒤차축 연장선상의 한 점 0을 중심으로 동심원을 그리면서 선회하여 옆방향으로 미끄러지는 것을 방지할 수 있고, 조향핸들의 조작에 따른 저항을 줄일 수 있는 방식이다.

[특징]

① 조향 바퀴가 원활한 조향을 하기 위하여 안쪽 바퀴가 바깥쪽 바퀴보다 조향각이 커야한다.

② 너클암의 연장선이 뒤차축의 중심선에서 만나게 한다.

③ 모든 바퀴가 뒤차축의 연장선 임의의 한 점에서 동심원을 그린다.

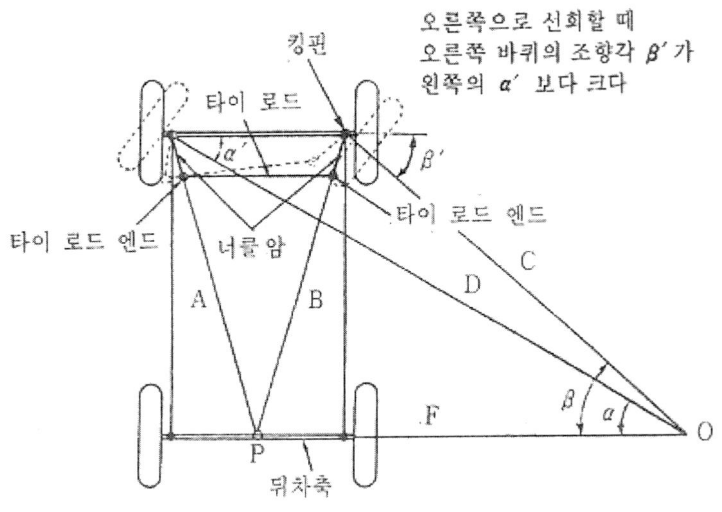


[ 애커먼 장토식의 원리 ]

2) 최소회전반경(minimum radius of turning)

조향각도를 최대로 하고 선회하였을 때 그려지는 동심원 중에서 가장 바깥쪽 바퀴의 원의 반지름을 최소 회전 반지름이라 한다.

① 법규 = 12m이내

② 최소회전반경 $= \dfrac{L}{Sin\alpha} + r$

여기서 L : 축거, Sin α : 바깥쪽 앞바퀴의 조향각도, r : 캠버 옵셋(바퀴접지면 중심과 킹 핀과의 거리)

3) 구비조건

① 조향 조작이 주행 진동이나 충격에 영향을 받지 않을 것

② 조작이 쉽고 원활할 것

③ 회전 반경이 작을 것

④ 수명이 길고 정비가 용이 할 것

(3) 조향장치의 구조와 작용

1) 일체식 현가장치의 조향기구와 작동

일체식 현가장치의 조향기구는 조향핸들, 조향축, 조향기어상자, 피트먼 암, 드래그 링크, 타이로드, 조향너클 암으로 구성되어 있다. 작동은 조향핸들을 돌리면 그 조작력이 조향축을 거쳐서 조향기어 상자에 전달된다. 조향기어 상자에서는 감속하여 섹터축을 회전시킨다.

섹터축이 회전하면 여기에 설치된 피트먼 암이 원호운동을 하여 드래그 링크를 앞뒤방향으로 움직인다. 이에 따라 우측이나 좌측바퀴가 조향너클에 의해 선회하게 되고, 또 타이 로드를 거쳐 다른 쪽 바퀴를 선회시켜 진행방향을 바꾼다.

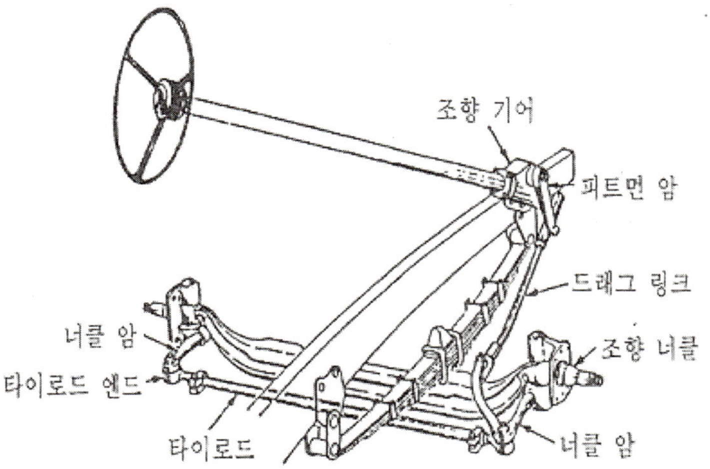


[ 일체 차축현가식 조향 링크기구 ]

2) 독립식 현가장치의 조향기구와 작동

독립식 현가장치의 조향장치도 일체식 조향장치와 비슷하지만 다른 점은 독립식 현가장치의 조향장치는 드래그 링크가 없고, 타이로드가 둘로 분할되어 있다. 즉, 독립식 현가장치의 구조는 조향핸들, 조향축, 조향기어상자, 피트먼 암, 센터 링크(또는 릴레이 로드), 타이로드, 너클 암으로 되어 있다.

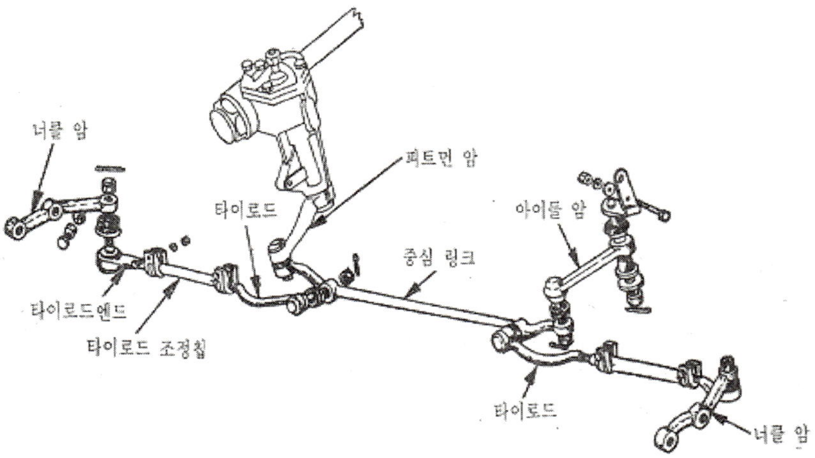


[ 독립현가식 조향 링크기구 ]

3) 조향링키지(steering linkage)의 구성 및 기능

① 조향 핸들 (steering handle, steering wheel)
조향핸들은 림(rim), 스포크(spoke), 허브(hub)로 구성되어 있으며 스포크나 림내부에는 강이나 경합금 심으로 보강하였으며, 바깥쪽은 합성수지로 성형되어 있다. 조향핸들을 조향축에 끼우는 방법은 테이퍼부와 세레이션(serration) 또는 세레이션 홈에 끼우고 너트로 고정한다.

[특징]
ⓐ 설치 : 세레이션으로 조향축에 고정
ⓑ 자유유격 : 25 ~ 50mm(대형차), 2.5 ~ 5mm(소형차)
※ 핸들유격이란 조향 핸들을 돌렸을 때 바퀴의 움직임이 없이 핸들이 움직인 거리로 핸들 직경의 12.5%를 둔다.

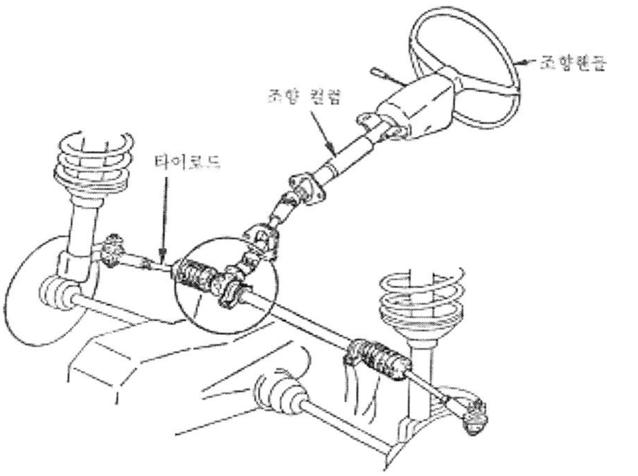


[ 조향핸들의 설치 ]

② 조향 축
ⓐ 조향 핸들의 움직임을 조향기어에 전달
ⓑ 축과 조향기어 사이에 탄성 이음 또는 자재이음 사용
ⓒ 설치 경사각 : 35 ~ 50도

③ 조향기어 또는 조향기어 상자(steering gear box)
조향기어 상자는 조향핸들의 운동방향을 바꾸고 동시에 감속하여 조향조작력을 증대시켜 앞바퀴에 전달해주는 기구이다.

㉮ 구비조건
ⓐ 선회 시 반력을 이길 것

ⓑ 조향바퀴의 상태를 알 수 있을 것
ⓒ 복원 성능이 있을 것

㉯ 조향기어비(steering gear ratio)

$$조향기어비(감속비) = \frac{조향핸들이\ 움직인각도}{피트만이\ 움직인\ 각도}$$

소형차 = 10 ~ 15 : 1
대형차 = 20 ~ 30 : 1

㉰ 핸들 조작력을 가볍게 하는 방법
ⓐ 타이어의 공기압을 높인다.
ⓑ 동력 조향 장치 사용
ⓒ 주행 속도를 빨리 한다.
ⓓ 조향 감속비를 높인다.

(문제) 조향 기어비가 15 : 1인 조향기어에서 피트먼암을 20도 회전시키려면 핸들은 300도 회전 시켜야 한다.

㉱ 종류
ⓐ 웜섹터 롤러 형식
ⓑ 웜섹터 형식
ⓒ 볼너트 형식
ⓓ 래크와 피니언 형식
ⓔ 웜 핀 형식(캠레버 형식)
ⓕ 스크류 너트 형식
ⓖ 스크류 볼 형식

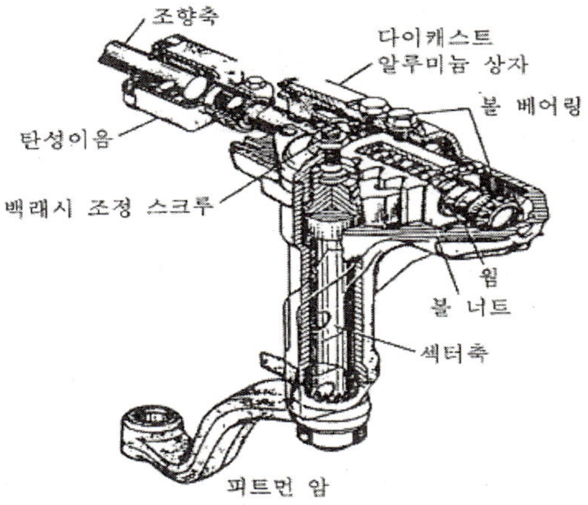


[ 볼너트 형식 ]

④ 조향 방식의 종류

㉮ 가역식

ⓐ 바퀴로 핸들을 움직일 수 있는 형식으로 바퀴의 진동이 핸들에 전달되어 핸들을 놓칠 수가 있다.

ⓑ 조작력이 커야하기 때문에 운전자의 피로가 크다.

ⓒ 바퀴의 복원성이 좋다.

㉯ 반가역식

ⓐ 바퀴로도 얼마간 핸들을 돌릴 수 있는 형식

ⓑ 바퀴의 진동이 일부 핸들에 전달된다.

㉰ 비가역식

ⓐ 바퀴로는 핸들을 움직일 수 없는 형식으로 바퀴의 진동이 핸들에 전달되지 않아 노면 상태를 운전자가 감지할 수 없다.

ⓑ 감속비가 커서 조향기어의 마모가 빠르나 운전자의 피로가 적다.

ⓒ 바퀴의 복원성이 나쁘다.

| [보충정리]<br>경차량에서는 가역식을 사용하고, 중차량 일수록 비가역식으로 한다. 이것은 차량의 중량이 커지면 앞바퀴를 회전시키는데 필요한 힘이 커지기 때문이다. 따라서 조향 기어비를 크게 하여야 한다.(비가역식으로 한다.) 그러나 조향기어비를 너무 크게 하면 조향조작이 둔해지게 되므로 중차량에서는 대개 동력식 조향장치를 사용한다. |
|---|

⑤ 섹터 축

ⓐ 조향 축의 회전 방향을 바꾼다.

ⓑ 피트먼 암과 연결

| ㈜ 일반적으로 조향 기어의 백래시 조정은 섹터를 움직여 웜과의 관계를 조정한다. |
|---|

⑥ 피트먼 암(pitman arm or drop arm)

피터먼 암은 조향핸들의 움직을 드래그 링크(일체차축식 현가장치)나 센터 링크(독립식 현가장치의 경우)에 전달하는 장치이며, 그 한쪽 끝은 테이퍼의 세레이션(serration)을 통하여 섹터축에 설치되고 다른 한쪽 끝은 드래그 링크나 센터 링크에 연결하기 위한 볼 조인트로 되어 있다.

[특징]

ⓐ 세레이션으로 섹터 축과 연결(조향장치의 조향기어에 연결)

ⓑ 섹터 죽의 회전 운동을 원호운동으로 바꾸어 전달

⑦ 드래그 링크(drag link)
드래그 링크는 피트먼 암과 조향너클 암(제3암)을 연결하는 로드이며, 앞바퀴의 상하운동으로 피트먼 암을 중심으로 한 원호운동을 한다.

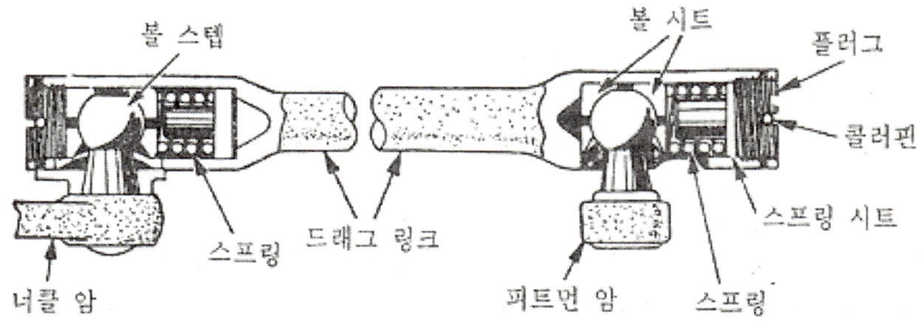

(a) 너클 암쪽 (b) 피트먼 암쪽

[ 드래그 링크 ]

⑧ 센트 링크 (=중심 링크, 릴레이 로드 : center link or relay rod)
독립식 현가장치의 조향장치에서 피트먼 암과 볼 소켓을 통해서 연결하는 로드이다.

⑨ 삼각암
드래그 링크의 직선운동 방향을 바꾸어 타이로드에 전달

⑩ 타이로드(tie rod)
독립식 현가장치에서는 센터 링크의 운동을 양쪽 너클 암에 전달해주는 것이며 2개로 나눠져 볼이음으로 각각에 연결된다. 일체차축식 현가장치에서는 1개의 로드이며, 조향너클 암의 움직임을 다른 한쪽의 조향너클 암에 전달하여 양쪽 바퀴의 관계를 바르게 유지시킨다.

[특징]
ⓐ 피트먼 암 또는 드래그 링크의 움직임을 조향 너클에 전달
ⓑ 토인을 조정할 수 있는 나사가 설치 ( 좌, 우 나사의 방향이 다르다.)

| [보충정리]<br>㈜ 타이로드엔드의 한쪽은 오른나사이고, 다른 한쪽은 왼나사로 되어 있어 타이로드를 돌려서 그 길이(토인)를 조정할 수 있다. |
|---|

⑪ 아이들 암(idle arm)
센터 링크의 다른 한쪽을 지지해주는 로드이다.

⑫ 조향너클 암(제3암 : knuckle arm)
일체차축식 현가장치에서는 드래그 링크의 운동을 조향너클에 전달해 주는 암이다.

⑬ 조향 너클(steering knuckle)

조향너클은 킹 핀(king pin)을 통하여 액슬축과 연결되는 부분과 바퀴의 허브가 설치되는 스핀들(spindle)부로 되어 있어 킹 핀을 중심으로 회전하여 조향작용을 한다.

[특징]

ⓐ 조향 링키지와 바퀴를 연결하고 바퀴를 지지한다.
ⓑ 다이로드와 연결되는 너클 암이 설치.
ⓒ 일체식에서는 킹 핀을 통하여 차축과 연결.
ⓓ 독립식에서는 볼 조인트를 통하여 차축 또는 차체와 연결.

| ㈜ 조향 장치의 링키지 순서 : 핸들 → 웜과 웜기어 → 섹터 축 → 피트먼 암 |
|---|

⑭ 킹 핀(king pin)

앞차축에 대하여 규정의 각도를 두고 설치되어 앞차축과 조향너클을 연결하여 고정볼트에 의해 앞차축에 고정된다.

(4) 고장 진단 및 점검

1) 핸들 조작이 무겁다.
① 타이어 공기압이 낮다
② 현가장치의 불량
③ 전차륜 정렬 불량
④ 주유부족
⑤ 조향 기어의 불량

2) 주행 중 핸들이 흔들린다.
① 핸들 유격이 크다.
② 전차륜 정렬의 불량.
③ 휠(바퀴)의 불평형.
④ 타이어 공기압 부적당
⑤ 스테빌라이저의 불량.
⑥ 쇽업소버의 불량.

3) 핸들이 한쪽 방향으로 쏠린다.
① 타이어 공기압의 불균형
② 브레이크 조정 불량
③ 전차륜 정렬의 불량
④ 현가 스프링의 절손, 쇠손
⑤ 쇽업소버의 불량
⑥ 휠의 불평형
⑦ 허브 베어링의 마모

4) 핸들에 충격이 느껴진다.
① 타이어 공기압이 높다.
② 전차륜 정렬 불량
③ 쇽업소버의 불량
④ 조향기어의 불량
⑤ 바퀴어 불평형

5) 핸들의 유격이 크다.
① 조향기어의 조정 불량
② 허브베어 링의 마모 및 이완
③ 조향링키지의 이완 및 마모
④ 과도한 타이어 공기압

6) 조향 핸들의 조작력을 가볍게 하는 방법
① 타이어의 공기압을 높인다.
② 앞바퀴 베어링이 마모 되었다.
③ 피트먼 암의 헐거움

7) 조향 기어의 백래시가 너무 크면 핸들의 자유유격이 크게 된다.

## 7-2. 동력 조향 장치(power steering system)

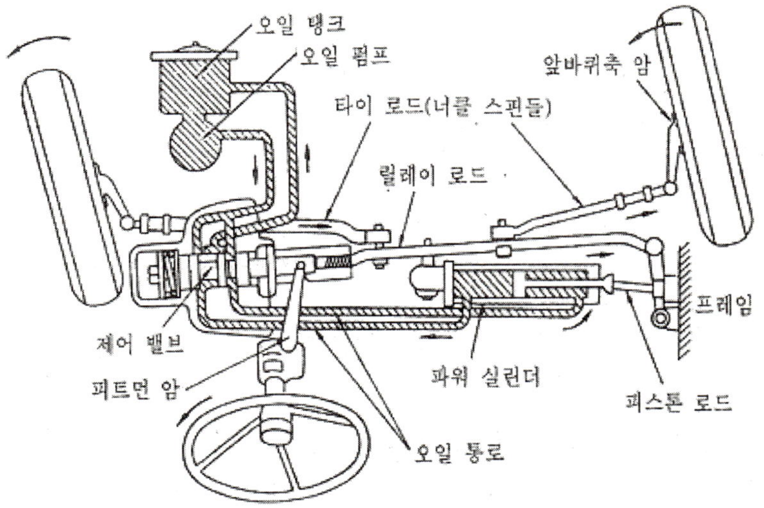


[ 동력 조향기구 ]

(1) 개 요

1) 목적 : 조작력 증대로 인한 운전자의 피로 감소

2) 특징
① 조향 조작력 감소 방지(2 ~ 3kg 정도 유지)
② 경쾌하고 신속한 조향
③ 노면으로 부터의 충격 진동 흡수 전달 및 시미현상 방지
④ 동력 조향의 고장 시 수동 전환 가능

[보충정리 : 동력식 조향장치의 장단점]

| 장 점 | 단 점 |
|---|---|
| ① 조향조작력이 작다(2 ~ 3kg 정도)<br>② 조향조작이 경쾌하고 신속하다.<br>③ 조향핸들의 시미(shimmy)를 방지할 수 있다.<br>④ 노면에서 받는 충격 및 진동을 흡수한다.<br>⑤ 조향조작력에 관계없이 조향기어비를 선정할 수 있다. | ① 구조가 복잡하다.<br>② 가격이 비싸다.<br>③ 고장시 정비가 어렵다. |

(2) 동력식 조향장치의 종류
동력식 조향장치는 동력 실린더(power cylinder)와 제어밸브(control valve)의 형상과 배치에 따라 다음과 같이 분류한다.

1) 링키지형(linkage type) : 동력 실린더를 조향 링키지 중간에 설치한 것이다.
① 조합형(combined type) : 동력실린더와 조정밸브가 일체로 되어 있으며 설치장소가 비교적 넓은 중량급 트럭이나 버스에 사용한다.
② 분리형(separated type) : 동력 실린더와 조정밸브가 분리되어 있는 형식이며 설치장소가 제한된 승용자동차에 사용된다.

2) 일체형(또는 내장형) : 동력 실린더를 조향기어 박스내부에 설치한 형식이다.
① 인라인형(in-linotype) : 조향기어 하우징과 볼너트를 직접 동력기구로 사용한 것이다. 이 형식에는 밸브-스풀형(valve spool type), 로터리 밸브형(rotary valve type), 콘스탄컨트롤형(constantcontroltype) 등이 있다.
② 오프셋형(off-set type) : 인 라인형(in-line type)과는 달리 동력 실린더(발생기구)를 따로 둔 형식이다.

(3) 동력식 조향장치의 3주요부

1) 동력부(유압 펌프=오일펌프)
① 베인 펌프를 사용하여 유압 발생
② 엔진의 동력을 직접 이용

2) 작동부(유압실린더=동력 실린더)
① 유압을 받아 보조력 발생
② 타이로드 또는 피트먼 암 등 조향 링키지와 접속
③ 복동식 유압 실린더 사용

3) 제어부(제어밸브)
① 압력조절밸브 : 최고 유압을 제어
② 유량조절밸브 : 작동 속도를 제어
③ 안전체크밸브 : 동력장치 고장 시 수동 조작으로 변환

| [보충정리]<br>㈜ 동력 조향 장치에서 정상작동 유온 온도 : 40 ~ 60도<br>㈜ 안전 체크 밸브(safety check valve) : 안전 체크 밸브는 제어밸브 속에 들어 있으며, 작동은 기관이 정지되었을 때, 오일펌프의 고장 및 오일 누출 등의 원인으로 유압이 발생되지 못할 때 조향핸들의 조작을 수동으로 작동할 수 있도록 해주는 장치이다. |
|---|

(4) 고장 진단 및 점검

1) 유압이 낮다.
① 이음부 오일 누설
② 구동 벨트 이완 및 미끄러짐
③ 펌프 불량
④ 유압조절밸브의 불량
⑤ 제어밸브 스프링의 절손. 쇠손
⑥ 동력실린더의 마모
⑦ 유량의 부족

2) 핸들조작이 무겁다.
① 유압이 낮다.
② 오일량의 부족
③ 회로내에 공기 혼입
④ 피스톤 로드의 휨
⑤ 제어밸브의 고착
⑥ 타이어 공기압이 낮다

3) 핸들의 복원이 나쁘다
① 피스톤 로드의 휨
② 제어밸브의 고착 또는 손상 등의 불량
③ 유압의 저하

4) 펌프에서 소음이 난다
① 유량의 부족 및 공기혼입
② 펌프 풀리의 이완
③ 흡입관 또는 필터의 막힘

5) 동력조향 장치가 고장이 생기면 기계식 조향을 할 수도 있다

## 7-3. 앞바퀴정렬(front wheel alignment)

(1) 앞바퀴 정렬의 개요
자동차의 앞부분의 하중을 지지해주는 앞바퀴는 어떤 기하학적인 각도를 두고 설치되고 있다. 이와 같은 앞바퀴의 기하학적인 각도관계를 말한다.

1) 필요성
① 차륜의 진동 방지
② 조향 조작을 확실하게
③ 조작력 감소
④ 차축의 안정성
⑤ 핸들의 복원성 및 직진성

2) 앞바퀴 정렬의 요소
① 캠버(camber)
② 캐스터(caster)
③ 토인(ton-in)
④ 킹 핀 경사각(또는 조향축 경사각: king pin inclination)
⑤ 선회시 토 아웃(toe-out on turning)

| ㈜ 앞바퀴 정렬의 대표적인 종류 :  캠버, 캐스트, 토인 |
|---|

3) 앞바퀴 정렬의 역할
① 조향핸들의 조작력을 가볍게 할 수 있다.
② 조향핸들이 조작을 확실하게 하고 안전성을 준다.
③ 조향핸들의 복원성을 준다.
④ 타이어 마명을 최소로 한다.

| [보충정리: 앞바퀴 정렬 불량 시 영향] |
|---|
| ① 조향핸들이 떨리거나 부안정하다. |
| ② 조향핸들이 한쪽으로 쏠린다. |
| ③ 조향핸들이 무겁다. |
| ④ 타이어의 이상 마모 |
| ⑤ 브레이크 작동시 한쪽으로 쏠린다. |
| ⑥ 급선회시 불안정하다. |

(2) 앞바퀴 얼라이먼트 요소의 정의와 필요성

1) 캠버 (camber)

① 정의 : 앞바퀴를 앞에서 보았을 때 바퀴의 윗부분이 아래 부분보다 더 벌어져 설치되어 있는데 이것을 캠버라고 하고 벌어진 바퀴의 중심선과 수직선과 이룬 각도를 캠버각이라 한다. 보통 +0.5° ~ +1.5° 이다.

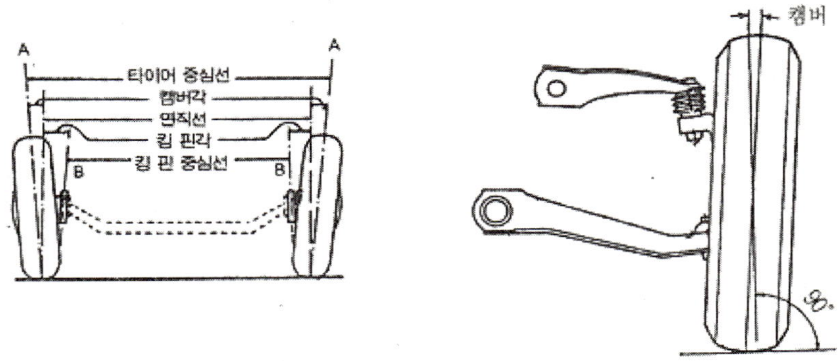


[ 캠버 ]

② 캠버의 구분
㉮ 정(+) 캠버(positive camber) : 바퀴 윗쪽이 아래쪽보다 밖으로 벌어진 것
㉯ '0'의 캠버(zero camber) : 바퀴가 수직으로 된 것(어느 쪽으로도 기울지 않고 수직을 이룬 것)
㉰ 부(-) 캠버(negative camber) : 바퀴 윗쪽이 아래쪽보다 안으로 들어온 것

③ 캠버각 : 0.5 ~ 1.5도

④ 특징
㉮ 핸들 조작력 감소(핸들 조작을 가볍게)

㉯ 수직방향의 하중에 의한 앞차축 휨 방지

⑤ 측정단위 : 도

| [보충정리]<br>㈜ 앞바퀴 정열에서 캠버가 맞지 않은 이유 : 앞차축이 비틀려서<br>㈜ 타이어의 중심선과 킹핀의 중심선의 연장선이 각각 지면에서 만난 거리를 캠버 오프셋이라 한다. |
|---|

2) 캐스터 (caster)

① 정의 : 자동차 앞바퀴를 옆에서 보면 앞바퀴를 액슬축에 설치하는 킹핀이 수직선과 어떤 각도를 두고 설치되어 있다. 이것을 캐스터라고 하며, 그 각을 캐스터각이라고 한다. 보통 +0.5° ~ +3° 정도이다.

| [보충정리]<br>* 앞바퀴를 옆에서 보았을 때 킹핀(조향축)이 수선에 대해 이룬 각도. |
|---|

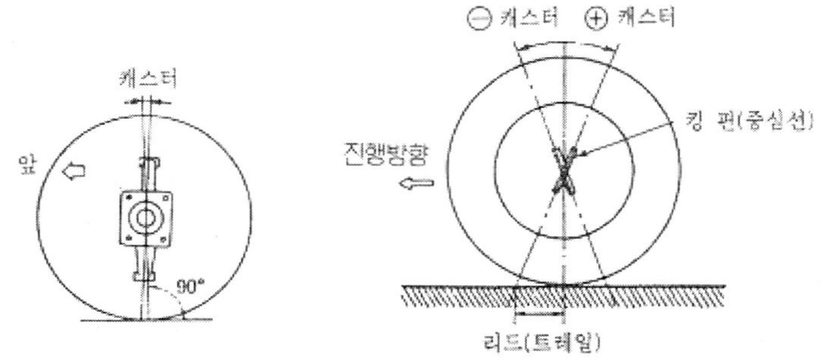


**캐스터** **캐스터 각**

[ 캐스터 ]

② 캐스터의 구분
㉮ 정 (+)캐스터(positive caster) : 킹핀의 윗쪽이 아래쪽보다 뒤로 기울어진 상태.
㉯ '0'의 캐스터(zero caster) : 킹핀이 바로 서 있는 것
㉰ 부(-)의 캐스터(negative caster) : 킹핀의 윗쪽이 아래쪽보다 앞으로 기울어진 상태.

③ 캐스터각 : 0.5 ~ 3 도

④ 특징

㉮ 주행 중 조향 바퀴에 방향성 (직진성) 부여한다.
㉯ 킹핀 경사각과 함께 조향하였을 때 직진방향으로 되돌아오는 복원성이 발생한다.

[보충정리]
㈜ 평탄한 도로에서 안전성이 없는 차의 수정 방법 : 더욱 정의 캐스터로 한다.
㈜ 전차륜 정렬에서 캐스터의 작용 : 도로의 저항을 킹핀의 중심선 보다 뒤쪽에 작용하게 한다.
㈜ 킹 핀 중심의 연장선과 수직선이 노면에서 만나는 거리를 리드(또는 트레일)라고 하며, 이것이 캐스터 효과를 얻게 한다. 캐스터 효과는 정의 캐스터에서만 얻을 수 있다.
㈜ 주행 중 직진성이 없는 자동차의 캐스터에는 더욱 정(+)의 캐스터를 주어야 한다.

3) 토인 (toe - in)

① 정의 : 자동차의 앞바퀴를 위에서 보면 양쪽 바퀴의 중심선간의 거리가 앞쪽이 뒤쪽보다 작게 되어 있는 것이다.

[보충정리]
* 앞바퀴를 위에서 보았을 때 앞바퀴의 앞쪽이 뒤쪽 보다 안으로 오무려진 것.

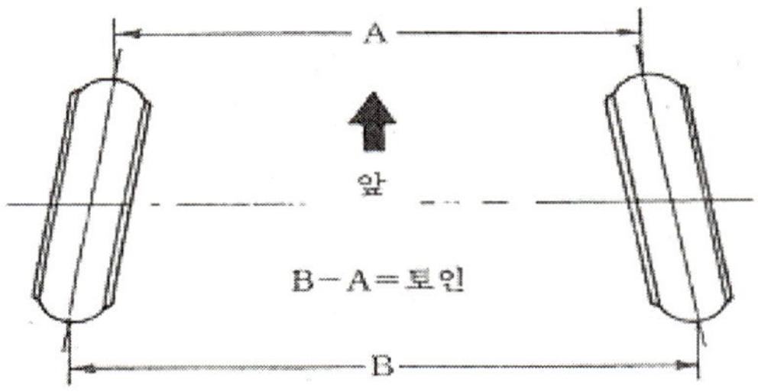


[ 토 인 ]

② 토인 값(일반) : 2 ~ 6mm
㉮ 승용차 : 2 ~ 3mm
㉯ 대형차 : 4 ~ 8mm

③ 특징
㉮ 캠버에 의한 앞바퀴의 바퀴의 벌어짐 방지
㉯ 조향링키지 마모에 의한 앞바퀴의 바퀴의 벌어짐(토아웃) 방지
㉰ 앞바퀴의 바퀴의 미끄러짐과 마멸 방지
㉱ 앞바퀴를 평행하게 회전
㉲ 바퀴가 옆방향으로 미끄러지는 것(side slip)과 타이어의 마모를 방지

㉳ 타이로드로 조정한다.

| [보충정리] |
|---|
| ㈜ 토인 측정시 먼저 해야할 일: - 핸들 흔들림 검사, -타이어 공기압, - 휠 베어링 검사 |

4) 킹 핀(= 조향 축)경사각

① 정의 : 자동차를 앞에서 보면 킹 핀(독립식 현가장치에서는 위 볼이음과 아래 볼이음)의 중심선이 수직에 대하여 어떤 각도를 두고 설치되어 있다. 이것을 킹 핀 경사라고 하며, 이 각을 킹 핀 경사각이라고 한다.

| [보충정리] |
|---|
| ⋆ 킹 핀을 앞에서 보았을 때 킹 핀이 수선에 대해 이룬 각도. |

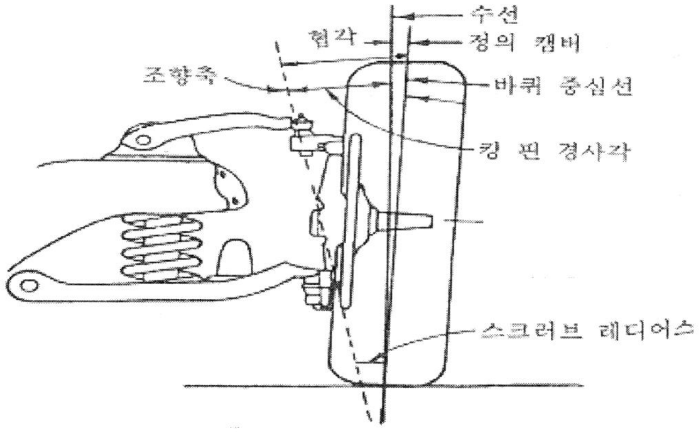


[ 킹 핀 경사각 ]

② 킹핀 경사각 : 6 ~ 9도

③ 특징
㉮ 캠버와 함께 핸들 조작력 감소
㉯ 캐스터와 함께 복원성 부여
㉰ 바퀴의 시미 현상 방지

5) 선회 시 토 -아웃(toe-out turning)
선회할 때 애커먼 장토식의 원리에 따라 모든 바퀴가 동심원을 그리려면 안쪽 바퀴의 조향각이 바깥쪽 바퀴의 조향각보다 커야 한다. 즉, 자동차가 선회 할 때에는 토 아웃이 되어야 한다. 이 관계는 조향너클 암, 타이로드 및 피터먼 암에 의해 형성된다.

[보충정리]
㉮ 선회시(핸들을 돌렸을 때)왼쪽 바퀴와 오른쪽 바퀴의 조향각의 차이
㉯ 바퀴의 앞쪽이 뒤쪽보다 거리가 멀어진다.
㉰ 선회 할 때 앞바퀴의 안쪽 바퀴 회전 반경이 바깥쪽 바퀴의 회전 반경보다 작은 것

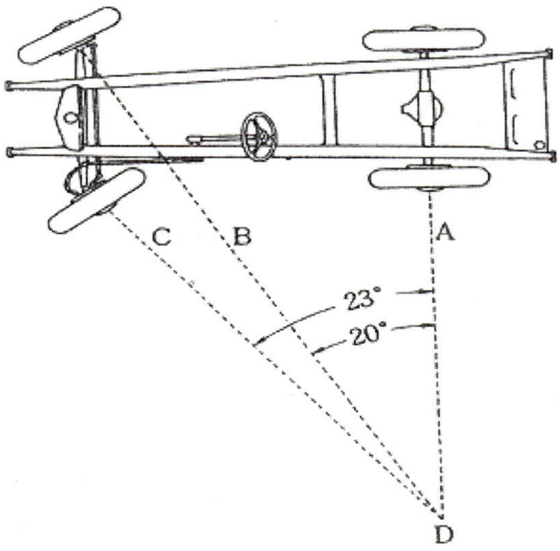


[ 선회시의 토 아웃 ]

(3) 점검 및 조정

1) 예비점검
① 공차 상태
② 수평로에 위치
③ 타이어 공기압 규정으로
④ 현가장치 마모 , 피로 절손 상태 정상
⑤ 조향 링키지 마모, 헐거움상태 정상
⑥ 허브 베어링 마모 상태 정상

2) 점검
① 캠버, 캐스터, 킹핀각
㉮ 계측기 : 수포 게이지(마그넷식)

㉯ 가장먼저 캠버값을 읽고, 킹핀 경사각을 읽은후, 마지막으로 캐스터 값을 읽는다.

② 토인
㉮ 바퀴를 직진 상태로 한다.
㉯ 스크라이버를 사용하여 바퀴에 수선을 긋는다.
㉰ 토인 게이지를 설치한다.

3) 조정
① 캠버
㉮ 맥퍼슨형식 : 조정불가
㉯ 위시본형식 : 심으로 조정
㉰ 일체차축식 : 조정불가

② 캐스터
㉮ 일체차축식 : 캐스터 웨지로 조정
㉯ 맥퍼슨 형식 : 스트러트바의 길이로 조정
㉰ 위시본형식 : 심으로 조정

③ 킹핀 경사각 : 전차량 조정 불가

④ 토인 : 전차량 타이로드의 길이로 조정

> [보충정리]
> ㈜ 캠버 , 캐스터 , 킹 핀 게이지를 다룰 때 주의 할 점 :
> - 보관할 때 보호 철판을 붙여 규정 상자에 넣어둠
> - 보호편을 떼어낼 때는 밑으로 밀어 충격 없이 떼어낸다.
> - 진동 충격을 주지 않는다.

4) 사이드슬립 테스터기 사용
① 사이드슬립 테스터기 사용
② 한계값 : 1m주행시 좌우 각각 5mm이내 (1km주행시 5m이내)
③ 수정 : 타이로드로 조정
④ 직진할 때의 옆 방향 미끄러짐 양은 좌우 양쪽 바퀴의 안팎 미끄러짐의 평균값

> ㈜ 사이드 미끄러짐 시험 결과 왼쪽바퀴가 바깥쪽으로 4mm , 오른쪽 바퀴가 안쪽으로 6mm 움직일 때 전체 미끄러짐 양은 ?
> ∴ 안쪽으로 1mm

(4) 조향이론

1) 코너링 포스(cornering force)

자동차가 선회를 할 때 타이어는 실제 전진방향에 어떤 각도를 두고 전진하기 때문에 타이어의 접지면이 옆방향으로 찌그러져서 그 탄성 복원력이 발생된다. 이때 발생한 탄성 복원력의 분력 중 자동차의 진행방향과 직각인 방향의 복원력을 코너링 포스라고 한다.

2) 복원토크

타이어가 옆방향으로 미끄러짐을 할 때 타이어의 회전면에는 진행방향과 일치시키려는 토크나 모멘트가 작용하는데 이를 복원 토크라고 한다.

3) 언더 스티어링(under steering, U. S)

자동차가 일정한 반경으로 선회를 할 때 선회반경이 정상의 선회반경보다 커지는 현상이다.

4) 오버 스티어링(over steering, O. S)

자동차가 일정한 반경으로 선회를 할 때 선회반경이 정상의 선회반경보다 작아지는 현상이다.

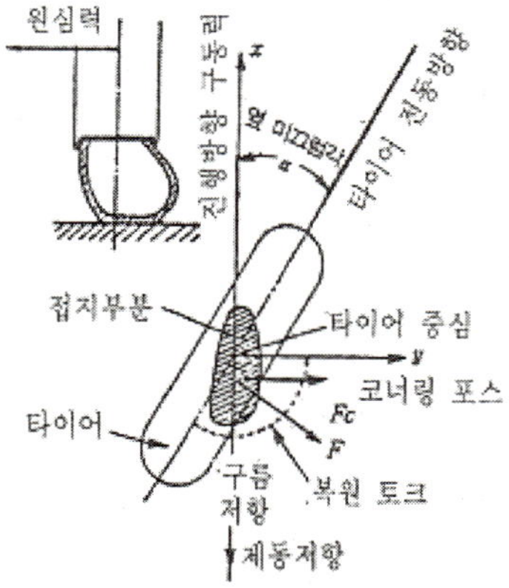


코너링 포스 및 복원 토크

[ 코너링 포스 및 복원력 ]

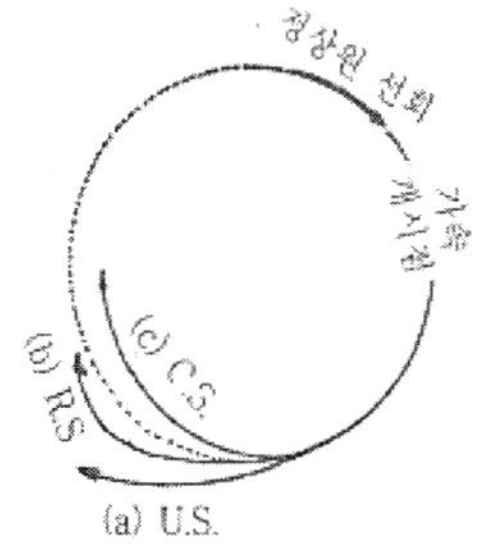


언더 스티어링 및 오버 스티어링

[ 언더 스티어링 및 오버 스티어링 ]

5) 뉴트럴 스티어링(neutral steering, N. S)
자동차가 일정한 반경으로 선회를 할 때 선회반경이 일정하게 유지되는 현상이다.

6) 타이트 코너 브레이크 현상
건조한 포장도로의 급커브에서는 전후 바퀴의 선회 반경차가 타이어의 회전차 및 구동축의 회전차로 되어 앞바퀴는 브레이크가 걸린 느낌으로 되고 뒷바퀴는 공전(헛바퀴)하는 느낌으로 된다. 이것을 타이트 코너 브레이크 현상이라 한다.

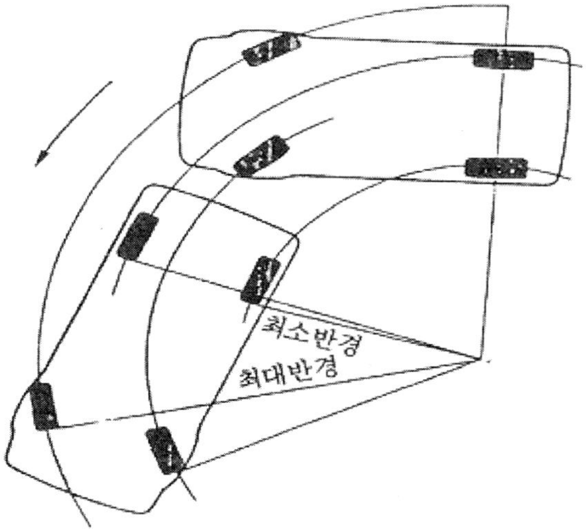


타이트 코너 브레이크 현상

[ 타이어 코너 브레이크 현상 ]

# 제8장 제동장치 (brake system)

## 8-1. 개요

(1) 목적
주행 중인 자동차의 속도를 감속 또는 정지시키고 주차시 정지 상태 유지

(2) 종류

1) 마찰브레이크
① 풋 브레이크(foot break)
㉮ 기계식
㉠ 와이어식
㉡ 로드식

㉯ 유압식
㉰ 서보식

㉠ 진공식
㉡ 공기식

② 주차 브레이크(핸드브레이크)
㉮ 센터 브레이크
㉯ 휠 브레이크

| [보충정리]<br>㈜ 공기식을 제외한 대형 차량에 사용되는 제동 장치 : 진공 유압식 |
|---|

2) 감속 브레이크(retarder brake)

## 8-2. 드럼식 유압 브레이크

(1) 유압브레이크의 개요

1) 개요
유압 브레이크는 파스칼의 원리(pascal's principle)를 응용한 것이며 구성은 유압을 발생시키는 마스터 실린더(master cylinder), 그 유압을 받아 브레이크슈를 드럼에 압착하여 제동력을 발생시키는 휠 실린더(wheel cylinder) 및 이 두 부품을 연결하여 유로를 형성하는 브레이크 파이프 및 플렉시블 호스로 되어 있다.

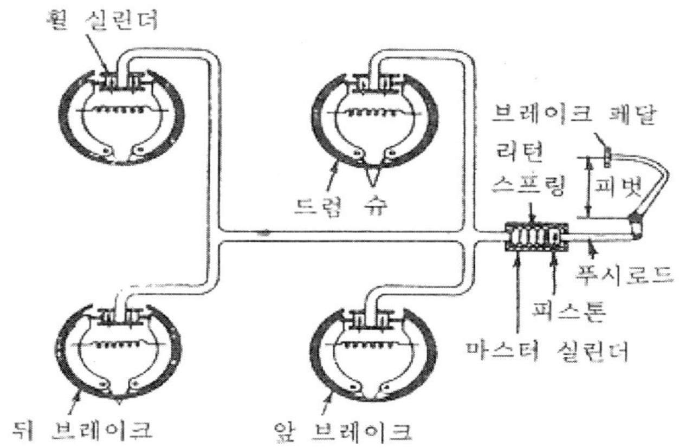


[ 유압식 브레이크 ]

2) 유압 브레이크의 장/단점

| 장 점 | 단 점 |
| --- | --- |
| ① 제동력이 모든 바퀴에 균일하게 전달된다.<br>② 마찰손실이 적다.<br>③ 조작력이 작아도 된다. | ① 유압회로가 파손되어 오일이 새면 제동장치의 기능을 상실한다.<br>② 유압회로에 공기가 침입하면 제동력이 감소된다. |

(2) 유압 브레이크의 원리

1) 유체의 일반적 성질
① 액체는 압축할 수 없다.
② 액체는 운동을 전달할 수 있다.
③ 액체는 힘을 전달할 수 있다.
④ 액체는 힘을 증대시킬 수 있다.
⑤ 액체는 작용력을 감소시킬 수 있다.

2) 원리
유압식 브레이크는 파스칼(pascal)의 원리를 이용한 것이다. 그림에서 면적 5㎠인 피스톤 A에 20㎏의 압력을 가하였을 때 A에 가해진 압력은 4㎏/㎠ (20 / 5)이고 이 압력은 파이프를 통하여 면적15㎠인 피스톤 B에도 4㎏/㎠의 압력이 걸리게 되어 4㎏/㎠ × 15㎠ = 60㎏의 힘으로 밀어 올리게 된다. 즉, A에 걸린 힘의 3배로 되어서 피스톤 B를 밀어 올린다.

$$\text{피스톤 } B\text{를 밀어올리는 힘} = \text{피스톤 } A\text{의 압력} \times \frac{\text{피스톤 } B\text{의 면적}}{\text{피스톤 } A\text{의 면적}}$$

이것은 퍼스톤 B가 몇 개 있어도 파이프로 연결되어 있으면 마찬가지의 결과가 얻어진다.

즉, 밀폐된 용기속에 들어 있는 액체의 일부에 압력을 가하면 가해진 압력과 같은 크기의 압력이 액체 각부에 전달된다. 이것이 파스칼의 원리이다.

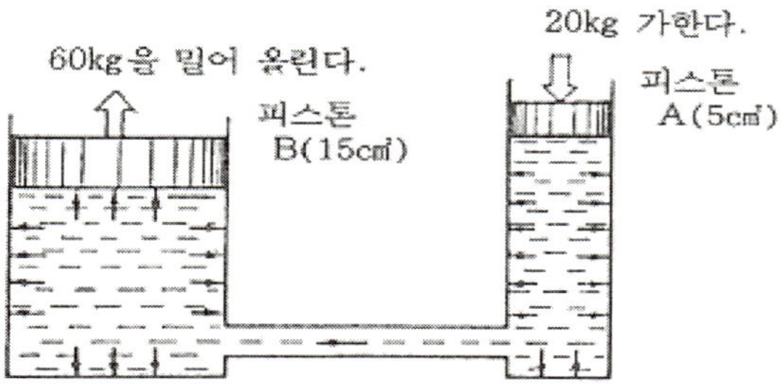


[ 파스칼의 원리 ]

3) 페달의 지렛대 비

마스터 실린더에 가해지는 힘을 증대시키기 위해서는 그림과 같은 지렛대의 원리를 이용 하여 브레이크를 밟는 힘을 증가시킨다. 그림에서 A를 지점으로 하여 35㎏을 들어 올리는 힘 F를 생각하여보기로 한다.

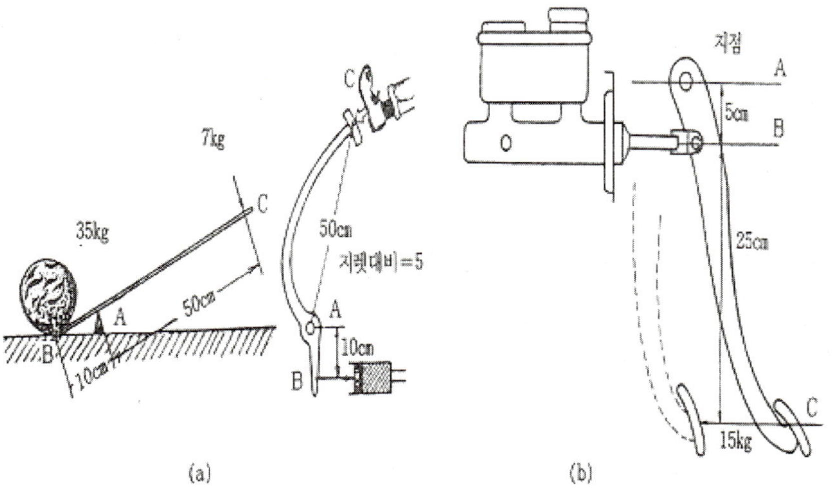


[ 지렛대 비 ]

지렛대에 가하여진 힘과 지점까지의 거리의 곱은 35㎏의 물체와 지점까지의 거리의 곱과 같아야 하므로 그림 (a)

10㎝ × 35㎏ = 50㎝ × F

$$F = \frac{10 \times 35}{50} = 7\text{kg}$$

즉 C에 7kg을 가하면 B는 35kg을 들어 올릴 수 있다.

그림에서 페달에 15kg의 힘으로 밟았을 때 푸시로드에 작용하는 힘은?

50cm : 10cm = 5 : 1이므로

5 : 1 = xkg : 15kg

x = 15kg × 5 = 57kg이 된다.

여기서 피스톤의 면적이 3㎠라 하면 이 때의 유압은 얼마인가?

$$\text{유압}(\text{kg/㎠}) = \frac{75[\text{kg}]}{3[c\text{㎡}]} = 25kg/cm^2$$

그림 b에서 15kg의 힘으로 밟은 푸시로드에서 몇 kg의 힘이 작용하는가?

5cm × B = (5cm + 25cm) × 15kg

여기서 B를 구하면 B=90kg이다.

| [보충정리] |
|---|
| ㈜ $\text{유압}(\text{kg/㎠}) = \dfrac{\text{푸시로드에 작용하는 힘}[\text{kg}]}{\text{피스톤(실린더) 면적}[\text{㎠}]}$ |

(3) 구조 및 기능

1) 브레이크 페달

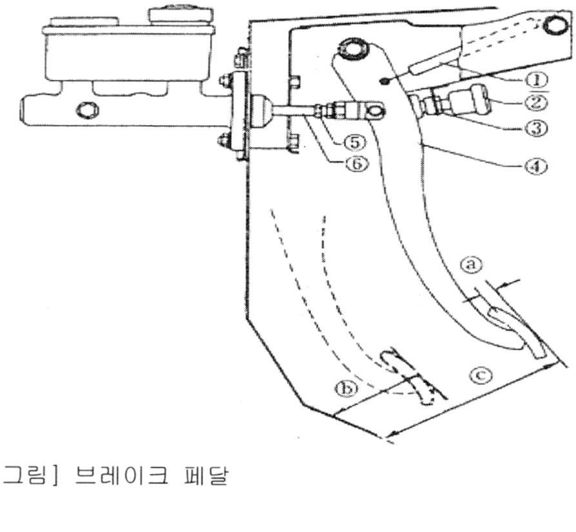


[그림] 브레이크 페달

① 리턴 스프링
② 스톱 스위치
③ 브레이크 페달 조정 너트
④ 브레이크 페달
⑤ 고정너트
⑥ 푸시로드
ⓐ 자유간극 : 페달을 밟기 시작하여 응답이 있을 때까지의 거리.
페달유격 또는 자유간극이라 한다.
ⓑ 밑판간극 : 페달을 힘껏 밟았을 때의 밑판과의 거리
- 페달의 자유간극 : 소형차의 경우 20 ~ 25[mm]
- 페달높이 : 164[mm]
- 페달 밑판거리 : 페달행정의 25% 이상
ⓒ 페달의 높이 : 페달이 자유상태일 때 바닥과 페달 사이의 거리

2) 마스터실린더(master cylinder)

마스터 실린더의 작용은 브레이크 페달을 밟는 것에 의하여 유압을 발생시키는 것이며, 구조는 마스터 실린더 보디, 오일 탱크, 실린더 내에는 피스톤, 피스톤 컵, 체크밸브, 리턴 스프링 등이 들어 있다. 최근에는 안전성을 높이기 위해 앞, 뒤 바퀴에 대하여 각각 독립적으로 작동하는 2계통의 회로를 두는 탠덤 마스터 실린더를 주로 사용한다.

① 기능 : 기계적 운동을 유압으로 전환

② 구성 및 작용
㉮ 푸시로드
㉯ 피스톤 : 알루미늄 합금으로 되어 있고 브레이크 페달을 밟는 것에 의해 실린더 내를 움직여 유압을 발생
㉰ 1차 컵 : 실린더내 기밀 유지 , 유압 발생
㉱ 2차 컵 : 오일 누설 방지
㉲ 피스톤 리턴스프링
㉳ 체크밸브 : 마스터실린더와 휠실린더 사이의 잔압 유지, 잔압은 0.6 ~ 0.8 kg/㎠
㉴ 리턴구멍 : 배출되었던 오일이 되돌아오는 구멍으로 이 구멍이 막히면 오일의 복귀가 나빠져 페달이 점점 딱딱해지며 브레이크가 풀리지 않는다.
㉵ 보상 구멍

[보충정리]
㈜ 마스터 실린더의 푸시로드 길이를 길게 하면 라이닝이 팽창하여 풀리지 않는다.
㈜ 브레이크를 작동시킬 때 브레이크 페달이 서서히 밑바닥으로 가라앉으면 마스터 실린더의 1차 컵 결함이다.
㈜ 자유 유격 : 1차 컵이 리턴 구멍을 막을 때까지 페달이 움직인 거리를 말하며 일반적으로 20 ~ 25mm을 둔다.

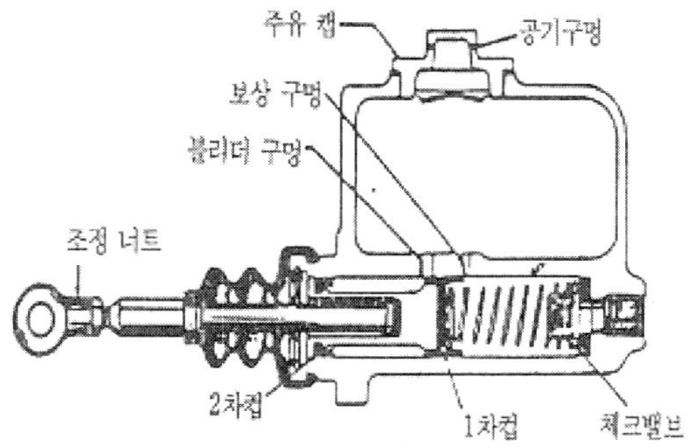


(a)

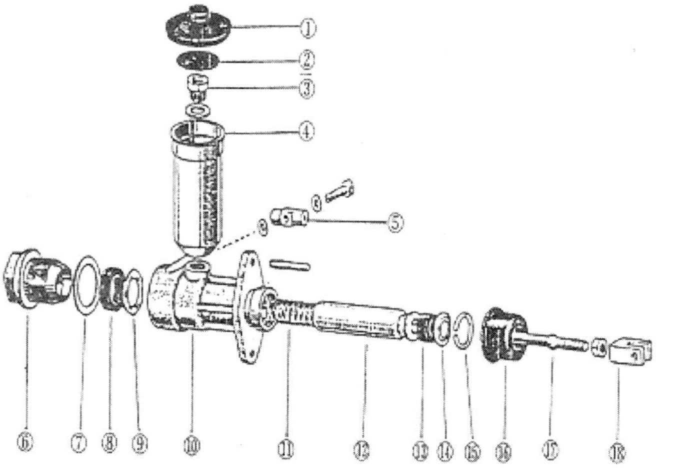

① 탱크 캡 어셈블리
② 매스터 실린더 탱크 뜨개
③ 탱크 설치 볼트
④ 매스터 실린더 탱크
⑤ 유니언
⑥ 매스터 실린더 컵
⑦ 개스킷
⑧ 피스톤 컵
⑨ 매스터 실린더 피스톤 컵 스페이서
⑩ 매스터 실린더 보디
⑪ 압축 스프링
⑫ 매스터 실린더 피스톤
⑬ 피스톤 컵
⑭ 매스터 실린더 피스톤 스톱관
⑮ 스냅 링
⑯ 매스터 실린더 부트
⑰ 매스터 실린더 푸시 로드
⑱ 매스터 실린더 푸시 로드 클레비스

[ 마스터 실린더 ]

㈜ 잔압(residual pressure) : 피스톤 리턴 스프링은 체크 밸브를 밀고 있기 때문에 이 스프링의 장력과 회로내의 유압이 평형되면 체크 밸브가 시트에 밀착되어 회로 내에 어느 정도의 압력이 남게 되는데, 이것을 잔압 이라 한다. 잔압은 보통 0.6 ~ 0.8㎏/㎠ 정도 두며 잔압의 역할은 다음과 같다.

① 브레이크 작동 늦음을 방지한다.
② 베이퍼 록을 방지한다.
③ 휠 실린더 내에서 오일이 누출되는 것을 방지한다.

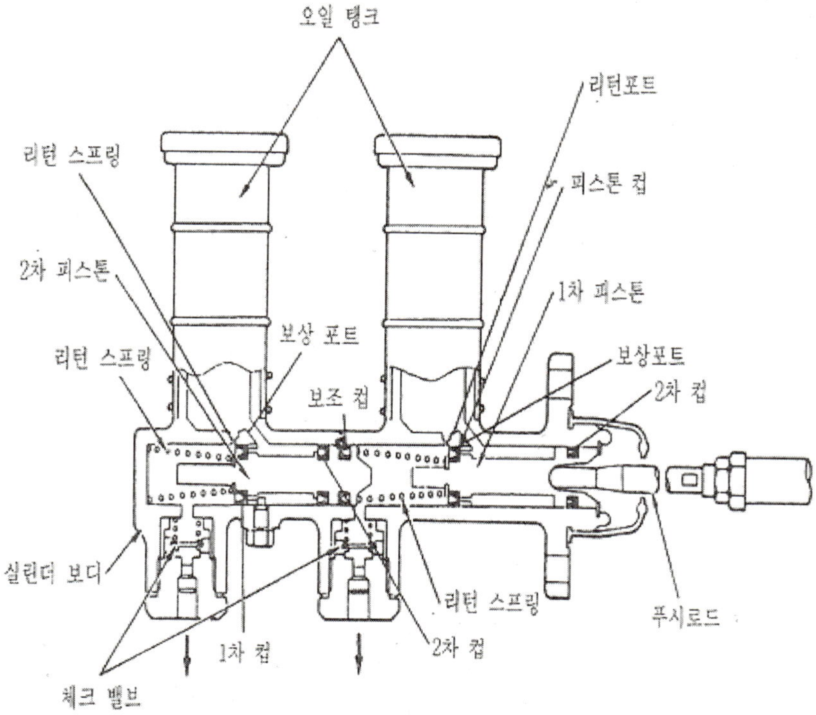


[ 탠덤 마스터 실린더 ]

㈜ 베이퍼 록(증기폐쇄현상 : vaper lock)
브레이크 회로내에 브레이크 오일이 비등 기화하여 증발되어 오일의 압력 전달 작용이 불가능하게 되는 현상을 말하며 원인은 다음과 같다.
① 긴 내리막길에서 과도한 브레이크 사용.
② 마스터 실린더, 브레이크 슈 리턴 스프링 괴손에 의한 잔압 저하.
③ 라이닝과 드럼의 끌림에의한 가열.
④ 브레이크 오일의 불량
⑤ 브레이크 오일의 비점 저하

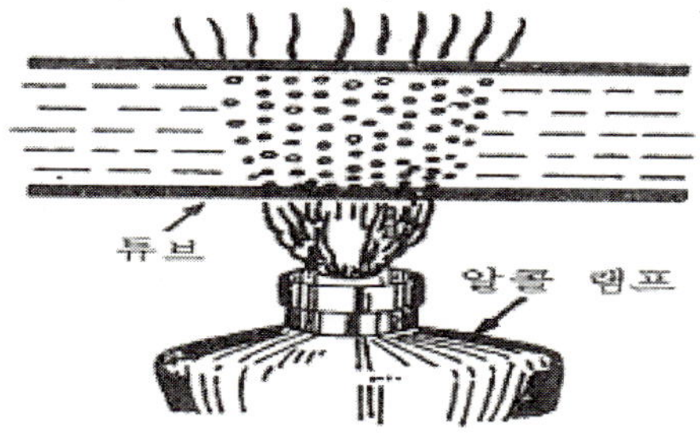


[베이퍼 록]

㈜ 브레이크 내의 잔압과 관련이 있는 것은? : 체크밸브, 리턴 스프링, 베이퍼 록, 피스톤 컵( × )
㈜ 브레이크 파이프에 베이퍼 록이 발생하면 브레이크 페달의 유격이 많아진다.
㈜ 브레이크 베이퍼 록 현상이 일어난다 이때 작업 방법 :
마스터 실린더에 오일을 가득 채우고 보조자와 브레이크 페달을 밟고 마스터 실린더에서 먼 곳 부터 공기스크루를 풀고 공기빼기 작업을 한다.

3) 휠 실린더(wheel cylinder)

휠 실린더의 기능은 마스터 실린더에서 보내준 유압으로 브레이크 슈를 드럼에 압착시키는 것이다. 구조는 휠 실린더 보디, 피스톤, 피스톤 컵 그리고 휠 실린더 보디 중앙에는 오일 구멍(마스터 실린더와 파이프로 연결되는 구멍)과 브레이크 회로내에 침입한 공기를 빼는 공기 블리더 스크루가 있고, 실린더 내부에는 확장 스프링이 피스톤 컵을 항상 밀어서 벌어져 있게 한다.

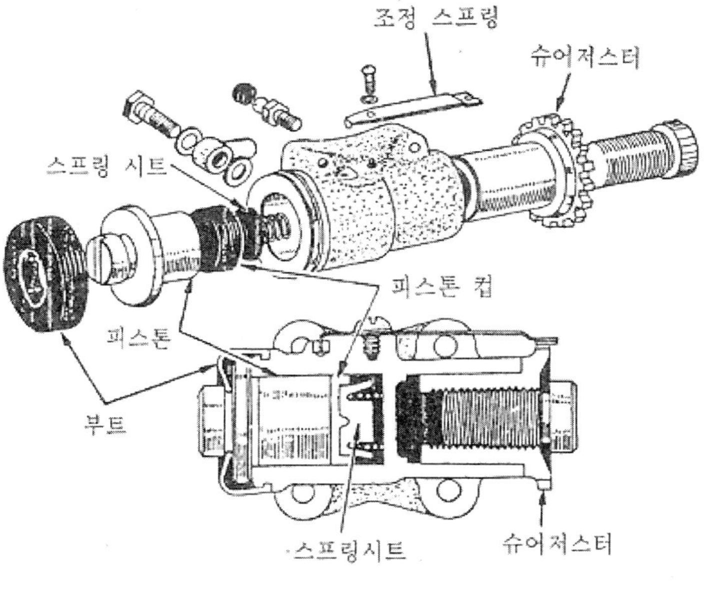


[ 휠 실린더 ]

① 기능
㉮ 유압을 기계적 운동으로 전환
㉯ 브레이크 슈를 작동(확장)시킴.

② 구성 및 작용
㉮ 피스톤 : 유압을 받아 직선 운동
㉯ 피스톤 컵 : 피스톤을 확장시킴

③ 종류

㉮ 단일 직경형(single bore type)

㉯ 동일 직경형(equal bore type)

㉰ 계단 직경형(step bore type)

4) 브레이크 슈(break shoe)

브레이크 슈는 휠 실린더의 피스톤에 의해 브레이크 드럼과 접속하여 제동력을 발생하는 부분이며, 테이블(table)에는 라이닝(lining)이 리벳이나 접착체에 의해 부착되어 있다. 브레이크 슈의 재질은 주철이나 가단주철재이며, 브레이크 슈 리턴 스프링은 마스터 실린더의 유압이 풀렸을 때 슈를 제자리에 되돌아오게 해주고, 홀드 다운 스프링(hold down spring)은 슈가 알맞은 위치를 유지하도록 해준다.

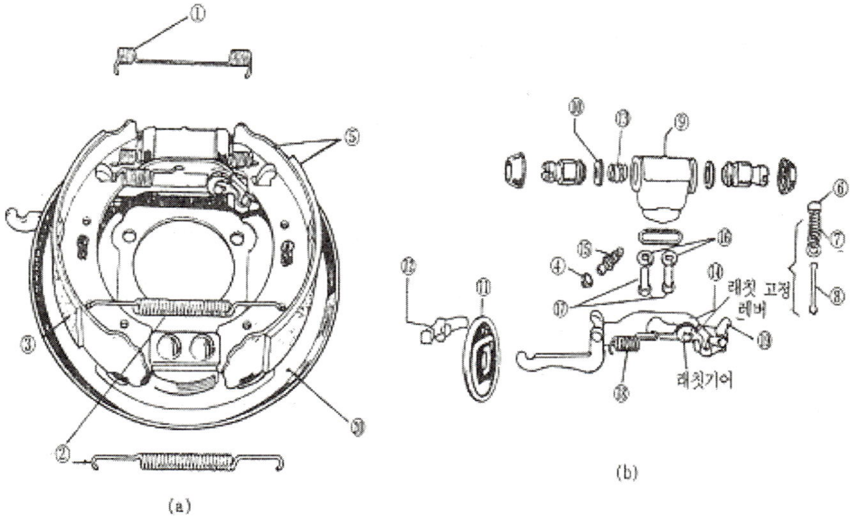


① 슈 리턴 스프링(위)
② 슈 리턴 스프링(아래)
③ 플러그
④ 블리더 스크루캡
⑤ 슈와 라이닝 어셈블리
⑥ 홀더다운 스프링 리테이너
⑦ 홀더다운 스프링
⑧ 슈 홀더 다운핀
⑨ 휠실린더 어셈블리
⑩ 실
⑪ 부트
⑫ 스토퍼
⑬ 리턴 스프링
⑭ 주차 브레이크 스트러트
⑮ 휠실린더 블리더 스크루
⑯ 와셔
⑰ 볼트
⑱ 리턴 스프링
⑲ 조정 레버
⑳ 배킹 플레이트

[ 브레이크 슈 ]

① 기능 : 휠 실린더 피스톤의 힘을 받아 회전하는 드럼에 압착되어 작용

② 구성

㉮ 테이블 : 라이닝이 설치

㉯ 웨이브 : 테이블에 강성을 부여

㉰ 슈 리턴스프링 : 슈를 제자리로 복귀

㉱ 홀드 다운스프링 : 슈가 알맞는 위치에 있도록 함.

5) 라이닝
① 재질 : 석면 (몰드 라이닝 사용)

② 마찰계수 : 0.3 ~ 0.5μ

③ 구비조건
㉮ 내열성, 내마멸성이 클 것
㉯ 마찰계수가 클 것
㉰ 마찰계수의 변화가 적을 것

④ 종류
㉮ 워본 라이닝(woven lining)
㉯ 몰드 라이닝(mould lining)
㉰ 메탈릭 라이닝(metallic lining)

6) 브레이크 드럼(break drum)
브레이크 드럼은 허브와 휠 사이의 휠 허브(wheel hub)에 볼트로 설치되어 바퀴와 함께 회전하며, 슈와의 마찰로 제동을 발생시키는 부분이다. 드럼의 재질은 특수주철, 강판등이 사용되며 방열성을 높이고, 강성을 높이기 위해 원둘레 방향이나 직각 방향에 핀(pin) 또는 리브(rib)를 두고 있다.
제동시 발생되는 열은 드럼을 통하여 방산되기 때문에 드럼의 면적은 마찰면에서 발생한 열의 방산능력에 따라서 정해진다.

① 기능 : 바퀴와 함께 회전하며 슈와 마찰

② 드럼의 구비조건
㉮ 회전 평형이 잡혀 있을 것
㉯ 충분한 강성이 있을 것
㉰ 내마멸성이 클 것
㉱ 방열이 잘 될 것
㉲ 가벼울 것
㉳ 페이드 현상이 일어나지 말 것

③ 드럼 핀 : 방열 증대

④ 리브 : 강도 증대

[보충정리]
※ 페이드 현상 : 마찰열이 축적되어 라이닝의 마찰계수가 급격히 저하되고 제동력이 감소되는 현상으로 페이드 현상의 응급 조치방법은 작동을 중지하고 열을 식힌다.

⑤ 드럼의 수정
㉮ 드럼이 라이닝과의 마찰로 마모되면 선반으로 연삭
㉯ 0/S의 라이닝을사용(드럼 확대량의 1/2)
㉰ 연삭 허용 한계 : 1.5mm

[보충정리]
㈜ 오버사이즈 드럼을 사용하는 표준 브레이크 슈 라이닝의 일반적으로 마모되는 곳은 : 중심 내

⑥ 브레이크 오일
㉮ 피마자 오일 + 알코올(식물성 오일)
㉯ 마스터 실린더 또는 휠실린더를 세척시 알코올을 사용할 것.
㉰ 구비 조건
ⓐ 금속을 부식 시키지 말 것
ⓑ 적당한 점도
ⓒ 낮은 빙점과 응고점
ⓓ 높은 인화점 및 착화점
㉱ 오일 보충 및 교환시 주의 사항
ⓐ 지정된 오일 사용
ⓑ 브레이크 제품은 알코올(또는 세척용 오일)을 사용할 것

[보충정리]
㈜ 브레이크 드럼 외부에 코일 스프링을 설치하는 이유 : 드럼의 냉각 및 잡음을 없애기 위해

⑦ 파이핑(piping)
브레이크 장치의 파이핑은 마스터 실린더와 휠 실린더의 오일통로를 형성하며, 방청처리를 한 강파이프(steel pipe)와 플렉시블 호스(fiexible hose)를 사용한다.

## 8-3. 자기작동작용 (self-energizing action)

회전 중인 브레이크 드럼에 제동을 걸면 슈는 마찰력에 의하여 드럼과 함께 회전하려는 경향이 생겨 확장력이 커지므로 마찰력이 증대된다. 즉 드럼의 회전 방향쪽의 슈는 확장력이 커지며 드럼의 회전 반대 방향쪽의 슈는 드럼에서 떨어지려는 경향이 있어 확장력이 감소된다. 이와 같은 작용을 자기작동작용이라고 하며, 자기작동작용을 하는 슈를 리딩(leading shoe)라 하고, 자기작동작용을 하지 못하는 슈를 트레일링 슈(trailing shoe)라고 한다.

1) 자기 작동 : 슈와 드럼이 접촉할 때 슈가 드럼과 함께 회전하려는 경향

2) 리딩 슈 : 자기 작동이 일어나는 슈

3) 트레일링슈 : 자기 작동이 일어나지 않는 슈

4) 1차 슈 : 자기 작동이 먼저 일어나는 슈

5) 2차 슈 : 자기 작동이 나중에 일어나는 슈

6) 전진 슈 : 전진시에만 자기 작동이 발생

7) 후진 슈 : 후진시에만 자기 작동이 발생

| [보충정리] |
|---|
| ㈜ 브레이크 슈와 드럼의 간극은 대략 0.2 ~ 0.4mm이다 |

## 8-4. 넌 서보 및 서보 브레이크

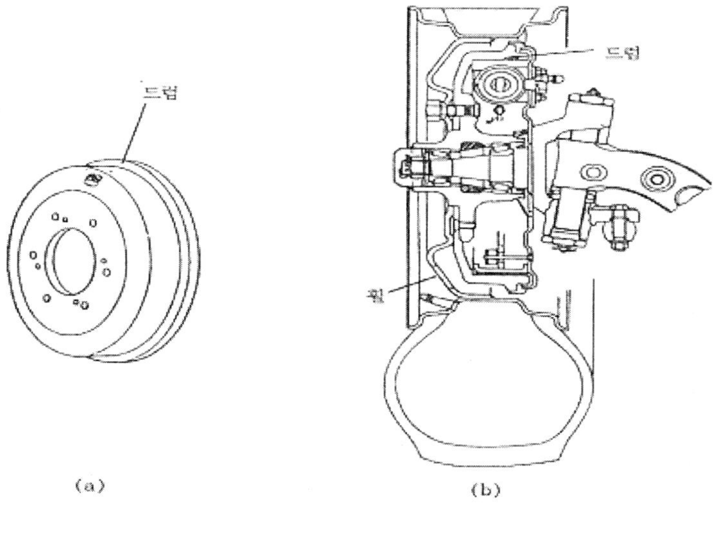


(a) (b)

[ 기본적인 드럼 브레이크 ]

(1) 넌서보 브레이크(non - servo brake)

브레이크를 작동할 때 자기작동작용이 해당 슈에만 일어나게 되어 있는 형식이다.
① 제동시 해당슈에만 자기 작동이 일어나는 형식(예: 전진시 전진슈만 자기 작동)
② 1실린더 2앵커핀 형식

(2) 서보 브레이크(servo brake)
브레이크가 작용될 때 모든 슈가 자기작동작용이 일어나게 된 형식이다.

1) 유니서보 브레이크(uni - servo brake)
① 전진 제동시 : 2리딩 슈 , 후진 제동시 : 2트레일링 슈
② 2실린더 (단일 직경형) 형식

2) 듀어서보 브레이크(duo - servo brake)
① 전후진시 브레이크를 작동하면 1,2차 슈가 자기작동
② 1실린더 1앵커핀 링크 형식 또는 2실린더식 (동일 직경형)

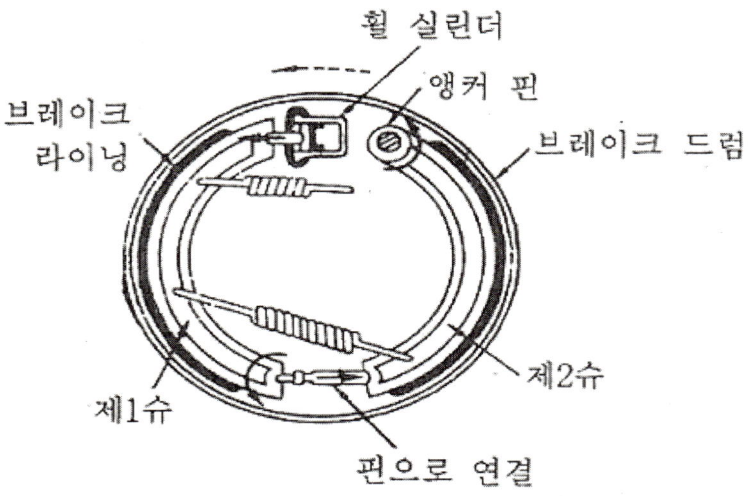


[ 유니 서보 ]

## 8-5. 자동 조정 브레이크

브레이크 라이닝이 마모되면 슈와 드럼의 간극이 커져 브레이크 페달을 밟는 양이 커진다. 따라서 필요시마다 라이닝 간극을 조정하여야 하는데 자동조정 브레이크는 라이닝 간극의 조정이 필요한 때 후진에서 브레이크를 작동시키면 자동적으로 조정이 되게 되어 있다. 종류는 스타 휠 형식(star wheel type)와 플러그 형식(plug type)등이 있다.

(1) 기능 : 드럼과 라이닝의 간극이 크고 후진에서 제동시 간극 조정

(2) 종류

① 스타휠 형식

② 플러그 형식

③ 랫치형

④ 쿼드런트형

## 8-6. 앤티 롤(힐 홀더 : anti roll system or hill holder) 장치

앤티 롤 장치란 올라가는 언덕길에서 일시 정지하였다가 다시 출발할 때 자동차가 뒤로 밀리는 것을 방지해주는 장치이다.

① 언덕길에서 일시 정차 후 출발 시 뒤로 구르는 것을 방지

② 클러치 페달과 연동되어 작용

## 8-7. 탠덤 브레이크 (탠덤 마스터 실린더)

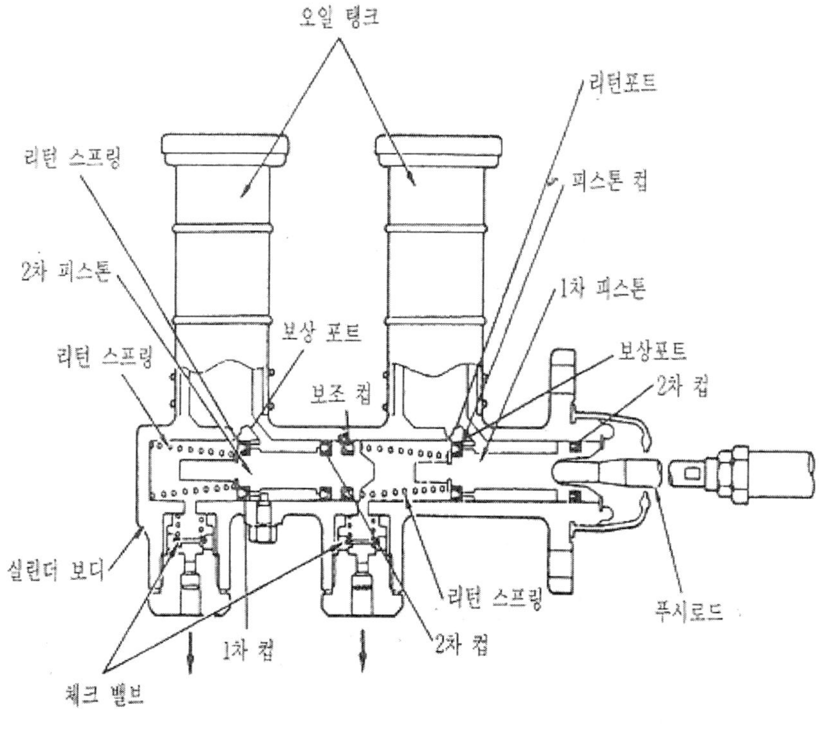


[ 탠덤 마스터 실린더 ]

① 제동 안전을 위하여 앞뒤 바퀴에 각각 독립적으로 작용하는 2계통의 회로를 둔 것으로

마스터 실린더 2개를 하나로 조합한 형태
② 1차 피스톤(뒷바퀴 제동)작동 후 2차 피스톤(앞바퀴 제동)작동

## 8-8. 디스크 브레이크(disc brake)

(1) 개요

디스크 브레이크는 마스터 실린더에서 발생한 유압을 이용하는 유압식 브레이크의 일종이며, 바퀴와 함께 회전하는 디스크를 양쪽에서 패드(pad)로 압착시켜 제동하는 브레이크이다. 디스크 브레이크는 디스크가 대기 중에 노출되어 있기 때문에 페이드 현상이 적다.
디스크 브레이크의 구조는 바퀴와 함께 회전하는 디스크, 디스크와 함께 마찰력을 발생시키는 패드, 또 패드와 피스톤을 유지하며 스핀들이나 판에 고정하는 캘리퍼로 되어 있다.

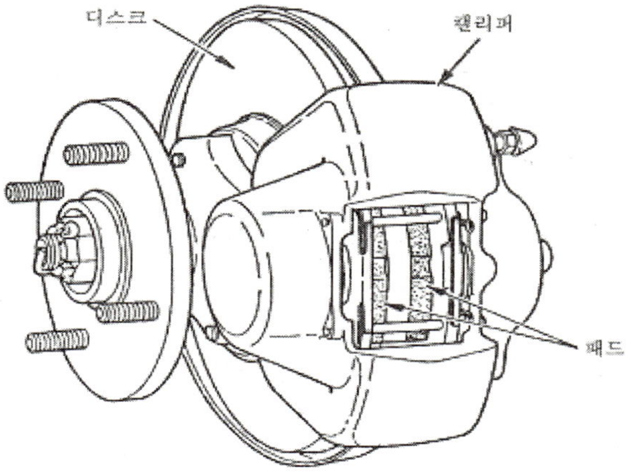


[ 디스크 브레이크 ]

1) 기 능

드럼 대신에 차축과 함께 회전하는 휠 디스크를 마찰 패드(슈 라이닝)로 제동

(2) 캘리퍼의 구조 및 기능

1) 기능 : 휠실린더의 기능

2) 종류
① 대향 피스톤형
㉮ 캘리퍼 일체형
㉯ 캘리퍼 분할형
② 부동 캘리퍼형
③ 뒷바퀴용 디스크 브레이크

㉮ 주차 브레이크를 겸용
㉯ 브레이크 실린더가 차체에 설치
㉰ 패드에 링크와 레버로 연결

(3) 특징
① 방열이 잘되므로 베이퍼록이나 페이드 현상의 발생이 적다.
② 회전 평형이 좋다
③ 물에 젖어도 회복이 빠르다.
④ 한쪽만 브레이크 되는 일이 없다
⑤ 고속에서 반복 사용하여도 안정된 제동력을 얻을 수 있다.
⑥ 패드와 디스크 사이의 간극 조정이 필요 없다.
⑦ 마찰면이 적어 조작력이 커야 한다.
⑧ 자기 작동이 발생되지 않는다.
⑨ 정비가 비교적 빠르다.

| [보충정리]<br>㈜ 디스크 브레이크가 런아웃 한계값 이상이면 디스크 교환 |
|---|

## 8-9. 진공 배력식 브레이크(하이드로 백)

(1) 개 요
유압 브레이크에서 조작력을 감소하고. 높은 제동력을 확보

① 기능 : 흡기다기관의 진공(부압)과 대기압의 압력차를 이용

② 구성
㉮ 하이드롤릭 피스톤부 : 동력피스톤이 작동시 회로내의 유압을 더욱 배가시킴.

㉯ 릴레이부
ⓐ 릴레이 피스톤 : 마스타 실린더의 유압으로 다이어프램을 작용
ⓑ 다이어프램 (막) : 피스톤의 운동을 받아 진공밸브와 공기밸브를 작동
ⓒ 진공 밸브 : 대기압실과 진공실을 개폐
ⓓ 공기 밸브 : 외기와 대기압실을 개폐

| [보충정리]<br>※ 브레이크 페달을 밟으면 진공밸브가 먼저 닫힌 후 공기 밸브가 열리고 브레이크 페달을 놓으면 공기 밸브가 닫힌 후 진공 밸브가 열린다.<br>※ 브레이크를 작동시킬 때 마스터 백의 진공 밸브는 포핏이 리턴 스프링의 힘에 밸브시트에 밀착되어 닫힌다.<br>※ 하이드로 백 내의 공기 청정기가 막히면 브레이크 페달이 무거워진다 |
|---|

(2) 진공 계통

1) 동력 실린더(power cylinder)
강판 프레스제이며, 내부에는 동력 피스톤과 리턴 스프링이 들어있다.

2) 동력 피스톤(power piston)
동력 피스톤은 흡기부압과 대기압의 양쪽 압력차에 의해 작동하여 하이드로릭 피스톤을 작동하여 강력한 유압이 휠 실린더로 가게 한다. 동력 피스톤은 2매의 둥근 강판을 그 둘레 사이에 가죽이나 고무패킹을 끼우고 합친 구조로 되어 있다.

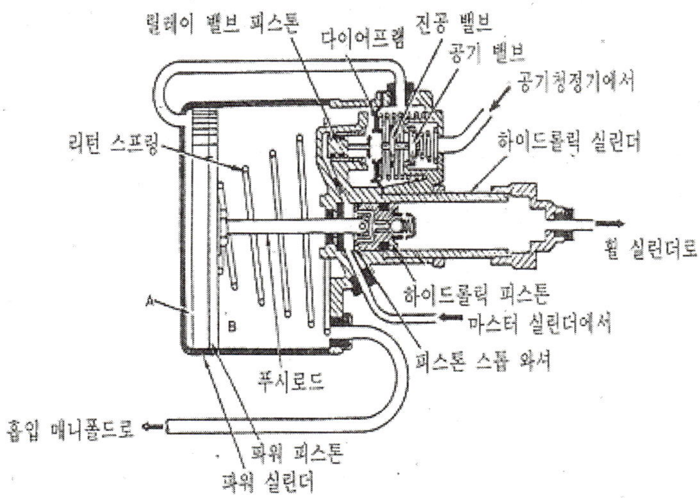


분리형 배력장치의 구성

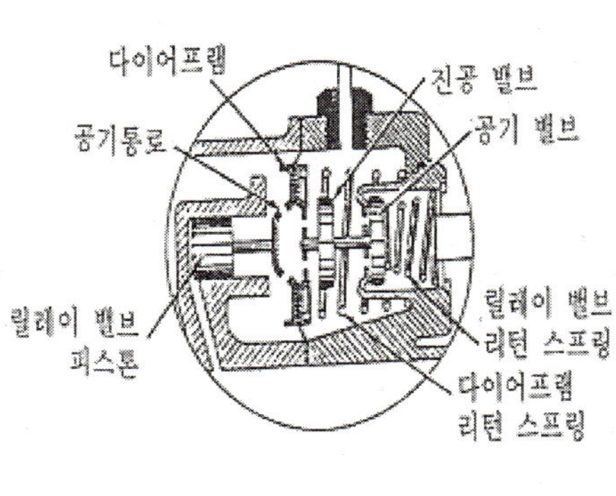


릴레이 밸브(작동전)

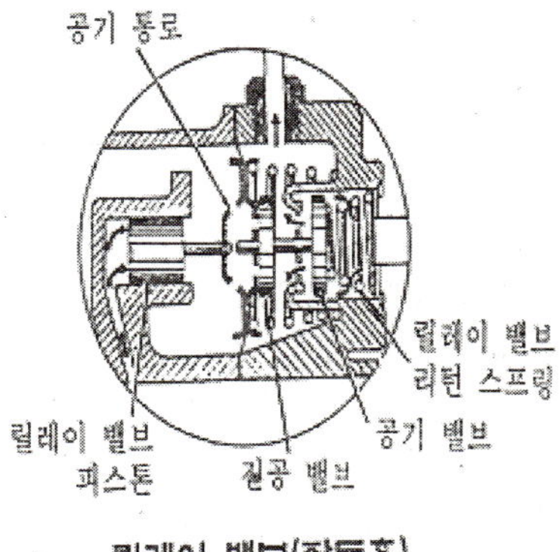


릴레이 밸브(작동후)

[ 배력장치 ]

3) 릴레이 밸브 및 릴레이 밸브 피스톤(relay valve and relay valve piston)

이들의 작동은 마스터 실린더로부터 유압에 의하여 동력 피스톤 뒤쪽에 흡기부압을 도입하거나 차단하는 일을 한다. 릴레이 밸브는 공기밸브(air valve)와 진공밸브로 되어 있으며 공기밸브가 스프링에 의해 닫힌 상태로 설치되어 있다. 진공밸브는 가운데에 밸브 시트를 가지고 있는 다이어프램(diaphragm)과 상대하는 위치에 있고, 다이어프램은 릴레이 피스톤에 의해 작동한다.

(3) 유압 계통

1) 하이드로닉 실린더(hydraulic cylinder)

하이드로닉 실린더는 그 내부에 동력 피스톤의 푸시로드에 의해 작동하는 하이드로닉 피스톤이 있으며 주철제이다.

2) 하이드로닉 피스톤(hydraulic piston)

동력 피스톤의 푸시 로드 끝에 설치하여, 내부에 체크 밸브와 요크가 설치되어 있고, 체크 밸브의 작용은 동력 피스톤이 작동하여 하이드로닉 피스톤이 움직이면 요크가 스톱 와셔에서 떨어져 닫힌다. 따라서 이때부터 하이드로닉 피스톤이 각 휠 실린더에 강력한 유압으로 압송한다.

(4) 작 동

1) 브레이크 페달을 밟았을 때

브레이크 페달을 밟으면 오일이 하이드로닉 피스톤의 체크 밸브를 거쳐서 휠 실린더에 보내지고 동시에 엔드판 내의 오일구멍을 거쳐서 릴레이 피스톤에 유압이 작동한다. 릴레이 피스톤에 작동하는 유압이 상승하면 피스톤이 이동하여 먼저 다이어프램을 사이에 두고 진공밸브가 닫혀 동력 피스톤의 양쪽을 차단한다. 다음 공기밸브가 열려 대기압이 동력 피스톤 쪽에 유입된다. 따라서 압력차(대기압과 부압차)로 동력 피스톤이 움직여 푸시 로드를 거쳐서 하이드로닉 피스톤을 이동시킨다.

2) 브레이크 페달을 놓았을 때

브레이크 페달을 놓으면 릴레이 밸브 피스톤이 작용하며 마스터 실린더의 유압이 낮아져 피스톤이 다이어프램 스프링에 의하여 원위치로 되돌아간다. 따라서 공기밸브가 닫혀져 대기의 유압을 차단하고 그 다음에 진공밸브가 다이어프램 으로부터 떨어져 진공밸브 구멍을 연다. 이에 따라 동력 피스톤 양쪽의 압력차이가 없어지게 되어 리턴 스프링의 힘으로 동력 피스톤과 하이드로닉 피스톤이 본래의 위치로 돌아오며, 하이드로닉 피스톤의 체크 밸브가 열려 휠 실린더의 오일이 마스터 실린더로 복귀한다.

(5) 고장진단

1) 공기빼기

① 유압식 브레이크 : 마스터 실린더에서 먼 곳 부터 작업
② 배력식 브레이크 : 마스터 실린더에서 가까운 것부터 작업

2) 브레이크가 한쪽으로 쏠린다.
① 브레이크 슈의 조정 불량
② 슈 리턴스프링의 불량
③ 드럼의 불평 형
④ 타이어 공기압이 다르다.

3) 페달의 유격이 크다.
① 오일의 누설 및 부족
② 라이닝의 마모
③ 회로 내의 잔압 저하
④ 회로내 공기 혼입

4) 브레이크가 잘 풀리지 않는다.
① 마스타빌린더 리턴 구멍의 막힘
② 슈 리턴 스프링의 쇠손 또는 절손
③ 매스터 푸시로드의 조정 불량

## 8-10. 공기 브레이크(air brake)

(1) 개요
유압 대신에 압축 공기의 압력을 이용하여 슈를 작동

| [보충정리] |
|---|
| ㈜ 공기 브레이크에 사용되는 공기 압력 : 5 ~ 7 [㎏/㎠] |

(2) 공기 브레이크 구조 및 기능
1) 공기 압축기 : 엔진에 의해 구동되고 압축 공기를 생산

2) 공기탱크 : 압축 공기를 저장

3) 압력 조정기와 언로더 밸브
압력 조정기의 작용은 공기저장 탱크의 압력이 규정값( 5~7㎏/㎠ ) 이상되면 공기저장 탱크에서 공기입구로 들어온 압축공기가 스프링의 장력을 이기고 밸브를 밀어 올려 열어준다. 이에 따라 압축공기는 공기압축기의 언로더 밸브의 위쪽에 작동하여 언로더 밸브를 밀어준다. 이때 흡기 밸브가 열려 공기압축기의 압축작용이 정지된다.

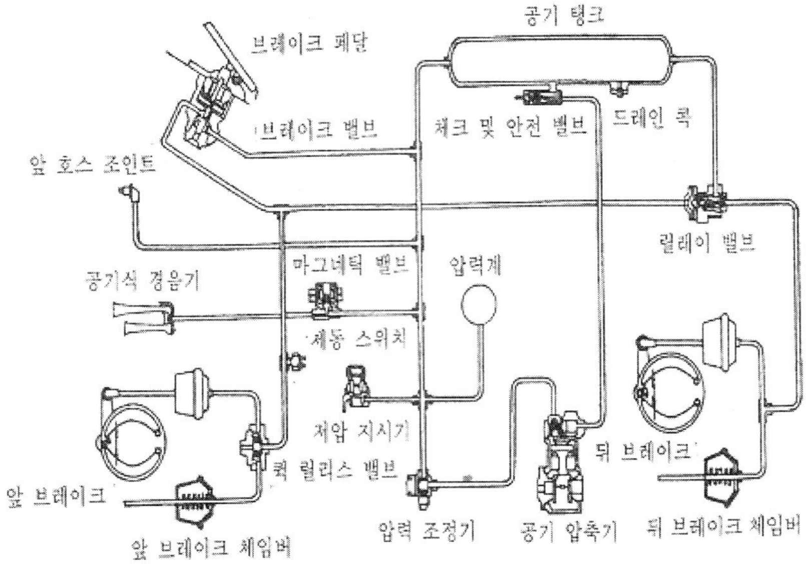


[ 공기브레이크 계통도 ]

[보충정리]
① 압력 조정밸브 : 공기 압축기에서 발생된 압축 공기의 최고 압력을 제어하고 유지 (제동력을 크게 하기 위하여 조정하는 밸브)
② 언로더 밸브 : 공기 압축기에서 발생된 압축공기의 압력이 높아지면 공기 압축기를 무부하 운전 (공기 압축기의 공기 압력을 제어)

4) 안전밸브 : 공기 탱크내의 압력이 높아지면 압축 공기를 배출하여 탱크 보호.

5) 브레이크 밸브

브레이크 페달에 의하여 조작되며 브레이크 페달이 움직인 양에 따라 압축공기를 도입하여 제동력을 제어한다. 브레이크 페달을 놓으면 플런저가 제자리로 되돌아와 배출밸브를 열어 제동작용을 한 압축공기를 신속히 대기로 방출시킨다.

[보충정리]
① 브레이크 밸브 : 브레이크 밟기 정도에 따라 릴레이 밸브를 작용

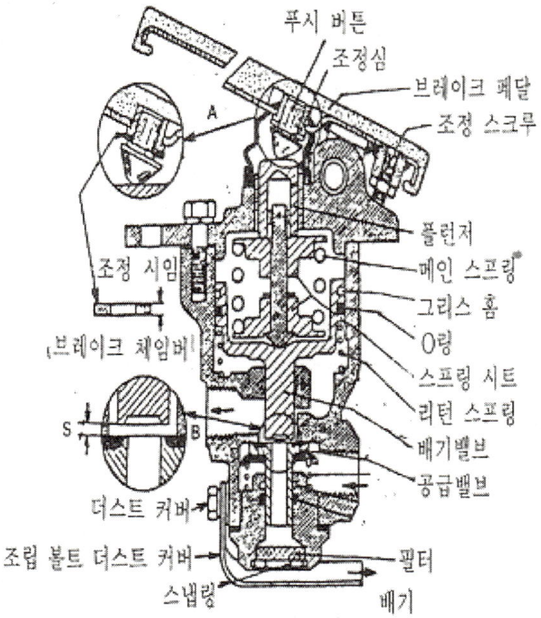


[ 브레이크 밸브 ]

6) 릴레이 밸브(relay valve)

브레이크 밸브에서 공기의 압력이 작용하면 다이어프램이 아래로 움직여 배출밸브를 닫고 공기밸브를 열어 공기저장 탱크의 압축공기를 뒤 브레이크 쳄버로 보낸다. 또, 다이어프램 위에 작용하는 브레이크 밸브에서의 압력이 감소되면 브레이크 쳄버의 압력이 다이어프램 위에 작용하는 압력보다 커서 다이어프램을 위로 밀어올려 윗부분의 압력과 평행이 될 때까지 밸브를 열고 공기를 방출시켜 뒤 브레이크를 신속히 푼다.

> [보충정리]
> 릴레이 밸브 : 브레이크 밸브에 보내오는 압력에 따라 공기탱크의 압력을 브레이크 쳄버에 직접 공급.

7) 퀵 릴리스 밸브(quick release valve)

브레이크 페달을 밟아 브레이크 밸브에서의 압축공기가 공기입구를 통하여 작용되면 밸브가 배출구멍 쪽으로 움직여 브레이크 쳄버로 통하는 양쪽 구멍을 연다. 이에 따라 브레이크 쳄버에 압축공기가 작용되어 브레이크가 걸린다. 페달을 놓으면 브레이크 밸브에서 공기가 밸출되어 공기입구의 압력이 낮아진다.

[보충정리]
퀵 릴리스 밸브 : 제동력 해제시 브레이크 쳄버 내의 압축공기를 신속히 대기 중에 방출한다.

8) 브레이크 체임버(쳄버 : brake chamber)
브레이크 페달을 밟아 브레이크 밸브에 의하여 제어된 압축공기가 입구를 거쳐서 체임버내에 들어오면 스프링을 누르고 움직인다. 이에 따라 푸시로드가 캠을 작동시켜서 브레이크 작용을 한다. 브레이크 페달을 놓으면 다이어프램이 스프링의 힘으로 제자리로 되돌아와 브레이크 작용이 풀리게 된다.

[보충정리]
브레이크 체임버 : 휠실린더와 같은 작용을 하며 브레이크 캠 레버를 작동

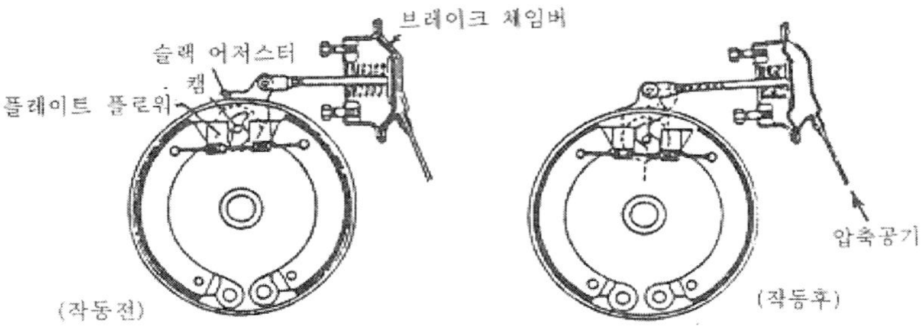


[ 브레이크 체임버 작동 ]

9) 브레이크 캠 레버 : 브레이크 체임버의 작용으로 브레이크 캠을 작용
10) 브레이크 캠 : 브레이크 슈를 드럼에 압착
11) 스프링 안전 장치 : 압축 공기의 누설등 고장 발생 시 스프링의 장력을 이용하여 제동력 발생(주차 브레이크로도 사용).

(3) 특징

| 장 점 | 단 점 |
|---|---|
| ① 차량 중량이 아무리 커도 사용할 수 있다.<br>② 공기가 조금 새어도 브레이크 성능이 현저하게 저하되지 않아 안전도가 높다.<br>③ 베이퍼 록 발생 우려가 없다.<br>④ 브레이크 페달을 밟는 양에 따라 제동력이 커진다.(유압식 브레이크는 페달을 밟는 힘에 비례하여 제동력이 증가)<br>⑤ 압축공기의 압력을 높이면 더 큰 제동력을 얻을 수 있다.<br>⑥ 경음기, 윈드 시일드 와이퍼, 공기스프링등 압축공기에 의하여 작동하는 기기와 함께 사용할 수 있다. | ① 공기압축기의 구동에 기관의 출력이 일부 소모된다.<br>② 배관등 구조가 복잡하고 가격이 비싸다. |

[보충정리]
㈜ 정지거리 = 공주거리 + 제동거리
㈜ 공기 브레이크 취급시 주의사항
- 라이닝 교환은 반드시 조로 된 것을 사용
- 내리막 길을 내려갈 때는 엔진 브레이크나 배기 브레이크를 병용
- 공기 압축기의 물을 매일 빼도록 한다.
㈜ 원리 및 법칙 정리
- 유압 브레이크 : 파스칼의 원리
- 기화기 : 베르누이의 원리
- 조향원리 : 애커먼 장토식의 원리
- 스프링 : 후크의 법칙
- 발전기 : 플레밍 오른손 법칙
- 전동기 : 플레밍 왼손 법칙
- 차동기어 : 래크와 피니언의 원리
- 점화코일 : 상호 유도 작용

## 8-11. ABS(anti-lock brake system or anti-skid brake system)

(1) ABS의 개요

일반적인 제동장치를 부착한 자동차에서 주행 중 급제동을 하면 각 바퀴가 고정되어 스키드(skid : 제동시에 바퀴가 구르지 않는 상태에서 자동차가 미끄러지는 현상)현상이 쉽게 발

생한다. 이로 인하여 제동력이 급격히 저하되어 제동거리가 길어지며, 자동차가 가로방향으로 미끄러져 스핀(spin)을 일으키거나 조향핸들의 조작이 불가능해져 위험을 유발한다. ABS는 이런 단점을 보안하여 급제동시나 도로가 비 또는 눈 등으로 인해 미끄러지기 쉬운 경우 등의 어떤 도로 조건 하에서도 바퀴의 고정을 방지하여 운전자가 조향핸들의 조작을 가능하게해 주고 가장 짧은 거리에서 자동차를 정지할 수 있도록 해 주는 장치이다. ABS의 기본적인 작동은 바퀴의 회전속도를 휠 스피드 센서(wheel speed sensor)가 측정하여 그 정보를 ECU가 기억하고 있는 이상적인 제동조건으로 맞추어서 브레이크 계통을 조절해 준다.

[보충정리 : 설치목적]
① 전륜 고착의 경우 조향능력 상실 방지.
② 후륜 고착의 경우 차에 스핀으로 인한 전복 방지.
③ 제동 시 최대 안전성 확보.
④ 제동 시 드럼이 슈에 고착되어 바퀴가 노면을 미끄러지는 현상을 방지.

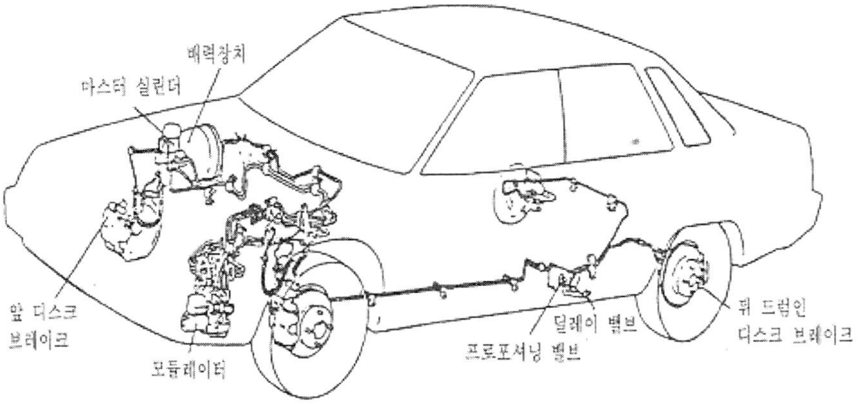


[ 전자제어식 ABS 유압계통 ]

(2) 작동

① 차량의 속도를 스피드 센서 감지하여 ECU에 전달(스피드 센서는 바퀴마다 설치)
② 제동력 발생시 어느 정도의 시간이 지나 드럼이 슈에 고착되어 바퀴의 운동이 정지되면
③ 휠실린더에 작용한 유압을 낮추어 바퀴를 회전시키고
④ 바퀴가 회전하면 다시 압착시키는 작용을 반복
⑤ 드럼이 슈와 마찰이 일어나도록 함
⑥ 반복 작용 횟수 : 1초당 15 ~ 20회
⑦ 모든 작용을 피드백으로 한다.

[보충정리]
㈜ ABS 브레이크 장치의 구성 부품 : 프로포셔닝 밸브, 스피드 센서, ABS 경고등
㈜ ABS 브레이크 장치중 ECU의 신호를 받아 각 바퀴의 유압을 조절해 주는 기구 : 하이드롤릭 유닛
㈜ 스피드 센서 : 바퀴의 회전속도를 톤휠(tone wheel)과 센서의 자력선 변화를 감지하여 컴퓨터에 입력하는 역할

(3) ABS의 구조

1) 모듈레이터(하이드롤릭 유닛)
모듈에이터는 ECU의 신호에 의해서 각 휠 실린더에 작용하는 유압을 조절해 준다. 조절상태에는 정상상태, 감압상태, 유지상태, 증압상태 등의 4가지가 있으며, 모둘레이터는 동력 공급원과 모둘레이터 밸브 블록으로 구성되고, 동력원은 무터에 의해 작동하며 동력은 바퀴속도 센서에 의해 감지되고 있는 오일 펌프에 의해 공급된다.

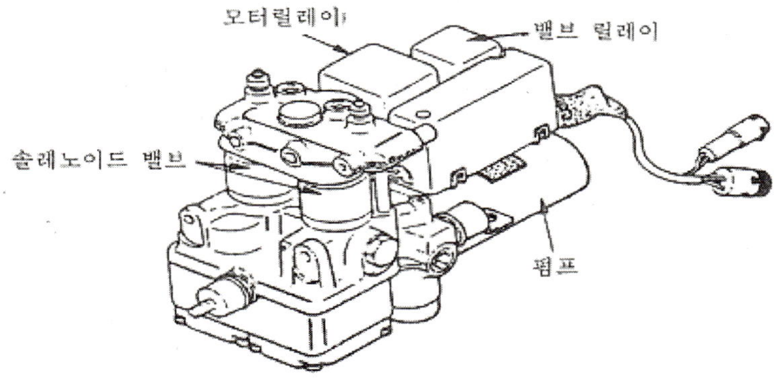


[ 모둘레이터 ]

2) 솔레노이드 밸브(solenoid valve)
솔레노이드 밸브는 제어 피스톤으로 보내는 오일의 압력을 조절하며, 솔레노이드 밸브에 전류가 흐르면 니들 밸브가 흡입되어 어큐뮬레이터와 제어 피스톤 사이의 회로를 차단하고, 제어 피스톤과 오일저장 탱크의 회로가 열린다. 이와 반대로, 전류가 차단되면 니들 밸브는 어큐뮬레이터의 유압에 의해 열려 제어 피스톤으로 오일회로가 열리며, 오일저장 탱크의 회로는 닫힌다.

3) 프로포셔닝 밸브(proportioning valve)
ABS가 고장이 났을 때 평상시의 제동장치로 작동한다. 이때 뒷바퀴의 고정(lock)으로 인한 미끄러짐을 방지하기 위하여 프로포셔닝 밸브를 두고 있다.

4) 바퀴속도 센서(wheel speed sensor)

구조는 영구자석, 톤휠로 구성되며 앞바퀴는 너클 스핀들에, 뒷바퀴는 허브 스핀들에 설치된다. 작동은 센서로터의 회전을 바퀴속도 센서가 감지하여 바퀴의 회전신호를 ECU로 보낸다.

> [보충정리 : ABS의 감압, 유지, 증압시 작동]
>
> ① 압력감소
>
> 휠 실린더내의 유압이 상승하여 바퀴가 고정되려고 하면 ECU는 솔레노이드 밸브에 압력감소 명령을 내린다. 이때 컷 오프 밸브는 회로를 차단함과 동시에 휠 실린더로 들어가는 마스터 실린더의 압력을 차단한다. 따라서 휠 실린더내의 압력이 감소하여 제동력이 감소한다.
>
> ② 압력 유지
>
> ECU가 압력유지 명령을 내리면 ECU에서 솔레노이드 밸브의 전류를 차단하여 밸브를 닫아 유압을 그대로 유지시킨다. 컷 오프 밸브는 어큐뮬레이터 압력에 의해 상승하여 마스터 실린더와 휠 실린더 사이의 회로가 차단된다.
>
> ③ 압력 상승
>
> ECU에서 압력증가 명령을 받으면 ECU에서 솔레노이드 밸브로 전류가 흐르지 않는다. 따라서 어큐뮬레이터 압력은 컷 오프 밸브와 제어 피스톤을 밀게 된다. 따라서 제어 피스톤에는 보다 큰 유압이 작용하여 오일을 가압하므로 압력이 증가한다.

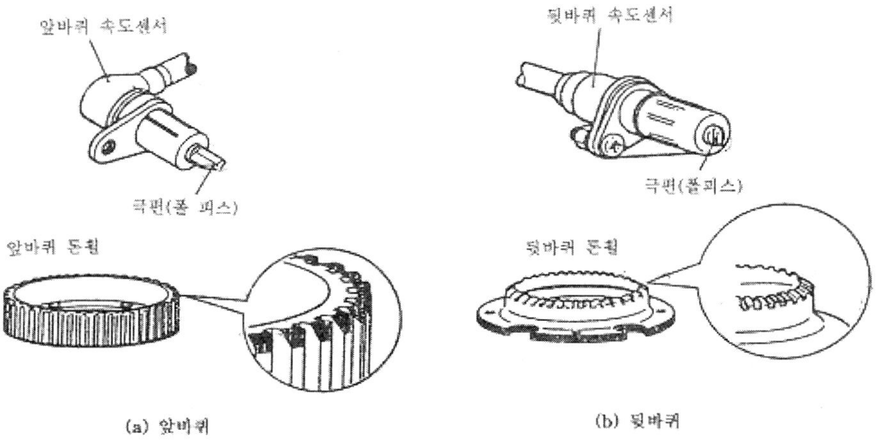


[ 휠 속도 센서와 톤휠 ]

## 8-12. 감속 브레이크(제3의 브레이크)

차량이 고속, 대형화됨에 따라 보통의 브레이크만으로 안전운전을 할 수 없게 되어 풋 브레이크나 핸드 브레이크 이외에 다른 형태의 브레이크 기구를 필요로 하게 되었다. 이를 위하여 개발된것이 감속 브레이크(retarder or 3rd brake)이며 풋 브레이크의 보조로 사용된다. 감속 브레이크는 긴 언덕길을 내려갈 때 등에서 풋 브레이크와 병용되며 풋 브레이크 혹사에 의한 페이드 현상이나 베이프록을 방지하여 브레이크 수명을 연장하는 효과를 준다. 감속 브레이크에는 다음과 같은 것이 사용된다.

① 배기 브레이크(exhaust brake)
② 와전류 리타더(eddy current retarder)
③ 하이드롤릭 리타더(hydraulic retarder)
④ 엔진 브레이크(engine brake)

## 8-13. 브레이크시스템에 필요한 공식

(1) 제동거리 산출 공식

1) 평탄한 포장노면일 때(마찰계수가 없을 때)

$$L=\frac{V^2\times 0.88}{100} \qquad V:\ [Km/h]$$

2) 마찰계수가 주어진 경우

$$L=\frac{V^2}{2\mu g}[m] \qquad V:\ [m/s],\ \mu:\ \text{마찰계수},\ g:\ \text{중력가속도}(9.8)$$

3) 차량총중량이 주어진 경우

$$L=\frac{V^2}{254}\times\frac{(W+W')}{F}[m]$$

* L : 제동거리(m), V : 주행속도(km/h), W : 차량총중량(kg), F : 제동력(kg), W' : 회전부분 상당중량(승용차 : 차량중량의 5%, 버스 및 트럭 : 차량중량의 7%)

(2) 브레이크 드럼에 작용하는 토크

$$T=\mu\times r\times p$$

* μ : 드럼과 라이닝의 마찰계수, r : 드럼의 반지름, p : 드럼에 걸리는 전 브레이크의 압력

(3) 정지거리

공주거리와 제동거리를 더한 것이며, 공주거리란 가속 페달을 놓고서부터 제동력이 발생될 때까지 자동차가 주행한 거리를 말한다.

$$L = \frac{V^2}{254} \times \frac{(W+W')}{F} + \frac{V}{36} [m]$$

[ 보충정리 : 주행저항]
① 구름저항
- 자동차의 주행 시 차륜에 발생되는 저항
- 타이어의 변형 및 노면의 굴곡에 의한 충격저항 또는 차륜 베어링의 마찰저항이 있다
② 공기저항
- 주행 자동차와 공기와의 상태 속도의 제곱에 비례
- 차량의 중량과는 관계가 없다
③ 가속저항
- 차량 질량에 관한 관성 저항을 받으며 이를 가속 저항이라 한다
④ 구배저항
- 구배노면 주행 시 주행속도와 관계없이 차량 중량에 대하여 구배 면과 평탄한 분력이 작용하여 주행에 저항을 준다.

## 8-14. E.B.D(electronic brake - force distribution : 전자제어 제동력 배분 시스템)

(1) 필요성

제동장치는 주행하는 자동차를 감속시키거나 정지시키는 안전과 직결된 중요한 장치입니다. 고속으로 주행 중, 부득이한 상황으로 급제동을 할 경우 자동차의 무게중심이 앞쪽으로 이동하기 때문에 앞쪽바퀴보다 뒷쪽바퀴가 먼저 제동됩니다. 따라서 뒷쪽바퀴가 먼저 LOCK이 되어 슬립률이 급격히 증가하게 되고 자동차의 무게중심이 차량의 진행방향에 정확하게 중심에 위치하지 않으므로 무게가 편중되어 있는 쪽으로 차량 뒤쪽이 돌아가는 SPIN 현상이 발생됩니다. 제동장치에는 급제동 시 전륜보다 후륜이 먼저 LOCK되어 차량이 스핀하는 것을 방지하기 위하여 프로포셔닝 밸브가 장착되어 있습니다. 그러나 프로포셔닝 밸브는 기계적인 장치이므로 전,후륜 제동압력을 이상적으로 분배하기에는 한계가 있어 제동성능의 열세가 문제 시 되어 왔습니다. 따라서 전,후륜 제동압력을 이상적으로 배분하기 위하여 제동라인에 솔레노이드 밸브를 설치하여 제동압력을 전자적으로 제어함으로써 급제동 시 스핀방지 및 제동성능을 향상시키는 시스템이 바로 EBD 시스템(Electronic Brake-force Distribution SYSTEM)입니다.

2) E.B.D의 설명

① 기계적인 프로포셔닝 밸브의 역할을 ABS ECU가 제어한다.
② 중량 변화에 따른 후륜제동력의 감압율 변경이 필요하다.( LCRV, LSPV)
③ 마찰재 산포에 따른 후륜제동력의 감압율 변경이 필요하다.
④ 고장 시 운전자의 고장인지가 필요하다.

[ABS 및 EBD적용 차량]

(2) 작동원리

기존의 포르포셔닝 밸브 대신에 ABS컴퓨터에서 제어 논리(control logic)를 추가하여 뒷바퀴 제동력을 요구 유압 배분 곡선(이상 제동 분배 곡선)에 가깝게 제어하며, 제동할 때 각각의 휠 스피드 센서로부터 슬립율을 연산하여 뒷바퀴 슬립율을 앞바퀴 보다 항상 작거나 동일하게 뒷바퀴 유압을 제어한다. 이에 따라 뒷바퀴의 고착이 앞바퀴보다 먼저 발생하지 않는다.

(3) 작동

뒷바퀴가 앞바퀴에 비해 먼저 고착되기 직전에 ABS 컴퓨터는 고착되려는 바퀴 쪽의 상시 폐쇄(NC)밸브를 ON(OPEN)하여 고착되려는 바퀴의 유압을 감소시켜 고착을 방지한다. 제동력이 감소하여 바퀴가 회전하면 다시 상시 폐쇄(NC)밸브를 OFF(CLOSE)하여 마스터 실린더에서 가해진 유압을 다시 클리퍼로 전달한다. 이때 모터 펌프는 작동하지 않는다.

(4) E.B.D 효과

① 기존 프로포셔닝 밸브 대비 후륜의 제동력을 향상시키므로 제동거리가 단축된다.
② 후륜의 액압을 좌우 각각 독립적으로 제어 가능하므로 선회제동 시 안전성이 확보된다.
③ 브레이크 페달의 답력이 감소된다.
④ P- 밸브(프로포셔닝 밸브) 삭제되었다.
⑤ 제동 시 후륜의 제동효과가 커지므로 전륜 브레이크 패드의 마모 및 온도 상승 등이 감소되어 안정된 제동효과를 얻을 수 있다.

(5) E.B.D 시스템 경고등

ABS에 고장 발생으로 작동이 불가능할 때는 ABS 경고등이 점등되지만 EBD 시스템은 정상 작동된다. 휠 스피드센서가 하나가 고장 시에는 ABS 시스템은 작동이 안되고 경고등을 점등시켜 고장임을 표시하나 EBD 시스템은 정상 작동되며 휠 스피드 센서가 2개 이상 고장 시나 EBD를 제어할 수 없는 고장일 경우는 당연히 ABS 경고등이 점등되고 EBD 시스템에 고장이라고 주차 브레이크 경고등이 점등된다. 즉 EBD시스템이 고장 나면 ABS경고등과 주차 브레이크 경고등이 동시에 점등된다.

## 8-15. T.C.S(traction control system : 트랙션 컨트롤 시스템)

(1) 개요

TCS (트랙션컨트롤 시스템, Traction Control System)는 눈길등 미끄러지기 쉬운 도로에서 구동륜이 미끄러지는 것을 방지하는 슬리퍼 컨트롤 기능과, 일반 포장도로 등에서 선회가속시 엑셀의 과응답으로 인해서 코스로부터 이탈함을 방지하는 트래이스 컨트롤 기능으로 구성되어 있습니다.

(2) 특징

① 미끄러지기 쉬운 노면에서의 발진과, 가속시에 미묘한 엑셀조작이 불필요하게 됩니다.
② 가속성능과 가속 선회성능이 향상됩니다.
③ 일반 노면에서 선회중의 가속에서도, 보다 안정하게 선회할 수 있고, 목표로 하는 코스를 트래이스하는 것이 가능합니다.
④ 선회 가속시 조타량 및 엑셀조작 빈도의 저감을 도모할 수 있습니다.

(3) 주요 기능

트랙션 컨트롤 장치는 엔진의 여유출력을 제어하는 모든 계통을 말한다.

1) 슬립 제어(slip control = 트랙션 컨트롤 : Traction Control)

슬리퍼 컨트롤 기능 트랙션은 구동, 구동력을 말합니다. 미끄러지기 쉬운 길에서 가속할 때는 차륜이 미끄러지는 휠 스핀(Wheel Spin)을 야기할 수 있습니다(전진할 수 없게 되고 차체가 역방향으로 향하거나 위험한 상태가 될 수 있습니다). 이것을 방지하기 위해 구동륜에 걸리는 구동력을 컨트롤 하는 시스템을 트랙션 컨트롤이라고 합니다.

> [보충정리]
> ㈜ 눈길 등의 미끄러지기 쉬운 노면에서 가속성 및 선회 안전성을 향상시키는 기능이다.

2) 트레이스 제어(trace control)

트랙션 컨트롤 시스템의 기능 중 하나로써, 아스팔트 노면 등에서 선회중에 엑셀을 밟으면서, 가속해 가면 원심력이 증가하여 회전하기 어려워지고, 드디어 스티어링을 증가시켜도 회전을 다하지 못 할 때도 있다. 이와 같은 경우에 스티어링의 절각과 차속에서 선회할 때 발생하는 원심력, 즉 횡가속도를 추정하여 엑셀을 과하게 밟고 있을 때는 엔진의 출력을 저감시키고, 목표로 하는 코스를 트래이스 하도록 하는 것이 트레이스 컨트롤입니다. 엔진 회전력 제어 방식의 특징은 다음과 같다.

① 미끄러운 노면에서 발진 및 가속할 때 미세한 가속페달 조작이 필요 없으므로 주행성능이 향상된다.
② 일반적인 노면에서 선회 가속시 운전자의 의지대로 가속을 보다 안정되게 하여 선회성능

을 향상시킨다. - (트레이스 제어)
③ 선회 가속할 때 조향핸들의 조작 정도를 감지하여 가속페달의 조작 빈도를 감소시켜 선회성능을 향상시킨다. - (트레이스 제어)
④ 미끄러운 노면에서 뒷바퀴 휠 스피드 센서로 계측한 차체 속도와 앞바퀴 휠 스피드 센서로 계측한 구동 바퀴의 속도를 비교하여 구동 바퀴의 슬립 비율이 적절하도록 엔진 회전력을 저감시켜 주행 성능을 향상시킨다.
⑤ 일반적인 노면에서 운전자의 의지로 이한 가속도가 설정 값을 초과할 경우 컴퓨터가 운전자의 의지를 판단하여 엔진의 회전력을 제어하므로 선회 성능을 향상시킨다.
⑥ 운전자의 의지로 트레이스 제어 "OFF" 또는 트레이스 제어/슬립 제어 " OFF" 모드로 선택하면 트랙션 컨트롤 미 장착 차량과 동일하게 작동한다.

(4) 트랙션 컨트롤 장치의 종류
1) 엔진 회전력 제어 방식
① 흡입 공기량 제어 방식
㉮ 메인 스로틀 밸브 제어
㉯ 보조 스로틀 밸브 제어

② 엔진 제어 방식(EM : engine management control)
㉮ 연료 분사량 제어
㉯ 점화 시기 제어

2) 브레이크 제어

3) 동력 전달장치 제어

4) 통합 제어 방식
① 스로틀 밸브 + 브레이크 제어
② 엔진 + 브레이크 제어
③ 스로틀 밸브 + 브레이크 제어 + 자동제한 차동장치 제어

# 제9장 프레임 및 휠, 타이어

## 9-1 . 차체 및 프레임 (body and frame)

(1) 기 능

엔진 및 섀시의 모든 부품을 장착할 수 있는 자동차의 뼈대

(2) 구비 조건

가벼우며 충분한 강도를 갖을 것.

(3)종 류

1) 보통 프레임 : H형 , X형

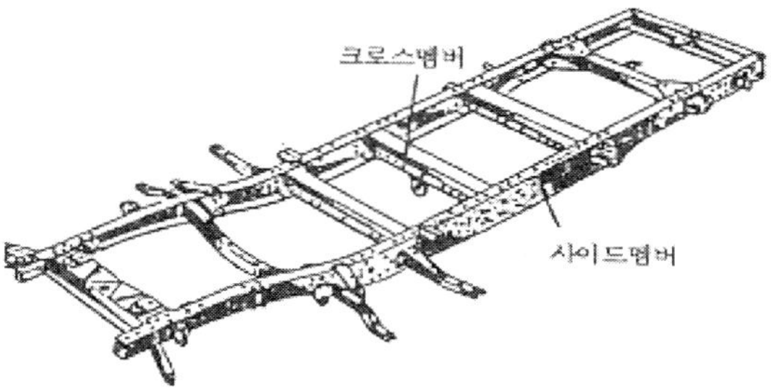


[ H형 프레임 ]

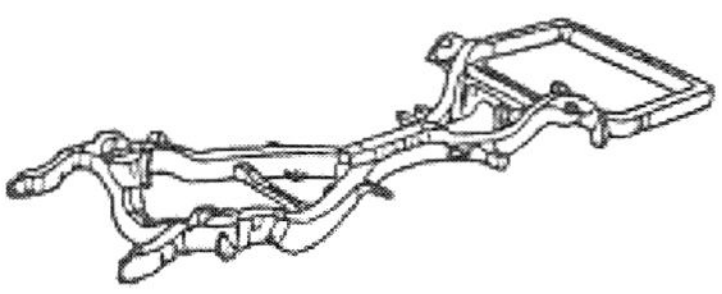


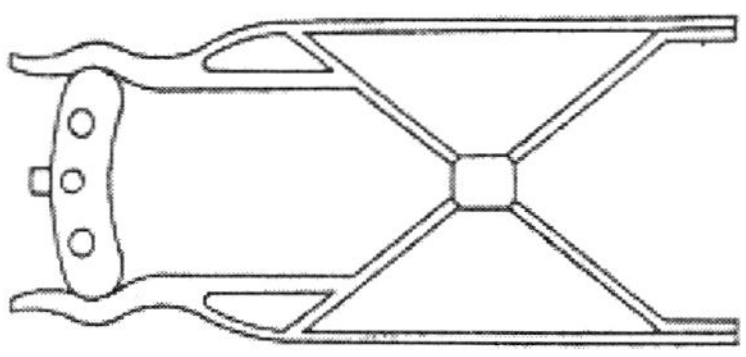


[ X형 프레임 ]

2) 특수 프레임

① 백본형(back bone type) : 하나의 두꺼운 강판을 뼈대로 하고 가로 멤버로 고정

② 플랫폼형(platform type) : 프레임과 차체 바닥을 일체로 한 것

③ 트러스형 : 스페이스 프레임(space frame)이라고도 하며 강관을 용접하여 트러스 구조로 만들어 프레임으로 한 것이다.

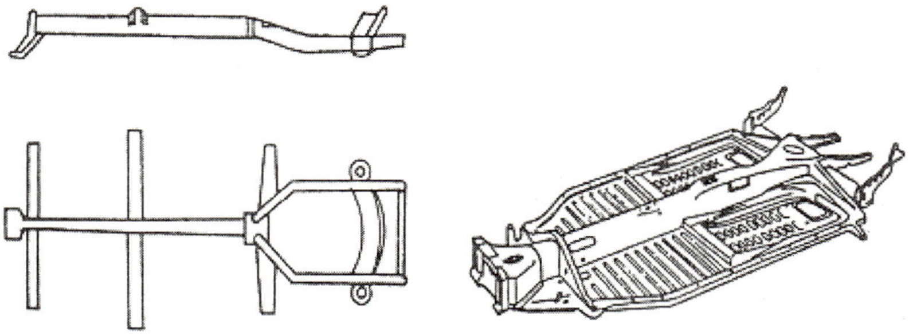

백·보운형　　　　플랫 폼형

[ 특수 프레임 ]

3) 일체 구조형

① 프레임과 보디를 일체로 한 것

② 특징

㉮ 중량이 가볍고 제작비가 저렴하다.

㉯ 차체를 낮게 할 수 있다.

㉰ 고속 주행시 불안정하고 수명이 짧다

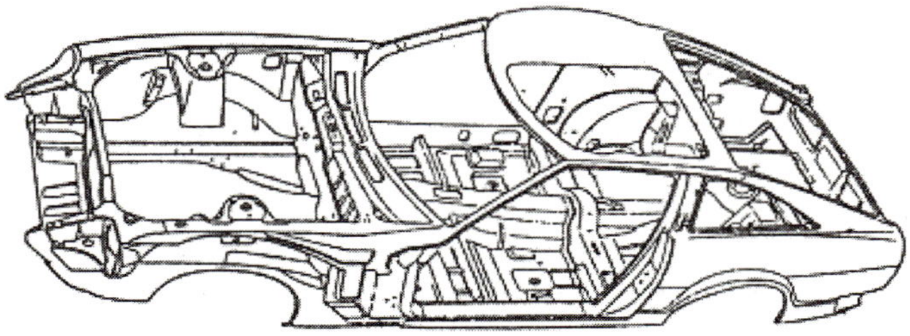

[ 일체 구조형 ]

## 9-2. 바 퀴

### (1) 휠

1) 기능 : 허브와 림 사이를 연결

2) 조건

① 자동차 총중량 분담 지지

② 주행 시 회전력, 노면에서의 충격, 선회 시 원심력을 이길 것

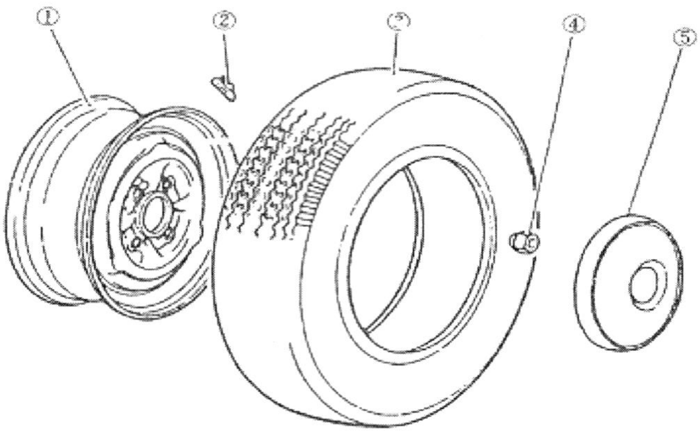


[ 휠 ]

3) 구성

① 림 : 타이어를 지지

② 디스크 : 허브에 설치되는 부분

| [보충정리 : 림의 종류] |
|---|
| ① 2분할 림 |
| ② 드롭 센트림 |
| ③ 와이어 베이스 드롭센터림 |
| ④ 세미 드롭센터림 |
| ⑤ 플레이트 베이스림 |
| ⑥ 인터림 |

4) 종류

① 디스크 휠 : 구조가 단단하고 내구력과 대량생산에 알맞아 각종 차량에 많이 사용

② 스포크 휠 : 주로 2륜차에 사용되고 있는 바퀴로서 경쾌하기 때문에 일부 스포츠카에도 사용된다. 경량이고 탄성과 브레이크 냉각도 잘 되나 구조가 복잡하고 변형하였을 때 정비가 어렵다.

③ 스파이더 휠 : 방사선 상의 림지지 대를 둔 것이며 브레이크 드럼의 냉각이 잘 되고 큰 직경의 타이어도 쉽게 끼울 수 있다. 중량급 차량이나 특수 대형차에 사용된다.

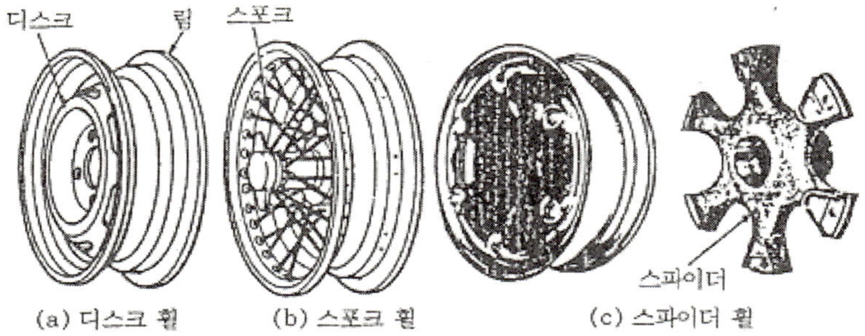


[ 휠의 종류 ]

(2) 타이어

1) 기능
노면과 접착하여 구동이나 제동을 가능하게 하고 또 노면으로부터의 충격을 완화한다.

2) 타이어의 종류
① 사용 압력에 의 한 분류
㉮ 고압타이어 : 4.2 ~ 6.3kg/㎠ (60 ~ 90PSI)정도이며, 타이어가 두꺼워 고하중에 잘 견딘다. 트럭이나 버스에 사용된다.
㉯ 저압타이어 : 2.1 ~ 2.5kg/㎠ (30 ~ 36PSI)정도이며, 접지면적이 넓고 공기주입량이 많아 완충작용이 좋다.
㉰ 초저압타이어 : 1.7 ~ 2.1kg/㎠ (24 ~ 30PSI)정도이며, 주로 승용차에서 사용된다.

[보충정리]
※ 타이어의 호칭
① 고압타이어 = 타이어 외경 × 타이어 폭 - 플라이 수(코드층의 겹수)
② 저압타이어 = 타이어 폭 - 타이어 내경 - 플라이 수(코드층의 겹수)
㈜ PR은 나이론 코드 플라이수에 해당되는 강도를 표시
㈜ 타이어 주요 구성품 : 비드부, 카 커스부, 트래드 부
㈜ 타이어의 온도가 120 ~ 130도가 되면 그 강도와 내마멸성이 급격히 감소

② 튜브(tube) 유무에 의한 분류
㉮ 튜브 타이어 : 내부에 튜브를 사용한 것
㉯ 튜브리스 타이어 : 튜브를 사용하지 않ㄱㅎ 타이어 비드부와 림의 기밀을 완벽하게 하고 직접 타이어에 공기를 주입한 형식이다. 타이어 내면에는 점착성이 좋은 고무층의 라이너(liner)가 밀착되어 있어 이것이 기밀을 유지하고, 펑크를 방지해 준다.

| 장 점 | 단 점 |
|---|---|
| ① 못 같은 것이 박혀도 공기가 잘 새지 않는다.<br>② 튜브가 없어 조금 가볍다.<br>③ 펑크수리가 가단하다.<br>④ 고속 주행하여도 발열이 적다. | ① 림이 변형되어 타이어의 밀착이 불량하면 공기가 새기 쉽다.<br>② 유리조각 등에 의해 손상이 되면 수리가 어렵다. |

③ 형상에 의한 분류

㉮ 보통 타이어(바이어스 타이어 : bias tire) : 카카스의 코드를 사선방향으로 하고, 브레이커를 원둘레 방향으로 넣어서 만든 타이어이다.

㉯ 편평 타이어(low section height tire) : 타이어의 단면을 편평하게 하면 접지 면적이 크게 되어 제동, 발진시 또는 가속시 내미끄럼성 및 선회성 등이 향상된다.

[보충정리]
㈜ 초편평 타이어 장점
① 타이어 횡 강성이 크다.
② 고속시 내구성이 좋고 가속성이 더욱 좋아진다.
③고속 주행 시 구름 저항이 적고 연료비가 절감된다.

㉰ 레이디얼 타이어(radial tire) : 코커스의 코드가 중심선과 90도 방향을 이루어져 있어 하중을 받을 때도 트레드부의 변형이 없어 타이어의 마모를 감소시키며, 안전하여 현재 많이 사용하고 있다.

| 장 점 | 단 점 |
|---|---|
| ① 타이어 단면의 편평률을 크게 할 수 있다.<br>② 접지면적이 크다.<br>③ 하중에 의한 트레드의 변형이 적다.<br>④ 선회할 때 옆방향의 작용력을 받아도 변형이 적다.<br>⑤ 동력 전달의 저항이 작다.<br>⑥ 내미끄럼성과 로드 홀딩(road holding)이 향상되며, 스탠딩 웨이브(standing wave)가 잘 일어나지 않는다. | ① 브레이커가 튼튼하기 때문에 충격흡수가 좋지 못하다. |

[보충정리]
① 레이디얼 타이어 호칭치수 (mm 와 in 혼합식)
예) 155 - S - R - 13
(ㄱ) (ㄴ) (ㄷ) (ㄹ)
여기서 (ㄱ) : 타이어 전폭(mm), (ㄴ) : 속도 범위 (허용 최고 속도), (ㄷ) : 타이어 내경(in로 표시)

② 로드 홀딩
모든 바퀴가 주행 중에 노면에 밀착되는 현상을 말한다.

③ 스텐딩 웨이브 현상
고속 주행시 타이어가 발열로 인하여 주름이 잡히는 현상을 말하며, 이 현상이 발생되면 트레드의 탈리 등 타이어의 파손을 초래하고 전동저항이 증가한다. 방지법에는 타이어의 공기압을 15~20% 정도 높여주거나 강성이 큰 타이어를 사용한다.

㉣ 스노우 타이어(snow tire) : 눈길에서 체인을 감지 않고 주행 가능토록 접지면(트래드)을 10 ~ 21% 넓게 하고 패턴의 홈은 일반 타이어에 비해 승용차용은 50 ~ 70% 정도, 트럭 및 버스용은 10 ~ 40%정도 더 깊게 만든 것이다. 그리고 중앙부의 깊은 리브 패턴이 방향성을 유지하고 라그 및 블록패턴이 견인력을 확보해 준다.
스노 타이어 사용시 주의 사항은 다음과 같다.
㉠ 급출발할 때에는 서서히 회전력을 전달한다(미끄럼을 일으키면 견인력이 저하된다)
㉡ 급제동을 하지 않는다(바퀴가 고정되면 제동 거리가 길어진다).
㉢ 구동 바퀴에 하중이 많이 분포되도록 한다
㉣ .트레드부가 50%이상 마모시 체인과 병용한다.

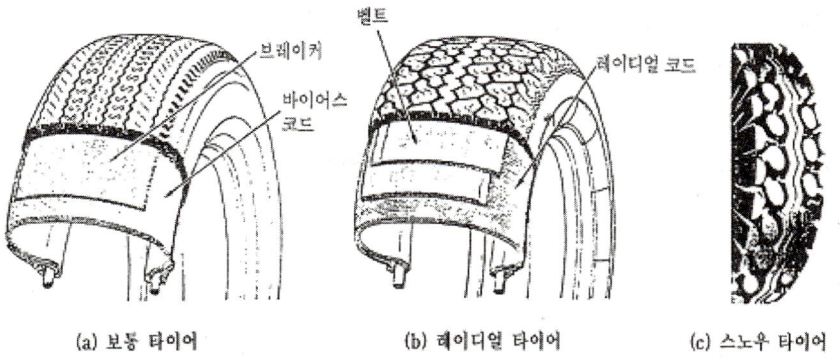


[ 타이어 종류 ]

## (3) 타이어의 구조

### 1) 트레드(tread)

트레드는 노면과 직접 접착하는 부분이며, 내부의 카카스와 브레이커를 보호해 주는 부분으로 내마열성이 두꺼운 고무로 되어 있다.

① 트레드 패턴의 필요성

㉠ 주행 중 타이어가 옆방향이나 주행방향으로 미끄러지는 것을 방지한다.
㉡ 타이어 내부에 발생한 열을 방출해 준다.
㉢ 트레드부에 생긴 절상 등의 확산을 방지한다.
㉣ 구동력이나 선회성을 향상시킨다.

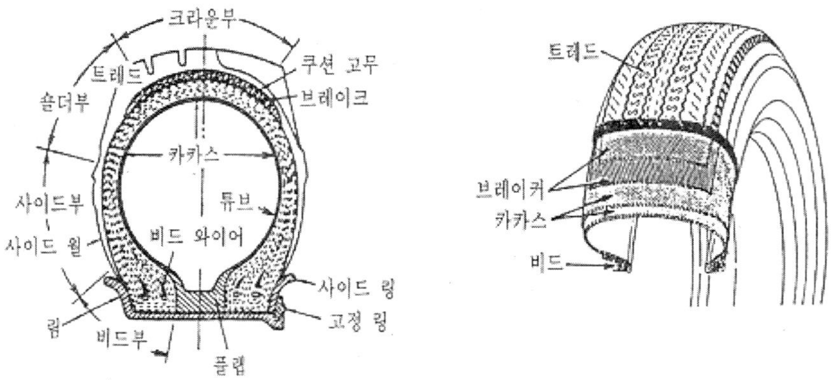


[ 타이어 구조 ]

② 트레드 패턴에 의한 분류

㉮ 리브패턴(rib pattern = 하이웨이 패턴) : 원둘레 방향으로 여러 개의 홈을 둔 것이며, 옆방향 미끄럼에 대한 저항이 크고 조향성이 우수하여 포장도로에서의 고속 주행에 알맞아 주로 승용차에 사용된다. ⇒ 방향성이 좋다.

㉯ 러그 패턴(lug pattern) : 타이어의 회전방향으로 직각의 홈을 둔 것으로 전후 방향에 대해 견인력(tractive force)이 크고 타이어릐 방열이 좋아 트럭, 버스에 사용된다.

㉰ 볼록 패턴(block pattern) : 견인력이 커서 고르지 못한 도로나 모래땅에 적합하다. 그러나 포장도로에서는 진동과 소음이 있다.

㉱ 응용 패턴 : 기본 패턴을 조합하여 다음과 같은 특성을 가지는 패턴이 만들어 지고 있다.

㉠ 리브러그 패턴(rib lug pattern) : 숄더 부분에는 러그 패턴을 만들고 트레드 가운데 부분은 리브 패턴을 만든 것으로, 좋은 길이든 좋지 못한 길이든 겸용할 수 있게 한 것이며 고속트럭, 버스 등에 사용된다.
㉡ 슈퍼트랙션 패턴(super traction pattern) : 러그패턴의 중앙부위 연속부분 없이 하고

진행 방향에 대한 방향성을 가지게 하여 연약한 흙을 잡으면서 주행하여 패턴 사이에 흙 등이 끼이는 것을 방지한다.

㉢ 오프 더 로드 패턴(off the road pattern) : 러그패턴의 홈을 깊이하고 또 폭을 넓게 한 것 이며 좋지 않은 길이나 견인력이 강하기 때문에 진흙 길이나 험한 도로에 사용된다.

2) 브레이커(breaker)

카카스와 트레드 사이에 있으며, 몇 겹의 코드층을 내열성 고무로 싼 구조로 되어 있다. 브레이커는 트레드와 카카스가 탈리되는 것을 방지하고, 노면에서의 완충작용도 하여 카카스의 손상을 방지해 준다.

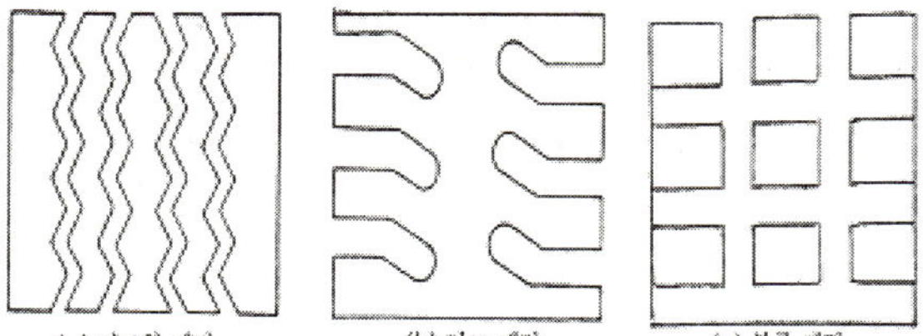

(a) 리브형 패턴 (b) 러그 패턴 (c) 블록 패턴

[ 트레드의 기본패턴 ]

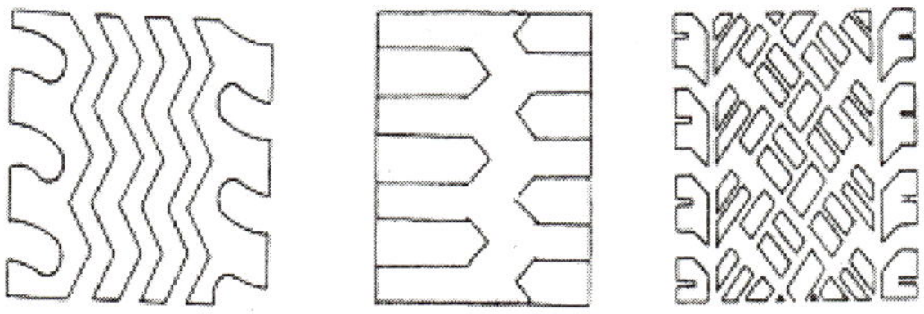

(a) 리브러그 패턴 (b) 오프더 로드패턴 (c) 블록 패턴

[ 트레드의 응용패턴 ]

3) 카카스(carcase)

카카스는 타이어의 뼈대가 되는 부분으로 공기압력을 견디어 일정한 체적을 유지하고 또 하중이나 충격에 따라 변형하여 완충작용도 한다. 카카스는 목면, 나일론 또는 레이온 등의 코드를 몇 층으로 서로 엇비스듬하게 겹쳐 내열성의 고무로 밀착시킨 구조로 되어 있다. 타이어의 세기는 코드의 인장 세기와 코드층에 따라 결정된다. 또 카카스를 구성하는 코드층의 수를 플라이 수라고 한다.

[보충정리 : 플라이 수]
플라이 수가 클수록 타이어의 강도가 커서 큰 하중에 견딜 수 있으며, 보통 짝수로 되어 있으며 16PR까지 있다. 플라이 수는 목면 코드층의 수로 표시되며 실제 플라이 수와는 관계가 없다. 예을 들어 10PR이라는 것은 목면 코드 10 플라이 세기와 같다는 의미이며 나이론 코드로는 6플라이 정도이다.

4) 비드부(bead section)
타이어가 림에 접촉하는 부분이며 타이어가 림에서 빠지지 않도록 하고, 비드부가 늘어나는 것을 방지하기 위해 피아노선이 20~30개 정도가 들어가 있다.

(4) 타이어의 호칭 치수

1) 저압 타이어의 호칭방법 : 타이어 폭(인치) - 타이어 내경(인치) - 플라이 수
예) 타이어의 호칭 표시가 7.5-20이면 타이어의 호칭 폭이 7.5인치이고, 타이어의 내경이 20인치이다.

2) 고압 타이어의 호칭방법 : 타이어 외경(인치) × 타이어 폭(인치) - 플라이 수
예) 타이어의 호칭 표시가 32×6이면 타이어의 호칭 외경이 32인치이고, 타이어 폭이 6인치이다.

3) 레이디얼 타이어 호칭방법 : 레이디얼 타이어의 호칭치수는 타이어 폭과 림의 직경으로 표시한다.
예) 레이디얼 타이어의 호칭표시가 175SR 14라면
175 : 타이어의 폭(mm)
S : 최고속도
R : 레이디얼형
14 : 림의 직경(inch)

(5) 타이어 취급 시 주의사항
① 공기압력을 규정 되로 주입한다(타이어 공기압력이 너무 과다하면 타이어 중앙부가 마모되며, 과소하면 타이어 모서리 부분이 마모되기 쉽다).
② 급출발, 급정지, 급선회 등은 피한다.
③ 앞바퀴 얼라이먼트를 정확히 한다.
④ 타이어 온도가 120~130℃(타이어 임계온도)이상 되면 강도와 내마모성이 급격히 감소하므로 과부하 및 고속운전은 피한다.
⑤ 타이어를 정기적으로 로테이션한다.
⑥ 트레드 깊이가 1.6mm 이하시 교환한다.

[보충정리 : 타이어의 로테이션(tire rotation)]
타이어의 로테이션은 각각의 마멸이 보상되도록 승용차의 경우 약 6,000~8,000km 주행마다 그 위치를 바꾸어 설치한다.

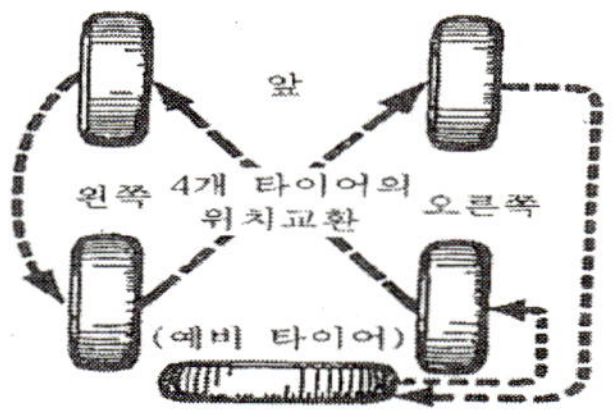


[ 타이어 로테이션 ]

(6) 타이어의 평형 (tire balance)
자동차를 안전하고 쾌적하게 운전하고, 타이어의 사용기간을 길게 하기 위해서는 반드시 타이어에 평형이 잡혀 있어야 한다. 바퀴는 동적 평형(dynamic balance)과 정적 평형(static balance)이 있다.

[보충정리 : 평형의 필요성]
① 안전하고 쾌적한 운전을 위해 ② 타이어 사용 기간을 길게 한다.

1) 정적 평형 : 바퀴를 자유로이 회전할 수 있도록 하여 가볍게 돌렸을 때 바퀴의 중량에 불평형이 있으면 무거운 부분이 밑으로 내려가 정지한다. 이와 같은 상태를 정적평형이 잡혀 있지 않다고 한다. 이와 같은 상태에서 바퀴를 회전시키면 M에 원심력이 작용하여 회전의 중심 O에서 떨어지려고 한다. 이것은 물통에 물을 절반 정도 넣고 손으로 돌렸을 때 물이 쏟아지지 않는 것과 같다.
이와 같은 상태의 바퀴가 고속 회전하면 M이 아래로 내려오면 휠의 일부분을 지면에 내리고 M이 위를 향할 때는 휠을 들어 올리게 된다. 이 때문에 바퀴가 상·하로 진동하고 핸들도 흔들리게 된다.

2) 동적 평형 : 정적 평형이 회전 중심축에서 보았을 때 회전체가 정지된 상태인데 비해 동적 평형은 회전 중심축을 옆면에서 보았을 경우이며, 회전하고 있는 상태의 평형을 뜻한다. 동적 평형이 잡혀있지 않으면 바퀴가 시미(shimmy) 운동을 한다.

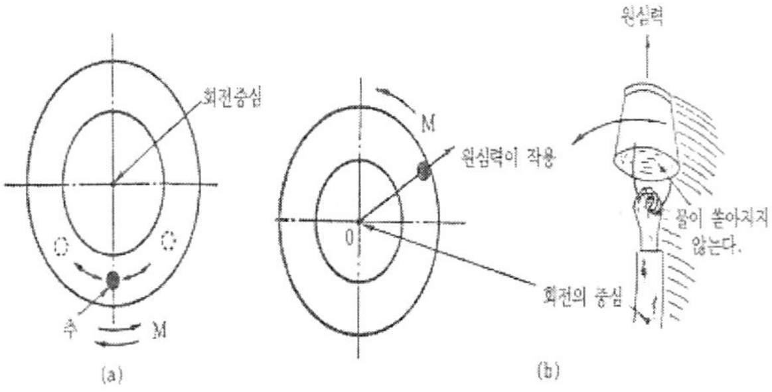


[ 정적 불평형 ]

[보충정리]
㈜ 정적 평형이 맞지 않으면 트램핑(tramping) 현상이 일어난다.
㈜ 트램핑 현상 바퀴가 상하로진동하는 현상.
㈜ 바퀴의 정적평형에 대한 설명
① 정적 평형이 잡혀있지 않으면 트램핑이 일어난다.
② 정적 평형이 잡혔다고 동적 평형이 잡혔다고 할 수 없다.
③ 정적 평형은 바퀴의 중심에 대하여 평형이 잡혀야 한다.
㈜ 타이어가 미끄러지면 노면에서 열을 받아 미끄러져 마찰계수가 작아지는 현상 : 미끄럼 현상.
㈜ 바퀴의 평형 중 정적 평형 이란 : 정지 상태에서 무게의 중심을 측정하는 것.
㈜ 시미 (shimmy) : 바퀴가 옆으로 흔들리는 현상을 말한다.

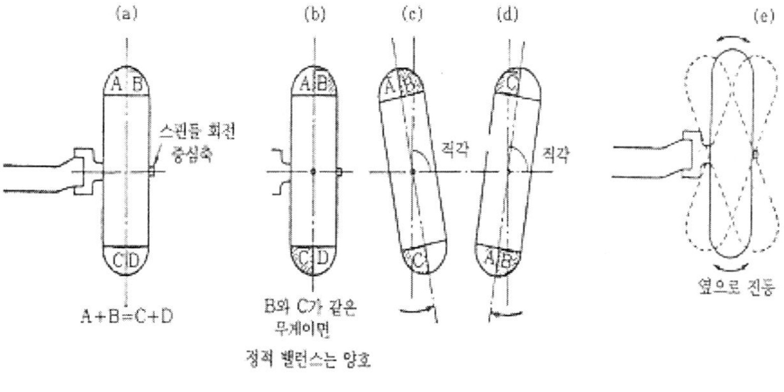


[ 바퀴의 동적평형 ]

㉠ 위 그림은 바퀴가 정적 밸런스가 취해져 있으며, 타이어의 중량에서 생각해 볼 때 A + B = C + D인 관계로 된다.
㉡ 지금 B와 C의 부분에 같은 추를 달았다고 하여도 역시 정적 밸런스는 취해져 있다. 그러나 스핀들 즉, 회전 중심축에 대하여 생각하면 B는 A보다 무겁고 C는 D보다 무겁다.

ⓒ 이와 같이 한쪽으로 치우친 중량의 휠을 회전시키면 그림 (e)와 같이 B와 C의 부분은 회전 중심 축에 직각이 되는 경향이 된다. 다시 반회전 하면 그림 (d)와 같이 되어 고속으로 회전하면 (e)와 같이 바퀴가 옆으로 흔들리는 진동이 된다. 이 진동은 스핀들의 진동이 되어 핸들까지 전달되게 된다.

(7) 주행중 타이어의 이상현상

1) 스탠딩 웨이브(standing wave)
스탠딩 웨이브란 정상파란 뜻인데 일반 진행방향에 대하여 골이나 산같은 것이 생기는 것을 말한다. 타이어의 공기압이 낮은 상태로 고속 주행하면 바닥 면이 받는 원심력과 타이어 공기압력에 의하여 그림과 같이 타이어가 지면에서 떨어진 쪽에 변형된 파형이 생긴다. 속도를 높이면 더욱 이 변형이 심해지고 결국에는 타이어가 파열된다. 이 현상을 방지하기 위해서는 타이어공기압을 표준 공기압보다 10 ~ 30% 높인다.

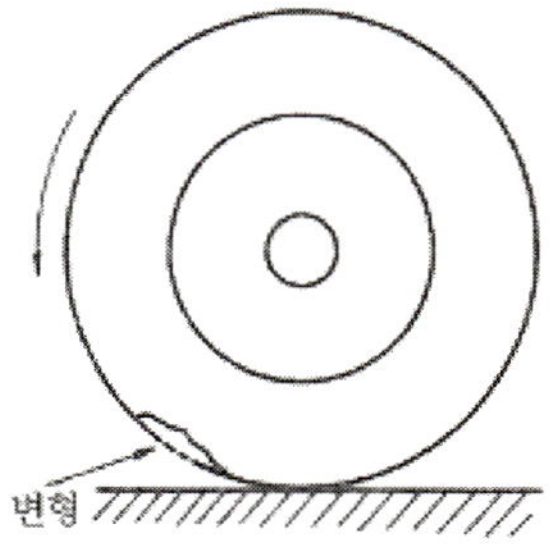


[ 스텐딩 웨이브 ]

2) 하이드로 플레닝(hydro plane : 수막 현상)
물이 고인 도로를 고속으로 주행할 때 타이어 바닥 면이 물을 완전히 밀어내지 못하고 물위로 활주하는 상태로 되어 차의 조정이 불가능하게 된다. 이 현상을 하이드로 플레닝이라 한다. 이 현상의 방지 방법은 다음과 같다.
① 바닥 무늬가 닳지 않은 타이어를 사용한다.
② 타이어 공기압을 높인다.
③ 리브형 패턴 (무의 )을 사용한다.
④ 바닥 무늬에 카프 가공을 한 타이어를 사용한다.

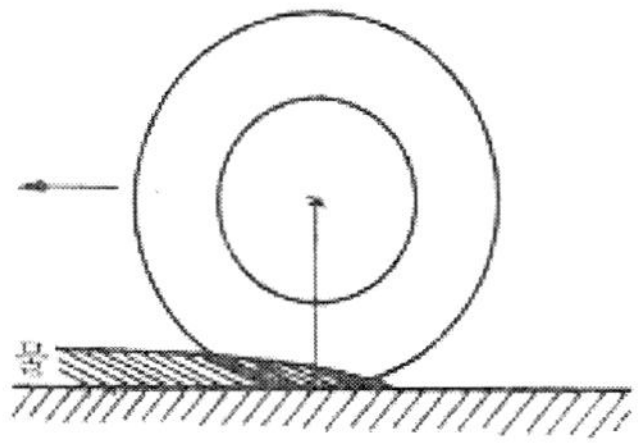


[ 하이드로 플레인 ]

[보충정리]
㈜ 공장 내에서 노상 시험과 거의 같은 시험을 할 수 있는 장치 : 섀시 동력계
㈜ 바퀴의 동적 불평형이 있으면 시미 현상이 일어난다.
㈜ 수막현상을 일으키는 원인 : 비오는 노면을 고속으로 달릴 때 나타나다.

# 4편 고장진단 및 대책

# 제1장 기 관

## 1-1. 엔진 주요부 정비 편

(1) 엔진 해체 정비 시기
㉮ 압축 압력이 규정압력의 70%이하일 때.
㉯ 연료 소비률이 표준 소비율의 60%이상일 때.
㉰ 오일 소비율이 표준 소비율의 50%이상일 때.

| [보충정리] |
|---|
| ㈜ 실린더 헤드 볼트를 조일 때는 대각선의 중심 쪽에서 바깥을 향하여 조여야 변형을 방지할 수 있다. |

(2) 엔진 분해 시 지켜야 할 사항
㉮ 조립하기 어려운 부분은 충분히 확인하여 둘 것
㉯ 분해된 부품은 순서대로 정돈한다.
㉰ 분해된 부품의 볼트 및 너트는 되도록 제자리에 끼워둔다.
㉱ 배선을 풀 때에는 배선의 색과 클립을 확인하여 둔다.

(3) 실린더의 마멸
⇒ 실린더 윗부분 마멸이 아래 부분보다 크다.
㉮ 마멸의 원인
㉠ 실린더와 피스톤의 접촉에 의한 마멸
㉡ 연소 생성물에 의한 마멸
㉢ 흡입 가스 중 먼지와 이물에 의한 마멸
㉣ 하중 변동에 의한 마멸
㉤ 농후한 혼합기에 의한 마멸

㉯ 실린더 마멸량 측정 계기
㉠ 실린더 게이지와 외경 마이크로미터
㉡ 내측 마이크로미터
㉢ 텔레스코핑 게이지와 외경 마이크로미터

㉰ 측정 개소 : 6곳
㉠ 축 방향 : 상, 중, 하 3곳
㉡ 측압 방향 : 상, 중, 하 3곳

(4) 실린더 헤드 및 블록의 변형 / 점검
㉮ 측정 기구 및 측정 개소

㉠ 직각자와 필러 게이지
㉡ 6개소를 측정한다.
㉢ 한계값 이상이면 평면 연삭기로 연삭한다.

㉯ 균열 점검 방법
㉠ 타진법에 의한 균열 점검
㉡ 자기 탐상법에 의한 균열 점검
㉢ 육안 검사법에 의한 균열 점검
㉣ 염색 탐상법에 의한 균열 점검

(5) 실린더 헤드 볼트를 풀고 실린더 헤드가 분리되지 않을 때 떼어내는 방법
㉮ 플라스틱 햄머로 두드려 떼는 방법
㉯ 나무 햄머로 두드려 떼는 방법
㉰ 자중에 의한 떼는 방법 (호이스트를 이용)
㉱ 압축압력을 이용하여 떼는 방법

(6) 실린더 헤드 볼트
㉮ 실린더 헤드 볼트는 외곽에서 중심부로 대칭이 되도록 풀어야 실린더 헤드의 변형이 되지 않는다. 또한 조일 때는 풀기 순서와 반대로 중심부에서 바깥쪽으로 대칭이 되도록 조일 것.
㉯ 헤드 볼트를 조일 때에는 토크 렌치를 이용하여 규정 토크를 2 ~ 3회 나누어 조인다.

(7) 실린더 헤드 개스킷
㉮ 엔진을 분해 수리하였을 경우에는 새 개스킷으로 교환하고 개스킷 윗면, 실린더, 물 재킷, 볼트구멍을 확실하게 하여 접착제를 양면에 바른 다음 설치한다.
㉯ 압축 압력 게이지를 이용하여 헤드 개스킷이 파손된 것을 알 수 있다.
㉰ 라디에터 캡을 열고 점검하였을 때 기포가 발생되거나 오일 방울이 목격되면 헤드 개스킷이 파손된 것이다.

(8) 실린더의 보링 작업
㉮ 실린더 마멸량이 다음 한계를 넘으면 보링한다.
㉠ 실린더 내경이 70mm 이상인 엔진 : 0.20mm 이상
㉡ 실린더 내경이 70mm 이하인 엔진 : 0.15mm 이상

㉯ 실린더 보링 작업을 할 때 메인 베어링 캡은 규정 조크로 조여져 있어야 변형을 방지할 수 있다.

㉰ 보링 값 = 실린더 최대 마모 측정값 + 0.2mm
㉱ 보링 후에는 바이트 자국을 없애기 위해 호닝 작업을 하여야 한다. (호닝 값 : 0.02mm 이하)
㉠ 호닝 후 실린더 상호간 오차는 : 0.02mm 이하

㉡ 호닝 후 실린더 각 부 오차는 : 0.05mm 이하

㉤ 건식 라이너 삽입 후 호닝을 하여야 하는데 호닝 값은 0.005mm 이하이다.

(9) 실린더 라이너의 플랜지는 실린더 면보다 조금 높게 설치한다.
㉮ 습식 리이너 돌출 높이 : 0.05 ~ 0.15mm
㉯ 건식 라이너 돌출 높이 : 0.02 ~ 0.05mm
㉰ 이유 : 돌출면이 개스킷에 접촉되어, 압축 가스 및 연소 가스가 누출되는 블로바이를 방지하기 위해서이다.
㉱ 습식 라이너 설치는 외부에 비눗물을 칠하고 끼운다.
㉲ 건식 라이너 설치는 내경 100mm당 2 ~ 3ton의 압력으로 설치한다.

(10) 피스톤 및 커넥팅 로드
㉮ 피스톤 헤드에 각인되어 있는 것은 다음과 같다.
㉠ 피스톤 핀 오버 사이즈
㉡ 피스톤의 중량
㉢ 실린더 번호
㉣ 피스톤 오버 사이즈
㉤ 제작회사 마크
㉥ 앞뒤 방향표시

㉯ 피스톤 핀의 오버 사이즈 : 3단계로 되어 있으며 크기는 0.075mm , 0.125mm , 0.25mm이다. 또 피스톤 보스의 수정은 리머를 이용하여야 한다.

㉰ 커넥팅 로드의휨 및 비틀림의 측정 : 커넥팅 로드 얼라이너로 측정하며 휨의 수정은 프레스로 수정한다.

㉱ 커넥팅 로드 및 어셈블리의 중량차
㉠ 피스톤의 중량차 : 7g 이내 (2% 이내)
㉡ 커넥팅 로드 어셈블리의 중량차 : 15 ~ 20g 이내 (2% 이내)
㉢ 피스톤 및 커넥팅로드 어셈블리 중량차 : 30g 이내 (2% 이내)
㉣ 중량차가 크면 크랭크축을 중심으로 하는 운동 부분의 불평형이 생겨 운전중 진동이 크게 발생되므로 되도록 중량차가 적어야 한다.

㉲ 피스톤 링 절개부의 간극
㉠ 링 절개부의 간극은 톱링을 가장 크게 한다.
㉡ 링 절개부의 간극은 실린더 최소 마모부에서 측정한다.
㉢ 링 절개부의 수정은 종목 줄을 이용하여 수정한다.
㉣ 링 절개부의 방향은 120° ~ 180° 로 하여 설치한다.
㉤ 피스톤 링 홈의 간극이 적당치 않으면 유리판 위에 연삭용 콤파운드를 바르고 링을 문질러 홈에 맞도록 수정한다.

(11) 축 ,엔진 베어링 , 플라이 휠
㉮ 크랭크 축 베어링과 저널 간극 측정 방법
㉠ 텔레스코핑 게이지와 외경 마이크로미터
㉡ 플라스틱 게이지를 이용하는 방법
㉢ 내정 마이크로미터와 외경 마이크로미터

㉯ 크랭크축 휨 측정
㉠ V블록과 다이얼 게이지를 이용한다.
㉡ 측정값은 다이얼 게이지 움직인 눈금의 1/2이다.
㉢ 휨이 경미한 것은 크랭크 축 연마기로 수정한다.

㉰ 크랭크 축 앤드 플레이 측정
㉠ 측정계기는 다이얼 게이지 또는 필러 게이지로 측정한다.
㉡ 측정하는 곳은 드러스트 베어링이 있는 곳에서 측정한다.
㉢ 수정 방법은 드러스트 베어링 교환 및 드러스트 와셔를 교환하여 수정한다.

㉱ 플라이휠 링 기어
㉠ 열박음이 되어 있다.
㉡ 마모가 일어나면 가열하여 위치를 변경한 후 재사용한다.
㉢ 4실린더에서는 180° 간격을 두고 마멸한다.
㉣ 6실린더에서는 120° 간격을 두고 마멸한다.

㉲ 밸브 스프링의 점검
㉮ 자유 높이 : 표준 치수의 3% 이상 감소시 교환
㉯ 직각도 : 자유높이 100㎜에 대하여 3% 이상 변형시 교환
㉰ 장력 : 설치 상태에서의 장력감소는 규정의 15% 이상일 때 교환

(12) 실린더블록의 수밀시험 : 수밀시험은 냉각수 은도 40℃ 정도에서 4.0 ~ 4.5㎏/㎠ 하여 누출되는 곳이 있는가 확인한다.

## 1-2. 윤활장치와 정비

(1) 윤활유 소비량이 증가되는 원인에는 윤활유가 외부로 누설되는 경우와 연소실내로 올라가 연소가 되기 때문이다.

(2) 윤활유가 외부로 누설되는 원인
㉮ 뒤쪽 크랭크축 오일 시일로부터의 누설
㉯ 앞쪽 크랭크 축 오일 시일로부터의 누설
㉰ 타이밍 벨트 커버 주위로부터의 누설
㉱ 오일팬 드레인 플러그 및 개스킷으로부터의 누설

㉮ 오일팬 균열에 의한 누설
㉯ 로커암 커버로부터의 누설
㉰ 오일 펌프 개스킷 불량에 의한 누설

(3) 연소실 내에서 윤활유가 연소되는 원인
㉮ 윤활유의 열화 또는 점도 불량
㉯ 오일팬 내의 윤활유량 과대
㉰ 피스톤과 실린더의 간극 과대
㉱ 피스톤 링의 불량
㉲ 밸브 스템과 밸브 가이드 사이의 간극 과대
㉳ 밸브 스템 오일실 불량

(4) 유압이 규정보다 낮아지는 편인
㉮ 윤활유가 희석되었을 때
㉯ 유압조절 밸브의 밀착 불량
㉰ 유압조절 밸브 스프링의 쇠손
㉱ 유압배관 내의 공기 유입
㉲ 오일펌프 설치 볼트의 조임 불량
㉳ 윤활유 배관의 파손 및 누설
㉴ 오일펌프의 과대 마모

(5) 유압이 규정보다 높이지는 원인
㉮ 유압조절 밸브의 고착
㉯ 유압조절 밸브 스프링의 장력이 클 때
㉰ 윤활유의 점도가 높을 때
㉱ 각 마찰부의 베어링 간극이 적을 때

(6) 유압조절 밸브지 조정 방법
㉮ 조정나사를 조이면 유압이 높아진다.
㉯ 조정나사를 풀면 유압이 낮아진다.

(7) 유면을 점검하는 순서
㉮ 엔진을 정지하고 오일이 내려오도록 기다린다.
㉯ 게이지를 뽑아 오일을 닦는다.
㉰ 오일 게이지를 다시 꼽아 유량을 점검한다.
㉱ 이때 지면은 평탄한 곳에서 한다.

(8) 실린더 블록의 오일 통로 막힘 검사는 여러 회로를 서로 막아가며 압축공기로 검사한다.

## 1-3. 냉각 장치의 정비

(1) 팬 밸트의 장력

팬 밸트의 장력은 10kg의 힘으로 눌러 13 ~ 20mm정도의 헐거움이 있도록 조정되어야 한다. 밸트의 장력이 너무 크면 몰 펌프 베어링, 발전기 베어링의 마멸이 촉진되고 벨트의 장력이 너무 헐거우면 벨트가 풀리에서 미끄러지며 엔진의 과열, 발전기 출력이 부족하여 축전지 충전부족 현상 및 밸트의 손상이 촉진된다. (장력 조정은 발전기의 조정 볼트로 행한다).

(2) 공냉식 엔진의 과열 원인

㉮ 냉각핀의 오손 및 파손되었을 때

㉯ 정차시에 엔진을 고속 회전시켰을 때

㉰ 냉각 팬이 파손되었을 때

(3) 라디에이터 수압 시험

㉮ 압축 공기와 물탱크에 의한 방법

㉠ 라디에터 출입구 중 하나를 고무 등으로 막는다.

㉡ 라디에터를 물탱크에 넣는다.

㉢ 압축공기 호스를 연결하석 압축공기를 0.5 ~ 2.0kg/㎠정도로 보내어 물방울이 나오는가 점검한다.

㉯ 시험기에 의한 방법

㉠ 라디에터 출입구를 고무 등으로 막는다.

㉡ 맑은 물을 가득 넣은 다음 라디에터 주입구에 시험기를 설치한다.

㉢ 시험기의 펌프로 수압시험 압력까지 펌프질 한다.

㉣ 압력계에 눈금이 변하는가 확인한다.

㉤ 눈금이 내려가면 누출되는 곳을 확인한다.

(4) 라디에이터 세척

㉮ 냉각핀 세척 : 압축 공기를 이용하여 엔진 실 쪽에서 밖으로 불어내어 청소를 한다.

㉯ 튜브 세척 (자동차에 설치한 상태 )

㉠ 라디에이터 출구 파이프에 플래시 건을 설치하고 입구 파이프에 긴 호스를 설치한다.

㉡ 플래시 건의 물 밸브를 열어 라디에터에 물을 채운다.

㉢ 플래시 건의 공기 밸브를 열어 압축공기를 조금씩 보낸다.

㉰ 세척제에 의한 세척

㉠ 냉각수를 완전히 배출시킨다.

㉡ 세척제 용액을 냉각장치 내에 가득 넣는다.

㉢ 엔진을 기동하여 온도를 80℃ (비점 이하) 이상으로 한다.

㉣ 엔진을 정지하고 새척제 용액을 배출한다.

ⓜ 맑은 물 또는 중성제 용액을 냉각장치 내에 가득 넣는다.
ⓑ 엔진을 기동하여 냉각수의 온도가 80℃ 가량 되었을 때 약 5분 동안 고속 회전시킨다.
ⓢ 엔진을 정지시키고 냉각수를 배출한다.
ⓞ 맑은 물이 나올 때까지 계속 반복한다.

(5) 부동액 사용상의 주의점
㉮ 품질이 좋지 않은 부동액은 사용하지 않는다.
㉯ 부동액을 오랫동안 사용하지 않는다.
㉰ 영구 부동액을 사용한다.
㉱ 부동액 원액은 흡수성이 크기 때문에 용기의 마개를 닫아두어야 한다.
㉲ 부동액은 유해하므로 절대로 입에 대어서는 안된다.
㉳ 부동액은 도료를 녹이므로 도장부분에 묻지 않도록 한다.

(6) 부동액 넣기 순서
㉮ 냉각 장치를 세척제로 세척한다.
㉯ 냉각수가 누출되는 곳이 있는가 확인한다.
㉰ 부동액 원액과 연수를 혼합한다.
㉱ 부동액을 냉각수 용량의 80%정도로 넣고 엔진을 시동하여 워밍업 한 다음 수온 조절기가 열렸을 때 나머지를 보충한다.
㉲ 냉각수의 보충은 물만 보충한다.

(7) 엔진 과열의 원인
㉮ 냉각장치의 결함에 의한 원인
㉠ 냉각수량이 부족할 때
㉡ 물 재킷 내부의 스케일 퇴적
㉢ 라디에이터 누출 및 막힘, 통풍 불량
㉣ 물 펌프와 작동 불량 및 누출
㉤ 팬 벨트의 조정 불량

㉯ 엔진 내부의 결함에 의한 원인
㉠ 엔진 오일 불량에 의한 마찰열 증대
㉡ 농후한 혼합기에 의한 과열
㉢ 점화시기 늦음에 의한 불완전한 연소
㉣ 엔진 조립 불량에 의한 마찰 증대
㉤ 배기장치 막힘에 의한 과열

> [보충정리]
> ㈜ 엔진이 과냉 되는 원인은 수온조절기 작동이 불량하기 때문

## 1-4. 연료장치 정비

(1) 연료 탱크의 세척제
연료 탱크의 세척제로는 등유, 트리클로 에틸렌, 중성액상 혼탁액 타입 세척제 등이 있다.

(2) 연료 탱크의 수리
㉮ 가솔린 증기가 남아있지 않도록 한다.
㉯ 가솔린 증기는 탱크 유닛과 드레인 플러그를 연 다음 압축공기를 교대로 불어 넣어 빼낸다.
㉰ 연료 탱크에 절반가량 물을 넣는다.
㉰ 가솔린 누출이 적을 때는 납땜한다.

(3) 연료 파이프 피팅을 풀 때는 소켓렌치나 복스 렌치로는 풀 수가 없으므로 오픈엔드 렌치를 사용하여 푼다.

(4) 연료 펌프와 송출 부족 원인
㉮ 다이어프램 파손 및 스프링의 쇠약
㉯ 로커암과 링크의 마멸
㉰ 흡입 첵밸브의 손상 및 접촉 불량
㉱ 파이프 라인내에 공기유입 (베이퍼록)

(5) 연료 송출량 조절
연료 펌프 체결 위치에 패킹(인슐fp이터)을 두껍게 하여 설치하면 편심륜과 로커암의 작동 행정이 작아 연료의 송출량이 적어진다. 또한 얇으면 작동 행정이 커져 송출량이 많아진다.

(6) 기화기 뜨개실의 유면 조정
뜨개실의 유면조정은 뜨게의 닙을 구부리거나 펴서 조절하는데 유면이 규정보다 낮으면 유면과 메인노즐과의 높이차가 크게 되어 혼합기가 희박한 상태가 되며 유면이 규정보다 높으면 농후한 혼합기가 되어 불완전 연소를 일으키게 되어 항상 규정 유면 높이가 되도록 조정하여 둔다.

(7) 기화기의 뜨개실에서 가솔린이 넘치는 원인
㉮ 니들 밸브의 밀착이 불량할 때
㉯ 뜨개가 파손되었을 때
㉰ 니들 밸브가 마멸되었을 때
㉱ 니들 밸브와 시트에 먼지가 묻었을 때

(8) 기화기의 공전속도 조정
기화기에서의 공전속도 조정은 기화기 외부에 설치되어 있는 혼합기 조정나사와 공전속도 조정나사로 조정하는데 공전속도는 제작회사, 기계식 변속기 설치 차량에 따라 다르다.

㉮ 엔진을 기동하여 75 ~ 85℃가 되도록 한다.
㉯ 타코메터를 점화 1차 회로에 연결한다.
㉰ 진공계기를 설치한다.
㉱ 타코메터를 보면서 공전속도 조정나사를 돌려 규정속도로 조정한다.
㉲ 혼합기 조정나사를 돌리면서 진공계 바늘이 45 ~ 50cmHg 내에서 안정되는 가장 높은 눈금에 머물게 하면 된다.
㉳ 혼합기 조정으로 엔진의 공전속도가 변했으면 다시 조정한다.

(9) 공전속도가 불량할 때 원인
㉮ 공전 및 저속 제트가 막혔을 때
㉯ tm로틀 밸브의 개도가 불량할 때
㉰ 초코 밸브의 개도가 불량할 때
㉱ 스로틀 밸브 축이 마멸되었을 때
㉲ 연료의 유면 높이가 낮을 때
㉵ 공전조정이 불량할 때
㉴ 연료의 유면 높이가 높을 때
㉵ 연료의 송출 압력이 낮을 때
㉶ 공전 포트가 막혔을 때
㉷ 에어 브리드가 막혔을 때

(10) 연료가 공급되지 않는 원인
㉮ 연료 계통에 공기가 누설되고 있을 때
㉯ 연료 계통에 베이퍼록 현상이 발생되었을 때
㉰ 연료 펌프의 밸브가 고착되었을 때
㉱ 연료의 배관이 막혔을 때
㉲ 연료 펌프의 로커암이 파손되었을 때
㉳ 연료 펌프의 다이어프램이 파손되었을 때

[보충정리]
㈜ 연료 파이프가 막혔을 때에는 압축공기를 탱크 쪽으로 불어서 불순물을 제거한다.

(11) 혼합기가 희박해지는 원인
㉮ 저속 제트가 막혔을 때
㉯ 메터릭 로드의 작동이 불량할 때
㉰ 메인 노즐이 불량할 때
㉱ 연료의 유면높이가 낮을 때
㉲ 공전 혼합기 조정 볼트에 결함이 있을 때
㉳ 공전 포트가 막혔을 때

(12) 혼합기가 농후해지는 원인
㉮ 연료의 유면높이가 높을 때

㉯ 연료 펌프의 송출압력이 너무 높을 때
㉰ 파워 밸브에서 연료가 누출될 때
㉱ 초크밸브의 작동이 불량할 때
㉲ 공기 청정기가 막혔을 때
㉳ 에어 브리더가 막혔을 때

## 1-5. LPG 연료장치 정비

(1) 엔진이 시동되지 않는다.
㉮ LPG 배출 밸브가 열리지 않았을 때
㉯ LPG 커플링 연결 상태가 불량하다.
㉰ 솔레노이드 밸브의 작동 불량
㉱ 공회전 조정이 불량할 때

(2) 엔진 시동이 어렵게 된다.
㉮ 솔레노이드 밸브의 작동 불량
㉯ 솔레노이드 밸브를 통한 누출
㉰ 진공 호스의 이탈, 노화, 손상
㉱ 필터가 막혔을 매

(3) 엔진 공회전이 불량하다.
㉮ 베이퍼라이저 공회전 조정 스크루 조정 불량
㉯ 스로틀 밸브의 개도 불량
㉰ 베이퍼라이저 각 밸브의 작동 불량
㉱ 믹서 설치부 및 각 부의 체결 불량
㉲ 베이퍼라이저 다이어프램의 손상
㉳ 베이퍼라이저 내부에 이물질이 부착
㉴ 진공 호스의 이탈, 노화, 손상

(4) 엔진 출력이 부족하다.
㉮ 점화 시기가 불량하다.
㉯ 믹서의 스로틀 밸브의 개도 불량
㉰ 믹서의 혼합기 조정 스크루의 과도한 풀림
㉱ 베이퍼라이저 각 밸브의 불량
㉲ 고압 다이어프램 불량
㉳ 진공록 다이어프램 불량
㉴ 필터의 막힘 및 밸브에 이물질 부착
㉵ 저압 다이어프램의 파손

## 1-6. 배출가스 제어장치 정비

(1) 엔진 시동이 걸리지 않거나 어렵다.
㉮ 진공 호스가 빠지거나 손상되었다.
㉯ EGR 밸브가 닫히지 않는다.
㉰ 퍼지 컨트롤 솔레노이드 밸브의 작동 불량
㉱ EGR 컨트롤 솔레노이드 밸브의 작동 불량

(2) 엔진이 갑자기 정지하거나 공회전이 불량하다.
㉮ EGR 밸브가 닫히지 않는다.
㉯ 진공 호스가 빠지거나 손상되었다.
㉰ PCV 밸브가 불량하다.
㉱ 퍼지 컨트롤 장치의 작동이 불량
㉲ EGR 컨트롤 장치의 작동이 불량

(3) 엔진 회전이 불안전하거나 가속성능의 저하
배기가스 재순환 계통의 작동이 불량하다.

(4) 오일의 소모량이 과도하다
블로우바이 가스 통풍 라인이 막혔다.

(5) 연비가 평소보다 저하된다.
배기가스 재순환 계통의 작동이 불량하다.

## 1-7. 전자제어 연료장치 고장

(1) 연료 계통
㉮ 연료의 압력이 너무 낮은 원인
㉠ 연료 필터가 막혔을 때
㉡ 연료 펌프 릴리프 밸브의 접촉 불량
㉢ 연료 펌프의 고장

㉯ 연료의 압력이 너무 높을 때의 원인
㉠ 연료 펌프 릴리프 밸브의 고착
㉡ 연료 리턴 파이프 및 호스의 막힘

㉰ 엔진이 정지한 후 연료 압력이 서서히 저하되는 원인
㉠ 인젝터에서 연료가 누설된다.
㉡ 연료공급 파이프에서 연료가 누설된다.

㉱ 엔진이 정지 후 압력이 급격히 저하되는 원인 : 연료펌프의 첵밸브 불량.

㉲ 연료 공급이 부족하여 엔진 작동이 불량한 원인
㉠ 연료 호스나 파이프가 휭 또는 꺾임
㉡ 연료 파이프나 호스가 막혔을 때
㉢ 연료 필터가 막혔을 때
㉣ 연료 필터에 물이 유입되었을 때
㉤ 연료 펌프의 작동 불량

(2) 센서의 고장
㉮ 공기흐름 센서 고장 발생시 결과
㉠ 엔진 공전시 진동 발생 및 엔진이 정지된다.
㉡ 가속이 불량하다.
㉢ 연비가 저하된다.

㉯ 공기흐름 센서의 고장 원인
㉠ 출력 주파수가 급격하게 변한다.
ⓐ 센서의 접속 불량
ⓑ 커넥터에 결함이 있을 때
㉡ 출력 주파수가 과도하게 낮거나 높다.
ⓐ 에어 크리너 엘리먼트의 막힘
ⓑ 에어 덕트가 분리되었을 때
ⓒ 인젝터의 결함이 있다.
ⓓ 압축 압력이 낮다.
ⓔ 점화 코일 및 점화 플러그의 결함
ⓕ 흡기 다기관에서 공기가 누설된다.
ⓖ EGR 밸브의 고정 볼트가 풀림

㉰ 02 센서 고장시 결과
㉠ 규정이상의 CO 및 HC 발생
㉡ 공회전시 엔진 진동 발생 및 엔진 정지
㉢ 연비가 저하된다.
㉣ 가속력이 부족하다.

㉱ 02 센서의 고장 원인
㉠ 엔진 감속시 출력 전압이 높다.
ⓐ 인젝터의 연료 누출
ⓑ 산소센서 회로의 결함
ⓒ 공기흐름 센서 및 흡기온도 센서 결함
ⓓ 대기압 및 냉각수온 센서 결함

ⓛ 02 센서의 출력이 항상 낮다.
ⓐ 공기가 유입된다 (흡기 다기관 설치부)
ⓑ 공기흐름 센서 및 흡기온도 센서 결함
ⓒ 대기압 및 냉각수온 센서 결함

㉮ 흡기온도 센서 고장시 결과
㉠ 공전 상태 불량
㉡ 엔진이 갑자기 정지한다.
㉢ 연비가 저하된다.

㉯ 크랭크각 센서 고장시 결과
㉠ 시동이 되지 않는다.
㉡ 엔진 출력이 부족하다.
㉢ 엔진 점화 시기가 불량하다.
㉣ 공회전 불규칙 및 엔진정지
㉤ 엔진 회전속도가 크게 변화한다.

㉰ 크랭크각 센서의 고장 원인
㉠ 시동이 되지 않는다.
ⓐ 크랭크각 센서의 결함
ⓑ 타이밍 밸트의 결함
ⓒ 파워 트랜지스터의 결함
ⓓ 점화 코일의 결함

㉡ 크랭크각 센서 출력이 규정값과 다르다.
ⓐ 냉각수온 센서의 결함
ⓑ ISC 서보의 결함
ⓒ 공회전 속도가 불량하다.

㉱ 아이들 스위치 고장시 결과
㉠ 가속시 출력이 저하된다.
㉡ 연료 소비율이 증대된다.
㉢ HC 및 CO발생 증가
㉣ ISC 서보 작동 불량

㉲ 아이들 스위치 고장 원인
㉠ 케이블 조정 불량
㉡ 아이들 스위치 조절 불량
㉢ 아이들 스위치 회로의 단선

㉶ 스로를 위치 센서 고장시 결과
㉠ 가속시 출력이 저하된다.
㉡ 대시포트 기능이 불량하다.
㉢ 자동 변속기에서 변속시기가 틀려진다.
㉣ 연비가 저하된다.
㉤ 불규칙한 공전상태가 된다.

㉷ 모터 위치 센서 고장시 결과
㉠ 엔진에 부하를 걸면 엔진 회전수가 불안정 된다.
㉡ 엔진 회전이 헌팅 상태가 된다.
㉢ 시동은 가능하나 공전상태에서 정지한다.

㉸ ISC - Motar 고장시 결과
㉠ ECU가 공전속도 제어를 하지 못한다.
㉡ 엔진이 정지되거나 진동이 발생된다.
㉢ 모터 위치 센서의 출력 변화가 없다.

㉹ Isc - Motor출력이 규정보다 맞지 않는다.
㉠ 공전속도의 조정 불량
㉡ 스로틀 밸브의 카본 퇴적
ⓒ 흡기 다기관으로 공기의 누설
㉣ EGR 밸브 체결 볼트 이완
㉤ 혼합기의 불완전 연소

㉺ 수온 센서 고장시 결과
㉠ 공전속도가 불안정하다.
㉡ 워밍업시에 검은 연기 배출
㉢ CO 및 HC증가

㉮ TDC센서 고장시 결과
㉠ 공전속도가 불안정 하다.
㉡ 엔진이 정지된다.
㉢ 가속시 출력이 저하된다.

㉯ 인젝터 고장시 결과
㉠ 공전시 엔진 진동 또는 엔진 정지
㉡ 가속시 출력이 저하된다.
㉢ 엔진의 시동이 되지 않는다.

㉰ 인젝터의 고장 원인
㉠ 엔진 크랭킹시 인젝터가 작동치 않는다.

ⓐ ECU 회로의 불량
ⓑ 컨트롤 릴레이 불량
ⓒ 크랭크각 센서 및 TDC 센서 불량

ⓛ 인젝터 구동시간이 틀리다.
ⓐ 불완전한 연소가 된다.
ⓑ EGR 체결 볼트 이완
ⓒ 엔진의 과대한 회전 저항

㉱ ECU 전원이 공급되지 않는 원인
㉠ 컨트롤 릴레이 불량
㉡ EUC 접지 불량
㉢ 점화 스위치 불량
㉣ 회로의 불량

㉲ 연료 펌프에 전원 공급이 안된다.
㉠ 점화 스위치가 불량하다.
㉡ 컨트롤 릴레이가 불량하다.
㉢ 회로의 불량

(3) 엔진이 시동되지 않는다.
㉮ 축전지 전압이 낮을 때
㉯ ECU에 전원이 공급되지 않을 때
㉰ 스로틀 위치 센서의 조정 불량
㉱ ISC 서보의 불량
㉲ 연료 펌프에 전원이 공급되지 않을 때
㉳ 연료 펌프가 불량할 때
㉴ 점화 스위치가 불량할 때
㉵ 파워 트랜지스터가 불량할 때
㉶ 컨트롤 릴레이가 불량할 때
㉷ 점화 코일이 불량할 때
㉸ 크랭크각 센서가 불량할 때
㉹ 인젝터가 불량할 때

(4) 파워트랜지스터 고장시 결과
㉮ 엔진 시동성 불량 또는 시동불가 (크랭킹은 가능하다)
㉯ 공회전시 엔진 부조 현상
㉰ 공회전 또는 주행 중 시동이 꺼짐
㉱ 주행시 가속력이 저하된다.
㉲ 연료 소모가 많다.

# 제2장 전기

## 2-1. 축전지의 점검

(1) 축전지 커버의 청소
전해액은 묽은 황산이므로 알칼리성 용액으로 암모니아수나 베이킹 소다로 닦아낸다.

(2) 축전지의 충전불량 원인
㉮ 극판의 설페이션 현상
㉯ 전압조정기의 전압조정이 낮을 때
㉰ 충전회로가 접지되었을 때
㉱ 발전기에 고장이 있을 때
㉲ 발전조정기에 고장이 있을 매
㉳ 축전지가 노후 되었을 메
㉴ 전기의 사용량이 많을 때

(3) 축전지의 설패이션 원인
㉮ 과방전하였을 때
㉯ 극판이 단락되었을 때
㉰ 전해액의 비중이 너무 높거나 낮을 때
㉱ 전해액의 부족으로 극판이 노출되어 있을 때
㉲ 전해액에 불순물이 혼입되었을 때
㉳ 불충분한 충전을 반복하였을 때

(4) 축전지의 상태 판정
㉮ 부하를 걸고 전압을 측정하여 판정(50할 때)
㉠ 경부하 시험 : 전조등을 점등한 상태에서 측정한다. 셀전압이 1.95[V] 이상일 것. 각 셀의 전압차는 0.05[V] 이내일 것
㉡ 중부하 시험 : 용량 시험기를 이용하여 측정한다. 축전지 용량 3배의 전류로 15초 동안 방전 후 9.6[V] (12[V] 용)

㉯ 전해액의 비중을 측정하여 판정 (양호할 때)
㉠ 100% 충전 상태 ; 1.260 이상
㉡ 충전 상태 : 1.210 ~ 1.259
㉢ 50% 충전 상태 : 1.150 ~ 1.209
㉣ 25% 충전 상태 : 1.100 ~ 1.149

(5) 축전지의 과충전 원인
㉮ 충전 전압이 높을 때

㉯ 전해액의 온도가 높을 때
㉰ 전해액의 비중이 높을 때
㉱ 발전 조정기의 결함이 있을 때
㉠ 결과
ⓐ 양쪽 단자 목의 셀커버가 볼록하게 부풀어 있다.
ⓑ 축전지에 지나치게 자주 물을 부어야 한다.
ⓒ 양극판 격자가 산화된다.
ⓓ 전해액이 갈색을 나타낸다.

(6) 축전지가 쇠약하게 되는 원인
㉮ 발전기 또는 조정기의 결함이 있을 때
㉯ 지나치게 과부하가 걸려 있을 때
㉰ 자기 방전이 너무 심할 때
㉱ 축전지 케이블의 연결이 불량할 때
㉲ 충전 전압이 낮을 때

(7) 축전지 케이스 균열의 원인
㉮ 축전지가 헐겁게 설치되었을 때
㉯ 축전지 설치 클램프를 과도하게 죄었을 때
㉰ 축전지가 동결되었을 때
㉱ 결과 : 균열된 셀 주위에 많은 부식이 발생된다.

(8) 축전지 설치 및 탈착
㉮ 축전지 설치 : 절연 케이블 (+)을 먼저 연결하고 나중에 접지 케이블(-)을 연결한다.
㉯ 축전지 탈착 : 접지 케이블을 먼저 제거하고 나중에 절연 케이블을 제거한다.

(9) 축전지의 용량 시험시 주의할 점
㉮ 축전지 전해액이 옷에 묻지 않도록 할 것
㉯ 기름 묻은 손으로 시험기를 조작하지 말 것
㉰ 부하 전류는 용량의 3배 이상으로 조정하지 말 것
㉱ 부하 시간은 15초 이상으로 하지 말 것

(10) 축전지의 점검 항목
㉮ 전해액 량을 정기적으로 점검할 것 (극판위 : 10 ~ 13㎜).
㉯ 전해액의 비중을 정기적으로 점검할 것 (1.200 이하시 즉시 보충전).
㉰ 케이스의 설치 상태와 양 케이블의 설치 상태를 정기적으로 점검할 것.
㉱ 축전지의 단자와 커버 윗면을 깨끗이 유지할 것.
㉲ 연속적으로 큰 전류를 방전시키지 않을 것.
㉳ 기동전동기를 10초 이상 연속 사용하지 말 것.
㉴ 축전지를 사용하지 않을 때에는 15일마다 보충전 할 것.

## 2-2. 기동 전동기 점검

(1) 기동 전동기의 무부하 시험시 준비 부품
㉮ 전류계
㉯ 전압계
㉰ 가변저항
㉱ 축전지
㉲ 회전계

(2) 기동 전동기 시험 결과
㉮ 정상일 때
㉠ 회전력이 규정 값일 때
㉡ 전류의 흐름이 규정 값일 때
㉢ 무부하 회전속도가 규정 값일 때

㉯ 회전속도가 낮고 많은 전류가 흐르며 회전력이 작은 원인
㉠ 베어링이 너무 죄어 있거나 오손 또는 마멸 되었을 때
㉡ 전기자 축이 휘었거나 전기자가 계자철심에 닿았을 때
㉢ 전기자코일 또는 계자코일이 접지 되었을 때
㉣ 전기자 코일이 단락 되었을 메

㉰ 전류가 많이 흐르지만 작동되지 않을 때의 원인
㉠ 스위치 단자 또는 계자 코일이 단락 되었을 때
㉡ 전기자축 베어링이 고착되었을 때
㉢ 전기자 코일이 접지되었을 때

㉱ 전류가 흐르지 않는 원인
㉠ 계자 코일이 개회로(단선) 되었을 때
㉡ 전기자 코일이 개회로(단선) 되었을 때
㉢ 브러시 스프링의 피로 및 절손 되었을 때
㉣ 브러시의 마모 및 정류자 마이카가 높을 때
㉤ 정류자가 오손되었을 때

㉲ 무부하 속도와 회전력이 낮고 전류 흐름이 적은 원인
㉠ 계자 코일이 개회로
㉡ 내부저항이 클 때 (접촉 불량)

(3) 그로울러 시험기로 시험할 수 있는 사항
㉮ 전기자 코일의 개회로 시험
㉯ 전기자 코일의 단락 시험

㉰ 전기자 코일의 접지 시험

(4) 브러시의 교환 시기
사용 중인 브러시가 본래 길이의 1/3이상 마멸되면 교환하여야 한다.

(5) 기동 전동기의 전압 강하
전압 강하는 0.2[V]이하 이어야 하며 이상인 경우는 접촉 불량, 케이블 불량, 접속부의 오물 등이 그 원인이 된다.

(6) 기동전동기 성능시험 항목
㉮ 무부하 시험
㉯ 회전력 시험
㉰ 저항 시험

(7) 기동 전동기 점검과 수정하여야 할 곳
㉮ 전기자 축 부싱의 마멸 여부
㉯ 전기자 축의 휨 상태
㉰ 전기자 코일의 단락, 단선, 접지 여부
㉱ 정류자의 마멸 상태
㉲ 브러시 마멸과 브러시 스프링의 피로
㉳ 계자 코일의 단선, 접지 여부
㉴ 피니언 기어와 오버 런닝 클러치
㉲ 솔레노이드 스위치 고장 유무

(8) 계기의 코일 접속
㉮ 전류계 : 샨트 코일과 전류계 코일은 병렬접속
㉯ 전압계 : 샨트 코일과 전압계 코일은 직렬접속

(9) 기동 전동기가 회전되지 않는 원인
㉮ 축전지가 방전되었을 때
㉯ 회로의 단선 또는 접속 불량일 때
㉰ 축전지 전압이 낮을 때
㉱ 솔레노이드 스위치 접촉이 불량할 때
㉲ 솔레노이드 홀드 인 코일의 단선
㉳ 솔레노이드 풀인 코일의 단선
㉴ 정류자와 브러시 접촉 불량

(10) 기동전동기의 회전이 느린 원인
㉮ 축전지 과방전으로 전압이 낮을 때
㉯ 축전지 용량으로 전압이 낮을 때
㉰ 축전지 케이블이 접촉 불량일 때

㉣ 브러시가 접촉 불량일 때
㉤ 정류자가 소손되었을 때
㉥ 계자코일이 단락되었을 때
㉦ 브러시 스프링 장력이 약할 때
㉧ 전기자 코일이 접지되었을 때
㉮ 전기자축 부싱이 마모되었을 때

(11) 기동 전동기는 회전되지만 피니언 기어가 링 기어에 물리지 않는 원인
㉮ 피니언 기어의 심한 마모
㉯ 오버런닝 클러치가 공회전될 때
㉰ 플라이휠 링기어의 마모
㉱ 스플라인 및 부싱의 마모
㉲ 시프트 레버 고정 볼트 및 핀의 절손

(12) 기동 전동기가 정지되지 않는 원인
㉮ 솔레노이드 스위치가 고착되었을 때
㉯ 피니언 기어 백래시가 적을 때
㉰ 점화 스위치의 불량

(13) 기동 전동기가 정상 회전하지만 엔진이 시동되지 않은 원인
㉮ 점화장치의 고장
㉯ 연료 계통의 고장
㉰ 엔진의 압축압력이 부족할 때
㉱ 밸브 타이밍이 맞지 않을 때

## 2-3. 축전지식 점화장치 고장 점검

(1) 단속기 점점 소손의 원인
㉮ 단속기 접점의 얼라이닝이 잘 되어 있지 않다.
㉯ 단속기 접점의 간극이 너무 좁다.
㉰ 축전기의 용량이 부적당하다.
㉱ 접점의 접촉 불량
㉲ 단속기 접점에 오일이 묻어 있다.

(2) 점화시기가 지나치게 빠를 경우 일어나는 현상
㉮ 엔진의 노킹 현상이 발생된다.
㉯ 엔진의 동력이 감소된다.
㉰ 커넥팅 로드 및 크랭크축에 변형이 생긴다.
㉱ 역압이 심할 경우 피스톤 헤드 등이 파손된다.

(3) 점화시기가 너무 늦을 경우 일어나는 현상
㉮ 엔진의 동력이 감소된다.
㉯ 연료의 소비량이 증대된다.
㉰ 엔진이 과열된다.
㉱ 배기 통로에 다량의 카본이 퇴적된다.
㉲ 실린더 벽의 윤활유가 연소 소비된다.

(4) 스파크 플러그의 교환 시기
㉮ 스파크 플러그는 일반적으로 주행 16,000Km마다 교환한다.
㉯ 스파크 플러그는 일반적으로 주행 4,500 ~ 8,000km 마다 청소, 점검, 간극 조정을 하여야 한다.

(5) 스파크 플러그의 조이기 토크
㉮ 나사직경 18mm : 3 ~ 4 Kg·m
㉯ 나사직경 14mm : 2.0 ~ 2.5 Kg·m
㉰ 나사직경 12mm : 1.5 ~ 2.0 Kg·m
㉱ 나사직경 10mm : 1.0 ~ 1.5 Kg·m

(6) 단속기 아암의 러빙블륵이 마모되면 일어나는 현상
㉮ 접점 간극이 적게 된다.
㉯ 점화시기가 늦게 된다.
㉰ 1차 전류의 흐름 시간이 길어진다.
㉰ 점화 코일이 발열한다.
㉲ 접점이 소손된다.

(7) 단속기 아암 스프링 장력이 약할 때 일어나는 현상
엔진이 고속회전에서 채터링 현상이 발생되어 실화가 발생한다.

(8) 단속기 아암 스프링 장력이 너무 새면 접점의 압력이 높게 되어 러빙블록이나 캠의 마멸이 촉진된다.

(9) 1차 저항의 역할
㉮ 접점의 소손을 방지한다.
㉯ 점화 코일의 과열을 방지한다.
㉰ 점화 코일의 온도에 의한 성능저하를 방지한다.

(10) 고압 자석식 점화장치의 특징
㉮ 소형이며 경량이다.
㉯ 전원용 축전지가 필요 없다.
㉰ 저속 회전시에 점화 불꽃이 약하다.
㉱ 점화시기 조정 범위가 좁다.

(11) 축전기의 시험 항목
㉮ 축전기의 누설 시험
㉯ 축전기의 용량 시험
㉰ 축전기의 직렬저항 시험

(12) 접점 간극이 클 때 일어나는 현상
㉮ 캠각이 작아진다.
㉯ 점화시기가 빨라진다.
㉰ 점화 코일에 흐르는 1차 전류가 작다.
㉱ 고속에서 실화가 발생한다.

(13) 초기 점화시기 조정
㉮ 크랭크축 풀리에 있는 표시를 제자리에 맞춘다.
㉯ 타이밍 라이트를 사용하여 조정한다.
㉰ 엔진을 공회전 시키면서 조정한다.
㉰ 점화 시기가 빠르면 배전기 하우징을 로터 회전 방향으로 돌려서 조정한다.
㉲ 점화 시기가 늦으면 배전기 하우징을 로터 회전 반대 방향으로 돌려서 조정한다.

(14) 스파크 플러그 간극 측정
㉮ 와이어형 두께 게이지를 사용하여 측정한다.
㉯ 간극이 크면 접지전극을 구부려 조정한다.

(15) 접점간극이 적을 때 일어나는 현상
㉮ 캠각이 커진다.
㉯ 점화시기가 늦어진다.
㉰ 점화 초기에 1차 전류 흐름 시간이 길다.
㉱ 점화 코일이 발열한다.

## 2-4. 반도체 점화장치의 고장진단

(1) 엔진이 크랭킹은 되나 시동이 되지 않는 원인
㉮ 부정확한 점화 시기
㉯ 점화 코일의 결함
㉰ 파워 트랜지스터의 결함
㉱ 배전기의 결함
㉲ 2차 고압 케이블의 결함
㉳ 스파크 플러그의 결함
㉴ 점화 1차회로 결함

(2) 아이들링이 불안정한 원인
㉮ 스파크 플러그의 결함
㉯ 점화 배선의 결함
㉰ 부정확한 점화시기
㉱ 점화 코일의 결함
㉲ 파워 트랜지스터의 결함
㉳ 고압 케이블의 결함

(3) 엔진의 회전이 불안정한 원인
㉮ 스파크 플러그 결함
㉯ 부정확한 점화시기 결함
㉰ 고압 케이블의 결함

(4) 점화 계통에 의한 과열의 원인 : 부정확한 점화시기

(5) 주행 연비의 불량 원인
㉮ 스파크 플러그 결함
㉯ 부정확한 점화시기

(6) 점화 코일의 불량 원인
㉮ 엔진 시동성 불량
㉯ 엔진 시동이 걸리지 않는다(단 크랭킹은 가능).
㉰ 엔진 공회전시 부조현상 발생

(7) 파워 트랜지스터의 불량
㉮ 엔진 시동성 불량
㉯ 연료 소모가 많다.
㉰ 주행시 가속력이 저하된다.
㉱ 공회전시 엔진 부존현상 발생
㉲ 엔진 시동이 안됨 (단 크랭킹은 가능)

## 2-5. 충전 장치 고장 점검

(1) 충전 장치의 취급상 주의사항
㉮ 접지 극성에 주의할 것
㉯ 점화 스위치를 분명히 조작할 것
㉰ B단자를 풀어 놓은 채 고속회전하지 말 것
㉱ B단자와 F단자를 접지 시키지 말 것
㉲ 모터링 테스트를 하지 말 것
㉳ 급속 충전시 주의할 것

㉳ 발전기에 물이 묻지 않도록 할 것

(2) 충전이 잘 되지 않는 원인
㉮ 전압 조정기의 회로 불량
㉯ 구동 벨트의 장력이 약할 때
㉰ 부싱 및 슬립 링의 불량
㉱ 브러시와 슬립 링의 접촉 불량
㉲ 로터 코일의 개회로
㉳ 충전 회로의 개회로
㉳ 스테이터 코일의 개회로
㉲ 다이오드의 개회로

(3) 충전 비율이 낮고 충전 경고등이 불안정할 때의 원인
㉮ 구동 벨트의 장력이 약해져 있다.
㉯ 축전지 터미널의 높은 저항이 있다.
㉰ 충전회로에 높은 저항이 있다.
㉱ 접지선에 높은 저항이 있다.
㉲ 스테이터 코일이 단락 되었다.

(4) 발전기 출력이 낮고 축전지 전압이 낮을 때 원인
㉮ 충전회로에 높은 저항이 있을 때
㉯ 조정 전압이 낮을 때
㉰ 다이오드의 단락 및 단선이 되었을 때
㉱ 스테이터 코일이 단락 되었을 때

(5) 축전지가 과충전 되는 원인
㉮ 조정전압이 높을 때
㉯ 전압조정기 코일이 단선 되었을 때
㉰ 조정기의 접지가 불량할 때

(6) 발전기에서 소음이 발생되는 원인
㉮ 발전기 설치 볼트가 이완되었을 때
㉯ 구동 벨트의 장력이 약하다.
㉰ 베어링의 불량
㉱ 다이오드 및 스테이터 코일의 단선

## 2-6. 등화 장치의 고장 원인

(1) 전조등의 조도가 부족한 원인
㉮ 렌즈 안팎에 물방울이 부착되었을 때

㉯ 반사경이 흐려졌을 때
㉰ 전구의 설치 위치가 바르지 않았을 때
㉱ 전구의 장기간 사용에 의한 열화
㉲ 전조등 설치부 스프링의 피로

(2) 전조등의 주광축이 틀려지는 원인
㉮ 전조등 설치부 스프링의 피로
㉯ 타이어 공기압이 부적당할 때
㉰ 테스터 앞면과 차량중심이 직각을 이루지 않을 경우

(3) 좌우 방향 지시등의 점멸 회수가 다르거나 한쪽만 작동될 때 원인
㉮ 전구의 용량이 다를 때
㉯ 접지가 불량할 때
㉰ 전구 하나가 단선 되었을 때

(4) 좌우 방향지시등의 점멸이 느린 경우의 원인
㉮ 전구의 용량이 규정 용량보다 작다.
㉯ 축전지 용량이 저하되었을 때
㉰ 플레셔 유닛에 결함이 있다.

(5) 좌우 방향 지시등의 점멸이 빠른 경우의 원인 : 전구의 용량이 규정보다 크다.

# 제3장 섀시

## 3-1. 동력전달장치의 정비

(1) 클러치의 고장

㉮ 클러치 면(라이닝)의 리벳 헤드 깊이가 0.3mm이하이면 라이닝이 접촉되었을 때 플라이휠 및 압력판 면에 상처를 일으킬 염려가 있게 되므로 교환하여야 한다.

㉯ 클러치 스프링의 점검
㉠ 직각도 : 100mm에 대하여 3%이상 변형된 것은 교환한다.
㉡ 장 력 : 규정 스프링 장력의 15%이상 감소시 교환
㉢자유고 : 표준 길이의 3%이상 감소시 교환

㉰ 클러치가 미끄러지는 원인 (주행 중 급가속 하였을 때 엔진의 회전은 상승하여도 차속이 증속되지 않는 원인)
㉠ 클러치 스프링의 자유고가 감소되었다.
㉡ 클러치 패달의 자유유격이 작다.
㉢ 클러치판에 오일이 묻어 있다.
㉣ 클러치 면 또는 압력판의 마모
㉤ 릴리스 레버의 조정이 불량하다.

㉱ 클러치의 차단 불량 원인(변속기 기어가 잘 들어가지 않는 원인)
㉠ 클러치 페달의 자유유격이 크다.
㉡ 릴리스 포크가 마모되었다.
㉢ 릴리스 실린더의 피스톤 컵이 손상되었다.
㉣ 클러치판의 런 아웃이 크다.
㉤ 클러치 축 파일럿 베어링이 마모되었다.
㉥ 클러치 축의 스플라인이 마모되었다.

㉲ 출발 시에 진동하는 원인
㉠ 라이닝의 경화 및 부분적인 오일이 묻어 있다.
㉡ 비틀림 스프링의 쇠약
㉢ 릴리스 레버의 높이가 서로 상이하다.
㉣ 압력판 및 플라이휠의 변형

㉳ 클러치 면에 오일이 묻은 원인
㉠ 크랭크 축 및 입력축 오일실이 불량하다.
㉡ 엔진 또는 변속기 오일 과다 주입
㉢ 릴리스 베어링 및 파일럿 베어링의 그리스 누설

㉳ 엔진 공전운전 또는 클러치 접속시 소음이 발생되는 원인
㉠ 라이닝 베어링의 마모
㉡ 클러치 입력축 허브 스플라인의 마모
㉢ 릴리스 베어링의 마모
㉣ 클러치 페달 부싱의 마모

(2) 변속기의 고장
㉮ 부축의 축방향 유격 측정은 한쪽 끝을 드라이버로 밀고 다른 쪽 끝에 생기는 간극을 필러게이지로 측정아고 조정은 드러스트 와셔로 한다.
㉯ 주행중 기어가 빠지는 원인
㉠ 허브 및 슬리브의 마모
㉡ 로킹 볼 스프링의 쇠손
㉢ 주축의 베어링 마모
㉣ 기어의 과대 마모
㉤ 기어 시프트 포크의 마모

㉰ 변속기에서 소리가 나는 원인
㉠ 기어오일의 양이 부족하거나 오일의 불량
㉡ 기어 또는 베어링이 마모되었다.
㉢ 주축 스플라인의 마모
㉣ 트랜스 액슬 및 엔진 마운팅의 헐거움
㉤ 각 기어의 축방향 유격이 클 때

㉱ 기어 변속이 잘 안되는 원인
㉠ 클러치 페달의 자유유격이 크다 (차단불량)
㉡ 릴리스 실린더가 불량하다.
㉢ 클러치 디스크의 런 아웃 과대
㉣ 입력축 스플라인의 마모

㉲ 싱크로 나이저링의 고장이 발생되면 기어 변속시에 소음이 발생된다.

㉳ 기어 변속시에 소음이 난다.
㉠ 페달 자유 유격이 크다.
㉡ 클러치 디스크 런아웃 과대
㉢ 클러치 유압 계통 유일 누출
㉣ 싱크로나이저 링 마멸

(3) 자동 변속기 고장
㉮ 오일의 압력이 너무 낮다.
㉠ 오일 휠터의 막힘
㉡ 릴리프 밸브 스프링 장력이 약하다.

㉢ 오일펌프의 마모
㉣ 밸브 보디의 조임부가 풀림

㉯ 감압이 부적당하다.
㉠ 감압회로의 휠터 막힘
㉡ 감압밸브가 고착되었다.
㉢ 밸브 보디의 조임부가 풀림

㉰ 킥 다운 브레이크 압력이 부적당하다
㉠ 킥다운 서보 피스톤의 링 및 시일링의 불량
㉡ 밸브 보디의 조임부가 풀림
㉢ 밸브 어셈블리의 기능이 불량

㉱ 프론트 클러치 압력이 부적당하다.
㉠ 킥다운 서보 피스톤 링 및 시일링의 마모
㉡ 밸브 보디 장착 볼트의 풀림
㉢ 밸브 어셈블리의 기능 불량
㉣ 프론트 클러치 피스톤, 리테이너 마모

㉲ 리어 클러치 압력이 부적당하다.
㉠ 피스톤 링 및 시일링의 마모
㉡ 밸브 보디 초임부가 풀림
㉢ 밸브 보디 어셈불리 불량

㉳ 프론트 리어 브레이크 압력이 부적당하다.
㉠ 밸브 보디와 트랜스 액슬 사이의 0링의 손상
㉡ 밸브 조임부가 풀림
㉢ 밸브 보디 어셈블리 불량
㉣ 프론트 리어 브레이크 링 및 리테이너 불량

㉴ 토크 컨버터의 압력이 부적당하다.
㉠ 댐퍼 클러치 조절 솔레노이드 밸브 고착
㉡ 댐퍼 클러치 조절 밸브 고착
㉢ 오일 쿨러 파이프 막힘 또는 누유
㉣ 입력축 시일링 손상
㉤ 토크 컨버터의 기능 불량

(4) 추진축의 고장
㉮ 추진축 회전시에 진동의 원인
㉠ 중간 베어링의 마모
㉡ 추진축의 휨 ( V블록과 다이얼 게이지로 측정 )

㉢ 십자축 베어링의 마모
㉣ 요크의 방향이 다르다.
㉤ 밸런TM 웨이트가 떨어졌다.

㉯ 추진축이 진동하는 원인
㉠ 요크 방향이 다르다.
㉡ 밸런스 웨이트가 떨어졌다.
㉢ 중간 베어링이 마모되었다.
㉣ 추진축이 휘었다.
㉤ 십자축 베어링이 마모되었다.

(5) 종감속 기어의 고장
㉮ 차동기에서 열이 발생하는 원인
㉠ 구동 피니언과 링기어의 백래시가 너무 작다.
㉡ 사이드 베어링의 조임이 과도하다.
㉢ 윤활유의 량이 부족하다.

㉯ 커브를 회전할 때에만 소음이 나는 원인
㉠ 차동 피니언 기어와 사이드 기어 백래시 과대
㉡ 차동 피니언 드러스트 와셔가 너무 짧다.

㉰ 직진 주행시 소음이 발생되는 원인
㉠ 구동 피니언의 축방향 유격이 크다.
㉡ 구동 피니언과 링기어의 백래시 과대
㉢ 구동 피니언과 링기어의 휠 접촉이 심하다.

㉱ 구동 피니언 기어의 프리로드를 두는 목적
㉠ 베어링의 초기 마모, 기타 부분의 길들임에 의하여 조기에 유격이 크게 되지 않도록 하여 베어링의 수명을 확보
㉡ 피니언이 축방향으로 이동하는 양을 최소한으로 하기 위해

㉲ 링기어의 심한 페이스 접촉 수정 방법
㉠ 구동 피니언을 안쪽으로 이동
㉡ 링기어를 바깥쪽으로 이동
㉢ 링기어의 페이스 접촉은 백래시가 큰 경우로 소음이 발생되고 기어 끝부분이 마모 손상되기 쉽다.

㉳ 링기어의 심한 플랭크 접촉 수정 방법
㉠ 구동 피니언을 바깥쪽으로 이동
㉡ 링기어를 안쪽으로 이동
㉢ 링기어의 플랭크 접촉은 백래시가 적은 경우로 열이 발생되고 끝부분의 마모로 인하여

턱이 생기기 쉽다.

㉳ 링기어의 드라이브 사이드와 코스트 사이드가 모두 휠 접촉일 때 수정 방법
㉠ 구동 피니언의 위치는 수정할 필요 없다.
㉡ 링기어만 안쪽으로 이동
㉢ 드라이브 사이드는 링기어가 구동 피니언에 의해 밀려지는 면을 말하며 코스트 사이드는 뒷면을 말한다.

㉴ 링기어의 드라이브 시이드와 코스트 사이드가 모두 토우 접촉일 때 수정 방법
㉠ 구동 피니언의 위치는 수정할 필요가 없다.
㉡ 링기어만 바깥쪽으로 이동하여 수정한다.

㉵ 링기어의 드라이브 사이드가 휠에 접촉되고 코스트 사이드가 토우 접촉될 때 수정 방법
㉠ 구동 피니언 기어를 안쪽으로 이동하여 수정
㉡ 링기어의 위치는 수정할 필요가 없다.

㉶ 링기어의 드라이브 사이드가 토우 접촉되고 코스트 사이드가 휠 접촉될 때 수정 방법
㉠ 구동 피니언 기어를 바깥쪽으로 이동하여 수정
㉡ 링기어의 위치는 수정할 필요가 없다.

(6) 액슬축 및 허브의 고장
㉮ 자동차가 한쪽으로 쏠린다.
㉠ 액슬축 볼 조인트의 마모
㉡ 휠 허브 베어링의 마모
㉢ 현가장치 및 조향장치의 결함.

㉯ 자동차가 진동을 발생한다.
㉠ 액슬축 볼 조인트의 마모
㉡ 액슬축이 휘었을 때
㉢ 휠 허브 베어링의 마모

㉰ 과도한 소음이 발생한다.
㉠ 액슬축의 굽음 및 볼 조인트 마모
㉡ 휠 허브 베어링의 마모
㉢ 액슬축 스플라인의 마모

## 3-2. 현가 장치의 고장진단

(1) 조향조작이 어렵다.
㉮ 컨트롤 암 볼 조인트의 과도한 저항
㉯ 타이어 공기압이 부족하다.

(2) 승차감이 불량하다.

㉮ 전차륜 정렬 부정확

㉯ 쇽업소버의 작동불량

㉰ 스테빌라이저 마모 혹은 파손

㉱ 코일 스프링의 마모 및 파손

㉲ 컨트롤 암 부싱의 마모

(3) 조향 핸들이 불안정하다.

㉮ 전차륜 정렬 불량

㉯ 컨트롤 암 볼 조인트 마모

㉰ 컨트롤 암 부싱 마모

(4) 차량이 한쪽으로 쏠린다.

㉮ 전차륜 정렬 불량

㉯ 컨트롤 암 볼 조인트 과도한 저항

㉰ 코일 스프링의 피로 덴 절손

㉰ 컨트롤 암의 굽음

(5) 조향 핸들이 흔들린다.

㉮ 전차륜 정렬 불량

㉯ 컨트롤 암 볼 조인트 마모

㉰ 스테빌라이저 마모 및 절손

㉱ 컨트롤 암 부싱 마모

㉲ 쇽업소버 작동 불량

㉳ 코일 스프링 피로 및 절손

(6) 차량이 내려 앉는다.

㉮ 코일 스프링의 절손 및 피로

㉯ 쇽업소버의 불량

(7) 타이어에 편마모가 발생된다.

㉮ 전차륜 정렬이 불량하다.

㉯ 타이어 공기압이 부적당하다.

㉰ 기능 불량

## 3-3. 조향 장치의 고장

(1)조향핸들의 유격이 크게 되는 원인

㉮ 조향 기어의 조정 불량 및 마모

㉯ 조향 링키지의 볼 이음 접속부의 헐거움

㉰ 조향 링키지의 볼 이음 마모

㉱ 조향 너클 베어링 (허브 베어링)의 마모
㉲ 조향 너클암의 헐거움

(2) 조향 핸들조작이 무겁게 되는 원인
㉮ 타이어 공기압이 낮다.
㉯ 타이어의 규격이 크다.
㉰ 윤활유의 불량 또는 윤활유가 불충분하다.
㉱ 조향기어 백래시가 작다.
㉲ 현가장치의 컨트롤 암이 비틀려졌다.
㉳ 조향너클이 휘어 있다.
㉴ 프레임이 휘어 있다.
㉲ 부의 캐스터가 심하다.

(3) 제동시 조향 핸들이 한쪽으로 쏠리는 원인
㉮ 타이어 공기압이 불균일하다.
㉯ 브레이크 드럼 간극이 불균일하다.
㉰ 브레이크 라이닝에 먼지나 오일이 묻어 있다.
㉱ 캐스터가 불평등하다.
㉲ 조향 너클이 휘어 있다.
㉵ 현가 스프링이 쇠약 또는 절손되었다.
㉴ 스테빌라이저가 절손 되었다.

(4) 주행 중 조향 핸들이 한쪽으로 쏠리는 원인
㉮ 타이어 공기압이 불균등하다.
㉯ 브레이크 조정이 불량하다.
㉰ 앞바퀴 정렬이 불량하다.
㉱ 현가 스프링이 절손 또는 쇠약하다.
㉲ 앞차축 프레임이 휘었다.
㉳ 현가 암이 휘었다.
㉴ 양쪽 축거가 다르다.
㉱ 쇽업소버의 작동 불량
㉮ 휠 허브 베어링의 마모.

(5) 조향 핸들에 충격을 느끼는 원인
㉮ 타이어 공기압이 너무 높다.
㉯ 앞바퀴 정렬이 불량하다.
㉰ 바퀴의 정적평형이 잡혀 있지 않다.
㉱ 조향기어의 조정이 불량하다.
㉲ 드래그 링크의 스프링 장력이 불량

(6) 저속 시미의 원인
㉮ 바퀴가 변형되었다.
㉯ 앞바퀴 공기압이 부족 또는 균일하지 않다
㉰ 조향 기어의 마모 또는 백래시가 크다.
㉱ 조향 링키지의 마모
㉲ 쇽업소버의 작동 불량
㉳ 앞 스프링의 쇠약 또는 절손되었다.
㉴ 앞바퀴 정렬이 불량하다.

(7) 고속 시미의 원인
㉮ 프레임의 쇠약, 균열, 절손
㉯ 앞 보디 설치 볼트의 헐거움 또는 절손
㉰ 앞바퀴의 정적 불평형
㉱ 추진축의 굽음
㉲ 자재이음의 마모 또는 급유 부족

## 3-4. 동력 조향 장치의 고장 원인

(1) 동력조향 핸들이 무겁다
㉮ 호스나 부품속에 공기가 들어 있다.
㉯ 유압이 낮다.
㉰ 타이어 공기압이 너무 낮다.
㉲ V벨트가 미끄러진다.
㉲ 오일 수준이 낮다.
㉳ 제어 밸브가 고착되었다

(2) 동력 조향 핸들의 복원이 잘 안된다.
㉮ 오일펌프 축 베어링이 손상되었다.
㉯ 오일 압력 조절 밸브가 손상되었다.
㉯ 호스가 비틀리거나 손상되었다.
㉰ 피니언 베어링이 손상되었다.
㉲ 타이로드 및 볼 조인트 손상
㉳ 기어 박스와 크로스 맴버의 체결이 풀림

(3) 오일펌프에서 소음이 발생된다.
㉮ 오일이 부족하다.
㉯ 오일 내에 공기가 유입된다.
㉰ 펌프의 설치 볼트가 풀림

(4) 랙과 피니언에서 덜거덕거리거나 삐거덕거리는 소음이 난다.
㉮ 차체와 호스가 접촉된다.

㉯ 기어 박스 브래킷이 풀림
㉰ 타이로드 엔드 볼 조인트 풀림
㉱ 타이로드 앤드 볼 조인트 마모

## 3-5. 브레이크의 고장

(1) 브레이크 페달을 밟았을 때 소음이 나거나 떨리는 원인
㉮ 백킹 플레이트나 캘리퍼의 설치 불량
㉯ 백킹 플레이트나 캘리퍼의 설치 볼트 이완
㉰ 브레이크 드럼의 불균일한 마모 및 균열
㉱ 디스크의 불균일한 마모 및 균열
㉲ 브레이크 드럼내에 불순물
㉳ 패드나 라이닝의 경화
㉴ 패드의 접촉이 불균일하다.

(2) 브레이크 페달을 밟았을 때 한쪽으로 쏠린다.
㉮ 타이어 공기압이 불 평형일 때
㉯ 브레이크 드럼 간극 조정이 불량할 때
㉰ 한쪽 라이닝에 오일이 묻었을 때
㉱ 앞바퀴 정렬이 불량할 때
㉲ 패드나 라이닝의 접촉 불량

(3) 제동력이 불충분하다.
㉮ 브레이크 오일이 부족할 때
㉯ 브레이크 계통 내에 공기의 혼입
㉰ 브레이크 배력 장치 작동 불량
㉱ 패드 및 라이닝의 접촉 불량
㉲ 패드 및 라이닝에 오일이 묻었을 때
㉳ 라이닝에 패이드 현상이 발생되었을 때
㉴ 브레이크 라인이 막혔을 때
㉵ 프로포셔닝 밸브의 작동 불량
㉶ 마스터 실린더의 오일 누출
㉷ 휠 실린더의 오일 누출

(4) 페달을 놓아도 모든 바퀴에 브레이크가 풀리지 않는다.
㉮ 마스터 실린더 리턴 포트의 막힘
㉯ 마스터 실린더 컵이 부풀었을 때
㉰ 브레이크 페달 자유간극이 적을 때
㉱ 브레이크 페달 리턴 스프링이 불량할 때

(5) 페달의 행정이 크다
㉮ 브레이크 계통에 공기의 혼입
㉯ 브레이크 라인에서 오일이 누출될 때
㉰ 브레이크 드럼이 균열되었을 때
㉱ 브레이크 페달의 자유간극이 크다.

(6) 브레이크가 끌린다.
㉮ 주차 브레이크가 잠겨있다.
㉯ 주차 브레이크 조정이 불량하다.
㉰ 브레이크 페달 자유유격이 작다.
㉱ 브레이크 페달 리턴 스프링의 쇠약
㉲ 브레이크 슈 리턴 스프링의 쇠약
㉳ 마스터 실린더 피스톤 리턴 스프링이 쇠약

(7) 주차 브레이크 성능이 불량하다.
㉮ 브레이크 라이닝의 과대 마모
㉯ 라이닝 면에 그리스나 오일이 묻었을 때
㉰ 주차 브레이크 케이블이 고착되었을 때
㉱ 자동 간극 조정기의 작동 불량
㉲ 주차 브레이크 레버 행정이 과도하다.

(8) ABS 경고등이 점등되며 시동을 껐다가 다시 켤 때까지 계속 점등되어 있다.
㉮ ECU 내부 고장
㉯ ECU 커넥터가 빠졌다.
㉰ ECU의 전압이 7[V]이하로 강하되었을 때

# 5편 과년도 기출문제

# 제1장 자동차 정비 과년도 기출문제

## 1-1. 2001년3월4일 제1회 자동차 정비 + 내연기관

1. 전자제어 연료분사장치 L제트로닉 형식에 사용되는 전기식 연료펌프가 작동되지 않는 경우는?

가) 엔진을 크랭킹 할 때
나) 엔진의 회전속도가 최고 속도 범위를 초과 시
다) 엔진을 정지하고 점화S/W ON 상태
라) 엔진이 부조상태로 지속될 때

2. 어느 자동차의 앞 차축이 사고로 뒤틀어져서 왼쪽 캐스터 각이 0도 , 오른쪽 캐스터 각이 뒤쪽으로 5~6도가 되었다. 조향 중 어떤 현상이 일어나겠는가?

가) 오른쪽으로 끌리는 경향이 있다.
나) 왼쪽으로 끌리는 경향이 있다.
다) 정상적으로 조향이 된다.
라) 도로사정에 따라서 달라진다.

3. 전자제어 엔진에서 연료압력 점검 시 연료압력 조절기 진공호스를 연결하였을 때 연료 압력은 대략 얼마인가?

가) 1.55 Kgf/cm2　　　나) 2.55Kgf/cm2
다)  3.55Kgf/cm2　　　라) 4.55Kgf/cm2

4. 25도C에서 양호한 상태인 100AH 축전지는 300A의 전기를 얼마동안 발생 시킬수 있는가?

가) 5분　나) 10분　다) 15분　라) 20분

5. 동력 조향장치를 장착한 차량이 운행 중 핸들이 한쪽으로 쏠릴 경우의 고장원인 이다. 아닌 것은?

가) 파워 오일펌프 불량
나) 조향기어의 한쪽 피니언 파이프에서 누유
다) 타이어의 편마모
라) 토인 조정불량

6. 전자제어 현가장치 차량에서 목표차고와 실제차고가 다르더라도 차고 조정이 이루어지지 않는 경우는?

가) 기관 시동 직후
나) 커브길 급 선회시
다) 내리막길 주행시
라) 울퉁불퉁한 도로 주행시

7. 매연 측정기 사용법 중 해당되지 않는 항목은?
가) 에어 버튼을 누른다.
나) 표준 가스를 주입한다.
다) 여과지 레버를 아래로 누른후 여과지 장착부에 깨끗한 여과지를 1매를 넣는다.
라) 가속 스위치를 가속페달 위에 올려놓고 힘껏 밟는다.

8. 전자제어 연료분사 차량을 점검할 때 주의할 사항중 옳은 것은?
가) 일부 어떤 배선은 쇼트나 어스되어도 무방하다.
나) 엔진의 시동중에  밧데리 케이블을 분리하면 시동만 불가능할 뿐이다.
다) 시동키 ON상태나 전기부하가 걸린 상태에서 밧데리 케이블을 탈거하지 말 것
라) 점프케이블 연결시 12V이상 용량의 밧데리를 사용한다.

9. 다음은 디젤기관에서 연료 분사량이 부족되는 원인을 든 것이다. 해당되지 않는 것은?
가) 딜리버리 밸브의 접촉이 불량하다.
나) 분사펌프 플런저가 마멸되어 있다.
다) 딜리버리 밸브 시이트가 손상되가 있다.
라) 기관의 회전속도가 낮다.

10.다음 중 아나로그 멀티미터를 사용할 수 없는 부품은?
가) 크랭크각 센서　　나) 산소 센서
다) 모터포지션 센서　　라) 스로틀 포지션 센서

11. 자동차의 제동 장치에 사용되는 부품이 아닌 것은?
가) 리액션 챔버
나) 모듈레이터
다) 퀵 릴리이스 밸브
라) LSPV(Load Sensing Proprtioning Valve)

12. 단판 클러치에서 마찰면의 외경이 24cm 내경이 12cm이고 마찰계수가 0.3이다. 클러치 스프링이 9개이고 1개의 스프링에 각각 32Kg의 장력이 작용하고 있다면 클러치가 전달할 수 있는 최대 토크는 몇 m-kgf인가?
가) 7.78m-kgf　　나) 15.55m-kgf
다) 31.10m-kgf　　라) 62.20m-kgf

13.전자제어 연료분사 방식에서 연료컷 (Fuel cut)영역을 잘 나타낸 것은?
가) 과충전시 연료컷, 감속시 연료컷
나) 고회전시 연료컷, 브레치크시 연료컷
다) 브레이크시 연료컷트, 과충전시 연료컷
라) 감속시 연료컷, 고회전시 연료컷

14. 그림과 같은 기어 변속기에서 감속비는?

가) 6.22

나) 1.78

다) 3.50

라) 2.33

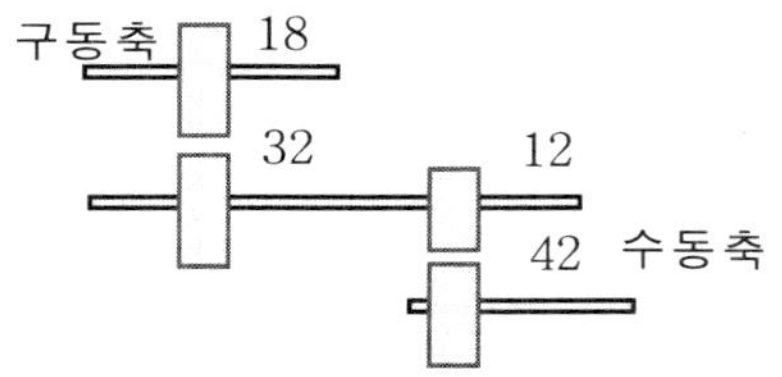


15. 브레이크 페이드현상이 가장 적은 것은?

가) 2리딩 슈우 브레이크

나) 서보 브레이크

다) 디스크 브레이크

라) 넌서보 브레이크

16. 앞 바퀴 구동 수동변속기 설치 차량에서 변속시 기어가 잘 물리지 않을 경우의 고장원인 이다. 부적절한 것은?

가) 컨트롤 케이블의 불량

나) 싱크로나이저링의 마모

다) 싱크로나이저링 스프링의 약화

라) 오일시일 O링 및 가스켓 파손

17. 충전장치 중 IC전압조정기에서 전압을 일정하게 유지하도록 하는 제어 반도체 소자는?

가) 스테이터 　　나) 정류자

다) 브러시 　　라) 제너 다이오드

18. 승객 보호장치 중 에어백 시스템에 관한 정비 작업시 주의할 점으로 옳은 것은?

가) 축전지 전원과는 무관하다

나) 축전지 터미널 설치 상태에서 작업한다.

다) 축전지 (-)터미널 분리후 즉시 작업한다.

라) 축전지 (-)터미널 분리하고 일정 시간후 작업

19. O2센서의 사용상 주의사항을 설명한 것으로 틀린 것은?

가) 무연 가솔린을 사용할 것

나) O2센서의 내부저항을 자주 측정하여 이상유무를 확인 할 것

다) 전압을 측정할 경우에는 디지털 멀티메터를 사용할 것

라) 출력전압을 쇼트시키지 말 것

20. 자동 크루즈 컨트롤 시스템(Auto cruise control system)에서 정속주행 모드가 해제되는 경우이다. 이에 해당되지 않는 경우는?

가) 주행 중 브레이크를 밟을 때
나) 수동 변속기 차량에서 클러치를 차단할 때
다) 자동변속기 차량에서 인히비터 스위치를 P나 N위치에 놓았을 때
라) 자동차 속도가 80Km/h이하일 때

21. 기관내 라디에이터의 구비조건과 관계없는 것은?

가) 냉각수 흐름 저항이 클 것
나) 대류 열전달이 좋을 것
다) 단위면적당 방열량이 클 것
라) 가볍고 강도가 클 것

22. 점화순서가1-3-4-2인 4기통 4행정 사이클 가솔린 기관에서 4번 실린더가 폭발 행정일 때 2번 실린더는 어떤 행정을 하는가?

가) 압축 행정 나) 흡입 행정
다) 폭발 행정 라) 배기 행정

23. 디젤 기관의 연료분사에 대한 요건 중 직접 관계가 없는 것은?

가) 무화 나) 관통성
다) 분포 라) 세탄가

24. 고속 디젤 기관의 기본 사이클에 속하는 것은?

가) Sabathe 사이클 나) 정압 사이클
다) 정적 사이클 라) Brayton 사이클

25. 디젤 기관의 NOx 가스 발생을 억제하려면 어떻게 하여야 하는가?

가) 흡기온도를 높인다.
나) 02의 농도를 낮춘다.
다) 연소온도를 높인다.
라) 반응 시간을 길게 한다.

26. 윤활유의 유압 계통에서 유압이 저하하는 원인이 아닌 것은?

가) 윤활유의 송출량 과대
나) 윤활부분의 마멸량 과대
다) 윤활유 저장량의 부족
라) 윤활유 통로의 파손

27. 피스톤 링의 3대 작용이 아닌 것은?
가) 밀봉작용
나) 냉각작용
다) 오일제어 작용
라) 피스톤 마멸방지 작용

28. 디젤기관의 연소실 중 냉각 손실이 가장 큰 것은 어느 것인가?
가) 와류실식 나) 예연소실식
다) M-연소실식 라) 직접 분사실식

29. 어느 연료 1Kgf의 발열량은 9600kcal이다. 시간당 연료가 18kgf가 소요되고, 발생 열량이 모두 일로 된다면 발생 동력은 몇 PS인가?
가)197.9 나)200.9 다)273.4 라)327.3

30. 석유기관 기화기의 구비조건에 관한 서술로 부적당한 것은 어느 것인가?
가) 주연료와 가솔린의 변환이 용이할 것
나) 전회전 범위에 대하여 기관성능이 균일할 것
다) 연료 액면 변동이 많아서 다량의 연료가 분출 될 것
라) 기화 성능이 양호할 것

31. 가솔린 기관에서 중량비로 경제적인 공연비(公燃比)의 값이 가장 올은 것은?
가) 20:1 나) 12:1 다) 16:1 라)10:1

32. 축전기 점화기관에서 12볼트의 경우 스파크 플러그의 간극으로 가장 적당한 것은?
가) 0.1~0.2mm 나) 0.4~0.5mm
다) 0.9~1.0mm 라) 1.5~2.0mm

33. 실린더수가 4인 기관의 총배기량이 1000cc이고 평균 유효 압력이 10kgf/cm2일 때 1사이클당 하는 일의 양은 약 몇 kgf-m인가?
가) 400 나) 100 다) 150 라) 200

34. 디젤기관의 연소실 중 열효율이 가장 높고 고분사 압력이 필요한 연소실은 다음중 어느 것인가?
가) 예연소실식 나) 와류실식
다) 직접 분사식 라) 공기실식

35. 피스톤기관에서 과급하는 목적에 대하여 가장 적합한 것은?
가) 기관의 출력을 일정하게 한다.
나) 기관의 출력을 증대시킨다.
다) 기관의 회전수를 증가시킨다.
라) 기관의 마찰을 감소시킨다.

36. 가솔린 기관의 노크를 방지하는데 가장 적합하지 않는 것은?

가) 옥탄가가 높은 가솔린을 사용한다.

나) 화염전파 거리가 짧은 연소실로 한다.

다) 화염전파 속도를 빠르게 한다.

라) 기관 냉각수나 흡기의 온도를 높인다.

37. 압력비가 13인 브레이턴 사이클의 열효율은 얼마인가?(단, K=1.4이다.)

가) 48.1% 나) 51.9% 다) 55.9% 라)61.9%

38. 윤활유가 갖추어야 할 조건 중 화학적 성질에 해당하는 것은 어느 것인가?

가) 유 탄소분 나) 점성계수

다) 비중 라) 점도지수

39. 브레이크 암 0.55m의 전기 동력계를 사용하여 교축 밸브를 전개한 상태에서 동력 시험을 하였더니 3000rpm에서 37kgf의 제동하중이 걸렸다. 이 기관의 제동마력은?

가) 42.62[PS] 나) 78.42[PS]

다) 80.42[PS] 라) 85.24[PS]

40. 석유 기관이 가솔린 기관에 비하여 열효율이 낮은 이유 중 가장 옳지 않은 것은?

가) 기화기의 기화상태가 가솔린 보다 낮다.

나) 석유의 발열량이 가솔린보다 낮다.

다) 압축비가 낮다.

라) 실린더의 체적효율이 가솔린 기관보다 나쁘다.

정 답 표

| 1 | 2 | 3 | 4 | 5 | 6 | 7 | 8 | 9 | 10 |
|---|---|---|---|---|---|---|---|---|---|
| 다 | 나 | 다 | 라 | 가 | 나 | 나 | 다 | 라 | 나 |
| 11 | 12 | 13 | 14 | 15 | 16 | 17 | 18 | 19 | 20 |
| 라 | 나 | 라 | 가 | 다 | 라 | 라 | 라 | 나 | 라 |
| 21 | 22 | 23 | 24 | 25 | 26 | 27 | 28 | 29 | 30 |
| 가 | 가 | 라 | 가 | 가 | 가 | 라 | 나 | 다 | 라 |
| 31 | 32 | 33 | 34 | 35 | 36 | 37 | 38 | 39 | 40 |
| 라 | 다 | 가 | 다 | 다 | 라 | 라 | 라 |  | 가 |

## 1-2. 2001년6월3일 제2회 자동차 정비공학 + 내연기관

1. 스티어링 휠의 유격 과다시 가능한 원인이 아닌 것은?
가. 요크 플러그가 풀림
나. 스티어링 기어 장착볼트의 풀림
다. 타일드 엔드의 스터드 마모, 풀림
라. 로암 부싱 손상

2. 보시(BOSCH)형 연료필터(fuel filter)의 오버플로우 밸브(over flow valve)의 역할이 아닌 것은?
가. 운전중에 공기빼기 작용
나. 필터 각부의 보호작용
다. 분사펌프의 압력 상승작용
라. 연료공급 펌프의 소음발생 방지

3. 기관의 각기 다른 운전 상태에 적합한 혼합기는 전자제어 연료분사장치으 기l본 시스템 외에 특별한 보상장치를 필요로 할 때가 있다. 다음 중 이와 거리가 먼 것은?
가. 기관의 출력 증대
나. 배기가스 유해물질 저감
다. 냉시동시의 운전 특성 개선
라. 고속 주행성의 향상

4. 실린더 블록에 장착되어 있으며 압전소자를 이용하여 실린더내의 압력변화 및 연소온도의 .급격한 증가, 내부염화등의 이상원인으로 발생한 이상진동을 감지하여 이를 전기 전호로 바꾸어 점화시기를 조정하는 센서는?
가. 노크 센서　　나. 크랭크 포지션 센서
다. 캠샤프트 포지션 센서　　라. 에어컨 압력 센서

5. 코너링 포스에 영향을 미치는 요소가 아닌 것은?
가. 타이어 압력　　나. 수직하중
다. 제동 능력　　라. 주행 속도

6. 핸들의 복원성이 나쁘다. 가능한 원인이 아닌 것은?
가. 타이어 공기압의 조정 불량
나. 기어 박스내의 오일 부족
다. 스티어링 휠 웜 샤프트의 프리로드 조정 불량
라. 조향계 각 조인트의 고착, 손상

7. 체적 $5m^3$일 때 1기압인 공기의 압력이 수은주 500mmHg로 되었다면 체적은 얼마나 되는가?(단, 이때 온도의 변화는 없다고 한다.)

가. $7.6m^3$ 나. $8.52m^3$ 다. $7.98m^3$ 라. $6.38m^3$

8. 자동변속기의 토크 컨버터에서 클러치 포인트 일 때 스테이터, 터빈, 펌프의 속도와 방향은?

가. 같은 속도와 반대 방향으로 회전

나. 펌프와 터빈만 다른 속도 같은 방향 회전

다. 스테이터. 펌프. 터빈이 같은 속도 같은 방향으로 회전

라. 모두 다른 방향 틀린 속도 회전

9. 에어컨이나 히터에서 블로워 모터가 1단(저속)은 작동되는데 2단이 작동하지 않을 때 결함 가능성이 있는 부품은 어느 것인가?

가. 블로워 스위치 나. 블로워 저항

다. 블로워 모터 라. 퓨즈

10. 주행속도 72km/h 의 자동차에서 브레이크를 작동시키면 제동거리는 얼마인가? (단, 차륜과 도로면의 마찰계수는 0.4일 때)

가. 31m 나. 41m 다. 51m 라. 61m

11. 기관정지의 고장현상이다. 관계없는 것은?

가. 오로지 아이들 회전속도가 낮아서 정지한다.

나. 크랭크와 캠축센서의 신호가 입력되지 않아 정지한다.

다. 점화계통에 문제점이 있어 정지한다.

라. 배출가스의 CO농도가 높아 정지한다.

12. 다음 설명 중 전기저항과 가장 관련이 없는 것은?

가. 전자가 이동시 물질내의 원자와 충돌하여 일어난다.

나. 원자핵의 구조, 물질의 형상, 온도에 따라 변한다.

다. 크기를 나타내는 단위는 옴(Ohm)을 사용한다.

라. 도체의 저항은 그 길이에 반비례하고 단면적에 비례한다.

13. 앞바퀴 얼라이먼트의 작용에 해당되지 않는 것은?

가. 조향 핸들의 복원성을 준다.

나. 타이어의 마멸을 최소화한다.

다. 조종 안전성을 부여하지 않는다.

라. 조향 핸들의 조작력을 작게하여 준다.

14. 시간당 연료소비량이 1000gr이다. 200ps의 출력을 발생하는 기관의 시간 마력당 연료소비량은?

가. 0.5gr/ps-h　　나. 5gr/ps-h

다. 50gr/ps-h　　라. 550gr/ps-h

15. 다음은 조향기어에 많이 사용되는 래크 피니언(rack and pinion)형식의 특징을 설명한 것이다. 특징에 해당되지 않는 것은?

가. 조향각이 크고 설치공간을 적게 차지한다.

나. 조향핸들의 회전운동을 래크를 이용하여 직접 직선운동으로 바꾼다.

다. 가변 조향기어비를 가능케 할수 있다.

라. 소형 경량이며 낮게 설치 할수 있다.

16. 드럼 브레이크의 드럼이 갖추어야 할 조건 설명이다. 잘못 설명 된 것은?

가. 방열성이 좋아야한다.

나. 마찰계수가 낮아야 한다.

다. 고온에서 내마모성이어야 한다.

라. 변형에 대응할 충분한 강성이 있어야 한다.

17. 축전지 셀에 극판의 면적을 크게하면 다음 중 옳은 것은?

가. 전압이 높게된다.

나. 이용전류가 증가한다.

다. 저항이 크게 된다

라. 전해액의 비중이 높게 된다.

18. 산소센서의 전해질로서 쓰이는 물질은 무엇인가?

가. 규소　　나. 알루미늄

다. 구리　　라. 질코니아

19. 다음의 센서 중 ECU내에 페일 세이프 기능이 없는 것은?

가. 대기압 센서　　나. 크랭크각 센서

다. 흡기온 센서　　라. 냉각수온 센서

20. 기관의 연료압력을 측정하기 위하여 시동을 켠 상태에서 연료압력계를 연료휠터에 설치하였다. 인젝터 분사압력이 약 2.75kgf/cm$^2$, 연료펌프 구동압력이 약 3.25kgf/cm$^2$이 규정값 이라면 연료펌프와 휠터가 정상일 때 연료압력계의 수치는?

가. 2.75kgf/cm$^2$ 보다 높다.

나. 약 2.75kgf/cm$^2$ 이다.

다. 3.25kgf/cm$^2$ 보다 낮다.

라. 약 3.25kgf/cm$^2$ 이다.

21. 다음 중 소기효율 $\eta_s$ 의 정의로 가장 적합한 것은?
가. 흡입한 신기량과 잔유 가스량과의 비
나. 흡입한 신기량과 실린더내의 전체 가스량과의 비
다. 잔유 가스량과 실린더 내의 전 가스량과의 비
라. 행정 체적을 차지하는 신기와 잔유 가스량과의 비

22. 오토사이클의 설명 중 맞는 것은?
가. 정적과정에서 열을 공급한다.
나. 정압과정에서 열을 공급한다.
다. 단열과정에서 열을 공급한다.
라. 정압과 정적과정에서 열을 공급한다.

23. 고속회전 기관에 가장 적합한 윤활유는?
가. 저점도의 윤활유
나. 고점도의 윤활유
다. 비등점이 낮은 윤활유
라. 응력집중작용을 할 수 있는 윤활유

24. 어느 내연기관의 연료소비율이 215 g/PS.h 일 경우 제동열효율은 얼마인가?
(단, 연료의 저발열량은10400kcal/kg이다.)
가. 0.28 나. 0.42 다. 0.52 라. 0.55

25. 자동차용 기관에서 과급을 하는 주된 목적은
가. 흡.배기 소음을 줄이기 위하여
나. 실린더내 평균 유효압력을 낮추기 위하여
다. 기관의 출력을 증대시키기 위하여
라. 기관의 윤활유 소비를 줄이기 위하여

26. 4행정사이클 기관에서 크랭크축이 몇 회전하는 사이에 1사이클을 마치는 가?
가. 1회전 나. 2회전 다. 3회전 라. 4회전

27. 디젤 기관의 연료분사 요건 중 옳은 것은?
가. 무화, 관통력, 분무속도
나. 무화, 관통력, 분포
다. 무화, 분무속도, 붙포
라. 무화, 분포, 분무압력

28. 크랭크축에서 평혀우의 가장 큰 역할은/
가. 회전력을 증대시킨다.
나. 크랭크축의 굽힘과 비틀림 진동을 저감 시킨다.
다. 크랭크축의 강도를 높인다.
라. 오일을 원활히 뿌려준다.

29. 다음 연료중에서 발열량이 가장 높은 것은?

가. 가솔린　　　나. 석유

다. 경유　　　라. 중유

30. 행정이 100mm 인 기관이 3000rpm으로 운전될 때의 평균 피스톤 속도는?

가. 2.5 m/s　　　나. 5 m/s

다. 20 m/s　　　라 10 m/s

31. 다음은 단순 가스 터빈(simple gas turbine)사이클을 도시한 것이다. 부품 S의 명칭은 무엇인가.?

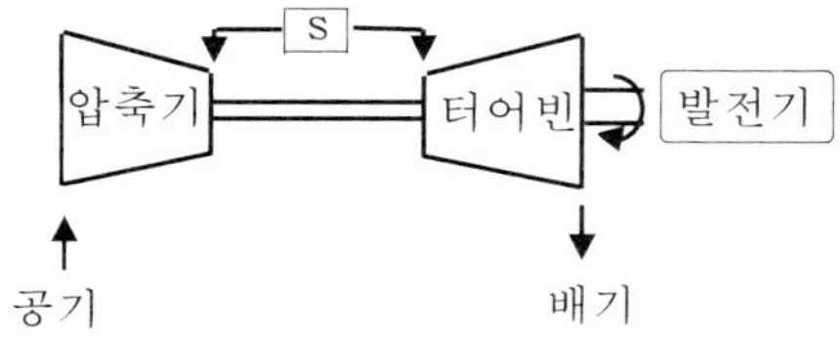


가. 연소기

나. 냉각기

다 재열기

라. 열교환기

32. 디젤기관의 연료 분사장치 중 연료의 분사량을 조절하는 것은?

가. 연료공급 펌프　　　나. 연료 여과기

다. 연료분사 펌프　　　라. 연료분사 노즐

33. 다음은 공기 과잉율을 설명한 것이다. 옳은 것은?

가. 연소에 필요한 이론적 공기량과 실제로 소요되는 공기량의 비

나. 연소에 필요한 이론적 공기량과 연룍의 비중량과의 비

다. 연소에 필요한 이론적 공기량과 실제로 소요되는 연료의 양의 비

라. 연소에 필요한 실제로 드는 공기량과 이론적 산소량의 비

34. 라디에이터의 구비조건과 관계없는 것은?

가. 냉각수 흐름 저항이 클 것

나. 대류 열전달이 좋을 것

다. 단위면적당 방열량이 클 것

라. 가볍고 강도가 클 것

35. 다음 연료 중 인화점이 가장 낮은 것은 어느 것인가?

가. 가솔린　　　나. 경유

다. 중유　　　라. 등유

36. 가솔린 기관에서 기관 회전속도와 점화진각과의 관계는?
가. 회전수의 증가와 더불어 점화진각을 크게 한다
나. 회전수의 감소와 더불어 점화진각을 크게 한다
다. 회전수에 관계없이 점화진각을 일정하게 한다.
라. 토크의 증가에 따라 점화진각을 크게 한다.

37. 디젤 기관의 연소실 중에서 대체적으로 열효율이 가장 높고 고분사압력을 필요로 하는 연소실은?
가. 직접분사식　　나. 예연소실식
다. 와류실식　　라. 공기실식

38. 점화순서가 1-3-4-2인 기관에서 3번이 압축행정시 4번은 무슨 행정이 되겠는가?
가. 흡입행정　　나. 압축행정
다. 폭발행정　　라. 배기행정

39. 가솔린 기관의 연료로서 구비해야 할 중요한 요구 조건중 해당되지 않는 것은?
가. 기화성이 좋을 것　　나. 안티노크성이 클 것
다. 발열량이 클 것　　라. 착화성이 좋을 것

40. 압력비($\gamma$)가 12인 브레이턴 사이클의 열효울은 약 몇 %인가? (단, 비열비 K= 1.4이다.)
가. 36.8　나. 48.8　다. 50.8　라. 52.8

정 답

| 1 | 2 | 3 | 4 | 5 | 6 | 7 | 8 | 9 | 10 |
|---|---|---|---|---|---|---|---|---|---|
| 라 | 가 | 나 | 가 | 다 | 다 | 가 | 다 | 나 | 다 |
| 11 | 12 | 13 | 14 | 15 | 16 | 17 | 18 | 19 | 20 |
| 라 | 라 | 다 | 나 | 나 | 나 | 나 | 라 | 나 | 가 |
| 21 | 22 | 23 | 24 | 25 | 26 | 27 | 28 | 29 | 30 |
| 나 | 가 | 나 | 가 | 다 | 나 | 나 | 나 | 가 | 라 |
| 31 | 32 | 33 | 34 | 35 | 36 | 37 | 38 | 39 | 40 |
| 가 | 다 | 가 | 가 | 가 | 가 | 가 | 거 | 라 | 다 |

## 1-3. 2002년3월10일 제1회 자동차 정비공학 + 내연기관

1. A.B.S 구성부품 중 휠 스피드 센서의 폴피스 부분에 이물질이 끼어 있을 때 나타나는 현상은?

가. 센서가 자화 되지 않는다.

나. 차륜 회전 속도 감지능력 저하 한다.

다. 차륜 회전 속도 감지능력 증가 한다.

라. 센서 작동과 무관 하다.

2. 회로의 임의의 접속점에서 유입하는 전류의 합과 유출하는 전류의 합은 같다는 법칙은?

가. 키르히호프의 제1법칙　　나. 옴의 법칙

다. 주울의 법칙　　라. 뉴톤의 제 1법칙

3. 제동시 핸들을 빼앗길 정도로 브레이크가 한쪽만 듣는다. 원인 중 옳지 못한 것은?

가. 양쪽 바퀴의 공기압이 다르다.

나. 허브베어링의 풀림

다. 백플레이트의 풀림

라. 마스터 실린더의 리턴포트가 막힘

4. 전자제어 기관에서 대시포트 역할로 가장 적절한 표현은?

가. 엔진을 가속시킬때 공기를 많이 유입시키기 위하여

나. 가속방지를 위하여

다. 가속 페달을 놓았을 때 공기가 갑자기 차단되는 것을 방지하기 위하여

라. 감속시 공기유입을 차단하기 위하여

5. 전자제어 연료분사장치의 연료펌프에 있어서 첵밸브는 주로 어떠한 역할을 하는가?

가. 연료의 회전을 원활하게 한다.

나. 연료압력이 높아지는 것을 방지한다.

다. 베이퍼록 방지 및 연료압력을 유지하는 역할을 한다.

라. 과도한 연료압력을 방지한다.

6. 자동변속기 차량의 점검방법 중 틀린 것은?

가. 자동변속기 오일량은 온간시에 측정한다.

나. 인히비터 스위치 조정은 N 위치에서 한다.

다. 자동변속기 오일량을 측정할 때는 시동을 off 시키고 점검한다.

라. 스로틀 케이블 조정은 스로틀 레버를 전폐시킨 상태에서 실시한다.

7. 에어 플로어 센서(AFS)의 기능을 설명한 것이다. 알맞는 것은?

가. 엔진에 공급되는 흡입 공기량을 계측하여 컴퓨터(ECU)에 보낸다.
나. 엔진에 공급되는 흡입 공기온도를 계측하여 컴퓨터(ECU)에 보낸다.
다. 엔진에 공급되는 흡입 공기압력을 계측하여 컴퓨터(ECU)에 보낸다.
라. 엔진에 공급되는 흡입 공기의 절대압력과 절대온도를 계측하여 컴퓨터(ECU)에 보낸다.

8. 2Ton의 자동차가 1000m를 이동하는데 1분 40초 걸렸을 때 동력은?

가. 20(kgf・m/s) 나. 200(kgf・m/s)
다. 2,000(kgf・m/s) 라. 20,000(kgf・m/s)

9. 삼원촉매의 점화율을 나타낸 그래프이다. 각 선을 바르게 표현한 것은?

(1) (2) (3)
가. NOx, CO, HC
나. NOx, HC, CO
다. CO, NOx, HC
라. HC, CO, NOx

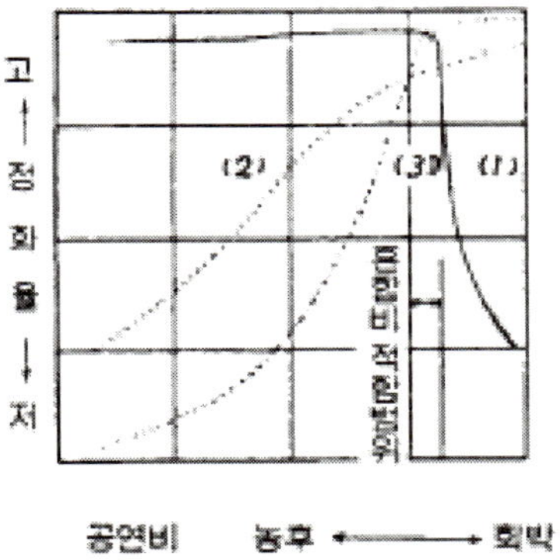


10. 어떤 단판클러치의 마찰면 외경이 30cm, 내경이 18cm 전스프링의 힘이 400kgf이고 압력판 마찰계수가 0.34이다. 전달토크는 얼마인가?

가. 3264kgf-cm 나. 2856kgf-cm
다. 1428kgf-cm 라. 714kgf-cm

11. 흡기온도 센서가 장착되어 있는 곳으로 가장 적합한 위치는?

가. 라디에터 호스 부근 나. 에어클리너 공기유입 부근
다. 운전석 부근 라. 오일센서 부근

12. 전자제어 연료분사 차량의 설명이다. 가장 옳지 않은 것은?

가. 인젝터의 기본 구동시간은 공기유량센서, 크랭크각 센서, 산소센서의 정보에 의해 결정된다.

나. 최적의 주행상태를 위하여 인젝터 구동시간은 각종 센서에 의해 보정된다.

다. 인젝터의 기본 구동시간은 수온센서 모터 포지션센서(M.P.S)에 의해 결정된다.

라. 인젝터의 연료분사량은 니들밸브의 개방시간(솔레노이드의 통전시간)에 비례한다.

13. 타이어의 반경이 0.3m인 자동차가 회전수 800rpm으로 달릴때 회전력이 15m·kgf 이라면 이차의 구동력은 얼마인가?

가. 45kgf　나. 50kgf　다. 60kgf　라. 70kgf

14. 교류 발전기 구동시 최대 출력전압이 나올 때 발전기 하우징과 축전지(-) 터미널 간의 전압은 어떤값인가?

가. 0~0.5V　나. 0.6 ~1.0V

다. 1.0 ~1.5V　라. 1.5 ~2V

15. 에어콘가스가 지구환경 보호차원에서 신냉매로 대체되 었다. 이 신냉매(R-134a)를 주입한 에어콘에서 주의할 정비 항목과 관계없는 것은?

가. 냉매취급

나. 수리 정비시 사용될 호스와 실링

다. 냉매충전 및 수분문제

라. 에어콘 가스통

16. 계기 중에 전기식 계기에서 바이메탈을 사용하지 않고 영구자석과 전자석으로 조립되어 있는 계기는?

가. 유압계　나. 전류계

다. 온도계　라. 연료계

17. 제동장치의 편제동 원인이 아닌 것은?

가. 타이어 공기압이 불균일하다.

나. 브레이크 페달 유격이 크다.

다. 휠 얼라이먼트가 불량하다.

라. 휠 실린더 1개가 고착되어 있었다.

18. 방향지시등 한개가 계속 커져있다. 가장 알맞은 것은?

가. 발전기 충전전압이 너무 높게 걸려있는 상태이다.

나. 한개 이상의 램프 필라멘트가 끊어졌거나 접지 불량 이다.

다. 전압이 낮거나 회로내에 저항이 크다.

라. 퓨즈나 스위치 연결부위 불량이다.

19. 타이밍 라이트를 사용하여 초기 점화시기를 시험 할 때 부압 분배 배선의 설치위치는?

가. 1번 스파크 플러그　　나. 3번 스파크 플러그

다. 축전지 (+)극　　라. 배전기 이그나이터

20. 다음은 디젤기관 예연소실의 장점이다. 틀린것은?

가. 연료분사 압력이 낮아도 되므로 연료 장치의 고장이 적고 수명이 길다.

나. 연소실의 표면적 대 체적비가 작아 냉각손실이 적다.

다. 사용되는 연료의 변화에 둔감하다.

라. 운전상태가 정숙하고 디젤노크가 적다.

21. 디젤노크의 경감책으로 적당한 것은?

가. 착화지연시간을 길게한다.

나. 압축비를 높게한다.

다. 흡기압력을 낮게한다.

라. 연소실벽의 온도를 낮게한다.

22. 4행정 사이클 디젤기관의 성능에 영향을 미치는 인자로 가장 관계가 적은 것은?

가. 배압(back pressure)

나. 배기관 온도(exhaust manifold temperature)

다. 흡기관 온도(intake manifold temperature)

라. 부스트 압력(boost pressure)

23. 가솔린 기관의 연소실 내에서 정상적인 연소가 발생할 때 화염 전파속도는 얼마인가?

가. 2~3m/sec　　나. 5~10 m/sec

다. 15~25 m/sec　　라. 30~40 m/sec

24. 압축비:8, 피스톤행정:75㎜인 4행정 사이클기관이 있다. 연소실 체적이 60cm3일 때 실린더 내경은 약 몇cm인가?

가. 7.6　　나. 7.9　　다. 8.4　　라. 8.9

25. 다음 중 가솔린 기관에서의 동력 행정에 대한 설명 중 맞는 것은?

가. 피스톤 운동은 B.D.C에서 T.D.C로 운동한다.

나. 흡/배기 밸브 위치는 열려 있다.

다. 열 에너지가 기계에너지로 전환되는 행정이다.

라. 동력발생은 플라이휠의 관성에 의해 수행이 된다.

26. 다음은 밸브 스프링의 서징 현상을 방지하는 방법이다. 틀린 것은?

가. 피치가 적고 장력이 적은 스프링을 사용한다.

나. 피치가 서로 다른 2중 스프링을 사용한다.

다. 원추형 스프링을 사용한다.

라. 부등피치 스프링을 사용한다.

27. 고속 디젤기관의 기본 싸이클은?

가. 복합 싸이클　　　　나. 정압 싸이클

다. 정적 싸이클　　　　라. 브레이턴 싸이클

28. 가솔린기관 연료의 구비 조건이 아닌 것은?

가. 연료의 발열량이 적을 것

나. 연료의 퇴적물 생성이 적을 것

다. 저장시 안정성이 적을 것

라. 적당한 휘발성을 가지고 있을 것

29. 가솔린기관의 장점에 대해 설명한 것으로 틀린 것은?

가. 고속운전 성능이 좋다.

나. 시동이 비교적 용이하다.

다. 연료비가 염가이고 취급이 쉽다.

라. 회전이 정숙하고 소음과 진동이 적다.

30. 디젤기관의 분사노즐에서 유립의 크기에 대한 설명으로 틀린 것은?

가. 분산 압력이 낮을수록 유립이 커진다.

나. 연소실 내 공기밀도가 높을수록 입자가 작아진다.

다. 배압(Back Pressure)이 클 때 입자가 작아진다.

라. 주위 온도가 낮을 때 분사입자가 커진다.

31. 다음 로터리 기관에 대해 틀리게 설명한 것은 어느 것인가?

가. 진동과 소음이 적고 운동부분이 적어서 내구성이 크다.

나. 중량은 피스톤 기관에 비해 1/2정도이다.

다. 연료는 가솔린을 사용하며 스파크 점화기관이다.

라. 헤셀만 기관이라고도 부른다.

32. 소구기관이 어선용으로 환영을 받는 이유와 관계가 가장 먼 것은?

가. 제작보수 운전조작이 용이하다.

나. 연료소비율이 작고 진동이 적다.

다. 수명이 길고 과부하에서 내구력이 크다.

라. 역전장치가 필요없다.

33. 전자제어 디젤 연료분사장치에서 컴퓨터(ECU)에 입력되는 요소가 아닌 것은?

가. 가속도 센서　　　　나. 기관 회전속도

다. 제어랙 위치　　　　라. 분사시기

34. 가솔린기관의 배기가스가 흑색이 되는 원인으로 다음 중 가장 적당한 것은?

가. 짙은 혼합비　　　　나. 희박한 혼합비

다. 공전회로가 막혔기 때문　　　　라. 뜨개실 유면이 낮기 때문

35. 다음 기관중 압축비가 가장 높은 것은?

가. 디젤기관　　　　나. 가솔린기관

다. 소구기관　　　　라. LPG기관

36. 압력비(γ)가12인 브레이턴 사이클의 열효율은 약 몇 %인가? (단, 비열비 k=1.4이다.)

가. 36.8　　나. 48.8　　다. 50.8　　라. 52.8

37. 4행정 사이클 기관의 도시평균 유효압력이 9.8kgf/cm$^2$ 이고, 총배기량이 3956cc, 회전수가 3400rpm 일 경우 도시마력은 약 얼마인가?

가. 73.25 PS　　　　나. 146.5 PS

다. 160.4 PS　　　　라. 293.0 PS

38. 석유기관의 기화기 구비조건 중 가장 거리가 먼 것은?

가. 시동 및 시동 후 가솔린과 주연료와의 절환이 용이할 것

나. 급격한 부하변화시에 무조정 운전이 가능할 것

다. 플로트(float) 기화기는 연료 유면의 변동이 클 것

라. 기화 성능이 우수할 것

39. 기관에 윤활을 하여야 할 부품이 아닌 것은?

가. 실린더 라이너와 피스톤

나. 클러치 작동 부위

다. 크랭크 축의 베어링부

라. 기관의 밸브 작동기구

40. 피스톤 링의 3대 작용이 아닌 것은?

가. 기밀작용　　　　나. 오일제거작용

다. 열전도작용　　　　라. 윤활작용

정 답

| 1 | 2 | 3 | 4 | 5 | 6 | 7 | 8 | 9 | 10 |
|---|---|---|---|---|---|---|---|---|---|
| 나 | 가 | 라 | 다 | 다 | 다 | 가 | 라 | 나 | 가 |
| 11 | 12 | 13 | 14 | 15 | 16 | 17 | 18 | 19 | 20 |
| 나 | 다 | 나 | 가 | 라 | 나 | 나 | 나 | 가 | 나 |
| 21 | 22 | 23 | 24 | 25 | 26 | 27 | 28 | 29 | 30 |
| 나 | 나 | 다 | 다 | 다 | 가 | 가 | 가 | 다 | 다 |
| 31 | 32 | 33 | 34 | 35 | 36 | 37 | 38 | 39 | 40 |
| 라 | 나 | 가 | 가 | 가 | 다 | 나 | 다 | 나 | 라 |

## 1-4. 2002년5월26일 제2회 자동차 정비공학 + 내연기관

1. 다음의 배기가스 중에서 인체의 혈액속에 있는 헤모글로빈과의 결합성이 크기 때문에 수족마비, 정신 분열등을 일으키는 것은?

가. CO　　나. NOx　　다. HC　　라. H2

2. 차량의 정면에 설치된 에어백에 관한 내용으로서 틀린 것은?

가. 전방에서 강한 충격력을 받으면 부풀어 오른다.
나. 부풀어 오른 에어백은 즉시 수축되면 안된다.
다. 차량의 측면, 후면 충돌시에는 작동하지 않는다.
라. 운전자의 머리부 충격을 완화시킨다.

2. 차량 중량 3260 kgf의 자동차가 10° 의 경사진 도로를 주행할 때의 전주행 저항은 약 얼마인가? (단, 구름저항 계수는 0.023이다.)

가. 586 kgf　　나. 641 kgf
다. 712 kgf　　라. 826 kgf

3. 전자제어 기관에서 ECU에 기억된 결함코드를 읽기위해 자기진단(Self-Diagnosis)을 하고자 한다. 틀린 것은?

가. 자기진단 터미널의 K단자에서 신호가 나온다.
나. 코드번호 확인을 위해 L-wire를 접지 시킨다.
다. 결함코드는 고장 순서대로 표출된다.
라. 엔진 key를 ON에 놓고 OBD램프를 관찰했을때 결함 코드가 없으면 잠시 후 소등된다.

4. 다음은 디젤기관의 발연한계(發煙限界:SMOKE LIMIT)조정 방법을 설명한 것이다. 이중 틀린 것은? (단, 진공식 조속기 설치 기관임)

가. 스프링 안내(스토퍼)의 고정 너트를 풀고, 정지레버가 제어 래크에 가볍게 닿도록 나사를 돌린다.
나. 스토퍼 나사를 돌린 후, 고정 너트를 고정하고 제어 래크가 자유로이 움직이도록 한다.
다. 제어래크(control rack)를 4/4부하 위치로 한다.
라. 공전 조정 나사를 돌려 공전 속도를 높여 준다.

5. 클러치 접속시에 충격을 흡수하기 위해 설치된 스프링은?

가. 쿠션 스프링　　나. 토션 스프링
다. 막판 스프링　　라. 리턴 스프링

6. 자동차로부터 배출되는 유해물질의 발생장소와 배출가스를 짝지은 것 중 틀린 것은?

가. 블로바이가스 -HC　　나. 로커암커버 - NOx
다. 배기가스 -CO, HC, NOx　　라. 연료탱크 -HC

7. 제동력을 더욱 크게 하여주는 배력장치의 작동 기본원리로 적합한 것은 어느 것인가?

가. 동력피스톤 좌, 우의 압력차가 커지면 제동력은 감소 한다.

나. 동일한 압력조건일 때 동력 피스톤의 단면적이 커지면 제동력은 커진다.

다. 일정한 단면적을 가진 진공식 배력장치에서 흡기다기관의 압력이 높아질수록 제동력은 커진다.

라. 일정한 동력피스톤 단면적을 가진 공기식 배력장치에서 압축공기의 압력이 변하여도 제동력은 변하지 않는다.

8. 다음 중 배출가스 제어의 목적으로 사용되지 않는 것은?

가. 제트 밸브(jet valve)

나. 대시포트(dash port)

다. EGR 밸브

라. 진공밸브(vacuum valve)

9. 차량의 정면에 설치된 에어백에 관한 내용으로서 틀린 것은?

가. 전방에서 강한 충격력을 받으면 부풀어 오른다.

나. 부풀어 오른 에어백은 즉시 수축되면 안된다.

다. 차량의 측면, 후면 충돌시에는 작동하지 않는다.

라. 운전자의 머리부 충격을 완화시킨다.

10. 전자제어 가솔린 엔진에서 크랭킹은 되나 시동이 안되는 원인 중 맞지 않은 사항은?

가. 파워트랜지스터(Power TR)의 결함

나. 발전기 다이오드의 결함

다. 점화 1차 코일의 단선

라. ECU의 결함

11. 유체클러치 오일의 구비조건이 아닌 것은 어느 것인가?

가. 점도가 클 것

나. 착화점이 높을 것

다. 내산성이 클 것

라. 비점이 높을 것

12. 사이드 슬립 시험기에서 지시값이 6이라면 주행 1km에 대해 앞바퀴가 옆방향으로 얼마나 미끌리는가?

가. 6mm　　나. 6cm　　다. 6m　　라. 6km

13. 전자제어 연료분사장치의 점화계통 회로와 거리가 먼 것은?

가. 점화코일　　나. 파워트랜지스터

다. 체크 밸브　　라. 크랭크 앵글 센서

14. Pintle형 노즐의 직경이 1mm이고 니들 압력스프링 장력이 0.8kgf이면 노즐의 폐압은 얼마 정도인가?

가. 0.8kgf/cm2　　　　　나. 8kgf/cm2

다. 90kgf/cm2　　　　　라. 102kgf/cm2

15. 인젝터의 점검방법이다. 틀린 것은?

가. 인젝터의 정상온도를 측정한다.

나. 인젝터의 분사량을 측정한다.

다. 인젝터의 저항을 측정한다.

라. 인젝터의 작동음을 듣는다.

16. AC발전기의 다이오드가 하는 역할로 가장 적당한 것은?

가. 교류를 정류하고 역류를 방지한다.

나. 전류를 조정하고 교류를 정류한다.

다. 여자전류를 조정하고 역류를 촉진한다.

라. 전압을 조정하고 교류를 증폭 정류한다.

17. 다음 그림은 전자제어 연료분사 차량 흡기다기관 압력센서(MAP센서)의 전압변동 파형을 이차트리거 (1번 실린더 점화시점 기준)하여 나타낸 것이다. 설명이 틀린 것은?

가. 급가속하면 파형이 내려간다.

나. 그림의 상태는 공회전 상태이다.

다. 키 스위치만 ON한 상태에서는 파형이 올라간다.

라. 가속을 계속하고 있는 상태에서도 유사한 높이에서 파형이 나온다.

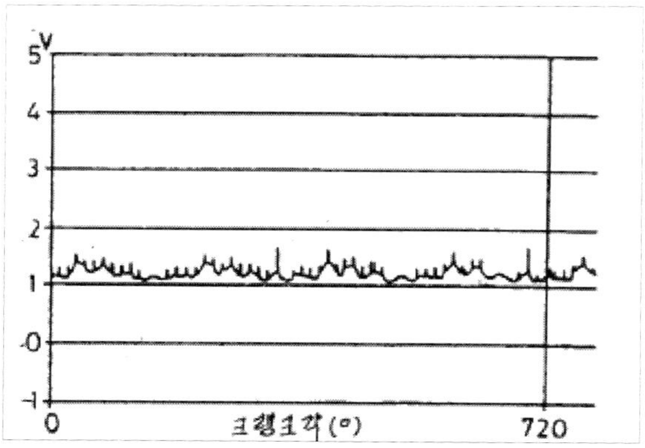


18. 표준 내경이 78mm인 실린더에서 사용중인 실린더의 내경을 측정한 결과 0.32mm가 마모되었 을 때 보링한 후 치수로 가장 적당한 것은?

가. 78.25mm　　　　　나. 78.50mm

다. 78.75mm　　　　　라. 79.00mm

19. 자동차가 300m를 통과하는데 20초 걸렸다면 이 자동차의 속도는 얼마인가?

가. 54 km/h　　나. 60 km/h

다. 80 km/h　　라. 108km/h

20. 산소센서 출력값을 측정하는 방법 중 틀린 것은?

가. 디지털 볼트메터로 측정한다.

나. 아날로그 볼트메터로 측정한다.

다. 오실로스코프로 측정한다.

라. 자기진단 장비로 측정한다.

21. 탄소 1kgf가 완전 연소될 때 생성되는 이산화탄소의 양은 대략 몇 kgf인가?

가. 3.667　　나. 4.667　　다. 2.667　　라. 1.667

22. 다음 중가솔린 기관 연료의 구비조건이 아닌 것은?

가. 발열량이 클 것

나. 기화성이 좋을 것

다. 점도가 클 것

라. 내폭성이 클 것

23. 디젤 사이클에서 열효율을 60%로 하기 위해서 압축비를 얼마로 하면 되는가? (단, 체절비 $\sigma$=1.8, 비열비 k=1.4로 한다.)

가. 약 1.51　　나. 약 6.49

다. 약13.71　　라. 약 17.85

24. 4-피스톤형 내연기관에서 피스톤의 평균속도 Vm을 바르게 표시한 것은? (
(단, n:회전수(rpm), $\ell$:행정(m)이다.)

가. $Vm = \frac{2\pi n \ell}{60} (m/s)$

나. $Vm = \frac{2n\ell}{60} (m/s)$

다. $Vm = \frac{n\ell}{60} (m/s)$

라. $Vm = \frac{\pi n \ell}{60} (m/s)$

25. 기관의 기화기식 연료장치에서 혼합기의 양을 조절하는 것과 제일 관계가 깊은 것은?

가. 스로틀(throttle)밸브의 개도

나. 쵸크(choke)밸브의 개도

다. 니들(needle)밸브의 크기

라. 메인노즐(main nozzle)의 구멍 크기

26. 밸브겹침(valve over lap)의 가장 큰 목적은 무엇을 하기 위해서 인가?

가. 밸브를 보호하기 위해서

나. 체적효율의 증가를 위해서

다. 연료 소비량을 적게하기 위해서

라. 압축비를 높이기 위해서

27. 다음의 디젤기관 연소실 중 복실식이 아닌 것은?

가. 예연소실식　　나. 와류실식

다. 공기실식　　라. 직접분사실식

28. 비중이 0.8이고 저발열량이 10400 kcal/kg인 연료를 사용하여 15분간 시험하였더니 연료 소비량이 4ℓ 이었다. 이 엔진의 연료 마력은 약 몇 ps인가?

가. 190　　나. 200　　다. 210　　라. 220

29. 연소실내에 윤활유가 과대하게 유입되어 연료와 함께 연소할 경우의 배기가스 색으로 가장 적당한 것은?

가. 녹색　　나. 흑색　　다. 백색　　라. 황색

30. 다음 중 표면점화 기관이라 불리우는 것은?

가. 스털링기관　　나. 디젤기관

다. 소구기관　　라. 가솔린기관

31. 소형 석유기관에 히트링(heat ring)을 장착하는 이유 중 가장 옳은 것은?

가. 연소효과를 높이기 위한 것

나. 시동이 용이하도록 한 것

다. 압축비를 높이기 위한 것

라. 시동용 가솔린을 쓰지 않게 하기 위한 것

32. 제동출력이 38.76kW, 실린더 안지름 80㎜, 행정이 80㎜, 도시평균유효압력 510kPa인 4행정 8실린더 가솔린기관이 4500rpm으로 회전 할 경우 기계효율은 몇% 인가?

가. 55　　나. 59　　다. 63　　라. 67

33. 물1500kg을 30℃에서 100℃까지 온도를 올리는 데 필요한 열량은 얼마인가?
(단, 물의 비열 C=1kcl/kg℃이다.)

가. 90,000 kcal　　나. 100,000 kcal

다. 110,000 kcal　　라. 105,000 kcal

34. 배기가스의 유해물질 중에 고압고온에 의해서 가장 쉽게 생성되는 물질은?

가. NOx　　나. HC

다. CO　　라. Pb(C2H5)4

35. 전자제어 디젤엔진(Electronic Controlled Disel)에서 컴퓨터(ECU)가 제어하는 것이 아닌 것은?

가. 연료분사량　　　　나. 분사압력

다. 액셀개도(가속)　　　　라. 분사시기

36. 어떤 4행정 사이클 기관의 밸브 개폐시기가 다음과 같을때, 흡기밸브가 열린기간은 얼마인가?
(단, 흡기밸브 -열림:TDC 전15恩, 닫힘:BDC 후45恩 배기밸브 -열림:BDC 전45恩, 닫힘:TDC 후10恩)

가. 210恩　　　　나. 220恩

다. 230恩　　　　라. 240恩

37. 내연기관의 각사이클에서 공급열량과 최고압력을 일정하게 할 경우 열효율이 가장 높은 것은?

가. 오토사이클　　나. 디젤사이클　　다. 랭킨사이클　　라. 사바테사이클

38. 로터리 기관에서 로터(rotor)는 왕복 기관에서 어느 부분에 해당되는가?

가. 실린더　　나. 피스톤　　다. 크랭크 암　　라. 크랭크 샤프트

39. 디젤기관의 연료분사펌프 중 분사초기의 분사시기를 일정히 하고 분사말기를 화시키는 리드형은?

가. 역리드형　　나. 정리드형　　다. 양리드형　　라. 변리드형

40. 다음 중에서 공기표준 브레이튼 사이클의 구성요소가 아닌 것은?

가. 단열 압축 과정　　나. 정적 가열 과정　　다. 단열 팽창 과정　　라. 정압 방열 과정

정 답

| 1 | 2 | 3 | 4 | 5 | 6 | 7 | 8 | 9 | 10 |
|---|---|---|---|---|---|---|---|---|---|
| 가 | 나 | 다 | 라 | 가 | 나 | 나 | 라 | 나 | 나 |
| 11 | 12 | 13 | 14 | 15 | 16 | 17 | 18 | 19 | 20 |
| 가 | 가 | 가 | 라 | 가 | 가 | 가 | 다 | 가 | 나 |
| 21 | 22 | 23 | 24 | 25 | 26 | 27 | 28 | 29 | 30 |
| 가 | 다 | 다 | 나 | 가 | 나 | 라 | 다 | 다 | 다 |
| 31 | 32 | 33 | 34 | 35 | 36 | 37 | 38 | 39 | 40 |
| 가 | 다 | 라 | 가 | 다 | 라 | 나 | 나 | 나 | 나 |

## 1-5. 2002년9월3일 제3회 자동차 정비공학 + 내연기관

1. 어떤 기관의 회전수가 2800rpm 이고 축 출력은 35ps, 한시간당 연료소비량은 6ℓ 이다. 이기관의 연료소비율은?( 단, 연료의 비중은 0.75 이다.)

가. 약36 g/ps-h　　나. 약128 g/ps-h
다. 약180 g/ps-h　　라. 약220 g/ps-h

2. 다음 중 연소실의 구비조건이 아닌 것은?

가. 가열되기 쉬운 돌출부를 두지 말것
나. 압축행정 끝에 와류를 일으키게 할 것
다. 연소실내의 표면적은 최대로 할 것
라. 밸브 면적을 크게하여 흡배기 작용을 원활히 할 것

3. 흡기다기관의 진공시험에 의해서 결함을 발견할 수 없는 것은?

가. 점화시기의 불량
나. 밸브작동의 불량
다. 실린더 압축압력의 누설
라. 점화플러그의 불꽃시험

4. 전자제어 현가장치(ECS)에서 목표 차고(車高)와 실제 차고(車高)가 다르더라도 차고(車高)조정이 이루어지지 않는 경우는?

가. 엔진시동 직후　　나. 주행 중 엔진 정지 시
다. 직진 경사로를 주행할 시　　라. 커브길 급회전시

5. 자동 변속기에서 운행중 오일 온도가 상승 할 수 있는 경우가 아닌 것은?

가. 산악 지역 운행　　나. 시내 주행
다. 윈터 기능 과다 사용　　라. 록크업 클러치 작동

6. 전자제어 파워 스티어링 중 차속 감응형에 대한 내용으로 틀린 것은?

가. 자동차의 속도에 따라 핸들의 무게를 제어한다.
나. 저속에서는 가볍고, 중고속에서는 좀더 무거워 진다.
다. 차속이 증가할수록 파워 피스톤의 압력을 저하 시킨다.
라. 스로틀 포지션 센서(TPS)로 차속을 감지한다.

7. 다음은 조향이론에 관한 것이다. 틀린 것은?

가. 자동차가 선회할 때 구심력은 타이어가 옆으로 미끄러지는 것에 의해 발생
나. 조향장치와 현가장치는 각각 독립성을 가지고 있어야 한다.
다. 앞바퀴에 발생되는 코너링 포스가 크면 오버 스티어링 현상이 일어난다.
라. 뒷바퀴에 발생되는 코너링 포스가 크면 오버 스티어링 현상이 일어난다.

8. 전자제어엔진에서 사용하는 흡입공기 검출방식은?
  가. 직접 계측 방식　　나. 수온 계측 방식
  다. 회전 감지 방식　　라. 유온 계측 방식

9. 전자제어 연료분사장치가 이상이 있어 아나로그 전압계를 이용하여 자기진단을 실시할 때 설명이다. 틀린 것은?
  가. 출력된 비정상 코드를 기록한 후 자기 진단표에 있는 항목 수리
  나. 고장부위를 수리한 후 축전기 (-)단자를 15초 이상 분리
  다. 점화 스위치를 ON시켰을 때 ECU에 기억된 코드가 출력
  라. 비정상 코드가 출력될 때는 큰 번호부터 작은 번호 순서로 표출

10. 에어컨 시스템에서 기화된 냉매를 액화하는 장치는?
  가. 컴프레서　　나. 콘덴서
  다. 리시버 드라이어　　라. 익스팬션 밸브

11. 다음 자동변속기의 선기어 고정, 링기어 증속, 캐리어 구동조건에서 변속비를 구하면?
  (단, 선기어 잇수 :20, 링기어 잇수 :80)

  가. 1.25

  나. 0.2

  다. 0.8

  라. 5

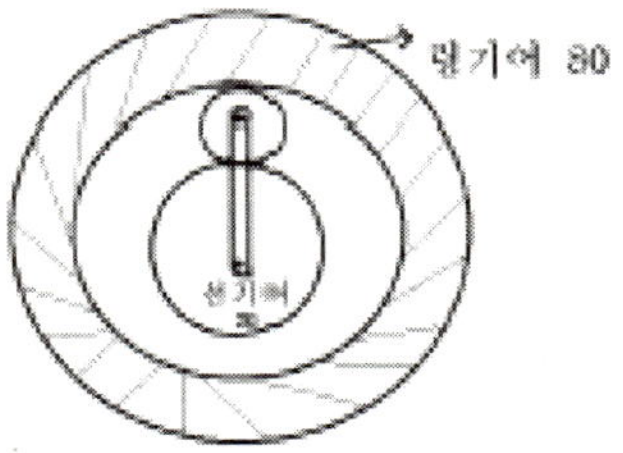


12. 기전력 2 Volt 내부저항 0.2Ω의 전지 10개를 병렬로 접속했을때 부하 4Ω에 흐르는 전류는?
  가. 0.333A　　나. 0.498A
  다. 0.664A　　라. 13.64A

13. 방향지시등 램프의 점멸 횟수가 너무 빠를 때의 원인이 아닌 것은?
  가. 램프의 단선 여부
  나. 램프의 정격용량 여부
  다. 스위치의 작동 여부
  라. 램프 용량에 맞는 릴레이의 여부

14. 가솔린기관의 인젝터(Injector) 점검 방법에 해당 되지 않는것은?
  가. 인젝터의 압축압력 점검　　나. 인젝터의 저항을 점검
  다. 인젝터의 작동음 점검　　라. 인젝터의 분사량 점검

15. 앞엔진 뒷구동 자동차용 자동 변속기에 사용되고 있는 어큐뮬레이터의 역할을 바르게 설명한 것은?

가. 1단 栓2단, 2단 栓1단으로 시프트한다.

나. 브레이크 또는 클러치 작동시 변속 충격을 흡수한다.

다. 2단 栓3단, 3단 栓2단으로 시프트한다.

라. P.R.I 레인지에서 No.3브레이크 작동시 충격을 완화한다.

16. 다음 그림은 멀티시험기에 의한 파워 TR의 시험방법이다. 어떤 시험을 하고 있는 것인가?

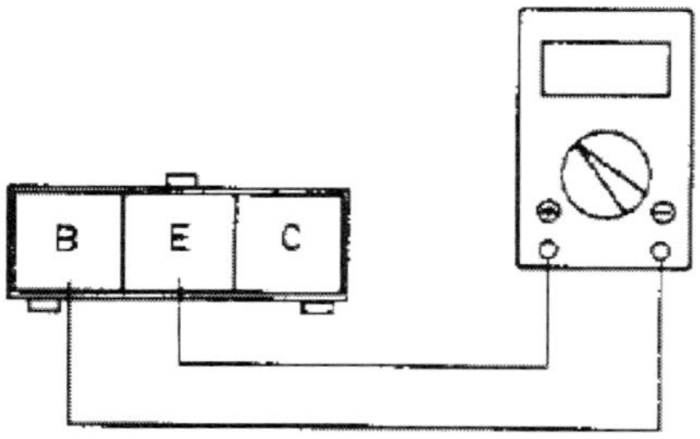


가. B단자와 E단자간의 역방향 저항시험

나. B단자와 E단자간의 역방향 전압시험

다. B단자와 E단자간의 순방향 저항시험

라. B단자와 E단자간의 순방향 전압시험

17. 삼원 촉매장치에서 정화되는 과정을 보인것 중 틀리는 것은?

가. CO + 02 栓 CO2

나. HC +02 栓CO2 +H20

다. NOx 栓 H20, CO2 +N2

라. NOx 栓CO +H20

18. 질코니아 소자의 02(산소)센서 기능 중 맞지 않는 것은?

가. 연료혼합비(A/F)가 희박할때는 약 0.1V의 전압이 나온다.

나. 산소의 농도차이에 따라 출력전압이 변화한다.

다. 연료혼합비(A/F)가 농후할때는 약 0.9V 정도가 된다.

라. 연료혼합의 피드백(Feed Back Control)보정은 할 수 없다.

19. ABS 브레이크 장치에 대한 설명이다. 옳은 것은?

가. ABS 휠 속도센서의 간극은 약 0.3-0.9 mm 정도된다.

나. 휠 속도센서는 앞바퀴가 조향휠이므로 뒷바퀴에만 각각 장착되어 있다.

다. ABS 작동시 최대 마찰계수는 약 0.1 범위에 있다.

라. ABS 의 최대 장착 목적은 신속하게 휠을 고정시키기 위함이다.

20. MPI 차량의 시동과 관계된 장치 중거리가 먼 것은?

가. NO1. TDC　　　나. 흡입 공기량 센서

다. 연료 펌프　　　라. 산소 센서

21. 가솔린 기관의 노킹 방지 대책으로 틀린 것은?

가. 정상 연소 속도를 느리게 한다.

나. 화염 전파 거리를 짧게 한다.

다. 엔드 가스의 온도, 압력을 낮춘다.

라. 연료의 발화 지연을 길게 한다.

22. 다음 중 디젤기관의 회전속도 변화에 영향을 주는 요소로 틀린 것은?

가. 팬벨트의 장력　　　나. 스로틀의 위치

다. 기관의 부하　　　라. 조속가 플런저의 위치

23. 4 2사이클 디젤기관의 소기방식으로 잘못 표현한 것은?

가. 이코노미 소기식　　　나. 크로스 소기식

다. 루프 소기식　　　라. 유니플로 소기식

24. 비중 0.8, 저위발열량 11000 kcal/kgf인 연료를 사용하여 15분동안 시험하였더니 연료소비량이 4ℓ 이었다. 이기관의 연료마력은 얼마인가?

가. 182 PS　　　나. 192 PS

다. 213 PS　　　라. 223 PS

25. 다음 사항 중 틀린 것은 어느 것인가?

가. 옥탄가가 높은 연료를 사용하면 노크를 방지할 수 있다.

나. 가솔린 1kg을 완전 연소시키는데 약 15kg의 공기가 필요하다.

다. 혼합 연료의 옥탄가는 표준 연료 중 옥탄의 체적 (%) 으로 표시한다.

라. 디젤 연료의 세탄가가 높으면 노크가 일어나기 쉽다.

26. 가솔린 연료에 첨가하는 항노크제가 아닌 것은?

가. 벤젠(benzene)

나. 에틸 알콜(ethyl alcohol)

다. 질산 에틸(C2H5NO3)

라. 키실롤(xylol)

27. 밸브겹침(valve over lap)의 가장 큰 목적은 무엇을 하기 위해서 인가?

가. 밸브를 보호하기 위해서

나. 체적효율의 증가를 위해서

다. 연료 소비량을 적게하기 위해서

라. 압축비를 높이기 위해서

28. 수냉식 기관에서 발열량을 Qkcal/hr, 물재킷 출구와 입구의 온도차를 (t2-t1)이라 할 때 필요한 냉각수량 Gw(kgf/hr)을 바르게 표시한 것은?

가. $G_w = Q(t_2 - t_1)$　　나. $G_w = \dfrac{t_2 - t_1}{Q}$

다. $G_w = \dfrac{A(t_2 - t_1)}{Q}$　　라. $G_w = \dfrac{Q}{t_2 - t_1}$

29. 압력비(γ)가12인 브레이턴 사이클의 열효율은 약 몇 %인가? (단, 비열비 k=1.4이다.)
가. 36.8　나. 48.8　다. 50.8　라. 52.8

30. 전자제어 디젤 연료분사장치에서 컴퓨터(ECU)에 입력되는 요소가 아닌 것은?
가. 분사압력　나. 기관 회전속도
다. 제어랙 위치　라. 냉각수 온도

31. 터보장착 기관에서 공기를 냉각시키기 위한 장치는?
가. 배기순환장치　나. 흡입공기장치
다. 인터쿨러장치　라. 냉각순환장치

32. 기관의 냉각장치에서 공랭식에 비해 수냉식의 장점이 아닌것은?
가. 냉각작용이 균일하다.
나. 차실내의 난방이 용이하다.
다. 엔진의 연소소음을 감소시킨다.
라. 운전안정성이 높다.

33. 기관에 윤활을 하여야 할 부품이 아닌 것은?
가. 실린더 라이너와 피스톤
나. 클러치 작동 부위
다. 크랭크 축의 베어링부
라. 기관의 밸브 작동기구

34. 왕복피스톤 기관과 가스터빈 기관을 비교했을 때 가스터빈의 단점이 아닌 것은?
가. 연료소비율이 높다.
나. 수명이 길다.
다. 가속지연을 피할 수 없다.
라. 흡배기 소음이 크다.

35. 석유기관 기화기의 구비조건에 관한 서술로 부적당한 것은?
가. 주 연료와 가솔린의 변환이 용이할 것
나. 총 회전 변위에 대하여 기관성능이 균일할 것
다. 연료액면 변동이 많아서 다량의 연료가 분출될 것
라. 기화성능이 용이할 것

36. 각속도가 150rad/s인 경우의 회전수는 약 몇 rpm인가?
가. 1332 나. 1433 다. 2664 라. 2864

37. 가솔린기관의 장점에 대한 설명으로 틀린 것은?
가. 고속운전 성능이 좋다.
나. 시동이 비교적 용이하다.
다. 연료비가 염가이고 취급이 쉽다.
라. 회전이 정숙하고 소음과 진동이 적다.

38. 4행정 4기통의 내연기관으로 착화순서가 1-2-4-3이다. 제 1실린더가 흡입행정일 때 압축 행정을 하는 실린더는?
가. 제1실린더 나. 제2실린더
다. 제3실린더 라. 제4실린더

39. 완전 가스의 엔탈피에 관한 설명 중 맞는 것은?
가. 온도만의 함수이다. 나. 온도와 압력의 함수이다.
다. 압력만의 함수이다. 라. 온도, 압력 및 비체적의 함수이다.

40. 가솔린기관의 배기가스가 흑색이 되는 원인으로 가장 적당한 것은?
가. 짙은 혼합비 나. 희박한 혼합비
다. 공전회로가 막혔기 때문 라. 뜨개실 유면이 낮기 때문

정 답

| 1 | 2 | 3 | 4 | 5 | 6 | 7 | 8 | 9 | 10 |
|---|---|---|---|---|---|---|---|---|---|
| 나 | 다 | 라 | 라 | 라 | 라 | 라 | 가 | 라 | 나 |
| 11 | 12 | 13 | 14 | 15 | 16 | 17 | 18 | 19 | 20 |
| 다 | 나 | 다 | 가 | 나 | 다 | 라 | 라 | 가 | 라 |
| 21 | 22 | 23 | 24 | 25 | 26 | 27 | 28 | 29 | 30 |
| 가 | 가 | 가 | 라 | 라 | 다 | 나 | 라 | 다 | 가 |
| 31 | 32 | 33 | 34 | 35 | 36 | 37 | 38 | 39 | 40 |
| 다 | 라 | 나 | 나 | 다 | 나 | 다 | 다 | 가 | 가 |

## 1-6. 2003년5월25일 제2회 자동차 정비공학

1. 다음 중 자동변속기와 관계가 없는 것은?
가. 전진 클러치 나. 역전 및 고속 클러치
다. 유성기어장치 라. 프로펠라 샤프트

2. 기관의 냉각회로에 공기가 차 있을 경우에 대해 관련 없는 것은?
가. 냉각수 순환 불량 나. 기관 과냉
다. 히터 성능 불량 라. 냉각장치 구성품의 손상

3. 전자제어 연료분사장치의 System중에서 유해 배기가스를 감소시킬 수 있는 기능과 가장 거리가 먼 것은?
가. 혼합기의 이론공연비 설정이 가능하다.
나. 감속시 연료차단을 할 수 있다.
다. 운전조건에 따라 연료공급이 가능하다.
라. 연료의 분배가 균일하다.

4. 회전수가 2800rpm이고 회전력이 30kgf-m일때 기관의 축마력(ps)은?
가. 1400 나. 233 다. 133 라. 117

5. 보쉬형 연료분사 펌프의 분사시기를 맞추려고 한다. 분사지연과 착화지연시간이 모두 1/600초라면, 크랭크 회전수가 1800rpm일때 피스톤의 상사점 몇도 전에서 분사가 시작 되어야 하는가?
가. 15도 나. 18도 다. 20도 라. 25도

6. 자동차 주행 속도가 빠르면 타이어 트레드부의 변형이 복원되기 전에 다음의 변형을 맞이하게 되어 타이어의 트레드부가 물결 모양으로 떠는 현상이 생긴다. 이것을 무엇이라 하는가?
가. 타이어 웨이브 현상 나. 하이드로 플래닝 현상
다. 타이어 접지 변형 현상 라. 스탠딩 웨이브 현상

7. 자동변속기 차량의 변속과 록-업 작동의 기초신호는 무엇인가?
가. 펄스제너레이터와 차속센서 나. 스로틀센서와 차속센서
다. 펄스제너레이터와 스로틀센서 라. 펄스제너레이터와 유온센서

8. 자동변속기에서 오일을 점검할때 주의사항이다. 잘못 된 것은?
가. 엔진을 수평상태에서 시동을 끄고 점검한다.
나. 엔진을 정상온도로 유지시킨다.
다. 엔진시동을 걸고 점검한다.
라. 오일레벨 게이지의 MIN선과 MAX선 사이에 있으면 정상이다.

9. 스파크 플러그의 그을림 오손의 원인과 거리가 먼 것은 어느 것인가?
가. 점화시기 진각
나. 장시간 저속운전
다. 플러그 열가 부적당
라. 에어크리너 막힘

10. 제동장치의 유압회로내에 잔압(residual pressure)을 유지시키는 이유로 볼 수 없는 것은?
가. 신속한 제동작용 나. 배력작용
다. 유압회로내의 공기혼입 방지 라. 베이퍼 록 방지

11. 최근 자동차에 의한 환경문제가 심각하게 대두되고 있다. 그 중 에어컨의 냉매에 쓰이는 가스가 우리 인체에 영향을 미친다고 한다. 이것을 방지하기 위하여 최근 사용되고 있는 에어컨 냉매는 어느 것인가?
가. R-11 나. R-12 다. R-134a 라. R-13

12. 점화 2차회로 절연상태를 파악하기 위해서는 스코프 파형의 어느 부분을 관찰하여야 하는가?
가. 2차 파형의 1차 감쇄진동 부분
나. 2차 파형의 2차 감쇄진동 부분
다. 코일 최대 출력 파형의 상향부분
라. 코일 최대 출력 파형의 하향부분

13. 공해방지를 위한 감소 대상물질이 아닌 것은?
가. CO 나. CO2 다. HC 라. NOx

14. 전자제어 연료분사장치 차량의 인젝터 분사량을 측정하기 위해 Scanner를 이용하고 있었다. 60km/h로 주행 중 급가속을 하였다. 이때 분사시간을 나타내는 값 중 가장 가까운 것은?
가. 0.0ms 나. 2.0 - 3.0ms
다. 10.0 - 11.0ms 라. 18.0 - 20.0ms

15. 전자제어 엔진에서 초기 시동시 웅-웅거리며 엔진회전수가 오르락 내리락 한다. 예상되는 고장원인과 가장 관련이 없는 것은? (단, 공회전 조정가능차량)
가. 공회전 회전수 조정불량
나. 냉각수온센서 불량
다. 크랭크각센서 불량
라. 공회전스위치 불량

16. 자기진단장비(스캔툴) 사용설명 중 틀린 것은?
가. 엔진 자기진단과 센서출력값을 점검할 수 있다.
나. 전자제어 자동변속기의 자기진단과 센서출력값을 점검 할 수 있다.
다. 오실로스코프 기능이 있어 센서의 출력값을 파형을 통한 분석을 할 수 있다.
라. 에어백장치의 자기진단은 가능하나 기억소거는 할 수 없다.

17. 기관 압축압력시험기로 점검 할 수 있는 사항이 아닌 것은?
가. 노즐의 분사 상태　　나. 실린더 마멸상태
다. 헤드 가스켓 불량　　라. 연소실의 카본퇴적

18. 4행정 기관이 25마력으로 10분 동안 한 일을 열량으로 표시하면 몇 kcal인가?
가. 2543.29　　나. 2634.67
다. 2968.45　　라. 3272.53

19. 전자제어 현가장치(E.C.S)의 부품 중 차고 조정시 및 HARD/SOFT 선택시 밸브개폐에 의하여 공기의 압력을 조정하는 것은?
가. 앞 차고센서　　나. 앞 스트러트
다. 앞 솔레노이드 밸브　　라. 컴프레서

20. 전조등 장치에 관한 설명 중 바른 것은?
가. 전조등 테스트를 실시하고자 할 때 전조등과 시험기의 거리는 10m를 유지해야 한다.
나. 실드빔 전조등은 렌즈를 교환할수 있는 구조로 되어있다.
다. 실드빔 전조등 형식은 내부에 불활성 개스가 봉입 되어있다.
라. 전조등 회로는 좌우로 직렬 연결 되어 있다.

정 답

| 1 | 2 | 3 | 4 | 5 | 6 | 7 | 8 | 9 | 10 |
|---|---|---|---|---|---|---|---|---|---|
| 라 | 나 | 라 | 라 | 나 | 라 | 다 | 가 | 가 | 나 |
| 11 | 12 | 13 | 14 | 15 | 16 | 17 | 18 | 19 | 20 |
| 다 | 라 | 나 | 다 | 다 | 라 | 가 | 나 | 다 | 다 |
| 21 | 22 | 23 | 24 | 25 | 26 | 27 | 28 | 29 | 30 |
| 나 | 라 | 나 | 나 | 라 | 라 | 라 | 나 | 라 | 나 |
| 31 | 32 | 33 | 34 | 35 | 36 | 37 | 38 | 39 | 40 |
| 라 | 나 | 나 | 다 | 라 | 다 | 다 | 나 | 나 | 나 |

## 1-7. 2004년3월7일 제1회 자동차 정비공학

1.전자제어 연료 분사차량 센서 중에서 기관을 시동할 때 기본 연료분사 시간과 관계가 없는 것은?

가. 수온센서(W.T.S)
나. 스로틀 위치센서(Throttle position Sensor)
다. 에어플로워센서(A.F.S)
라. 산소센서(02 Sensor)

2.전자제어 동력조향장치(Electronic Power steering system)의 특성을 설명한 것이다. 해당되지 않는 것은?

가. 정지 및 저속시 조작력 경감
나. 급코너 조향시 추종성 향상
다. 노면, 요철등에 의한 충격이나 진동흡수 능력의 저하
라. 중.고속시 확실한 조향력 확보와 노면 피드백

3.EGR 제어량 지표를 나타내는 EGR율에 대하여 바르게 나타낸 것은?

가. $\text{EGR율} = \dfrac{\text{EGR 가스유량}}{\text{흡입공기량} + \text{EGR 가스유량}} \times 100\%$

나. $\text{EGR율} = \dfrac{\text{EGR 가스유량}}{\text{흡입공기량}} \times 100\%$

다. $\text{EGR율} = \dfrac{\text{흡입공기량}}{\text{EGR 가스유량}} \times 100\%$

라. $\text{EGR율} = \dfrac{\text{흡입공기량} + \text{EGR 가스유량}}{\text{EGR 가스유량}} \times 100\%$

4.어떤 자동차가 평탄한 아스팔트 포장도로를 80km/h로 주행하고 있을때 공기 저항은? (단, 차량총중량 1600kgf, 전면투영면적 1.8m2, 공기저항계수 0.005이다.)

가. 4.44 kgf
나. 8.0 kgf
다. 28.8 kgf
라. 57.6 kgf

5.전자제어 연료분사장치를 장착한 기관에서 압력 조절기(pressure regulator)의 고장으로 발생하는 현상은?

가. 분사시간이 일정해도 연료 분사량이 달라진다.
나. 인젝터에서의 연료 분사시간이 다르다
다. 흡기관의 압력이 높아진다.
라. 연료 펌프의 압력이 상승한다.

6.캐스터에 의한 효과를 설명한 것중 틀리는 것은?

가. 정의 캐스터를 갖는차는 선회시 차체운동에 의한 바퀴 복원력 발생
나. 캐스터에 의해 바퀴가 추종성(追從性)을 갖게된다.
다. 부(負)의 캐스터를 갖는차는 주행 중 조향핸들이 급선회하기 쉬운 경향이 있다.
라. 정(正)의 캐스터를 갖는 차는 조향핸들을 풀때 직진위치에서 멎지않고 지나치게 되어 바퀴가 흔들리게 된다.

7.전자제어 가솔린 엔진에서 크랭킹은 되나 시동이 안 되는 원인 중 맞지 않은 사항은?

가. 파워트랜지스터(Power TR)의 결함
나. 발전기 다이오드의 결함
다. 점화 1차 코일의 단선
라. ECU의 결함

8.다음 중 배압이 기관에 미치는 영향이 아닌 것은?

가. 출력 저하
나. 기관 과열
다. 피스톤 운동 방해
라. 냉각수 온도 저하

9.가솔린 기관에서 기동 전동기의 전류 소모시험을 하였더니 90A 였다. 이때 축전지 전압이 12V 일 때 이 엔진에 사용하는 기동전동기의 마력은?

가. 0.75 ps
나. 1.26 ps
다. 1.47 ps
라. 1.78 ps

10.전자제어 현가장치(ECS)에 대한 설명 중 틀린 것은?

가. 안정된 조향성을 준다.
나. 차의 승차인원(하중)이 변해도 차는 수평을 유지한다
다. 험한 도로주행시 압력을 약하게 하여 쇼크 및 롤링을 없게 한다.
라. 고속 주행시 차체의 높이를 낮추어 공기저항을 적게하고 승차감을 향상시킨다.

11.노크센서(knock sensor)에 대한 내용으로 관계가 없는 것은?

가. 실린더 블록에 부착한다.
나. 사용온도 범위는 130℃정도이다.
다. 주로 은으로 코팅하여 사용한다.
라. 특정 주파수의 진동을 감지한다.

12.다음 중 전자제어 엔진의 인젝터 점검사항에 해당되지 않는 것은?

가. 내부 저항을 측정한다.
나. 내부 진공도를 측정한다.
다. 분사량을 측정한다.
라. 작동음을 들어본다.

13.다음 설명 중 전기저항과 가장 관련이 없는 것은?

가. 전자가 이동시 물질내의 원자와 충돌하여 일어난다.
나. 원자핵의 구조, 물질의 형상, 온도에 따라 변한다.
다. 크기를 나타내는 단위는 옴(Ohm)을 사용한다.
라. 도체의 저항은 그 길이에 반비례하고 단면적에 비례한다.

14.디젤노크에 가장 크게 영향을 미치는 요소가 아닌 것은?

가. 흡입되는 공기량
나. 연료의 종류
다. 압축비
라. 연소실의 모양

15.전자제어 현가장치에서 앤티-셰이크(anti-shake)제어를 설명 한 것은?

가. 고속주행시 차체의 안전성을 유지하기 위해 쇽업소버의 감쇠력의 폭을 크게 제어한다.
나. 승차자가 승/하차 할 경우 하중의 변화에 의한 차체의 흔들림을 방지하기 위해 감쇠력을 딱딱하게 한다.
다. 주행중 급제동시 차체의 무게중심 변화에 대응하여 제어 하는 것이다.
라. 차량의 급출발시 무게 중심의 변화에 대응하여 제어하는 것이다.

16.전기자를 시험하고자 한다. 어떤 시험기가 필요한가?

가. 전류계
나. 오실로스코프
다. 회로 시험기
라. 그로울러 시험기

17.전기회로 정비작업시의 설명이다. 틀린 것은?

가. 전기회로 배선작업시 진동, 간섭 등에 주의하여 배선을 정리한다.
나. 차량에 외부 전기장치를 장착 할 때는 전원부에 반드시 퓨즈를 설치한다.
다. 배선 연결회로에서 접촉이 불량하면 열이 발생한다.
라. 연결 접촉부가 있는 회로에서 선간전압이 5V이하 시에는 문제가 되지 않는다.

18. 브레이크 페달의 지렛대 비가 그림과 같을 때 페달을 10kgf 의 힘으로 밟았다. 이때 푸시로드에 작용하는 힘은?

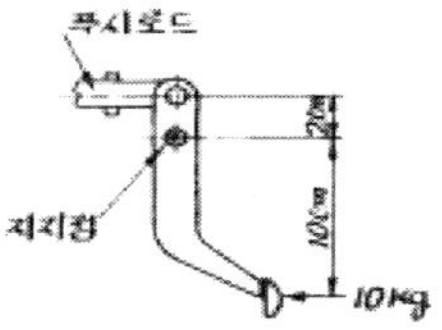


가. 20 kgf　　나. 40 kgf　　다. 50 kgf　　라. 60 kgf

19. 동력조향 장치의 조향핸들이 무거운 원인이 아닌 것은?

가. 조향바퀴의 타이어 공기압이 낮다.
나. 휠 얼라이먼트 조정이 불량하다.
다. 조향바퀴의 타이어 공기압이 높다.
라. 파워오일펌프 구동벨트가 슬립된다.

20. 다음 그림중 그림 ㉮는 정상적인 점화 이차 파형이다. 그림 ㉯와 같은 파형이 나올 경우의 설명은?

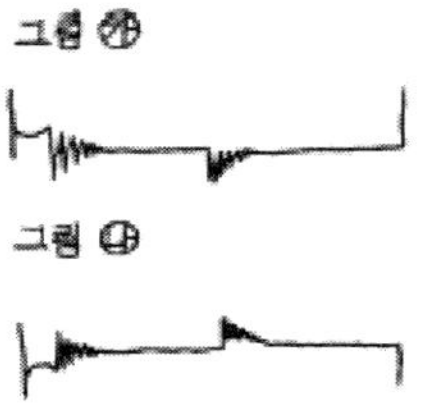


가. 플러그 선이 바뀌었음　　나. 점화 일차 코일 극성이 바뀌었음
다. 플러그가 파손됐음　　라. 점화 이차 코일 내부 절연이 파괴됐음

정 답

| 1 | 2 | 3 | 4 | 5 | 6 | 7 | 8 | 9 | 10 |
|---|---|---|---|---|---|---|---|---|---|
| 라 | 다 | 가 | 라 | 가 | 라 | 나 | 라 | 다 | 다 |
| 11 | 12 | 13 | 14 | 15 | 16 | 17 | 18 | 19 | 20 |
| 다 | 나 | 라 | 가 | 나 | 라 | 라 | 라 | 다 | 나 |
| 21 | 22 | 23 | 24 | 25 | 26 | 27 | 28 | 29 | 30 |
| 라 | 라 | 나 | 라 | 다 | 가 | 다 | 다 | 가 | 나 |
| 31 | 32 | 33 | 34 | 35 | 36 | 37 | 38 | 39 | 40 |
| 나 | 나 | 나 | 나 | 다 | 가 | 가 | 라 | 나 | 라 |

# 1-8. 2004년5월23일 제2회 자동차 정비공학

1.다음은 ABS(Anti-lock Brake System) 효과에 대한 설명이다. 가장 바르게 설명한 것은?

가. 자동차의 코너링 상태에서만 작동한다.
나. 눈길, 빗길 등의 미끄러운 노면에서는 작용이 안된다
다. 자동차의 제동시 바퀴의 미끄러짐이 없다.
라. 급제동시 바퀴의 미끄러짐이 있다.

2.브레이크 마스터 실린더의 직경이 5cm, 푸시로드가 미는 힘이 100kgf 일 때 브레이크 파이프내(內)의 압력은?

가. 0.19 kgf/cm2　　　나. 25.47 kgf/cm2
다. 4.00 kgf/cm2　　　라. 5.09 kgf/cm2

3.다음은 조향기어에 많이 사용되는 래크 피니언(rack and pinion) 형식의 특징을 설명한 것이다. 이에 해당되지 않는 것은?

가. 조향각이 크고 설치공간을 적게 차지한다.
나. 조향핸들의 회전운동을 래크를 이용하여 직접 직선 운동으로 바꾼다.
다. 가변 조향기어비를 가능케 할수 있다.
라. 소형 경량이며 낮게 설치 할수 있다.

4.다음 그림의 점화 2차파형 각 구간별 설명 중 틀린 것 은?

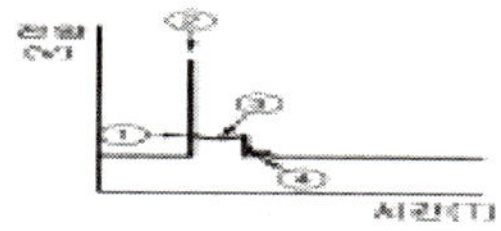

가. 연소선전압 규정(2-3KV) 높으면 : 점화2차라인 저항 과대
나. 점화서지전압 규정(6-12KV) 공전시 높으면 : 점화2차 라인 저항과대
다. 연소시간 규정(1ms 이상) 작을 때 : 점화2차라인의 저항감소 또는 공연비가 진할 경우
라. 점화코일 진동수(규정 1-2개) : 진동수가 거의 없다면 점화코일 결함이다.

5.인젝터(injector)의 분사량 결정에 영향을 미치는 요소 에 해당되지 않는 것은?

가. 니들밸브의 행정
나. 솔레노이드 코일의 통전시간
다. 분사구의 면적
라. 분사장소의 크기

6.배기가스 일부가 재순환하며 연소 온도를 낮춰 NOx 감소 기능을 하는 밸브는?

가. P.C.S.V(Purge Contor Solenoid Valve)
나. 리듀싱 밸브(Reducing Valve)
다. 공기밸브(Air Valve)
라. E.G.R밸브(Exhaust Gas Recirculation)

7.냉방 장치에서 냉매가스 저압 라인의 압력이 너무 높은 원인은?

가. 리시버 탱크 막힘
나. 팽창 밸브 막힘
다. 팽창밸브 감온통 가스 누출
라. 팽창 밸브의 온도감지 밸브 밀착 불량

8.변속기에 제3속의 감속비가 1.5이고 종 감속장치의 구동피니언의 잇수가 7, 링기어의 잇수가 35일때 제 3속의 총감속비는?

가. 1.5　　나. 5.0　　다. 7.5　　라. 16.3

9.다음 중 사이드슬립 테스터가 어떤것을 시험하는지 가장 적합한 것은?

가. 타이어 이상마모
나. 캐스터와 토인의 균형
다. 전차륜 정렬의 합성력
라. 캠버와 킹핀경사의 균형

10.흡기 다기관의 진공시험에서 진공계의 지침이 많이 흔들리는 원인이 아닌 것은?

가. 밸브 간극 조정불량
나. 기화기 공전혼합비 부적당
다. 실린더 압축불균일
라. 압축이 높아 기관이 지나치게 무겁다.

11.자동변속기를 고장진단 하기위한 준비과정이 아닌 것은?

가. 자동변속기 오일량 점검
나. 스로틀 케이블의 점검 및 조정
다. 자동변속기 오일의 정상온도 도달여부
라. 자동변속기 오일의 압력측정

12.실린더 헤드볼트를 풀었는데도 실린더 헤드가 떨어지지 않을 때 떼어내는 방법 중 틀린 것은?

가. 나무 헤머로 두드려 뗀다.
나. 기관의 압축압력을 이용한다.
다. 기관의 무게를 이용, 헤드만을 걸어 올린다.
라. 드라이버를 정 대신에 이용하고, 해머로 약간 두드리면서 떼어낸다.

13.시험기를 사용하여 튜티시간을 점검한 결과 아래와 같은 파형이 나왔다면 주파수는 얼마인가?

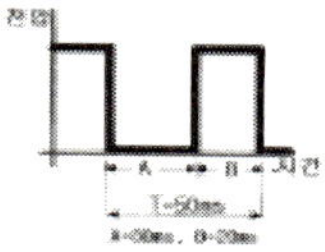


가. 20HZ
나. 25HZ
다. 30HZ
라. 50HZ

14.전자제어 연료분사 방식에서 공기량 측정시 질량 유량에 의해 측정하는 방식은?

가. 핫와이어식(hot wire)
나. 칼만와류식(karmann vortex)
다. 맵센서식(Map sensor)
라. 에어밸브식(Air valve)

15.다음 중 어떤 타입의 센서(sensor)가 연료잔량 경고등에 쓰이는가?

가. 가변저항
나. 피에죠 센서
다. 서미스터
라. 포텐숀 미터

16.다음 중 노크(Combustion knock)에 의하여 발생하는 현 상이 아닌 것은?

가. 배기온도의 상승
나. 출력의 감소
다. 실린더의 과열
라. 배기밸브나 피스톤 등의 소손(燒損)

17.다음에서 단실식 기관의 것은?

가. 직접분사식　　　　　　　나. 예연소실식
다. 와류실식　　　　　　　　라. 공기실식

18.칼만 와류식 센서에서 주파수를 구하는 공식 중 옳은 것은?
(St:스톨수, u:공기유속, d:와류기둥직경, f:주파수)

가. f= St × u/d　　　　　　나. f= St × d/u
다. f= u × St/d　　　　　　라. f= u × d/St

19.좌우 타이어가 동시에 상하운동을 할 때는 작용하지 않으며 차체의 기울기를 감소시키는 역할을 하는 것은?

가. 토션바　　　　　　　　　나. 컨트롤 암
다. 쇽업쇼바　　　　　　　　라. 스테빌라이져

20.전자제어 현가장치의 현가특성 제어에서 SOFT와 HARD의 판정 조건에서 스쿼트(Squart)에 관한 설명이다. 맞는 것은?

가. 발진, 가속시 후륜이 내려감
나. 제동시 전륜이 내려감
다. 노면의 요철에 의해 자동차가 조금씩 상하로 진동함
라. 노면의 요철에 의해 자동차가 크게 상하로 진동함

정 답

| 1 | 2 | 3 | 4 | 5 | 6 | 7 | 8 | 9 | 10 |
|---|---|---|---|---|---|---|---|---|---|
| 다 | 라 | 가 | 다 | 라 | 라 | 라 | 다 | 다 | 라 |
| 11 | 12 | 13 | 14 | 15 | 16 | 17 | 18 | 19 | 20 |
| 라 | 라 | 가 | 가 | 다 | 가 | 가 | 가 | 라 | 가 |
| 21 | 22 | 23 | 24 | 25 | 26 | 27 | 28 | 29 | 30 |
| 가 | 다 | 가 | 다 | 가 | 라 | 다 | 나 | 다 | 라 |
| 31 | 32 | 33 | 34 | 35 | 36 | 37 | 38 | 39 | 40 |
| 나 | 가 | 라 | 나 | 가 | 다 | 라 | 가 | 라 | 나 |

## 1-9. 2004년9월5일 제4회 자동차 정비공학

1.타이어의 반경이 125cm인 차가 2500rpm일 때 총 감속비 가 6:1 이면 이차의 주행속도는 약 얼마인가?

가. 196.35 km/h 나. 198.28 km/h
다. 201.34 km/h 라. 202.45 km/h

2.공연비 피드백(Feed back) 제어시 가장 중요한 역할을 하는 센서는 어느 것인가?

가. 02센서 나. 수온센서
다. 온도센서 라. 차속센서

3.그림에서 브레이크 페달의 유격은 어느 부위에서 조정하는 것이 가장 올바른가?

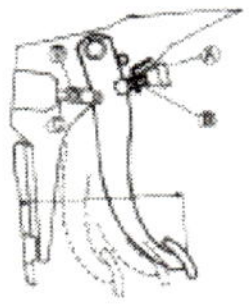

가. A와 B
나. D와 C
다. B와 D
라. C와 B

4.윤활유 소비 증대의 원인이 아닌 것은?

가. 베어링과 핀 저널의 마멸에 의한 간극의 증대
나. 기관 연소실 내에서의 연소
다. 기관열에 의한 증발로 외부에 방출
라. 크랭크 케이스 혹은 크랭크축과 오일 리테이너에서의 누설

5.점화플러그 부하시험 시 2차 점화 파형에서 점화전압이 1개 이상 높을 때의 원인이 아닌 것은?

가. 점화플러그 간극 과대
나. 점화플러그 저항선 단선
다. 점화플러그 절연체 파손
라. 2차회로 불량

6.타이어 트래드 한쪽면 만이 편마멸되는 원인에 해당되지 않는 것은?

가. 각 바퀴의 균일한 타이어 최고압력 주입
나. 휠이 런아웃 되었을 때
다. 허브의 너클이 런 아웃
라. 베어링이 마멸되었거나 킹핀의 유격이 큰 경우

7.다음 중 표현이 잘못된 것은 어느 것인가?

가. 축전지의 용량은 전해액 온도가 내려가면 증가한다.
나. 충전중 전해액의 온도는 45℃를 넘지 않도록 한다.
다. 전류계로 전류를 측정할 때에는 회로에 직렬로 연결한다.
라. 충전때 발생하는 가스는 주로 수소가스이다.

8.트렌지스터식 점화장치는 트랜지스터의 무슨 작용을 이용하여 2차 전압을 유기 시키는가?

가. 스위칭 작용　　나. 자기 유도 작용
다. 충.방전작용　　라. 상호 유도 작용

9.토크변환기의 펌프가 2800rpm이고, 속도비가 0.6, 토크 비가 4.0인 토크 변환기 효율은?

가. 0.24　　나. 2.4　　다. 24　　라. 0.4

10.가솔린 기관에 사용되는 일반적인 타이밍라이트(Timing Light)를 사용 할려고 한다. 다음 내용 중 틀린 것은?

가. 타이밍 라이트의 적색클립을 배터리 (+)단자에, 흑색 클립을 배터리 (-)단자에 물린다.
나. 타이밍 라이트의 픽업 클램프를 1번 점화플러그 고압 케이블에 화살표방향이 점화플러그 쪽으로 향하게 하여 물린다.
다. 전류 측정 픽업 클램프를 배터리 (+)단자에 물린다.
라. 타이밍 라이트의 흑색 또는 녹색 부트 리드선을 점화코일 (-)단자에 물린다.

11.전자제어 엔진에서 점화 코일의 1차전류를 단속하는 기 능을 갖는 부품은 무엇인가?

가. 발광 다이오드
나. 포토 다이오드
다. 파워 트랜지스터
라. 크랭크각 센서

12.시동 후 수온센서(부특성)의 출력전압은 시간이 지남에 따라 어떻게 변화하는가?

가. 변화 없다.
나. 크게 상, 하로 움직인다.
다. 계속 상승하다 일정하게 된다.
라. 엔진온도 상승에 따라 전압값이 감소한다.

13.실린더 블록에 장착되어 있으며 압전 소자를 이용하여 실린더내의 압력변화 및 연소온도의 급격한 증가, 내부염화 등의 이상원인으로 발생한 이상진동을 감지하여 이를 전기 신호로 바꾸어 점화시기를 조정하는 센서는?

가. 노크 센서
나. 크랭크 포지션 센서
다. 캠샤프트 포지션 센서
라. 에어컨 압력센서

14.동력 조향장치(Power Steering)가 고장이 났을 때 수동조작을 쉽게하기 위한 밸브는 어느 것인가?

가. 압력조절밸브
나. 안전첵밸브
다. 밸브 스풀
라. 흐름제어밸브

15.디젤기관에서 연소실 공기온도가 20℃에서 400℃로 상승할 때 압력이 45ata 되려면 압축비는 얼마로 하여야 하는가?

가. 17.8 : 1
나. 18.3 : 1
다. 19.6 : 1
라. 21.3 : 1

16.앞바퀴 얼라인먼트를 점검하기 전에 점검해야 할 사항 중 거리가 먼것은?

가. 전후 및 좌우 바퀴의 흔들림
나. 타이어의 마모 및 공기압
다. 뒤 스프링의 모양 및 형식
라. 조향 링키지 설치상태와 마멸

17.주행속도 72km/h의 자동차에서 브레이크를 작동시키면 제동거리는 얼마인가?
(단, 차륜과 도로면의 마찰계수는 0.4 일 때)

가. 31 m
나. 41 m
다. 51 m
라. 61 m

18.전자제어 현가 장치(ECS)에 관계되는 구성 부품이 아닌 것은?

가. 버티컬 센서
나. 래터럴 센서
다. 댐퍼 솔레노이드 밸브
라. 인플레이터

19.기관에서 매니홀드안의 압력변화에 따른 분사량의 변화를 방지하며 다이아프램 스프링에 의해 연료압력과 흡기 매 니 홀드와의 차압을 항상 일정하게 유지하는 것은?

가. 연료 댐퍼　　　　나. 연료 압력 조정기
다. 연료 여과기　　　라. 에어 플로우미터

20.전자제어 엔진에서의 연료 컷(fuel cut)에 대한 내용 으 로 틀린 것은?

가. 인젝터 분사신호의 정지이다.
나. 연비를 개선하기 위함이다.
다. 배출가스를 정화하기 위함이다.
라. 기관(engine)의 고회전이 가능하도록 하기 위함이다.

정 답

| 1 | 2 | 3 | 4 | 5 | 6 | 7 | 8 | 9 | 10 |
|---|---|---|---|---|---|---|---|---|---|
| 가 | 가 | 나 | 가 | 다 | 가 | 가 | 가 | 나 | 다 |
| 11 | 12 | 13 | 14 | 15 | 16 | 17 | 18 | 19 | 20 |
| 다 | 라 | 가 | 나 | 다 | 다 | 다 | 라 | 나 | 라 |
| 21 | 22 | 23 | 24 | 25 | 26 | 27 | 28 | 29 | 30 |
| 가 | 라 | 라 | 나 | 다 | 가 | 다 | 가 | 나 | 다 |
| 31 | 32 | 33 | 34 | 35 | 36 | 37 | 38 | 39 | 40 |
| 라 | 나 | 나 | 가 | 가 | 나 | 라 | 나 | 나 | 라 |

# 제2장 자동차 공학 과년도 기출문제

## 2-1. 2001년3월4일 제1회 자동차 공학

1. 다음 중 케니스터에 포집한 연료 증발가스를 흡기 다기관으로 보내주는 장치는?
   가) PCV　　나) EGR 솔레노이드 밸브
   다) PCSV　　라) 써모 밸브

2. 클러치 유격을 바르게 설명 한 것은?
   가) 동력전달 상태에서 릴리스 베어링과 릴리스 레버 접촉면 사이의 간극을 말한다.
   나) 동력이 전달되지 않은 상태에서 릴리스 베어링 이 왕복한 거리를 말한다.
   다) 동력이 전달된 상태에서 페달이 올라온 거리를 말한다.
   라) 동력이 rmSGRLS 상태에서 릴리스 베어링과 페달이 움직인 거리를 말한다.

3. 전자제어 가솔린 분사장치 중 흡입공기량을 간접 계측하는 방식은?
   가) K-Jetronic　　나) D-jetronic
   다) Mono Jetronic　　라) L-jetronic

4. 다음 중 클러치 차단 불량의 원인이 될 수 있는 것은?
   가) 릴리스 베어링 소손　　나) 자유간극 과소
   다) 클러치판 과다 마모　　라) 스프링 장력 약화

5. 가솔린 분사장치의 spi방식은 4기통 기관의 경우 크랭크축 1회전에 분사되는 회수는?
   가) 1회　　나) 2회
   다) 3회　　라) 4회

6. 공기브레이크에서 제동력을 크게 하기 위해서 조정하여야 할 밸브는?
   가) 브레이크 밸브　　나) 안전밸브
   다) 책 밸브　　라) 언로드 밸브

7.npn형 트랜지스터에서 접지되는 단자는?
   가) 이미터　　나)베이스
   다) xmfois지스터 몸체.　　라)컬렉터

8. 실린더의 안지름60mm인 4실린더 기관의 총 배기량은 얼마인가?
   가) 750.4cc　　나) 678.6cc
   다) 339.2cc　　라) 169.7cc

9. 전자제어 연료분사 장치에서 고지에서의 연료량 제어방법으로 맞는 것은?
가) 대기압센서 신호로서 기본 분사량을 증량 시킨다.
나) 대기압센서 신호로서 기본 분사량을 감량 시킨다.
다) 대기압센서 신호로서 연료보정량을 증량 시킨다.
라) 대기압센서 신호로서 연료보정량을 감량시킨다.

10. 물체의 전기저항 특성에 대한 설명 중 틀린 것은?
가) 단면적이 증가하면 저항은 감소한다.
나) 온도가 상승하면 전기저항이 감소되는 재료를 NTC라 한다.
다) 도체의 저항은 온도에 따라서 변한다.
라) 보통의 금속은 온도상승에 ek라 저항이 감소된다.

11. 유해 배출가스가 가장 적게 배출되는 자동차는?
가) 휘발유 자동차 나) 알콜 자동차
다) 천연가스 자동차 라) 수소 자동차

12. 다음 중 독립현가장치의 장점이 아닌 것은?
가) 스프링 밑 질량이 작아 승차감이 좋다.
나) 바퀴의 구조상 시미를 잘 일으키지 않고 도로 노면과 로드 홀딩이 우수하다.
다) 선회할 때 차체의 기울기가 적다.
라)스프링의 상수가 작은 것을 사용할 수 있다.

13. 디젤 엔진을 다이나모메터에 걸고 전부하 상태로 변속기를 제3속(감속비 1.5)에 넣고 운전 했는데 추진축의 회전수가 800rpm 이었다. 엔진의 발생 토크는?
(단. 엔진의 전부하시의 성능은 다음과 같다.)
가) 40.5m-kgf 나) 41.5m-kgf
다) 42.5m-kgf 라) 43m-kgf

14. 전자제어 가솔린 연료 분사장치에 대한 설명 중 틀린 것은?
가) 연료 분사량은 인젝터 개방시간에 의해 결정 된다.
나) 연료 분사시기는 ECU에 의해 제어된다.
다) 각기통에 설치된 인젝터는 동시에 개방되어야 한다.
라) 연료의 기본 분사량은 흡입 공기량과 엔진 회전수에 따라 결정된다.

15. 빛을 받으면 전류가 흐르지만 빙이 없으면 전류가 흐르지 않는 전기소자는?
가) 제너 다이오드 나) 발광 다이오드
다) PN 접합 다이오드 라) 포토 다이오드

16. 다음 중 드가르봉식 쇽업쇼버와 관계없는 것은?
가) 유압식의 일종으로 프리 피스톤을 설치하고 위쪽에 오일이 내장되어 있다.
나) 고압질소 가스의 압력은 약 30kg/㎠이다.
다) 쇽업쇼버의 작동이 정지되면 프리피스톤 아래쪽의 질소 가스가 팽창하여 프리 피스톤을 압상시킴으로서 오일실의 오일이 감압한다.
라) 좋지 않은 도로에서는 격심한 충격을 받았을 때 캐비테이션에 의한 감쇠력의 차이가 작다.

17. 다음 중 플렉시블 자재이음의 종류가 아닌 것은?
가) 사일런트 블렉 조인트
나) 다각형레버 조인트
다) 이중 십자형 자재이음
라) 하디 디스크

18. 다음은 전자석의 특징을 설명한 것이다. 틀린 것은?
가) 전자석은 전류의 방향을 바꾸면 자극도 반대가 된다.
나) 전자석의 자력은 전류가 일정한 경우 코일의 권수에 비례한다.
다) 전자석의 자력은 공급전류에 비례하여 커진다.
라) 전자석의 자력은 영구자석의 세기에 비례하여 커진다.

19. 자동차 브레이크 드럼의 지름이 600mm, 드럼에 작용하는 토크는 몇 mm-kgf 인가?
가) 12000 나) 18000 다) 36000 라) 90000

20. 조향 핸들을 2바퀴 돌렸을 때 피트먼 암이 90도 움직였다. 조향 기어비는 얼마인가?
가) 6:1 나) 7:1 다) 8:1 라) 9:1

## 정 답

| 1 | 2 | 3 | 4 | 5 | 6 | 7 | 8 | 9 | 10 |
|---|---|---|---|---|---|---|---|---|---|
| 다 | 라 | 나 | 가 | 가 | 가 | 가 | 라 | 다 | 라 |
| 11 | 12 | 13 | 14 | 15 | 16 | 17 | 18 | 19 | 20 |
| 라 | 다 | 라 | 다 | 라 | 다 | 다 | 라 | 다 | 다 |

## 2-2. 2001년6월3일 제2회 자동차 공학

1. 마찰 클러치에 대한 설명으로 틀린 것은 ?
 가. 클러치 릴리스베어링과 릴리스레버 사이의 유격은 없어야 한다.
 나. 클러치 디스크의 비틀림 코일 스프링은 회전 충격을 흡수 한다 .
 다. 다이어 프램식은 코일 스프링식에 비해 구조가 간단하고 단속 작용이 유연하다.
 라. 클러치 조작기구는 케이블 외에 유압식을 사용하기도 한다.

2. 오토 사이클의 압축비가 8.5일 경우 이론 열효율 은?(단, 공기의 비열비는 1.4이다.)
 가. 57.5% 나. 49.6% 다. 52.4 라. 54.6%

3. 엔진에서 압축시 가스의 온도와 체적은 변화한다. 틀린 것은?
 가. 체적이 감소함에 따라 압력은 압축비에 근사적으로 비례하여 상승한다.
 나. 압축시 발생하는 압축열에 의해 추가로 압력상승이 이루어진다.
 다. 체적이 감소함에 따라 비열은 감소한다.
 라. 체적이 감소함에 따라 온도가 상승한다.

4. 타이어에서 직접 노면과 접촉되어 마모에 견디고적은 슬립으로 견인력을 증대시키는 부분의 명칭은?
 가. 트레드(thread) 나. 브레이커(breaker)
 다. 카카스(carcass) 라. 비드(bead)

5. 흡기다기관의 부압으로 기본 분사량을 제어하는 방식은?
 가. K-jetronic 방식 나. L-jetronic 방식
 다. D-jetronic 방식 라. Mono-jetronic 방식

6. 12v-0.3μF, 12V-0.6μF의 축전기를 병렬로 접속했다. 두 개의 축전기에는 얼마의 전기량이 축전되는가?
 가. 0.9μC 나. 10.8μC
 다. 13.3μC 라. 60μC

7. 기동전동기의 전기자 코일에 항상 일전한 방향으 로 전류가 흐르도록 하기 위해 설치한 것은?
 가. 슬립링 나. 정류자
 다. 다이오드 라. 로터

8. 총배기량 1400cc인 4행정 기관이 2000rpm 으로 회 전하고 있다. 이 때의 도시평균 유효압력이 10,kgf/cm2 이면 도시마력은 몇 PS인가?
 가. 31.1 나. 62.2 다. 131.4 라. 1866

9. 주행중 물이 고인 도로를 고속 주행시 타이어 트레드가 물을 완전히 배출시키지 못해 노면과 타이어의 마찰력이 상실되는 현상은?

가. 스텐딩 웨이브　　나. 하이드로 플래닝

다. 타이어 동적 밸런스 라. 타이어 매치 마운팅

10. A,B 두 정비사가 5V 전원을 사용하는 TPS를 점검하고자 한다. 정비사가 A:TPS의 전원은 약하므로 테스트램프를 이용하여 점등여부를 확인하는게 옳다. 정비사 8:TPS는 가변저항방식의 디지털 신호이므로 테스트램프를 이용하여 측정하는건 말도 안된다. 어느 것이 옳은가?

가. A 가 옳다.　　나. B가 옳다.

다. A, B 둘다 옳다　　라. A, B 둘다 틀린다.

11. 시동회로에서 전압강하와 관련된 현상을 설명한 것 중 틀린 것은?

가. 배터리에서 기동전동기로 연결되는 배선이 굵은 것은 많은 전류가 흐르기 때문이다.

나. 기동전동기에서 배터리로 연결되는 배선과 배터리(+)극과의 접촉이 좋지 않으면 전압강하가 커서 엔진이 기동되지 않을 수도 있다.

다. 배터리에서 기동전동기로 연결되는 배선과 기동전동기 마그네트 스위치 (B)단자와의 접촉이 좋지 않으면 엔진이 기동되지 않을 수도 있다.

라. 기동전동기의 무부하 시험시 작동이 양호하면 전압강하가 크다는 것을 의미한다.

12. 2세트의 단순 유성기어 장치를 연이어 접속시키되 선기어를 공동으로 사용하는 기어형식은?

가. 라비뇨식　　나. 심프슨식

다. 벤딕스식　　라. 평행축 기어 방식

13. 토션바 스프링에 대한 내용으로 틀린 것은?

가. 단위 중량당의 에너지 흡수율이 대단히 크다.

나. 스프링의 힘은 바의 길이와 단면적에 의해 결정 된다.

다. 진동의 감쇠작용이 커서 쇽업쇼버를 병용할 필요가 없다.

라. 스프링은 좌.우로 사용되는 것이 구분되어 있다.

14. 기관에서 점화진각에 대한 설명 중 잘못된 것은?

가. 엔진의 회전속도가 빠를수록 진각시킨다.

나. 공회전시 연소를 원활히 하기 위하여 진각시킨다.

다. 흡기다기관의 부압이 높을수록 진각시킨다.

라. 노킹이 발생되면 진각시킨다.

15. 유성기어식 자동변속기ㅣ의 특성이 아닌 것은?

가. 솔레노이드 밸브를 제어하여 변속시점과 과도특성을 제어한다.

나. 록업 클러치를 설치하여 연료소비량을 줄일 수 있다.

다. 수동변속기에 비해 구동 토크가 적다.

라. 변속단을 1단 증가시키기 위한 오버드라이브를 둘 수 있다.

16. LPG 승용자동차에서 주로 사용되는 콘테이너 케이스 방식은?
가. 세미 콘테이너
나. 풀 콘테이너
다. 풀 콘테이너 및 세미 콘테이너
라. 상단 콘테이너

17. 전자제어 가솔린분사장치 엔진의 특징을 가장 바르게 설명한 것은?
가. 연료를 분사하므로 가속 응답성이 좋아진다.
나. 부품 단순화로 제조 원가가 저렴하다.
다. 고장 발생시 수리가 용이하다.
라. 연료 과다 분사로 연료소비가 크다.

18. 점화장치에 대한 설명으로 틀린 것은?
가. 무접점식 점화장치에서 점화펄스 발생기로는 주로 홀센서 또는 유도센서가 사용된다.
나. 홀 반도체에 작용하는 자속밀도가 무시해도 좋을 만큼 낮을 때, 홀 전압은 최대가 된다.
다. 유도센서에서 펄스 발생용 로터와 스테이터를 형성하는 철심이 마주 볼 때의 공극은 대략 0.5mm 정도이다.
라. CDI(축전기 방전식 점화장치)에서 축전기에 충전되는 에너지 수준은 충전전압의 제곱에 비례한다.

19. 댐퍼 클러치의 작동 조건이 될 수 있는 것은?
가. 제 1속 및 후진시
나. 공회전시
다. 3 → 2 시프트 다운시
라. 냉각수 온도가 60。C이상일 때

20. 브레이크장치의 프로포셔닝밸브에 관한 설명으로 맞는 것은?
가. 뒷바퀴의 압력을 감소시킨다.
나. 급발진 현상을 방지하기 위한 장치이다.
다. 앞바퀴의 압력을 감소시킨다.
라. 앞, 뒤바퀴의 압력을 균등하게 한다.

## 정 답

| 1 | 2 | 3 | 4 | 5 | 6 | 7 | 8 | 9 | 10 |
|---|---|---|---|---|---|---|---|---|---|
| 가 | 가 | 다 | 가 | 다 | 나 | 나 | 가 | 나 | 나 |
| 11 | 12 | 13 | 14 | 15 | 16 | 17 | 18 | 19 | 20 |
| 라 | 나 | 다 | 라 | 다 | 가 | 가 | 다 | 라 | 라 |

## 2-3. 2002년 3월10일 제1회 자동차 공학

1. 자동차의 앞차륜 정렬요소가 아닌 것은?
   가. 캠버(camber)　　나. 캐스터(caster)
   다. 트램프(tramp)　　라. 토(toe)

2. 가솔린 기관에서 압축비 ε=7, 비열비 k=1.4경우 이론 열효율는?
   가. 45.4%　　나. 59.3%　　다. 48.5%　　라. 54.1%

3. 기관의 토크는 1500rpm에서 20.06kgf-m이다. 2단 변속비는1.5:1이고, 종감속장치의 피니언 잇수는 10개, 링기어의 잇수는 35개이다. 이 때 구동차축에 전달되는 토크(kgf-m)는?
   가. 30.09　　나. 70.21　　다. 52.66　　라. 105.32

4. 자동변속기 관련장치에서 가속페달을 급격히 밟으면 한단계 낮은 단으로 변속되는 것과 가장 관계 있는 것은?
   가. 거버너 밸브　　나. 매뉴얼 밸브
   다. 킥다운 스위치　　라. 프리휠링

5. 엔진 냉각수 온도를 감지하여 수온에 따르는 연료증량 보정 신호를 ECU로 보내는 부품은?
   가. 수온 스위치　　나. 수온 조절기
   다. 수온 센서　　라. 수온 게이지

6. 디젤 엔진의 연료분사 3대 요건이 아닌 것은?
   가. 관통력　　나. 노크
   다. 분포도　　라. 무화

7. 전자제어 자동변속기에서 변속점의 결정은 무엇을 기준으로 하는가?
   가. 스로틀 밸브의 위치와 차속
   나. 스로틀 밸브의 위치와 연료량
   다. 차속과 유압
   라. 차속과 점화시기

8. 점화코일 내부의 철심을 층상으로 제작하여 넣는 이유는?
   가. 제작상의 잇점
   나. 점화코일 외부로의 열방출 촉진
   다. 맴돌이 전류에 의한 전력 손실 방지
   라. 코일의 소손방지

9. ABS에서 제어를 위한 가장 중요한 요소는?

가. 코너링 포스　　　　　　　　나. 슬립율

다. 노면 -타이어간 마찰계수　　라. 차륜 속도

10. 공기 브레이크의 장점은?

가. 제작비가 유압 브레이크보다 싸다.

나. 엔진의 흡입다기관 진공에 영향을 준다.

다. 제동력이 페달을 밟는 힘에 비례한다.

라. 공기가 약간 새나가도 제동력이 현저하게 저하되지 않는다.

11. CO, HC, NOx를 줄이기 위한 목적으로 사용되며 산소센서와 연계되어야만 정상적인 동작을 보장할 수 있는 장치는 ?

가. 블로바이가스 재순환 장치

나. 삼원 촉매장치

다. 보조 흡기 밸브

라. 연료증발가스 제어장치

12. 주행 중 자동차의 출력 저하가 느껴질 때 조치방법으로 틀린 것은?

가. 배기가스를 측정한다.

나. TPS와 O2센서를 이용한 급가속 점검을 한다.

다. 배전기의 타이밍을 지각으로 조정한다.

라. 연료압력 조정기의 진공호스를 빼고 연료계통을 점검 한다.

13. 앞 현가장치의 분류 중 독립 현가장치의 장점이 아닌 것은?

가. 자동차의 높이를 낮게 할 수 있으므로 안전성이 향상된다.

나. 바퀴의 시미(shimmy)현상이 적고 타이어와 노면의 접지성이 좋아진다.

다. 스프링 하부의 무게가 가벼우므로 승차감이 좋다.

라. 차축의 구조가 간단하다.

14. 엔진의 공회전이 불규칙하거나 엔진이 갑자기 정지했다. 그 원인이 아닌 것은?

가. 흡기온도센서 불량

나. ISC계통 이상

다. TPS 불량

라. 자기진단 커넥터 불량

15. 전자제어 동력 조향장치의 특성으로 틀린 것은?

가. 공전과 저속에서 핸들 조작력이 작다.

나. 중속 이상에서는 차량속도에 감응하여 핸들 조작력을 변화시킨다.

다. 솔레노이드 밸브로 스로틀 면적을 변화시켜 오일탱크 로 복귀되는 오일량을 제어한다.

라. 동력 조향장치이므로 조향기어는 필요 없다.

16. 전자제어 현가장치에 대한 다음 설명 중 틀린 것은 ?
가. 스프링 상수를 가변시킬 수 있다.
나. 쇽업소버의 감쇄력 제어가 가능하다.
다. 차체의 자세제어가 가능하다.
라. 고속주행시 현가 특성을 부드럽게 하여 주행안전성이 확보된다.

17. 회로의 합성저항은 몇 Ω 인가?
가. 0.1Ω　나. 1Ω　다. 0.5Ω　라. 5Ω

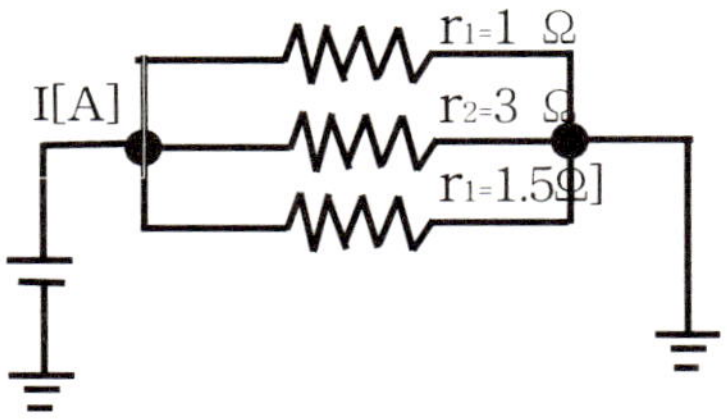


18. 가솔린 기관에서 연료 증발가스의 배출을 감소시키기 위한 장치는?
가. 배기가스 재순환 장치
나. 촉매 변환기
다. 캐니스터
라. 산소 센서

19, 전자제어 현가장치(E.C.S)의 기능이 아닌 것은?
가. 차량의 급커브시 원심력에 의한 차량 기울어짐 방지
나. 급제동시 노스 다운 방지
다. 비포장 도로 운행시 차체의 높이 조정
라. 차량 주행시 일정한 속도로 주행

20. 간극 체적이 70cm3이고, 압축비가 9인 기관의 배기량은?
가. 560cm3　나. 610cm3　다. 650cm3　라. 670cm3

## 정 답

| 1 | 2 | 3 | 4 | 5 | 6 | 7 | 8 | 9 | 10 |
|---|---|---|---|---|---|---|---|---|---|
| 다 | 라 | 라 | 다 | 다 | 나 | 가 | 다 | 나 | 라 |
| 11 | 12 | 13 | 14 | 15 | 16 | 17 | 18 | 19 | 20 |
| 나 | 다 | 라 | 라 | 라 | 라 | 다 | 다 | 라 | 가 |

# 2-4. 2002년 5월26일 제2회 자동차 공학

1. 디스크 브레이크에 관한 설명으로 틀린 것은?
   가. 브레이크 페이드 현상이 드럼브레이크 보다 현저하게 높다.
   나. 회전하는 디스크에 패드를 압착시키게 되어있다.
   다. 대개의 경우 자기 작동 기구로 되어 있지 않다.
   라. 캘리퍼 실린더를 두고 있다.

2. 승용차용으로 적당하지 않는 무단변속기의형식은?
   가. 금속 벨트식
   나. 금속 체인식
   다. 트랙션 드라이브식
   라. 유압 모터/펌프의 조합식

3. 엔진 회전속도가 2418rpm인 자동차의 변속비 및 종감속비 가 각각 2.5, 6.2일 때 오른쪽 바퀴의 회전속도가 186rpm이면 왼쪽 바퀴의 회전속도는 몇 rpm인가?
   가. 126 나. 156 다. 252 라. 312

4. 순차분사방식의 인젝터 회로에 대한 설명으로 옳은 것은?
   가. 전원측 릴레이의 접속불량은 인젝터 구동시간 부위의 전압에 턱이 생기게 한다.
   나. 인젝터 4개 각각의 서지 전압은 인젝터에서 ECU까지의 접속불량과 무관하다.
   다. 인젝터 분사시간의 최소단위는 1ms이다.
   라. 인젝터 1개의 접속불량은 해당 인젝터 구동전류에만 영향을 줄뿐 다른 인젝터와는 상관이 없다.

5. Bosch 방식의 전자제어 가솔린 분사장치 중 흡입공기량을 간접 계측하는 방식은?
   가. K-Jetronic 나. D-Jetronic
   다. KE-Jetronic 라. L-Jetronic

6. ABS의 장점이라고 할 수 없는 것은?
   가. 제동시 차체의 안정성을 확보한다.
   나. 급제동시 조향성능 유지가 용이하다.
   다. 제동압력을 크게 하여 노면과의 동적 마찰효과를 얻는다.
   라. 제동거리의 단축 효과를 얻을 수도 있다.

7. 전자제어 엔진에 대한 다음 설명 중 틀린 것은?
   가. 흡기 온도센서 신호는 연료 증량시 보정신호로 사용 된다.
   나. 공회전 속도 제어를 위해 스텝모터를 사용하기도 한다.
   다. 산소센서의 출력전압은 혼합기 농도에 따라 변화 하는데 희박할 때보다 농후시 전압이 높다.
   라. 점화시기는 점화 2차 코일의 전류를 크랭크각 센서가 제어한다.

8. 배기다기관의 기능으로 틀린 것은?
가. 각 실린더에서 배출된 연소가스를 모은다.
나. 배기 간섭을 최소화한다.
다. 열용량을 최대화한다.
라. 배압을 최소화한다.

9. 전자제어 엔진에서 흡입 공기 유량을 검출하는 방식에 속하지 않는 것은?
가. 열선식 나. 베인식
다. 칼만와류식 라. 스로틀식

10. 연료의 저위 발열량이 10400kcal이고, 연료 소비량이 160g/PS-h일 때, 이 엔진의 열효율은 약 몇% 인가?
가. 38% 나. 39% 다. 40% 라. 41%

11. 자동차의 주행속도가 90㎞/h일 때 구동출력이 130PS라면 이 때의 구동력은?
가. 390kgf 나. 290kgf
다. 190kgf 라. 490kgf

12. 자화된 철편에서 외부 자력을 제거한 후에도 자기가 잔류하는 현상을 무엇이라 하는가?
가. 자기 포화 현상 나. 자기 히스테리시스 현상
다. 자기 유도 현상 라. 전자 유도 현상

13. 발전기 조정기에 대한 설명으로 틀린 것은?
가. 발전기 조정기는 발전기 출력을 제어한다.
나. 발전기 조정기는 사용 발전기에 따라 직류 발전기용과 교류 발전기용이 있다.
다. 직류 발전기 조정기는 전압 조정기, 전류제한기로 구성된다.
라. 발전기 조정기는 제어 방식에 따라 접점식, 카본 파일식, 트랜지스터식 등이 있다.

14. 클러치가 동력을 차단하여도 플라이휠과 같이 회전하는 부품은?
가. 클러치판 나. 압력판
다. 변속기 입력축 라. 릴리스 포크

15. 자동변속기 오일의 요구조건이 아닌 것은?
가. 기포가 발생하지 않을 것
나. 점도지수 변화가 클 것
다. 침전물 발생이 적을 것
라. 저온 유동성이 좋을 것

16. 디스크 브레이크의 특성이 아닌 것은?
가. 고속에서 반복적으로 사용하여도 제동력의 변화가 적다.
나. 부품의 평형이 좋고, 편제동 되는 경우가 거의 없다.
다. 디스크에 물이 묻어도 제동력의 회복이 빠르다.
라. 디스크가 대기 중에 노출되어 회전하므로 방열성은 좋으나 제동안정성이 떨어진다.

17. 디젤 노크의 방지책으로 맞는 것은?
가. 실린더 내 온도를 낮춘다.
나. 압축비를 높인다.
다. 분사 초기에 연료 분사량을 증가시킨다.
라. 흡기압력을 낮춘다.

18. 자동차공학에서 사용하는 단위에 대한 설명이다. 맞는 것은?
가. 1PS는 75kgf·m/min의 일률이다.
나. 1HP는 33000ft·lb/min의 일률이다.
다. 1kW는 1000kgf·m/s의 일률이다.
라. 초속 1m/s는 시속 36km/h의 속도와 같다.

19. 발전기가 정지되거나 발생전압이 낮을 때 축전지에서 발전기로 전류가 역류되는 것을 방지하는 장치는?
가. 컷아웃 릴레이　　나. 전류조정기
다. 콘덴서　　라. 정류기

20. 드럼 브레이크 시스템에서 브레이크 회로의 잔압은 대략 어느 정도인가?
가. 0.1~0.2bar　　나. 0.4~1.7bar
다. 2.5~6.5bar　　라. 6.5~10bar

## 정 답

| 1 | 2 | 3 | 4 | 5 | 6 | 7 | 8 | 9 | 10 |
|---|---|---|---|---|---|---|---|---|---|
| 가 | 라 | 가 | 라 | 나 | 다 | 라 | 다 | 라 | 가 |
| 11 | 12 | 13 | 14 | 15 | 16 | 17 | 18 | 19 | 20 |
| 가 | 나 | 다 | 나 | 나 | 라 | 나 | 나 | 가 | 나 |

## 2-5. 2002년 9월3일 제3회 자동차 공학

1. 다공 노즐을 사용하는 직접분사식 디젤엔진에서 분사 노즐의 구비 조건이 아닌 것은?
가. 연료를 미세한 안개 모양으로 하여 쉽게 착화되게 할 것
나. 저온, 저압의 가혹한 조건에서 장기간 사용할 수 있을 것
다. 분무가 연소실의 구석구석까지 뿌려지게 할 것
라. 후적이 일어나지 않을 것

2. 배기가스가 직경 5cm의 배기관을 통과하고 있다. 유속이 50m/s일 때 통과하는 배기가스의 양은? ( 단, 배기가스의 밀도는 15kg/m3이다.)
가. 1.471kg/s　　나. 1.634kg/s
다. 1.875kg/s　　라. 2.121kg/s

3. 조향장치와 관계 없는 것은?
가. 스티어링 기어　　나. 피트먼 암
다. 타이로드　　라. 쇽업쇼버

4. 연료 7.2kg을 연소시키는데 밀도 1.29kg/m3인 공기 91.5$m^3$을 소비한 엔진이 있다. 이 기관의 공연비는?
가. 약 12.7　　나. 약 16.4
다. 약 16.9　　라. 약 14.8

5. 압축비 8.5, 행정체적 225$cm^3$인 기관에서 피스톤이 하사점에 있을 때의 실린더 체적(cc)은?
가. 30　　나. 255　　다. 300　　라. 435

6. 윤활유의 작용에 해당되지 않는 것은?
가. 압축 작용　　나. 냉각 작용
다. 밀봉 작용　　라. 방청 작용

7. 4행정 사이클 가솔린 기관을 동력계로 측정하였더니 2000rpm에서 회전력이 23.8kgf-m였다면 축출력(PS)은?
가. 50.6　　나. 66.5　　다. 70.6　　라. 86.6

8 . 자동변속기의 자동변속시점을 결정하는 가장중요 한 요소는?
가. 엔진 스로틀 개도와 차속
나. 엔진 스로틀 개도와 변속시간
다. 매뉴얼 밸브와 변속레버
라. 변속 모드 스위치와 차속

9. 전자제어 현가장치(E.C.S)의 기능이 아닌 것은?
가. 급제동시 노즈 다운(Nose Down)방지
나. 급커브 또는 급회전시 원심력에 의한 차량의 기울어짐 방지
다. 노면으로부터 차의 높이 조정
라. 차량 고속주행 중 뒷바퀴 차고를 낮춤

10. 디스크 브레이크의 특징이 아닌 것은?
가. 자기배력작용이 없기 때문에 필요한 조작력이 커진다.
나. 패드의 누르는 힘을 크게 할 필요가 있다.
다. 고속에서 반복 사용해도 제동력 변화가 적다.
라. 열변형에 의한 제동력 저하가 많다.

11. 자동차 충전장치에 대한 설명으로 틀린 것은?
가. 다이오드는 교류를 직류로 변환시키는 역할을 한다.
나. 배터리의 극성을 역으로 접속하면 다이오드가 손상되고 발전기 고장의 원인이 된다.
다. 발전기에서 발생하는 3상교류를 전파 정류하면 직류에 가까운 전류를 얻을 수 있다.
라. 배터리로부터의 전류의 역류를 방지하고 출력 전류를 제한하는 것은 다이오드이다.

12. 전자제어 디젤기관에서 전자제어유닛(E.C.U)으로 입력되는 사항이 아닌 것은?
가. 제어랙의 위치 나. 분사 시기
다. 분사량 라. 연료 온도

13. 자동차 공차시 또는 적재 상태의 전·후 축중을 구할 때 무엇을 이용하는가?
가. 파스칼의 원리 나. 애커먼 장토 원리
다. 평형방정식 라. 쿨롱의 법칙

14. 앞바퀴 정렬 중 토인의 필요성이 아닌 것은?
가. 조향시에 바퀴의 복원력을 발생
나. 앞바퀴 사이드 슬립과 타이어 마멸 방지
다. 캠버에 의한 토아웃 방지
라. 조향 링키지 마멸에 의한 토아웃 방지

15. 종감속비를 결정하는 요소가 아닌 것은?
가. 엔진의 출력 나. 차량 중량
다. 가속 성능 라. 제동 성능

16. 직권전동기에 대한 설명으로 맞는 것은?
가. 전동기의 회전력은 전기자 전류의 제곱에 반비례한다
나. 직권전동기의 회전속도는 전압에 비례하고 계자의 세기에 반비례한다.
다. 직권전동기는 기동 회전력이 크며, 회전속도가 거의 일정하다.
라. 직권 전동기는 부하가 클 때 전기자 전류는 커져 큰 회전력을 낼 수 있다.

17. 자동차의 교류발전기에 대한 설명으로 틀린 것은?

가. 엔진이 공회전 상태에서도 발전기는 약60% 정도의 출력이 발생해야 정상이다.

나. 엔진이 회전되면서 충전할 때 배터리 단자를 분리 또는 연결하면 레귤레이터의 손상을 가져올 수 있다.

다. 배터리가 완전충전된 상태에서도 발전기의 B단자에서 부하로 전류는 흐른다.

라. 레귤레이터는 엔진의 회전속도가 증가하면 필드전류를 감소시켜 출력전압을 일정하게 한다.

18. 산소센서의 튜브에 카본이 많이 끼었을 때 현상으로 맞는 것은?

가. 출력전압이 높아진다.

나. 피드백 제어로 공연비를 정확하게 제어한다.

다. 출력 신호를 듀티 제어하므로 기관에 미치는 악영향은 없다.

라. ECU는 혼합기가 희박한 것으로 판단한다.

19. 과급기의 종류 중 다른 3개와 흡기 압축방식이 전혀 다른것은?

가. 베인식 과급기　　　나. 루트 과급기

다. 원심식 과급기　　　라. 압력파 과급기

20. 전자식 디스플레이 방식의 계기판에 대한 설명으로 틀린 것은?

가. 음극선관(CRT)은 전자빔의 원리로 작동하며, 동작전압은 수 kV이다.

나. 플라스마(PD)는 충돌이온으로 가스방전 시키는 원리를 이용한 것으로 동작전압은 200V정도이다.

다. 발광 다이오드(LED)는 반도체의 PN접합의 순방향에서 전하의 재결합원리를 응용한 것으로, 동작전압은 2~3V로 낮으며 적,황,록,오렌지 색등 다양한 색깔을 나타낸다.

라. 액정(LCD)은 전계내에서 액정을 이용하여 빛의 흡수와 전달을 제어하는 것으로 동작전압은 12~14V 정도이고, 색깔은 단색이지만 필터를 사용하면 여러 가지 색이 가능하다.

## 정 답

| 1 | 2 | 3 | 4 | 5 | 6 | 7 | 8 | 9 | 10 |
|---|---|---|---|---|---|---|---|---|---|
| 나 | 가 | 라 | 나 | 나 | 가 | 나 | 가 | 라 | 라 |
| 11 | 12 | 13 | 14 | 15 | 16 | 17 | 18 | 19 | 20 |
| 라 | 다 | 다 | 가 | 라 | 라 | 가 | 가 | 라 | 라 |

## 2-6. 2004년 3월16일 제1회 자동차 공학

1.기동 전동기에서 계자 철심이 하는 역할로 가장 적절한 것은?

가. 관성을 크게 하는 일을 한다.
나. 자속을 잘 통하게 하고 계자코일을 유지한다.
다. 전기자 코일을 절연한다.
라. 전기를 소비하는 일을 한다.

2.전자제어 가솔린 분사장치에서 배기가스 재순환장치의 작동조건 중 EGR량을 증량시키는 조건으로 맞는 것은?

가. 라디에이터 수온이 약 17℃이하이거나 엔진냉각 수온이 약 70℃이하일 때
나. 공회전, 저속 무부하
다. 고속 고부하
라. 중속 중부하

3.삼원촉매 장치의 정화성능이 가장 우수해지는 엔진의 제어 영역은?

가. 중속, 중부하영역　　나. 고속, 고부하영역
다. 공회전 영역　　라. 저속, 고부하영역

4.독립현가장치의 장점이 아닌 것은?

가. 앞바퀴에 시미가 잘 일어나지 않는다.
나. 스프링 정수가 작은 스프링도 사용할 수 있다.
다. 스프링 아래 질량이 작기 때문에 승차감이 좋다.
라. 일체차축 현가에 비해 구조가 간단하다.

5.디젤기관의 연소 과정에 영향을 주는 변수와 가장 거리가 먼 것은?

가. 연료 분사 시기　　나. 분사지속 시간과 분사율
다. 무효분사 시간　　라. 분사방향

6.디젤기관에서 플런저의 유효행정을 크게 하였을 때는?

가. 연료 송출량이 적어진다.
나. 연료 송출량이 많아진다.
다. 연료 송출압력이 커진다.
라. 연료 송출압력이 작아진다.

7.토인의 필요성과 가장 관계가 적은 것은?

가. 타이어의 이상 마멸을 방지한다.
나. 조향핸들의 조작력을 작게한다.
다. 앞바퀴를 평행하게 회전시킨다.
라. 조향링키지 마멸에 의해 토아웃 되는 것을 방지한다.

8.ABS 브레이크 어떻게 컨트롤은 좋다고 할 수 있는가?

가. 제동효과만 우수하면 된다.
나. 자동차의 정속 주행이 우수하게 콘트롤 되어야 한다.
다. 제동성 및 코너링이 모두 보장되어야 한다.
라. 코너링시 핸들의 조종압력이 변화되도록 만들어져야 한다.

9.가솔린 기관과 비교한 LPG 기관의 특징으로 가장 거리가 먼 것은?

가. 유해배출물 발생이 적다.
나. 카본발생이 적다.
다. 엔진 오일의 점도 저하가 크다.
라. 엔진오일의 오염이 적다.

10.캠의 높이가 규정보다 0.1mm 마모되었을 때 밸브 간극은? (단, 밸브 간극 규정값은 0.25mm이다.)

가. 커진다.
나. 작아진다.
다. 변화없다.
라. 밸브간극은 0이 된다.

11.접점식 점화장치와 비교한 트랜지스터 점화방식의 장점이다. 틀린 것은?

가. 접점의 소손이나 전기손실이 없다.
나. 점화코일이 없어 비교적 구조가 간단하다.
다. 고속에서도 비교적 점화에너지 확보가 쉽다.
라. 고속에서도 2차전압이 급격히 저하되는 일이 없다.

12.입구제어 방식과 비교하여 출구제어 방식 냉각장치의 특징으로 가장 거리가 먼 것은?

가. 수온조절기의 내구성이 좋다.
나. 과냉현상이 발생할 수도 있다.
다. 수온조절기에 걸리는 부하가 증대된다.
라. 수온센서의 출력 변동이 적다.

13.켈밋(Kelmet)메탈의 주성분은?

가. 구리, 납
나. 구리, 알루미늄, 주석
다. 구리, 알루미늄, 납
라. 알루미늄, 니켈, 크롬

14.논리회로에서 논리곱 부정은?

가. 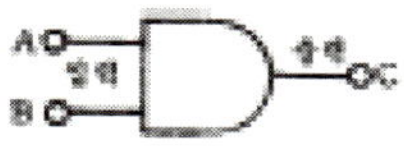
나. 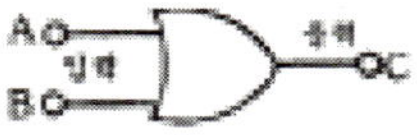
다. 
라. 

15.배기량이 2000cc인 4행정 4기통 기관이 1200rpm에서 0.1kW의 출력을 발생한다. 이 기관의 평균 유효 압력은?

가. 103 N/m2
나. 5 × 103 N/m2
다. 104 N/m2
라. 5 × 104 N/m2

16. 다음과 같은 불량한 점화회로에 대한 설명에서 옳은 것은? (불량요인 : 저항부분)

가. 점화 1차 서지와 전류가 같이 낮아진다.
나. 1차 서지만 낮아지고 전류는 변함 없다.
다. 전류만 낮아지고 서지는 변함없다.
라. 베이스 전압이 낮아진다.

17. 승용자동차의 제동력에 관한 내용이다. 가장 옳은 것은?

가. 일반적으로 전륜의 제동력이 후륜의 제동력보다 약하다.
나. 일반적으로 전륜의 제동력과 후륜의 제동력은 같아야 한다.
다. 일반적으로 후륜의 제동력을 전륜의 제동력보다 약하게 한다.
라. 일반적으로 좌륜의 제동력보다 우륜의 제동력이 약해야 한다.

18. 전자제어장치에서 선간전압을 측정 위하여 정비사 2명이 다음과 같은 주장을 하고 있다. 옳바른 판단을 하는 정비사 는?
정비사 A : 오옴의 법칙을 응용한 것이다.
정비사 B : 키르히호프 법칙을 응용한 것이다.

가. A가 옳다. 나. B가 옳다.
다. A,B 둘 다 맞다. 라. A,B 둘 다 틀리다.

19. 브레이크 슈의 길이 및 폭이 70㎜x 30㎜, 브레이크 슈우를 미는 힘이 350N일때 브레이크 압력(N/cm2)은?

가. 1.67 나. 16.7 다. 21.6 라. 2.16

20. 토크컨버터에서 스테이터의 기능으로 옳은 것은?

가. 오일의 방향을 바꾸어주므로 회전력을 증가시킨다.
나. 토크컨버터의 동력을 전달 또는 차단한다.
다. 오일의 회전속도를 감속하여 견인력을 증가시킨다.
라. 클러치판의 마찰력을 감소시킨다.

## 정 답

| 1 | 2 | 3 | 4 | 5 | 6 | 7 | 8 | 9 | 10 |
|---|---|---|---|---|---|---|---|---|---|
| 나 | 라 | 가 | 라 | 다 | 나 | 나 | 다 | 다 | 다 |
| 11 | 12 | 13 | 14 | 15 | 16 | 17 | 18 | 19 | 20 |
| 나 | 가 | 가 | 라 | 나 | 가 | 다 | 가 | 나 | 가 |

## 2-7. 2004년 5월23일 제2회 자동차 공학

1.다음 중 0°F에서 300A의 전류로 방전하여 셀당 기전력이 1V 전압 강하하는데 소요되는 시간으로 축전지의 용량을 표시하는 방법은 무엇인가?

가. 20 시간율　　　나. 25 암페어율
다. 냉간율　　　라. 20 전압율

2.그림은 축전지액 부족 경고회로를 나타낸 것이다. 액이 부족할 때 경고등이 점등되는 과정을 바르게 설명한 것은?

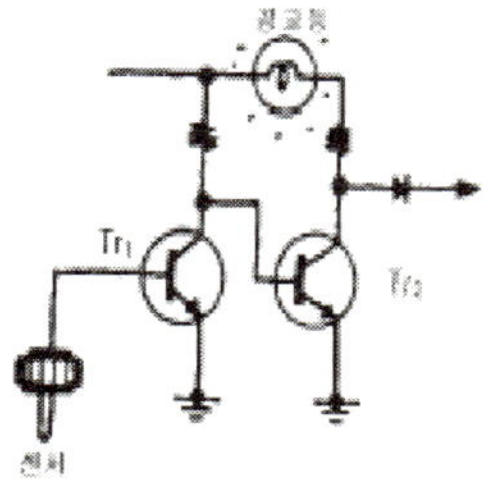


가. 센서에서 기전력이 발생하지 않으면 Tr1은 OFF되고, Tr2가 ON되어 램프가 점등된다.
나. 센서에서 기전력이 발생하면 Tr1은 OFF되고, Tr2가 ON되어 램프가 점등된다.
다. 액이 충분하여 센서에서 기전력이 발생하면 Tr1은 ON되고, Tr2도 ON되어 램프가 점등된다.
라. 액이 부족하여 센서에서 기전력이 발생하면 Tr1은 ON되고, Tr2가 OFF되어 램프가 점등된다.

3.전자제어 기관의 흡기계통에서 공기 밀도를 측정하여 공연비를 보정하는 과정에서 가장 영향을 크게 미치는 센서는?

가. 02 센서　　　나. 대기압 센서
다. 흡기온도 센서　　　라. 에어 플로우 센서

4.베어링용 합금으로 쓰이는 화이트 메탈에 속하는 것은?

가. Sn을 주성분으로 하고 Sb와 Cu를 첨가한 합금
나. Ni을 주성분으로 하고 Sb와 Cu를 첨가한 합금
다. Cu를 주성분으로 하고 Sb와 Fe를 첨가한 합금
라. Al를 주성분으로 하고 Sb와 Cu를 첨가한 합금

5.피스톤 지름 70㎜, 피스톤 평균속도 15m/s인 가솔린 기관에 흡기밸브 유로의 면적이 12㎝2일 경우 흡입가스의 평균 유속(m/s)은 약 얼마인가?

가. 48　　나. 58　　다. 7.0　　라. 8.4

6.일반 가솔린 기관에서 이론공연비 때의 공기과잉률은?

가. $\lambda$ = 0.65　　　나. $\lambda$ = 1.5
다. $\lambda$ = 1.0　　　라. $\lambda$ = 2.5

7.전자제어 브레이크 장치(ABS)에 대한 다음 설명 중 적당치 않은 것은?

가. 컨트롤 유닛은 휠의 감속 가속을 계산한다.
나. 휠스피드센서는 휠의 회전속도를 감지한다.
다. 휠스피드센서가 작동하지 않으면 브레이크가 작동되지 않는다.
라. 컨트롤 유닛은 미끄럼 비를 계산하여 록킹 여부를 결정한다.

8.4 실린더 기관이 1-3-4-2 의 순으로 폭발을 한다. 2번 실린더에서 압축을 한다면 3번 실린더는 어떤 과정인가?

가. 흡입과정 나. 압축과정
다. 폭발과정 라. 배기과정

9.다이어 프램 스프링 형식의 클러치에서 릴리스 레버의 역할을 하는 것은?

가. 리트랙팅스프링 나. 피벗링
다. 스프링핑거 라. 댐퍼스프링

10.진공 배력식 브레이크의 하이드로 백은 무엇을 이용하여 배력 작용을 하는가?

가. 대기압력
나. 압축공기의 압력
다. 흡기다기관 내의 부압과 대기압차
라. 배기다기관의 압력

11.어떤 4행정 엔진의 밸브 개폐시기가 다음과 같다. 흡기밸브의 열림은 몇 도인가?
(단, 흡기밸브 열림:상사점 전 15°, 흡기밸브 닫힘:하사점 후 50°, 배기밸브 열림:하사점 전 45°, 배기밸브 닫힘:상사점 후 10°)

가. 235° 나. 180° 다. 230° 라. 245°

12.디젤기관의 장점으로 맞는 것은?

가. 압축비를 크게 할 수 있다.
나. 매연발생이 적다.
다. 기관의 최고속도가 높다.
라. 마력당 기관의 중량이 유리하다.

13.전자제어 자동변속기에서 댐퍼 클러치 비작동 영역이 아닌 것은?

가. 스로틀 개도가 급격히 감소할 때
나. 파워 OFF 영역일 때
다. 엑셀러레이터를 밟고 있을 때
라. 변속기 오일 온도가 65℃이하일 때

14.주행저항 선도에 포함되지 않는 저항은?

가. 구름저항 나. 공기저항
다. 등판저항 라. 가속저항

15.ABS의 셀렉트 로우(select low)방식이란 무엇인가?

가. 제동시키려는 바퀴만 골라서 제동시키는 형식
나. 제동력을 독립적으로 조정하는 방식
다. 좌우 차륜의 감속도를 비교하여 먼저 슬립되는 바퀴에 맞추어 유압을 동시에 제어하는 방식
라. 좌우 차륜의 속도를 비교하여 속도가 빠른 바퀴를 제동하고 속도가 늦는 바퀴는 중속시키는 방식

16.기존의 에어콘 냉매 R-12의 오존층 파괴 문제점 때문에 최근에 이를 대체한 신 냉매는?

가. R - 12a　　나. R - 134a
다. R - 136a　　라. R - 12b

17.토(toe)의 필요성과 가장 거리가 먼 것은?

가. 앞바퀴를 평행하게 회전시킨다.
나. 주행중 조향바퀴에 추종성을 준다.
다. 바퀴가 옆방향으로 미끄러지는 것을 방지한다.
라. 타이어의 마멸을 방지한다.

18.복합사이클에서 압축비 15:1, 체적비 $\rho=2$, 단절비 $\sigma=1.3$, 비열비 $k=1.4$일 때 이 엔진의 이론 열효율은?

가. 49%　　나. 56%　　다. 65%　　라. 69%

19.전자제어 자동변속기에서 킥다운 드럼과 트랜스퍼 드리븐 기어의 회전비 검출을 위해 사용하는 것은?

가. 휠속도 센서　　나. 차량속도 센서
다. 토크 컨버터　　라. 펄스 제네레터

20.LP가스를 사용하는 자동차의 설명으로 틀린 것은?

가. 실린더내 흡입공기의 저항 발생시 축출력이 가솔린엔진에 비해 낮아진다.
나. 일반적으로 NOx는 가솔린엔진에 비해 많다.
다. LP가스 중의 프로판은 영하의 온도에서 기화되지 않는다.
라. 탱크는 밀폐식으로 되어있다.

## 정 답

| 1 | 2 | 3 | 4 | 5 | 6 | 7 | 8 | 9 | 10 |
|---|---|---|---|---|---|---|---|---|---|
| 다 | 가 | 다 | 가 | 가 | 다 | 다 | 라 | 다 | 다 |
| 11 | 12 | 13 | 14 | 15 | 16 | 17 | 18 | 19 | 20 |
| 라 | 가 | 다 | 라 | 다 | 나 | 나 | 다 | 라 | 다 |

## 2-8. 2004년 9월5일 제4회 자동차 공학

1.다음에서 자동차의 최고 속도를 증대시키는 것과 가장 거리가 먼 것은?

가. 총감속비를 크게 한다.
나. 구동바퀴의 유효반경을 크게 한다.
다. 자동차의 중량을 경감한다.
라. 차체를 유선형화 한다.

2.삼원촉매의 기능 중 맞는 것은?

가. 일산화탄소를 증가시킨다.
나. 일산화질소를 증가시킨다.
다. 탄화수소를 증가시킨다.
라. 이산화탄소를 증가시킨다.

3.외경 76㎜, 내경 70㎜, 길이가 1200㎜되는 추진축의 위험 회전속도는 얼마인가? (단, 추진축은 강관임)

가. 약 7550rpm
나. 약 8610rpm
다. 약 9000rpm
라. 약 9500rpm

4.전자제어 가솔린 엔진의 연료분사 방식에 대한 설명 중 동시 분사 방식에 해당하는 것은?

가. 각 인젝터 마다 최적의 타이밍으로 분사한다.
나. 각 인젝터를 몇 개의 그룹으로 나누어 분사한다.
다. 엔진 1회전에 1회 모든 기통에서 분사한다.
라. 엔진 4회전에 1회 모든 기통에서 분사한다.

5.반도체 점화장치의 특성 중 틀린 것은?

가. 저속성능이 안정된다.
나. 고속성능이 향상된다.
다. 점화시기를 정확하게 할 수 있다.
라. 점화장치의 정비성이 떨어진다.

6.차량에서 전자제어 공기조화 장치의 특성으로 요구되는 것이 아닌 것은?

가. 실내온도는 빠르게 쾌적한 온도에 도달해야 한다.
나. 외부의 기상상태와 주행상태에 좌우되지 않고 지정한 실내온도가 유지되어야 한다.
다. 실내공기의 흐름이 자연스럽고 정숙해야 한다.
라. 풍량은 제어하지 않는다.

7.다음 그림은 4행정 가솔린 기관에서 배전기 축이 1회전하는 동안의 파형 변화이다. 이 파형은 어떤 센서의 출력파형인가?

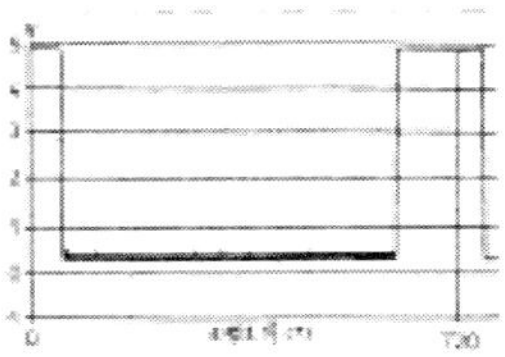

가. 1번 실린더 TDC 센서
나. 크랭크각 센서
다. 대기압 센서
라. 수온 센서

8.MF(maintenance free) 축전지의 특징으로 잘못된 것은?

가. 자기 방전률이 낮다.
나. 장시간 보관할 수 있다.
다. 증류수를 보충하지 않아도 된다.
라. 양극판이 음극판 보다 1장 더 많다.

9.공기과잉률과 연소온도가 높은 상태에서 주로 많이 발생되는 유해 배출 가스는?

가. HC　나. CO　다. CO2　라. NOx

10.어떤 승용자동차의 축간거리가 1.85m이다. 핸들을 우측으로 최대한 회전시켰을 때 바깥쪽 바퀴는 30° 이고 안쪽 바퀴는 35° 이다. 최소회전 반경은?

가. 2.7m　나. 2.85m　다. 3.7m　라. 3.8m

11.어떤 기관에서 비중 0.75, 저발열량 10500㎉/kg의 연료를 사용하여 0.5시간 시험하였더니 연료 소비량은 5ℓ이었다. 이 기관의 연료마력은?

가. 100PS　나. 125PS　다. 150PS　라. 180PS

12.자동변속기의 댐퍼클러치에 대한 설명으로 틀린 것은?

가. 발진시 작동한다.
나. 마찰클러치를 사용한다.
다. 유체클러치보다 연비가 절감된다.
라. 고속주행시 터빈의 슬립에 의한 손실을 최소화시킨다.

13.전자제어 디젤엔진에서 사용되는 유니트 인젝터란?

가. 분사펌프와 타이머를 일체화시킨 것
나. 분사펌프와 노즐을 일체화시킨 것
다. 한 개의 노즐로 전체 실린더에 분사하는 것
라. 타이머와 노즐을 일체화시킨 것

14.듀어 서보형 브레이크란?

가. 전진시 브레이크를 작동할 때만 2개의 브레이크 슈가 자기배력 작용을 한다.
나. 후진시 브레이크를 작동할 때만 1개의 브레이크 슈가 자기배력 작용을 한다.
다. 전·후진 모두 브레이크가 작동할 때 2개의 브레이크 슈가 자기배력 작용을 한다.
라. 후진시 브레이크를 작동할 때만 2개의 브레이크 슈가 자기배력 작용을 한다.

15.전자제어 디젤엔진의 연료분사 장치 중 커먼레일(Common rail)에 대한 설명으로 옳은 것은?

가. 분사압력의 발생과 분사과정이 독립적으로 이루어진다.
나. 분사압력이 속도에 따라 증가하면 분사량도 증가한다.
다. 캠구동 장치를 사용하므로 구조가 단순하다.
라. 파일럿 분사는 불가능하다.

16.유체클러치의 특성이다. 맞는 것은?

가. 속도비가 1 이상일 때 효율이 최고가 된다.
나. 속도비가 작을수록 효율이 높다.
다. 속도비가 0일때 회전력이 가장 크다.
라. 속도비가 클수록 회전력이 크게 된다.

17.전기자 전류가 20A일 때 10m-kgf의 토크를 내는 직권 전동기가 있다. 이 전동기의 전기자 전류가 40A일 때의 토크 (Torque)는?

가. 20 m-kgf
나. 30 m-kgf
다. 40 m-kgf
라. 50 m-kgf

18.캠버의 설명으로 가장 거리가 먼 것은?

가. 수직방향의 하중에 의한 앞차축의 휨을 방지한다.
나. 차체의 중심고를 높이기 때문에 불안정하므로 가능한 한 캠버를 줄여야 한다.
다. 킹핀 경사각과 함께 조향핸들의 조작을 가볍게 한다.
라. 차의 하중과 타이어의 접지부의 반작용으로 타이어의 아래쪽(폭)이 바깥쪽으로 벌어지려 하므로 정의 캠버를 둔다.

19.건식 단판 마찰 클러치에서 공극(air gap)이란?

가. 클러치를 밟지 않은 상태에서 릴리스 링과 릴리스 베어링 사이의 간극
나. 클러치 페달의 유격(자유거리)
다. 클러치 페달을 완전히 밟은 상태에서 클러치 디스크의 페이싱의 양쪽 면과 클러치 압력판 또는 플라이휠 마찰면 사이의 간극
라. 클러치 페달을 완전히 밟은 상태에서 클러치 디스크의 축방향 런아웃

20.CDI(Condenser Discharge Ignition)점화장치에 대한 설명 중 옳은 것은?

가. 점화코일의 1차 전압을 바로 점화불꽃으로 이용한다.
나. 점화코일의 2차 전압을 축전기에서 다시 점화 불꽃으로 이용한다.
다. 직류 전압을 축전기에 충전하였다가 이를 순간적으로 점화 코일의 1차측에 가해 2차측에 고압을 일으키게 한다.
라. 트랜지스터를 이용하여 축전기의 전압을 2차의 유도 전압에 가하여 50000V이상의 전압을 일으키게 한다.

## 정 답

| 1 | 2 | 3 | 4 | 5 | 6 | 7 | 8 | 9 | 10 |
|---|---|---|---|---|---|---|---|---|---|
| 가 | 라 | 나 | 다 | 라 | 라 | 가 | 라 | 라 | 다 |
| 11 | 12 | 13 | 14 | 15 | 16 | 17 | 18 | 19 | 20 |
| 나 | 가 | 나 | 다 | 가 | 다 | 다 | 나 | 다 | 다 |

## 2-9. 2005년 3월6일 제1회 자동차 공학

1.다음 그림에서 차체가 Y 축을 중심으로 하여 전·후 회 전운동을 하는 고유진동은?

가. 요잉(yawing) 나. 롤링(rolling)
다. 피칭(pitching) 라. 바운싱(bouncing)

2.디젤기관에서 배출가스의 질을 개선하기 위한 대책으로 부적당한 것은?

가. 분사노즐의 최적화 나. 연소실 형상 개선
다. 연료의 무화 억제 라. 연료분사장치 전자화

3.자동변속기의 토크컨버터에서 터빈축이 연결되는 것은?

가. 변속기 입력축 나. 변속기 출력축
다. 가이드링 라. 임펠러

4.일체식 차축의 스프링이 피로해지면 바퀴의 캠버는?

가. 더 정(+)이 된다. 나. 더 부(-)가 된다.
다. 변화가 없다. 라. 정답이 없다.

5.밸브스프링의 서징(surging) 현상을 방지하는 방법 중 옳지 못한 것은?

가. 부등피치 스프링을 사용한다.
나. 장력이 낮은 스프링을 사용한다.
다. 고유진동수가 다른 스프링을 2개 사용한다.
라. 원뿔형 스프링을 사용한다.

6.ABS장치에서 ECU의 출력신호에 의해 각 휠 실린더의 유압을 직접 제어하는 장치는?

가. 스피드센서 나. ABS 경고등
다. 하이드롤릭 유닛 라. ABS 릴레이

7.디젤 노크의 방지책으로 맞는 것은?
가. 착화 지연기간이 긴 연료를 사용한다.
나. 압축비를 낮춘다.
다. 분사 초기에 연료 분사량을 감소시킨다.
라. 흡기압력을 낮춘다.

8.1 kW인 기동전동기의 회전수가 2200 rpm이고 이 전동기 의 피니언 잇수가 8개이고, 링기어의 잇수가 65라고 하면 이 링기어의 회전력은?

가. 20.5 N·m 나. 25.3 N·m
다. 35.3 N·m 라. 55.3 N·m

9.전자제어 서스펜션(Electronic Control Suspension)의 기능이 아닌 것은?

가. ANTI-SQUAT 나. ANTI-DIVE
다. ANTI-ROLL 라. ANTI-LOCK

10.축전기로부터 기동전동기로 흐르는 회로의 전압강하에 대한 설명이다. 틀린 것은?

가. 터미널의 접촉이 나쁘면 전압강하가 발생한다.
나. 전류가 많이 흐르는 곳이므로 접촉이 조금만 나빠도 전압강하는 크다.
다. 전동기의 B단자까지 회로는 저항이 크므로 전압강하가 크다.
라. 회로의 전압강하 총합은 공급전압과 같다.

11.어떤 승용자동차의 구동륜에 63 kW의 출력이 필요하다. 클러치효율 99 %, 수동변속기효율 94 %, 종감속 차동기어효율 93 %일 때, 엔진출력은?

가. 약 63.6 kW　　나. 약 67.7 kW
다. 약 72.8 kW　　라. 약 62.4 kW

12.가솔린 엔진과 비교한 LPG 엔진의 특징으로 틀린 것은?

가. 엔진오일의 내열성이 좋아야 한다.　　나. 점화시기를 진각시킨다.
다. 착화온도가 낮다.　　라. 저온시동성이 나쁘다.

13.고압 타이어의 안지름이 20 인치, 바깥지름이 32 인치, 폭6 인치, 플라이수(PR) 10인 경우 호칭치수를 바르게 표시한 것은?

가. 32×6-10 PR　　나. 20×6-10 PR
다. 6.0×32-10 PR　　라. 6.0×20-10 PR

14.단순 유성기어장치에서 선기어를 고정하고 유성기어 캐리어를 구동하면 링기어는 어떻게 되는가?

가. 감속　　나. 증속
다. 역전　　라. 역전, 감속

15.교류발전기의 작동에 대한 설명으로 맞는 것은?

가. 점화 스위치 ON상태에서는 자여자식으로 스테이터 철심이 자화된다.
나. 기관이 시동되면 스테이터코일에서 발생한 교류는 정류자에 의하여 정류된다.
다. 기관 공전시에도 발전이 가능하다.
라. 엔진 회전속도가 1000rpm이상이면 로터코일은 타여자식으로 자화된다.

16.126 km/h로 주행중인 자동차를 제동하여 정차시켰다. 제동거리는 87.5 m였다. 제동 감속도는?

가. 14 m/s2　　나. 7 m/s2
다. 21 m/s2　　라. 43.2 m/s2

17.디젤기관의 기계식 연료분사 펌프에서 딜리버리 밸브의 기능이 아닌 것은?

가. 연료의 역류 방지　　나. 분사의 확실한 단속
다. 후적 방지　　라. 연료 분사량의 가감

18.실린더내의 가스온도를 tg, 가스측 벽의 온도를 tw1, 가스의 열전달율을 agkcal/m²h° C, 전열면적을 Agm²라 할 때
방열량 Qkcal/h를 구하는 식은?

가. Q = agAg(tw1 - tg)　　나. Q = ag/Ag(tw1 - tg)
다. Q = agAg(tg - tw1)　　라. Q = ag/Ag(tg - tw1)

19.LPG자동차의 봄베에 대한 설명으로 틀린 것은?

가. 안전밸브는 용기 내부의 기상부에 설치되어 있다.
나. 안전밸브에서 분출된 가스는 대기중으로 방출되는 구조이다.
다. 용기의 도색은 회색으로 한다.
라. 안전밸브에 주밸브를 설치할 수는 없다.

20.ABS의 설치 목적이 아닌 것은?

가. 전륜 고착의 경우 조향능력 상실 방지
나. 후륜 고착의 경우 차체 회전으로 인한 전복 방지
다. 제동시 차체의 안정성 유지
라. 노면 상황에 관계없이 제동거리 단축

## 정 답

| 1 | 2 | 3 | 4 | 5 | 6 | 7 | 8 | 9 | 10 |
|---|---|---|---|---|---|---|---|---|---|
| 다 | 다 | 가 | 다 | 나 | 다 | 다 | 다 | 라 | 다 |
| 11 | 12 | 13 | 14 | 15 | 16 | 17 | 18 | 19 | 20 |
| 다 | 다 | 가 | 나 | 다 | 나 | 라 | 다 | 라 | 라 |

## 2-10. 2005년 9월4일 제4회 자동차 공학

1. DOHC 엔진의 연소실은 Pent roof형 연소실을 주로 사용 한다. 이 연소실의 특징을 설명한 것 중 틀린 것은?

가. 다른 형식에 비해 스퀴시(Squash)의 발생이 용이하다.
나. 연소실 용적에 대한 표면적이 작아 연소실에 유리하다.
다. 구조가 간단하고 가공이 용이하다.
라. 화염전파거리가 길어지는 단점이 있다.

2. 삼원촉매 장치의 정화성능이 가장 우수해지는 엔진의 제 어 영역은?

가. 중속, 중부하영역　　나. 고속, 고부하영역
다. 워밍업 영역　　라. 저속, 고부하영역

3. 다음은 브레이크 드럼의 점검에 관한 것이다. 점검하지 않아도 되는 것은?

가. 드럼의 두께　　나. 드럼의 직경차
다. 드럼의 재질　　라. 드럼의 진원도

4. 교류발전기에서 B단자(출력단자)를 연결하지 않은 상태 로 엔진을 고속 회전시키면 어떤 현상이 발생되는가?

가. 다이오드가 손상된다.　　나. 충전이 되지 않지만 이상 없다.
다. 과충전이 일어난다.　　라. 로우터코일이 끊어진다.

5. 맥퍼슨 형식의 현가장치에 관한 특징이 아닌 것은?

가. 구조가 간단하고 정비가 쉽다.
나. 스프링 아래 질량이 작아 로드 홀딩이 우수하다
다. SLA형식에 비해 캠버의 변화가 크다.
라. 엔진룸을 크게 할 수 있다.

6. 대기압 센서는 출력 전압값이 어떻게 나타나는가?

가. 외기압이 높을수록 출력 전압이 높아진다.
나. 외기압이 높을수록 출력 전압이 낮아진다.
다. 외기압이 높아져도 출력 전압이 변동없다.
라. 외기압이 낮아지면 출력 전압이 높아진다.

7. 앞바퀴에 발생하는 코너링 포스를 Cf, 뒷바퀴에 발생하 는 코너링 포스를 Cr이라 했을 때, 오버스티어 링(OS) 현상 을 바르게 표시한 것은?

가. $Cf < Cr$　　나. $Cf \leq Cr$
다. $Cf > Cr$　　라. $Cf \geq Cr$

8. 차량 총중량 3250 Kgf인 차량이 오르막길 구배 20% 에서 80km/h로 정속 주행 할 때 전주행 저항은 약 몇 Kgf인가? (이때 공기저항계수:0.003, 구름저항계수: 0.023, 전면 투영면적:4㎡ 이다)

가. 3102　　나. 1166　　다. 1263　　라. 1188

9. 제동마력이 155PS, 도시마력이 182PS인 엔진에서 1시간 당 연료소비량이 80Kgf일 때 제동열효율과 도시 열효율은? (단, 연료의 저위발열량은10600 Kcal/Kgf이다.)

가. 11.56%, 13.57%　　나. 11.75%, 14.54%
다. 12.15%, 14.87%　　라. 12.68%, 15.25%

10. 전자제어 엔진에서 엔진 회전수를 검출하는 가장 좋은 방법은?

가. Ignition coil ⊖단자 혹은 CPS
나. Battery ⊖단자
다. Ignition switch IG단자
라. Ignition coil ⊕단자

11. 다음 중 전자제어 연료분사장치의 페일세이프(failsafe )기능이 적용되지 않는 부품은?

가. $O_2$센서 나. 냉각수온 센서
다. 흡기온도 센서 라. TDC 센서

12. 다음 중 자화된 철편에 외부 자력을 없앤 후에도 자력이 남아있는 현상은?

가. 자기 포화 현상 나. 자기 히스테리시스 현상
다. 자기 유도 현상 라. 전자 유도 현상

13.다음 중 제동효과에 영향을 주는 요소가 아닌 것은 ?

가. 차량 총중량 나. 제동 초속도
다. 등판구배 라. 바퀴의 고착

14.LPG 자동차의 봄베에 부착되지 않는 것은?

가. 충전밸브 나. 액상밸브
다. 프로트 게이지 라. 듀티솔레노이드밸브

15.축전기의 정전 용량에 대한 설명 중 틀린 것은?

가. 가해지는 전압에 비례한다.
나. 상대하는 금속판의 면적에 비례한다.
다. 금속판 사이의 절연체 절연도에 비례한다.
라. 금속판 사이의 거리에 비례한다.

16. 자동 변속기에서 TCU로부터 솔레노이드 밸브를 구동하기 위한 전기적인 신호가 그림과 같다. 1사이클 에 소요 되는 시간 A와 전원이 ON되어 있는 시간 B와의 비율(B/A)을 무엇이라고 하는가?

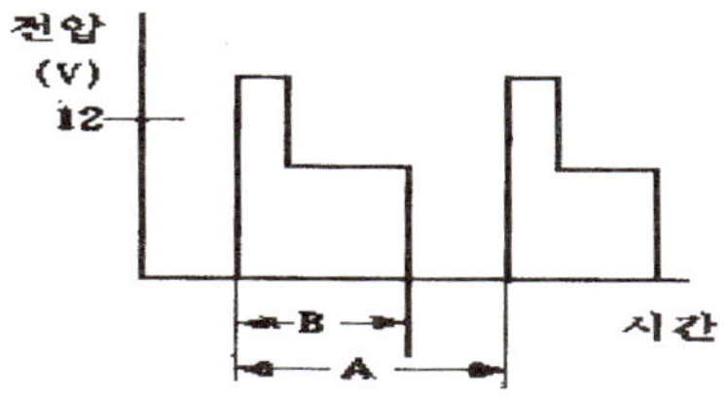


가. 전달효율 나. 속도비
다. 토크비 라. 듀티비

17. 가솔린자동차와 비교한 LPG 자동차에 대한 설명으로 틀린 것은?

가. 동절기에는 부탄의 비율을 높인다.
나. 동절기에는 시동성이 떨어진다.
다. 퍼컬레이션(percolation)현상이 없다.
라. 저속에서는 기관출력이 비슷하다.

18.전자제어 자동변속기에서 페일세이프(fail safe)란?

가. 시스템 이상시 멈추는 기능
나. 시스템 이상시 사전에 설정된 일정 조건하에서 작동 하도록 제어하는 안전 기능
다. 고속 운전시 어버 드라이브 기능에 이상이 생겼을 때 연료의 절약을 위해 자동으로 유성기어가 고단에 치합 되는 기능
라. 저속운전시 시스템에 이상이 생겼을 때 파워 모드로 고정되는 기능

19.전자제어 현가장치에서 조작스위치를 Auto로 했을 경우 기능이 여러 가지로 변환하게 되는데 그 기능에 속하지 않는 것은?

가. Anti - Drive기능 나. Anti - Squat기능
다. Anti - Roll기능 라. Anti - Sport기능

20.연소실체적은 100㎤이고, 이때의 압력은 35bar이 다. 체적이 1100㎤로 커지면 압력은 몇 bar로 되는가?

가. 약 3.18bar 나. 약 38.5bar
다. 약 35bar 라. 약 3.5bar

## 정 답

| 1 | 2 | 3 | 4 | 5 | 6 | 7 | 8 | 9 | 10 |
|---|---|---|---|---|---|---|---|---|---|
| 라 | 가 | 다 | 가 | 다 | 가 | 다 | 라 | 가 | 가 |
| 11 | 12 | 13 | 14 | 15 | 16 | 17 | 18 | 19 | 20 |
| 라 | 나 | 다 | 라 | 라 | 라 | 가 | 나 | 라 | 가 |

■ 저자 약력

전환영 : 김해대학 기계차량계열 교수

오토
테크

## 차량공학개론 및 정비

1판 1쇄 발행　2009년 2월 25일
1판 1쇄 인쇄　2009년 2월 20일

저　자 / 전 환 영

발행자 / 김 순 선
발행처 / 오토테크
주　소 / 서울특별시 관악구 신림본동 10-23
등　록 / 제10-1983호
전　화 / 02-877-0809
F A X / 02-877-0730
E-mail / atbook@kornet.net

정가　25,000 원